现场施工实务手册

北京帕克国际工程咨询有限公司　编

中国建材工业出版社

图书在版编目（CIP）数据

现场施工实务手册/北京帕克国际工程咨询有限公司编．—北京：中国建材工业出版社，2010.10 (2012.1 重印)
ISBN 978-7-80227-806-6

Ⅰ.①现… Ⅱ.①北… Ⅲ.①建筑工程—施工现场—施工管理—手册 Ⅳ.①TU721—62

中国版本图书馆 CIP 数据核字(2010)第 125073 号

内 容 简 介

本书主要讲述地基与基础、砌体、钢筋混凝土、钢结构、木结构、屋面、装饰装修、幕墙、给排水、通风与空调、电气、电梯、智能建筑等工程的施工工艺要点及质量验收标准。本书中各分项工程的施工质量验收标准均贯穿了中华人民共和国住房和城乡建设部颁布的建筑施工质量验收规范内容。

本书主要面对奋斗在施工现场的技术人员、管理人员及对建筑施工感兴趣、积极要求进步的基层施工操作工人。

现场施工实务手册
北京帕克国际工程咨询有限公司　编

出版发行：中国建材工业出版社
地　　址：北京市西城区车公庄大街 6 号
邮　　编：100044
经　　销：全国各地新华书店
印　　刷：北京鑫正大印刷有限公司
开　　本：787mm×1092mm　1/16
印　　张：29.25
字　　数：746 千字
版　　次：2010 年 10 月第 1 版
印　　次：2012 年 1 月第 2 次
书　　号：ISBN 978-7-80227-806-6
定　　价：**60.00 元**

本社网址：www.jccbs.com.cn
本书如出现印装质量问题，由我社发行部负责调换。联系电话：(010)88386906

编写人员名单

刘宪文　胡海林　韩　涛　易伟强

李方圣　童向东　白　晨　吴延朋

朱民禄　王　岭　李　建　文建星

唐　伟

前　言

这里奉献给读者的是一本建筑施工的常用手册，主要面对从事建筑工程施工和管理及监理工作的广大员工。

本书主要叙述地基与基础、砌体、钢筋混凝土、钢结构、木结构、屋面、地下防水、地面、装饰装修、幕墙、给水排水及采暖、通风与空调、电气、电梯、智能建筑等工程的施工要点及质量验收标准。若能细读这本书，便能掌握常见建筑各分项工程的施工要点、检查数量及检验方法，给施工各项工作带来极大的方便。

住房和城乡建设部要求全国各地在建筑施工中严格遵循各分项工程的质量验收规范条文，特别是强制性条文。由于作者水平所限，书中不妥之处在所难免，敬请批评指正。

编　者

二〇一〇年八月

目　　录

1 建筑地基基础工程

1.1 地 基

1.1.1 砂和砂石地基

砂和砂石地基是指用砂或石混合料和砂，经压或夯实，使填充材料密实，构成的坚实地基。

1.1.1.1 砂和砂石地基施工

砂石应不含植物残体、垃圾等杂质、并级配良好。当采用粉细砂时，应掺加最大粒径不大于 50mm，且占总量 25%～30%的卵石或碎石。

砂和砂石应分层铺设、分层压实。宜用振动碾或振动压实机进行压实。当用振动碾（8～15t）压实时，每层铺设厚度为 60～130cm，每层压实 6～8 遍；当使用（2t，振动力 98kN）振动压实机时，每层铺设厚度为 120～150cm，每层压实不少于 10 遍。

1.1.1.2 砂和砂石地基质量检验标准

砂和砂石地基质量检验标准应符合表 1-1 的规定。

表 1-1 砂及砂石地基质量检验标准

项	序	检查项目	允许偏差或允许值		检查方法
			单位	数值	
主控项目	1	地基承载力	设计要求		按规定方法
	2	配合比	设计要求		检查拌合时的体积比或重量比
	3	压实系数	设计要求		现场实测
一般项目	1	砂石料有机质含量	%	≤5	焙烧法
	2	砂石料含泥量	%	≤5	水洗法
	3	石料粒径	mm	≤100	筛分法
	4	含水量（与最优含水量比较）	%	±2	烘干法
	5	分层厚度（与设计要求比较）	mm	±50	水准仪

承载力检验数量：每单位工程不应少于 3 点，1000m^2 以上工程，每 100m^2 不应少于 1 点，3000m^2 以上的工程，每 300m^2 不应少于 1 点。每一独立基础不应少于 1 点，基槽每 20 延长米应有 1 点。其他项目可随意抽查。

1.1.2 灰土地基

灰土地基是指用黏土与石灰的混合料经夯或碾压，使填充料密实，构成的坚实地基。

1.1.2.1 灰土地基施工

灰土配制的体积比宜为3∶7或2∶8（石灰∶黏土）。石灰宜用消石灰，其粒径不得大于5mm，黏土宜用黏性土及塑性指数大于4的粉土，不得含有松软杂质，并应过筛，其粒径不得大于15mm。

黏土与石灰的混合料应拌合均匀，混合料的含水量宜控制在±2%范围内，最优含水量的确定可通过击实试验获取，也可按当地以往经验取用。若混合料湿度过小或过大，应分别洒水湿润或翻松、晾晒、掺加吸水材料，以调整基土含水量。

灰土混合料应分层铺设，分层压实。宜采用蛙式夯、平碾等进行压实。当使用蛙式夯时，每层铺设厚度为20～25cm，每层夯实3～4遍，当使用平碾（8～12t）时，每层铺设厚度为20～30cm，每层压实6～8遍。

灰土地基分段施工时，接缝不得设在墙角、承重窗间墙及柱基下，上下两层的接缝距离不得小于500mm。接缝处应夯压密实。

灰土拌合均匀后应当日铺设夯压。夯实后的灰土3d内不得受水浸泡。

1.1.2.2 灰土地基质量检验标准

灰土地基质量检验标准应符合表1-2的规定。

表1-2 灰土地基质量检验标准

项	序	检查项目	允许偏差或允许值		检查方法
			单位	数值	
主控项目	1	地基承载力	设计要求		按规定方法
	2	配合比	设计要求		按拌合时的体积比
	3	压实系数	设计要求		现场实测
一般项目	1	石灰粒径	mm	≤5	筛分法
	2	土料有机质含量	%	≤5	试验室焙烧法
	3	土颗粒粒径	mm	≤15	筛分法
	4	含水量（与要求的最优含水量比较）	%	±2	烘干法
	5	分层厚度偏差（与设计要求比较）	mm	±50	水准仪

承载力检验数量：每单位工程不应少于3点，1000m^{2}以上工程，每100m^{2}应至少有1点，3000m^{2}以上工程，每300m^{2}应至少有1点。基槽每20延长米应有1点，每一独立基础应至少有1点。其他主控项目及一般项目可随意抽查。

1.1.3 土工合成材料地基

土工合成材料地基是指在土工合成材料上填充由土（砂土料）构成的地基。土工合成材料地基一般为浅层地基。土工合成材料可以是单层，也可以是多层。

1.1.3.1 土工合成材料地基施工

土工合成材料包括土工格室、土工格栅、土工网、土工垫、土工织物等。

土工合成材料铺设时，土层表面应平整无杂物，防止土工合成材料被顶破、刺穿。土工合成材料的端头应固定或回折锚固，并避免长时间暴露或暴晒；连接宜用缝接法、胶结法或搭接法。胶结法的搭接长度不应小于 100mm，并均应保证主要受力方向的连接强度不低于所采用材料的抗拉强度；搭接法的搭接长度宜为 300～1000mm（基底松软时应取大值以增大摩阻力）。

多层土工合成材料施工时，层间应填中、粗砾、砂或细粒碎石类土等能增加地基内摩阻力的材料。

土工合成材料受力时，其伸长率不宜大于 4%～5%，且不应在地基中被拔出。

土石料应分层铺设，分层压实。

1.1.3.2 土工合成材料地基质量检验标准

土工合成材料地基质量检验标准应符合表 1-3 的规定。

表 1-3 土工合成材料地基质量检验标准

项	序	检查项目	允许偏差或允许值		检查方法
			单位	数值	
主控项目	1	土工合成材料强度	%	≤5	置于夹具上做拉伸试验（结果与设计标准相比）
	2	土工合成材料延伸率	%	≤3	置于夹具上做拉伸试验（结果与设计标准相比）
	3	地基承载力	设计要求		按规定方法
一般项目	1	土工合成材料搭接长度	mm	≥300	用钢尺量
	2	土石料有机质含量	%	≤5	焙烧法
	3	层面平整度	mm	≤20	用 2m 靠尺
	4	每层铺设厚度	mm	±25	水准仪

承载力检验数量：每单位工程不应少于 3 点，1000m^2 以上的工程，每 100m^2 应至少有 1 点，3000m^2 以上的工程，每 300m^2 应至少有 1 点。基槽每 20 延长米应有 1 点，每独立基础下应至少有 1 点。

土工合成材料的伸长率、强度检验，以 100m^2 为一批，每批抽查 5%。

其他主控项目及一般项目可随意抽查。

1.1.4 强夯地基

强夯地基是指用卷扬机等设备将重锤提起一定高度后使重锤自由落下产生的冲击能来夯实浅层填土而构成的地基，从而使表面形成一层较为均匀的硬层来承受上部建筑物荷载。适用于素填土、杂填土、湿陷性填土、黏性土、低饱和度的粉土、砂土、碎石土等地基处理。

1.1.4.1 强夯地基施工

强夯重锤一般在 10～25t，底面呈圆形。锤底面积的大小按基土的性质确定，锤底静压力值可取 25～40kPa，对较细颗粒土锤底静压力宜取较小值。锤底面设置相对称的与顶面相贯通的排气孔若干，孔径一般在 250～300mm。

强夯施工一般采用有自动脱钩装置的履带式起重机或其他专用设备。

强夯施工的步骤可按以下顺序进行：

（1）平整并清理施工场地；

（2）测量场地高程，确定第一遍夯点位置；

（3）起重设备就位，将夯锤对准夯点；

（4）测量夯锤顶面标高；

（5）启动设备，当夯锤触动脱钩落下时，重新测量锤顶标高；及时修平夯点地面，使夯锤平稳落地；

（6）按设计规定的夯击次数及控制标准重复夯击，完成一个夯点的施工；

（7）完成第一遍全部夯点的施工后，用推土机将场地填平并测量场地标高；

（8）通过一定的间隔时间，按以上步骤逐步完成全部夯击遍数，再以低能量的夯锤满夯，使表面土密实，并测量场地标高，做好记录。

夯击能应根据基土类别、结构类型、处理深度和荷载需要等方面综合考虑，并经现场试夯确定。一般情况对细颗粒土取 1500～4000kN·m/m^2，粗颗粒土取 1000～3000kN·m/m^2。

夯击次数应根据现场试夯的夯沉量关系曲线和夯击次数确定并应满足以下条件：

（1）最后两击的平均夯沉量不大于 50mm，当单击夯机能量较大时不大于 100mm；

（2）夯坑周围不应有过大的隆起现象；

（3）不应有因夯坑过深而使起夯发生困难现象。

强夯的夯点应超出需要加固的范围，其值为加固深度的 1/2～2/3，且不小于 3m。

夯击遍数的确定应根据地基土的性质、类别综合考虑，一般情况下可夯击 2～3 遍，对于渗透性差的细颗粒土，必要时可适当增加夯击遍数。

两遍夯击之间应有一定的时间间隔，时间间隔的确定取决于土中超静孔隙水压力的消散时间。在缺少实测资料时，可根据地基土的渗透性确定，对于渗透性较弱的黏性地基土，夯击的时间间隔应不少于 3～4 周，对于渗透性较强的黏性地基土可连续施工。

夯击点的位置可采用正方形、等边三角形或等腰三角形布置。第一遍夯击点间距一般在 5～9m，以后各遍的夯击点间距可适当减小；对于较深地基的处理或夯击能较大的工程，第一遍夯击点宜适当增大。

1.1.4.2　强夯地基质量检验标准

强夯地基质量检验标准应符合表 1-4 的规定。强夯地基质量检验应在夯后 14d 进行。

承载力检验数量：每单位工程不应少于 3 点，1000m^2 以上工程，每 100m^2 应有 1 点，3000m^2 以上工程，每 300m^2 应至少有 1 点。基槽每 20 延长米应有 1 点，独立基础下应至少有 1 点。

其他主控项目及一般项目随意抽查。

表 1-4　强夯地基质量检验标准

项	序	检查项目	允许偏差或允许值		检查方法
			单位	数值	
主控项目	1	地基强度	设计要求		按规定方法
	2	地基承载力	设计要求		按规定方法

续表

项	序	检查项目	允许偏差或允许值		检查方法
			单位	数值	
一般项目	1	夯锤落距	mm	±300	钢索设标志
	2	锤重	kg	±100	称重
	3	夯击遍数及顺序	设计要求		计数法
	4	夯点间距	mm	±500	用钢尺量
	5	夯击范围（超出基础范围距离）	设计要求		用钢尺量
	6	前后两遍间歇时间	设计要求		—

1.1.5 注浆地基

注浆地基是指将配合好的水泥浆液或化学浆液，使用设备压力通过导管注入土体缝隙，使土体结合，发生物理化学反应，从而提高土体的抗压强度，减小其渗透性和压缩性。

1.1.5.1 注浆地基施工

为确保注浆加固地基的效果，施工前应进行室内浆液配合比及现场注浆试验，以确定浆液配方及施工参数。常用浆液类型见表 1-5。

表 1-5 常用浆液类型

浆　液		浆液类型
粒状浆液（悬液）	不稳定粒状浆液	水泥浆
		水泥砂浆
	稳定粒状浆液	黏土浆
		水泥黏土浆
化学浆液（溶液）	无机浆液	硅酸盐
	有机浆液	环氧树脂类
		甲基丙烯酸酯类
		丙烯酰胺类
		木质素类
		其　他

注浆顺序宜按以下规定进行：

（1）加固渗透系数相同的土层应自上而下进行；

（2）如土的渗透系数随深度而增大，应自下而上进行；

（3）如相邻土层的土质不同，应先加固渗透系数大的土层。

1.1.5.2 注浆地基质量检验标准

注浆地基质量检验标准应符合表 1-6 的规定。

表 1-6　注浆地基质量检验标准

项	序	检查项目		允许偏差或允许值		检查方法
				单位	数值	
主控项目	1	原材料检验	水泥	设计要求		查产品合格证书或抽样送检
			注浆用砂：粒径 细度模数 含泥量及有机物含量	mm %	<2.5 <2.0 <3	试验室试验
			注浆用黏土：塑性指数 黏粒含量 含砂量 有机物含量	 % % %	>14 >25 <5 <3	试验室试验
			粉煤灰：细度 烧失量	不粗于同时使用的水泥 %	 <3	试验室试验
			水玻璃：模数	2.5～3.3		抽样送检
			其他化学浆液	设计要求		查产品合格证书或抽样送检
	2	注浆体强度		设计要求		取样检验
	3	地基承载力		设计要求		按规定方法
一般项目	1	各种注浆材料称量误差		%	<3	抽查
	2	注浆孔位		mm	±20	用钢尺量
	3	注浆孔深		mm	±100	量测注浆管长度
	4	注浆压力（与设计参数比）		%	±10	检查压力表读数

承载力检验数量：每单位工程不应少于 3 点，1000m^2 以上工程，每 100m^2 应至少有 1 点，3000m^2 以上工程，每 300m^2 应至少有 1 点。基槽每 20 延长米应有 1 点，每独立基础下应有 1 点。

注浆体强度检查孔数为总量的 2%～5%，不合格率大于或等于 20%时应进行二次注浆。检验应在注浆后 15d（黄土、砂土）或 60d（黏性土）进行。

其他项目可随意检查。

1.1.6　预压地基

预压地基是指在原状土上加载，使土中水排出，以实现土的预先固结，提高地基承载力和减少建筑物地基后期沉降。

按加载的方法不同，有真空预压、降水预压和堆载预压三种方法。适用于处理淤泥、淤泥质土和冲填土等饱和黏性土地基。

1.1.6.1 预压地基施工

真空预压法：

真空预压法处理地基必须设置塑料排水带或砂井。塑料排水带或砂井的间距可按井径比 n 确定（n 为一根砂井的有效排水圆柱体直径与砂井直径之比）。普通砂井的间距可按 $n=6\sim8$ 选用；袋装砂井的间距可按 $n=15\sim20$ 选用。砂井的砂料应采用中粗砂，其渗透系数宜大于 1×10^{-2}cm/s。

真空预压的总面积应大于建筑物基础外缘的面积，每块面积宜尽可能大，且相互连接。

真空预压的抽气设备宜采用射流真空泵，真空泵的布置应根据预压地基面积大小、真空泵的效率来确定，但每块预压地基应至少设置真空泵两台。

水平方向分布滤水管可采用梳齿状、条状或羽毛状等形式。滤水管一般设在排水砂垫层中，滤水管上部宜有 100～200mm 砂覆盖层。滤水管可采用塑料管和钢管，管外绕绑铅丝后外包土工织物或尼龙织物等滤水材料。

密封膜应采用韧性好、抗穿刺能力强、抗老化性能好的不透气材料。

密封膜宜用两条热合缝的搭接热合法连接，搭接宽度应大于 15mm。密封膜宜铺设 3 层并周边严密密封。

真空预压的密封膜其真空度应保持在 80kPa 以上，压缩土层的平均固结度应大于 80%。

1.1.6.2 预压地基质量检验标准

预压地基和塑料排水带质量检验标准应符合表 1-7 的规定。

表 1-7 预压地基和塑料排水带质量检验标准

项	序	检查项目	允许偏差或允许值		检查方法
			单位	数值	
主控项目	1	预压载荷	%	≤2	水准仪
	2	固结度（与设计要求比）	%	≤2	根据设计要求采用不同的方法
	3	承载力或其他性能指标	设计要求		按规定方法
一般项目	1	沉降速率（与控制值比）	%	±10	水准仪
	2	砂井或塑料排水带位置	mm	±100	用钢尺量
	3	砂井或塑料排水带插入深度	mm	±200	插入时用经纬仪检查
	4	插入塑料排水带时的回带长度	mm	≤500	用钢尺量
	5	塑料排水带或砂井高出砂垫层距离	mm	≥200	用钢尺量
	6	插入塑料排水带的回带根数	%	<5	目 测

注：如真空预压，主控项目中预压载荷的检查为真空度降低值<2%。

承载力检验数量：每单位工程应不少于 3 点，1000m² 以上工程，每 100m² 应至少有 1 点，3000m² 以上工程，每 300m² 应至少有 1 点。基槽每 20 延长米应有 1 点，每一独立基础下应至少有 1 点。

其他主控项目及一般项目可随意抽查。

1.1.7 粉煤灰地基

粉煤灰地基是指用粉煤灰填充并进行压实而构成的坚实地基。

1.1.7.1　粉煤灰地基施工

粉煤灰材料可从电厂获得，硅铝型低钙粉煤灰中 $SiO_2 + Al_2O_3$ 的总含量不低于 70%（或 $SiO_2 + Al_2O_3 + Fe_2O_3$），烧失量不大于 12%。

粉煤灰应分层铺设，分层压实。分层厚度应经试验确定。每层摊铺后应先用轻型压路机或履带式机具初压 1～2 遍，然后用重型自振压路碾振碾 3～4 遍，时速 2～2.5km，再用静碾压 1～2 遍，碾压轮迹应相互搭接，压路机的后轮应每次碾压都超过两施工段的接缝。

1.1.7.2　粉煤灰地基质量检验标准

粉煤灰地基质量检验标准应符合表 1-8 的规定。

表 1-8　粉煤灰地基质量检验标准

项	序	检查项目	允许偏差或允许值		检查方法
			单位	数值	
主控项目	1	压实系数	设计要求		现场实测
	2	地基承载力	设计要求		按规定方法
一般项目	1	粉煤灰粒径	mm	0.001～2.000	过筛
	2	氧化铝及二氧化硅含量	%	≥70	试验室化学分析
	3	烧失量	%	≤12	试验室烧结法
	4	每层铺筑厚度	mm	±50	水准仪
	5	含水量（与最优含水量比较）	%	±2	取样后试验室确定

承载力检验数量：每单位工程不应少于 3 点，1000m² 以上工程，每 100m² 应至少有 1 点，3000m² 以上工程，每 300m² 应至少有 1 点。基槽每 20 延长米应有 1 点，每一独立基础下应至少有 1 点。其他主控项目和一般项目可随意抽查。

1.1.8　砂桩地基

砂桩地基是指在原状土中成孔后分层填充砂料并分层夯实，使砂料逐层密实同时对孔周围土体挤密而形成坚实的地基，适用于挤密素填土、杂填土和松散砂土等土质的地基。

1.1.8.1　砂桩地基施工

砂桩孔的布置宜采用等边三角形或正方形，砂桩直径一般为 300～800mm。砂桩间距不宜超过砂桩直径的 4 倍。

当地基中松软土层不厚时，砂桩宜穿过松软土层；当地基中松软土层较厚时，桩长应根据地基的允许变形值确定。

砂桩挤密地基的宽度应大于地基基础的边缘，每边加宽 1～3 排桩以上；砂桩用于防止砂层液化时，各边放宽不宜小于处理深度的 1/2，且不应小于 5m。

桩孔内的砂料宜用中砂、粗砂或砾砂等。其含泥量不得大于 5%，砂桩施工可采用重锤冲击成桩法或振动成桩法。

锤击成桩法分为单管法和双管法施工。

锤击成桩双管法施工步骤如下：

(1) 将内外管安放在预定桩位上，将用作桩塞的砂料投入外管的底部；

（2）用内管做锤冲击砂塞，依靠摩擦力将外管击入预计深度；

（3）固定外管将砂塞压入土中；

（4）提内管并向外管内填砂料；

（5）提外管的同时用内管将管内砂料冲击挤压土层；

（6）重复（4）、（5）步骤；

（7）将外管拔出地面，砂桩完成。

振动成桩法施工步骤如下：

（1）移动桩机和导向架，将桩管及桩尖对准桩位；

（2）启动振动锤，将桩管下到预定深度；

（3）向桩管内填充规定数量的砂料；

（4）当下砂料顺利时将桩管提升 1～2m，提升时桩尖孔由于自重打开，砂料流入桩孔内。

（5）利用桩管振动及桩尖挤压使砂料充分密实；

（6）重复（4）、（5）步骤，使桩管上下冲击砂料，砂桩逐渐升高；

（7）提出桩管，完成砂桩施工。

以挤密为主的砂桩施工顺序应间隔进行。桩孔填砂量不应少于设计用砂量的 95%。

施工结束后，应将基底标高以下土层夯压密实。

1.1.8.2 砂桩地基质量检验标准

砂桩地基质量检验标准应符合表 1-9 的规定。质量检验应在砂桩施工结束后 7d 进行。

表 1-9 砂桩地基的质量检验标准

项	序	检查项目	允许偏差或允许值		检查方法
			单位	数值	
主控项目	1	灌砂量	%	≥95	实际用砂量与计算体积比
	2	地基强度	设计要求		按规定方法
	3	地基承载力	设计要求		按规定方法
一般项目	1	砂料的含泥量	%	≤3	试验室测定
	2	砂料的有机质含量	%	≤5	焙烧法
	3	桩位	mm	≤50	用钢尺量
	4	砂桩标高	mm	±150	水准仪
	5	垂直度	%	≤1.5	经纬仪检查桩管垂直度

承载力检验数量：每单位工程应检验桩总数的 5%，且不应少于 3 根。当有单桩强度检验要求时应检验桩总数的 0.5%～1%，且不应少于 3 根。

其他主控项目及一般项目可随意抽查。

1.1.9 水泥粉煤灰碎石桩地基

水泥粉煤灰碎石桩地基是指用长螺旋钻机成孔或沉管桩机成孔后将水泥、粉煤灰和碎石混合搅拌后，经下料管或泵压入孔内，构成密实的桩体而形成的地基。

1.1.9.1 水泥粉煤灰碎石桩施工

水泥粉煤灰碎石桩施工时应检查桩身混合料的配合比、坍落度和钻杆的提升速度、成孔深度、混合料的灌入量等。

套管或钻杆的提升速度必须与泵送混合料的速度相匹配，否则容易造成断桩或缩颈，并且不同土层的钻杆提升速度也不尽相同，砂质黏土、黏土和砂性土中提升的速度为1.2～1.5m/min，而在淤泥质土中的提升速度则应放慢。灌注桩顶标高应高于设计标高0.5m。

1.1.9.2 水泥粉煤灰碎石桩地基质量检验标准

水泥粉煤灰碎石桩质量检验标准应符合表1-10的规定。

表1-10 水泥粉煤灰碎石桩复合地基质量检验标准

项	序	检查项目	允许偏差或允许值		检查方法
			单位	数值	
主控项目	1	原材料	设计要求		查产品合格证书或抽样送检
	2	桩径	mm	−20	用钢尺量或计算填料量
	3	桩身强度	设计要求		查28d试块强度
	4	地基承载力	设计要求		按规定的办法
一般项目	1	桩身完整性	按桩基检测技术规范		按桩基检测技术规范
	2	桩位偏差		满堂布桩≤0.40D 条基布柱≤0.25D	用钢尺量，D为桩径
	3	桩垂直度	%	≤1.5	用经纬仪测桩管
	4	桩长	mm	+100	测桩管长度或垂球测孔深
	5	褥垫层夯填度	≤0.9		用钢尺量

注：1. 夯填度指夯实后的褥垫层厚度与虚体厚度的比值。

2. 桩径允许偏差负值是指个别断面。

承载力检验数量：应为总数的0.5%～1%，且不少于3处。有单桩检验要求的应检验总数量的0.5%～1%，且不少于3根。

其他主控项目及一般项目应至少抽查总数量的20%。

1.1.10 水泥土搅拌桩地基

水泥土搅拌桩地基是指用水泥作固化剂，通过搅拌机械设备将其与地基土强制性搅拌，硬化后构成的地基。适用于处理淤泥质土、粉土、淤泥及含水量较高且地基承载力标准值不大于120kPa的黏性土等地基。

1.1.10.1 水泥土搅拌桩地基施工

水泥掺加量宜为加固土重量比的7%～15%，并可根据需要掺入适量的减水剂、早强剂、缓凝剂等。

桩位平面布置可采用块状、格栅状、桩状、壁状等形式。可仅在基础范围以内布桩。

施工现场应平整，无地上、地下障碍物。场地低洼处应用黏性土回填夯实。

基础底面以上宜预留500mm厚的土层，搅拌桩施工到与地面相平，开挖基坑时再将桩挖到设计标高。

水泥搅拌桩可按以下步骤施工：

（1）选择满足设计深度的搅拌机械就位；

（2）预搅下沉；

（3）喷浆搅拌提升；

（4）重复搅拌下沉；

（5）重复搅拌提升直至地面；

（6）关闭搅拌机械设备。

搅拌机械设备预搅下沉时不宜冲水，由于遇较硬土层下沉缓慢时方可冲水，所以应考虑冲水成桩对桩身强度的不利影响。

搅拌机喷浆提升的次数和速度必须符合施工工艺的要求，并派专人记录每米下沉和提升的时间，深度误差不得大于 50mm，时间误差不得大于 5s。

1.1.10.2 水泥土搅拌桩地基质量标准

水泥土搅拌桩地基质量标准应符合表 1-11 的规定。进行强度检验时，对支护水泥土搅拌桩应取 28d 以后的试件；对承重水泥土搅拌桩应取 30d 以后的试件。

表 1-11 水泥土搅拌桩地基质量检验标准

项	序	检查项目	允许偏差或允许值		检查方法
			单位	数值	
主控项目	1	水泥及外掺剂质量	设计要求		查产品合格证书或抽样送检
	2	水泥用量	参数指标		查看流量计
	3	桩体强度	设计要求		按规定办法
	4	地基承载力	设计要求		按规定办法
一般项目	1	机头提升速度	m/min	≤0.5	量机头上升距离及时间
	2	桩底标高	mm	±200	测机头深度
	3	桩顶标高	mm	+100 −50	水准仪（最上部 500mm 不计入）
	4	桩位偏差	mm	<50	用钢尺量
	5	桩径		<0.04D	用钢尺量，D 为桩径
	6	垂直度	%	≤1.5	经纬仪
	7	搭接	mm	>200	用钢尺量

承载力检验数量为总数的 0.5%～1%，且不应少于 3 处。有单桩强度检验要求时，检验数量为总数的 0.5%～1%，且不应少于 3 根。

其他主控项目及一般项目应至少抽查总数的 20%。

1.1.11 振冲地基

振冲地基是指在原状土中用振冲器冲水成孔，在孔内填冲材料经振冲密实而构成满足承载要求的地基。

1.1.11.1　振冲地基施工

振冲地基施工分为振冲密实法和振冲置换法两类。振冲密实法适用于处理砂土和粉土等地基，不加填充料的振冲密实法仅用于处理黏粒含量小于10%的中砂、粗砂地基。振冲置换法适用于处理不排水抗剪强度不小于20kPa的粉土、饱和黄土、黏性土及人工填土等土质的地基。

振冲密实法：

振冲密实法处理范围应大于建筑物基础放线边缘，从外边缘线放宽不少于5m。

振冲点宜按正方形或等边三角形布置，间距在1.8～2.5m为宜。

填冲料宜为卵石、碎石、圆砾、角砾、砂砾、中砂、粗砂等。每一振冲点所需填料量根据振冲点间距和地基土要求达到的密实程度确定。

振冲施工可用功率300kW的振冲器，升降振冲器可用自行井架式施工平车、起重机等机具。

加填料的振冲施工可按下列步骤进行：

(1) 平整场地，设置振冲点；

(2) 机具就位，在振冲点上安放护筒，使振冲器对准振冲点；

(3) 启动振冲器和水泵，使振冲器缓缓沉入砂层，水压可控制在400～600kPa，水量控制在200～400L/min，下沉速度宜控制在1～2m/min范围内；

(4) 振冲器达到设计深度后，将水压降低和水量降至孔口有一定回水量并无大量细小颗粒涌出的程度再将填料堆放在护筒的周围；

(5) 填料由于自重和振动器振动沉入孔底，在电流达到规定的控制值后，将振冲器提起0.3～0.5m；

(6) 重复以上步骤直至完成全孔处理，各深度的填料量和最终电流值应做好详细记录；

(7) 关闭振冲器和水泵。

不加填料与加填料的振冲密实施工大体相同。将振冲器沉至设计处理深度，振至电流稳定值大于规定值后，将振冲器上提0.3～0.5m，重复进行直至完成全孔处理。

振冲置换法：

振冲置换法的处理面积应大于基底的面积。一般地基宜在基础的外边缘扩大1～2排桩；液化地基应在基础的外边缘扩大2～4排桩。

桩位的布置，对独立基础或条形基础，宜为等腰三角形、矩形或正方形；对大面积满堂处理，宜用等边三角形。

桩的直径常为0.8～1.2m。桩间距宜为1.5～2.5m。桩长不宜短于4m。

桩孔填料可用含泥量不大的圆砾、角砾、卵石和碎石，其粒径不宜大于80mm。碎石的粒径一般为20～50mm。

振冲施工可按下列顺序进行：

(1) 平整场地，设置桩位；

(2) 施工机具就位，使振冲器对准桩位；

(3) 启动振冲器和水泵，水量可控制在200～400L/min，水压可控制在400～600kPa，使振冲器缓缓沉入土中，直到设计处理深度以上0.3～0.5m，各深度的电流值和时间应做好记录，将振冲器提至孔口；

(4) 重复以上步骤1～2次，使孔内泥浆变稀，然后将振冲器提至孔口；

(5) 向孔内填充填料，用振冲器进行振冲使之密实，这时随料的密实使电流增大，电流必须超过规定的密实电流，若达不到规定值，则应重新填料，重新振密，这一深度的最终填料量和电流量应做好记录；

(6) 将振冲器提出孔口后制作该桩的上段；

(7) 重复步骤 (6) 自下而上制作桩体，直至孔口；

(8) 关闭水泵和振冲器；

(9) 将桩顶松散桩体挖除，或使用碾压等方法进行密实，然后铺设200～500mm厚的一层碎石垫层。

振冲密实的施工步骤宜沿平行直线逐点进行。

1.1.11.2 振冲地基质量检验标准

振冲地基质量检验标准应符合表1-12的规定。

表1-12 振冲地基质量检验标准

项	序	检查项目	允许偏差或允许值		检查方法
			单位	数值	
主控项目	1	填料粒径	设计要求		抽样检查
	2	密实电流（黏性土） 密实电流（砂性土或粉土） （以上为功率30kW振冲器） 密实电流（其他类型振冲器）	A A A_0	50～55 40～50 1.5～2.0	电流表读数 电流表读数，A_0为空振电流
	3	地基承载力	设计要求		按规定方法
一般项目	1	填料含泥量	%	<5	抽样检查
	2	振冲器喷水中心与孔径中心偏差	mm	≤50	用钢尺量
	3	成孔中心与设计孔位中心偏差	mm	≤100	用钢尺量
	4	桩体直径	mm	<50	用钢尺量
	5	孔深	mm	±200	量钻杆或重锤测

承载力检验数量为总数的0.5%～1%，且不应少于3处。当有单桩强度检验要求时，检验数量为总数的0.5%～1%，且不少于3根。

其他主控项目及一般项目应至少抽查总数的20%。

1.1.12 高压喷射注浆地基

高压喷射注浆地基是指用钻机将带有喷射嘴的注浆管钻入土层的预定深度或先用设备钻孔后将注浆管放至预定深度，以高压设备将水或浆液通过喷嘴射出，边旋转边喷射，使土体与浆液充分混合而形成固结体的地基。适用于处理人工填土、砂土、黄土、粉土、黏性土、淤泥、淤泥质土、碎石土等地基。

1.1.12.1 高压喷射注浆地基施工

高压喷射注浆地基施工分为单管法、二管法和三管法。单管法是单独喷射水泥浆的工艺；二管法是既喷射水泥浆又同时喷射高压空气的工艺；三管法是同时喷射水泥浆、高压空气、高压水的工艺。

水泥浆宜采用32.5级、42.5级普通硅酸盐水泥，根据需要加入适量的防冻剂、悬浮剂或速凝剂。水灰比可取1.0～1.5，一般情况用1.0。

高压喷射注浆单管法、二管法的高压水泥浆液流和三管法高压水射流的压力宜大于20MPa，三管法使用的低压水泥浆液流压力宜大于1MPa，气流压力宜取0.7MPa，提升速度可控制在0.1～0.25m/min。

孔位设计应根据施工现场地下埋设物的位置和环境等具体情况而定。

高压喷射注浆的施工步骤为机具现场就位、贯入注浆管、喷射注浆、拔管、冲洗等。

当注浆管贯入土中，喷嘴达到设计深度时方可注浆。在喷射注浆参数达到规定值后分别按动旋喷、定喷或摆喷按钮自下而上注浆，注浆管分段提升的搭接长度不得小于100mm。

为防止浆液凝固收缩影响桩顶高程，可在原孔位进行冒浆回灌或二次注浆处理。

1.1.12.2　高压喷射注浆地基质量检验标准

高压喷射注浆地基质量检验标准应符合表1-13的规定。

表1-13　高压喷射注浆地基质量检验标准

项	序	检查项目	允许偏差或允许值		检查方法
			单位	数值	
主控项目	1	水泥及外掺剂质量	符合出厂要求		查产品合格证书或抽样送检
	2	水泥用量	设计要求		查看流量表及水泥浆水灰比
	3	桩体强度或完整性检验	设计要求		按规定方法
	4	地基承载力	设计要求		按规定方法
一般项目	1	钻孔位置	mm	≤50	用钢尺量
	2	钻孔垂直度	%	≤1.5	经纬仪测钻杆或实测
	3	孔深	mm	±200	用钢尺量
	4	注浆压力	按设定参数指标		查看压力表
	5	桩体搭接	mm	>200	用钢尺量
	6	桩体直径	mm	≤50	开挖后用钢尺量
	7	桩身中心允许偏差		≤0.2D	开挖后桩顶下500mm处用钢尺量，D为桩径

承载力检验数量为总数的0.5%～1%，且不少于3处。当有单桩强度检验要求时，检验数量为总数的0.5%～1%，且不应少于3根。

其他主控项目及一般项目应至少抽查总数的20%。

质量检验应在注浆结束后的28d以后进行。

1.1.13　土和灰土挤密桩复合地基

土和灰土挤密桩复合地基是指在原状土中用设备成孔后分层填灰土或素土，经夯实密实，且同时对周围土体进行挤密而构成的坚实地基。适用于处理地下水位以上的杂填土、素填土和湿陷性黄土，处理深度宜为5～15m地基。

1.1.13.1 土和灰土挤密桩地基施工

土和灰土挤密桩地基整片处理Ⅲ、Ⅳ级自重湿陷性黄土场地时，每边应超出建筑物外墙边缘不宜小于处理土层厚度的1/2，且不应小于2m。土和灰土挤密桩地基局部处理时，对非自重湿陷性黄土、杂填土、素填土地基，每边超出建筑物基础宽度不应小于0.25b（b为基础短边宽度），且不应小于0.5m；对自重湿陷性黄土地基不应小于0.75b，且不应小于1m。

桩孔直径一般在300～600mm。桩孔布置宜为等边三角形。

桩孔内填料的质量应以压实系数进行控制，当用灰土回填夯实时，压实系数不应小于0.97。当用素土回填夯实时，压实系数不应小于0.95。灰土的体积配合比宜为3∶7或2∶8。

成孔施工可根据现场条件选用冲击、爆扩或沉管（振动、锤击）等方法。

成孔施工时，当地基土含水量低于12%时，宜加水湿润至最优含水量。

孔底必须夯实后方可填料分层夯实，回填的素土或灰土应控制在最优含水量，其压实系数应符合规定。

成孔和填料夯实的施工宜间隔进行。对大型工程可分段进行施工。

基础底面以上应预留0.7～1.0m厚的土层，待挤密桩施工结束后再挖至底面标高。

1.1.13.2 土和灰土挤密桩地基质量检验标准

土和灰土挤密桩地基质量检验标准应符合表1-14的规定。

表1-14 土和灰土挤密桩地基质量检验标准

项	序	检查项目	允许偏差或允许值		检查方法
			单位	数值	
主控项目	1	桩体及桩间土干密度	设计要求		现场取样抽查
	2	桩长	mm	+500	测桩管长度或垂球测孔深
	3	地基承载力	设计要求		按规定的方法
	4	桩径	mm	−20	用钢尺量
一般项目	1	土料有机质含量	%	≤5	试验室焙烧法
	2	石灰粒径	mm	≤5	筛分法
	3	桩位偏差		满堂布桩≤0.40D 条基布桩≤0.25D	用钢尺量，D为桩径
	4	垂直度	%	≤1.5	用经纬仪测桩管
	5	桩径	mm	−20	用钢尺量

注：桩径允许偏差负值是指个别断面。

承载力检验数量为总数的0.5%～1%，且不应少于3处。当有单桩强度检验要求时，检验数量为总数的0.5～1%，且不应少于3根。

其他主控项目及一般项目应至少抽查总数的20%。

1.1.14 夯实水泥土桩复合地基

夯实水泥土桩地基是指用螺旋钻机或沉管桩机成孔后，将黏土和水泥按比例配制的混合料经过筛通过下料斗填入孔中分层夯实直至孔口，构成的坚实桩体的复合地基。

1.1.14.1　夯实水泥土桩复合地基施工

夯实水泥土桩施工过程中应检查孔径、孔深、孔位和填料的配合比、含水量，其含水量应控制在最优含水量范围以内。

填料的虚铺厚度每层为20～25cm，每层夯实3～4遍。桩顶标高应高出设计标高0.5m。高出部分在挖留土时挖除。

1.1.14.2　夯实水泥土地基质量检验标准

夯实水泥土桩复合地基质量检验标准应符合表1-15的规定。

表1-15　夯实水泥土桩复合地基质量检验标准

项	序	检查项目	允许偏差或允许值 单位	允许偏差或允许值 数值	检查方法
主控项目	1	桩径	mm	−20	用钢尺量
	2	桩长	mm	+500	测桩孔深度
	3	桩体干密度	设计要求		现场取样检查
	4	地基承载力	设计要求		按规定的方法
一般项目	1	土料有机质含量	%	≤5	焙烧法
	2	含水量（与最优含水量比）	%	±2	烘干法
	3	土料粒径	mm	≤20	筛分法
	4	水泥质量	设计要求		查产品质量合格证书或抽样送检
	5	桩位偏差		满堂布桩≤0.40D 条基布桩≤0.25D	用钢尺量，D为桩径
	6	桩孔垂直度	%	≤1.5	用经纬仪测桩管
	7	褥垫层夯填度	≤0.9		用钢尺量

注：见表1-10。

承载力检验数量为总数的0.5%～1%，且不应少于3处。

其他主控项目及一般项目应至少抽查总数的20%。

1.1.15　天然地基

1.1.15.1　天然地基施工

天然地基是指采用石、砖、混凝土、灰土、三合土、毛石混凝土等材料经回填夯实而构成的坚实地基。适用于六层及六层以下（三合土夯实基础最多不宜超过四层）的一般民用住宅楼和以墙承重的轻型厂房。

1. 毛石混凝土基础施工

（1）毛石混凝土使用的毛石应坚硬、无风化、其极限抗压强度应不低于30MPa，毛石块径应不大于所浇筑部位最小宽度的1/3，且不大于30cm，毛石表面应无水锈、污泥或其他污垢。

（2）浇筑前，应先铺一层10～15cm厚的混凝土打底，再铺设毛石，毛石上浇捣混凝土，每浇一层（20～25cm厚混凝土）再铺设一层毛石，直至基础顶面，所掺用的毛石数量不应超过基础总体积的25%，且应在基础顶面浇不掺和少掺毛石的混凝土一层，其厚度不少于10cm。

(3) 对阶梯基础，每一阶梯应划分浇捣层，每层的顶面应基本找平，对于锥形基础应将锥形斜面坡度修整平整并符合坡度要求。

(4) 混凝土应一次性连续浇筑完成，当必须留设施工缝时，应将施工缝留置在毛石与混凝土的交接处，使毛石外露混凝土面一半，并按规范要求进行接缝处理。

(5) 毛石铺设应使纹理与受力面垂直，并严禁毛石与毛石之间无混凝土。

(6) 混凝土浇筑后14h应浇水养护，用草帘覆盖，严禁裸露暴晒。

2. 混凝土基础

混凝土基础施工前应进行验槽，基坑（槽）的轴线、标高、土质及混凝土体积尺寸必须符合设计要求。

基坑（槽）内的积水、杂物、淤泥等应清理干净，软弱土层应挖除，以砂砾或灰土回填夯实。

3. 柱下条形基础

柱下条形基础适用于上部结构荷载较大、地基土的承载力较低，防止由于不均匀沉降造成建筑物结构开裂的工程。

柱下条形基础施工要点：

(1) 基坑（槽）的积水、杂物应清理干净，土质和尺寸应符合设计要求。

(2) 配制混凝土的原材料、配合比应符合要求。

(3) 钢筋的规格、型号、尺寸，连接方式，搭接长度，保护层厚度等应符合设计要求。柱下条形基础的构造应符合设计要求。

(4) 混凝土的浇筑应符合混凝土施工质量验收标准和规程规范的要求。

4. 墙下筏板基础

墙下筏板基础适用于结构荷载较大、地基承载力较低，采取一般基础不能满足要求的情况，墙下筏板基础能增强基础的整体刚度，减少不均匀沉降，避免主体结构开裂。

墙下符板基础施工要点同柱下条形基础。

5. 柱下筏板基础

柱下筏板基础适用于建筑结构荷载较大、地基土的承载能力较低、采取一般形式基础不能满足要求的情况下，柱下筏板基础能增强基础的整体刚度，减少不均匀沉降，避免主体结构开裂。施工要点同柱下条形基础。

6. 箱形基础

箱形基础是指由底板、外墙体、内墙体及顶板组成的空间整体结构，一般为钢筋混凝土建筑，所形成的空间部分可作为地下室，一般为多层和高层建筑。

箱形基础的施工要点同柱下条形基础并应注意施工缝的留置位置必须符合设计要求。

1.1.15.2 天然地基质量检验

天然地基垫层的承载力宜通过现场试验确定，对一般工程，当无任何试验资料可利用时可按表1-16选用，并应验算下卧层的承载力。

1. 对灰土、素土和砂垫层可用贯入仪检验垫层质量，对砂垫层也可用钢筋检验。并均应通过现场试验以控制压实系数所对应的贯入度为合格标准。压实系数的检验可采用环刀法或其他方法。

2. 垫层的检验必须分层进行。每完成一层夯压应检验一层平均压实系数，当压实系数满足设计要求时方可铺设上一层。

当用环刀取样时，取样位置应在每层 2/3 的深度处。

3. 当用钢筋或贯入仪检验垫层的质量时，检验点的间距应小于 4m。当取土样检验垫层的质量时，对大基坑每 50～100m^2 应不少于 1 个检验点；对基槽每 10～20m 应不少于 1 点，每个单独柱基应不少于 1 点。

4. 重锤夯实的质量检验，除按试夯要求检查施工记录外，总夯沉量应不小于试夯总夯沉量的 90%。

5. 用强夯法处理的地基质量检验数量，应根据场地复杂程度和建筑物的重要性确定。对于简单场地上的一般建筑，每个建筑物地基的检验点不应少于 3 处；对于复杂场地或重要建筑物地基应增加检验点数。检验深度应不小于设计处理深度。

表 1-16　各种垫层的承载力

施工方法	换填材料类别	压实系数 λ_c	承载力标准值 f_k（kPa）
碾压或振密	碎石、卵石	0.94～0.97	200～300
	砂夹石（其中碎石、卵石占全重的 30%～50%）		200～250
	土夹石（其中碎石、卵石占全重的 30%～50%）		150～200
	中砂、粗砂、砾砂		150～200
	黏性土和粉土（$8<I_p<14$）		130～180
	灰土	0.93～0.95	200～250
重锤夯实	土或灰土	0.93～0.95	150～200

注：1. 压实系数小的垫层，承载力标准值取低值，反之取高值；

2. 重锤夯实土的承载力标准值取低值，灰土取高值；

3. 压实系数 λ_c 为土的控制干密度 ρ_d 与最大干密度 ρ_{dmax} 的比值；土的最大干密度宜采用击实试验确定，碎石或卵石的最大干密度可取 2.0～2.2t/m^3。

1.2 桩　基　础

随着社会的发展进步，厂房的规模越来越大，楼房越建越高。如果遇到地基的软弱土层很厚，采用浅埋地基基础已不能满足承载力的要求，且在做其他人工地基不现实或不经济的情况下，可采用桩基础来满足设计要求。桩基础的作用是将建筑物或构筑物的荷载通过桩体传递给软土层下的坚硬层，或靠桩体与土的摩擦力传递给周边的基土，前者为端承桩，后者为摩擦桩。端承桩适用于表层土比较松软且坚硬层距地表并不深（指相对自然地面）的地区；摩擦桩适用于软松土层比较厚而坚硬层距地表很深的区域。

桩基一般设计为由若干个单体桩组合而成的整体，组合由承台来完成。再在承台上修建建筑物或构筑物。按照桩的施工工艺分为以下两种类型：混凝土预制桩与混凝土和钢筋混凝土灌注桩。

1.2.1 钢筋混凝土预制桩

钢筋混凝土预制桩大部分在混凝土构件厂生产。由于预制桩要求的参数指标比较高，对结构安全起着至关重要的作用，所以要求预制厂有相应的资质、严谨的管理体系、相应的管理人员资格证书、质保体系和生产许可证。

1.2.1.1 预制桩分类

1. 预制实心桩

预制实心桩一般为方形或X形，可根据需要和现场具体条件在现场制作，这样可以节约运输成本，但由于现场施工条件较差，往往桩的制作质量难以掌握。所以，要求现场管理人员具有较高的技术素质和责任心。

预制实心桩截面有200mm×200mm，250mm×250mm，300mm×300mm及350mm×350mm等，桩长一般在12m以内。

2. 先张法预应力管桩的规格

(1) PTC型：300mm，400mm，500mm，550mm，600mm，800mm，1000mm。

(2) PC型：300mm，400mm，500mm，550mm，600mm。

(3) PHC型：300mm，350mm，400mm，450mm，500mm，550mm，600mm。

随着社会发展的需要，管桩的规格亦不断增加。

预应力高强混凝土管桩（PHC）的配筋和力学性能如表1-17所示。

预应力混凝土管桩（PC）的配筋和力学性能如表1-18所示。

预应力混凝土薄壁管桩（PTC）的配筋和力学性能如表1-19所示。

表1-17 预应力高强混凝土管桩（PHC桩）的配筋和力学性能

外径 D（mm）	壁厚 t（mm）	单节桩长（m）	混凝土强度等级	型号	预应力钢筋	螺旋筋规格	混凝土有效预应力（MPa）	抗裂弯矩检验值 M_{Cr}（kN·m）	极限弯矩检验值 M_u（kN·m）	单桩竖向承载力最大特征值 R_a（kN）	桩身结构竖向承载力设计值 R_p（kN）	理论重量（kg/m）
550	125	≤15	C80	A	11ϕ9.0	ϕ^b5	3.4	125	188	3050	4150	434
				AB	11ϕ10.7		4.7	154	254			
				B	15ϕ10.7		6.1	182	328			
				C	15ϕ12.6		7.9	211	422			
600	110	≤15	C80	A	13ϕ9.0	ϕ^b5	3.9	164	246	3150	4250	440
				AB	13ϕ10.7		5.5	201	332			
				B	17ϕ10.7		7	239	430			
				C	17ϕ12.6		9.1	276	552			
600	130	≤15	C80	A	13ϕ9.0	ϕ^b5	3.5	164	246	3550	4800	499
				AB	13ϕ10.7		4.8	201	332			
				B	17ϕ10.7		6.2	239	430			
				C	17ϕ12.6		8.2	276	552			

续表

外径 D（mm）	壁厚 t（mm）	单节桩长（m）	混凝土强度等级	型号	预应力钢筋	螺旋筋规格	混凝土有效预应力（MPa）	抗裂弯矩检验值 M_{Cr}（kN·m）	极限弯矩检验值 M_u（kN·m）	单桩竖向承载力最大特征值 R_a（kN）	桩身结构竖向承载力设计值 R_p（kN）	理论重量（kg/m）
800	110	≤15	C80	A	15ϕ10.7	ϕ^b6	4.4	367	550	4400	6000	620
				AB	15ϕ12.6		6.1	451	743			
				B	22ϕ12.6		8.2	535	962			
				C	27ϕ12.6		11	619	1238			
1000	130	≤15	C80	A	22ϕ10.7	ϕ^b6	4.4	689	1030	6600	8900	924
				AB	22ϕ12.6		6	845	1394			
				B	30ϕ12.6		8.3	1003	1805			
				C	40ϕ12.6		10.9	1161	2322			

表 1-18 预应力混凝土管桩（PC 桩）的配筋和力学性能

外径 D（mm）	壁厚 t（mm）	单节桩长（m）	混凝土强度等级	型号	预应力钢筋	螺旋筋规格	混凝土有效预压应力（MPa）	抗裂弯矩检测值 M_{Cr}（kN·m）	极限弯矩检测值 M_u（kN·m）	单桩竖向承载力最大特征值 R_a（kN）	桩身结构竖向承载力设计值 R_p（kN）	理论重量（kg/m）
300	70	≤11	C60	A	6ϕ7.1	ϕ^b4	3.8	23	34	700	950	131
				AB	6ϕ9.0		5.2	28	45			
				B	8ϕ9.0		7.1	33	59			
				C	8ϕ10.7		9.3	38	76			
400	95	≤12	C60	A	10ϕ7.1	ϕ^b4	3.7	52	77	1300	1750	249
				AB	10ϕ9.0		5.0	63	104			
				B	13ϕ9.0		6.7	75	135			
				C	13ϕ10.7		9.0	87	174			
500	100	≤15	C60	A	10ϕ9.0	ϕ^b5	3.9	99	148	1750	2400	327
				AB	10ϕ10.7		5.4	121	200			
				B	14ϕ10.7		7.2	144	258			
				C	14ϕ12.6		9.8	166	332			
550	100	≤15	C60	A	11ϕ9.0	ϕ^b5	3.9	125	188	2000	2700	368
				AB	11ϕ10.7		5.4	154	254			
				B	15ϕ10.7		7.2	182	328			
				C	15ϕ12.6		9.7	211	422			
600	110	≤15	C60	A	13ϕ9.0	ϕ^b5	3.9	164	246	2400	3250	440
				AB	13ϕ10.7		5.4	201	332			
				B	18ϕ10.7		7.2	239	430			
				C	18ϕ12.6		9.8	276	552			

表 1-19 预应力混凝土薄壁管桩（PTC桩）的配筋和力学性能

外径 D（mm）	壁厚 t（mm）	单节桩长（m）	混凝土强度等级	预应力钢筋	螺旋筋规格	混凝土有效预压应力（MPa）	抗裂弯矩检验值 M_{Cr}（kN·m）	极限弯矩检验值 M_u（kN·m）	单桩竖向承载力最大特征值 R_a（kN）	桩身结构竖向承载力设计值 R_p（kN）	理论重量（kg/m）
300	60	≤9	C60	6ϕ7.1	ϕ^b4	4.2	19	26	640	870	117
350	60	≤10	C60	6ϕ7.1	ϕ^b4	3.5	27	38	770	1050	142
400	60	≤11	C60	7ϕ7.1	ϕ^b4	3.2	39	55	990	1230	166
450	65	≤11	C60	9ϕ7.1	ϕ^b4	3.4	55	77	1100	1500	204
500	70	≤12	C60	10ϕ7.1	ϕ^b5	3.1	71	99	1350	1820	245
550	80	≤13	C60	12ϕ7.1	ϕ^b5	3.2	97	136	1680	2270	307
600	80	≤13	C60	9ϕ9.0	ϕ^b5	3.3	119	167	1850	2500	340

预应力混凝土管桩的制作是先将管桩的配筋采用先张法固定在特制的两个端盘上实施张拉，放入管桩模型中，将拌制的混凝土浇入模型，然后开动旋转电机，使管桩离心成型，推入高温室压蒸养护、管桩通过科学配比和掺加外加剂工艺，可确保混凝土强度等级大于C80，比普通混凝土预制桩的承载力高 2～4 倍，采用先张法预应力施工工艺，管桩比普通混凝土预制桩有较高的抗裂和抗弯强度。因管桩桩身混凝土密实、强度高、耐打性好，所以对持力层起伏变化大的地质条件适应性强。管桩检测方便，监理强度低，运输方便，施工简单，不污染环境，符合环保要求。另外，由于桩承载力高（一般可达 4000kN 以上）并可接长，比其他桩种施工周期短，可节约施工费用。

1.2.1.2 预制桩打桩

预制桩打桩工艺比较简单，首先按设计图样定好桩位，然后用薄铁做一与管桩直径相等、中心有一圆孔的样板，将样板套在桩位的铁桩上，用白灰沿圆样板撒成一个圆圈。将管桩吊起放在白灰撒成的圆圈上，用两台经纬仪以 90°夹角架设在地面，当两个方向观测管桩与地面垂直度全部达到允许偏差范围以内时，开动打桩机或静压机将管桩打入或压入土层中。这种成桩的方法称作部分挤土成桩法。

预应力管桩施工前应检查进入现场的成品桩和电焊条的质量。根据地质条件、桩型、桩的规格选用合适的桩锤。

桩打入时应符合以下规定：

1. 桩帽或送桩帽与桩周围的间隙应为 5～10mm；
2. 桩帽与桩、锤与桩帽之间应加弹性衬垫；
3. 桩帽、桩锤和送桩应与桩身在同一中心线上；
4. 桩打入时的垂直度偏差不得超过 0.5%。

打桩顺序应按下列规定进行施工：

1. 当桩群较密集时，应自中间向两个方向或向四周对称施打；
2. 当一侧有相邻建筑物时，由建筑物处向另一方向施打；
3. 根据桩底标高，宜先深后浅进行；

4. 根据桩的规格，宜先大后小，先长后短进行；

桩停止锤击的原则如下：

1. 桩端位于一般土层时，以控制桩端设计标高为主，贯入度可作参考；

2. 桩端达到硬塑、坚硬的黏性中密以上粉土、碎石类土、砂土、风化岩、黏性土时，以贯入度控制为主，桩标高可作参考；

3. 贯入度已达到要求而桩端标高未达到要求时应继续锤击三阵，按每阵 10 击的贯入度不大于设计规定的数值为准。

施工过程中应经常检查桩顶的完整状况、接桩电焊质量，桩体垂直度、电焊接桩后的间歇时间和桩的贯入情况，重要工程的接桩应做 10％的焊缝探伤检验。

1.2.1.3　先张法预应力管桩质量检验标准

先张法预应力管桩质量检验标准应符合表 1-20 的规定。

表 1-20　先张法预应力管桩质量检验标准

项	序	检查项目		允许偏差或允许值		检查方法
				单位	数值	
主控项目	1	桩体质量检验		按基桩检测技术规范		按基桩检测技术规范
	2	桩位偏差		见表 1-21		用钢尺量
	3	承载力		按基桩检测技术规范		按基桩检测技术规范
一般项目	1	成品桩质量	外观	无蜂窝、露筋、裂缝、色感均匀、桩顶处无孔隙		直观
			桩径	mm	±5	用钢尺量
			管壁厚度	mm	±5	用钢尺量
			桩尖中心线	mm	＜2	用钢尺量
			顶面平整度	mm	10	用水平尺量
			桩体弯曲		＜1/1000l	用钢尺量，l 为桩长
	2	接桩：焊缝质量		见表 1-29		见表 1-29
		电焊结束后停歇时间		min	＞1.0	秒表测定
		上下节平面偏差		mm	＜10	用钢尺量
		节点弯曲矢高			＜1/1000l	用钢尺量，l 为两节桩长
	3	停锤标准		设计要求		现场实测或查沉桩记录
	4	桩顶标高		mm	±50	水准仪

桩体质量检验数量不应少于总数的 20％，并不应少于 10 根，每个承台下不得少于 1 根。

承载力检验数量不应少于总数的 1％，并不应少于 3 根，当桩数少于 50 根时，不应少于 2 根。

其他主控项目应全数检查，一般项目可抽查总桩数的 20%。

1.2.2 静力压桩

静力压桩的方法包括绳索系统加压、锚杆静压、液压千斤顶加压等，除冲击力作用沉桩的均为静力压桩，静力压桩适用于软弱土层施工。

1.2.2.1 静力压桩施工

静压机的额定重量的选择应根据现场实际土质情况确定。

桩身、桩顶和送桩应在同一垂直线上。

施工前应对成品桩进行强度和外观质量检验，接桩使用的半成品硫磺胶泥或焊条应有产品合格证，硫磺胶泥应每 100kg 取一组试件（每组 3 件）。静压机压力表、锚杆的规格及质量也应现场检查并做好记录。

压桩过程中应检查桩的垂直度、接桩质量、接桩间歇时间、压入深度、压力表等情况。重要工程应对电焊接桩的接头总数的 10%做探伤检验。检查压力表的目的是检查压桩过程是否正常。接桩间歇时间必须严格控制，时间过短会使强度不足，硫磺胶泥接头被压坏，造成断桩。为防止硫磺胶泥在容器中硬化，浇筑时必须迅速进行，为保证质量，应使硫磺胶泥配制后有一定的流淌程度时注入连接孔内。

静压入桩（先张法预应力管桩、钢桩、预制混凝土方桩）的桩位偏差必须符合表 1-21 的规定。压入桩的倾斜角不得大于桩长的 1%（倾斜角指桩纵向中心线与垂直线的夹角）。

表 1-21 预制桩（钢桩）桩位的允许偏差 (mm)

项	项 目	允 许 偏 差
1	盖有基础梁的桩： (1) 垂直基础梁的中心线 (2) 沿基础梁的中心线	 $100+0.01H$ $150+0.01H$
2	桩数为 1～3 根桩基中的桩	100
3	桩数为 4～16 根桩基中的桩	1/2 桩径或边长
4	桩数大于 16 根桩基中的桩： (1) 最外边的桩 (2) 中间桩	 1/3 桩径或边长 1/2 桩径或边长

注：H 为施工现场地面标高与桩顶设计标高的距离。

1.2.2.2 静力压桩质量检验标准

静力压桩质量检验标准应符合表 1-22 的规定。

桩体质量检验数量应不少于总数的 20%，并应不少于 10 根。对混凝土预制桩的检验数量应不少于总桩数的 10%，并应不少于 10 根。每根桩的承台下不得少于 1 根。

承载力检验数量为总桩数的 1%，并不应少于 3 根，当总桩数不足 50 根时，不应少于 2 根。

其他主控项目应全数检查，对一般项目可按总桩数的 20%抽查。

表 1-22 静力压桩质量检验标准

项	序	检查项目	允许偏差或允许值		检查方法
			单位	数值	
主控项目	1	桩体质量检验	按基桩检测技术规范		按基桩检测技术规范
	2	桩位偏差	见表 1-21		用钢尺量
	3	承载力	按基桩检测技术规范		按基桩检测技术规范
一般项目	1	成品桩质量：外观	表面平整，颜色均匀，掉角深度＜10mm，蜂窝面积小于总面积 0.5％		直观
		外形尺寸	见表 1-24		见表 1-24
		强度	满足设计要求		查产品合格证书或钻芯试压
	2	硫磺胶泥质量（半成品）	设计要求		查产品合格证书或抽样送检
	3	接桩：电焊接桩：焊缝质量	见表 1-29		见表 1-29
		接桩：电焊结束后停歇时间	min	＞1.0	秒表测定
		接桩：硫磺胶泥接桩：胶泥浇注时间	min	＜2	秒表测定
		接桩：硫磺胶泥接桩：浇注后停歇时间	min	＞7	秒表测定
	4	电焊条质量	设计要求		查产品合格证书
	5	压桩压力（设计有要求时）	%	±5	查压力表读数
	6	接桩时上下节平面偏差	mm	＜10	用钢尺量
		接桩时节点弯曲矢高	mm	＜1/1000l	用钢尺量，l 为两节桩长
	7	桩顶标高	mm	±50	水准仪

1.2.3 混凝土预制桩

1.2.3.1 混凝土预制桩施工

混凝土预制桩使用的原材料应有产品合格证、检测报告和复验报告及混凝土抗压强度报告，预制厂生产的成品桩进场后应提供合格证明并对产品的规格尺寸及外观质量进行检查。

混凝土预制桩的钢筋骨架质量检验标准应符合表 1-23 的规定。

桩锤的选择应根据现场土质条件、桩的密集程度、施工条件、单桩承载力及桩型等确定。

混凝土预制桩打入时规定、打桩顺序及停止锤击的控制原则与先张法预应力管桩相同。

施工过程中应对沉桩过程、桩体垂直度、桩顶完整状况及接桩质量进行检查。

对电焊接桩，重要工程应抽查总桩数的 10％进行焊缝探伤检查。

对长桩或者锤击总数超过 500 击的桩，应符合 28d 龄期及桩体混凝土强度两项条件均达到要求后才能运入现场锤击打桩。

表 1-23 预制桩钢筋骨架质量检验标准 (mm)

项	序	检查项目	允许偏差或允许值	检查方法
主控项目	1	主筋距桩顶距离	±5	用钢尺量
	2	多节桩锚固钢筋位置	5	用钢尺量
	3	多节桩预埋铁件	±3	用钢尺量
	4	主筋保护层厚度	±5	用钢尺量
一般项目	1	主筋间距	±5	用钢尺量
	2	桩尖中心线	10	用钢尺量
	3	箍筋间距	±20	用钢尺量
	4	桩顶钢筋网片	±10	用钢尺量
	5	多节桩锚固钢筋长度	±10	用钢尺量

1.2.3.2 混凝土预制桩质量检验标准

混凝土预制桩质量检验标准应符合表 1-24 的规定。

表 1-24 混凝土预制桩的质量检验标准

项	序	检查项目	允许偏差或允许值 单位	允许偏差或允许值 数值	检查方法
主控项目	1	桩体质量检验	按基桩检测技术规范		按基桩检测技术规范
	2	桩位偏差	见表 1-21		用钢尺量
	3	承载力	按基桩检测技术规范		按基桩检测技术规范
一般项目	1	砂、石、水泥、钢材等原材料（现场预制时）	符合设计要求		查出厂质保文件或抽样送检
	2	混凝土配合比及强度（现场预制时）	符合设计要求		检查称量及查试块记录
	3	成品桩外形	表面平整，颜色均匀，掉角深度＜10mm，蜂窝面积小于总面积 0.5%		直观
	4	成品桩裂缝（收缩裂缝或起吊、装运、堆放引起的裂缝）	深度＜20mm，宽度＜0.25mm，横向裂缝不超过边长的一半		裂缝测定仪，该项在地下水有侵蚀地区及锤击数超过 500 击的长桩不适用
	5	成品桩尺寸： 横截面边长 桩顶对角线差 桩尖中心线 桩身弯曲矢高 桩顶平整度	 mm mm mm mm	 ±5 ＜10 ＜10 ＜1/1000l ＜2	 用钢尺量 用钢尺量 用钢尺量 用钢尺量，l 为桩长 用水平尺量
	6	电焊接桩：焊缝质量 电焊结束后停歇时间 上下节平面偏差 节点弯曲矢高	见表 1-29 min mm	 ＞1.0 ＜10 ＜1/1000l	见表 1-29 秒表测定 用钢尺量 用钢尺量，l 为两节桩长
	7	硫磺胶泥接桩： 胶泥浇注时间 浇注后停歇时间	 min min	 ＜2 ＞7	 秒表测定 秒表测定
	8	桩顶标高	mm	±50	水准仪
	9	停锤标准	设计要求		现场实测或查沉桩记录

桩体质量检验的数量应不少于总桩数的10%，并不得少于10根，各桩承台下不得少于1根。

承载力检验数量应不少于总桩数的1%，并应不少于3根，当总桩数不足50根时，应不少于2根。

其他主控项目应全数检查，一般项目按总桩数20%进行抽查。

1.2.4 混凝土灌注桩（挤扩支盘灌注桩）

混凝土灌注桩包括混凝土和钢筋混凝土灌注桩及挤扩支盘灌注桩。

混凝土和钢筋混凝土灌注桩是按设计图样标明的桩位用机械设备成孔后浇筑混凝土而形成的桩体，广泛用于软弱土层较厚或浅埋基础不能满足设计要求的工业厂房及其他建筑物的基础工程。

混凝土和钢筋混凝土灌注桩的成孔方法，可根据现场不同土质条件选用泥浆护壁冲（钻）孔、锤击（振动）、套管成孔、振动冲击沉管成孔、螺旋钻钻孔扩底、人工挖孔、潜水钻机成孔、爆扩成孔等方法。随着我国高新技术的不断发展和机械化施工程度的不断提高，逐步以机械化代替了繁重的体力劳动，人工挖孔桩的施工逐步减少。

1.2.4.1 混凝土灌注桩原材料

混凝土灌注桩使用的原材料包括水泥、砂、石、钢筋、外加剂和掺加料等均应有产品合格证、检测报告、复验报告。

1.2.4.2 混凝土灌注桩施工工艺选择

1. 灌注桩成孔

根据成孔工艺的不同，混凝土灌注桩的成孔分为泥浆护壁钻（冲）孔灌注桩、套管灌注桩和干作业成孔（包括人工挖孔灌注桩等几类）。各有其适用条件。

（1）泥浆护壁钻孔灌注桩适用于地下水位以下的粉土、砂土、填土、黏性土、碎（砾）石土、风化岩及地质复杂、夹层较多、软硬差异较大的岩层。冲孔灌注桩除适用于以上地质情况外，还能穿透旧建筑物基础或孤石等障碍物，但对溶岩地域应慎重采用。

（2）套管灌注桩适用于黏性土、淤泥质土、粉土、砂土、回填土；在较厚土层、灵敏度较高的流塑状态的黏性土、淤泥等软弱土层中使用时，应在施工前编制质量保证措施，并在试验证明可行后采用。

夯扩桩（指经夯压成型的灌注桩）适用于桩端持力层为中、低压缩性黏性土、粉土、砂土、碎石类土，并在埋深不超过20m的范围使用。

（3）干作业成孔灌注桩适用于地下水位线以上的回填土、粉土、黏性土中度密实的土层或风化岩层。

人工挖孔灌注桩在地下水位比较高或有承压水的砂土层、滞水层、土层较厚的高压缩性淤泥层和流塑淤泥质土层施工时，必须有可靠的技术措施和安全措施。

（4）爆扩成孔灌注桩适用于地下水位以上的黄土、碎石土、风化岩和黏性土。不适宜有危房或精密仪器车间的地段采用。

（5）螺旋钻钻孔扩底灌注桩适用于地下水位以上的一般黏性土、砂土及人工回填土地基，而不适宜在地下水位以下的上述土层及碎石土层施工。

（6）振动冲击沉管成孔适用于碎石土、黏性土、砂土、软质岩、风化岩等土层施工。

2. 混凝土灌注桩施工

施工前应对混凝土组成原材料、钢筋等进行检查，混凝土灌注桩钢筋笼质量检验标准应符合表 1-25 的规定。

表 1-25 混凝土灌注桩钢筋笼质量检验标准 (mm)

项	序	检查项目	允许偏差或允许值	检查方法
主控项目	1	主筋间距	±10	用钢尺量
	2	长度	±100	用钢尺量
一般项目	1	钢筋材质检验	设计要求	抽样送检
	2	箍筋间距	±20	用钢尺量
	3	直径	±10	用钢尺量

混凝土灌注桩的桩位偏差应符合表 1-26 的规定，桩顶标高应比设计标高至少高 500mm，在挖桩间土后凿除。

表 1-26 灌注桩的平面位置和垂直度的允许偏差

序号	成孔方法		桩径允许偏差（mm）	垂直度允许偏差（%）	桩位允许偏差（mm）	
					1～3 根、单排桩基垂直于中心线方向和群桩基础的边桩	条形桩基沿中心线方向和群桩基础的中间桩
1	泥浆护壁钻孔桩	$D\leqslant1000$mm	±50	<1	$D/6$，且不大于 100	$D/4$，且不大于 150
		$D>1000$mm	±50		$100+0.01H$	$150+0.01H$
2	套管成孔灌注桩	$D\leqslant500$mm	−20	<1	70	150
		$D>500$mm			100	150
3	干成孔灌注桩		−20	<1	70	150
4	人工挖孔桩	混凝土护壁	+50	<0.5	50	150
		钢套管护壁	+50	<1	100	200

注：1. 桩径允许偏差的负值是指个别断面。
2. 采用复打、反插法施工的桩，其桩径允许偏差不受表中限制。
3. H 为施工现场地面标高与桩顶设计标高的距离，D 为设计桩径。

每浇筑 50m³ 混凝土留置 1 组试块，不足 50m³ 的桩，每根桩必须留 1 组试块。

施工过程中应对成孔深度、清渣、放置钢筋笼、灌注混凝土等进行全过程检查；人工挖孔桩还应复验孔底持力层的土（岩）质量是否与地质勘察报告相符。

1.2.4.3 混凝土灌注桩质量检验标准

混凝土灌注桩质量检验标准应符合表 1-27 的规定。

桩体质量检验数量不应少于总桩数的 20%，并不应少于 10 根，对成桩质量较差的灌注桩，检查数量不应少于总桩数的 30%，并不应少于 20 根，每个柱或平台下不得少于 1 根。

承载力检验数量应不少于总桩数的 1%，并不应少于 3 根。当总桩数不足 50 根时，应不少于 2 根。对成桩质量较差的灌注桩应采用静载试验进行检验。

表 1-27 混凝土灌注桩质量检验标准

项	序	检查项目	允许偏差或允许值		检查方法
			单位	数值	
主控项目	1	桩位	见表 1-26		基坑开挖前量护筒，开挖后量桩中心
	2	孔深	mm	+300	只深不浅，用重锤测，或测钻杆、套管长度，嵌岩桩应确保进入设计要求的嵌岩深度
	3	桩体质量检验	按基桩检测技术规范。如钻芯取样，大直径嵌岩桩应钻至桩尖下 50cm		按基桩检测技术规范
	4	混凝土强度	设计要求		试件报告或钻芯取样送检
	5	承载力	按基桩检测技术规范		按基桩检测技术规范
一般项目	1	垂直度	见表 1-26		测套管或钻杆，或用超声波探测，干施工时吊垂球
	2	桩径	见表 1-26		井径仪或超声波检测，干施工时用钢尺量，人工挖孔桩不包括内衬厚度
	3	泥浆密度（黏土或砂性土中）	1.15～1.20		用比重计测，清孔后在距孔底 50cm 处取样
	4	泥浆面标高（高于地下水位）	m	0.5～1.0	目测
	5	沉渣厚度：端承桩 摩擦桩	mm mm	≤50 ≤150	用沉渣仪或重锤测量
	6	混凝土坍落度： 水下灌注 干施工	 mm mm	 160～220 70～100	坍落度仪
	7	钢筋笼安装深度	mm	±100	用钢尺量
	8	混凝土充盈系数	>1		检查每根桩的实际灌注量
	9	桩顶标高	mm	+30 −50	水准仪，需扣除桩顶浮浆层及劣质桩体

其他主控项目及一般项目应全数检查。

1.2.4.4 挤扩支盘灌注桩

挤扩支盘灌注桩是一种新型结构型式的混凝土灌注桩，其成孔方式与混凝土灌注桩相同，所以，挤扩支盘灌注桩属于混凝土灌注桩的范畴。从承载特性分析，挤扩支盘桩为摩擦端承桩，它提高了桩的抗压、抗拔的能力。挤扩支盘灌注桩的研发是对传统的桩基结构的改革和创新，使桩的受力机理发生了极大的改变。

支盘桩体由桩身、分支和承力盘组成，与普通混凝土灌注桩相同的是内部也设计钢筋笼，并且在桩头部位设有钢筋加密区。分支与承力盘的数量和所处的位置是根据工程所在地的地质条件和上部工程结构荷载大小的具体情况来设计的。分支一般设计在桩体的上部和中部；承力盘根据地质情况和承载力大小设计为一盘、两盘和多盘，各盘全部根据地质勘察报告设置在硬持力层厚度的上半部，而抗拔桩则设置在硬持力层的下半部，无论哪种设计方案，在桩底必设一承力盘。分支和承力盘通过挤扩支盘机完成，挤扩支盘机的构造由接长杆、接长杆接头、防缩径套、单支、油缸、液压管、液压站组成。接长杆按外管套内管形式制成，挤扩支盘机靠起重汽车设备升降到设计规定的持力层深度，开动液压站，油压通过液压管传至油缸，油缸使单支片挤压持力层土体、使土体形成对称的宽 300mm，侧面看成为一边依靠在桩体上的三角形空间。完成一单支后，由人工通过长杆转动沿第一单支的边缘进行第二个单支动作直到形成一个整个的环。承力盘外直径可达 1.9m（指 YZJ800 型）。若有两盘和多盘，只要接长接杆，用起重机调整支盘机到设计持力层，便可按上盘的动作完成支盘。经试验证明直桩的承载力为 20～200kN/m^2，支盘桩的承载力为 300～4000kN/m^2。

挤扩支盘桩与普通混凝土灌注桩相比，挤扩支盘灌注桩可以采取桩径小而短的设计满足基础承载力的需求，从而使桩的数量、长度、直径减少很多，使原材料节约 40%～70%，节约造价 20%～30%，其经济效益十分可观。

1.2.4.5　挤扩支盘灌注桩质量检验标准

挤扩支盘灌注桩属混凝土灌注桩范畴，质量检验标准与混凝土灌注桩质量检验标准相同。

单桩承载力检测应根据设计要求和实际情况进行单桩静载试验和可靠的动测试验。

对工程未做单桩荷载试验的甲、乙级基础可采用静载试验的方法进行承载力检测。检测数量应为总桩数的 1%，且不少于 3 根，总桩数不足 50 根时应不少于 2 根。对已做单桩静载试验的甲、乙、丙级基础，可采用高应变动测法对单桩竖向承载力进行检测，试验的数量由设计单位确定，一般为总桩数的 1%，且不应少于 3 根。试验后的桩按废桩处理。

1.2.5　钢桩

施工前应对进入施工现场的成品钢桩进行检查验收。成品钢桩质量检验标准应符合表 1-28 的规定。

钢桩的施工可用柴油打桩机或吊锤沉桩，其施工规定与先张法预应力管桩相同；钢管桩如沉桩有困难，可以采取从管内往外取土的方法助沉。

H 型钢桩断面较小，在采取桩顶保护措施的同时，使用不大于 4.5t 的轻锤进行施工，且应在锤击过程中防止桩体倾斜，采取在桩架上设置导向轨道等措施。

当持力层较硬时，H 型钢桩不宜送桩。

施工过程中应检查桩体的垂直度、接桩电焊质量、控制接桩后的间歇时间，锤击后桩顶的完整状况，电焊质量在进行常规检查的同时，应抽查总数的 10%做焊缝探伤检验。

钢桩施工质量检验标准应符合表 1-29 的规定。

表 1-28　成品钢桩质量检验标准

项	序	检查项目	允许偏差或允许值		检查方法
			单位	数值	
主控项目	1	钢桩外径或断面尺寸：桩端 桩身		±0.5%D ±1%D	用钢尺量，D 为外径或边长
	2	矢高		<1/1000l	用钢尺量，l 为桩长
一般项目	1	长度	mm	+10	用钢尺量
	2	端部平整度	mm	≤2	用水平尺量
	3	H 钢桩的方正度：h>300 h<300 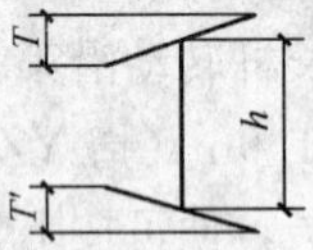	mm mm	$T+T'\leqslant 8$ $T+T'\leqslant 6$	用钢尺量，h、T、T' 见图示
	4	端部平面与桩中心线的倾斜值	mm	≤2	用水平尺量

表 1-29　钢桩施工质量检验标准

项	序	检查项目	允许偏差或允许值		检查方法
			单位	数值	
主控项目	1	桩位偏差	见表 1-21		用钢尺量
	2	承载力	按基桩检测技术规范		按基桩检测技术规范
一般项目	1	电焊接桩焊缝：			
		(1) 上下节端部错口 (外径≥700mm)	mm	≤3	用钢尺量
		(外径<700mm)	mm	≤2	用钢尺量
		(2) 焊缝咬边深度	mm	≤0.5	焊缝检查仪
		(3) 焊缝加强层高度	mm	2	焊缝检查仪
		(4) 焊缝加强层宽度	mm	2	焊缝检查仪
		(5) 焊缝电焊质量外观	无气孔，无焊瘤，无裂缝		直观
		(6) 焊缝探伤检验	满足设计要求		按设计要求
	2	电焊结束后停歇时间	min	>1.0	秒表测定
	3	节点弯曲矢高		<1/1000l	用钢尺量，l 为两节桩长
	4	桩顶标高	mm	±50	水准仪
	5	停锤标准	设计要求		用钢尺量或沉桩记录

焊缝应做防腐处理。

钢桩承载力检验数量应不少于总桩数的1%，且不应少于3根；当总桩数不足50根时，不应少于2根。

其他主控项目应全数检查，一般项目可抽查总桩数的20%。

1.3 土方工程

作为建筑地基的岩土，一般包括岩石、碎石土、砂土、黏性土、人工回填土和粉土。

1.3.1 土方开挖工程

1.3.1.1 土方开挖施工

土方开挖前应检查定位放线、排水和降水系统，合理安排弃土场所及土方运输车辆的行走路线。

永久性挖方边坡坡度应符合设计要求。临时性挖方边坡坡度应根据岩土的类别而确定并应符合表1-30的规定。

挖土深度超过10m或有不同类别的土层时其边坡可以做成台阶形或折线形。

表1-30 临时性挖方边坡值

土的类别		边坡值（高：宽）
砂土（不包括细砂、粉砂）		1：1.25～1：1.50
一般性黏土	硬	1：0.75～1：1.00
	硬、塑	1：1.00～1：1.25
	软	1：1.50或更缓
碎石类土	充填坚硬、硬塑黏性土	1：0.50～1：1.00
	充填砂土	1：1.00～1：1.50

注：1. 设计有要求时，应符合设计标准。
2. 如采用降水或其他加固措施，可不受本表限制，但应计算复核。
3. 开挖深度，对软土不应超过4m，对硬土不应超过8m。

土方开挖宜自上而下分层分段进行，随时做成一定的坡度，以便排水。

在挖方上方弃土时，弃土堆坡脚距挖方上边缘的距离，应根据土的性质、边坡坡度和挖方的深度确定。弃土堆的顶面应向外倾斜。

在挖方下侧弃土时，应将弃土堆修成向外倾斜的平整坡面，防止水流入挖土场地。

施工过程中应经常检查挖方的位置，边坡坡度，排水、降水系统，水平高程，并随时检查观测边坡沉降位移情况，发现问题，及时处理，严防塌方事故的发生。

1.3.1.2 土方开挖工程质量检验标准

土方开挖工程质量检验标准应符合表1-31的规定。

基坑（槽）、管沟的挖土应分层进行，施工过程中不应碰撞或损坏支护结构，降水、排水设施，堆放在基坑、沟、槽边缘的土方不应超过设计荷载。

基坑（槽）、管沟底部的开挖宽度，应在基础宽度以外增加适当宽度的工作面、降水排水设施、支护结构及管道结构的占用面。

表 1-31　土方开挖工程质量检验标准　(mm)

项	序	项　目	允许偏差或允许值					检验方法
			柱基基坑基槽	挖方场地平整		管沟	地（路）面基层	
				人工	机械			
主控项目	1	标高	−50	±30	±50	−50	−50	水准仪
	2	长度、宽度（由设计中心线向两边量）	+200 −50	+300 −100	+500 −150	+100	—	经纬仪，用钢尺量
	3	边坡	设计要求					观察或用坡度尺检查
一般项目	1	表面平整度	20	20	50	20	20	用 2m 靠尺和楔形塞尺检查
	2	基底土性	设计要求					观察或土样分析

注：地（路）面基层的偏差只适用于直接在挖、填方上做地（路）面的基层。

基坑（槽）、管沟开挖到设计标高后，应对基坑（槽）底部进行保护，防止扰动，经验收合格后，方可进行下道工序施工。对特大型基础工程，宜实施流水作业，分区分段开挖至设计标高后，分区分段浇筑混凝土垫层。

1.3.2　土方回填工程

1.3.2.1　土方回填施工

土方回填前应清除基底的树根、垃圾等杂物、排除坑内积水、淤泥，经验收基底标高后方可进行回填，如基底为松土或耕作土，回填前应进行压实。

回填土料应符合设计要求。

填方施工过程中应检查排水措施、虚铺厚度、回填土含水率、压实程度。虚铺厚度及每层压实遍数应根据土质、所用机具和要求的压实系数确定。填土施工时的分层厚度及压实遍数应符合表 1-32 的规定。

表 1-32　填土施工时的分层厚度及压实遍数

压实机具	分层厚度（mm）	每层压实遍数	压实机具	分层厚度（mm）	每层压实遍数
平碾	250～300	6～8	柴油打夯机	200～250	3～4
振动压实机	250～350	3～4	人工打夯	<200	3～4

基坑（槽）、管沟的土方回填应在相对两侧或周边同时回填。

填方施工应接近水平地分层填土、压实和测定压实后土的干密度、检查其压实范围和压实系数符合设计要求后，方可回填上一层。

采用机械填方时，如设计要求边坡整平拍实，填方边缘可宽填 0.2m，如设计无要求边坡修整，填方边缘宽填 0.5m，以保证边缘部位的压实质量。

分段填筑时，每层接槎处应做成斜坡形，重叠碾压 0.5～1m。上、下层接槎应错开不小于 1m。

填土时采用两种不同透水性填料分层填筑时，上层应填筑透水性小的填料，下层应填筑透水性较大的填料、填方基土的表面应做成向外倾斜的坡面。

填方施工过程中应经常检查填料的含水率，压实情况、填料每层厚度及排水措施。

1.3.2.2　填土工程质量检验标准

填土工程质量检验标准应符合表 1-33 的规定。

表 1-33　填土工程质量检验标准　　(mm)

项	序	检查项目	允许偏差或允许值					检查方法
			桩基基坑基槽	场地平整		管沟	地（路）面基础层	
				人工	机械			
主控项目	1	标高	−50	±30	±50	−50	−50	水准仪
	2	分层压实系数	设计要求					按规定方法
一般项目	1	回填土料	设计要求					取样检查或直观鉴别
	2	分层厚度及含水量	设计要求					水准仪及抽样检查
	3	表面平整度	20	20	30	20	20	用靠尺或水准仪

1.4 基坑工程

1.4.1　大型基坑排桩墙支护工程

大型基坑排桩墙支护结构工程包括混凝土预制桩、混凝土板桩、混凝土灌注桩和钢板桩等构成的基坑排桩墙支护工程。

混凝土预制桩、混凝土灌注桩的质量检验标准同前述标准。

混凝土板桩制作标准应符合表 1-34 的规定。

表 1-34　混凝土板桩制作标准

项	序	检查项目	允许偏差或允许值		检查方法
			单位	数值	
主控项目	1	桩长度	mm	+10 0	用钢尺量
	2	桩身弯曲度		<0.1%l	用钢尺量，l 为桩长
一般项目	1	保护层厚度	mm	±5	用钢尺量
	2	横截面相对两面之差	mm	5	用钢尺量
	3	桩尖对桩轴线的位移	mm	10	用钢尺量
	4	桩厚度	mm	+10 0	用钢尺量
	5	凹凸槽尺寸	mm	±3	用钢尺量

钢板桩在加工厂生产，可按出厂合格标准进行检验，重复利用的钢板桩检验标准应符合表 1-35 的规定。

表 1-35　重复使用的钢板桩检验标准

序	检查项目	允许偏差或允许值		检查方法
		单位	数值	
1	桩垂直度	%	<1	用钢尺量
2	桩身弯曲度		<2%l	用钢尺量，l 为桩长
3	齿槽平直度及光滑度	无电焊渣或毛刺		用 1m 长的桩段做通过试验
4	桩长度	不小于设计长度		用钢尺量

排桩墙支护的基坑，应提前采取相应的支护措施，确保基坑变形在设计要求的控制范围以内。

设置在含水层范围内的排桩墙支护基坑，必须有可靠的阻水措施，阻水措施可采用高压喷射注浆帷幕、注浆帷幕、深层搅拌桩帷幕或采用井点降水等。

1.4.2　大型基坑土方开挖工程

大型基坑是指由于场地窄小，临近有建筑物、道路或其他设施等原因，不宜采取放坡，只能采用支护结构的基坑（包括基槽、管沟）。

大型基坑开挖前，应根据现场环境、工期气候、支护结构型式、基坑深度、施工方法、地质条件、地面荷载等情况编制土方开挖施工方案（包括安全措施、环境保护措施、边坡沉降位移监测方案）、降水和排水措施，经审批后方可实施。土方开挖的方法、顺序必须与设计工况一致；并遵循先支护后开挖和分层分段开挖的原则。

土方开挖应分层分段进行，分层分段应根据现场环境、土质条件等具体情况而定，防止局部开挖过深，支护不稳，造成土体坍塌事故。

边坡上方严禁超荷载堆土和挖土过程中损伤或碰撞排水降水及支护设施，以确保施工安全。

使用机械挖土时，底层应留 200～300mm，人工清除，严防基土被扰动。

基坑挖至设计标高后，应对基底采取保护措施，经验槽合格后方可进行垫层施工。为防止基底长时间裸露，大型基坑宜分段开挖至设计标高及时浇筑混凝土垫层。

基坑土方开挖应及时对基坑边坡进行监控确保边坡稳定。对基坑监控的依据是：当设计有相应指标时，以设计指标为依据；当设计未提供指标时应符合表 1-36 的规定。

表 1-36　基坑变形的监控值　（cm）

基坑类别	围护结构墙顶位移监控值	围护结构墙体最大位移监控值	地面最大沉降监控值
一级基坑	3	5	3
二级基坑	6	8	6
三级基坑	8	10	10

注：1. 符合下列情况之一，为一级基坑：
　1）重要工程或支护结构做主体结构的一部分；
　2）开挖深度大于 10m；
　3）与临近建筑物、重要设施的距离在开挖深度以内的基坑；
　4）基坑范围内有历史文物、近代优秀建筑、重要管线等需严加保护的基坑。
2. 三级基坑为开挖深度小于 7m，且周围环境无特别要求时的基坑。
3. 除一级和三级外的基坑属二级基坑。
4. 当周围已有的设施有特殊要求时，尚应符合这些要求。

1.4.3 水泥土桩墙支护工程

水泥土桩墙支护工程是指以加筋水泥土搅拌桩、高压喷射注浆桩、水泥土搅拌桩所构成的围护结构工程。

水泥土搅拌桩的施工应注意以下问题：

1. 在搅拌过程中为防止浆液返流回地面，应提前沿横向做一沟槽，沟槽边设置固定支架，以便对插入的型钢进行固定。

2. 在搅拌成桩过程中，灌入所需水泥浆量的70％～80％的水泥浆，其余的20％～30％在螺旋钻提升时灌入以填充提钻产生的空隙，防止土壁坍塌。

3. 搅拌桩施工质量控制的要点是特别注意水泥浆的注入量和搅拌沉入、提升速度。为保证水泥土的充分搅拌应将钻进速度控制为上提速度的1/2，在土质变化较大或砂土层互换的场地施工时应根据土质调整水泥浆的配合比。

高压喷射注浆桩和水泥土搅拌桩的质量检验标准同前所述。

加筋水泥土搅拌桩是在水泥土搅拌桩内加混凝土工字梁、混凝土板桩、钢板桩、型钢等加力性构件材料而构成的桩体。可以拔出，也可以不拔。如准备拔出，应有相应的填充措施，并应与拔出的时间同步进行，以减少周围土体变形。

加筋水泥土搅拌桩的质量检验标准应符合表1-37的规定。

表1-37 加筋水泥土搅拌桩质量检验标准

序	检查项目	允许偏差或允许值		检查方法
		单位	数值	
1	型钢长度	mm	±10	用钢尺量
2	型钢垂直度	%	<1	经纬仪
3	型钢插入标高	mm	±30	水准仪
4	型钢插入平面位置	mm	10	用钢尺量

1.4.4 钢或混凝土支撑系统工程

钢或混凝土支撑系统工程包括钢围图、混凝土围图、钢支撑、混凝土支撑、型钢立柱、钢管立柱、格构式立柱等，立柱埋入或打入一根型钢桩或钢管桩，使桩柱结合为一体的工程。

施工前，应熟悉支撑系统计算工况及设计图样，掌握支撑设置及开挖的方式、预加顶力及周边环境保护的要求。

施工过程中应严格控制支撑和开挖的时间和程序。对支撑的位置（包括立柱和立柱的位置），对每层挖土深度、钢围图、预顶力与围护体或支撑与围图的密贴度应严格检查。

支撑系统不宜承受垂直荷载，故不能将钢材堆放在支撑上和将支撑当脚手架使用。

完成全部支撑安装后，即可投入使用，对整个使用期间进行观测，应尽可能防止过大的变形。

钢或混凝土支撑系统工程质量检验标准应符合表1-38的规定。

表 1-38　钢及混凝土支撑系统工程质量检验标准

项	序	检查项目	允许偏差或允许值		检查方法
			单位	数值	
主控项目	1	支撑位置：标高 平面	mm mm	30 100	水准仪 用钢尺量
	2	预加顶力	kN	±50	油泵读数或传感器
一般项目	1	围囹标高	mm	30	水准仪
	2	立柱桩	参见桩基础相关规定		参见桩基础相关规定
	3	立柱位置：标高 平面	mm mm	30 50	水准仪 用钢尺量
	4	开挖超深（开槽放支撑不在此范围）	mm	<200	水准仪
	5	支撑安装时间	设计要求		用钟表估测

1.4.5 降水与排水工程

1.4.5.1 井点降水

井点降水的设备及方法选择，可根据要求降水的深度、土质的渗透系数及工程特点，可选用喷射井点、深井井管、电渗井点、轻型井点等类型。常用的降水类型及适用条件应符合表 1-39 的规定。

表 1-39　降水类型及适用条件

降水类型＼适用条件	渗透系数（cm/s）	可能降低的水位深度（m）
轻型井点 多级轻型井点	10^{-2}～10^{-5}	3～6 6～12
喷射井点	10^{-3}～10^{-6}	8～20
电渗井点	<10^{-6}	宜配合其他形式降水使用
深井井点	>10^{-5}	>10

喷射井点施工顺序如下：

1. 安装水泵等设备（包括循环水池、水箱、电动机等）及水泵的进出水管道；
2. 敷设进水和回水总管；
3. 沉设井点管、管外灌填砂滤料，连接集水总管后及时抽水；
4. 全部井点管安装完毕后连接回水总管开始试抽水。

轻型井点施工顺序如下：

1. 挖井点流水沟槽、连接集水总管；
2. 机具冲孔，沉设井点管，管外填砂滤料，将井点管连接在集水总管上；
3. 安装水泵、电动机等设备；

4. 将各井点管与集水总管连接；

5. 进行试抽水。

采用电渗井点降水施工前，应进行必要的试验来确定合理的电极设置和电压梯度。降水选择间歇通电或连续通电的方式应根据试验确定，通电时间应根据现场具体情况和施工的不同阶段进行设置。

深井井点的成孔方法可根据成孔深度要求和土层条件，选择钻孔成孔、回旋钻机、水冲法和冲击钻法施工，并在钻孔成孔前准备好所需要的管材及设备。沉管前应对沉渣厚度进行检查，对泥浆稠度进行测试，对含水层应设滤管，并在滤管外填充滤料，（可用小径卵石、碎砖、碎混凝土、炉渣等）并及时洗井，降水应根据施工需要来确定启动或停止水泵抽水的时间和井点数量。当降水深度超过5m时，宜采用二级井点降水措施。

1.4.5.2 排水

为防止场外流水进入施工现场，可采用挖排水沟、筑堤或砌挡水墙等方法。

基坑内明排水时可在基础边缘线以外300mm处设排水沟和集水井，当采用暗排水时应在排水沟向集水井方向设置一定坡度的同时填充2～3mm直径的卵石以利流水。集水井一般以直径500～1000mm，深500～800mm为宜，并在集水井内设竹笼，潜水泵放在竹笼内。

排水沟的横断面应根据工程所在地历年来气象资料及施工期内最大流量设置，并将排水沟坡度控制在1‰～2‰为宜。排水上方应设沉淀池，经泥砂沉淀后排出施工现场。

1.4.5.3 降水与排水施工质量检验标准

降水与排水施工质量检验标准应符合表1-40的规定。

表1-40 降水与排水施工质量检验标准

序	检查项目	允许值或允许偏差		检查方法
		单 位	数 值	
1	排水沟坡度	‰	1～2	目测：坑内不积水，沟内排水畅通
2	井管（点）垂直度	%	1	插管时目测
3	井管（点）间距（与设计相比）	mm	≤150	用钢尺量
4	井管（点）插入深度（与设计相比）	mm	≤200	水准仪
5	过滤砂砾料填灌（与计算值相比）	%	≤5	检查回填料用量
6	井点真空度：轻型井点 喷射井点	kPa kPa	＞60 ＞93	真空度表 真空度表
7	电渗井点阴阳极距离：轻型井点 喷射井点	mm mm	80～100 120～150	用钢尺量 用钢尺量

1.4.6 沉井与沉箱工程

1.4.6.1 沉井施工

沉井是随浇混凝土下沉结构，施工前必须掌握详实的地质资料，提前钻井可按以下要求进行：

1. 沉井底面积小于或等于200m² 时，应在沉井中心钻一个孔。

2. 沉井底面积大于200m² 时，以沉井半径画圆，通过圆心两条相互垂直的直径端头各钻一个孔。

3. 超大面积的沉井可视情况增加钻孔的数量。

4. 钻孔的深度应等同于沉井的深度。

5. 应按沉井钻井中的一个钻井获取地下水位、地下水含量及各项物理力学性能指标资料。

在基坑中制作沉井时，基坑底面应高于沉井从制作到下沉时的最高地下水位 0.5m 以上；当在地面制作沉井时，场地应坚实平整，地面标高应高于沉井从制作到下沉周围水域最高水位（加最大浪高）0.5m 以上。

当沉井采用承垫木方法制作时，承垫木的尺寸、间距及数量应经计算确定。垫木之间应用砂填充，砂垫层铺设厚度应根据沉井重量经计算确定。并方便于抽出承垫木为准。

当沉井采用无垫木方法制作时，可在计算的基础上铺设一层与井壁相适应的混凝土取代砂垫层和承重木。

每节沉井制作的高度，应以能保证沉井稳定性和保证顺利下沉为准。如采取分节制作、一次下沉的方法进行施工时，制作沉井的节高度不宜超过沉井直径或长方形沉井短边的长度，且不应超过 12m。

分节制作的沉井，应在下一节沉井混凝土强度达到设计强度的 70%以上时，方可进行上一节沉井混凝土施工，并应在浇筑混凝土过程保持均匀对称进行，基本保持沉井上口在同一个平面上。

沉井第一节的混凝土强度应达到设计混凝土强度，其上部各节沉井混凝土强度达到设计混凝土强度的 70%时，方可进行沉井施工。

沉井挖土时应分层均匀对称下沉，不得使井体有过大的倾斜；挖土过程中，应沿刃脚周围保留土堤，使沉井靠自重挤土下沉，一般情况下不应直接挖刃脚下面的土，在沉井沉降系数较大时，应采取助沉措施，中间锅底开挖也不得过深。尽力缩短施工工期，防止时间过长，大量抽取地下水而引起地面沉降。

当使用排水法下沉沉井时，沉井距设计标高 2m 时应加强沉降观测，如沉井仍不断下沉，则应采取不排水法，向井内灌水或其他方法使沉井趋于稳定。

根据现场情况，需要沉井由不排水施工改成排水施工或抽除沉井内的灌水时，必须经过验算后谨慎进行。

沉井应用排水封底，应确保终沉的井内不发生泉涌、涌土，使沉井止沉稳定。在不能保证时，可采取水下封底（向井内灌水，进行不排水封底）。

沉井施工过程中，应每班至少对沉井体的倾斜、位移观测两次，发现偏差及时纠正。

沉井下沉至设计标高后应进行沉降观测，经连续 8h 观测下沉不大于 10mm 时方可进行封底。

1.4.6.2 沉箱施工

沉箱施工应遵循沉井施工相关要求及气压沉箱安全技术规定进行。

贮气罐、升降筒、气闸等承压设备应按相关规定检验合格后，方可投入使用。

沉箱箱壁的模板及支撑系统，不得支设在气闸或升降筒上。

沉箱施工应有备用空气压缩机和备用电源。

沉箱下沉时，作业室内应搭设枕木垛或采取其他必要的安全措施。下沉过程中，作业室内的土面距顶板的距离不得少于1.8m。

沉箱开始至填筑作业室结束，应使用两根或两根以上输气管连续向沉箱作业室内压缩空气，并在供气管道上设置逆止阀，以确保安全施工。

沉箱沉放到水下基床后，应检查沉箱所处的平面位置、标高、轴线及压载验算是否符合设计要求和相关规定，合格后方可排除沉箱作业室内的水。

沉箱自重小于下沉阻力时，可对沉箱采取强行下沉措施。强行下沉过程中，沉箱内不得有人。

沉箱内每次强制下沉量不得大于0.5m，沉箱内压力降低值不得超过其原有工作压力的50%。

沉箱沉至设计标高后，检查沉箱的轴线、标高符合设计要求时，应按相关规定填筑作业室，并采用注浆法对顶板及沉箱周围填充物进行加固。

1.4.6.3 沉箱（井）质量检验标准

沉箱（井）的质量检验标准应符合表1-41的规定。

表1-41 沉井（箱）的质量检验标准

项	序	检查项目	允许偏差或允许值：单位	允许偏差或允许值：数值	检查方法
主控项目	1	混凝土强度	满足设计要求（下沉前必须达到70%设计强度）		查试件记录或抽样送检
	2	封底前，沉井（箱）的下沉稳定	mm/8h	<10	水准仪
	3	封底结束后的位置： 刃脚平均标高（与设计标高比） 刃脚平面中心线位移 四角中任何两角的底面高差	mm	 <100 <1%H <1%l	 水准仪 经纬仪，H为下沉总深度，H<10m时，控制在100mm之内 水准仪，l为两角的距离，但不超过300mm，l<10m时，控制在100mm之内
一般项目	1	钢材、对接钢筋、水泥、骨料等原材料检查	符合设计要求		查出厂质保书或抽样送检
	2	结构体外观	无裂缝，无蜂窝、空洞，不露筋		直观
	3	平面尺寸：长与宽 曲线部分半径 两对角线差 预埋件	% % % mm	±0.5 ±0.5 1.0 20	用钢尺量，最大控制在100mm之内 用钢尺量，最大控制在50mm之内 用钢尺量 用钢尺量
	4	下沉过程中的偏差：高差	%	1.5～2.0	水准仪，但最大不超过1m
		下沉过程中的偏差：平面轴线	<1.5%H		经纬仪，H为下沉深度，最大应控制在300mm之内，此数值不包括高差引起的中线位移
	5	封底混凝土坍落度	cm	18～22	坍落度测定器

注：主控项目3的三项偏差可同时存在，下沉总深度，系指下沉前后刃脚之高差。

1.4.7 锚杆及土钉墙支护工程

锚杆及土钉墙支护工程应分段开挖、分段支护，并考虑锚杆及土钉墙均有一段养护时间。

锚杆及土钉墙支护工程施工前，应熟悉现场地质资料、设计图样及周边环境、降水排水系统应运行正常，必需的施工设备（钻机、压浆泵、挖掘机、钢筋弯曲机、搅拌机等）应运转正常。

1.4.7.1 锚杆及土钉墙支护工程施工

施工中应对锚杆或土钉的位置、钻孔深度、角度、直径、注浆配合比、压力、注浆量、喷射混凝土的厚度及强度，锚杆及土钉应力进行检查。

每段支护体施工完后，应检查坡面和坡顶的周围环境变化和坡顶沉降及坡面位移。

1.4.7.2 锚杆及土钉墙支护工程质量检验

锚杆及土钉墙支护工程质量检验标准应符合表1-42的规定。

表1-42 锚杆及土钉墙支护工程质量检验标准

项	序	检查项目	允许偏差或允许值		检查方法
			单位	数值	
主控项目	1	锚杆土钉长度	mm	±30	用钢尺量
	2	锚杆锁定力	设计要求		现场实测
一般项目	1	锚杆或土钉位置	mm	±100	用钢尺量
	2	钻孔倾斜度	°	5～10	测钻机倾角
	3	浆体强度	设计要求		试样送检
	4	注浆量	大于理论计算浆量		检查计量数据
	5	土钉墙面厚度	mm	±10	用钢尺量
	6	墙体强度	设计要求		试样送检

1.4.8 地下连续墙工程

地下连续墙应设置导墙，导墙的设置包括现浇和预制两种形式，形状有L形和倒L形两种。导墙顶面高于施工地面、深度在1～2m。

1.4.8.1 地下连续墙施工

地下连续墙施工前应验槽、检验泥浆配合比及选择成槽机具，并对地质资料进行复核。

导墙的内墙面应垂直，内外导墙间距应等于地下连续墙厚度和施工余量之和，施工余量一般为40～60mm之间。导墙顶面应保持水平。

现浇的混凝土或钢筋混凝土导墙，拆模后应尽快在导墙间加设支撑。

预制的钢筋混凝土导墙安装后应检查各部位的连接质量。

成槽施工。挖槽设备应根据现场环境、连续墙的结构尺寸、质量要求及地质条件进行选择。

挖槽前可将地下连续墙划分为若干单元槽段，每个单元槽段可划分为若干个开挖段。

槽段间的接头形式，应根据地下连续墙的使用要求确定，无论使用哪种接头形式，均应在混凝土浇筑前将接头部位清洗干净。

地下连续墙的槽壁及接头部位应保持垂直。接头部位挖槽中心线的允许偏差不得大于地下连续墙墙厚的1/3。

基槽开挖结束后，应检查槽的轴线、标高、槽宽、槽壁的垂直度等。对重要工程每段槽段都应检查；对一般工程可抽查总槽段的20%，每槽段应抽查一个段面。合格后方可进行下道工序施工。

泥浆可选用膨润土拌制，使用前应进行试配，如采用其他黏土拌制应进行化学、物理分析及矿物质鉴定。泥浆拌制和使用应经过检验，不合格的应进行调整。

施工过程中应对泥浆高度进行检查，并保持在高于地下水位0.5m以上，也不低于导墙顶面0.3m。施工场地应设置排水沟和集水坑，以防地下水侵入基槽消减泥浆性能。

泥浆可经旋流器、沉淀池或振动筛等净化处理后重复使用。

钢筋笼可在清槽换浆合格后进行安放。钢筋笼安放过程中应准确缓慢入槽，防止变形，混凝土浇筑过程中应采取防浮措施。

钢筋笼的固定方式、起吊、吊点的位置应符合设计和施工规程的要求。

浇筑的混凝土配合比应符合设计要求。

钢筋笼、接头箱（管）安放就位后，应检查沉渣厚度，符合要求时应在4h以内浇筑混凝土，若不能在规定时间内浇筑，则应重新清渣。

混凝土浇筑应采用导管，混凝土面的上升速度不应小于2m/h；导管口应低于混凝土面1.5m，最深不宜大于6m。同时使用两根及两根以上导管在同一单元槽段浇筑混凝土时，其间距不应大于3m，各导管所浇筑混凝土的表面高差不宜大于0.3m。最终浇筑混凝土顶面标高宜高于设计标高0.5m，作为保证混凝土质量的浇筑余量在达到一定强度后凿除。

接头箱（管）应能承受混凝土的最大压力，应能阻止混凝土通过接头箱管进入其他槽段。浇筑混凝土后应及时转动或抽动接头管，抽出管时应使混凝土不被破坏。

1.4.8.2 地下连续墙质量检验标准

地下连续墙质量检验标准应符合表1-43的规定。

表1-43 地下连续墙质量检验标准

项	序	检查项目		允许偏差或允许值		检查方法
				单位	数值	
主控项目	1	墙体强度		设计要求		查试件记录或取芯试压
	2	垂直度：永久结构 临时结构			1/300 1/150	测声波测槽仪或成槽机上的监测系统
一般项目	1	导墙尺寸	宽度	mm	$W+40$	用钢尺量，W为地下墙设计厚度
			墙面平整度	mm	<5	用钢尺量
			导墙平面位置	mm	±10	用钢尺量
	2	沉渣厚度：永久结构 临时结构		mm mm	≤100 ≤200	重锤测或沉积物测定仪测

续表

项	序	检查项目		允许偏差或允许值		检查方法
				单位	数值	
一般项目	3	槽深		mm	+100	重锤测
	4	混凝土坍落度		mm	180～220	坍落度测定器
	5	钢筋笼尺寸		见表1-25		见表1-25
	6	地下墙表面平整度	永久结构 临时结构 插入式结构	mm mm mm	<100 <150 <20	此为均匀黏土层，松散及易坍土层由设计决定
	7	永久结构时的预埋件位置	水平向 垂直向	mm mm	≤10 ≤20	用钢尺量 水准仪

1.5 特殊基础

1.5.1 顶管

1.5.1.1 顶管材料

顶管按材料分为金属管、非金属管。按使用压力性能分为重力流管、低压管（承受压力0.1MPa、0.25MPa、0.6MPa、1.0MPa、1.6MPa）、中压管（承受压力分别为2.5MPa、4.0MPa、6.0MPa）、高压管大于10.0MPa。并对部分压力级别较高的大口径管材参照国际标准使用12.5MPa的设计环应力取代原标准规定的10MPa设计环应力。

1. 金属管

金属管包括无缝钢管、焊接钢管、铸铁管、有色金属管。其中焊接钢管在地下管道工程中应用较广泛。用于焊接钢管的钢板钢号和性能如表1-44所示。

表1-44 焊接钢管的钢板钢号和性能

钢号	软钢管		低硬钢管		硬钢管	
	抗拉强度 σ_b (MPa)	伸长率 σ_s (%)	抗拉强度 σ_b (MPa)	伸长率 σ_s (%)	抗拉强度 σ_b (MPa)	伸长率 σ_s (%)
0.8，10	320	10	380	12	400	5
15	360	18	410	10	450	4
20	400	17	450	8	500	3
A_2，AJ2	340	20	360	12		
A_3，AJ3	380	18	400	10		
A_4，AJ4	420	17	440	8		

2. 非金属管

非金属管包括塑料管和以混凝土制成的管。大多用于重力流管和低压管的工程。其中混凝土管的抗裂性能如表1-45所示。非金属管的特性如表1-46所示。

3. 管材的选用

管材的选用应根据顶进距离、输送介质、管道直径、现场环境条件及使用技术参数参考表 1-47 及表 1-48 确定。

表 1-45 钢筋混凝土管抗裂性能

管子内径（mm）		400	600	800	1000	1200	1400	1600	1800
检验压力（MPa）	A	1.03	1.16	1.26	1.29	1.33	1.37	1.39	
	B	1.28	1.30	1.49	1.52	1.58	1.60	1.62	
	C	1.54	1.62	1.73	1.75	1.80	1.84	1.88	
	D	1.70	1.81	1.92	1.94	1.99	2.03	2.04	
	E	1.86	2.00	2.10	2.12	2.17	2.21	2.22	

表 1-46 非金属管特性

管子类别	主要材料	管子特性
钢筋混凝土管	水、集料、钢筋	耐低压、耐腐蚀、价廉
预应力钢筋混凝土管	水泥、集料、高强钢筋	有预加应力，强度高，耐压 600～1200kPa
自应力钢筋混凝土管	膨胀水泥集料、钢筋	水泥有膨胀性，产生自应力，耐压 500～600kPa
石棉水泥管	水泥、石棉	表面光洁、绝缘、耐腐、质轻，水力特性好，工作压力 750kPa，质脆
塑料管	聚氯乙烯树脂稳定剂、增塑剂、润滑剂	表面光洁、质轻、耐腐，接口方便，但易老化，耐压 600kPa

表 1-47 管材选用参考表

管子名称	接口形式		连接配件及方式	特　点
	形式	性质		
预应力钢筋混凝土管	企　口	刚　性	①采用特制转接口标准件 ②对接	①耐腐耐久 ②强度大 ③施工方便 ④省钢材 ⑤用于低压管道 ⑥水密性好
	平　口	刚　性		
	承　插	柔　性		
自应力钢筋混凝土管	企　口	刚　性	连接配件及方式同预应力钢筋混凝土管	特点同预应力钢筋混凝土管
	平　口	刚　性		
	承　插	柔　性		
铸铁管	承　插	半柔性	配接标准件	①耐腐 ②质脆、强度差不耐震 ③施工强度大
	法　兰	刚　性		
	螺　纹	刚　性		
球墨铸铁	承　插	半柔性	标准件	①强度高、耐震 ②耐腐、用途广 ③价高
	法　兰	刚　性		
	螺　纹	刚　性		

续表

管子名称	接口形式		连接配件方式	特点
	形式	性质		
钢管	承插	刚性	标准	①强度高，耐高压 ②抗震，不耐腐 ③施工方便 ④价高
	法兰			
	螺纹			
	焊接			
石棉水泥管	平口	刚性	用铸铁管配件	①防腐，强度低 ②用于低压管道 ③价低
	套接	半柔性		
塑料管	螺纹	刚性	①标准螺纹 ②热焊 ③粘结	①耐腐，易安装 ②质轻 ③水头损失小 ④强度低，易老化 ⑤热胀冷缩大 ⑥价廉
	法兰	刚性		
	热焊	柔性		
	粘结	柔性		

表 1-48 常用管材技术参数

管材名称	管径（mm）	标准规格	工作压力（MPa）	强度试验（MPa）	水压试验（MPa）	管节长（m）
预应力钢筋混凝土管	一阶段 400～1400	JC 197—76	0.4 0.6 0.8	1.2～2.3	0.8 1.0 1.2	5
	三阶段 400～1400	JC 114—76	0.1 0.12	1.1～2.2	1.4 1.6	5
自应力钢筋混凝土管	100～600 100～300 100～150	JC 198—76	0.4，0.5 0.6，0.8 1.0			3 3.4
铸铁管	连铸 75～1500 砂型 75～1500 离心 150～500	YB 427—64 YB 428—64	0.45 0.75 1.0			4 4～6 4～6
	连铸 75～1200	GB 3422—82			2.0，2.5 3.0	44 5
	砂型 200～400				2.0，2.5	6
	离心 500～1000				1.5，2.0	5～6

续表

管材名称	管径（mm）	标准规格	工作压力（MPa）	强度试验（MPa）	水压试验（MPa）	管节长（m）
球墨铸铁管	离心 500～900			抗拉 3.0～5.0	3.0	6
	连铸 1000～1200					
钢管	直缝焊接 150～1800 螺纹焊接 219～1420	SY 500—80			2.5	8～12
钢管	镀锌焊接 8～150	GB 3091—82			2.0	4～9
	水煤气管 6～150	YB 234—63			2～3	4～12
	无缝钢管 32～426 YB 231—70					3～12
塑料管	硬聚氯乙烯管 10～400	SG 78—75	0.6，1.0			4
	聚氯乙烯管 16～160	SG 80—75	0.4，0.6			≥4
	聚丙烯轻型 15～200		0.15			
	聚丙烯重型 8～65		0.25～1.6			
	ABS 工程塑料		1.0			
石棉水泥管	75～100	JC 22—64	0.45		0.9	3
	125～200	JC 22—64	0.75		1.5	4
	250～500		1.0		2.0	5

4. 金属管防腐层

施工前将金属管外涂抹一层塑料防腐层以防腐蚀。塑料防腐具有成本低、不污染环境、便于施工等优点。主要有氯化橡胶漆、环氧树脂、石油沥青、过氯乙烯漆、红丹漆等。

5. 混凝土管内衬防腐层

混凝土管内衬一般管用橡胶、沥青、油漆、树脂、无毒环氧漆；大口径管道使用水泥砂浆或聚合物水泥砂浆，涂抹厚度 3～5mm，可顶管施工后进行，配合比在使用硅酸盐水泥时为水泥：细石英：水＝1：1：0.4。另掺入水泥总量的 5％～20％的 DZM－19 建筑胶粉以提高粘结力。

1.5.1.2 顶管施工

顶管施工程序：勘察设计、委托监理、招投标、编制施工组织设计、施工准备（管子进场、探伤、防腐）、做工作井和接受井、设备安装和调试、穿墙止水、顶管（压注泥浆和压气)、方向检验(偏差纠正)、顶入接受井、试压和固结灌浆。

1. 工作井和接受井。工作井和接受井的土方开挖应根据土质情况及时支护，以防塌方伤人。

2. 在饱和土中施工，可采用降水开挖或沉井法施工，到设计标高后及时封底止水；当遇地下水丰富时可采用连续墙工艺施工。

3. 在饱和土层中或水位以下土层中顶管前，必须设置与管道顶进方向、坡度和标高一致的穿墙管，并在井外管外设置密封，以防水侵入井内，穿墙管同时具有顶管导向作用。

4. 破土法施工是以人工、机械、水射或挤压的方法排除顶管前方的土体使顶管顺利按照设计深度、坡度、轴线顶进。其中人工挖土仅用于短距离且土质较松软的土层施工。机械挖土因使用伞式掘进机仅适用于土层稳定的工作面施工；使用机械手掘进机适用管径大于 0.8m 的工程；水平螺旋掘进机适用于短距离小口径顶管工程。水射破土法施工不得在地面有重要建筑物或湿陷性土层施工。挤土法不得在地面或两侧有重要建筑物的土层施工。

5. 顶进工作井内通风与照明用安全电压电缆及设备应设漏电保护器，并有良好绝缘及接地。为防止工作人员缺氧及孔洞与外界气压失衡促成土体坍塌，应随时通风换气。

顶管用的导轨、千斤顶、顶铁、顶进工具管安装在工作井内。工具管具有破土、出土、测斜纠偏等功能。当测斜仪表反映偏移时可采取偏心破土法纠偏；在人员不能进入工作面时(如水下或因小口径顶管时也可通过仪表显示屏发现偏离)，采用千斤顶作用力方向的改变来纠偏。

6. 固结灌浆。顶管结束，为使管道固定在准确位置不产生位移应分三次灌浆，第一次灌浆配制的浆液为水泥：砂：水＝1：1：0.5。隔 1～2d 进行第二次灌浆，配制的纯水泥浆液为水泥：水＝2：1，灌浆前用钻钻通 50％的预留孔，灌浆持续 15min 不再渗浆为止。10d 后用钻打通剩余的预留孔，如发现饱满且无渗水现象则证明灌浆效果很好，否则应进行第三次灌浆，配合比为水泥：润土：水＝0.2：0.8：1。

1.5.1.3　顶管施工注意事项

1. 随时注意土体稳定情况及水位变化。

2. 穿墙管应比工具管大 2％，其高度、坡度及方位应与顶管一致。工具管比顶管直径大 2％～5％。

3. 当顶管遇软硬土时应多挖硬土并随时检查轴线偏移情况及时纠偏，纠偏量不大于 1°。当顶管直径大于 2m 及入土深度小于 20m 时，可采取偏顶力纠偏。

4. 挤压顶进时应从下方向开始向上方向顶进，顶进设备应安全可靠，施工人员应在管节内严防塌方伤人。顶管时千斤顶两侧不得站人，可能坍塌时应及时在管端注压力水或泥浆。

5. 长距离顶进时应在中部设接力工作站。在遇承压水或砂砾层时应在管外空隙填充触变泥浆；当遇地下水丰富时应采用低于水压的气压顶进。

6. 吸泥泵堵塞后应卸压后处理；根据顶进距离和管道口径对工作井后端设置与顶进方向垂直平整坚固的钢梁或混凝土梁。

7. 采用射流破土时应先将工具管插入土层不少于 0.5m 并严禁在工具管刃口外射流。采用挤压顶进时首节应轻压慢顶，顶进的方位、高度及坡度应符合设计要求，顶进时遇到障碍应钻透后顶进，管子应有足够的刚度。

8. 导轨高度距井底为 1.1～1.25m，两轨高度偏差不大于 3mm；导轨与前墙应设不小于 1m 的空间；顶力点应对称设置，顶管与设计轴线的偏差不大于 3mm。顶铁着力点应在顶管高度的 1/3～2/5 处。

1.5.2　盾构法

1.5.2.1　盾构设备的组成

盾构设备由外壳、千斤顶、支撑机构、举重臂、液压系统、盾尾密封及操作系统组成。

1. 外壳由支承环、盾尾和切口环组成。支承环主要是承受外部的压力，设在盾构的中间部位；液压系统、操作室和千斤顶设在支承环内。

2. 千斤顶液压系统应选择 30～40MPa 的高压系统，且应有自锁功能、对称配置单独控制。千斤顶应与顶管纵轴线重合，严防作用力偏离引起弹射伤人。为防止顶管头破碎应在接触处设置橡胶垫，选择的千斤顶行程应能满足推进量的要求。

3. 支撑机构的作用主要是防止开挖面塌方，一般采用刀盘面板类、网格类、千斤顶类或增加气压类。

4. 举重臂具有夹钳、前后滑动、旋转、伸缩等功能。装在支承环后部并拼装管片和出土工作互不相扰。

1.5.2.2　盾构掘进施工

1. 始发竖井。盾构拼装和开始掘进都在始发井进行。井宽比盾构直径大 1.5～2.0m，长度应为盾构长度加初始掘土和运送管片所需空间长度。底板高度一般应低于洞底 1m。除始发竖井以外还根据需要设置中间竖井、转弯竖井和终点竖井。终点竖井是盾构拆解吊出地面用的。

2. 盾构掘进。盾构掘进分为间断掘进和连续掘进，盾构使用时应控制掘进速度。千斤顶的最大顶力应考虑洞内衬砌的强度，盾构纠偏和转弯时应特别注意。掘进过程中应随时纠偏，防止出现大的偏离。在盾构转弯、变坡及纠偏时应使用楔形管片以使盾构千斤顶轴线与管片环肋保持正交。

(1) 采用手掘式盾构施工时，应随着盾构的推进先将切口环前檐刃口插入土层后再自上而下掘土并及时用千斤顶和撑板支护牢靠后再推进。

(2) 采用局部挤压及网格式盾构施工时，掘进和盾构推进可同时进行，土体通过网格落在转盘上，又通过竖向提升转盘传送到水平运输机运到竖井。

(3) 采用水力机械盾构施工时，切口环前端设有网格，在切口环与支承环之间设有密封隔板，板上装有观察窗、高压水枪及密闭门等，切割的土体经高压水枪喷射形成的泥浆通过管道输送到地面。

(4) 采用土压平衡盾构时，切削刀盘将土切削在开挖面和隔墙内，再用输送机将土运出。施工时应控制切削刀推力、扭矩、运输机回转数、掘进速度等。

3. 内衬拼装。内衬管片应做防水处理。推进距离应大于管片 20～25mm，检查管片环面是否符合设计要求。拼装设备应能满足拼装最大重量管片的要求。内衬应满足隧道输水的水量和防渗漏的要求。内衬混凝土可采用泵送和滑模设备进行施工。

4. 壁后压浆。为防止壁后空隙对土体稳定性造成影响，应及时进行压浆处理。压浆量通过电磁流量计进行自动化控制。

5. 施工过程中应对土体沉降、位移、应力、孔隙压力、地面沉降及建筑物变化进行观测。

1.5.2.3　盾构施工质量

盾构压浆材料、配合比、配制时间应符合设计及规范要求。浆液的初凝时间应尽量短，以防浆液流失，浆液凝固后的强度应高于壁后原状土强度。为防止浆液收缩可掺加适量的微膨胀剂。

盾构施工管道的允许偏差应符合表 1-49 的规定。

表 1-49　盾构法施工管道的允许偏差

<table>
<tr><th colspan="2">项　目</th><th>允许偏差</th><th>项　目</th><th>允许偏差</th></tr>
<tr><td rowspan="2">高程</td><td>排水管道</td><td>+15mm
−150mm</td><td>轴线位置
圆环变形</td><td>150mm
8%</td></tr>
<tr><td>套管或管廊</td><td>±100mm</td><td>初期衬砌相邻环高差</td><td>≤20mm</td></tr>
</table>

2 砌体工程

2.1 砌筑砂浆

2.1.1 技术要求

砌筑砂浆的强度等级宜采用 M2.5、M5、M7.5、M10、M15、M20。

水泥砂浆的密度不宜小于 1900kg/m^3；水泥混合砂浆的密度不宜小于 1800kg/m^3。

砌筑砂浆的稠度应符合表 2-1 的规定。

表 2-1 砌筑砂浆稠度

砌体种类	砂浆稠度（mm）
烧结普通砖砌体	70～90
轻骨料混凝土小型空心砌块砖体	60～90
烧结多孔砖、空心砖砌体	60～80
烧结普通砖平拱式过梁 空斗墙、筒拱 普通混凝土小型空心砌块砌体 加气混凝土砌块砌体	50～70
石砌体	30～50

水泥砂浆的水泥用量不应小于 200kg/m^3；水泥混合砂浆的水泥和掺加料总量宜为300～350kg/m^3。

砌筑砂浆的分层度不得大于 30mm。

当有冻融循环次数要求时，砌筑砂浆经冻融试验，其质量损失率不得大于 5%，抗压强度损失率不得大于 25%。

2.1.2 材料要求

1. 水泥

水泥的强度等级应符合设计要求。拌制水泥砂浆的水泥强度等级一般不大于 32.5 级；拌制水泥混合砂浆的水泥强度等级一般不大于 42.5 级。

2. 砂

拌制砂浆的用砂宜用中砂，砌毛石用砂浆宜用粗砂。砂的含泥量不应大于 5%。水泥混合砂浆的强度等级为 M2.5 时，砂的含泥量不应大于 10%。

3. 石灰膏

生石灰熟化冲水过滤用网的孔径不大于 3mm×3mm，熟化时间不得少于 7d；当用研磨石灰粉熟化石灰膏时，熟化时间不得少于 2d。沉淀池贮存的石灰膏应有防冻、防污染和防水流失措施。脱水硬化的石灰膏禁止使用。

4. 黏土膏

用亚黏土或黏土制作黏土膏时，使用的过筛网孔径不宜大于 3mm×3mm。用比色法检测黏土中有机物含量时显示色应浅于标准色。

5. 电石膏

电石残渣应通过孔径不大于 3mm×3mm 的滤网过滤后制作电石膏。电石残渣应经 70℃加热且持续 20min 检测无乙炔气体散发方可使用。

6. 外加剂

掺加外加剂前，应对外加剂取样送有国家见证取样检测资质的试验室进行检测，试验结果对砌筑砂浆的强度无影响后方可使用。

7. 掺合料

掺合料粉煤灰的试验报告指标应符合《用于水泥和混凝土中的粉煤灰》（GB 1596）的规定。

8. 水

拌制砂浆用水应符合《混凝土用水标准》（JGJ 63）的规定。

2.1.3 砂浆拌制

砌筑砂浆的拌制配合比应为质量比，用机械搅拌的时间应自投料完算起符合以下规定：

1. 掺用外加剂的砂浆和水泥粉煤灰砂浆不得少于 3min；
2. 掺用有机塑化剂的砂浆，应为 3～5min；
3. 水泥砂浆和水泥混合砂浆不得少于 2min。

拌合的砌筑水泥砂浆和水泥混合砂浆应分别在 3h 和 4h 内用完；当气温超过 30℃时，应分别在 2h 和 3h 内用完。掺用缓凝剂的砂浆，可根据使用说明书标定的缓凝时限内适当延长。

2.1.4 砂浆试块强度验收

砂浆试块强度验收标准必须符合以下规定：

同一检验批砂浆试块抗压强度平均值必须大于或等于设计强度；同一检验批砂浆试块抗压强度的最小一组平均值必须大于或等于设计强度的 75%。

检验数量：砌体的各种类型及强度等级的砌筑砂浆，按 250m^3 作为一个检验批，搅拌机以每台班至少抽检一次。

检验方法：在搅拌机出料时随机取样并不应在一盘中取一组以上试块，检查试验室出具的强度试验报告单。

施工过程中或验收时出现以下情况，可对砂浆和砌体强度进行原位检测或取样检测，判定其强度：

1. 对砂浆试块的试验结果有争议或怀疑；

2. 砂浆试块的试验结果，不能满足设计要求；

3. 砂浆试块数量不足或缺乏代表性。

2.2 石砌体工程

2.2.1 砌筑石材

砌筑石材有毛石和料石。其材质应坚实，无裂纹和风化剥落，清水墙、柱使用在表面的石材色泽应均匀。

2.2.1.1 毛石

毛石分为平毛石和乱毛石。

平毛石是有两个平面大致平行，形状不规则的石块；乱毛石是指形状不规则的石块。

毛石块中部的厚度不宜小于 200mm。

2.2.1.2 料石

料石分为毛料石、细料石、半细料石和粗料石。

毛料石：外形基本方正，一般不必加工或稍作修整，高度不应小于 200mm，叠砌面凹入深度不应大于 25mm。

细料石：经过细加工，外表规则，叠砌面凹入深度不应大于 10mm，截面高度、宽度不宜小于 200mm，且不宜小于长度的 1/4。

半细料石：叠砌面凹入深度不应大于 15mm。其规格尺寸与细料石相同。

粗料石：叠砌面凹入深度不应大于 20mm。其规格尺寸与细料石相同。

2.2.2 毛石砌体

毛石表面的水锈、泥垢等，砌筑前应清理干净。

毛石砌体宜分皮卧砌，各石块间应在自然形状的基础上稍加敲打修整与前砌石块基本吻合搭砌严密；并应上下错缝，内外搭接，不得先砌外侧毛石后填心石，中间不得使用铲口石（尖石倾斜面向外的石块）、过桥石（只由石块的端头搭砌的石块）和斧刃石（尖头向下的石块）。

毛石基础的第一皮石块应坐浆砌，石块应大面朝下。基础的扩大部分，当做成阶梯形时，上级阶梯的石块应压下级阶梯石块不少于 1/2，相邻阶梯的石块应错缝搭砌。

毛石砌体的转角处及第一皮、洞口处和交接处，应选用较大的平毛石砌筑。基础及每个楼层砌体的最上一皮宜选用较大的毛石块砌筑。

毛石砌体必须设置拉结石，毛石基础砌体同皮中每隔 2m 左右设置一块；毛石墙的墙每 0.7m^2 内应至少设置一块，其同皮中的间距不应大于 2m。拉结石应相互错开并均匀分布。

拉结石长度：当基础或墙的厚度等于或小于 400mm 时，拉结石的长度应与基础或墙的厚度相等；当基础或墙的厚度大于 400mm 时，可用两块拉结石相互搭接，其中一块长度不应小于基础或墙厚度的 2/3；并搭接长度不应小于 150mm。

砌筑毛石挡土墙的泄水孔应符合以下规定：

1. 泄水孔与土体间应铺设 300mm×300mm、厚 200mm 的碎石或卵石作疏水层。

2. 泄水孔应均匀设置，在每米高度上间距 2m 左右设置一个。

砌筑毛石挡土墙应符合以下规定：

1. 每砌 3～4 皮为一层，每层上面应找平；

2. 外表面的灰缝厚度不得大于 40mm，上下层的错缝不得小于 80mm。如图 2-1 所示。

毛石砌体每天砌筑高度不应超过 1.2m。当用毛石和砖组砌时，应同时砌筑，并每隔 4～6皮砖砌 2～3 皮丁砖与毛石砌体进行拉接，两种材料间的空隙应填满砂浆，如图 2-2 所示。

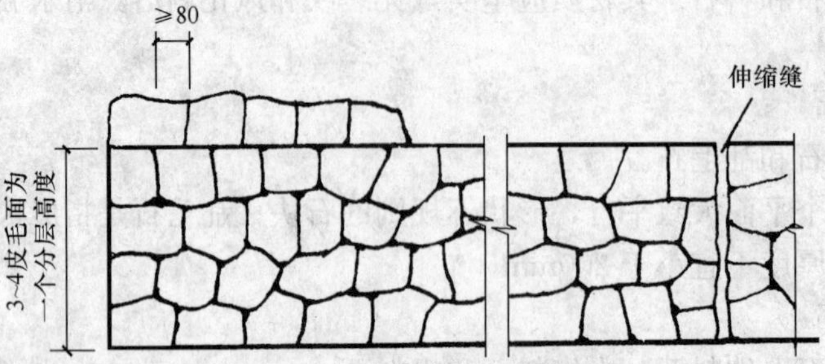

图 2-1　毛石挡土墙分层

2.2.3　料石砌体

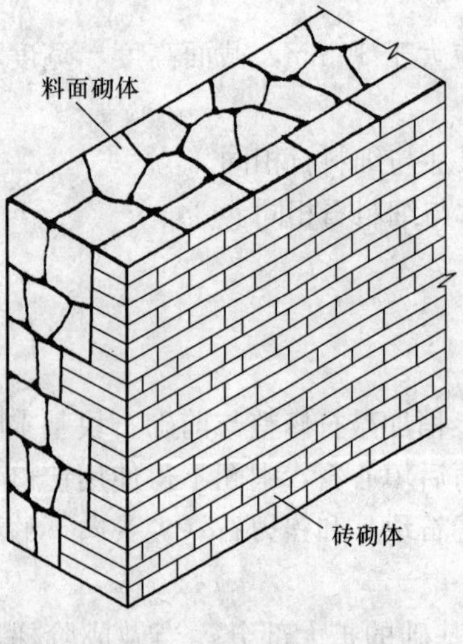

图 2-2　毛石和砖的组合墙

料石砌体应上下错缝搭砌，可采用二顺一丁或梅花丁砌筑形式。灰缝厚度：毛料石和粗料石砌体不宜大于 20mm；细料石不宜大于 5mm。半细料石砌体不宜大于 10mm。

料石砌体宜采用铺浆法砌筑。当料石砌体的厚度等于或大于两块料石宽度时，如同皮采用顺砌，应顺砌两皮后丁砌一层；如同皮采用顺丁组砌，丁砌石应交错设置，其中心间距不应大于 2m。

料石基础的第一皮应坐浆丁砌。阶梯形料石基础，上级阶梯的料石应至少压下级阶梯料石的 1/3。

料石挡土墙宜采用同皮中丁顺交替的砌筑形式。当墙的中心部位用毛石填砌时，丁砌料石伸入填砌毛石的长度不应少于 200mm。

用料石作平拱时，应将料石作成上宽下窄的楔形，拱的两端坡度宜为 60°，楔形料石应为奇数。施工前应先支设模板，料石应从两端向中间对称镶砌；并且砂浆应饱满，其强度应达到设计强度的 70％时方可拆模。

用料石作过梁时，其厚度应为 200～450mm，两端伸入墙体不应少于 250mm，并且跨度不宜大于 1.2m。过梁上继续砌墙时，其两端应砌不小于 2/3 过梁净跨度的整块料石，正中应砌不小于过梁净跨度 1/3 的整块料石。料石砌体每日的砌筑高度不应超过 1.5m。

2.2.4 石砌体工程质量

石砌体工程质量分为合格和不合格两种。

石砌体工程质量合格的标准应符合以下要求：

1. 主控项目应全部合格。

2. 一般项目应有 80%以上抽查处合格，20%可不合格，但其抽查处不得超过允许偏差的 1.5 倍。

2.2.4.1 主控项目

1. 砂浆饱满度不应少于 80%。

检查数量：每步架抽查不应少于 1 处。

检验方法：观察、用百格网检查。

2. 石材和砂浆的强度等级必须合格。

检查数量：同一产地的石材应至少抽查一组。砂浆试块，每一检验批不超过 $250m^3$ 砌体的各种强度等级及类型的砌筑砂浆，搅拌机每台班应至少抽查一次。

检验方法：石材和砂浆检查试块试验报告，料石检查产品合格证和检测报告。

3. 石砌体的轴线位置及垂直度允许偏差应符合表 2-2 的规定。

表 2-2 石砌体的轴线位置及垂直度允许偏差

项次	项目		允许偏差（mm）							检验方法
			毛石砌体		料石砌体					
					毛料石		粗料石		细料石	
			基础	墙	基础	墙	基础	墙	墙、柱	
1	轴线位置		20	15	20	15	15	10	10	用经纬仪和尺检查，或用其他测量仪器检查
2	墙面垂直度	每层		20		20		10	7	用经纬仪、吊线和尺检查或用其他测量仪器检查
		全高		30		30		25	20	

检查数量：内墙按有代表性的自然间抽查 10%，且不应少于 3 间，每间不应少于 2 处，外墙按楼层或 4m 以内高度每 20m 抽查 1 处，每处 3 延长米，且不应少于 3 处，柱子不应少于 5 根。

2.2.4.2 一般项目

1. 石砌体的组砌形式应符合以下规定：

(1) 毛石墙拉结石每 $0.7m^2$ 的墙面不应少于 1 块；

(2) 拉结石、丁砌石应交替设置，内外搭砌并上下石缝错开。

检查数量：内墙，按有代表性的自然间抽查 10%，且不应少于 3 间；外墙，按楼层或 4m 以内高度每 20 延长米抽查 1 处，且每处 3 延长米，且不应少于 3 处。

检验方法：观察检查。

2. 石砌体一般尺寸允许偏差应符合表 2-3 的规定。

表 2-3　石砌体的一般尺寸允许偏差

项次	项　目		允　许　偏　差　(mm)							检验方法
			毛石砌体		料　石　砌　体					
			基础	墙	基础	墙	基础	墙	墙、柱	
1	基础和墙砌体顶面标高		±25	±15	±25	±15	±15	±15	±10	用水准仪和尺检查
2	砌体厚度		+30	+20 −10	+30	+20 −10	+15	+10 −5	+10 −5	用尺检查
3	表面平整度	清水墙、柱	—	20	—	20	—	10	5	细料石用 2m 靠尺和楔形塞尺检查，其他用两直尺垂直于灰缝拉 2m 线和尺检查
		混水墙、柱	—	20	—	20	—	15	—	
4	清水墙水平灰缝平直度		—	—	—	—	—	10	5	拉 10m 线和尺检查

检查数量：内墙，按有代表性的自然间抽查 10%，且不应少于 3 间，每间不应少于 2 处，外墙，按楼层或 4m 以内高度每 20m 抽查 1 处，每处 3 延长米，且不少于 3 处。

2.3　砖砌体工程

2.3.1　砌体用砖

砌体用砖有烧结普通砖、烧结空心砖、蒸压灰砂空心砖、烧结多孔砖和煤渣砖。

2.3.1.1　烧结普通砖

烧结普通砖是以页岩、煤矸石、粉煤灰和黏土为主要原料经加工、焙烧而成的砖。烧结普通砖按主要原料所占比例分为页岩砖、煤矸石砖、粉煤灰砖和黏土砖。其中黏土砖的制作需要黏土较多，天长日久毁掉大量的农田，有的地区开始限制使用黏土砖，规定建筑物中砖所占砌体的比例不超过 25%。

烧结普通砖根据抗压强度分为 MU10、MU15、MU20、MU25、MU30 五个强度等级。

抗风化性能和强度合格的砖又根据外观质量、烧熟程度、尺寸偏差、石灰爆裂和泛霜情况分为合格品、一等品和优等品。合格品、一等品可用于混水墙，优等品适用于墙体装饰和清水墙。

烧结普通砖的公称尺寸为：240mm×115mm×53mm。配砖的公称尺寸为：175mm×115mm×53mm，并均为直角六面体。

2.3.1.2　烧结空心砖

烧结空心砖的外形为直角六面体，是以页岩、煤矸石、黏土为主要原料经加工焙烧而成，主要用于非承重墙体。

烧结空心砖的公称尺寸为：290mm×190（140）mm×90mm 和 240mm×180（175）

mm×115mm。其抗压强度分为 MU2、MU3、MU5 三个等级。其密度分为 800kg/m³、900kg/m³ 和 1100kg/m³ 三个密度等级，每个密度等级根据孔洞及排数、外观质量、尺寸偏差、物理性能及强度分为合格品、一等品和优等品。

2.3.1.3 蒸压灰砂空心砖

蒸压灰砂空心砖主要原料是石灰、砂，经配料制作、挤压成形、蒸压养护而成，其孔洞率大于总体积的 15%。蒸压空心砖不得用于有酸介质侵蚀、骤冷骤热和 200℃以上高温环境的场所。

蒸压灰砂空心砖的孔洞有圆形或其他形孔，孔洞与大面垂直；根据抗压强度分为 MU7.5、MU10、MU15、MU20、MU25 五个强度等级。蒸压灰砂空心砖根据强度等级、外观质量、尺寸偏差分为合格品、一等品和优等品。

蒸压灰砂空心砖的规格及公称尺寸如下：

①240mm×115mm×53mm；

②240mm×115mm×90mm；

③240mm×115mm×115mm；

④240mm×115mm×175mm。

2.3.1.4 烧结多孔砖

烧结多孔砖为直角六面体，其长度、宽度、高度的尺寸如下；

(1) 190mm×190mm×90mm；

(2) 240mm×115mm×90mm。

烧结多孔砖是以页岩、黏土、煤矸石为主要原料，经焙烧而成。其孔的尺寸小而数量多，孔洞率等于或大于 15%。

烧结多孔砖按力学性能分为 MU7.5、MU10、MU15、MU20、MU25、MU30 六个强度等级。主要用于承重墙。

烧结多孔砖根据外观质量、强度等级、尺寸偏差、物理性能和强度等级分为合格品、一等品和优等品。

2.3.1.5 煤渣砖

煤渣砖的外形为直角六面体，主要原料为煤渣，掺入适量石灰、石膏，经混合搅拌、压制成形后蒸压或蒸养而成。

煤渣砖抗压、抗折强度分为 MU7.5、MU10、MU15、MU20 四个强度等级；煤渣砖不得使用在有酸性侵蚀、骤冷骤热和长期受热 200℃以上的高温环境场所。公称尺寸为：240mm×115mm×53mm。

煤渣砖根据外观质量、强度等级、尺寸偏差分为合格品、一等品、优等品。

2.3.2 烧结多孔砖砌体

在常温状态下，烧结多孔砖应在砌筑前 1～2d 浇水湿润，砌筑时砖的含水率宜控制在 10%～15%；砌筑清水墙、柱的多孔砖应边角整齐、色泽均匀。

砌筑多孔砖，在抗震设防地区应采用“三一”砌筑法砌筑；在非抗震设防区当采用铺浆法施工时，铺浆长度在常温时不得超过 750mm；在气温高于 30℃时不得超过 500mm。

砌筑砌体时，多孔砖的孔洞应与受压面垂直，砌筑前应排砖。多孔砖砌体应内外搭砌，上下错缝。多孔砖宜采用一顺一丁、全顺、梅花丁的形式砌筑，如图 2-3 所示。砖柱不得采用先砌四周后填心的砌法。

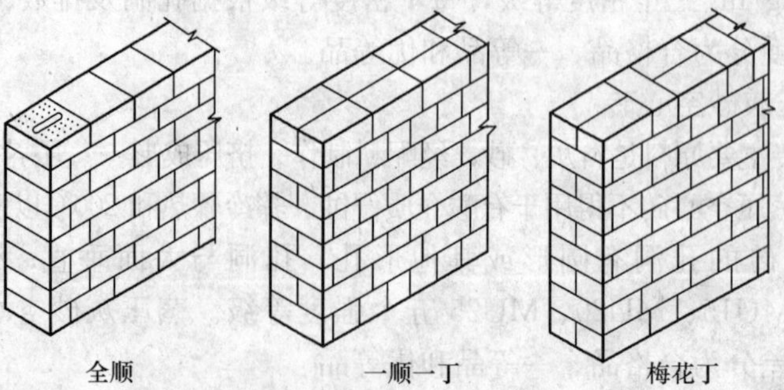

图 2-3　多孔砖砌体砌筑形式

多孔砖砌体的水平灰缝厚度和竖向灰缝的宽度不应小于 8mm，也不应大于 12mm；并应横平竖直。多孔砖砌体的灰缝砂浆应饱满。竖向灰缝宜采用加浆填灌的方法，水平灰缝的砂浆饱满度不得低于 80%，严禁用水冲浆灌缝。

多孔砖相邻工作段的高度不宜大于 4m 或一层楼高。工作段的分段位置宜设在伸缩缝、防震缝、沉降缝、门窗洞口或构造柱处；多孔砖柱或宽度小于 1m 的窗间墙，应选用整砖砌筑。

砌体的交接处和转角处应同时砌筑（设置构造柱的部位除外），对不能同时砌筑而又必须留置的临时间断处应砌成斜槎，临时间断处的高度差不得超过一步架高度。墙中留置洞口时，其侧边离交接处的墙面不应小于 500mm；洞口顶部宜设混凝土过梁或钢筋砖过梁。

尚未安装屋面板或楼板的柱和墙，当可能遇大风时，其自由高度不得超过表 2-4 的规定。当必须超过限值时，应采取支撑措施，以确保安全。

表 2-4　多孔砖墙和柱的允许自由高度

墙（柱）厚（mm）	风荷载（kN/m²）		
	0.3（约 7 级风）	0.4（约 8 级风）	0.5（约 9 级风）
190	1.4	1.1	0.7
240	2.2	1.7	1.1
400	4.2	3.2	2.1
490	7.0	5.2	3.5
620	11.4	8.6	5.7

注：1. 本表适用于施工处相对标高（H）在 10m 范围内的情况。如 10m＜H＜15m，15m＜H＜20m 时，表中的允许自由高度应分别乘以 0.9、0.8 的系数；如 H＞20m 时，应通过抗倾覆验算确定其允许自由高度。

2. 当所砌筑的墙有横墙或其他结构与其连接，而且间距小于表列限值的 2 倍时，砌筑高度可不受本表限制。

2.3.3　烧结普通砖砌体

用于清水墙、柱表面的砖应棱角整齐、色泽均匀；砌筑前 1～2d 浇水湿润，砌筑时砖的含水率宜为 10%～15%。

当采用铺浆法施工时，常温情况下铺浆长度不得超过 750mm，气温超过 30℃高温天气铺浆的长度不得超过 500mm。砌砖施工宜采用“三一”砌砖法（一铲灰、一块砖、一揉压的砌筑的方法）。

砖砌体应内外搭砌、上下缝交替错开。实心墙宜采用两平一侧、一顺一丁、三顺一丁、梅花丁或全顺的形式进行砌筑，如图 2-4 所示。

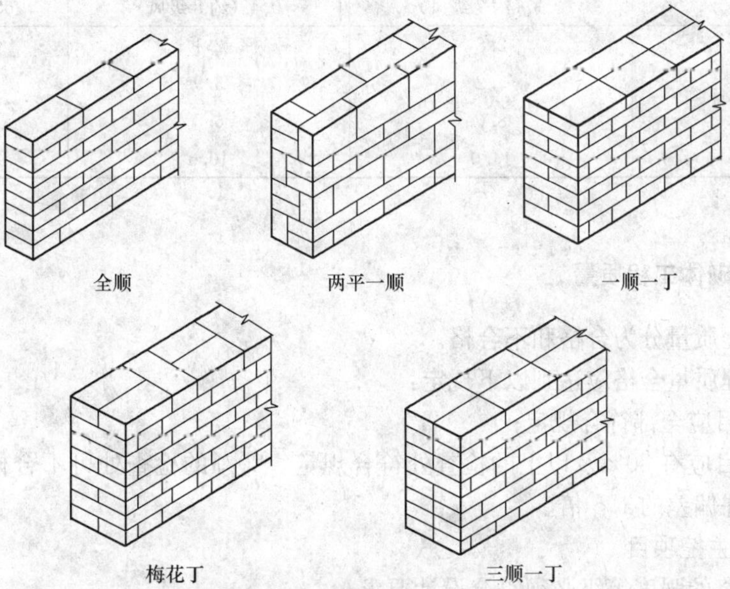

图 2-4　实心砌体砌筑形式

一砖厚承重墙的最上一皮砖、每层台阶的上表面及挑出层，应整砖丁砌。砖柱表面上、下层竖缝应交替错开 1/4 砖长。砌体的水平灰缝和竖向灰缝不应小于 8mm 和大于 12mm。砖柱不得采用先砌四周后填心的砌法。

砖砌体竖缝宜采用加浆或挤浆法砌筑，不得有透亮缝并严禁用水冲浆灌缝；水平灰缝的砂浆饱满度不得低于 80%。平拱过梁顶面的灰缝不应大于 15mm，底面不小于 5mm。拱下脚应伸入墙体不小于 20mm 并拱底应有 1%的起拱。

当在墙上预留洞口时，洞口侧边的墙面不应小于 500mm，临时洞口封闭时使用的砖颜色应与墙面基本一致，使用的砂浆应不低于原墙体砌筑砂浆的强度。

不得在以下部位或墙体留置脚手眼：

1. 宽度小于 1m 的窗间墙。
2. 独立柱和 120mm 厚的墙。
3. 梁或梁垫下及其左右各 500mm 范围内。
4. 过梁上与过梁成 60°角的三角形范围及过梁净跨度 1/2 的高度范围内。
5. 砖砌体的门窗洞口两侧 200mm 和转角处 450mm 的范围内。
6. 设计注明不允许设置脚手眼的部位。

砖砌体临时间断处的高度差，不得超过一步脚手架的高度；砌体工作段的分段位置，宜设在沉降缝、构造柱、门窗洞口、防震缝或伸缩缝处。

设计要求的管道、沟槽、洞口应与墙体的砌筑正确预留或预埋，未经设计同意，不得随意打凿墙体和在墙体上开凿水平沟槽。洞口宽度超过 300mm 时，上部应设置过梁。

未放置楼板或施工屋面的墙或柱，在可能遇到大风时，其允许自由高度不得超过表 2-5 的规定。若根据现场实际情况，必须超过限值时，必须采取措施确保安全。

表 2-5　普通砖墙和柱的允许自由高度　(m)

墙（柱）厚（mm）	风荷载（kN/m^2）		
	0.3（约 7 级风）	0.4（约 8 级风）	0.5（约 9 级风）
240	2.8	2.1	1.4
365	5.2	3.9	2.6
490	8.6	6.5	4.3
620	14.0	10.5	7.0

注：表注同表 2-4。

2.3.4　砖砌体工程质量

砖砌体工程质量分为合格和不合格。

砖砌体工程质量合格应达到以下规定：

1. 主控项目应全部符合规定；

2. 一般项目应有 80%及以上的检查处符合规定，20%的检查处可不合格，但其偏差值不应超过其允许偏差的 1.5 倍。

2.3.4.1　主控项目

1. 砖和砂浆的强度等级必须符合设计要求。

检查数量：每一生产厂家的砖到现场后，按烧结普通砖 15 万块为一验收批，检查数量为一组。砂浆试块每一检验批不超过 $250m^3$ 砌体的各种类型及强度等级的砌筑砂浆，每台搅拌机应至少抽查一次。

检验方法：查砖和砂浆试件的试验报告。

2. 砌体水平灰缝的砂浆饱满度不得少于 80%。

检查数量：每检验批检查不应少于 5 处。

检验方法：用百格网检查砖底面与砂浆的粘结痕迹面积。每处检查 3 块砖，取平均值。

3. 砖砌体的交接处和转角处应同时砌筑，严禁无任何可靠措施的内外分砌施工，当不能同时砌筑又必须留置临时间断处应设置斜槎，斜槎的水平投影长度不应小于墙高度的2/3，如图 2-5 所示。

检查数量：每检验批抽查 20%接槎，且不应少于 5 处。

检验方法：观察检查。

4. 非抗震设防及抗震设防烈度为 6 度、7 度地区的临时间断处，在不能留斜槎时，除转角处外，可留直槎，但必须设置凸槎。留直槎处应加设拉结筋，拉结筋每 120mm 墙厚压 1ϕ6 钢筋。(但 120 厚墙压 2ϕ6 钢筋)。沿墙竖向高度不应超过 500mm；埋入墙体长度从留槎处计两边不应少于 500mm，对抗震烈度 6 度、7 度的地区，不应少于 1000mm，并末端应设弯钩，如图 2-6 所示。

检查数量：每检验批抽查 20%接槎，且不应少于 5 处。

检验方法：观察和尺量检查。

合格标准：留槎正确，拉结钢筋设置数量、直径正确、竖向间距偏差不超过 100mm，设置长度基本符合要求。

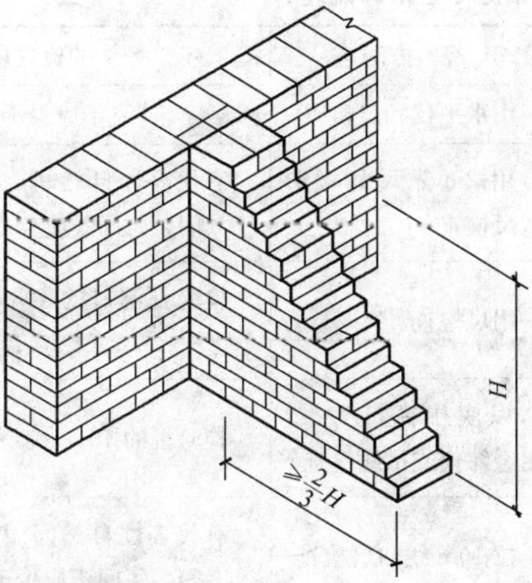

图 2-5　砖砌体斜槎

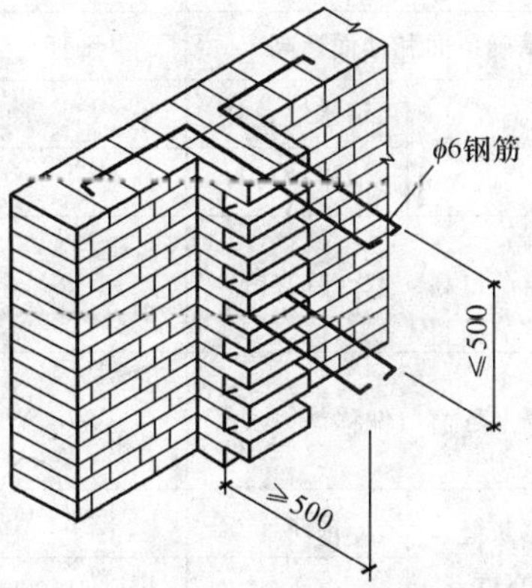

图 2-6　砖砌体直槎

5. 砖砌体的位置及垂直度允许偏差应符合表 2-6 的规定。

表 2-6　砖砌体的位置及垂直度允许偏差

<table>
<tr><th>项次</th><th colspan="3">项　目</th><th>允许偏差（mm）</th><th>检　验　方　法</th></tr>
<tr><td>1</td><td colspan="3">轴线位置偏移</td><td>10</td><td>用经纬仪和尺检查或用其他测量仪器检查</td></tr>
<tr><td rowspan="3">2</td><td rowspan="3">垂直度</td><td colspan="2">每　层</td><td>5</td><td>用 2m 托线板检查</td></tr>
<tr><td rowspan="2">全高</td><td>≤10m</td><td>10</td><td rowspan="2">用经纬仪、吊线和尺检查，或用其他测量仪器检查</td></tr>
<tr><td>>10m</td><td>20</td></tr>
</table>

检查数量：轴线查全部承重墙；外墙垂直度全高查阳角，不应少于 4 处，每层每 20 延长米查一处；内墙按具有代表性的自然间抽查 10%，且不应少于 3 间，每间不应少于 2 处，柱不应少于 5 根。

2.3.4.2　一般项目

1. 砖砌体的组砌方法应正确，内外搭砌，上、下错缝，砖柱不得采用先砌四周后填心的砌法。

检查数量：内墙按有代表性的自然间抽查 10%且不应少于 3 间；外墙每 20m 抽查一处，每处 3～5m，且不应少于 3 处。

检验方法：观察检查。

合格标准：除符合以上要求外，清水墙、窗间墙无通缝；混水墙中长度大于或等于 300mm 的通缝每间不超过 3 处，并不得位于同一面墙体上。

2. 砖砌体的灰缝应厚薄均匀，横平竖直。水平灰缝的厚度不应小于 8mm，也不应大于 12mm。

检查数量：每步脚手架施工的墙体每 20m 抽查一处。

检验方法：用尺量 10 皮砖砌体高度计算。

3. 砖砌体一般尺寸允许偏差应符合表 2-7 的规定。

表 2-7 砖砌体一般尺寸允许偏差

项次	项目		允许偏差（mm）	检验方法	抽检数量
1	基础顶面和楼面标高		±15	用水平仪和尺检查	不应少于 5 处
2	表面平整度	清水墙、柱	5	用 2m 靠尺和楔形塞尺检查	有代表性自然间 10%，但不应少于 3 间，每间不应少于 2 处
		混水墙、柱	8		
3	门窗洞口高、宽（后塞口）		±5	用尺检查	检验批洞口的 10%，且不应少于 5 处
4	外墙上下窗口偏移		20	以底层窗口为准，用经纬仪或吊线检查	检验批的 10%，且不应少于 5 处
5	水平灰缝平直度	清水墙	7	拉 10m 线和尺检查	有代表性自然间 10%，但不应少于 3 间，每间不应少于 2 处
		混水墙	10		
6	清水墙游丁走缝		20	吊线和尺检查，以每层第一皮砖为准	有代表性自然间 10%，但不应少于 3 间，每间不应少于 2 处

2.4 配筋砌体工程

2.4.1 网状配筋砖砌体

网状配筋砖砌体是指在砖砌体的水平灰缝中埋入钢筋网片的砌体，包括网状配筋墙和网状配筋柱等，如图 2-7 所示。

钢筋网可采用方格网和连弯网，钢筋直径一般采用 3～4mm，当设置连弯网时，钢筋直径不应大于 8mm；钢筋网中的钢筋间距不应大于 120mm 和小于 30mm。

钢筋网竖向间距不应大于 5 皮砖，并不应大于 400mm。

水平灰缝的厚度应保证钢筋上下各有 2mm 厚的砂浆层，并且砂浆的强度等级不应低于 M7.5。

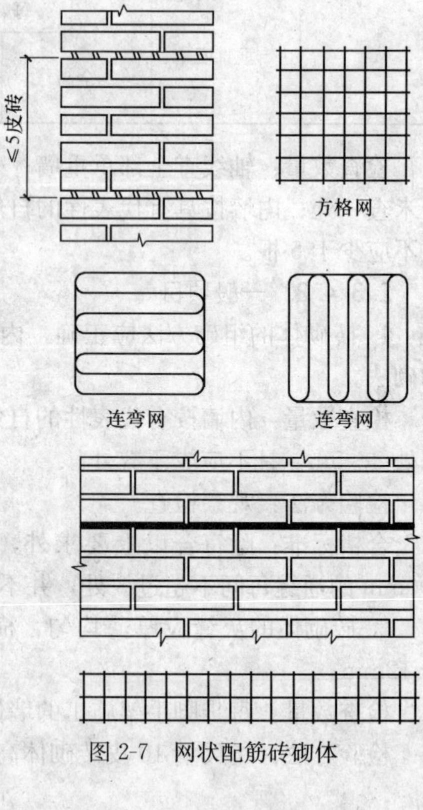

图 2-7 网状配筋砖砌体

2.4.2 组合砖砌体

2.4.2.1 砖砌体和钢筋砂浆面层或钢筋混凝土面层的组合砌体（包括组合砖墙、组合砖垛和组合砖柱等）如图 2-8 所示。

组合砖砌体的构造应符合以下要求：

1. 当面层厚度大于 45mm 时，宜采用 C20 强度等级的混凝土做面层；当面层厚度为 30～45mm 时可采用强度等级不低于 M10 的水泥砂浆做面层。

2. 砌筑砂浆的强度等级不宜低于 M7.5。

3. 竖向受力钢筋宜采用 HPB235 级钢筋，对于混凝土面层，亦可采用 HRB335 级钢筋。竖向受力钢筋净间距不应小于 30mm，钢筋的直径不应小于 8mm。

4. 箍筋的直径，不宜小于 4mm 及 0.2 倍受力钢筋直径，并不宜大于 6mm。箍筋的间距，不应大于 20 倍受力钢筋的直径及 500mm，并不应小于 120mm。

5. 竖向受力钢筋的混凝土保护层厚度：

(1) 组合墙：当室内正常环境时为 15mm，当露天或室内潮湿环境时为 25mm；

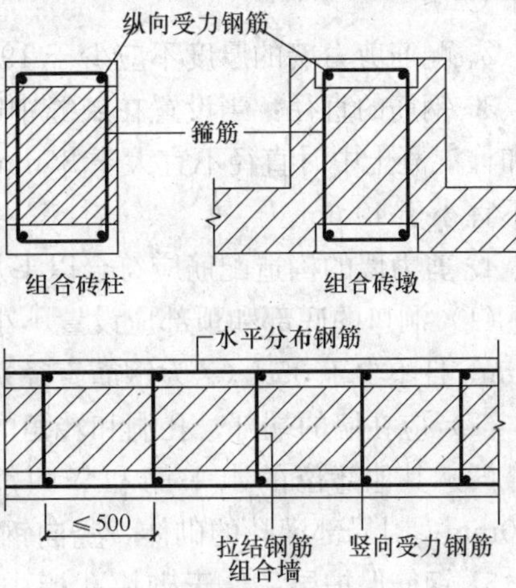

图 2-8 组合砖砌体

(2) 组合柱：当室内正常环境时为 25mm，当露天或室内潮湿环境时为 35mm。当砂浆抹面时混凝土保护层可减少 5mm。

6. 竖向受力钢筋距砌体表面的间距不应小于 5mm；水平分布筋的竖向间距及拉结钢筋的水平间距，均不应大于 500mm。

2.4.2.2 砖砌体和钢筋混凝土构造柱组合墙

砖砌体和钢筋混凝土构造柱组合墙的构造应符合下列规定：

1. 构造柱的混凝土强度等级不宜低于 C20；砌体砂浆的强度等级不应低于 M5。

2. 构造柱的截面尺寸不宜小于 240mm×240mm，其厚度不应小于墙厚，角柱、边柱的截面宽度可适当加大。柱内竖向受力筋，对于角柱、边柱不宜少于 4ϕ14；对于中柱不宜少于 4ϕ12。

3. 构造柱的竖向受力钢筋直径不宜大于 16mm，其箍筋在楼层上下 500mm 范围内宜采用 ϕ6，间距 100mm，一般部位宜采用 ϕ6，间距 200mm。

4. 与构造柱相连接处的砌体砖应砌成马牙槎，应沿墙高度每 500mm 设 2ϕ6 的拉结钢筋，且伸入墙体内的长度每边不宜小于 600mm。

构造柱的混凝土坍落度宜为 50～70mm。混凝土浇筑宜分段施工，每段高度不宜大于 2m。混凝土宜用插入式振动器分层捣实，每层混凝土厚度不应超过振捣棒长度的 1.25 倍。严禁振捣棒通过砖墙振捣或触碰砖墙。

组合砖墙的施工顺序应先砌砖墙后浇混凝土构造柱；浇筑混凝土前，必须将砖砌体的留槎及构造柱模板浇水湿润，并清除模板内的砖渣、落地灰及其他杂物，在结合面处先浇适量的与混凝土强度等级相同的水泥砂浆。

2.4.3 配筋砌块砌体

2.4.3.1 配筋砌块剪力墙

配筋砌块剪力墙的构造应符合下列要求：

1. 砌块强度等级不应低于 MU10；砂浆强度等级不应低于 M7.5，混凝土强度等级不应低于C20。

2. 配筋剪力墙的厚度不应少于190mm。

3. 钢筋的直径：当设置在灰缝中时不应小于4mm，且不应大于灰缝厚度的1/2。设在梁和柱混凝土中时直径不宜大于25mm。两平行钢筋的净距不应小于25mm；竖向钢筋的净距不宜小于40mm。

4. 剪力墙的构造配筋应符合以下规定：

(1) 洞口的底部和顶部应设置不小于2ϕ10的水平钢筋，两端伸入墙内的长度不宜少于400mm且不少于35d（d为钢筋直径）；

(2) 应在墙的端部、孔洞和转角的两侧设置不小于12mm的竖向连续钢筋；

(3) 其他部位的水平筋和竖向筋的间距不应大于墙高、墙长的一半，且不应大于1200mm；对局部灌孔的砌体，竖向钢筋的间距不应大于600mm。

5. 钢筋保护层：位于砌块孔槽中的钢筋保护层，在室内正常环境时不宜少于20mm；在室外潮湿环境时不宜少于30mm。灰缝中的钢筋保护层不宜少于15mm。

2.4.3.2 配筋砌块柱

配筋砌块柱除应满足砌块剪力墙的有关规定外，还应符合以下要求：

1. 柱的受力钢筋直径不宜小于12mm，且不少于4根；柱截面面积不宜小于400mm，柱高与截面短边之比不宜大于30。

2. 柱中的箍筋设置应符合以下规定：

(1) 箍筋直径不宜小于6mm；

(2) 箍筋间距不应大于16倍的纵向钢筋直径和48倍箍筋直径及柱截面短边尺寸中最小者；

(3) 箍筋的端部应有弯钩，并做成封闭式；

(4) 箍筋应设置在灌孔混凝土或灰缝砂浆中；

(5) 当配筋率等于或小于0.25%时和柱承受的轴向力小于受压承载力设计值的25%时，柱中可不设置箍筋；当纵向钢筋的配筋率大于0.25%，并柱承受的轴向力大于受压承载力设计值的25%时，柱应设置箍筋。

2.4.4 配筋砌体工程质量

配筋砌体工程质量分为合格和不合格。

配筋砌体工程质量合格标准应符合以下要求：

1. 主控项目应全部合格。

2. 一般项目应有80%及其以上的抽检点合格，其他20%的抽查点可以不合格，但其偏差不应大于其允许偏差的1.5倍。

2.4.4.1 主控项目

1. 构造柱、芯柱、组合砌体构件、配筋砌体剪力墙构件的混凝土或砂浆的强度等级应符合设计要求。

检查数量：各类构件每一检验批砌体应至少做一组试块。

检验方法：检查混凝土或砂浆试块的试验报告。

2. 墙体与构造柱的连接处应砌马牙槎，并应先退后进，预留的拉结筋施工中不得任意弯折，并应位置准确。

检查数量：每检验批抽查20%的构造柱，且不应少于3处。

检验方法：观察检查。

合格标准：竖向钢筋位移不应超过100mm，每一马牙槎沿高度方向的尺寸不应超过300mm。马牙槎尺寸偏差和竖向钢筋位移超过允许偏差的点每个构造柱不得多于2处。

3. 钢筋的品种、数量、规格应符合设计要求。

检验方法：检查钢筋的合格证、隐检记录和复试报告。

4. 构造柱的垂直度及轴线位置的允许偏差应符合表2-8的规定。

表2-8 构造柱尺寸允许偏差

项次	项目			允许偏差（mm）	检验方法
1	柱中心线位置			10	用经纬仪和尺检查或用其他测量仪器检查
2	柱层间错位			8	
3	柱垂直度	每层		10	用2m托线板检查
		全高	≤10m	15	用经纬仪、吊线和尺检查，或用其他测量仪器检查
			>10m	20	

检查数量：每检验批抽查10%且不应少于5处。

5. 配筋混凝土小型空心砌块砌体的芯柱应在装配式楼板处贯通的，其截面尺寸不得有削弱现象。

检查数量：每检验批抽查10%，且不应少于5处。

检验方法：观察检查。

2.4.4.2 一般项目

1. 设置在灰缝中的钢筋应在砌筑砂浆中居中，且水平灰缝的厚度应大于钢筋直径4mm以上，与墙面的距离不应小于15mm。

检查数量：每检验批抽查3个构件，每个构件抽查3处。

检验方法：观察和用钢尺实测。

2. 设置在有化学侵蚀介质或潮湿环境的砌体灰缝中的钢筋应进行防腐处理或采取其他防腐措施。

检查数量：每检验批的钢筋抽查10%。

检验方法：观察。

合格标准：防腐涂料无起皮剥落及漏喷或漏刷现象。

3. 网状配筋砌体的钢筋网及放置间距应符合设计要求。

检查数量：抽查每检验批的10%，且不应少于5处。

检验方法：对钢筋网放置间距局部剔缝、用测定仪或探钎检查。

合格标准：钢筋网位置沿砌体高度超过设计规定一砖厚度的点不得多于一处。

4. 组合砖砌体构件，箍筋及拉结筋的位置应正确，并且拉结筋的两端应设弯钩；竖向受力钢筋的保护层应符合设计规定，距砌体表面的距离不应小于 5mm。

检查数量：抽查每检验批的 10%，且不少于 5 处。

检验方法：观察、尺量检查。

合格标准：钢筋保护层厚度合格；拉结钢筋的位置及弯钩的设置 80%及以上合格，20%的检验点在允许偏差的 1.5 倍范围以内；箍筋间距超过允许偏差的点每件不得多于 2 处，并且每处不得超过一皮砖。

5. 在配筋砌块砌体剪力墙中，受力钢筋的搭接长度不应少于 35d，且不应少于 300mm。

检查数量：每检验批、每类构件抽查 20%（梁、柱、墙），且不应少于 3 件。

检验方法：尺量检查。

2.5 小型混凝土砌块砌体工程

2.5.1 砌筑用小型砌块

砌筑用小型砌块分为轻骨料混凝土小型空心砌块和普通混凝土小型空心砌块两种。

2.5.1.1 轻骨料混凝土小型空心砌块

轻骨料混凝土小型空心砌块是指用水泥、砂、轻骨料和水经拌合、浇筑、振捣、养护而成的砌块。

轻骨料混凝土小型空心砌块按其孔的排数分为单排孔、双排孔、三排孔和四排孔 4 种；其尺寸为 290mm×190mm×190mm。

轻骨料混凝土小型空心砌块按抗压强度分为 MU1.5、MU2.5、MU3.5、MU5.0、MU7.5、MU10.0 六个强度等级；按其密度分为 500kg/m^3、600kg/m^3、700kg/m^3、800kg/m^3、900kg/m^3、1000kg/m^3、1200kg/m^3、1400kg/m^3 八个密度等级。

轻骨料混凝土小型空心砌块按外观质量和尺寸偏差分为合格品、一等品和优等品。

2.5.1.2 普通混凝土小型空心砌块

普通混凝土小型空心砌块是指用水泥、砂、卵石或碎石和水，经拌合、浇筑、振捣、养护而成的砌块。

普通混凝土小型空心砌块按抗压强度分为 MU3.5、MU5.0、MU7.5、MU10.0、MU15.0 和 MU20.0 六个强度等级；其尺寸为 390mm×190mm×190mm，它有两个方形孔。外壁厚度应不小于 30mm，中间肋壁厚度应不小于 25mm。空心率应不小于 25%。

普通混凝土小型空心砌块按其外观质量和尺寸偏差分为合格品、一等品和优等品。

2.5.2 小型混凝土空心砌块砌体施工

小型混凝土空心砌块进场应有合格证、检测报告和复试报告。

小型混凝土空心砌块使用前应清除表面污物，在炎热的天气应提前浇水湿润，但不应使用表面有明水的砌块砌筑。

小型混凝土空心砌块应底面向上、对孔错缝搭砌，搭接长度不应小于 90mm。承重墙严禁用断块砌筑，砌筑砂浆的强度等级应符合设计要求。现场实际条件不能满足以上要求时应采取在水平灰缝放置拉结钢筋或钢筋网片的方法予以加强，但砌体竖向通缝仍不得超过两层砌块高度。

构造柱使用的混凝土强度等级应符合设计要求，坍落度不应小于 90mm。构造柱的间距应符合设计要求。混凝土浇筑前应清除孔洞杂物及落地砂浆，连同模板均应用水冲浇干净，钢筋的位置及保护层应验收合格后先浇筑与混凝土强度等级相同的水泥砂浆，再浇混凝土，并每浇灌 400～500mm 高度振捣密实后再浇上一层。

施工预留洞口的侧边墙面不应小于 600mm，洞口宽度超过 300mm 时上部应设过梁。施工临时洞口的补砌砂浆强度等级应比原砌体砂浆的强度等级高一级。

小型混凝土砌块砌体不宜设置脚手眼，当必须设置时，可用 190mm×190mm×190mm 的砌块留出 200mm 的脚手眼，完活后用 C15 混凝土（干硬性）塞实，但在以下部位不得设脚手眼：

1. 宽度小于 800mm 的窗间墙；

2. 门窗洞口两侧 200mm 内和墙体交接处 400mm 的范围内；

3. 过梁上与过梁成 60°的三角形及过梁跨度 1/2 高度范围内；

4. 梁和梁垫下及其左右 500mm 的范围内；

5. 设计规定不允许设置脚手眼的部位。

一般情况下，轻骨料小型混凝土砌块日砌高度不应超过 2.4m；普通小型混凝土砌块日砌高度不应超过 1.8m。

2.5.3 小型混凝土空心砌块砌体工程质量

小型混凝土空心砌块砌体工程质量分为合格和不合格。质量合格的标准如下：

1. 主控项目应全部符合要求；

2. 一般项目应有 80%及以上的抽检点符合要求；20%的抽检点的偏差值应在允许偏差的 1.5 倍范围以内。

2.5.3.1 主控项目

1. 砌块和所使用的砌筑砂浆的强度等级应符合设计要求。

检查数量：同一生产厂家的砌块，每 1 万块应至少抽查一组。用于多层以上建筑基础及底层的小型砌块抽检数量不应少于 2 组。砌筑砂浆试块按每检验批且有不超过 $250m^3$ 砌体的各类及强度等级的砂浆，搅拌机每台班应至少检查一次。

检验方法：查验砌块和砌筑砂浆试块试验报告。

2. 砌体竖向灰缝的砂浆饱满度不得少于 80%，不足部位应用砂浆补填并不得有透明缝或瞎缝；按净面积计算不得低于 90%。

检查数量：每检验批不应少于 3 处。

检验方法：用百格网检查砌块底部与砂浆粘结痕迹，取 3 块平均值。

3. 纵横墙交接处和转角处应同时砌筑，临时间断处应砌成斜槎，斜槎的水平投影长度不应小于墙高的 2/3，如图 2-9 所示。

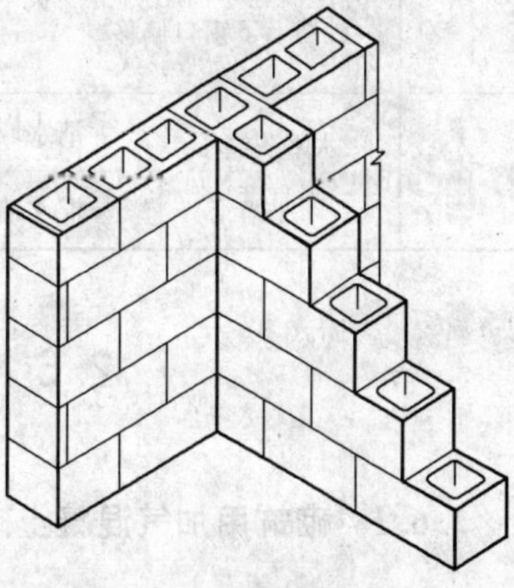

图 2-9 混凝土小砌块砌体斜槎

检查数量：每检验批抽查 20%的接槎，且不应少于 5 处。

检验方法：观察、尺量检查。

4. 砌体的轴线位移、垂直度允许偏差及检验方法应符合表 2-9 的规定。

表 2-9 小砌块砌体的位置及垂直度允许偏差

项次	项目			允许偏差（mm）	检验方法
1	轴线位置偏移			10	用经纬仪和尺检查或用其他测量仪器检查
2	垂直度	每层		5	用 2m 托线板检查
		全高	≤10m	10	用经纬仪、吊线和尺检查，或用其他测量仪器检查
			>10m	20	

检查数量：轴线位置所有承重墙应全部检查。内墙以具有代表性的自然间抽查 10%，但不应少于 3 间，每间应不少于 2 处；外墙垂直度全高应查阳角，不应少于 4 处；层高每 20m 抽查一处。柱的抽查应不少于 5 根。

2.5.3.2 一般项目

1. 砌体的竖向灰缝宽度和水平灰缝的厚度宜为 10mm，但不应大于 12mm 和小于 8mm。

检查数量：每楼层不应少于 3 处。

检验方法：尺量 5 皮砌块高度和长 2m 的砌体计算。

2. 小砌块砌体的一般尺寸允许偏差及检验方法应符合表 2-10 的规定。

表 2-10 小砌块砌体一般尺寸允许偏差

项次	项目		允许偏差（mm）	检验方法	抽检数量
1	基础顶面和楼面标高		±15	用水平仪和尺检查	不应少于 5 处
2	表面平整度	清水墙、柱	5	用 2m 靠尺和楔形塞尺检查	有代表性自然间 10%，但不应少于 3 间，每间不应少于 2 处
		混水墙、柱	8		
3	门窗洞口高、宽（后塞口）		±5	用尺检查	检验批洞口的 10%，且不应少于 5 处
4	外墙上下窗口偏移		20	以底层窗口为准，用经纬仪或吊线检查	检验批的 10%，且不应少于 5 处
5	水平灰缝平直度	清水墙	7	拉 10m 线和尺检查	有代表性自然间 10%，但不应少于 3 间，每间不应少于 2 处
		混水墙	10		

2.6 加气混凝土砌块砌体工程

2.6.1 砌筑用加气混凝土砌块

加气混凝土砌块是指用硅质材料和钙质材料加入适量的铝粉发气剂，经配料、拌合、浇筑、切割、蒸压养护而成的块体（主要材料包括水泥、矿渣、砂；水泥、石灰、粉煤灰；水泥、石灰、粉煤灰）。

加气混凝土砌块的强度等级为 A1.0、A2.0、A2.5、A3.5、A5.0、A7.5、A10。

加气混凝土砌块的密度等级为 B03、B04、B05、B06、B07、B08。

加气混凝土砌块的公称尺寸为：长 600mm；宽 100mm、120mm、125mm、150mm、180mm、200mm、240mm、250mm、300mm；高 200mm、250mm、300mm。

加气混凝土砌块按体积密度、抗压强度、外观质量、尺寸偏差分为合格品、一等品和优等品三个质量等级。

2.6.2 加气混凝土砌块砌体施工

加气混凝土砌块砌体形式分为单层砌法和双层砌法。单层砌的墙厚一般较薄，选用的砌块与墙厚相等。双层砌的墙体一般较厚，两排砌块留一定尺寸的空隙；砌筑时沿墙高每 500mm、水平方向每 600mm 放置一根 $\phi6$ 的拉结扒钉，如图 2-10 所示。

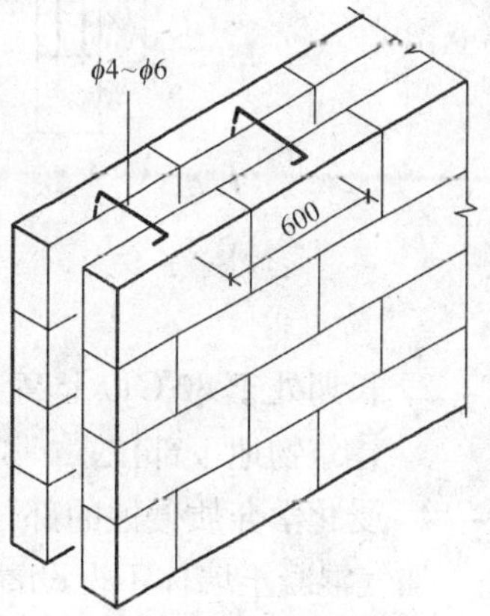

图 2-10 加气混凝土砌块双层墙

承重加气混凝土砌块墙的交接处、转角处，应沿墙高每隔 1m 左右在水平灰缝设置 $3\phi6$ 的拉结筋，拉结筋的长度从墙中算起不小于 1m，两端头应设弯钩；山墙部位沿墙高每隔 1m 左右在水平灰缝设置 $3\phi6$ 的通长拉结筋，两端应设弯钩，如图 2-11 所示。

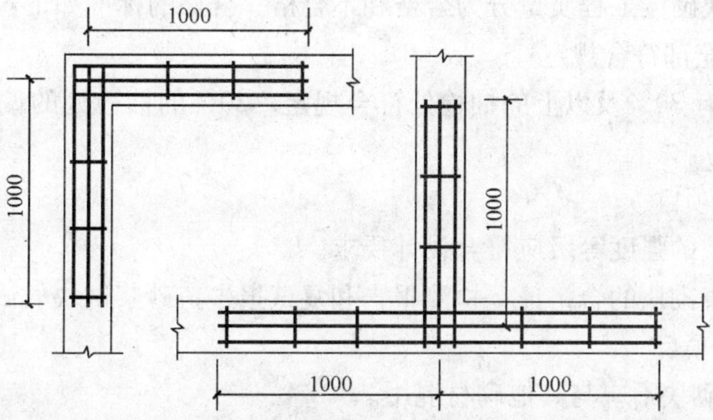

图 2-11 承重砌块墙灰缝配筋

非承重墙的交接处、转角处应沿墙高每隔 1m 左右在水平灰缝中设置 $2\phi6$ 拉结筋，拉结筋长度从墙中算起两端均不小于 700mm，并两端均设弯钩。如图 2-12 所示。

加气混凝土砌块进场应有合格证，检测报告；并现场取样送有资质的检测试验室复验。砌筑前应适量浇水湿润。

加气混凝土砌块的上下皮竖向灰缝应相互错开，错开宽度应不小于 200mm。

采用水泥砂浆时，水平灰缝厚度宜为 15mm，竖向灰缝宽度宜为 20mm。采用混合砂浆时，水平灰缝和竖向灰缝均可控制在 10mm 左右。

加气混凝土砌块墙的底层应砌不少于 200mm 高度的普通混凝土空心砌块或普通砖。

加气混凝土砌块不得在以下部位使用：

1. 干湿交替部位或潮湿部位；

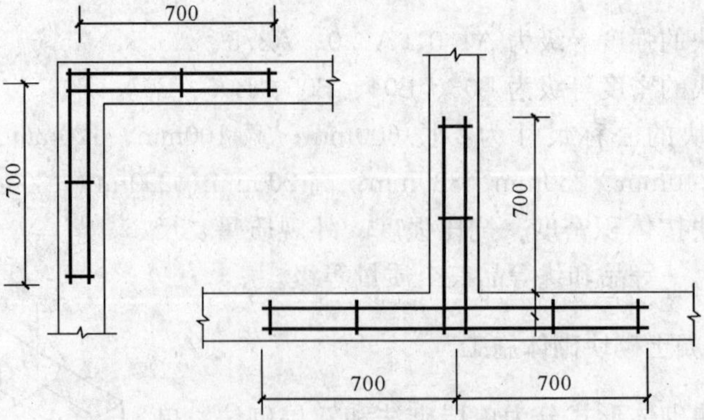

图 2-12　非承重砌块墙灰缝配筋

2. 长期处于 80℃以上高温环境的部位；

3. 建筑物地下部位；

4. 受化学介质侵蚀的部位。

加气混凝土墙体不得设置脚手眼，设计要求的洞口、管道、沟槽应预留和预埋；不得砌后打凿墙体。

2.6.3　加气混凝土砌块砌体工程质量

加气混凝土砌块砌体工程质量分为合格和不合格。合格的标准如下：

1. 主控项目应全部符合规定；

2. 一般项目应有 80%及以上的抽检处符合规定；20%的抽检处的偏差值应不超过其允许偏差的 1.5 倍。

2.6.3.1　主控项目

砌筑砂浆和砌块的强度等级应符合设计要求。

检验方法：检查砌块的合格证、检测报告和复试报告；砂浆试块的试验报告。

2.6.3.2　一般项目

1. 加气混凝土砌块不应与其他砌材混用。

检查数量：抽查检验批的 20%，并不应少于 5 处。

2. 加气混凝土砌体的一般尺寸允许偏差应符合表 2-11 的规定。

表 2-11　加气混凝土砌块砌体一般尺寸允许偏差

<table>
<tr><th>项次</th><th colspan="2">项　目</th><th>允许偏差（mm）</th><th>检　验　方　法</th></tr>
<tr><td rowspan="3">1</td><td colspan="2">轴线位移</td><td>10</td><td>用尺检查</td></tr>
<tr><td rowspan="2">垂直度</td><td>小于或等于 3m</td><td>5</td><td rowspan="2">用 2m 托线板或吊线、尺检查</td></tr>
<tr><td>大于 3m</td><td>10</td></tr>
<tr><td>2</td><td colspan="2">表面平整度</td><td>8</td><td>用 2m 靠尺和楔形塞尺检查</td></tr>
<tr><td>3</td><td colspan="2">门窗洞口高、宽（后塞口）</td><td>±5</td><td>用尺检查</td></tr>
<tr><td>4</td><td colspan="2">外墙上、下窗口偏移</td><td>20</td><td>用经纬仪或吊线检查</td></tr>
</table>

检查数量：表中1、2项抽查检验批10%的标准间，且不应少于3间；大面积楼道或房间按每10延长米或两轴线间为一标准间计算；每间抽检不应少于3处。表中的3、4项抽查10%，并不应少于5处。

3. 砌体拉结筋或网片的留置应与砌块皮数相吻合。拉结筋或网片在灰缝中的埋设长度应符合设计要求，沿墙高位置偏差不应超过一皮砌块的高度。

检查数量：抽查检验批的20%，并不应少于5处。

检验方法：尺量、观察检查。

4. 砌块的水平灰缝厚度宜为15mm，竖向灰缝宽度宜为20mm。

检查数量：抽查检验批10%的标准间，并不少于3间。

检验方法：尺量2m长砌体和5皮砌块高度计算。

5. 砌至梁、板的底部应留一定空隙，隔7d后方可补砌挤紧。

检查数量：抽查检验批的10%，并不应少于3片墙体。

检验方法：观察。

6. 竖向灰缝应相互错开，搭接长度不应少于砌块长度的1/3。

检查数量：抽查检验批10%的标准间，且不应少于3间。

检验方法：观察、尺量检查。

7. 灰缝砂浆饱满度应不少于80%。

检查数量：每步架不应少于3处，每处不少于3块。

检验方法：百格网检查或观察。

2.7 砌体工程冬期施工

根据当地多年气象资料统计，当室外日平均气温连续5d稳定低于5℃即进入冬期施工；当室外日平均气温连续5d高于5℃时解除冬期施工。

2.7.1 冬期施工对材料的要求

普通砖、空心砖、灰砂砖、小型混凝土空心砌块和石材在施工前，应清除表面污垢、冰雪等。不得使用受冻和经水浸的砌块或砖。

砌筑砂浆宜优先选用普通硅酸盐水泥拌制。

拌制砂浆用砂不得含有直径大于10mm的冻块。砂的加温不得超过40℃，砂浆稠度宜适当加大。

拌制砂浆使用的黏土膏、电石膏或石灰膏宜提前采取保温措施。

拌制用水的温度不得超过80℃。

砂浆试块除应按常温规定的要求留置外，还应增加不少于两组同养试块。

2.7.2 砌体工程冬期施工

砌体工程冬期施工的方法可根据砌体的种类、现场条件、气温情况选用暖棚法、冻结法、掺入外加剂法和电热法施工。

2.7.2.1 暖棚法

暖棚法适用于地下工程，基础工程及量小又急需施工的砌体结构。

暖棚法施工使用的砖、石和砂浆的温度不应低于5℃；所砌结构底面以上500mm处的棚内温度不应低于5℃。

砌体的养护时间为：当棚温5℃时不少于6d，10℃时不少于5d，15℃时不少于4d，20℃时不少于3d。

2.7.2.2 冻结法

冻结法施工是使用普通水泥砂浆，将砌筑工程施工完毕后，允许砌体在自然环境下冻结，在天气变暖时使砌体逐渐产生强度的施工方法。

采取冻结法施工，宜采用以下构造措施：

1. 每层楼的墙体砌筑完成后，应及时捣制（吊装）楼板（梁）或采取锚固措施使结构成为一体。

2. 墙体的转角处、交叉处和交接处应按墙厚每120mm配置1ϕ6的拉结筋，伸入墙体的长度不得少于1m，并且末端应设弯钩。

3. 采取冻结法施工的墙体，与已沉降后的墙体交接处应留置沉降缝。为确保砌体在解冻时的稳定性和沉降均匀性，应遵守以下规定：

（1）对未浇捣（或安装）楼板或屋面板的墙体，特别是山墙，应及时采取支护措施以确保安全。

（2）砌筑应在变形缝处划分施工段，临时间断处及每日砌筑高度差，均不得大于1.2m。

（3）留置的沟槽、洞口，宜在解冻前砌筑完毕。

（4）砌筑完毕的砌体应在解冻前清除房间的垃圾及剩余的材料，以减轻负荷。

（5）应在门窗框的上部留置不小于50mm的缝隙，当采用料石砌筑时所留的缝隙应不小于30mm。

（6）当过梁的跨度大于0.7m时，应采用预制构件；悬挑结构或跨度较大的梁应在解冻前采取适当的支撑措施。当砌体的强度达到设计强度的80%时，才可撤除支撑。

下列砌体不得采用冻结法施工：

（1）毛石砌体；

（2）承受侧压力的砌体；

（3）混凝土小型空心砌块砌体；

（4）解冻时不允许产生沉降的砌体；

（5）解冻期间可能承受动力荷载或遭受振动的砌体。

采用冻结法施工时，砌筑砂浆的最低温度应符合表2-12的规定。

表2-12 冻结法砌筑时砂浆最低温度 （℃）

室外空气温度	砂浆最低温度	室外空气温度	砂浆最低温度
0～－10	10	低于－25	25
－11～－25	15		

当日最低气温≤－25℃时，承重墙砌筑砂浆的强度等级应比常温施工提高2级；当日最低气温高于－25℃时应提高1级。砂浆强度等级不得低于M2.5，重要结构不得低于M5。

2.7.2.3　外加剂法

外加剂法是指在砌筑砂浆中掺加适量的外加剂，使砂浆在砌筑和养护期间快速硬化和不致在一定的低温环境下冻结。

外加剂包括氯盐类、氯盐阻锈类、无氯盐类等，其中的氯盐以氯化钠为主。当气温低于－15℃时，可掺入适量的氯化钙复合使用。氯盐外加剂的掺量应根据表 2-13 选用。

表 2-13　氯盐外加剂掺量（占用水重量%）

氯盐及砌体材料种类			日最低温度（℃）			
			≥－10	－11～－15	－16～－20	－21～25
氯化钠		砖、砌块	3	5	7	—
		石	4	7	10	—
复盐	氯化钠	砖、砌块	—	—	5	7
	氯化钙		—	—	2	3

注：掺盐量以无水盐计。

外加剂应严格按说明书配制成溶液，然后再按一定配合比投入砂浆搅拌机中拌合。

当最低气温等丁或低丁　15℃时，承重砌体所使用的砂浆强度等级应比常温施工的砂浆强度等级高一级；砂浆使用时的温度不应低于 5℃。

（1）氯盐类；故配置在砌体砂浆中的预埋件或钢筋应做防腐处理。

氯盐砂浆砌体施工日砌筑高度不宜高于 1.2m，砌体预留洞口距交接处不应小于 500mm。

氯盐砂浆不得在以下砌体中使用：

1）使用温度高于 80℃的建筑物；

2）对装饰工程有特殊要求的建筑物；

3）接近高压电线的建筑物（如发电站、变电所等）；

4）砌体预埋件或钢筋未做防腐处理的建筑物；

5）经常处于干湿交替的环境或无防水层的建筑物。

（2）氯盐阻锈类；以氯盐与阻锈剂为主；可用于砌体预埋件或钢筋未做防腐处理的建筑物，其他禁用范围同氯盐类防冻剂。

（3）无氯盐类：以亚硝酸盐、碳酸盐、乙酸钠、硝酸盐或尿素为主；但其中的亚硝酸盐不得用于饮水和食品工程；亚硝酸盐、碳酸盐、硝酸盐类防冻剂不得用于与铝铁或镀锌钢材接触部位的砂浆中。

2.7.2.4　电热法

电热法是利用砂浆通过低压（36V、24V、12V）电流，使电能转化为热能产生热量传给砂浆，使砂浆达到所需要的强度。电极可用 $\phi6$～$\phi8$ 的钢筋制成，沿墙高每隔 4～6 皮砖设置一层，电极水平距离为 250～300mm。温度保持在 5℃以上，加热前砌体温度不得低于 0℃，加热后的温度不得高于 40℃。

2.8　砌体工程安全施工

（1）砌筑前必须检查施工现场是否达到安全施工条件，通道是否畅通、架体是否牢固、防护是否齐全。

(2) 基础砌筑施工应随时注意基坑边坡变化，边坡 1m 以内不得堆放砌筑材料；深基坑应采取支护措施。施工人员应走通道，不得攀爬坑壁，运料时不得碰撞、踩踏支撑和砌体。

(3) 脚手架上放料不得超载，用砖堆放不得超过 3 皮侧砖，不得二人站在同一块脚手板上施工。

(4) 砌墙高度超过 1.2m 时，应搭设脚手架。砌体高度超过一层或 4m 时，采用外脚手架时应设防护栏，设置踢脚板；采用内脚手架时应挂安全网。

(5) 不得站在墙上检查墙体垂直度、划缝、清扫墙面、挂线等作业。

(6) 在楼面堆放砌筑材料不得超载，当必须超载堆放时，应经验算并采取支撑加固措施。

(7) 脚手架不可垫高使用；砍砖应面向墙体；垂直运输工具必须满足负荷要求，发现问题及时处理。

(8) 用起重机吊砂浆时料斗不应装得太满，装砖不应超过笼高，吊臂回转幅度范围内不得有人，吊件未落在架子上时人员应躲避。

(9) 砌材运输车辆，在坡道上两车前后距离不得小于 10m，取砖时应先高后低。

(10) 砌完的山墙应用檩条连接或采取其他支护措施；冬期施工前应清除脚手板上的冰雪，雨季施工，下班前应对墙体采取防雨措施。

(11) 在同一垂直面交叉作业时，必须设置安全隔板；深基坑传送砌材时应搭设宽度不少于 600mm 的站人架子。

(12) 打石铁锤应无裂纹、锤杆应安牢固，锤口要平、落锤要稳，并要求附近人躲避飞石。不得在墙上或脚手架上修理石块。

(13) 砌石应戴手套，不准在超过胸部的墙上砌石；上下运石时，脚手板应牢固、斜道板面应设防滑条。

(14) 砌好的石缝应马上灌浆，对稳定性较差的砌体应采取支护措施。

(15) 遇大风、大雨、冰雹等恶劣天气应对砌体的稳定性进行检查，发现问题及时处理。

(16) 砌块砌体不得设置缆风绳、挂重物或做其他施工的临时设施、支承点，如必须设置时，应采取必要的加固措施。

2.9 砌筑一般工业炉工程

工业炉砌筑工程应按设计图样施工。所使用的材料应符合设计要求，并应符合规范及现行材料标准的规定。

工业炉砌筑工程的炉子基础、炉主体结构和设备安装工程应经验收合格并经监理签工序交接单后，方可进行下道工序施工。

工序交接单包括以下内容：

1) 炉中心线和标高测量记录及沉降观测点记录；

2) 隐蔽工程验收合格证明；

3) 炉管道、炉壳、炉体冷却装置的试压记录及焊缝严密性试验合格证明；

4) 炉内轨道及钢结构等的安装位置的尺寸复测记录；

5）可动炉及炉可动部分的试运行合格证明；

6）炉内锚固件和托砖板的布置、尺寸及焊接质量合格证；

7）成品保护要求。

工业炉砌筑施工安全技术、环境保护及劳动保护，必须符合国家现行规定。

2.9.1 工业炉砌筑用材

对耐火材料和其他砌筑材料应按规定和技术条件进行验收。运至现场的材料应有合格证。不定形耐火材料应有使用说明。有时效性的材料应注明有效期、牌号、等级和砖号，并应符合标准、技术条件和设计要求，施工前应对砖的外观质量、尺寸进行检查，对砖的强度及耐久性由试验室进行复试。

必须做复试的材料和有怀疑的材料，应经试验室复试合格方可使用；回收的旧耐火砖，应清理干净并检验合格后用于炉的次要部位。

运输、装拆耐火材料或制品应轻拿轻放，在库内存放应按牌号、等级、砖号和使用先后顺序整齐码放，并作好标识，严防受湿。

刚玉砖、硅砖、含炭制品、炭素制品、镁质制品、隔热制品、隔热耐火砖和用于重要部位的黏土耐火砖、高铝砖应存放在有防雨措施的库房内，严防受潮。

不定形结合剂、耐火材料和耐火陶瓷制品及纤维，必须单独存放在能防止污染和潮湿的库房内。有防冻要求的材料应存放在能防冻的环境中。

砌筑耐火制品用的泥浆应与耐火制品的耐火度和化学成分相匹配，泥浆的种类、牌号及其他性能指标应根据炉温和作业条件经设计确定。

耐火砌体一般采用的泥浆种类和成分如表 2-14 所示。

表 2-14　耐火砌体一般采用的泥浆种类和成分

砌 体 名 称	泥浆种类和成分	技术条件
黏土耐火砖	黏土质耐火泥浆	GB/T 14982—2008
高铝砖	高铝质耐火泥浆	GB/T 2994—2008
硅砖	硅质耐火泥浆	YB/T 384—1991
镁砖、镁铝砖或镁铬砖	镁质耐火泥浆	YB/T 5009—1993
炭砖	炭素泥浆	YB/T 121—1997
黏土质隔热耐火砖	硅酸铝质隔热耐火泥浆	YB/T 114—1997
高铝质隔热耐火砖	硅酸铝质隔热耐火泥浆	YB/T 114—1997
硅藻土隔热制品	硅酸铝质隔热耐火泥浆	YB/T 114—1997
换热器黏土耐火砖格子	气硬性泥浆 质量比（%）： 黏土熟料粉　90 铁钒土（Al_2O_3＞50%）　10 以下为外加： 水玻璃(密度为 1.3～1.4g/mL)　15 氟硅酸钠　1.5 羧甲基纤维素（CMC）　0.1 糊精　1 水　适量	

砌筑前，应根据砌体类别经试验确定的加水量，并检查泥浆的粘结性能是否满足设计要求。泥浆的粘结时间一般为1～1.5min。

泥浆稠度及适用的砌体类别如表2-15所示。

表2-15　泥浆稠度及其适用的砌体类别

名　称	稠度（0.1mm）	砌体类别
泥　浆	320～380 280～320 260～280	Ⅰ～Ⅱ Ⅲ Ⅳ

泥浆的稠度和粘结时间应分别按《耐火泥浆稠度试验方法》（YB/T 5121）和《耐火泥浆粘结时间试验方法》（YB/T 5122）执行。

砌筑工业炉应采用最大粒径不大于砖缝厚度30%的成品泥浆。

调制泥浆应严格控制配合比，配料全部过秤，不得在配好的泥浆内任意加水或结合剂。

拌合水应采用洁净水，沿海地区使用掺外加剂的泥浆时加入水应经化验，其氯离子（Cl^-）的浓度不应大于300mg/L。

掺加卤水、水玻璃或水泥的泥浆，不应过早调制，不得使用已初凝的泥浆。

2.9.2　工业炉砌筑施工

根据耐火砌体所要求的精度将砌体分为5类；其各类砌体的砖缝应符合表2-16的规定。

表2-16　各类砌体的砖缝厚度

序　号	砌体类别	砖缝厚度	序　号	砌体类别	砖缝厚度
1	特类砌体	不大于0.5mm	4	Ⅲ类砌体	不大于3mm
2	Ⅰ类砌体	不大于1mm			
3	Ⅱ类砌体	不大于2mm	5	Ⅳ类砌体	大于3mm

工业炉各部位砖缝的厚度设计有要求时应符合设计要求，当设计无要求时应符合表2-17的规定。

表2-17　一般工业炉各部位砌体砖缝的厚度

项　次	部　位　名　称	砌体砖缝的厚度（mm）不大于
1	底和墙	3
2	高温或有炉渣作用的底、墙	2
3	拱和拱顶： （1）湿砌 （2）干砌	 2 1.5
4	带齿挂砖： （1）湿砌 （2）干砌	 3 2

续表

项次	部 位 名 称	砌体砖缝的厚度（mm）不大于
5	隔热耐火砖（黏土质、高铝质和硅质） （1）工作层 （2）非工作层	 2 3
6	硅藻土砖	5
7	普通黏土砖内衬	5
8	外部普通黏土砖	10
9	空气、煤气管道	3
10	烧嘴砖	2

砌筑一般工业炉的允许偏差，应符合表2-18的规定。

表2-18 砌筑一般工业炉的允许误差

项次	误 差 名 称	允许误差（mm）
1	垂直误差： （1）墙 每米高 全高 （2）基础砖墩 每米高 全高	 3 15 3 10
2	表面平整误差（用2m靠尺检查，靠尺与砌体之间的间隙）： （1）墙面 （2）挂砖墙面 （3）拱脚砖下的炉墙上表面 （4）底面	 5 7 5 5
3	线尺寸误差： （1）矩（或方）形炉膛的长度和宽度 （2）矩（或方）形炉膛的对角线长度差 （3）圆形炉膛内半径误差 内半径≥2m 内半径＜2m （4）拱和拱顶的跨度 （5）烟道的高度和宽度	 ±10 15 ±15 ±10 ±10 ±15

工业炉的耐火和隔热砌体投产前不得受潮；砌体的砖缝应错开。

干砌底和墙时，砖缝内应填满干耐灰粉；湿砌的所有砌缝，泥浆应饱满，表面应勾缝。砌砖应用木锤或橡胶锤找正、振实。

返工拆砖或中断施工时应留成阶梯形的斜槎；当砖表面有缺陷和截断的砖面不宜朝向炉通道或炉膛的工作面。

砌体的通道、孔洞、隔热层、膨胀缝应在施工时随时检查。

砌体膨胀缝的构造、宽度及分布位置应按设计图样进行留置。当设计无具体要求时可按表 2-19 选用。

表 2-19　膨胀缝的平均数值

序号	砌　　体	每 m 长砌体平均值
1	黏土耐火砖砌体	5～6mm
2	高铝砖砌体	7～8mm
3	刚玉砖砌体	9～10mm
4	镁铝砖砌体	10～11mm
5	硅砖砌体	12～13mm
6	镁砖砌体	10～14mm

膨胀缝的留置应避开砌体的孔洞或受力较大的部位，上下层宜错开并内外层不应相互贯通。当耐火砌体工作面的膨胀缝与隔热砌体串通时，该处的隔热砖应用耐火砖砌筑，拱顶的膨胀缝应以耐火砌体覆盖，膨胀缝应平直均匀，缝内应清理干净，按规定填充材料。

托砖板与下砌体、托砖板以上砌体与以下砌体之间应留有间隙，间隙的填充材料与尺寸应符合设计要求。

当膨胀缝尺寸不能满足设计要求时，应用消减砖尺寸的方法予以补充。消减后的砖的厚度不应小于原砖厚的 2/3。当砌体与构件、设备、埋设件和孔洞有关联时，应考虑热胀冷缩的间隙以减少约束。基础与砌体的沉降缝应用耐火陶瓷纤维或其他耐火材料填塞。

用塞尺检查砖缝厚度应为 15mm，不大于 20mm 为合格。泥浆在砖缝中的饱满度不得低于 90％。

对有熔融金属或渣侵蚀及气密性要求比较严格的炉，泥浆饱满度不得低于 95％。

在 $5m^2$ 的砌体表面用塞尺检查砖缝的厚度 10 处，比规定砖缝厚度大 50％以内的砖缝不得超过以下规定：

1）Ⅰ、Ⅱ类砌体不超过 4 处；

2）Ⅲ、Ⅳ类砌体不超过 5 处；

3）特类砌体每 $5m^2$ 检查 20 处，大于 50％以内的砖缝不应超过 4 处。

2.9.2.1　炉底和墙施工

炉底砌筑前应找平，当砖缝厚度超过规定数值时，应切割砖找平。斜坡炉底应放线后砌筑，反拱炉底应用样板找准拱的基面。经常检修的炉底应砌成活底。可动炉底的砌体与有关部位的间隙应准确留设。

当用水平砖层砌筑斜坡炉底时，工作层可错台或退台所形成的三角部位用不定形耐火材料找齐。反拱炉底应从中心向两侧对称施工。

非弧形炉底、通道底的最上层砖的长边应与气流或炉料、渣、金属的流动方向成一交角或垂直。砌两面均为工作面的直墙时应双面挂线，砌面横平竖直。

圆形炉墙砌筑前应检查炉壳的中心线垂直度，符合要求时可以炉壳进行砌筑。如有较大偏差则应以中心线画圆进行砌筑。

设有挂砖或挂钩砖的炉墙，砖槽的受拉面应与挂件靠紧，其他四周与挂件间应留间隙，不得卡死。详见图 2-13。

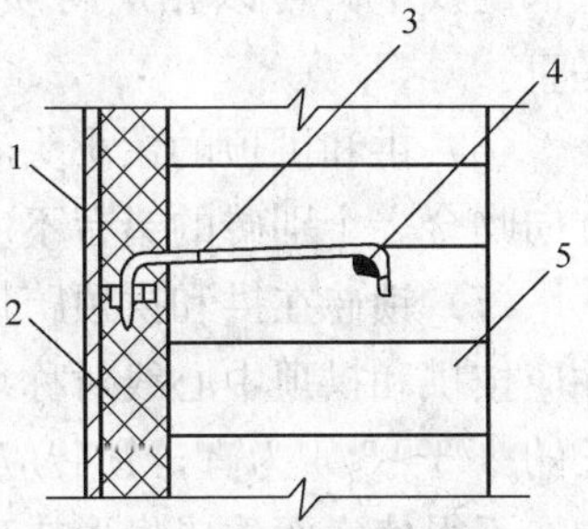

图 2-13 炉墙拉砖杆和拉砖钩

1—炉壳钢板；2—隔热层；3—拉砖钩；4—拉砖杆；5—耐火砖

炉墙内的拉砖杆和拉砖钩应符合以下要求：

(1) 拉砖杆的长度应合适，不得有虚拉和不拉现象；拉砖杆应在膨胀缝处断开。

(2) 拉砖钩不得一端翘起，应平直地嵌入砖内；拉砖杆应平直，弯曲度每米不宜超过 3mm。

隔热耐火砖砌体的拉砖钩应设在隔热耐火砖的中间。当拉砖钩遇到砖缝时可水平旋转拉砖钩使其嵌入处与砖缝的距离不少于 40mm。如图 2-14 所示。

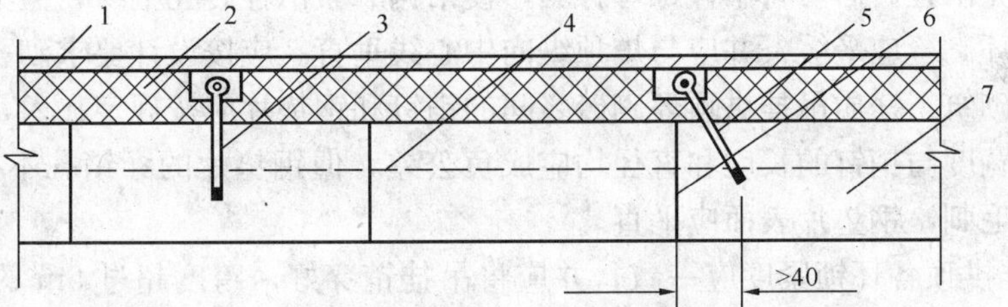

图 2-14 拉砖钩转动示意图

1—炉壳钢板；2—隔热层；3—拉砖钩；4—托砖板；5—水平转动的拉砖钩；6—砖缝；7—隔热耐火砖

圆形炉墙不得有三层重缝或三环通缝，两层重缝和两环通缝不得出现在同一部位。

圆形炉墙的合门砖应均匀设置。

(3) 拱脚砖下的炉墙上表面，应按设计标高找平整。拱脚砖与中心线的尺寸应符合设计要求。

2.9.2.2 拱和拱顶施工

(1) 拱胎及其支撑所使用的材料，应满足施工材料的自重和施工荷载的安全要求。

(2) 拱胎胎面应平整，其弧度和高度应符合设计要求，应经验收合格后方可进行拱和拱顶的砌筑。

(3) 砌筑拱顶前应检查拱脚梁与骨架立柱是否已靠紧；砌筑可调骨架的拱顶前，应检查拉杆与桁架是否固定牢靠。合格后方可施工。

(4) 拱脚的角度及表面平整度应符合设计要求，拱脚的砖缝不得加厚；拱脚砖应紧靠拱脚梁，应先砌拱脚砖后面的砌体，后砌拱脚。不得在拱脚砖后砌硅藻土砖或隔热耐火砖。隔热耐火砖拱顶的拱脚砖后面可用与拱顶相同材质的砖进行砌筑。

(5) 无特殊要求时，拱和拱顶一般为错缝砌筑，并应沿纵向拉线，墙面平直；拱和拱顶上部的找平砖可以相应材质的耐火浇注料代替。跨度不同的拱和拱顶的环砌砖环应保持平直。

(6) 拱和拱顶的大小头砖均应小头朝下，并应从两端向中心对称镶砌。放射缝应与半径方向吻合。个别砖的错台不应大于3mm。

(7) 锁砖在拱和拱顶跨度小于3m时为1块，大于3m时为3块，大于6m时为5块，并应按拱和拱顶中心线对称均匀分布；在同一拱或拱顶内锁砖砌入的深度应一致；一般为砖长的2/3～3/4为宜，锁砖应同时对称用木锤或橡胶锤打入，也可用铁锤垫木垫进行。

不得使大面砍成楔形或砍去厚度1/3以上的锁砖。

(8) 球形拱顶应先设铁拱胎并用卡钩卡牢后逐环砌筑，并及时合龙，合龙砖应均匀分布，留槎不宜超过三层，并且几何尺寸及放射缝应符合要求。

(9) 吊挂砖应预先砌筑，并进行编号和选分，必要时应对砖按需要单独加工；平顶的吊挂砖，由中间开始向两侧砌筑，吊挂平顶的内表面应平整，局部的砖错台不应大于3mm，当砖的上缘与吊挂梁之间有缝隙时，可用钢片塞堵严实。吊挂平顶的边砖与炉墙衔接处应留一定的膨胀缝，斜坡炉顶应从下部转折处向两侧砌筑。

(10) 吊挂砖的受力部位不得有裂纹，黏土质炉顶吊挂砖砌完灌缝后再按设计要求铺砌隔热制品，砌完吊挂砖后，将吊杆螺母拧紧，使吊钩靠紧吊挂砖孔上缘，但不应将吊挂砖顶起。吊挂拱顶环砌缝应平缓，并应与炉顶纵向中心线垂直。应按设计要求砌一底层，然后按一定环缝进行砌筑，镁质吊挂拱顶环砌砖之间的销钉和钢垫片应按规定夹入，不得遗漏。钢垫片的长度、宽度与销钉的长度和直径均应成负公差，但钢垫片的穿销孔不得做成负公差。并应无弯曲和毛刺，钢垫片表面应平直。

(11) 吊挂拱顶各环锁紧度应一致，并应将吊挂销穿好，跨度超过5m的拱胎拆除前后应有沉降记录，拆除拱顶前应检查锁砖是否打紧，骨架拉杆螺母是否打紧，拱脚处的凹沟是否砌完。

2.9.2.3　空气、煤气管道施工

(1) 管道内衬应以管内面为导面砌筑，有障碍时应清除；施工条件允许时管道内衬的施工可分段砌筑，安装后进行补砌或浇注，当管道直径小于600mm或矩形管道截面小于500mm×600mm时，可在地面分成若干个3m以内长度的段进行砌筑和浇注内衬。

(2) 圆形管道（含高炉热风围管）内衬可分段施工，接头处的直缝接缝处应加工砖达到密合；管道（含高炉热风管）岔口应用耐火浇注料浇注或用组合砖砌筑。

2.9.2.4　烟道施工

(1) 烟道拱顶应用泥浆掺10%～20%的不低于32.5强度等级的普通硅酸盐水泥进行错缝砌筑。无混凝土壁的地下烟道的拱顶，应在墙外回填土施工完成后进行，但填土的深度应掌握不让墙因土压力向内倾斜为度。

(2) 砌筑烟道闸门处的砌体时所留的间隙应符合设计要求，回转闸门底座标高应略高于烟道底上表面标高，有框架结构的烟道闸门处的砌体应在框架定位后砌筑，与框架接触的间隙应用与砖相同材质的浓泥浆填实。

2.9.2.5　换热器和换热室施工

陶质换热器砌体砖缝的厚度应符合表2-20的规定。

表 2-20　陶质换热器砌体砖缝的厚度

项次	部 位 名 称	砌体砖缝的厚度（mm）不大于
1	四孔格子砖的水平缝：	
	（1）湿砌	2
	（2）干砌	1
2	管砖和盘砖间的水平缝	2

换热室的墙、顶和底砖缝的厚度应符合表 2-17 的规定。

管砖和四孔格子砖应先行砌筑，并按高度选分。必要时，砖的端面应磨平找方。在同一水平层砌筑的砖应高度相等。砌筑换热室的允许偏差应符合表 2-21 的规定。

表 2-21　砌筑换热室的允许偏差

项次	项 目 名 称	允许偏差（mm）
1	线尺寸：	
	（1）换热室的宽度和长度	
	金属换热器	+15 0
	陶瓷换热器	+10 0
	（2）换热室两对角线的长度	10
2	标高：	
	（1）换热室墙砂封底座标高	±5
	（2）换热室墙上部的热空气出口与砖格子水平隔墙的相对标高	15
	（3）相邻格子砖顶面的标高	2
3	表面平整：	
	（1）换热室下部小单墙和横梁砖（用 2m 靠尺检查，靠尺与砌体之间的间隙）	5
	（2）每层砖格子（用拉线方法检查）	5
4	换热室墙全高的垂直	5

砌筑换热器格子前，在长度、宽度两个方向排砖格子作为换热室内空放线尺寸。砌筑时应水平，层与层相吻合，通道的垂直度、尺寸、位置应符合规范和设计要求。清除流进通道的泥浆时不应使砖缝和异形砖受损。

换热器废气道隔墙、平分隔墙、盘砖、管砖、盖砖、四孔格子砖及星形砖等砌筑用气硬性泥浆，泥浆成分应符合表 2-14 的规定。

砖格子砌筑一层后应停置 24h，当温度高于 20℃时可缩短到 16h。泥浆凝结前砌体不应碰撞振动，在其上施工时应铺设保护物；格孔应用灯光检查，有堵塞时应清除。四孔格子换热器与其他墙相接处缝隙应填塞黏土质耐火泥浆、水平废气道内应涂刷气硬性稀泥浆一层。

管砖换热器下部拱上的单墙应与其他墙交错搭砌，管砖的内壁和每层水平隔墙面应涂气硬性稀泥浆一层；四周墙涂刷厚度应不小于 2mm，并在涂刷前的小单墙和烟道底面上撒一层锯木屑。

砌筑时应先将管砖砌入上端的盘砖，再将砌好盘砖的管砖砌入下端的盘砖，管砖和盘砖内外接缝处挤出的泥浆应勾抹后清除。为防止砌体松动应将管砖四周的膨胀缝用木楔塞严。

2.9.3 不定形耐火材料

2.9.3.1 一般规定

不定形耐火材料受污染、潮湿变质或包装被破坏、明显外泄时不应使用。与不定形材料接触的设备、钢结构应先行清理除锈，不定形耐火材料应严格控制配合比，不得使用时随意加水。

预制构件应有生产单位、合格证，在不同的三个面应有编号、吊点标志、生产日期。

预制构件的垛放支点应符合受力机理，不应使构件超应力受损。

吊挂砖、锚固砖不得有横向裂纹，外形尺寸应逐块检查。所在位置应符合设计要求并与吊挂梁或炉壳相垂直。

锚固砖、锚固座与锚固钩应拉紧，锚固钩周围不得填料，锚固砖应随炉墙胀缩移动。

烘炉前应拆去吊挂砖与吊挂梁之间的楔垫。

锚固砖、吊挂砖施工前应湿润，用振捣棒振捣锤捣实时，不得直接与砖接触，必要时可垫木板。

不定形耐火材料内衬尺寸允许偏差与耐火砖内衬相同。

2.9.3.2 耐火浇注料

(1) 拌制耐火浇注料应用洁净水；沿海地区拌制用水应经化验，其氯离子含量不应大于300mg/L。

(2) 模板尺寸应符合设计要求，并能承受浇注料及施工荷载，模板缝不漏浆并应涂隔离剂；与隔热砌体的接触面应有防水措施。

(3) 耐火浇注料拌制后应在30min内用完，说明书另有规定的依其规定；浇注料用强制式搅拌机拌制的时间和加入液体量应按说明书执行。变换用料时所有工具器具应清洗干净。不得使用已达初凝的浇注料施工。

(4) 设在浇注料中的钢筋或预埋件尽量避开受热面；与耐火浇注料接触的钢筋或预埋件应按设计要求设置膨胀缓冲层，普通钢筋的使用温度不应高于350℃。

整体浇注耐火内衬膨胀缝的留置由设计确定，对于高铝质或黏土质的耐火浇注料，膨胀缝的宽度当设计无规定时每米长的内衬膨胀缝的平均值，应符合表2-22的规定。

浇注料应用插入式或平板式振捣器充分振捣密实，必要时可采用人工或附着式捣动器振捣密实。

表2-22 每米长的内衬膨胀缝的宽度

序号	浇注料名称	膨胀缝宽度（mm）
1	高铝水泥耐火浇注料	6～8
2	黏土耐火浇注料	4～6
3	水玻璃耐火浇注料	4～6
4	磷酸盐耐火浇注料	6～8
5	硅酸盐水泥耐火浇注料	5～8

当使用插入式振捣器施工时，浇注层的厚度宜为振捣棒长的1.25倍，当使用平板振捣器时，厚度不应超过200mm。

隔热耐火浇注料宜采用人工振捣，当采用振捣器时，应防止体积密度增大或离析现象发生；自流浇注料应按说明书进行施工。

（5）耐火浇注料应连续浇注，第二层浇注料应在第一层浇注料凝结前浇注完，超过凝结时间时应按施工缝进行处理，施工缝应在同一排锚固砖中心线设置。耐火浇注料浇注后的养护，当设计有规定时可按设计要求，无规定时应符合表2-23的规定。

表2-23 耐火浇注料的养护

项次	结合剂	养护环境	适宜养护温度（℃）	养护时间（d）
1	结合黏土	干燥养护	15～35	≥3
2	高铝水泥	潮湿养护	15～25	≥3
3	磷酸	干燥养护	20～35	3～7
4	水玻璃	干燥养护	15～30	7～14
5	硅酸盐水泥	潮湿养护	15～25	≥7
		蒸汽养护	60～80	0.5～1

注：1. 潮湿养护应在硬化开始后加以覆盖并浇水，浇水次数以能保持有足够的潮湿状态为宜。

2. 蒸汽养护的升温速度，宜为10～15℃/h，降温速度不宜超过40℃/h。

耐火浇注料养护期内，不得受振动和外力影响。

承重浇注料模板应在强度达到设计强度的70%后拆除；非承重部位的模板应在浇注料的棱角及表面不因拆模而受损时方可拆除。

浇注料质量，在同一配合比或牌号的浇注料中以20m³为一检验批留置试块，不足20m³时也按一检验批进行留置；检验项目及要求可参照行业标准《黏土质和高铝质致密耐火浇注料》（YB/T 5083）的规定执行。

（6）浇注衬体的表面不应有孔洞、裂缝和剥落等现象；但允许有轻微的网状裂纹。

耐火浇注料预制件在露天存放时应有防雨措施；预制件起吊时的强度应达到设计要求的强度，并应防止冲撞，小心轻放。预制件砌体的缝隙宽度及处理应由设计确定。

预制件吊运时应挂吊环，对用吊挂砖作传力的炉顶预制件，在吊运和安装时应保证每一吊挂砖的受力均衡，吊挂砖不得受冲撞损伤，炉顶预制件不得码放在炉顶的吊挂砖上。

2.9.3.3 耐火可塑料

（1）耐火可塑料应密封，水分不可流失，使用前应依行业标准检查可塑性指数；捣打可塑料使用的模板应能承受料本身及施工的全部荷载，并有一定的强度和刚度。

（2）吊挂砖与模板的间隙宜为4～6mm，捣打后的检查不应大于10mm；可塑料坯排放时应紧凑，缝隙应错开，每层铺设厚度应控制在100mm以内，捣锤应用橡胶锤头，其风压不应小于0.5MPa。捣打从坯缝开始，锤头纵向一锤压2/3锤，行间一锤压1/2锤，捣打3～4遍。

（3）捣打炉顶和炉墙可塑料时，捣打方向应垂直于受热面。可塑料宜连续施工，间歇时捣打面应用塑料布覆盖；施工缝应留在同一排吊挂砖或锚固砖的中心线处。重新作业时应将接槎刮去10～20mm厚，表面应刮毛。捣打面干燥时应喷雾状水湿润。

（4）炉墙可塑料应分层铺设捣实，施工面应高度一致。在可塑料上安吊挂砖或锚固砖前应用木模片在可塑料造成孔窝后嵌入。烧嘴及孔洞下半圆处应退台铺排可塑料坯，并应径向捣打退台处。

2.9.4 工程验收规定

工业炉竣工后，应按规范进行验收，办理移交手续，施工单位应提供以下资料：

（1）竣工验收单；

（2）开工、竣工报告；

（3）工序交接单；

（4）炉主要部位的测量资料；

（5）材料合格证、检测报告、代用证、复验报告，不定形耐火材料和泥浆的配制记录及检验报告；

（6）筑炉隐蔽工程检查记录；

（7）分部分项工程质量检验评定资料，质量保证资料，核查资料，单位工程观感质量和综合评定资料；

（8）工程质量问题处理资料；

（9）工作联系单（含合理化建议）；

（10）冬期施工记录；

（11）设计变更（含图样会审记录）；

（12）竣工图（设计变更较少时，可标注在原图上作为竣工图，当变更较多且较为复杂、重大时，应重新绘制竣工图）。

工业炉内衬施工完毕，应及时组织验收并采取必要的保护措施，烘炉应先烘烟囱和烟道，耐火浇注料内衬应按规定养护达一定强度后方可烘炉；工业炉烘炉应在相关机械设备试车合格后进行。以硅砖为主体的焦炉应在投产又能保证烘炉时间的前提下烘炉。

工业炉应根据炉的结构、用途、材料性能、施工季节等情况制定烘炉温度曲线和操作规程。严格控制降温速度。

工业炉烘炉时间应符合表 2-24 的规定。

表 2-24　主要工业炉的烘炉时间

项次	炉子名称	烘炉时间（昼夜）
1	黏土耐火砖（或高铝砖）、炭砖炉底的高炉	6～8
2	热风炉：	
	（1）黏土耐火砖、高铝砖的	6～7
	（2）硅砖的	40～45
3	大型焦炉	50～60
4	带陶质换热器的均热炉	7～9
5	加热炉：	
	（1）炉底面积在 $50m^2$ 以下的	3～6
	（2）炉底面积在 $50m^2$ 以上的	5～8
	（3）大型步进式	16～18

续表

项次	炉子名称	烘炉时间（昼夜）
6	闪速炉	30～40
7	炭素煅烧炉	45～60
8	玻璃熔窑	9～12
9	黏土耐火砖或高铝砖的隧道窑	12～18
10	一段转化炉	5～6
11	二段转化炉	6～7
12	裂解炉	4～6
13	连续式直立炉	50～60
14	工业锅炉：	
	（1）轻型炉墙	4～6
	（2）重型炉墙	14～16

注：1. 表内所列时间不包括烟囱和烟道的烘烤时间。

2. 焦炉日膨胀率在400℃以下采用0.03%～0.035%；400℃以上采用0.035%～0.04%。

根据烘炉曲线进行烘炉，并做好详细记录。对所发生的不正常现象应将采取的措施和发生的原因做好说明。

烘炉时，认真观察护炉铁件及内衬、拱顶的变化，必要时调整拉杆螺母来控制拱顶的上升数值。大跨度拱顶应设观察标志，当主要设施发生故障影响升温时应立即保温或停炉，将故障排除后方可继续烘炉。对发现的缺陷应采取措施进行处理。

内衬用热硬性粘结剂粘贴的应按规定加热烘炉，全部内衬使用耐火陶瓷纤维的可不必烘炉。

3 混凝土结构工程

3.1 模板工程

3.1.1 模板制作

模板是混凝土构件成形的一个十分重要的组成部分，20世纪70年代初期提出以钢代木的技术政策以来，模板技术迅速发展，已逐步取代了散支散拆的木模板，形成了组合式、工具式、永久式模板体系，不论采用哪一种模板及支架均应符合以下规定：

（1）保证工程结构和构件的各部尺寸、形状和相互之间位置的准确性；

（2）具有足够的刚度、强度和稳定性，能可靠地承受混凝土自身荷载和来自各个方向的施工荷载；

（3）构造简单，施工方便，并便于钢筋的绑扎和安装，符合混凝土施工及养护要求；

（4）模板接缝严密，不得有漏浆。

3.1.2 模板安装

3.1.2.1 木模板安装

木模板使用的木材不宜低于Ⅲ等材；木模板包括木底板、木侧板、定型板、木支柱、木楞（或碗扣支承架）、斜撑、拉杆、圆钉、螺栓等。

安装木模板应符合以下规定：

（1）基础模板：支设必须牢固，侧模斜撑的后部必须设有牢靠的木桩，上阶模板可坐落在下阶模板的上口。

（2）柱模板：应沿下部施工线竖立模板，柱模板箍应下密上疏，并沿柱模高度每隔2m留浇注口一个。

（3）墙模板：可沿墙高分段支设，浇一段混凝土后再支设上一段。

（4）梁模板：应侧模包底模，应先支底模后支侧模，先支主梁模后支次梁模。

（5）平板模板：宜用定型竹、木模板，木楞的间距应视模板的刚度，铺设应均匀，并应设拱。

（6）悬挑结构：雨篷、阳台的悬挑部分的下方必须加设立柱。

（7）高层或多层建筑：上下层对应的模板支柱应在同一竖向中心线上，支柱底部应有垫木和对向木楔。

（8）支柱拉杆：应顺直，连接应牢固；支柱应与模板面相垂直，并下设垫木和对向木楔。

（9）圆钉及螺栓应牢固并便于拆除。

（10）斜撑后端应有立桩，必要时上端应与支柱或木楞有连接。

3.1.2.2　组合钢模板安装

组合钢模板含钢模板、连接件和支承件。

钢模板含平面模板、内外角模板、连接角模板、倒棱模板、梁腋模板、柔性模板、搭接模板等。

连接件含L形插销、U形卡、紧固螺栓、扣件、对拉螺栓、钩头螺栓等。

安装组合钢模板应符合以下规定：

（1）按说明书和配板图进行安装，应保证模板系统的稳定性。

（2）配件必须安装牢固，斜撑和支柱下必须坚实平整，并有充足的受力面，支撑应作用于主钢楞。

（3）预留洞和预埋件的位置应准确，安装应牢靠。

（4）基础模板的轴线、标高应准确、安装应牢固，侧模斜撑的底部应有立桩并加设对头楔。

（5）柱和墙模板的底部应坚实平整，应依施工线安装模板，模板的垂直度、平整度应符合规范规定。

（6）楼板模板施工前应先设一个格构支柱、斜撑、水平支撑达到一定稳定性后再铺楞和定型板。

（7）墙、柱、梁板同时施工的模板，应先安装墙、柱模板，再支设梁板模板，也可在墙柱混凝土有一定强度后在其上支设梁板模板。

（8）预拼墙模板依施工线就位后应设牢固斜撑并检查垂直度。斜撑、剪力撑应能确保整体系统的稳定性。

（9）高层或多层建筑上下层模板立柱应在同一竖向中心线上。组合钢模板的安装应符合以下规定：

1）同一拼缝上的U形卡不宜向同一方向用卡。

2）墙两侧模板的对拉螺栓应对应平直，螺孔应用机械成孔。

3）钢楞最好用整根钢材，必须设接头时应相互错开，搭接长度不应小于200mm。

3.1.2.3　模板工程质量

模板工程质量分为合格和不合格。

合格标准：主控项目全部符合要求；一般项目有80%以上的检查点符合要求，20%的检查点偏差值不得超过允许偏差的1.5倍。

模板安装检查项目：

（1）主控项目

①现浇结构的模板及支架应能承受混凝土自身荷载和施工荷载；上下层支架立柱应对准，立柱底部应垫板；下层楼板混凝土的强度必须能承受上层全部荷载的强度时方可进行上层施工。

检查数量：全数检查。

检验方法：与模板设计图样和施工技术方案相对照。

②混凝土接槎处及钢筋不得有沾污模板隔离剂现象。

检查数量：全数检查。

检验方法：观察。

（2）一般项目

1）模板安装应符合以下要求：

①模板接缝严密，不得有漏浆；混凝土浇筑前，应对木模板浇水湿润，但木模板内不应有明水。

②模板内侧应清洁并涂隔离剂，但隔离剂不得对混凝土强度有影响或有对装饰装修不利的因素。

③清水混凝土及装饰混凝土工程，应使用能达到设计效果的模板；混凝土浇筑前，模板内不应有其他杂物。

检查数量：全数检查。

检验方法：观察。

2）用作混凝土成型的胎模及地坪，表面应坚实、平整、光滑，不得有影响构件质量的起砂、起鼓、裂缝及凸凹现象。

3）对跨度≥4m的现浇钢筋混凝土梁、板，模板应按设计要求起拱，当设计无要求时，应以1‰～3‰起拱。

检查数量：每一检验批，应抽查梁总数的10%，且不少于3件；板应抽查有代表性自然间的10%，且不少于3间，对大间结构的板可按纵、横轴线进行划分，抽查10%，且不少于3面。

检验方法：钢尺、拉线或用水准仪检查。

4）预留孔洞、预埋件应按设计图样布设，安装应牢固，位置尺寸的允许偏差应符合表3-1的规定。

表3-1　预埋件和预留孔洞的允许偏差

项　目		允许偏差（mm）
预埋钢板中心线位置		3
预埋管、预留孔中心线位置		3
插　筋	中心线位置	5
	外露长度	+10，0
预埋螺栓	中心线位置	2
	外露长度	+10，0
预留洞	中心线位置	10
	尺　寸	+10，0

注：检查中心线位置时，应沿纵、横两个方向量测，并取其中的较大值。

检查数量：同一检验批的梁、柱、独立基础抽查总数的10%，且不少于3件；对墙和板抽查有代表性自然间的10%，且不少于3间；对大间结构的板可以轴线划分检查面，墙可按轴线间和高度5m左右划分检查面，抽查10%，且不少于3面。

检验方法：钢尺实测。

5）现浇结构模板安装的允许偏差及检验方法应符合表3-2的规定。

表 3-2 现浇结构模板安装的允许偏差及检验方法

项目		允许偏差（mm）	检验方法
轴线位置		5	钢尺检查
底模上表面标高		±5	水准仪或拉线、钢尺检查
截面内部尺寸	基础	±10	钢尺检查
	柱、墙、梁	+4，−5	钢尺检查
层高垂直度	不大于 5m	6	经纬仪或吊线、钢尺检查
	大于 5m	8	经纬仪或吊线、钢尺检查
相邻两板表面高低差		2	钢尺检查
表面平整度		5	2m 靠尺和塞尺检查

注：检查轴线位置时，应沿纵、横两个方向量测，并取其中的较大值。

检查数量：同一检验批的独立基础、梁、柱应抽查总数的 10%，且不少于 3 件；墙、板应抽查有代表性自然间的 10%，且不少于 3 间；对大间结构的板可按纵、横轴线划分检查面，墙可按相邻轴线间和高度 5m 左右划分检查面，抽查 10%，且不少于 3 面。

6）预制构件模板安装允许偏差应符合表 3-3 的规定。

表 3-3 预制构件模板安装的允许偏差及检验方法

项目		允许偏差（mm）	检验方法
长度	板、梁	±5	钢尺量两角边，取其中较大值
	薄腹梁、桁架	±10	
	柱	0，−10	
	墙板	0，−5	
宽度	板、墙板	0，−5	钢尺量一端及中部，取其中较大值
	梁、薄腹梁、桁架、柱	+2，−5	
高（厚）度	板	+2，−3	钢尺量一端及中部，取其中较大值
	墙板	0，−5	
	梁、薄腹梁、桁架、柱	+2，−5	
侧向弯曲	梁、板、柱	l/1000 且≤15	拉线、钢尺量最大弯曲处
	墙板、薄腹梁、桁架	l/1500 且≤15	
板的表面平整度		3	2m 靠尺和塞尺检查
相邻两板表面高低差		1	钢尺检查
对角线差	板	7	钢尺量两个对角线
	墙板	5	
翘曲	板、墙板	l/1500	调平尺在两端量测
设计起拱	薄腹梁、桁架、梁	±3	拉线、钢尺量跨中

注：l 为构件长度（mm）。

检查数量：新模板及修整后的模板应全数检查，使用过程中的模板应定期检查和不定期检查。

3.1.2.4 模板拆除

1. 主控项目

1）支架及底模板拆除时，混凝土所达到的强度应符合设计要求，设计无要求时应符合表3-4的规定。

表3-4 底模拆除时的混凝土强度要求

构件类型	构件跨度（m）	达到设计的混凝土立方体抗压强度标准值的百分率（%）
板	≤2	≥50
	>2，≤8	≥75
	>8	≥100
梁、拱、壳	≤8	≥75
	>8	≥100
悬臂构件	—	≥100

检查数量：全数检查。

检验方法：检查同养试块的强度报告。

2）后张法预应力混凝土构件的底模和支架拆除应按施工技术方案进行，当施工技术方案无要求时应在预应力建立后拆除；侧模宜在预应力建立前拆除。

检查数量：全数检查。

检验方法：观察。

3）后浇带模板支设和拆除应按施工方案进行施工，后浇带浇筑的时间应由设计确定。

检查数量：全数检查。

检验方法：观察检查。

2. 一般项目

1）侧模拆除应在混凝土强度达到保证结构表面和棱角不受损伤的情况下进行。

检查数量：全数检查。

检验方法：观察。

2）模板拆除，不应对结构形成冲击荷载，拆下的支架和模板宜分散堆放及时清运。

检查数量：全数检查。

检验方法：观察。

3.2 钢筋工程

3.2.1 建筑用钢筋与钢丝

3.2.1.1 建筑用钢筋

建筑用钢筋包括热轧光圆钢筋、热轧带肋钢筋、余热处理钢筋、冷轧扭钢筋、冷轧带肋钢筋、冷轧光面钢筋等。

热轧光圆钢筋的力学性能及工艺性能应符合表 3-5 的规定。

表 3-5 热轧光圆钢筋力学性能及工艺性能

表面形状	钢筋级别	强度代号	公称直径（mm）	屈服点（MPa）	抗拉强度（MPa）	伸长率（%）	冷弯（180°）
				不小于			
光圆	Ⅰ	R235	8～20	235	370	25	$D=d$

注：D 为弯心直径；d 为钢筋直径。

热轧带肋钢筋的力学性能及工艺性能应符合表 3-6 的规定。

表 3-6 热轧带肋钢筋力学性能及工艺性能

牌号	公称直径（mm）	屈服点（MPa）	抗拉强度（MPa）	伸长率（%）	冷弯（180°）
		不小于			
335HRB	6～25 28～50	335	490	16	$D=3d$ $D=4d$
400HRB	6～25 28～50	400	570	14	$D=4d$ $D=5d$
500HRB	6～25 28～50	500	630	12	$D=6d$ $D=7d$

注：D 为弯心直径；d 为钢筋直径。

冷轧带肋钢筋的力学性能及工艺性能应符合表 3-7 的规定。

表 3-7 冷轧带肋钢筋力学性能及工艺性能

级别代号	屈服点（MPa）不小于	抗拉强度（MPa）不小于	伸长率（%）不小于		冷弯（180°）	应力松弛	
			δ_{10}	δ_{100}		1000h（%）不大于	10h（%）不大于
LL550	500	550	8	—	$D=3d$	—	—
LL650	520	650	—	4	$D=4d$	8	5
LL800	640	800		4	$D=5d$	8	5

注：D 为弯心直径；d 为钢筋直径。

余热处理钢筋的力学性能及工艺性能应符合表 3-8 的规定。

表 3-8 余热处理钢筋力学性能及工艺性能

表面形状	钢筋级别	强度代号	公称直径（mm）	屈服点（MPa）	抗拉强度（MPa）	伸长率（%）	冷弯（90°）
				不小于			
月牙形	Ⅲ	KL400	8～25 28～40	400	600	14	$D=3d$ $D=4d$

注：D 为弯心直径；d 为钢筋直径。

冷轧扭钢筋的力学性能及工艺性能应符合表 3-9 的规定。

表 3-9 冷轧扭钢筋力学性能及工艺性能

抗拉强度（MPa）	伸长率 δ_{10}（%）	冷弯 180° $D=3d$
≥580	≥4.5	受弯曲部位表面不得产生裂纹

注：1. D 为弯心直径；d 为冷轧扭钢筋标志直径。

2. δ_{10} 为标距为 10 倍标志直径的试样拉断伸长率。

冷轧光面钢筋的力学性能及工艺性能应符合表 3-10 的规定。

表 3-10 冷轧光面钢筋力学性能及工艺性能

钢筋代号	钢筋直径（mm）	屈服点（MPa）	抗拉强度（MPa）	伸长率 δ_{10}（%）	冷弯（180°）
LG550	4～12	≥500	≥550	≥8	$D=3d$

注：D 为弯心直径；d 为钢筋直径。

3.2.1.2 钢丝

钢丝包括消除应力钢丝、冷拉钢丝、刻痕钢丝、低碳钢丝等。

消除应力钢丝的力学性能应符合表 3-11 规定。

表 3-11 消除应力钢丝的力学性能

<table>
<tr><th rowspan="3">公称直径（mm）</th><th rowspan="3">抗拉强度 σ_b（MPa）不小于</th><th rowspan="3">规定非比例伸长应力 σ_p（MPa）不小于</th><th rowspan="3">伸长率（$L_0=100$mm）（%）不小于</th><th colspan="2">弯曲次数</th><th colspan="3">松弛</th></tr>
<tr><th rowspan="2">次数/180° 不小于</th><th rowspan="2">弯曲半径（mm）</th><th rowspan="2">初始应力相当于公称抗拉强度的百分数（%）</th><th colspan="2">1000h 应力损失（%）不大于</th></tr>
<tr><th>Ⅰ级松弛</th><th>Ⅱ级松弛</th></tr>
<tr><td rowspan="2">4.00</td><td>1470</td><td>1250</td><td rowspan="9">4</td><td rowspan="2">3</td><td rowspan="2">10</td><td rowspan="3">60</td><td rowspan="3">4.5</td><td rowspan="3">1.0</td></tr>
<tr><td>1570</td><td>1330</td></tr>
<tr><td rowspan="2">5.00</td><td>1670</td><td>1410</td><td rowspan="7">4</td><td rowspan="4">15</td></tr>
<tr><td>1770</td><td>1500</td><td rowspan="3">70</td><td rowspan="3">8</td><td rowspan="3">2.5</td></tr>
<tr><td rowspan="2">6.00</td><td>1570</td><td>1330</td></tr>
<tr><td>1670</td><td>1420</td></tr>
<tr><td>7.00</td><td rowspan="3">1470
1570</td><td rowspan="3">1250
1330</td><td rowspan="2">20</td><td rowspan="3">80</td><td rowspan="3">12</td><td rowspan="3">4.5</td></tr>
<tr><td>8.00</td></tr>
<tr><td>9.00</td><td>25</td></tr>
</table>

注：1. Ⅰ级松弛即普通松弛，Ⅱ级松弛即低松弛。它们分别适用于所有钢丝。

2. 屈服强度 $\sigma_{p0.2}$ 值不小于公称抗拉强度的 85%。

冷拉钢丝的尺寸及力学性能应符合表 3-12 的规定。

表 3-12 冷拉钢丝的尺寸及力学性能

公称直径（mm）	抗拉强度 σ_b（MPa）不小于	规定非比例伸长应力 σ_p（MPa）不小于	伸长率（%）$L_0=100$mm 不小于	弯曲次数：次数/180° 不小于	弯曲次数：弯曲半径（mm）
3.00	1470 1570	1100 1180	2	4	7.5
4.00	1670	1250			10
5.00	1470 1570 1670	1100 1180 1250	3	5	15

注：规定非比例伸长应力 $\sigma_{p0.2}$ 值不小于公称抗拉强度的 75%。

刻痕钢丝的力学性能应符合表 3-13 的规定。

低碳钢丝的力学性能及工艺性能应符合表 3-14 的规定。

表 3-13 刻痕钢丝的力学性能

公称直径（mm）	抗拉强度 σ_b（MPa）不小于	规定非比例伸长应力 σ_p（MPa）不小于	伸长率（$L_0=100$mm）（%）不小于	弯曲次数：次数/180° 不小于	弯曲次数：弯曲半径（mm）	松弛：初始应力相当于公称抗拉强度的百分数（%）	松弛：1000h 应力损失（%）不大于 Ⅰ级松弛	松弛：1000h 应力损失（%）不大于 Ⅱ级松弛
≤5.00	1470 1570	1250 1340	4	3	15	70	8	2.5
>5.00	1470 1570	1250 1340			20			

注：规定非比例伸长应力 $\sigma_{p0.2}$ 值不小于公称抗拉强度的 85%。

表 3-14 低碳钢丝力学性能及工艺性能

公称直径（mm）	抗拉强度（MPa）：冷拉普通钢丝	抗拉强度（MPa）：制钉用钢丝	抗拉强度（MPa）：建筑用钢丝	抗拉强度（MPa）：退火钢丝	抗拉强度（MPa）：镀锌钢丝	180° 弯曲试验次：冷拉普通钢丝	180° 弯曲试验次：建筑用钢丝	伸长率（%）（标距 100mm）：建筑用钢丝	伸长率（%）（标距 100mm）：镀锌钢丝
≤0.30	≤980	—	—	295～540	295～540	见本表注	—	—	≥10
>0.30～0.80	≤980	—	—				—	—	
>0.80～1.20	≤980	880～1320	—			≥6	—	—	≥12
>1.20～1.80	≤1060	785～1220	—				—	—	
>1.80～2.50	≤1010	735～1170	—				—	—	
>2.50～3.50	≤960	685～1120	≥550			≥4	≥4	≥2	
>3.50～5.00	≤890	590～1030	≥550						
>5.00～6.00	≤790	540～930	≥550						
>6.00	≤690	—				—	—	—	

注：对于直径小于等于 0.80mm 的冷拉普通钢丝用打结拉伸试验代替弯曲试验。打结钢丝进行拉伸试验时所能承受的拉力不低于不打结破断拉力的 50%。

3.2.2 钢筋加工

3.2.2.1 钢筋冷拉

钢筋冷拉是在常温状态下用钢筋冷拉设备对热轧钢筋进行强拉伸，使应力超过钢筋屈服点，但小于抗拉强度，产生塑性变形后放松钢筋。钢筋冷拉分为卷扬机式冷拉机、液压式冷拉机和调直机多轮反覆拉伸机。

钢筋冷拉方法分为单控制冷拉和双控制冷拉。单控制冷拉只控制钢筋的冷拉率；而双控制冷拉在控制冷拉率的同时又控制冷拉应力，以控制冷拉应力为主。

$$冷拉率 = \frac{冷拉伸长值}{原来长度}$$

$$冷拉应力 = \frac{冷拉力}{钢筋公称面积}$$

$$冷拉伸长值 = 冷拉后长度 - 原来长度$$

确定同炉批钢筋冷拉率的试样应不少于 4 个，测定后取平均值作为实际采用的冷拉率。测定冷拉率时钢筋的冷拉应力应符合表 3-15 的规定。

表 3-15 测定冷拉率时钢筋的冷拉应力

钢筋级别	钢筋直径（mm）	冷拉应力（MPa）
235HPB	≤12	310
335HRB	≤25 28～40	480 460
400HRB	8～40	530

注：当钢筋平均冷拉率低于 1%时，仍应按 1%进行冷拉。

用双控制冷拉法冷拉钢筋时，冷拉控制应力及最大冷拉率应符合表 3-16 的规定。当超过其规定时应作钢筋力学性能检测试验。钢筋的冷拉速度不宜过快，当拉到规定的冷拉率或控制应力后应稍停片刻再放松。

3.2.2.2 钢筋冷拔

钢筋冷拔是用冷拔机将光圆钢丝或钢筋通过冷拔机钨合金钢模孔（孔径比冷拔钢筋直径小 0.5～1mm）进行冷拔，冷拔更细的钢筋可再通过一个模孔冷拉。将 8mm 钢筋拔成 5mm 的钢丝应分 4 次冷拔。

表 3-16 冷拉控制应力及最大冷拉率

钢筋级别	钢筋直径（mm）	冷拉控制应力（MPa）	最大冷拉率（%）
235HPB	≤12	280	10.0
335HRB	≤25 28～40	450 430	5.5 5.5
400HRB	8～40	500	5.0

3.2.2.3 钢筋调直切断

钢筋调直切断机是将钢筋缠绕在机械前端的多个轮轴上反复弯曲除去氧化皮，使钢筋在规定的冷拉率范围得到拉伸，通过调直凸块将钢筋调直，根据需要长度通过数控、液压或机械控制调直切断机将钢筋切断。

3.2.2.4 钢筋弯曲

钢筋弯曲是将切断的钢筋用人工或弯曲机弯曲成所需要的形状。只有少量钢筋弯曲时方用扳手人工操作。

钢筋弯曲机应安装与被弯曲钢筋直径及弯心相同的心轴和偏心套，以调节心轴、成形轴及钢筋三者间的间隙。

3.2.3 钢筋焊接

钢筋焊接包括电弧焊、闪光对焊、电阻点焊、电渣压力焊、气压焊、埋弧压力焊等。

3.2.3.1 电弧焊

电弧焊是施工现场最为常见的一种钢筋焊接的方法，主要是用焊条作为一极，用被焊钢筋作为另一极，以焊接电流产生的电弧将钢筋焊接。

钢筋电弧焊的形式包括搭接焊、帮条焊、熔槽帮条焊、坡口焊、窄间缝焊、钢筋与钢板搭接焊、预埋件电弧焊等。

1. 搭接焊

搭接焊一般用于 ϕ10～ϕ40mm 的带肋钢筋及热轧光圆钢筋、ϕ10～ϕ25mm 的余热处理钢筋。

搭接焊宜用双面焊，在不便双面焊时可采用单面焊，其搭接长度应符合表 3-17 的规定。

表 3-17 钢筋帮条长度

钢筋级别	焊缝形式	帮条长度	钢筋级别	焊缝形式	帮条长度
热轧光圆钢筋	单面焊	$\geqslant 8d$	热轧带肋钢筋	单面焊	$\geqslant 10d$
	双面焊	$\geqslant 4d$	余热处理钢筋	双面焊	$\geqslant 5d$

注：d 为主筋直径（mm）。

帮条长度与搭接长度相同。

搭接焊时应先将两钢筋接触段煨弯，见图 3-1 双面焊和单面焊形式，为使钢筋的轴线在一条直线上。

2. 帮条焊

帮条焊适用范围同搭接焊，帮条焊宜采用双面焊，在不便双面焊时可采用单面焊，帮条焊、搭接焊的形式如图 3-1 所示。

帮条长度应符合表 3-17 的规定。当帮条直径与主筋相同时，帮条级别与主筋相同或低

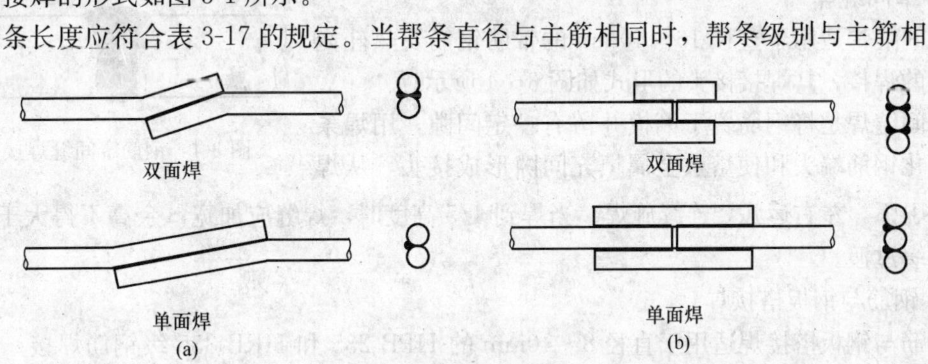

图 3-1
（a）搭接焊；（b）帮条焊

一个级别，当帮条级别与主筋相同时，帮条直径可与主筋相同或小一个规格。帮条焊时两筋应有 2～5mm 的间隙。

3. 熔槽帮条焊

熔槽帮条焊适用于焊接 ϕ20～ϕ40mm 的带肋钢筋及热轧光圆钢筋，ϕ25mm 的余热处理钢筋。

熔槽帮条焊的形式如图 3-2 所示。

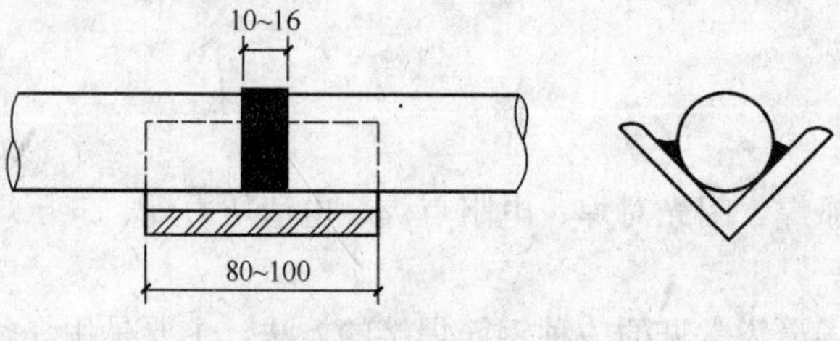

图 3-2　熔槽帮条焊接头

角钢长度宜为 80～100mm，边长宜为 40～60mm。

钢筋端面应平齐，间隙应为 10～16mm。

熔槽帮条焊应从接缝处垫板引弧连续施焊，在焊接过程中应清渣一次，焊缝余高不得大于 3mm。钢筋与角钢垫板相接处应加焊 1～3 层，并应表面平整，焊缝饱满。

4. 坡口焊

坡口焊有平焊和立焊两种，平焊时 V 形坡口应修成 55°～65°，立焊时 V 形口应修成40°～55°，下部钢筋宜为 0°～10°，上筋宜成 35°～45°。如图 3-3 所示。

钢垫板长度宜为 40～60mm，厚度宜为 4～6mm，立焊时宽度宜等于钢筋直径；平焊时宽度应比钢筋直径宽 10mm。

钢筋根部对接部位的间隙，立焊时宜为 3～5mm，平焊时宜为 4～6mm，最大间隙均不宜大于 10mm。

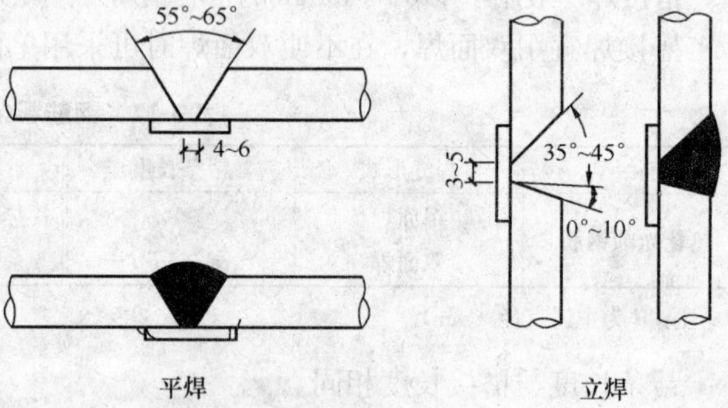

图 3-3　钢筋坡口焊接头

坡口焊各相接处均应充分熔合，并随时清渣；钢垫板与钢筋之间的间隙处应加焊 2～3 层侧面焊缝，焊缝宽度应大于坡口边缘 2～3mm，余高不得超过 3mm 并应平缓过渡。

5. 窄间缝焊

窄间缝焊适用于直径 16～40mm 的带肋钢筋及热轧光圆钢筋的焊接，其焊接接头的形式如图 3～4 所示。

图 3-4　钢筋窄间缝焊接头

窄间缝焊是将钢筋置于铜模并留有一定间隙，用焊条施焊熔化钢筋端头和使熔敷金属填充间隙形成接头，从焊缝根部引弧，左右运弧，连续施焊。当焊到 4/5 高度时，焊缝应加宽；余高不得大于 3mm，且应平缓过渡。

6. 钢筋与钢板搭接焊

钢筋与钢板搭接焊适用于直径 8～40mm 的 HPB 235 和 HRB 335 级钢筋焊接。其焊接形式如图 3-5 所示。

钢筋与钢板搭接的长度不得小于钢筋直径的 4 倍，焊缝的宽度不得小于钢筋直径的 0.5

倍，焊缝的厚度不得小于钢筋直径的 0.35 倍。

7. 钢筋与预埋件电弧焊

钢筋与预埋件电弧焊分为角焊和穿孔塞焊，角焊适用于直径 6～25mm 的 HRB335、HPB235 级钢筋的焊接，穿孔塞焊适用于直径 20～25mm 的 HRB335、HPB235 级钢筋的焊接。其焊接的形式如图 3-6 所示。

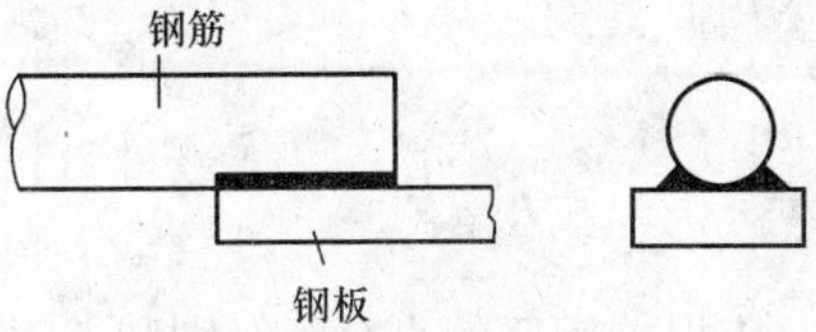

图 3-5　钢筋与钢板搭接焊接头

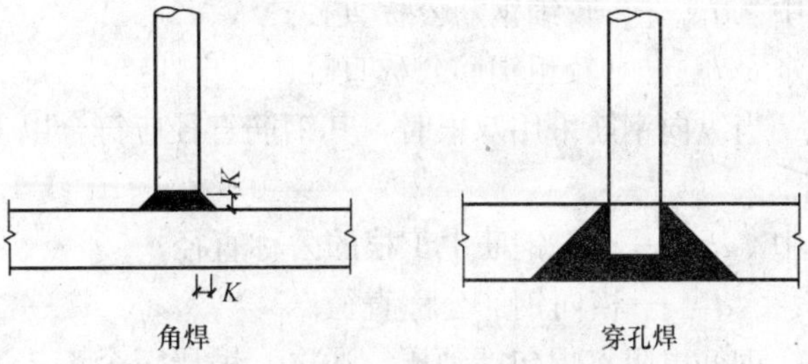

图 3-6　预埋件钢筋电弧焊 T 形接头

采用钢板的厚度不宜小于钢筋直径的 0.6 倍，且不宜小于 6mm。

受力锚固筋直径不宜小于 8mm，构造锚固筋直径不宜小于 6mm；角焊缝焊脚 K 不得小于钢筋直径的 1/2；钢筋不得有烧伤和咬边现象。

3.2.3.2　电渣压力焊

钢筋电渣压力焊是将两根钢筋竖向对接，用特制铁盒将两端头连接，装上硼砂焊剂后通过电流在焊剂层下形成电弧、电渣过程，以电弧、电阻热熔化钢筋对接端头，加压焊接的一种焊接方法，适用于 ϕ14～ϕ40mm 的 HRB335 和 HPB235 级的钢筋焊接，电渣压力焊可采用直流或交流电源，可根据钢筋直径的大小选用不同容量的电焊机，钢筋电渣压力焊接头如图 3-7 所示。

电渣压力焊可用焊条头或铁丝引弧，也可用直接引弧进行焊接。电弧引燃后通过电弧过程下送钢筋，使钢筋端面与液态渣池转变为电渣过程，在断电的同时下压钢筋挤出熔渣和熔化金属液形成一个外形像加了一个钢筋圈的接头。

图 3-7　钢筋电渣压力焊接头

3.2.3.3　闪光对焊

钢筋闪光对焊是将两根钢筋成一直线安装在对焊机上，通过电阻热熔化钢筋端头金属，使火花飞溅，发出火花后 7～8s 将两端头压紧完成焊接，如时间较短，电阻热使钢筋端头金属熔化不够，会使钢筋接合不良，飞边出现裂口。适用于 ϕ10～ϕ40mm 的热轧光圆钢筋及带肋钢筋和 ϕ10～ϕ25mm 的余热处理钢筋的焊接。

钢筋闪光对焊可根据钢筋级别，端面平齐程度及钢筋直径大小选择适当的焊接工艺。当钢筋的级别、直径小于规定的上限范围以内时可采用连续闪光焊；当超过规定的上限范围时可采用预热闪光焊，当钢筋的接触端面不平整时可采用闪光——预热闪光焊。

钢筋闪光对焊机的选择应根据钢筋的级别、直径及其他现场施工条件确定。

3.2.3.4　钢筋电阻点焊

钢筋电阻点焊适用于直径 3～5mm 冷拔低碳钢丝、ϕ4～ϕ12mm 冷轧带肋钢筋及 ϕ6～ϕ14mm 的 HPB235 级、HRB335 级钢筋的焊接。是将钢筋纵横双层叠起各交接点通过两电极产生的电阻热使钢筋接触点钢筋熔化施压形成焊点的一种焊接方法。

当焊接网的钢筋直径≤10mm 时，钢筋粗细比不宜大于 3；当较小钢筋直径在 12～14mm 时，钢筋粗细比不宜大于 2。

在焊接网中横向钢筋应采用单根；纵向钢筋可采用单根或双根。当焊接网的纵向钢筋为单根时，其钢筋直径应符合以下要求：

$$d_{min} \geqslant 0.6d_{max}$$

式中 d_{min}——较细钢筋公称直径；

d_{max}——较粗钢筋公称直径。

当纵向钢筋采用双根时，其钢筋直径应符合以下要求：

$$0.7d_t \leqslant d_1 \leqslant 1.25d_t$$

式中 d_t——双根钢筋中 1 根的公称直径；

d_1——横向钢筋公称直径。

钢筋电阻点焊包括预压、通电、锻压三个工艺过程。应根据钢筋的直径、级别和点焊机的性能及现场实际条件对变压器级数、电极压力及通电时间进行选择。电极的直径：当较细钢筋 $\phi3$～$\phi10$mm 时宜用 $\phi30$mm 的电极，较细钢筋 $\phi12$～$\phi14$mm 宜用 $\phi40$mm 的电极。

电阻点焊焊点的压入深度应符合以下规定：

1. 冷轧带肋钢筋、冷拔低碳钢丝压入深度应为较细钢筋（丝）直径的 25%～40%；

2. 热轧钢筋压入深度应为较细钢筋直径的 25%～45%。

3.2.3.5 预埋件钢筋埋弧焊

预埋件钢筋埋弧焊是将钢筋垂直于钢板通过电流在焊剂层下产生电弧，形成熔池后加压完成焊接的方法。适用于 $\phi6$～$\phi25$mm 的 HRB335 级和 HPB235 级钢筋的焊接。

预埋件钢筋埋弧焊如图 3-8 所示。

预埋件钢筋埋弧焊应根据钢筋直径、级别选定引弧提升高度、电弧电压、焊接电流、通电时间等参数。施焊过程中引弧、燃弧和顶压等环节应密切配合、连续进行。

3.2.3.6 钢筋气压焊

钢筋气压焊是采用氧乙炔或其他火焰对钢筋对接端头加热，使钢筋熔化后加压完成焊接的方法。适用于 $\phi14$～$\phi40$mm 带肋钢筋及热轧光圆钢筋的焊接。钢筋气压焊接头如图 3-9 所示。

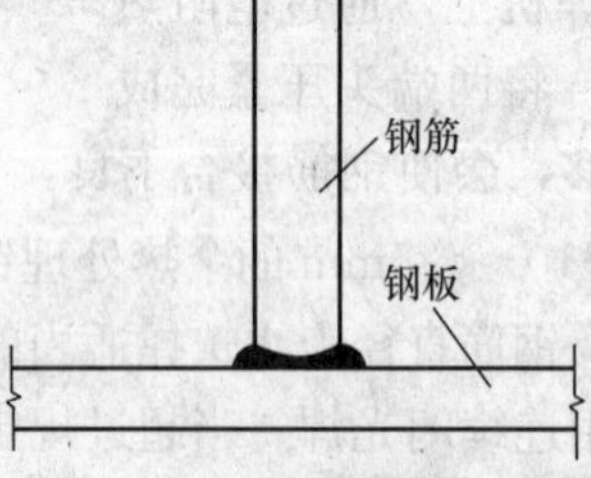

图 3-8 预埋件钢筋埋弧压力焊 T 形接头

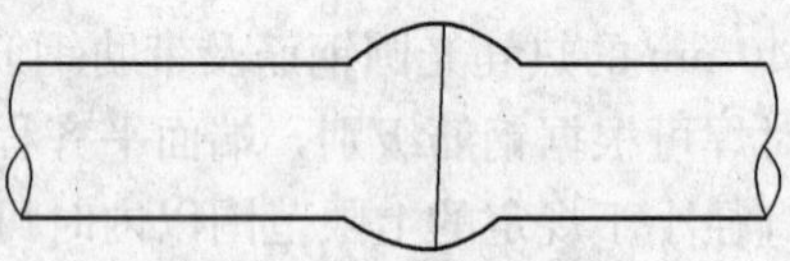

图 3-9 钢筋气压焊接头

焊接直径不同的钢筋时，两钢筋直径之差不得超过 7mm。

施焊时应根据钢筋直径、级别和焊接设备等具体情况选用等压法、二次加压法或三次加压法焊接工艺，在两根钢筋镦粗和缝隙密合过程中对钢筋轴向施压力可根据钢筋截面面积计算为 30～40MPa。

3.2.3.7 焊接安全

(1) 电焊安全

1) 电焊设备应绝缘良好，实行一机一闸一漏一箱制度。漏电保护器灵敏有效，有可靠接地。

2) 电焊工必须持证上岗，戴安全帽、戴绝缘手套、穿绝缘鞋、戴护眼镜罩。

3) 电弧焊机必须一次测不超过 5m，二次测不超过 30m；双线到位，不得用结构钢筋、架管、管道、设备做回路地线。

4) 严格按照防火规定和安全操作规程进行施工，现场应有看火人、火火器、灭火水；高处作业应系安全带，下有接火盘。

5) 作业场所不得有易燃易爆物品，不能挪走的应采取隔离措施。

(2) 气焊安全

气焊除遵守电焊相关规定外，还应遵守以下规定：

1) 焊割具、氧气瓶、乙炔瓶的安全设备必须齐全有效。

2) 液化气瓶、氧气瓶、乙炔瓶应在专用房间单独存放、设置防火标志，配备灭火器材并有专人保管。

3) 作业时，氧气瓶、乙炔瓶两瓶应保持 5m 以上安全距离，并距明火 10m 以上。

4) 氧气瓶、乙炔瓶不准存放在高、低压电线线路下方或变压器旁；在高空气焊时也不要下方有电线和变压器，与电线和变压器平行作业时也应保持一定的安全距离。

5) 氧气瓶、乙炔瓶禁止平放使用，以防油类落在钢瓶上；沾油物及油脂不得与钢瓶、胶皮管或其他部件接触。

6) 氧气瓶、乙炔瓶严禁暴晒、撞击，以防受热膨胀发生爆炸；开启阀门应缓慢，以防升压过快产生高温，引起爆炸。

7) 乙炔回火阻止器及导管冻结时，应用蒸汽或热水解冻，严禁火烤或用金属物件敲击；严禁使用明火检测气体导管和分配装置是否漏气，应用检测仪或肥皂水测试。

8) 作业时严格遵守操作规程，先开乙炔点火，后开氧气调火，关闭时以相反程序进行、瓶内气体不应用尽。

3.2.4 钢筋连接

钢筋机械连接是通过连接件机械咬合作用和钢筋端面的承压作用，将钢筋的承拉力由一根钢筋的力传递到另一根钢筋的连接方法。目前主要有挤压套筒连接、锥螺纹连接和直螺纹连接，现场常见的连接以直螺纹连接最为普遍。故仅对直螺纹连接作以下简述。

钢筋直螺纹（剥筋）滚压直螺纹接头是当前比较先进的连接技术，在施工现场可以充分利用网络计划的机动时间，对文明施工，促进工程进度，保证施工质量等方面起到了积极作用。接头的特点如下：

(1) 接头的抗拉强度高、延性好，能充分发挥母材的抗拉强度和延性。接头性能达到《钢筋机械连接通用技术规程》(JGJ 107—2003) 中 1 级接头标准。

(2) 连接方便、快捷、操作简单；检测方便直观。

(3) 加工钢筋直螺纹可在现场提前进行，直螺纹套可在工厂成批生产，加工效率高，不占用工期。

(4) 钢筋连接不用电、不用气、无明火作业、无环境污染，可连续施工而不受任何条件干扰。

（5）适应性强，在狭窄的施工现场照常施工。

（6）可连接横、竖、斜形式的 HRB335 级和 HRB400 级同直径和不同直径的钢筋。

钢筋直螺纹是用 HCS—40B 型钢筋直螺纹（剥肋）滚丝机将用切割机断成需要尺寸的端头套丝。适用于 ϕ6～ϕ40mm 的带肋钢筋。

直螺纹钢筋连接套采用 45 号优质钢或经检测确认合格的钢材制成，其受拉承载力不小于母材钢筋受拉承载力标准值的 1.1 倍。

直螺纹丝头的牙形应饱满，无断牙、秃牙等缺陷，且与套筒的牙形相吻合。钢筋直螺纹丝头的质量检验是将套筒拧在钢筋丝头上，外露丝扣不超过一整丝扣为合格，应在各加工检验批随机抽检 10%，且不少于 10 个进行检验。如有一个不合格，应对该检验批全数检测，不合格的丝头应切除重新加工，经再次检验合格后使用，合格的丝头应戴保护帽，另一端可按表 3-18 的规定将套筒拧紧在丝头上。

表 3-18　接头拧紧力矩值

钢筋直径 d（mm）	16	18	20	22	25～28	32	36～40
拧紧力矩（N·m）	118	145	177	216	275	314	343

钢筋丝头和套筒的丝扣应干净并完好无损。拧紧接头应使用力矩扳手，力矩扳手的精度为±5%，应对扭力每半年检验一次。直螺纹连接不得超拧，拧紧的接头应做好标记。

工艺检验应符合以下要求：

1）各种规格钢筋接头的试件数量应不少于 3 件。

2）各种型号钢筋母材应有抗拉强度复试报告，并全部合格。

3）接头试件应达到接头性能检验指标中相应等级的强度要求。应以钢筋实际横截面积来计算钢筋的抗拉强度。

现场检验应包括外观质量、接头连接质量和单向拉伸试验。

外观质量检验：随机抽取同一规格接头的 10%进行外观质量检验。

直螺纹接头质量：用质检力矩扳手，按规定的力矩值抽检钢筋直螺纹接头的连接质量。

抽检数量：柱、梁构件按接头总数量的 15%且每一构件接头数量不应少于 1 个；墙、板、基础构件应按接头数，每 100 个接头作为一个检验批，不足 100 个时也按一个检验批计算，每批抽检 3 个接头，抽检的所有接头均应合格，如有 1 个不合格，则应对接头全部检查，不合格的接头应切除重新加工，重新检验，合格后投入使用，并作好记录。

单向拉伸试验：对接头的每一检验批，应在工程结构中随机截取 3 个试件进行单向拉伸试验，按设计要求的接头性能等级进行检验和评定，并填写单向拉伸试验报告。

直螺纹接头的检验按检验批进行。同材料、同等级、同规格的钢筋接头，每 500 个划分为一个检验批，不足 500 时也按一检验批计算。当现场连续 10 个检验批单向拉伸试验均合格时，以后的检验批钢筋接头的数量可扩大一倍。

3.2.5　钢筋绑扎与安装

3.2.5.1　钢筋绑扎

钢筋绑扎应符合以下规定：

（1）钢筋交叉点的铁丝绑扎应牢固；

(2) 在墙和板的钢筋网，除靠外侧两行钢筋相交点全部绑扎外，中间部位可间隔交错绑扎，当双向为受力钢筋时应全部绑扎牢固；

(3) 柱和梁的箍筋与受力钢筋垂直设置；箍筋端头弯钩在受力钢筋的柱和梁的四角交错设置。

(4) 柱、梁受力钢筋搭接弯钩应朝向柱、梁正中心。

3.2.5.2 钢筋安装

钢筋安装应符合以下规定：

(1) 钢筋网的分块宜为 6～20m^2；钢筋骨架的分级长度宜为 6～12m。

(2) 吊点设定应根据钢筋骨架的重量、长度、刚度而确定。宽度大于 1m 水平钢筋骨架吊点宜设四点，跨度小于 6m 时宜为二点；刚度差、跨度大的钢筋骨架宜使用横吊梁设四点起吊。吊点可绑短钢筋加固或采用兜底法吊装。

(3) 钢筋网片的吊装可用钢筋在网片平面斜向八字形绑扎作临时加固。

(4) 按设计要求的混凝土构件保护层厚度垫好垫块。设计无要求时，按施工规范执行。

3.2.5.3 钢筋工程质量

钢筋工程质量分为合格和不合格两种。

合格标准：主控项目应全部符合要求；一般项目有 80％及以上检查点符合要求，其余 20％检查点偏差值不得超过允许偏差的 1.5 倍。

原材料质量：

(1) 主控项目

①进场钢筋时，应按现行国家标准《钢筋混凝土用钢　第 2 部分　热轧带肋钢筋》国家标准第 1 号修改单（GB 1499.2）等规定抽取试件的数量作力学性能检验，其质量必须符合相关标准的规定。

检查数量：按批量和规定的代表数量推定。

检验方法：查产品合格证、检测报告、进场复试报告。

②有抗震要求的框架结构，其纵向受力钢筋的强度应满足设计要求；当设计无具体要求时，对一、二级抗震等级结构所使用的钢筋实测值应符合以下规定：

A. 钢筋的抗拉强度与屈服强度实测值的比值不应小于 1.25；

B. 钢筋的屈服强度实测值与标准值的比值不应大于 1.3。

检查数量：按进场的批次和检验方案确定。

检验方法：检查钢筋复试报告。

③当发现钢筋有脆断、力学性能或焊接性能较差时，应对该批钢筋的化学成分或其他项目进行检验。

检验方法：检查钢筋化学成分或其他项目的检验报告。

(2) 一般项目

钢筋表面不得有油污、颗粒状或片状老锈、裂纹、且应平直无机械损伤。

检查数量：全数检查。

检验方法：观察。

3.2.5.4 钢筋加工质量

(1) 主控项目

1) 受力钢筋的弯折和弯钩应符合以下规定：

①钢筋作不大于90°的弯折时，弯折处的弯弧内直径不应小于5倍钢筋直径。

HPB235级钢筋末端作180°弯钩时，弯钩内直径不应小于钢筋直径的2.5倍，弯钩的平直部分长度不应小于钢筋直径的3倍，当作135°弯钩时，HRB335级和HRB400级钢筋弯弧内径不应小于钢筋直径的4倍，弯钩后的平直部分长度应符合规范或设计要求。

检查数量：按同一类型钢筋，同一台班抽查不应少于3件。

检验方法：尺量检查。

②除焊接封闭环式箍筋外，箍筋的末端应作弯钩，弯钩形式应符合设计要求；当设计无具体要求时，应符合以下规定：

A. 箍筋的弯钩弯折角度：在一般结构不应小于90°；对有抗震要求的结构应为135°；

B. 箍筋弯钩的弯弧内径不应小于钢筋直径的2.5倍，且应不小于受力钢筋的直径；

③箍筋弯钩平直部分长度：一般结构，不小于箍筋直径的5倍；有抗震要求的结构，不应小于箍筋直径的10倍。

检查数量：按同一类型钢筋，同一台班抽查不应少于3件。

检验方法：尺量检查。

2）除焊接封闭环式箍筋外，箍筋的末端应作弯钩，弯钩形式应符合设计要求；当设计无具体要求时，应符合以下规定：

①箍筋弯钩的弯弧内径除应满足《混凝土结构工程施工质量验收规范》第5.3.1条的规定外，尚应不小于受力钢筋直径；

②箍筋弯钩的弯折角度：对一般结构，不应小于90°；对有抗震等要求的结构，应为135°；

③箍筋弯后平直部分长度：对一般结构，不宜小于箍筋直径的5倍；对有抗震等要求的结构，不应小于箍筋直径的10倍。

检查数量：按每工作班同一类型钢筋、同一加工设备抽查不应少于3件。

检验方法：尺量检查。

（2）一般项目

1）用冷拉法调直钢筋时，HPB235级钢筋的冷拉率不大于4%，HRB335级和HRB400级钢筋的冷拉率不大于1%。

检查数量：按同一类型钢筋，同一台班抽查不应少于3件。

检验方法：观察，尺量检查。

2）钢筋加工的尺寸、形状应符合设计要求，钢筋加工允许偏差应符合表3-19的规定。

表3-19　钢筋加工允许偏差

项　　目	允许偏差（mm）
受力钢筋顺长度方向全长的净尺寸	±10
弯起钢筋的弯折位置	±20
箍筋内净尺寸	±5

检查数量：按同一类型钢筋，同一台班抽查不应少于3件。

检验方法：尺量检查。

3.2.5.5　钢筋连接质量

（1）主控项目

1）纵向受力钢筋的连接方式应符合设计要求。

检查数量：全数检查。

检验方法：观察。

2）施工现场，应按国家现行标准《钢筋焊接及验收规程》（JGJ 18）、《钢筋机械连接通用技术规程》（JGJ 107）的相关规定对钢筋接头的外观质量进行检查，其质量应符合相关规程的规定。

检查数量：按相关规定确定。

检验方法：检查产品合格证、力学性能检测报告。

（2）一般项目

1）钢筋接头宜设置在受力较小部位；同一纵向受力钢筋不宜设置两个及以上接头；钢筋弯起处至接头末端的长度不应小于钢筋直径的10倍。

检查数量：全数检查。

检验方法：尺量检查，观察。

2）柱、梁类构件的纵向受力钢筋搭接长度范围内应按设计要求设置箍筋，当设计无具体要求时，应符合以下规定：

①箍筋直径不应小于0.25倍较大直径的搭接钢筋；

②受拉搭接区段的箍筋间距不应大于搭接钢筋较大直径的5倍，且不应大于100mm，受压区，不应大于搭接钢筋较小直径的10倍，且不应大于200mm；

③当柱纵向受力钢筋直径大于25mm时，应在搭接接头两个端面外100mm范围内各设置间距为50mm的两道箍筋。

检查数量：在同检验批内，对墙和板，应按有代表性的自然间抽查10%，且不少于3间；对大空间结构的墙可按相邻轴线间高度5m划分检查面，抽查10%，且不少于3面；对柱、梁和独立基础，应抽查构件总数的10%，且不少于3件。

检验方法：尺量检查。

3）施工现场，应按国家现行标准《钢筋机械连接通用技术规程》（JGJ 107）、《钢筋焊接及验收规程》（JGJ 18）的规定对钢筋机械连接接头和焊接接头进行外观质量检查，其质量应符合规程相关规定。

检查数量：全数检查。

检验方法：观察检查。

4）当受力钢筋采用焊接或机械连接接头时，在同一构件内的接头宜相互错开设置。连接区段的长度为35d（d为纵向受力钢筋的较大直径）且不小于500mm，凡接头中点位于该连接区段长度内的接头均属于同一连接区段，在同一连接区段，纵向受力钢筋焊接及机械连接接头的面积百分率为该区段内有接头纵向受力钢筋截面面积与全部纵向受力钢筋截面面积的比值。

同一连接区段内，纵向受力钢筋接头面积百分率应符合设计要求，当设计无具体要求时应符合以下规定：

①接头不宜设置在有抗震设防要求的框架梁端、柱端的箍筋加密区；当无法避开时，对等强度高质量的机械连接接头，不应大于50%；

②设置在受拉区段的焊接接头及机械连接接头不宜大于50%；

③在直接承受动力荷载的结构构件中不宜采用焊接接头，采用机械连接接头时不应大于50%。

检查数量：在同一检验批内，对板和墙应抽查有代表性自然间的10%，且不少于3间；对大空间结构的墙可按相邻轴线间和高度5m左右划分检查面，板可按纵横轴线间划分检查面，抽查

10%，且均不少于3面。对柱、梁、独立基础应抽查构件总数的10%，且不少于3件。

检验方法：观察，尺量检查。

5）在同一构件中相邻纵向受力钢筋的绑扎搭接接头应相互错开，绑扎搭接接头中钢筋横向净距不应小于受力钢筋直径，且不应小于25mm。钢筋绑扎搭接接头连接段的长度为$1.3l_l$（l_l为搭接长度），凡搭接接头中点位于该连接区段长度内的搭接接头均为同一连接区段，同一连接区段内的纵向受力钢筋搭接接头面积百分率为该区段内有搭接接头的纵向受力钢筋截面面积与全部纵向受力钢筋截面面积的比值，如图3-10所示。

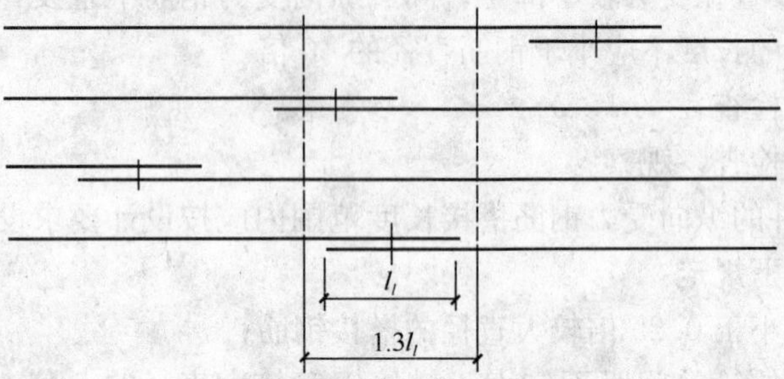

图3-10 钢筋绑扎搭接接头连接区段及接头百分率

注：图中所示搭接接头同一连接区段内的搭接钢筋为两根，当各钢筋直径相同时，接头面积百分率为50%

在同一连接区段内的纵向受拉钢筋搭接接头面积百分率应符合设计要求；当设计无具体要求时应符合以下规定：

①对柱类构件，不宜大于50%；对梁、板、墙类构件，不宜大于25%。

②在工程中确有必要增大接头面积百分率时，对梁类构件不应大于50%；对其他构件可根据实际情况放宽。

检查数量：在同一检验批内对墙、板应按有代表性的自然间抽查10%，且不少于3间；对大空间结构的墙可按相邻轴线间和高度5m左右划分检查面，板可按纵、横轴线间划分检查面，抽查10%，且不少于3面；对梁、柱、独立基础，应抽查构件数的10%，且不少于3件。

检验方法：观察、尺量检查。

3.2.5.6 钢筋安装质量

（1）主控项目

钢筋安装时，使用的钢筋品种、规格、数量、级别必须符合设计要求。

检查数量：全数检查。

检验方法：观察，检查进场验收记录。

（2）一般项目

钢筋安装位置的允许偏差应符合表3-20的规定。

表3-20 钢筋安装位置的允许偏差和检验方法

项目		允许偏差（mm）	检验方法
绑扎钢筋网	长、宽	±10	钢尺检查
	网眼尺寸	±20	钢尺量连续三档，取最大值

续表

<table>
<tr><th colspan="3">项　　目</th><th>允许偏差
(mm)</th><th>检验方法</th></tr>
<tr><td rowspan="2">绑扎钢筋骨架</td><td colspan="2">长</td><td>±10</td><td>钢尺检查</td></tr>
<tr><td colspan="2">宽、高</td><td>±5</td><td>钢尺检查</td></tr>
<tr><td rowspan="5">受力钢筋</td><td colspan="2">间距</td><td>±10</td><td rowspan="2">钢尺量两端、中间各一点，取最大值</td></tr>
<tr><td colspan="2">排距</td><td>±5</td></tr>
<tr><td rowspan="3">保护层
厚度</td><td>基础</td><td>±10</td><td>钢尺检查</td></tr>
<tr><td>柱、梁</td><td>±5</td><td>钢尺检查</td></tr>
<tr><td>板、墙、壳</td><td>±3</td><td>钢尺检查</td></tr>
<tr><td colspan="3">绑扎箍筋、横向钢筋间距</td><td>±20</td><td>钢尺量连续三档，取最大值</td></tr>
<tr><td colspan="3">钢筋弯起点位置</td><td>20</td><td>钢尺检查</td></tr>
<tr><td rowspan="2">预埋件</td><td colspan="2">中心线位置</td><td>5</td><td>钢尺检查</td></tr>
<tr><td colspan="2">水平高差</td><td>+3，0</td><td>钢尺和塞尺检查</td></tr>
</table>

注：1. 检查预埋件中心线位置时，应沿纵、横两个方向量测，并取其中的较大值；

2. 表中梁类、板类构件上部纵向受力钢筋保护层厚度的合格点率应达到90%及以上，且不得有超过表中数值1.5倍的尺寸偏差。

检查数量：在同一检验批内墙和板应按有代表性的自然间抽查10%，且不少于3间；对大空间结构的墙可按相邻轴线间和高度5m左右划分检查面，板可按纵、横轴线间划分检查面，抽查10%，且不少于3面；对梁、柱、独立基础，应抽查结构构件数量的10%，且不少于3件。

3.3 预应力工程

3.3.1 预应力钢筋

3.3.1.1 预应力混凝土用钢丝

预应力混凝土用钢丝按松弛性能分为Ⅰ级松弛和Ⅱ级松弛钢丝；按外形分为刻痕钢丝、螺旋肋钢丝和光面钢丝；按交货状态分为冷拉钢丝和消除应力钢丝。

预应力混凝土用钢丝公称直径为3.0～9.0mm。

消除应力钢丝的力学性能及工艺性能见表3-21。

冷拉钢丝的力学性能及工艺性能见表3-22。

刻痕钢丝的力学性能及工艺性能见表3-23。

表3-21　消除应力钢丝力学性能及工艺性能

<table>
<tr><th rowspan="3">公称直径
(mm)</th><th rowspan="3">抗拉强度
(MPa)
不小于</th><th rowspan="3">规定非比例
伸长应力
(MPa)
不小于</th><th rowspan="3">伸长率
(l_0=100mm)
(%)
不小于</th><th colspan="2">弯曲次数</th><th colspan="3">松　　弛</th></tr>
<tr><th rowspan="2">次数/180°
不小于</th><th rowspan="2">弯曲半径
(mm)</th><th rowspan="2">初始应力相当于公称抗拉强度的百分数(%)</th><th colspan="2">1000h应力损失(%)
不大于</th></tr>
<tr><th>Ⅰ级松弛</th><th>Ⅱ级松弛</th></tr>
<tr><td rowspan="2">4.00</td><td>1470</td><td>1250</td><td rowspan="8">4</td><td rowspan="2">5</td><td rowspan="2">10</td><td rowspan="4">60</td><td rowspan="4">4.5</td><td rowspan="4">1.0</td></tr>
<tr><td>1570</td><td>1330</td></tr>
<tr><td rowspan="2">5.00</td><td>1670</td><td>1410</td><td rowspan="6">4</td><td rowspan="4">15</td></tr>
<tr><td>1770</td><td>1500</td></tr>
<tr><td rowspan="2">6.00</td><td>1570</td><td>1330</td><td rowspan="2">70</td><td rowspan="2">8</td><td rowspan="2">2.5</td></tr>
<tr><td>1670</td><td>1420</td></tr>
<tr><td rowspan="2">7.00
8.00
9.00</td><td>1470</td><td>1250</td><td>20</td><td rowspan="2">80</td><td rowspan="2">12</td><td rowspan="2">4.5</td></tr>
<tr><td>1570</td><td>1330</td><td>25</td></tr>
</table>

表 3-22　冷拉钢丝力学性能及工艺性能

公称直径（mm）	抗拉强度（MPa）不小于	规定非比例伸长应力（MPa）不小于	伸长率（%）不小于	弯曲次数	
				次数/180° 不小于	弯曲半径（mm）
3.00	1470	1100	2	4	7.5
	1570	1180	2	4	7.5
4.00	1670	1250	3	4	10
5.00	1470	1100	3	5	15
	1570	1180	3	5	15
	1670	1250	3	5	15

表 3-23　刻痕钢丝力学性能及工艺性能

公称直径（mm）	抗拉强度（MPa）不小于	规定非比例伸长应力（MPa）不小于	伸长率（l_0=100mm）（%）不小于	弯曲次数		松弛		
				次数/180° 不小于	弯曲半径（mm）	初始应力相当于公称抗拉强度的百分数（%）	1000h 应力损失（%）不大于	
							Ⅰ级松弛	Ⅱ级松弛
≤5.00	1470	1250	4	3	15	70	8	2～3
	1570	1340						
＞5.00	1470	1250			20			
	1570	1340						

3.3.1.2　预应力混凝土用钢绞线

预应力混凝土用钢绞线按应力松弛分为Ⅰ级松弛和Ⅱ级松弛，按捻制结构分为 1×2、1×3、1×7 结构。

预应力钢绞线的力学性能应符合表 3-24 的规定。

表 3-24　预应力钢绞线力学性能

钢绞线结构	钢绞线公称直径（mm）	强度级别（MPa）	整根钢绞线最大负荷（kN）	屈服负荷（kN）	伸长率（%）	1000h 松弛率（%）不大于			
						Ⅰ级松弛		Ⅱ级松弛	
						初始负荷			
			不小于			70%公称最大负荷	80%公称最大负荷	70%公称最大负荷	80%公称最大负荷
1×2	10.0	1720	67.9	57.7	3.5	8.0	12	2.5	4.5
	12.0		97.9	83.2					
1×3	10.80		102	86.7					
	12.90		147	125					
1×7 标准型	9.50	1860	102	86.6					
	11.10	1860	138	117					
	12.70	1860	184	156					
	15.20	1720	239	203					
		1860	259	220					
1×7 模拔型	12.70	1860	209	178					
	15.20	1860	300	225					

3.3.1.3 预应力混凝土用低合金钢丝

预应力混凝土用低合金钢丝按表面状态分为轧痕钢丝和光面钢丝。

低合金钢丝的力学性能及工艺性能应符合表 3-25 的规定。

表 3-25 低合金钢丝力学性能及工艺性能

公称直径（mm）	钢丝级别	抗拉强度（MPa）	伸长率（%）	反复弯曲		应力松弛	
				弯曲半径（mm）	次数	张拉应力与公称强度比	应力松弛率最大值
5.0	YD800	800	4	15	4	0.70	8%1000h 或 5%10h
7.0	YD1000	1000	3.5	20	4		
7.0	YD1200	1200	3.5	20	4		

3.3.2 锚具、夹具和连接器

锚具、夹具和连接器应有产品合格证、检测报告，进场时应进行外观检查，静载锚固性试验、硬度试验，试验合格后方可使用。

锚具是在后张法构件或结构中，为保持预应力筋拉力将力传递给混凝土构件或结构的永久性锚固装置。

夹具是先张法构件或结构施工过程中，为保持预应力筋拉力将力固定在张拉台座或设备上，是将千斤顶或其他张拉设备的张拉力传递到预应力筋的临时性锚固装置。

连接器是用于连接预应力筋的装置。

锚具按性能分为Ⅰ类和Ⅱ类。Ⅰ类锚具适用于承受静载和动载的预应力结构；Ⅱ类锚具适用于粘结预应力混凝土结构，且只能用于预应力筋应力变化不大的部位。

锚具、夹具和连接器按锚固方式分为握裹式、锥塞式、支承式和夹片式。

常用锚固名称及适用预应力筋见表 3-26。

表 3-26 锚具名称及适用预应力筋

形 式	锚具名称	适用预应力筋
夹片式	XM 型锚具	锚固单根或多根钢绞线或钢丝束
	QM 型锚具	锚固单根或多根钢绞线
	Z 系列锚具	锚固单根或多根钢绞线和钢丝束
	OVM 型锚具	锚固多根钢绞线和钢丝束
	JM 型锚具	锚固多根钢绞线和光圆钢筋
	BM 型锚具	适用于板类、薄壁类结构
支承式	LM 型锚具	锚固直径不大于 36mm 冷拉钢筋
	EL 型锚具	锚固 14～28 根 $\phi5$ 钢丝束
	DM 型锚具	锚固多根钢丝束
锥塞式	GZ 型锚具	锚固多根钢丝
	KT-Z 型锚具	锚固直径 12mm 冷拉钢筋或钢绞线
握裹式	LZM 型锚具（冷铸）	锚固多根钢丝
	挤压式锚具	用于以钢绞线作为预应力筋的固定端

3.3.3 预应力筋加工

预应力筋下料长度计算应考虑以下因素：千斤顶长度、结构孔道长度、锚夹具厚度、镦头或接头（焊接）预留量、台座长度、张拉伸长值、弹性回缩值、冷拉伸长值等。

预应力筋断料宜用切割机或切断机，不得用电焊机切断。成束预应力筋宜使用穿束网套。

3.3.4 预应力工程施工

（1）预应力工程施工准备

预应力工程使用的机具设备、仪表，应定期检测合格后使用，安装设备时，曲线预应力筋应使张拉力作用线与孔道中心线末端切线重合，直线预应力筋应使张拉力的作用线与孔道中心线重合。预应力控制应力限值应符合表 3-27 的规定。且不应小于 $0.4f_{ptk}$（f_{ptk}为预应力筋强度标准值）。当有下列情况之一时，表中张拉控制应力限值可提高 $0.05f_{ptk}$使用。

表 3-27 张拉控制应力限值

钢筋种类	张拉方法	
	先张法	后张法
消除应力钢丝、钢绞线	$0.75f_{ptk}$	$0.75f_{ptk}$
热处理钢筋	$0.70f_{ptk}$	$0.65f_{ptk}$

1）由于应力松弛、摩擦、钢筋分批张拉及张拉台座与预应力筋之间的温差等因素所产生的预应力损失要求部分抵消；

2）要求提高构件在施工阶段的抗裂性能而在受压区内设置的预应力筋。

预应力施工的，混凝土体抗压强度不宜低于设计混凝土强度的 75%。

当采用超张拉法以减少预应力筋的松弛损失时，张拉程序为：从零应力张拉到 1.05 倍预应力筋的张拉控制应力值 σ_{con}，持荷 2min 后卸荷或张拉到 1.03 倍预应力筋的张拉控制应力值。

当采用应力控制法张拉时，如预应力筋伸长值比计算值大于 10%或小于 5%时，应采取措施予以调整。

（2）张拉法

1）先张法

先张法是将预应力筋固定在台座的承力台墩上施加拉力后浇筑混凝土，待混凝土凝固后放张制作构件的方法。

预应力筋应有防隔离剂污染的措施，多根预应力筋张拉时，应预先调整初应力，尽力使相互间的应力一致。张拉后的预应力筋与设计位置偏差不得大于 5mm，且不得大于构件截面最短边长的 4%。

先张法的放张程序如下：

①对承受偏心预应力的构件，应先同时放张预应力较小区域的预应力筋，后同时放张预应力较大区域的预应力筋。

②对承受轴心预应力的构件，全部预应力筋应同时放张。

③在不能按以上规定放张时，可分阶段、对称、相互交错地放张。预应力筋的切断顺序为先切放张端，后切固定端。

2）后张法

后张法是先浇筑留有贯通孔道的混凝土构件，待达到设计强度的75%及以上时，在贯通孔道内穿入设计数量的预应力筋，对预应力筋按规定张拉力张拉后用永久性锚具固定制作构件的方法。

预留孔道的端部预埋钢板应与孔道中心线垂直，预留孔道可用预埋钢管在混凝土凝固前旋转后拔出制成。

后张法可分批、分阶段，对称张拉，张拉力及张拉端的设置应符合设计要求。平卧叠层浇筑的构件，宜先上后下逐层张拉，逐层加大张拉以减少上下层间因摩阻引起的预应力损失。对冷拉钢筋不宜比顶层的张拉力超过9%，对热处理钢筋、钢丝、钢绞线，不宜比顶层张拉力大5%；且不大于过张拉控制应力限值。

完成张拉后，应及时进行孔道灌浆。多跨用连接器连接时，应张拉完一跨灌注一跨，不得全部张拉完成后再灌浆。灌浆应采用强度等级不低于42.5级普通硅酸盐水泥浆，当孔道较大时可采用水泥砂浆。灌浆宜先下后上进行，且应饱满，封闭排气孔后再继续加压到0.5～0.6MPa持续片刻后再将孔道封闭。

3.3.5 预应力工程质量

预应力工程质量分为合格和不合格。

合格标准：主控项目全部符合要求，一般项目80%及以上检查点符合要求，其余点的偏差值不得超过其允许偏差的1.5倍。

(1) 原材料质量

主控项目：

1）无粘结预应力筋的涂包质量应符合无粘结预应力钢绞线标准的规定。

检查数量：每60t为一检验批，每批抽取试件一组。

检验方法：检查产品合格证、检测报告、复验报告、观察实物检查。

2）预应力筋进场时，按现行国家标准《预应力混凝土用钢绞线》(GB/T 5224) 的规定抽取试件作力学性能检验，其质量必须符合相关标准的规定。

检查数量：按产品的抽样检验方案和进场批次确定。

检验方法：检查原材料合格证、检测报告和复验报告。

3）孔道灌浆水泥的质量应符合现行国家《通用硅酸盐水泥》国家标准第1号修改单 (GB 175) 标准规定，孔道灌浆用外加剂的质量应符合国家《混凝土外加剂》(GB 8076) 标准的规定。

检查数量：按抽样检验方案和进场批次确定。

检验方法：检查产品合格证、检测报告、复验报告。

4）使用的锚具、夹具和连接器应符合设计要求，其性能应符合国家《预应力筋用锚具、夹具和连接器》(GB/T 14370) 标准的规定。

检查数量：按产品抽样检验方案和进场批次确定。

检验方法：检查产品合格证、检测报告和进场复验报告。

一般项目：

1）所使用的预应力筋锚具、夹具和连接器应进行外观检查，应无机械损伤和裂纹、锈蚀及污物。

检查数量：全数检查。

检验方法：观察。

2）预应力筋使用前应进行外观质量检查，应符合下列要求：

①无粘结预应力筋护套应无裂纹、无明显褶皱。

②有粘结预应力筋展开后应平直，不应有弯折、机械损伤、裂纹、毛刺、氧化铁皮及油污。

检查数量：全数检查。

检验方法：观察。

3）预应力混凝土用金属管的内外表面应光滑、无锈蚀，不应有褶皱、坑孔及油污、焊口不应有开焊现象。

检查数量：全数检查。

检验方法：观察检查。

（2）制作与安装质量

主控项目：

1）预应力筋的规格、品种、数量、等级必须符合设计要求。

检查数量：全数检查。

检验方法：观察、尺量检查。

2）先张法预应力筋应避免沾污隔离剂，模板隔离剂应尽量选用非油质类的。

检查数量：全数检查。

检验方法：观察。

3）预应筋严防受电火花及其他机械损伤，发现有受损伤的预应力筋应及时更换。

检查数量：全数检查。

检验方法：观察。

一般项目：

1）预应力筋端部锚具的制作应符合以下规定：

①挤压锚具制作时挤压的预应力筋外端应露出挤压套筒1～5mm，压力表油压值应符合使用说明书的规定；

②压花锚成形后的预应力筋表面应清洁、无油污、梨形头的大小高度尺寸及直线段长度应符合设计要求；

③钢丝镦头后的强度不得低于原钢丝强度标准值的98%。

检查数量：对挤压锚，每台班抽查5%，且不应少于5件；对压花锚，每台班抽查3件；对钢丝墩头后的强度检查按每批6个试件抽取。

检验方法：观察、尺量检查和检查试验报告。

2）预应力筋下料应符合以下规定：

①预应力筋应使用切割机或切断机下料，不得使用电焊切割；

②钢丝束两端为墩头锚具时，为保证受力均衡，各根钢丝的长度极差不应大于钢丝长度

的 1/5000，且不应大于 5mm，成组张拉的钢丝长度不大于 10m 时，同组张拉的钢丝长度的极差不得大于 2mm。

检查数量：每台班抽查预应力筋总数的 3%且不少于 3 束。

检验方法：观察、尺量检查。

3）预应力筋束形控制点的竖向位置允许偏差应符合表 3-28 的规定。

表 3-28　束形控制点的竖向位置允许偏差

截面高（厚）度（mm）	$h \leqslant 300$	$300 < h \leqslant 1500$	$h > 1500$
允许偏差（mm）	±5	±10	±15

检查数量：在同一检验批中，抽查各类构件的预应力筋总数的 5%，且不少于各类构件的 5 束，每束不应少于 5 处。

检验方法：尺量检查。

4）后张法有粘结预应力筋预留孔道的规格、数量、形状和位置在符合设计要求的同时，还应符合以下规定：

①成孔用钢管应封闭完好，接头应严密，不得有漏浆；

②孔道应光滑、平直，孔口预埋钢板平面应与孔中心线垂直；

③孔道钢管的定位应牢固，浇筑混凝土时不得有变形和位移；

④泌水管和灌浆孔的大小应能保证浆液通畅无阻；

⑤灌浆孔的长度：对抽芯管成孔不宜大于 12m；对螺旋管不宜大于 30m；

⑥在曲线孔道的波峰部位应设排气泌水管，必要时可在最低点设排水孔。

检查数量：全数检查。

检验方法：观察和尺量检查。

5）无粘结预应力筋的安装在符合以上规定的前提下，还应符合以下规定：

①孔端的预留锚板应与预应力筋垂直；内埋式固定端垫板不应有重叠，垫板与错具的接触面应严密、吻合；

②成束布置的无粘结预应力筋，应能保证混凝土密实的振捣，并使预应力筋有充足的握裹力；

③无粘结预应筋的定位应牢固准确，浇筑混凝土时不得有变形和位移；预应力筋护套应完整，有破损时可用防水胶布封严。

检查数量：全数检查。

检验方法：观察。

6）穿入孔道的后张法有粘结预应力筋应提前采取防锈措施，发现在穿入过程中有损坏处应予以修补。

检查数量：全数检查。

检验方法：观察。

（3）张拉和放张质量

主控项目：

1）预应力筋在张拉和放张时，构件混凝土的强度应符合设计要求，当设计无具体要求时，应不低于抗压强度标准值的 75%。

检查数量：全数检查。

检验方法：检查同养试块的试验报告。

2）预应力筋的张拉、放张及张拉工艺应符合设计和施工方案的要求，并符合以下规定：

①超张拉最大张拉应力不应大于国家现行《混凝土结构设计规范》（GB 50010）的标准规定；

②张拉过程中应使各根预应力筋的应力均匀一致；

③在后张法施工中，预应力筋逐束或逐根张拉时应注意保证结构的均衡受力，同时考虑构件的弹性压缩对先张拉预应力筋的影响因素后确定张拉力；

④先张法预应力筋放张时，应使各根预应力筋同时且缓慢放张；当使用应力控制法张拉时，预应力筋的实际伸长值与设计理论伸长值的允许偏差为6%。

检查数量：全数检查。

检验方法：检查张拉过程记录。

3）预应力张拉锚固后实际预应力值与设计规定值的允许偏差为±5%。

检查数量：后张法施工时，在同一检验批抽查预应力筋总数的3%，且不少于5束；先张法施工时，每台班应抽查预应力筋总数的1%，且不少于3根。

检验方法：后张法施工，检查见证张拉记录；先张法施工，检查预应力筋应力检测记录。

4）预应力筋张拉过程中发生断裂和滑脱时必须符合以下规定：

先张法施工在混凝土浇筑前预应力筋发生断裂和滑脱必须予以更换并重新张拉；后张法施工时发生断裂和滑脱的数量不得超过同一截面预应力筋总根数的3%，且每束钢筋不得超过一根，对双向多跨连续板，同一截面应按每跨计算其根数，超过规定根数时应重新张拉。

检查数量：全数检查。

检验方法：观察或检查施工记录。

一般项目：

1）先张法预应力筋张拉后的位置与设计位置的偏差不得超过5mm，且不得大于构件截面短边长度的4%。

检查数量：每工作台班抽查预应力筋的3%，且不少于3束。

检验方法：尺量检查。

2）锚固时张拉端预应力筋的内缩量应符合设计要求，当设计无具体要求时，应符合表3-29的规定。

检查数量：每台班抽查预应力总数量的3%，且不少于3束。

检验方法：尺量检查。

表3-29　张拉端预应力筋的内缩量限值

锚具类别		内缩量限值（mm）
支承式锚具	螺帽缝隙	1
	每块后加垫板的缝隙	1
锥塞式锚具		5
夹片式锚具	有顶压	5
	无顶压	6～8

（4）灌浆及封锚质量

主控项目：

1）有粘结预应力筋张拉后应尽早进行孔道灌浆，孔道内灌浆应饱满、密实。

检查数量：全数检查。

检验方法：观察、检查灌浆记录。

2）锚具的封闭保护应符合设计要求，当设计无具体要求时，应符合以下规定：

①锚具应防腐处理，并有防遭机械损伤的保护措施；凸出式锚固端锚具的保护层厚度不应小于50mm。

②外露预应力筋的保护层厚度：处于易腐蚀环境的不应小于50mm；处于正常环境的不应小于20mm。

检查数量：同一检验批的预应力筋抽查总数的5%，且不少于5处。

检验方法：观察、尺量检查。

一般项目：

1）灌浆用水泥浆的抗压强度不应小于30MPa。

检查数量：每工作台班留置一组边长为70.7mm的立方体试块。

检验方法：检查试块强度报告。

2）后张法预应力筋锚固后外露部分用切割机切除后剩余长度不宜小于预应力筋直径的1.5倍，且不宜小于30mm。

检查数量：抽查同一检验批中预应力筋总数的3%，且不少于5束。

检验方法：观察、尺量检查。

3）灌浆用水泥浆水灰比不应大于0.45，搅拌后3h泌水率不应大于3%。泌水24h内应能全部被吸收。

检查数量：同一配合比抽查一次。

检验方法：检查水泥性能试验报告。

3.4　混凝土工程

3.4.1　原材料质量

普通混凝土配制材料包括水泥、砂、碎（卵）石和水。

（1）水泥

水泥应采用普通硅酸盐水泥、硅酸盐水泥、火山灰质硅酸盐水泥、粉煤灰硅酸盐水泥和矿渣硅酸盐水泥。水泥的强度等级由设计确定，且不低于32.5级。

（2）砂

砂应采用天然砂，其含泥量、泥块含量限值应符合表3-30的规定。砂中有害物质限值应符合表3-31规定。

表3-30　砂中含泥量、泥块含量限值

混凝土强度等级	≥C30	<C30	混凝土强度等级	≥C30	<C30
含泥量（按重量计%）	≤3.0	≤5.0	泥块含量（按重量计%）	≤1.0	≤2.0

表 3-31 砂中有害物质含量限值

项　目	质量指标
云母含量（按重量计%）	≤2.0
轻物质含量（按重量计%）	≤1.0
硫化物及硫酸盐含量（折算成 SO_3，按重量计%）	≤1.0
有机物含量（用比色法试验）	颜色不应深于标准色，如深于标准色，则应按水泥胶砂强度试验方法，进行强度对比试验，抗压强度比不应低于 0.95

（3）碎石

碎石应是由天然岩石、卵石经破碎、筛分而成的粒径大于 5mm 的颗粒；卵石是由自然条件（风吹日晒、水冲刷等）作用后经筛分而成的粒径大于 5mm 的颗粒。碎石或卵石中片、针状颗粒含量应符合表 3-32 的规定。碎石或卵石中有害物质含量限值应符合表 3-33 的规定。碎石或卵石中含泥量、泥块含量限值应符合表 3-34 的规定。

表 3-32 石中针、片状颗粒含量

混凝土强度等级	≥C30	<C30
针、片状颗粒含量，（按重量计%）	≤15	≤25

表 3-33 石中有害物质含量限值

项　目	质量指标
硫化物及硫酸盐含量（折算成 SO_3，按重量计%）	≤1.0
卵石中有机质含量（用比色法试验）	颜色应不深于标准色，如深于标准色，则应配制成混凝土进行强度对比试验，抗压强度比应不低于 0.95

表 3-34 石中含泥量、泥块含量限值

混凝土强度等级	≥C30	<C30	混凝土强度等级	≥C30	<C30
含泥量（按重量计%）	≤1.0	≤2.0	泥块含量（按重量计%）	≤0.5	≤0.7

（4）水

混凝土拌合用水应采用饮用水，当使用地下水、地表水时应进行检验。

（5）外加剂

所使用的外加剂包括普通减水剂、缓凝高效减水剂、缓凝减水剂、早强剂、引气剂、缓凝剂、引气减水剂、早强减水剂、高效减水剂等，以改变混凝土的性能，更适合工程施工的需要。加外剂的品种及掺量应由设计确定。

3.4.2 混凝土配合比

混凝土配合比直接影响到混凝土的强度，混凝土配合比应根据需要的强度经过计算和试配确定水泥、砂、石、水在混凝土中所占的重量比。混凝土配合比计算的步骤是：

（1）计算混凝土所需要的强度，先求出相应的水灰比，确定每立方米混凝土用水量；

（2）计算每立方米混凝土的水泥用量；

（3）选取砂率，计算出粗、细骨料的用量；

（4）对混凝土配合比进行试配，试验其实际强度；

（5）与所需要的混凝土强度相比较，调整配合比，并初步确定配合比；

（6）根据砂、石实际含水率，调整用水量，最终确定施工配合比。

混凝土配合比设计时的最大水灰比和最小水泥用量应符合表 3-35 的规定。

表 3-35 混凝土的最大水灰比和最小水泥用量

环境条件		结构物类别	最大水灰比			最小水泥用量（kg）		
			素混凝土	钢筋混凝土	预应力混凝土	素混凝土	钢筋混凝土	预应力混凝土
1. 干燥环境		正常的居住或办公用房屋内部件	不作规定	0.65	0.60	200	260	300
2. 潮湿环境	无冻害	高湿度的室内部件 室外部件 在非侵蚀性土和（或）水中的部件	0.70	0.60	0.60	225	280	300
	有冻害	经受冻害的室外部件 在非侵蚀性土和（或）水中且经受冻害的部件 高湿度且经受冻害的室内部件	0.55	0.55	0.55	250	280	300
3. 有冻害和除冰剂的潮湿环境		经受冻害和除水剂作用的室内和室外部件	0.50	0.50	0.50	300	300	300

注：1. 当用活性掺合料取代部分水泥时，表中的最大水灰比及最小水泥用量即为替代前的水灰比和水泥用量。

2. 配制 C15 级及其以下等级的混凝土，可不受本表限制。

3.4.3 混凝土施工

3.4.3.1 混凝土的拌制

混凝土的拌制根据用量可采用人工拌制或搅拌机拌制，当用混凝土搅拌机拌制时，其最短搅拌时间可根据实际情况按表 3-36 选用。

表 3-36 混凝土搅拌最短时间 （s）

混凝土坍落度（mm）	搅拌机类型	搅拌机出料量（L）		
		＜250	250～500	＞500
≤30	强制式	60	90	120
	自落式	90	120	150
＞30	强制式	60	60	90
	自落式	90	90	120

注：1. 混凝土搅拌的最短时间是指全部材料装入搅拌筒中起，到开始卸料止的时间；

2. 当掺有外加剂时，搅拌时间应适当延长。

3.4.3.2 混凝土运输

为保证混凝土质量、减少环境污染、节约原材料，增加资源利用率，混凝土搅拌站在各地逐步兴起，商品混凝土的异地拌制给建筑事业的发展加快了步伐，使我国的基本建设充满生机。

混凝土从搅拌机卸料，应以最短的时间运送到施工现场。混凝土从搅拌机中卸出到浇筑完毕的持续时间应符合表 3-37 的规定。

表 3-37 混凝土从搅拌机中卸出到浇筑完毕的延续时间 (min)

混凝土强度等级	气温	
	不高于 25℃	高于 25℃
不高于 C30	120	90
高于 C30	90	60

泵送混凝土施工加快了施工进度，使施工人员从繁重的体力劳动中解脱出来；泵送混凝土应符合以下规定：

(1) 混凝土泵及输送管安装后，应按混凝土泵说明书的规定进行检查，设备正常和输送管连接牢固时方可作业。

(2) 混凝土泵应先泵送适量的水，使混凝土经过的部位减少阻力。泵送速度应先慢后快逐步加速，一切正常后再以正常速度泵送。

(3) 混凝土泵送应连续进行，如有其他原因必须中断时，不得超过混凝土初凝时间；超过初凝时间的混凝土不可使用，中断部位应按施工缝进行处理。

(4) 泵送混凝土前应采用以下方法之一进行处理；可使接槎处的混凝土不致出现烂根。

1) 泵送素水泥浆；

2) 泵送 1∶2 水泥砂浆；

3) 泵送减半石混凝土。

(5) 施工完毕，应及时对混凝土泵和输送管进行冲洗。

3.4.3.3 混凝土施工

混凝土施工时的坍落度，可按表 3-38 选用。

表 3-38 混凝土浇筑时的坍落度

结构种类	坍落度 (mm)
基础或地面等的垫层、无配筋的大体积或配筋稀疏的结构	10～30
板、梁和大型及中型截面的柱等	30～50
配筋密列的结构	50～70
配筋特密的结构	70～90

混凝土浇筑时应在进行一段时间后取样，用坍落度筒检查混凝土坍落度。

混凝土应分层浇筑，分层厚度应为振捣棒作用部分长度的 1.25 倍，用平板振捣器时混凝土铺设厚度不超过 200mm。

混凝土运输、浇筑、振捣及间歇时间不得超过表 3-39 规定的时间。

表 3-39 混凝土运输、浇筑和间歇的允许时间 (min)

混凝土强度等级	气温	
	不高于25℃	高于25℃
不高于C30	210	180
高于C30	180	150

为使混凝土获得最大强度值，以满足设计要求，应对混凝土进行适当振捣密实。

当采用平板振捣器时应保证振捣器平板与前一平板边缘吻接；当采用振捣棒时，其间距宜不大于振动作用半径的1.5倍，插入下层混凝土的深度应不小于50mm。下棒形式可采用梅花形。浇筑墙与梁、板连成一体和柱混凝土时，应在墙、柱混凝土浇筑完毕1～1.5h后再进行上部混凝土浇筑。过高的墙、柱应在一定高度留置振捣孔，当浇捣到与孔平时将孔口封严。高度小于1m的梁宜与板同时浇筑，大于1m的梁可单独浇筑，其间可设钢丝网隔开，强度等级不同时，应先浇混凝土强度等级高的、后浇强度等级低的混凝土，以避免强度等级低的混凝土侵入强度等级高的混凝土中，影响工程质量。

施工缝宜留置在结构受剪力较小并方便于施工的部位。施工缝的留置还应符合以下规定：

(1) 柱的施工缝可以留置在梁的下面、柱帽的下面或基础的顶面；

(2) 单向板施工缝可留置在平行板短边的任何部位；

(3) 墙的施工缝应留置在过梁跨度中1/3范围，也可留置在与纵横墙的交接处；

(4) 有梁板的施工缝应留置在次梁跨度中1/3范围，并顺次梁方向浇筑混凝土。

在已硬化的混凝土面继续浇筑混凝土前应将接槎部位的混凝土面凿毛、冲洗干净，涂一层与混凝土配合比相同的水泥砂浆；在施工缝处继续浇筑混凝土时，已浇混凝土的抗压强度不应小于1.2MPa；浇筑的混凝土应振捣密实；使新旧混凝土结合紧密。

混凝土浇筑完毕后12h浇水养护或覆盖塑料保温养护14d。

3.4.3.4 混凝土冬期施工

混凝土冬期施工的养护方法包括暖棚法、电热法、蒸汽法、蓄热法和负温法。

暖棚法是指将被养护的混凝土结构或构件通过搭棚，内设散热器、电热器、火炉、排管等方法加热通过气体传导给结构或构件混凝土，使混凝土在正常温度条件下完成水化过程，达到设计强度。棚内温度不得低于5℃。

电热法是指将混凝土实体用电热毯覆盖加热、用工频涡流、红外线加热、线圈感应、电极加热（是指用钢筋做电极通电产生热量的方法对混凝土加热）。工频涡流是利用模板外的钢管内穿线通电产生涡流电流对模板加热，使混凝土保持在正温环境，达到设计要求强度。红外线加热是用红外线管对混凝土辐射加热。线圈感应加热是用绝缘线圈缠在模板外侧通电后在钢模板和混凝土内的钢筋上产生电磁感应热使混凝土得到适宜的养护条件，用电热法养护混凝土的温度应符合表3-40的规定。

蒸汽法是指混凝土通过蒸汽，外加棚罩法、热模法、内部通汽法、蒸汽套法使混凝土达到要求强度的方法。

棚罩法是用帆布或其他布做成的罩子将混凝土罩严，使混凝土不致受恶劣环境的影响；内部通蒸汽养护混凝土适用于预制梁、柱、电线杆、空心混凝土桩、混凝土管道、楼板等。

蒸汽套法是利用保温外套，分段送汽养护混凝土，适用于现浇混凝土梁、板、框架结构、柱、墙等，热模法是在模板外侧配置蒸汽管，将热通过模板传递给混凝土，适用于框架结构、墙柱等。采用矿渣硅酸盐水泥时养护温度最高可达85℃，采用普通硅酸盐时养护温度最高可达80℃，采用内部通汽法时养护温度最高不过60℃。当采用蒸汽养护现浇整体结构时升温和降温速度应符合表3-41的规定。

表3-40　电加热法养护混凝土的温度

水泥强度等级	结构表面系数 m^{-1}		
	<10	10～15	>15
32.5	70	50	45
42.5	40	40	35

注：采用红外线辐射加热时，其辐射表面温度可采用70～90℃

表3-41　蒸汽加热养护混凝土升温和降温速度

结构表面系数 (m^{-1})	升温速度 (℃/h)	降温速度 (℃/h)	结构表面系数 (m^{-1})	升温速度 (℃/h)	降温速度 (℃/h)
≥6	15	10	<6	10	5

蓄热法是在混凝土浇筑后，利用水泥水化热和外部保温延缓混凝土的冷却时间，使混凝土缓慢降温到设计规定的温度或0℃前达到设计要求的强度，适用于室外温度不低于−15℃时，地下工程或表面系数M不大于$5m^{-1}$的结构。混凝土粗细骨料及拌合水的加热温度分别不得超过60℃及80℃，混凝土表面应用塑料布或其他保温材料进行覆盖。对边角部位的保温厚度应为结构或构件平面部位的2～3倍。

负温法是指在混凝土中掺加防冻剂，混凝土实体不必采取任何保温措施，在负温环境中混凝土产生强度的施工方法，混凝土养护的起始温度不应低于5℃，并以混凝土浇筑后5d内的天气变化最低温度选择符合要求的防冻剂。

3.4.4　混凝土工程质量

混凝土工程质量分为合格和不合格。

合格标准：主控项目全部符合要求；一般项目80%及以上的检查点符合要求，其余检查点的偏差值应不超过允许偏差的1.5倍。

3.4.4.1　原材料质量

主控项目：

(1) 水泥进场时应检查其品种、级别、包装、重量、出厂日期或散装水泥的仓号、出厂日期等。并应现场取样对水泥的强度等级、安定性及其他性能指标进行复验（见证取样应由监理工程师现场见证并送有见证取样试验资质的检测单位进行试验）其质量必须符合现行国家标准《通用硅酸盐水泥》国家标准第1号修改单（GB 175）的规定。当对所使用的水泥质量产生怀疑或出厂日期超过三个月、快硬水泥超过一个月时，应对水泥进行复验，并按复验结果对水泥降级使用。预应力混凝土结构、钢筋混凝土结构中严禁使用氯化物含量超标的水泥。

检查数量：按同一生产厂家、同一品种，同一强度等级、同一批号连续进场的水泥，散装水泥不超过 500t 为一批，袋装水泥 200t 为一批，每批抽样不少于一次。

检验方法：检查产品合格证、检测报告和复验报告。

(2) 混凝土外加剂的质量应符合现行国家标准《混凝土外加剂应用技术规范》(GB 50119)、《混凝土外加剂》(GB 8076) 等标准的规定和有关环境保护的规定。钢筋混凝土结构，使用的外加剂中氯化物含量应符合现行国家标准《混凝土质量控制标准》(GB 50164) 的规定。预应力混凝土结构中严禁使用含氯化物的外加剂。

检查数量：按进场的批次和检验方案确定。

检验方法：检查产品合格证、检测报告和进场复验报告。

(3) 混凝土中碱和氯化物含量应符合现行国家标准《混凝土结构设计规范》(GB 50010)的规定和设计要求。

检查数量：全数检查。

检验方法：检查产品合格证、检测报告和碱、氯化物含量报告单。

一般项目：

(1) 普通混凝土所使用的粗、细骨料的质量应符合现行国家标准《普通混凝土用砂、石质量及检验方法标准》(JGJ 52) 的规定。

检查数量：按进场批量和检验方案确定。

检验方法：检查出场合格证、检测报告和进场复验报告。

(2) 混凝土拌合用水应采用饮用水，当采用其他水源时，水质应符合现行国家标准《混凝土用水标准》(JGJ 63) 的规定。

检查数量：同一水源检查不应少于一次。

检验方法：检查水质试验报告。

(3) 混凝土中矿物掺合料的质量应符合现行国家标准《用于水泥和混凝土中的粉煤灰》(GB/T 1596) 的规定。矿物掺合料的掺入量应由试验确定。

检查数量：按进场批量和检验方案确定。

检验方法：检查产品合格证、检测报告和进场复验报告。

3.4.4.2 配合比设计质量

主控项目：

混凝土配合比应按现行国家标准《普通混凝土配合比设计规程》(JGJ 55) 的规定，根据混凝土所需要的强度等级、耐久性、使用性等要求进行设计，有特殊要求的混凝土配合比设计应符合现行国家相关标准规定。

检验方法：检查配合比设计相关资料。

一般项目：

(1) 混凝土拌合前，应检测砂、石含水率并根据检测结果调整拌合用水量，确定配合比。

检查数量：每台班检查一次。

检验方法：检查砂、石含水率试验结果和配合比通知单。

(2) 首次使用的配合比应经过开盘鉴定，其使用性、强度等级应符合设计和混凝土浇灌申请的要求。开始生产的混凝土应至少留置一组标养试块，作为验证混凝土配合比的依据。

检验方法：检查混凝土开盘鉴定和混凝土试件强度试验报告。

3.4.4.3 混凝土施工质量

主控项目：

(1) 对有抗渗要求的混凝土，混凝土试件应在浇筑现场随机取样。同一配合比、同一工程的混凝土、取样不应少于一次，留置组数可根据需要确定。

检验方法：检查抗渗试件试验报告。

(2) 混凝土用材料每盘称量的允许偏差应符合表 3-42 的规定。

表 3-42 原材料每盘称量的允许偏差

材料名称	允许偏差	材料名称	允许偏差
水泥、掺合料	±2%	水、外加剂	±2%
粗、细骨料	±3%		

检查数量：每台班抽查不应少于一次。

检验方法：称量检查。

(3) 混凝土出灌至入模的全部时间不应超过混凝土的初凝时间，同一施工段的混凝土应连续浇筑，并应在底层混凝土初凝前将上层混凝土浇筑完成，当底层混凝土已初凝，在浇筑上层混凝土时应按施工缝进行处理。

检查数量：全数检查。

检验方法：观察和检查施工记录。

(4) 结构混凝土的强度等级必须符合设计要求。混凝土强度试件应在施工现场随机抽取，试件取样应符合以下要求：

1) 每 100m^3 同配合比的混凝土，取样不得少于一次，不足 100m^3 时也按一批进行取样。

2) 当一次连续浇筑混凝土超过 1000m^3 时，可每 200m^3 取样不得少于一次；

3) 每楼层同一配合比混凝土，取样不得少于一次；

4) 每次取样应至少留置一组标养、同养试件的留置组数应根据需要确定。

检验方法：检查施工记录和强度试验报告。

一般项目：

(1) 后浇带、施工缝留置的位置应符合设计和施工技术方案的要求。

检查数量：全数检查。

检验方法：观察检查、检查施工记录。

(2) 混凝土浇筑完成后，应按施工技术方案准时采取养护措施。并应符合以下规定：

1) 混凝土强度未达到 1.2MPa 以前，不得在其上安装模板、支架或随意踩踏；

2) 采用塑料布覆盖混凝土养护时，应保证覆盖的严密性并保持塑料布内有凝结水；

3) 混凝土养护用水应符合拌合用水的要求，浇水次数应能保证混凝土中水泥水化热用水量，且保持混凝土处于湿润状态；

4) 应在混凝土浇筑完成的 12h 开始对混凝土进行覆盖和浇水养护。

5) 混凝土浇水养护的时间：对掺用抗渗剂或缓凝型外加剂的混凝土，不得少于 14d；对采用矿渣硅酸盐水泥、硅酸盐水泥、普通硅酸盐水泥拌制的混凝土，不得少于 7d。

检查数量：全数检查。

检验方法：观察检查，检查施工记录。

3.4.4.4 现浇结构质量

主控项目：

（1）现浇结构不应有影响使用功能和结构性能的尺寸偏差。混凝土设备基础不应有影响设备安装和结构性能的尺寸偏差。对超过允许偏差而影响使用功能和结构功能、安装的部位应要求施工单位编制整改技术方案，经监理单位审查批准后进行处理，对处理的部位应重新组织检查验收，合格后予以签认。

检查数量：全数检查。

检验方法：尺量检查、查阅处理方案。

（2）现浇结构的外观质量不应有严重缺陷，对发现的严重缺陷部位，应要求施工单位编制整改技术方案，经监理单位审查批准后进行处理，对处理的部位应重新组织检查验收，合格后予以签认。

检查数量：全数检查。

检验方法：观察检查、查阅处理方案。

一般项目：

（1）现浇结构和混凝土设备基础尺寸的允许偏差应符合表3-43和表3-44的规定。

表3-43 现浇结构尺寸允许偏差和检验方法

项目			允许偏差（mm）	检验方法
轴线位置	基础		15	钢尺检查
	独立基础		10	
	墙、柱、梁		8	
	剪力墙		5	
垂直度	层高	≤5m	8	经纬仪或吊线、钢尺检查
		>5m	10	经纬仪或吊线、钢尺检查
	全高（H）		H/1000且≤30	经纬仪、钢尺检查
标高	层高		±10	水准仪或拉线、钢尺检查
	全高		±30	
截面尺寸			+8，−5	钢尺检查
电梯井	井筒长、宽对定位中心线		+25，0	钢尺检查
	井筒全高（H）垂直度		H/1000且≤30	经纬仪、钢尺检查
表面平整度			8	2m靠尺和塞尺检查
预埋设施中心线位置	预埋件		10	钢尺检查
	预埋螺栓		5	
	预埋管		5	
预留洞中心线位置			15	钢尺检查

注：检查轴线、中心线位置时，应沿纵、横两个方向量测，并取其中的较大值。

表 3-44　混凝土设备基础尺寸允许偏差和检验方法

项　　目		允许偏差/（mm）	检验方法
坐标位置		20	钢尺检查
不同平面的标高		0，－20	水准仪或拉线、钢尺检查
平面外形尺寸		±20	钢尺检查
凸台上平面外形尺寸		0，－20	钢尺检查
凹穴尺寸		＋20，0	钢尺检查
平面水平度	每　米	5	水平尺、塞尺检查
	全　长	10	水准仪或拉线、钢尺检查
垂直度	每　米	5	经纬仪或吊线、钢尺检查
	全　高	10	
预埋地脚螺栓	标高（顶部）	＋20，0	水准仪或拉线、钢尺检查
	中心距	±2	钢尺检查
预埋地脚螺栓孔	中心线位置	10	钢尺检查
	深　度	＋20，0	钢尺检查
	孔垂直度	10	吊线、钢尺检查
预埋活动地脚螺栓锚板	标　高	＋20，0	水准仪或拉线、钢尺检查
	中心线位置	5	钢尺检查
	带槽锚板平整度	5	钢尺、塞尺检查
	带螺纹孔锚板平整度	2	钢尺、塞尺检查

注：检查坐标、中心线位置时，应沿纵、横两个方向量测，并取其中的较大值。

检查数量：按楼层、施工段、施工缝划分检验批，对独立基础、梁、柱应抽查构件总数的10%，且不少于3件，对大空间结构墙面可按两轴线间和高度5m左右划分检查面，板可按纵、横两轴线划分检查面，抽查10%，且不少于3个面，对设备基础、电梯井应全数检查，对墙和板以有代表性的自然间抽查10%，且不少于3间。

（2）现浇结构的外观质量不宜有缺陷，对出现的缺陷应要求施工单位编制技术处理方案经监理单位审查批准后实施，对处理的部位应重新组织验收，合格后予以签认。

检查数量：全数检查。

检验方法：观察、查阅技术处理方案。

3.4.4.5　预制构件质量

主控项目：

（1）预制构件应在明显部位标明厂家、构件规格型号，质量合格证，构件上的预埋件，插筋，预留孔洞的尺寸、位置、数量，构件内主筋、箍筋规格、数量、型号。

检查数量：全数检查。

检验方法：观察。

（2）构件的尺寸不应有严重缺陷，对已经出现的质量缺陷应由施工单位编制技术处理方案，经监理单位审核批准后实施，对处理的部位，应重新组织验收，合格后予以签认。

检查数量：全数检查。

检验方法：观察和查阅处理方案。

（3）预制构件不应存在影响使用功能、安装和结构性能的尺寸偏差，对超过允许偏差且影响使用功能、安装和结构性能的部位应要求施工单位按技术处理方案进行处理，并重新组织验收。

检查数量：全数检查。

检验方法：尺量检查和查阅技术处理方案。

一般项目：

（1）预制构件尺寸的允许偏差应符合表 3-45 的规定。

表 3-45 预制构件尺寸的允许偏差及检验方法

项目		允许偏差（mm）	检验方法
长度	板、梁	+10，−5	钢尺检查
	柱	+5，−10	
	墙板	±5	
	薄腹梁、桁架	+15，−10	
宽度、高（厚）度	板、梁、柱、墙板、薄腹梁、桁架	±5	钢尺量一端及中部，取其中较大值
侧向弯曲	梁、柱、板	l/750 且≤20	拉线、钢尺量最大侧向弯曲处
	墙板、薄腹梁、桁架	l/1000 且≤20	
预埋件	中心线位置	10	钢尺检查
	螺栓位置	5	
	螺栓外露长度	+10，−5	
预留孔	中心线位置	5	钢尺检查
预留洞	中心线位置	15	钢尺检查
主筋保护层厚度	板	+5，−3	钢尺或保护层厚度测定仪量测
	梁、柱、墙板、薄腹梁、桁架	+10，−5	
对角线差	板、墙板	10	钢尺量两个对角线
表面平整度	板、墙板、柱、梁	5	2m 靠尺和塞尺检查
预应力构件预留孔道位置	梁、墙板、薄腹梁、桁架	3	钢尺检查

续表

项目		允许偏差（mm）	检验方法
翘曲	板	$l/750$	调平尺在两端量测
	墙板	$l/1000$	

注：1 l 为构件长度（mm）；

2 检查中心线、螺栓和孔道位置时，应沿纵、横两个方向量测，并取其中的较大值；

3 对形状复杂或有特殊要求的构件，其尺寸偏差应符合标准图或设计的要求。

检查数量：同一台班生产的同类型构件，抽查5%，且不少于3件。

（2）预制构件的外观质量不宜存在一般缺陷，对出现的一般缺陷，应要求施工单位按技术处理方案进行整改，并对整改的部位组织重新验收。

检查数量：全数检查。

检验方法：观察和查阅技术处理方案。

3.4.4.6 装配式结构施工质量

主控项目：

（1）预制构件与结构之间的连接应牢固，并符合设计要求。连接处钢筋或预埋件采用机械连接或焊接时，其质量应符合国家现行标准《钢筋机械连接通用技术规程》（JGJ 107）和《钢筋焊接及验收规程》（JGJ 18）的规定。

检查数量：全数检查。

检验方法：观察和检查施工记录。

（2）承受内力的接头和拼缝，其混凝土强度未达到设计要求前不得吊装上一层结构构件；当设计无具体要求时，应在混凝土强度不小于10MPa或设有牢靠支承的情况下方可吊装上一层结构构件。已安装完毕的结构应等混凝土强度达到设计要求后方可承受全部荷载。

检查数量：全数检查。

检验方法：检查混凝土试件强度报告。

（3）进场的预制构件，其外形尺寸、外观质量的偏差及结构性能应符合标准图集或设计要求。

检查数量：全数检查。

检验方法：检查产品合格证和检测报告。

一般项目：

（1）预制构件的运输和码放的支承点位置和搬运方法应符合标准图集或设计要求。

检查数量：全数检查。

检验方法：观察和尺量检查。

（2）预制构件应按标准图集或设计要求选择吊装点进行吊装，吊绳与构件的水平夹角不宜小于45°，达不到要求时可采用吊杠或经验算确定。

检查数量：全数检查。

（3）预制构件就位后，应采取临时固定措施，同时对位置轴线进行核对校正。

检查数量：全数检查。

检验方法：观察和尺量检查。

（4）装配式结构中的接头和拼缝应符合设计要求，当设计无具体要求时，应符合以下规定：

1）对承受内力的接头和拼缝应采用细石混凝土浇筑，其强度等级应高于构件混凝土强度等级一级；

2）对非承受内力的接头和拼缝处可以用混凝土和砂浆填充，其强度等级用混凝土时不低于 C15，而用砂浆时不低于 M15。

3）浇筑接头和拼缝处的混凝土或砂浆，应掺入适量的微膨胀剂和早强剂，在浇筑时应充分振捣密实，并及时浇水养护。

检查数量：全数检查。

检验方法：检查施工记录和混凝土强度报告。

（5）预制构件吊装前应按设计要求在构件上标明支承点中心线、标高和尺寸，按标准图集和设计图样核对预埋件和连接钢筋的数量，并作出标记。

检查数量：全数检查。

检验方法：观察、尺量检查。

（6）预制构件安装的允许偏差和检验方法应符合表 3-46 的规定。

表 3-46　预制构件安装的允许偏差和检验方法

项次	项目			允许偏差（mm）	检验方法
1	杯形基础	中心线对轴线位置偏移		10	尺量检查
		杯底安装标高		+0 −10	用水准仪检查
2	柱	中心线对定位轴线位置偏移		5	尺量检查
		下上柱接口中心线位置偏移		3	
2	柱	垂直度	≤5mm	5	用经纬仪或吊线和尺量检查
			>5m	10	
			≥10m 多节柱	1/1000 柱高，且不大于 20	
		牛腿上表面和柱顶标高	≤5mm	+0 −5	用水准仪或尺量检查
			>5m	+0 −8	
3	梁或吊车梁	中心线对定位轴线位置偏移		5	尺量检查
		梁上表面标高		+0 −5	用水准仪或尺量检查
4	屋架	下弦中心线对定位轴线位置偏移		5	尺量检查
		垂直度	桁架拱形屋架	1/250 屋架高	用经纬仪或吊线和尺量检查
			薄腹梁	5	

续表

<table>
<tr><th>项次</th><th colspan="2">项　目</th><th>允许偏差（mm）</th><th>检验方法</th></tr>
<tr><td rowspan="2">5</td><td rowspan="2">天窗架</td><td>构件中心线对定位轴线位置偏移</td><td>5</td><td>尺量检查</td></tr>
<tr><td>垂直度</td><td>1/300 天窗架高</td><td>用经纬仪或吊线和尺量检查</td></tr>
<tr><td rowspan="2">6</td><td rowspan="2">托架梁</td><td>底座中心线对定位轴线位置偏移</td><td>5</td><td>尺量检查</td></tr>
<tr><td>垂直度</td><td>10</td><td>用经纬仪或吊线和尺量检查</td></tr>
<tr><td rowspan="2">7</td><td rowspan="2">板</td><td>相邻板下表面平整度　抹灰</td><td>5</td><td rowspan="2">用直尺和楔形塞尺检查</td></tr>
<tr><td>相邻板下表面平整度　不抹灰</td><td>3</td></tr>
<tr><td rowspan="2">8</td><td rowspan="2">楼梯阳台</td><td>水平位置偏移</td><td>10</td><td>尺量检查</td></tr>
<tr><td>标高</td><td>±5</td><td rowspan="3">用水准仪和尺量检查</td></tr>
<tr><td rowspan="2">9</td><td rowspan="2">工业厂房墙板</td><td>标高</td><td>±5</td></tr>
<tr><td>墙板两端高低差</td><td>±5</td></tr>
</table>

检查数量：全数检查。

4 钢结构工程

4.1 钢结构材料

钢结构用钢材及焊接填充材料的选用应符合设计图样的要求，并应有钢厂和焊接材料厂的合格证及检测报告；其化学成分、力学性能和其他质量要求必须符合国家现行标准规定。当采用其他钢材和焊接材料代替设计选用的材料时，必须经原设计单位同意。

（1）钢材的成分、性能复验结果应符合国家现行有关工程质量验收标准的规定；大型、重型及特殊钢结构的主要焊缝所采用的焊接填充材料应见证取样，送有国家见证取样资质的检测单位进行复验。合格以后方可使用。

（2）钢结构工程所使用的新材料必须经过鉴定。钢材应有焊接性资料、焊接工艺说明；热处理和热加工工艺参数、焊接接头性能数据资料；焊接材料应有贮存及焊前烘焙参数规定、熔敷金属成分、性能鉴定资料及指导施焊参数，经专家论证、评审和焊接工艺合格后方可使用。

（3）焊接十字形、T形、角接接头，当其翼缘板厚≥40mm时，宜采用抗层状撕裂钢板。钢材的厚度方向性能级别应根据工程的结构类型、节点形式及板厚和受力状态的不同情况选择。板厚度方向性能级别Z15、Z25、Z35相应的含硫量、断面收缩率应符合表4-1的规定。

表4-1 钢板厚度方向性能级别及其含硫量、断面收缩率值

级别	含硫量≤（%）	断面收缩率（Ψ_2%）	
		三个试样平均值不小于	单个试样值不小于
Z15	0.01	15	10
Z25	0.007	25	15
Z35	0.005	35	25

（4）使用的焊条应符合现行国家标准《低合金钢焊条》（GB/T 5118）、《碳钢焊条》（GB/T 5117）的规定。

（5）焊丝应符合现行国家标准《熔化焊用钢丝》（GB/T 14957）、《碳钢药芯焊丝》（GB/T 10045）、《低合金钢药芯焊丝》（GB/T 17493）、《气体保护电弧焊用碳钢、低合金钢焊丝》（GB/T 8110）的规定。

（6）埋弧焊用焊丝和焊剂应符合现行国家标准《埋弧焊用低合金钢焊丝和焊剂》（GB/T 12470）、《埋弧焊用碳钢焊丝和焊剂》（GB/T 5293）的规定。

（7）气体保护焊使用的二氧化碳气体应符合现行国家标准《焊接用二氧化碳》（HG/T 2537）的规定。特殊钢结构及大型、重型钢结构中主要构件的重要焊接节点使用的二氧化碳气体质量应符合该标准中优等品的规定，其二氧化碳含量（V/V）不得低于99.9%，乙醇与水蒸气总含量（m/m）不得高于0.005%，并不得有液态水。

（8）气体保护焊使用的氩气应符合现行国家标准《氩》（GB/T 4842）的规定，其纯度不应低于99.95%。

4.2 钢结构制作

4.2.1 钢结构基本规定

（1）钢结构焊接难度分为一般、较难和难三种。建筑钢结构工程的焊接难度区分原则如表4-2所示。

表4-2 建筑钢结构工程的焊接难度区分原则

焊接难度影响因素 / 焊接难度	节点复杂程度和拘束度	板厚（mm）	受力状态	钢材碳当量① C_{eq}（%）
一般	简单对接、角接，焊缝能自由收缩	$t<30$	一般静载拉、压	<0.38
较难	复杂节点或已施加限制收缩变形的措施	$30\leqslant t\leqslant 80$	静载且板厚方向受拉或间接动载	0.38～0.45
难	复杂节点或局部返修条件而使焊缝不能自由收缩	$t>80$	直接动载、抗震设防烈度大于8度	>0.45

①按国际焊接学会（IIW）计算公式，$C_{eq}(\%)=C+\frac{Mn}{6}+\frac{Cr+Mo+V}{5}+\frac{Cu+Ni}{15}(\%)$（适用于非调质钢）

（2）施工图样应标明以下焊接技术要求：

1）钢结构使用的钢材和焊接材料的类型、焊接质量等级；有特殊要求时，应标明抽查百分比和无损探伤的类别。

2）应标明焊接材料和钢材的性能、品种及现行国家标准，并应对焊缝尺寸、坡口形式、焊接方法、焊后热处理要求等作出规定。对于大型、重型钢结构应明确拼装焊接位置和制作单元、标注制造厂家及安装焊缝符号。

3）钢结构焊接施工图样设计单位应有相应设计资质等级，另请其他设计单位设计的应取得原设计单位确认。

钢结构安装单位和焊接制作单位应符合以下条件：

①应具备一定的企业资质和质量管理体系；并具备有第4）条规定的焊接资格的责任人、质检员、焊工预热及后热处理人员、无损探伤人员。

②对特殊钢结构、难或较难的重型及大型钢结构工程，应由中、高级焊接技术人员担任技术负责人。

③应具备与所承担工程的焊接设备、检验检测设备和焊接技术方法；具有检测合格的计算仪器、仪表。

④应具备与所承担工程的结构类型相适应的企业钢结构焊接规程、焊接工艺评定文件、焊接作业指导书等技术软件。

⑤焊接制作与安装企业应具有特殊钢结构或采用屈服强度等级超过390MPa的钢材、特厚钢材、新钢种、新工艺的试验室及试验人员。

(3) 钢结构焊接有关人员的资格应符合以下规定：

1) 质检员应经培训，有一定焊接技术水平和经验，并持证上岗；技术负责人应经技术培训，取得中级以上技术职称并有一年以上实践经验。

2) 无损探伤人员必须经国家授权的专业考核机构考试合格，持证上岗；并按考试合格项目及权限从业。

3) 焊工应按《建筑钢结构焊接技术规程》第9章的规定考试合格并持证上岗、在资格证书规定的施焊范围作业。

4) 气体火焰加热或气割人员应经培训并持证上岗；焊接预热、后热处理人员应有相应的专业技术。用电加热设备操作人员应经专业技术培训和安全培训。

(4) 钢结构焊接有关人员的职责：

1) 焊接技术负责人组织焊接工艺评定，编制焊接施工方案和焊接作业指导书（焊接工艺卡），处理焊接过程中的技术问题；

2) 质检员对焊接质量检查、控制，根据设计图样要求确定检测点，编制检测报告；

3) 无损探伤人员根据设计要求或相关规范规定的探伤方法和标准，对检测点探伤并编制检测报告；

4) 焊工应按指导书（焊接工艺卡）规定的方法、参数和措施进行焊接，当发现在技术准备、环境条件及焊接技术、安全措施不符合施工方案的要求时应及时要求技术负责整改。必要时拒绝施工；

5) 焊接预热，后热处理人员应按焊接指导书及相应的安全操作规程进行施工。

4.2.2 钢结构焊接点构造

4.2.2.1 一般规定

(1) 钢结构焊接点构造，应符合以下要求：

1) 钢结构焊缝应与结构构件的中心线和轴线对称布置；

2) 焊缝的数量和尺寸应尽量减少；

3) 焊缝的设置应方便施工，避免仰焊姿势施焊；

4) 采取刚性较小的节点形式，避免焊缝三向、双向交叉和焊缝集中；

5) 焊缝的位置应避开高应力区段；

6) 根据不同焊接工艺方法合理确定坡口尺寸和形式。

(2) 管材焊接接头采用K、T、Y、X形式，如图4-1所示。

(3) 施工图样中所采用的焊缝符号应符合国家现行标准《建筑结构制图标准》(GB/T 50105) 和《焊缝符号表示方法》(GB 324) 的规定，应标明施焊车间和施焊安装的焊缝及焊缝类型、长度、部位、部分焊透接头的焊透深度，焊脚尺寸、焊接坡口形式及尺寸。

4.2.2.2 焊接坡口的形状和尺寸

(1) 各种焊接方法及接头坡口形状尺寸代号、标记应符合以下规定：

1) 焊接方法及焊透种类的代号应符合表4-3的规定。

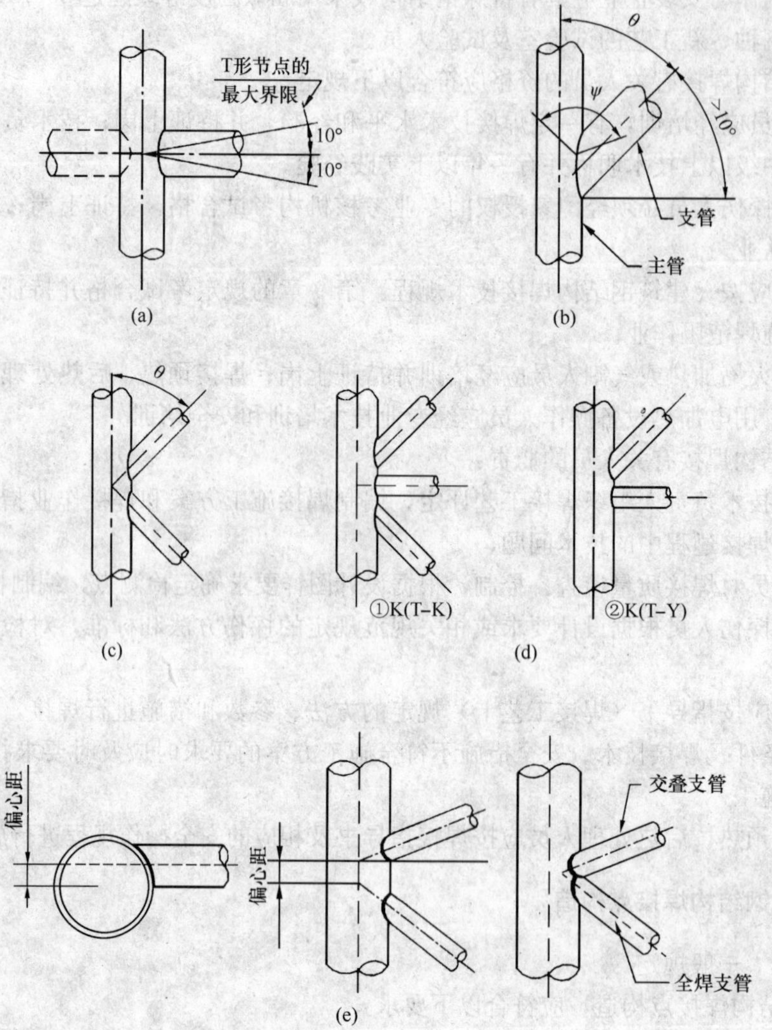

图 4-1　管材连接接头形式示意

(a) T (X) 形节点；(b) Y 形节点；(c) K 形节点；
(d) K 形复合节点；(e) 偏离中心的连接

表 4-3　焊接方法及焊透种类的代号

代号	焊 接 方 法	焊 透 种 类
MC	手工电弧焊接	完全焊透焊接
MP		部分焊透焊接
GC	气体保护电弧焊接 自保护电弧焊接	完全焊透焊接
GP		部分焊透焊接
SC	埋弧焊接	完全焊透焊接
SP		部分焊透焊接

2）焊接接头形式及坡口形状代号应符合表 4-4 的规定。

表 4-4 接头形式及坡口形状的代号

接头形式		坡口形状	
代号	名称	代号	名 称
		I	I 形坡口
B	对接接头	V	V 形坡口
		X	X 形坡口
U	U 形坡口	L	单边 V 形坡口
		K	K 形坡口
T	T 形接头	U①	U 形坡口
		J①	单边 U 形坡口

①当钢板厚度≥50mm 时，可采用 U 形或 J 形坡口。

3）焊接面及垫板种类代号应符合表 4-5 的规定。

表 4-5 焊接面及垫板种类的代号

反面垫板种类		焊 接 面	
代号	使用材料	代号	焊接面规定
B_S	钢衬垫	1	单面焊接
B_F	其他材料的衬垫	2	双面焊接

4）坡口各部分的尺寸代号应符合表 4-6 的规定。

表 4-6 坡口各部分的尺寸代号

代号	坡口各部分的尺寸	代号	坡口各部分的尺寸
t	接缝部位的板厚（mm）	p	坡口钝边（mm）
b	坡口根部间隙或部件间隙（mm）	α	坡口角度（°）
H	坡口深度（mm）		

5）焊接位置的代号应符合表 4-7 的规定。

表 4-7 焊接位置的代号

代号	焊接位置	代号	焊接位置
F	平焊	V	立焊
H	横焊	O	仰焊

6）焊接接头坡口标注应符合图 4-2 的规定。

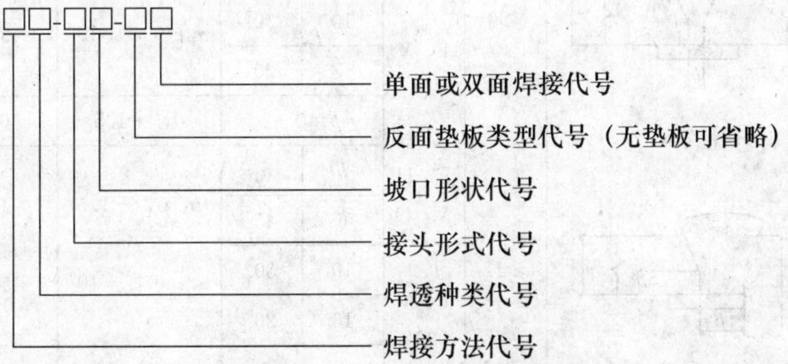

图 4-2 焊接接头坡口标注

手工电弧焊、全焊透、对焊、Ⅰ形坡口、背面加钢衬垫的单面焊接接头以 MC-BI-BSI 表示。

（2）焊条手工电弧焊全焊透坡口形状和尺寸应符合表 4-8 的规定。

表 4-8　焊条手工电弧焊全焊透坡口形状和尺寸

序号	标　记	坡口形状示意图	板厚（mm）	焊接位置	坡口尺寸（mm）	允许偏差（mm）		备注
						施工图	实际装配	
1	MC-BI-2 MC-TI-2 MC-CI-2	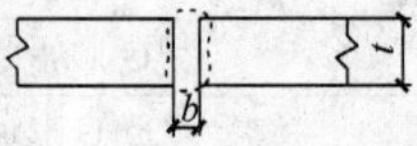 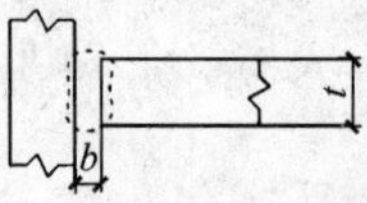 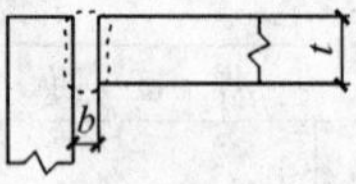	3～6	F H V O	$b=\frac{t}{2}$	0，+1.5	−3，+1.5	清根
2	MC-BI-B1 MC-CI-B1	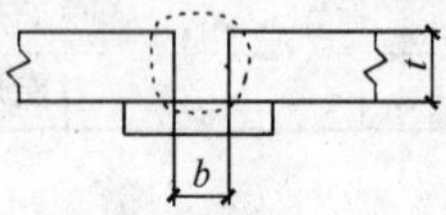 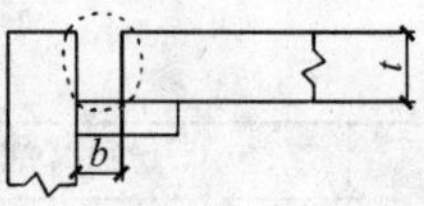	3～6	F H V O	$b=t$	0，+1.5	−1.5，+6	
3	MC-BV-2 MC-CV-2	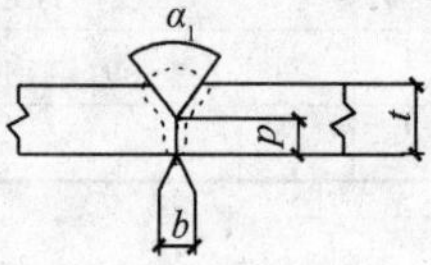 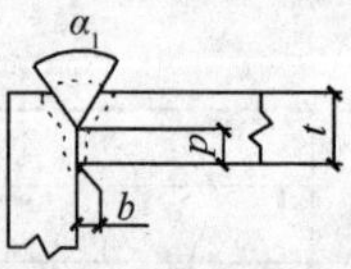	≥6	F H V O	$b=0\sim3$ $p=0\sim3$ $\alpha_1=60°$	0，+1.5 0，+1.5 0°，+10°	−3，+1.5 不限制 −5°，+10°	清根
4	MC-BV-B1	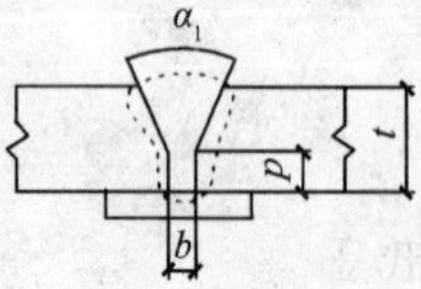	≥6	F，H V，O F，V O	b　α_1 6　45° 10　30° 13　20°	b：0，+1.5 α_1：0°，+10°	−1.5，+6 −5°，+10°	
					$p=0\sim2$	0，+1.5	0，+2	
	MC-CV-B1	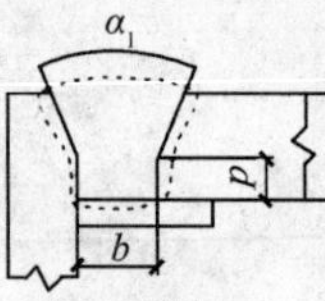	≥12	F，H V，O F，V O	b　α_1 6　45° 10　30° 13　20°	b：0，+1.5 α_1：0°，+10°	−1.5，+6 −5°，+10°	
					$p=0\sim2$	0，+1.5	0，+2	

续表

序号	标　记	坡口形状示意图	板厚（mm）	焊接位置	坡口尺寸（mm）	允许偏差（mm） 施工图	允许偏差（mm） 实际装配	备注
5	MC-BL-2	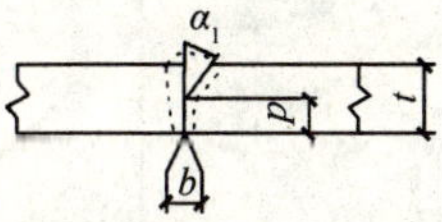	≥6	F H V O	b=0～3	0，+1.5	−3，+1.5	清根
	MC-TL-2	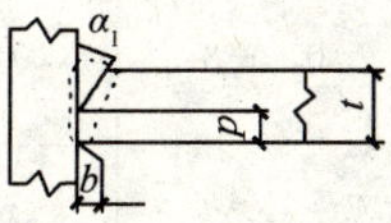			p=0～3	0，+1.5	0，+2	
	MC-CL-2	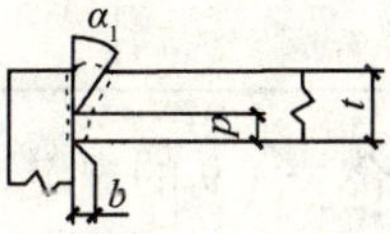			α_1=45°	0°，+10°	−5°，+10°	
6	MC-BL-B1	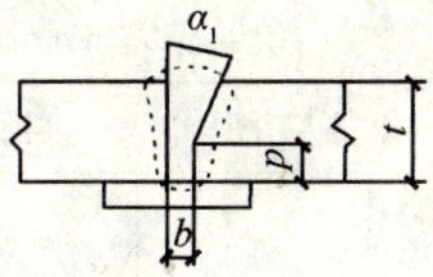	≥6	F H V O	b ／ α_1			
	MC-TL-B1	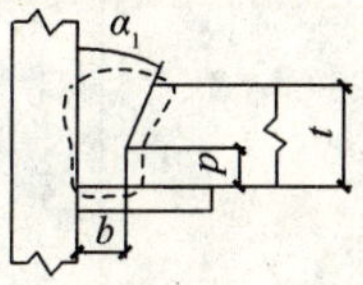		F，H V，O （F， V，O）	6 ／ 45° （10） ／ （30°）	b：0，+1.5 α_1：0°，+10° p：0，+1.5	−1.5，+6 −5°，+10° 0，+2	
	MC-CL-B1	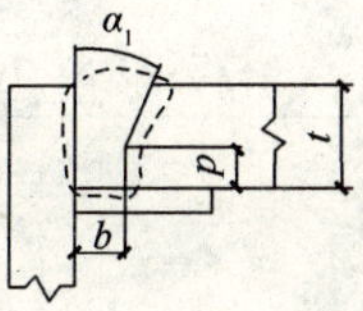		F，H V，O （F， V，O）	p=0～2			
7	MC-BX-2	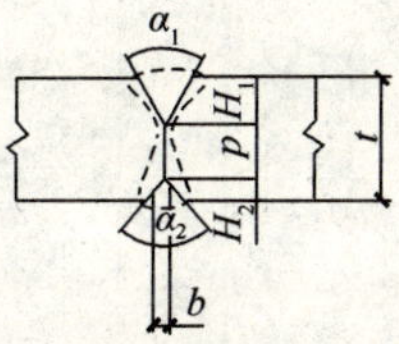	≥16	F H V O	b=0～3 $H_1=\frac{2}{3}(t-p)$ p=0～3 $H_2=\frac{1}{3}(t-p)$ α_1=60° α_2=60°	0，+1.5 0，+3 0，+1.5 0，+3 0°，+10° 0°，+10°	−3，+1.5 0，+3 0，+2 0，+3 −5°，+10° −5°，+10°	清根

续表

序号	标　记	坡口形状示意图	板厚（mm）	焊接位置	坡口尺寸（mm）	允许偏差（mm）		备注
						施工图	实际装配	
8	MC-BK-2	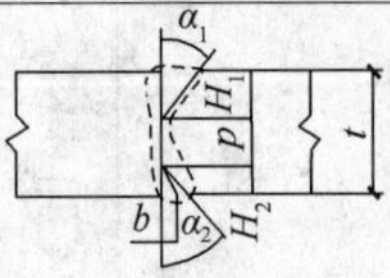	≥16	F H V O	$b=0\sim3$ $H_1=\frac{2}{3}(t-p)$ $p=0\sim3$ $H_2=\frac{1}{3}(t-p)$ $\alpha_1=45°$ $\alpha_2=60°$	0，+1.5 0，+3 0，+1.5 0，+3 0°，+10° 0°，+10°	−3，+1.5 0，+3 0，+2 0，+3 −5°，+10° −5°，+10°	清根
	MC-TK-2	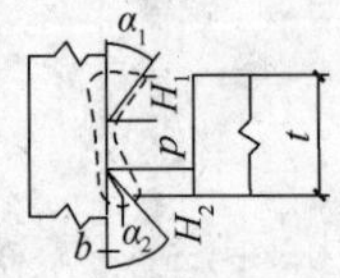						
	MC-CK-2	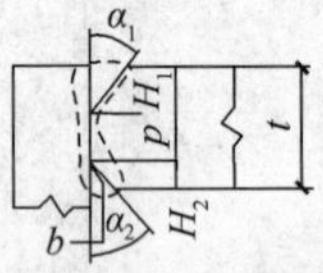						

(3) 气体保炉焊、自保护焊全焊透坡口形状和尺寸应符合表 4-9 的规定。

表 4-9　气体保护焊、自保护焊全焊透坡口形状和尺寸

序号	标　记	坡口形状示意图	板厚（mm）	焊接位置	坡口尺寸（mm）	允许偏差（mm）		备注
						施工图	实际装配	
1	GC-BI-2	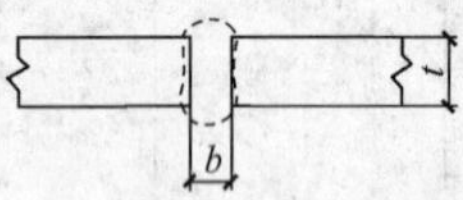	3～8	F H V O	$b=0\sim3$	0，+1.5	−3，+1.5	清根
	GC-TI-2	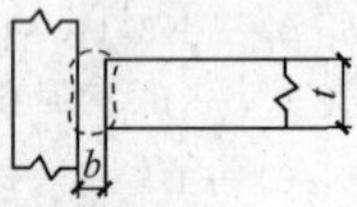						
	GC-CI-2	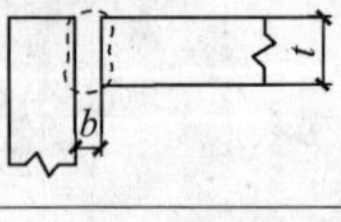						
2	GC-BI-B1	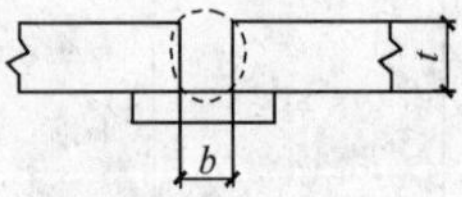	6～10	F H V O	$b=t$	0，+1.5	−1.5，+6	
	GC-CI-B1	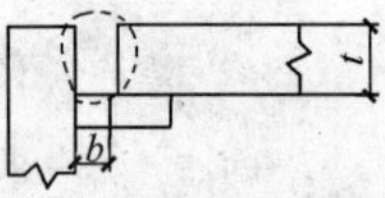						
3	GC-BV-2	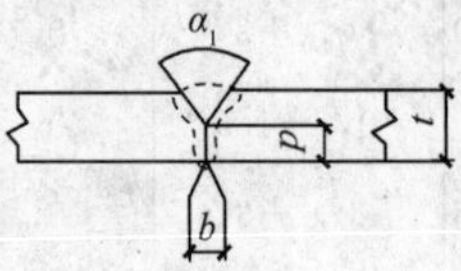	≥6	F H V O	$b=0\sim3$ $p=0\sim3$ $\alpha_1=60°$	0，+1.5 0，+1.5 0°，+10°	−3，+1.5 0，+2 −5°，+10°	清根
	GC-CV-2	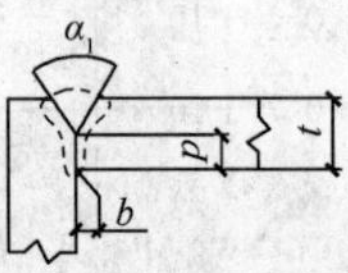						

续表

序号	标 记	坡口形状示意图	板厚（mm）	焊接位置	坡口尺寸（mm）	允许偏差（mm）		备注
						施工图	实际装配	
4	GC-BV-B1	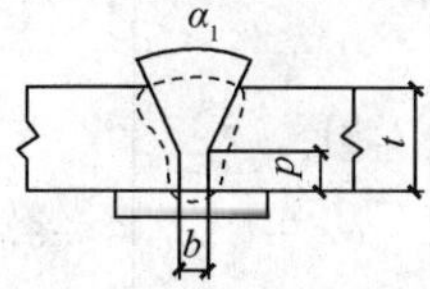	≥6	F V O	b 6, α_1 45° b 10, α_1 30° p=0～2	b：0，+1.5 α_1：0°，+10° p：0，+1.5	1.5，+6 −5°，+10° 0，+2	
	GC-CV-B1	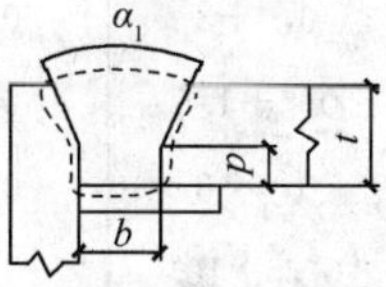	≥12					
5	GC-BL-2	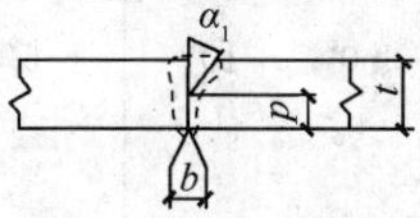	≥6	F H V O	b=0～3	0，+1.5	−3，+1.5	清根
	GC-TL-2	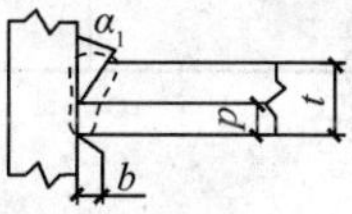			p=0～3	0，+1.5	不限制	
	GC-CL-2	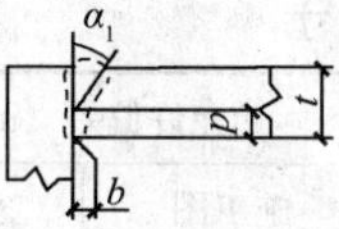			α_1=45°	0°，+10°	−5°，+10°	
6	GC-BL-B1	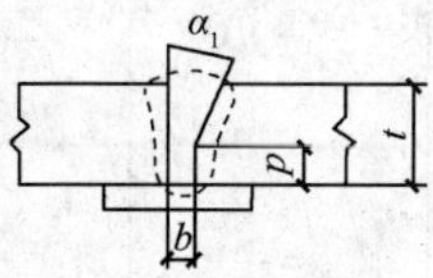	≥6	F，H V，O (F)	b 6, α_1 45° (10)，(30°) p=0～2	b：0，+1.5 α_1：0°，+10° p：0，+1.5	−1.5，+6 −5°，+10° 0，+2	
	GC-TL-B1	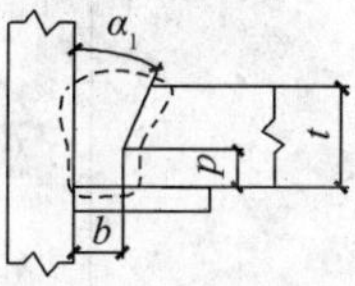						
	GC-CL-B1	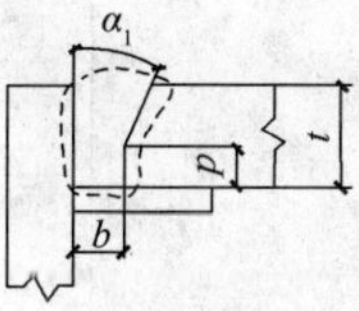						
7	GC-BX-2	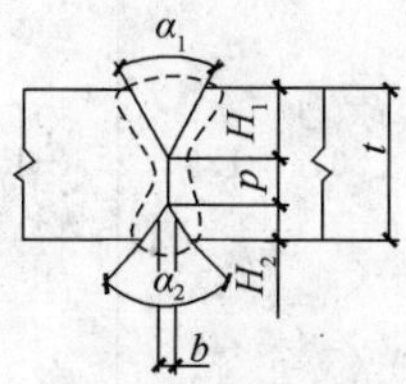	≥16	F H V O	b=0～3 $H_1=\frac{2}{3}(t-p)$ p=0～3 $H_2=\frac{1}{3}(t-p)$ α_1=60° α_2=60°	0，+1.5 0，+3 0，+1.5 0，+3 0°，+10° 0°，+10°	−3，+1.5 0，+3 0，+2 0，+3 −5°，+10° −5°，+10°	清根

续表

序号	标 记	坡口形状示意图	板厚（mm）	焊接位置	坡口尺寸（mm）	允许偏差（mm）施工图	允许偏差（mm）实际装配	备注
8	GC-BK-2	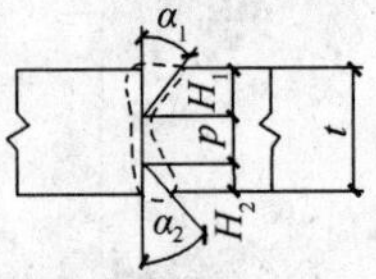	≥16	F H V O	$b=0\sim3$ $H_1=\frac{2}{3}(t-p)$ $p=0\sim3$ $H_2=\frac{1}{3}(t-p)$ $\alpha_1=45°$ $\alpha_2=60°$	0，+1.5 0，+3 0，+1.5 0，+3 0°，+10° 0°，+10°	−3，+1.5 0，+3 0，+2 0，+3 −5°，+10° −5°，+10°	清根
	GC-TK-2	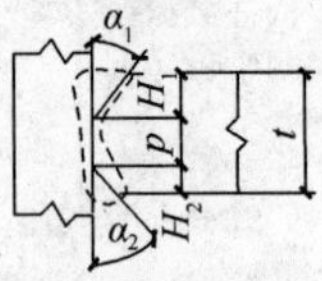						
	GC-CK-2	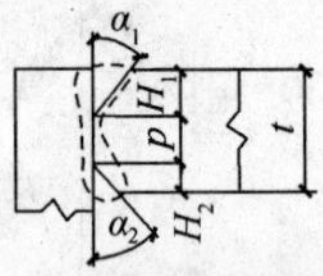						

（4）埋弧焊全焊透坡口形状和尺寸应符合表 4-10 的规定。

表 4-10　埋弧焊全焊透坡口形状和尺寸

序号	标 记	坡口形状示意图	板厚（mm）	焊接位置	坡口尺寸（mm）	允许偏差（mm）施工图	允许偏差（mm）实际装配	备注
1	SC-BI-2	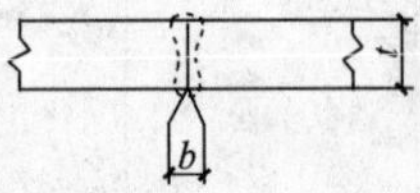	6～12	F	$b=0$	±0	0，+1.5	清根
	SC-TI-2	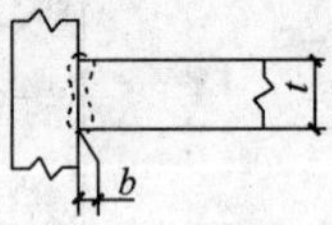	6～10	F				
	SC-CI-2	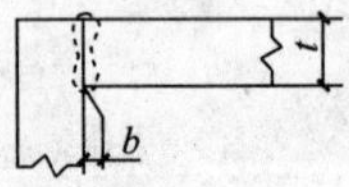						
2	SC-BI-B1	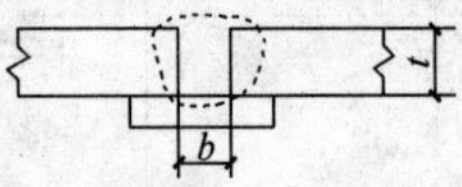	6～10	F	$b=t$	0，+1.5	−1.5，+6	
	SC-CI-B1	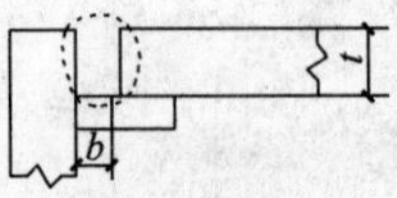						

续表

序号	标记	坡口形状示意图	板厚（mm）	焊接位置	坡口尺寸（mm）	允许偏差（mm） 施工图	实际装配	备注
3	SC-BV-2	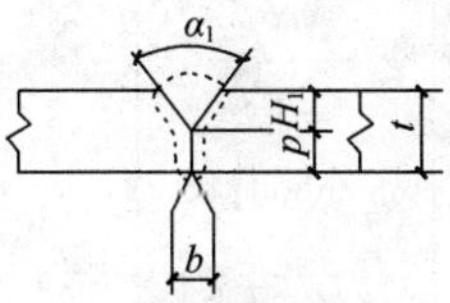	≥12	F	$b=0$ $H_1=t-p$ $p=6$ $\alpha_1=60°$	±0 －3，＋0 0°，＋10°	0，＋1.5 ±1.5 －5°，＋10°	清根
	SC-CV-2	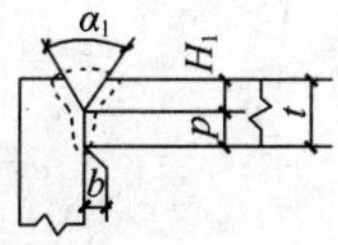	≥10	F	$b=0$ $p=6$ $\alpha_1=60°$	±0 －3，＋0 0°，＋10°	0，＋1.5 ±1.5 －5°，＋10°	清根
4	SC-BV-B1 SC-CV-B1	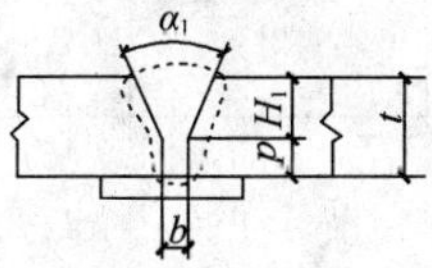 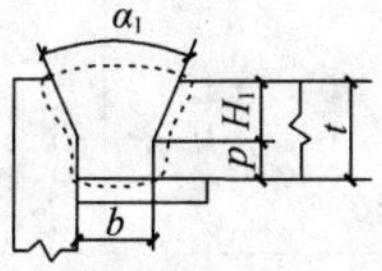	≥10	F	$b=8$ $H_1=t-p$ $p=2$ $\alpha_1=30°$	0，＋1.5 0，＋1.5 0°，＋10°	－1.5，＋6 ±1.5 －5°，＋10°	
5	SC-BL-2	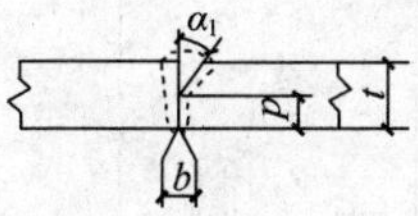	≥12	F	$b=0$ $H_1=t-p$ $p=6$ $\alpha_1=55°$	±0 －3，＋0 0°，＋10°	0，＋2 ±1.5 －5°，＋10°	清根
		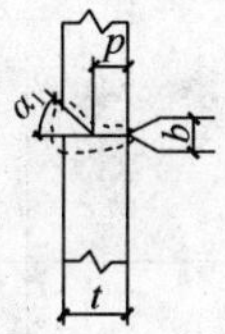	≥10	H				
	SC-TL-2	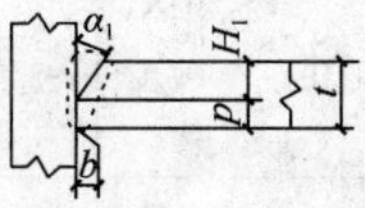	≥8	F	$b=0$ $H_1=t-p$ $p=6$ $\alpha_1=60°$	0 －3，＋0 0°，＋10°	0，＋1.5 ±1.5 －5°，＋10°	清根
	SC-CL-2	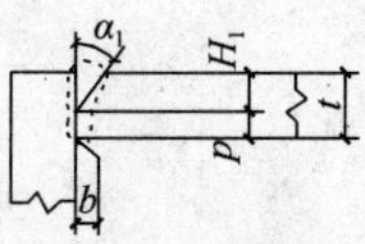	≥8	F	$b=0$ $H_1=t-p$ $p=6$ $\alpha_1=55°$	±0 －3，＋0 0°，＋10°	0，＋2 ±1.5 －5°，＋10°	

续表

序号	标记	坡口形状示意图	板厚(mm)	焊接位置	坡口尺寸(mm)	允许偏差(mm) 施工图	允许偏差(mm) 实际装配	备注
6	SC-BL-B1	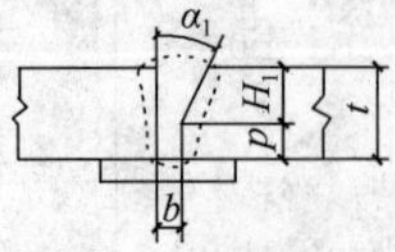	≥10	F	b: 6, 10 α_1: 45°, 30° p=2	b：0，+1.5 α_1：0°+10° −2，+1	−1.5，+6 −5°，+10° −2，+2	
	SC-TL-B1	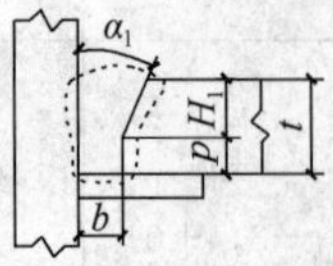						
	SC-CL-B1	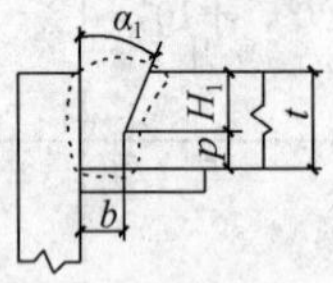						
7	SC-BX-2	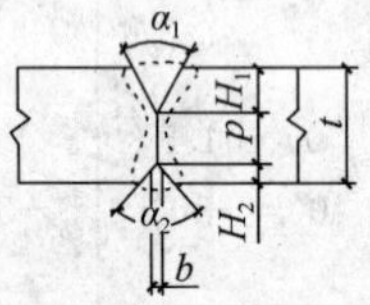	≥20	F	b=0 $H_1=\frac{2}{3}(t-p)$ p=6 $H_2=\frac{1}{3}(t-p)$ α_1=60° α_2=60°	0，+1.5 0，+6 0°，+10° 0°，+10°	0，+1.5 0，+6 −5°，+10° −5°，+10°	清根
8	SC-BK-2	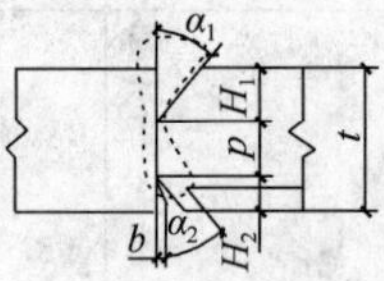	≥20	F	b=0 $H_1=\frac{2}{3}(t-p)$ p=5 $H_2=\frac{1}{3}(t-p)$ α_1=55° α_2=60°	±0 −3，+0 0°，+10° 0°，+10°	0，+1.5 −2，+3 −5°，+10° −5°，+10°	清根
		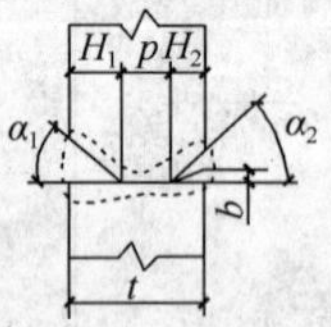	≥12	H				
	SC-TK-2	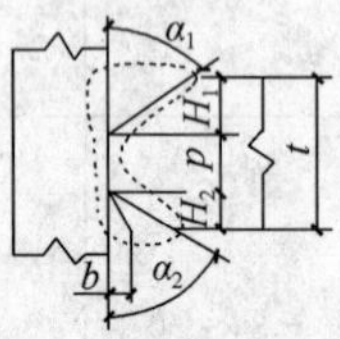	≥20	F	b=0 $H_1=\frac{2}{3}(t-p)$ p=5 $H_2=\frac{1}{3}(t-p)$ α_1=60° α_2=60°	±0 −3，+0 0°，+10° 0°，+10°	0，+1.5 ±1.5 −5°，+10° −5°，+10°	清根
	SC-CK-2	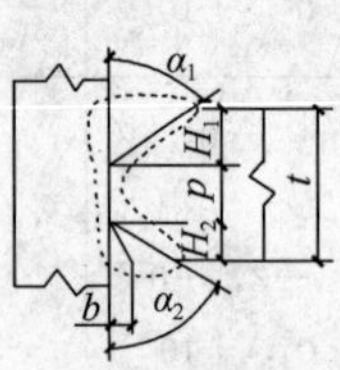	≥20	F	b=0 $H_1=\frac{2}{3}(t-p)$ p=5 $H_2=\frac{1}{3}(t-p)$ α_1=55° α_2=60°	±0 −3，+0 0°，+10° 0°，+10°	0，+1.5 −2，+2 −5°，+10° −5°，+10°	清根

（5）焊条手工电弧焊部分焊透坡口形状和尺寸应符合表 4-11 的规定。

表 4-11 焊条手工电弧焊部分焊透坡口形状和尺寸

序号	标 记	坡口形状示意图	板厚（mm）	焊接位置	坡口尺寸（mm）	允许偏差（mm）		备注
						详图	装配	
1	MP-BI-1	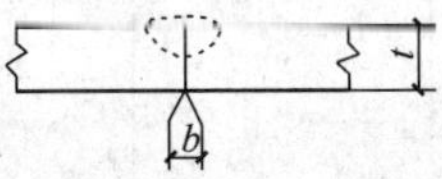	3～6	F H V O	$b=0$	0，+1.5	0，+1.5	
	MP-CI-1	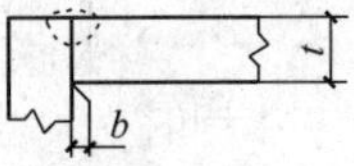						
2	MP-BI-2	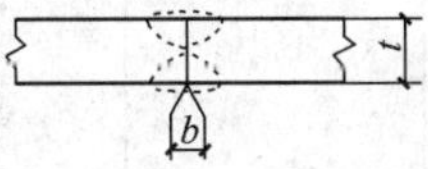	3～6	F H V O	$b=0$	0，+1.5	0，+1.5	
	MP-CI-2	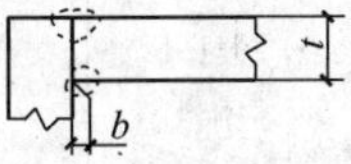	6～10	F H V O	$b=0$	0，+1.5	0，+3	
3	MP-BV-1	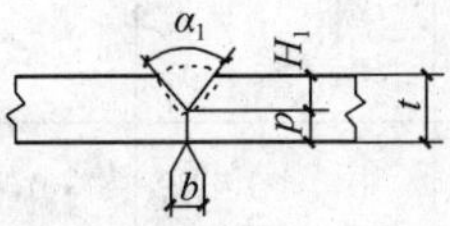	≥6	F H V O	$b=0$ $H_1 \geqslant 2\sqrt{t}$ $p=t-H_1$ $\alpha_1=60^\circ$	0，+1.5 0，+3 0°，+10°	0，+3 0，+3 −5°，+10°	
	MP-BV-2	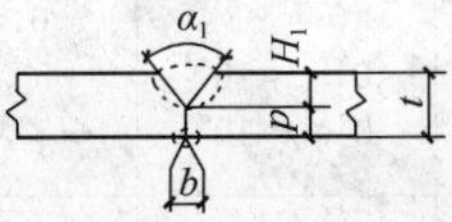						
	MP-CV-1	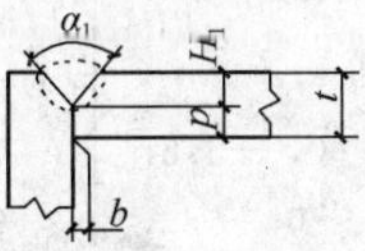						
	MP-CV-2	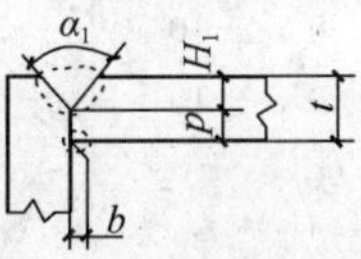						

续表

序号	标记	坡口形状示意图	板厚（mm）	焊接位置	坡口尺寸（mm）	允许偏差（mm）		备注
						详图	装配	
4	MP-BL-1 MP-BL-2 MP-CL-1 MP-CL-2	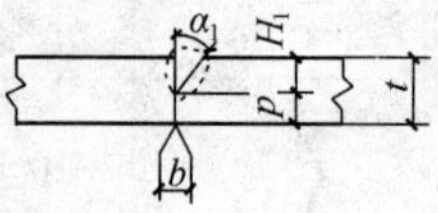 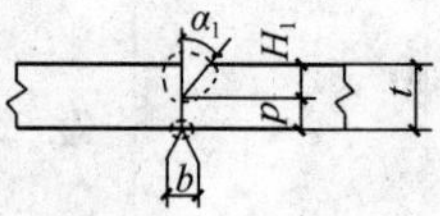 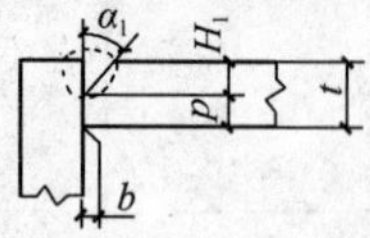 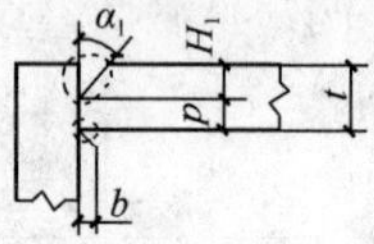	≥6	F H V O	$b=0$ $H_1\geqslant 2\sqrt{t}$ $p=t-H_1$ $\alpha_1=45°$	0，+1.5 0，+3 — 0°，+10°	0，+3 0，+3 — −5°，+10°	
5	MP-TL-1 MP-TL-2	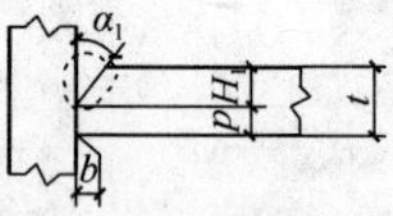 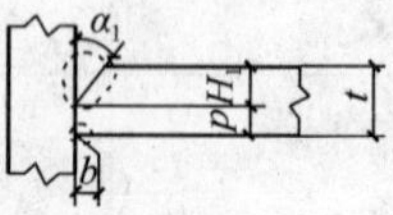	≥10	F H V O	$b=0$ $H_1\geqslant 2\sqrt{t}$ $p=t-H_1$ $\alpha_1=45°$	0，+1.5 0，+3 — 0°，+10°	0，+3 0，+3 — −5°，+10°	
6	MP-BX-2	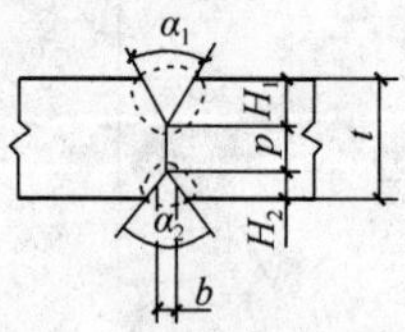	≥25	F H V O	$b=0$ $H_1\geqslant 2\sqrt{t}$ $p=t-H_1-H_2$ $H_2\geqslant 2\sqrt{t}$ $\alpha_1=60°$ $\alpha_2=60°$	0，+1.5 0，+3 — 0，+3 0°，+10° 0°，+10°	0，+3 0，+3 — 0，+3 −5°，+10° −5°，+10°	
7	MP-BK-2 MP-TK-2 MP-CK-2	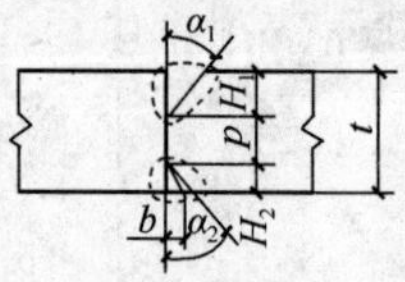 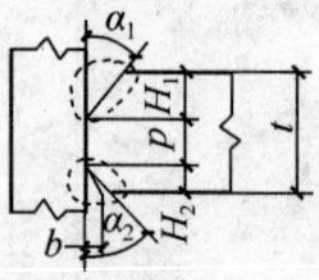 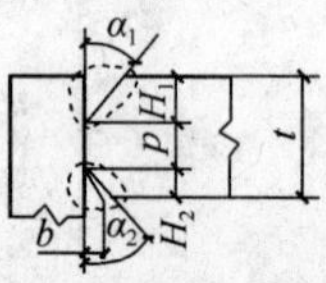	≥25	F H V O	$b=0$ $H_1\geqslant 2\sqrt{t}$ $p=t-H_1-H_2$ $H_2\geqslant 2\sqrt{t}$ $\alpha_1=45°$ $\alpha_2=45°$	0，+1.5 0，+3 0，+1.5 0，+3 0°，+10° 0°，+10°	0，+3 0，+3 0，+2 0，+3 −5°，+10° −5°，+10°	

（6）气体保护焊、自保护焊部分焊透坡口形状和尺寸应符合表 4-12 的规定。

表 4-12 气体保护焊、自保护焊部分焊透坡口形状和尺寸

序号	标记	坡口形状示意图	板厚（mm）	焊接位置	坡口尺寸（mm）	允许偏差（mm）		备注
						详图	装配	
1	GP-BI-1	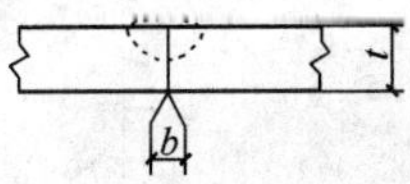	3～10	F H V O	$b=0$	0，+1.5	0，+1.5	
	GP-CI-1	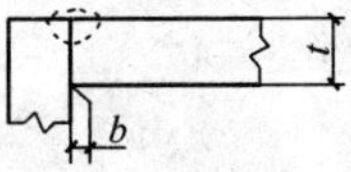						
2	GP-BI-2	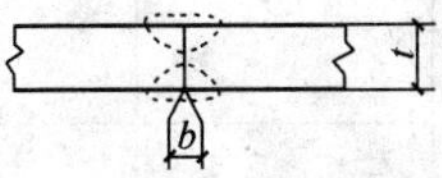	3～10	F H V O	$b=0$	0，+1.5	0，+1.5	
	GP-CI-2	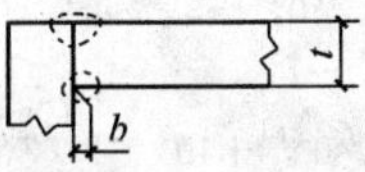	10～12					
3	GP-BV-1	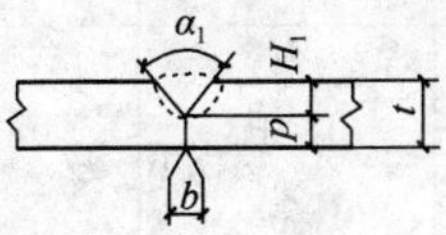	≥6	F H V O	$b=0$ $H_1\geqslant 2\sqrt{t}$ $p=t-H_1$ $\alpha_1=60°$	0，+1.5 0，+3 0°，+10°	0，+3 0，+3 -5°，+10°	
	GP-BV-2	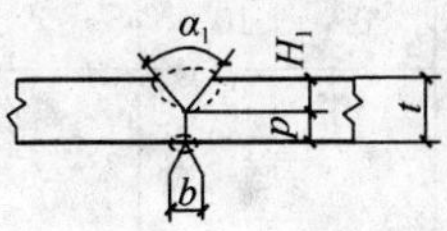						
	GP-CV-1	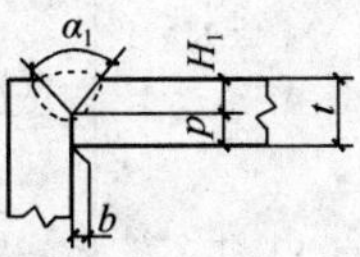						
	GP-CV-2	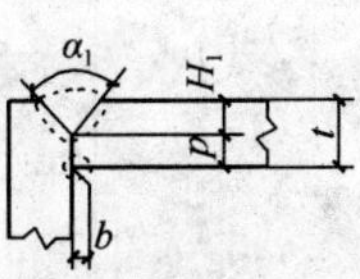						

续表

序号	标记	坡口形状示意图	板厚（mm）	焊接位置	坡口尺寸（mm）	允许偏差（mm）详图	允许偏差（mm）装配	备注
4	GP-BL-1	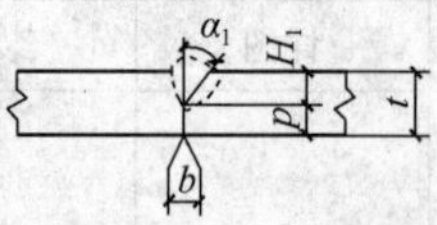	≥6	F H V O	$b=0$ $H_1\geqslant 2\sqrt{t}$ $p=t-H_1$ $\alpha_1=45°$	0，+1.5 0，+3 0°，+10°	0，+3 0，+3 −5°，+10°	
	GP-BL-2	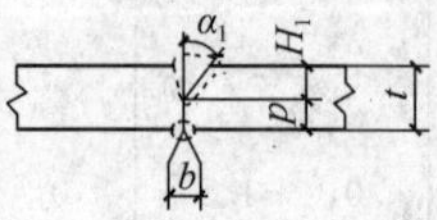						
	GP-CL-1	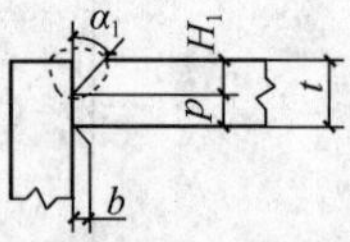	6～24					
	GP-CL-2	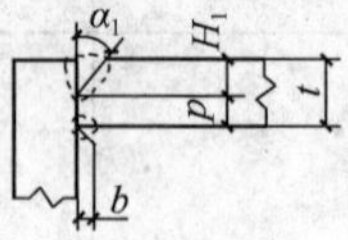						
5	GP-TL-1	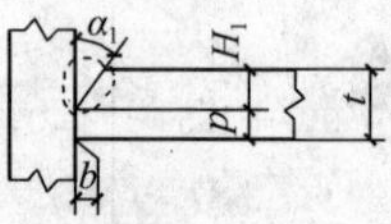	≥10	F H V O	$b=0$ $H_1\geqslant 2\sqrt{t}$ $p=t-H_1$ $\alpha_1=45°$	0，+1.5 0，+3 0°，+10°	0，+3 0，+3 −5°，+10°	
	GP-TL-2	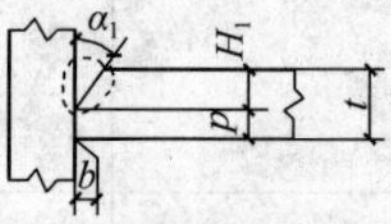						
6	GP-BX-2	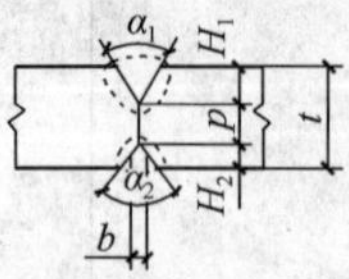	≥25	F H V O	$b=0$ $H_1\geqslant 2\sqrt{t}$ $p=t-H_1-H_2$ $H_2\geqslant 2\sqrt{t}$ $\alpha_1=60°$ $\alpha_2=60°$	0，+1.5 0，+3 0，+3 0°，+10° 0°，+10°	0，+3 0，+3 0，+3 −5°，+10° −5°，+10°	
7	GP-BK-2	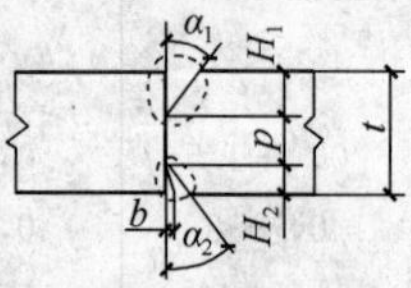	≥25	F H V O	$b=0$ $H_1\geqslant 2\sqrt{t}$ $p=t-H_1$ $H_2\geqslant 2\sqrt{t}$ $\alpha_1=45°$ $\alpha_2=45°$	0，+1.5 0，+3 0，+3 0°，+10° 0°，+10°	0，+3 0，+3 0，+3 −5°，+10° −5°，+10°	
	GP-TK-2	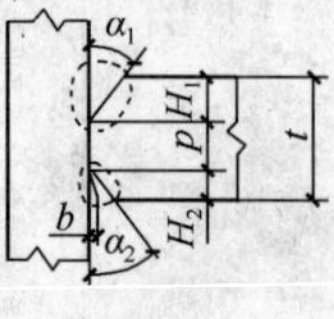						
	GP-CL-2	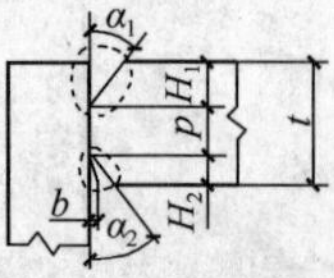						

（7）埋弧焊部分焊透坡口形状和尺寸应符合表 4-13 的规定。

表 4-13　埋弧焊部分焊透坡口形状和尺寸

序号	标　记	坡口形状示意图	板厚（mm）	焊接位置	坡口尺寸（mm）	允许偏差（mm）施工图	允许偏差（mm）安装装配	备注
1	SP-BI-1	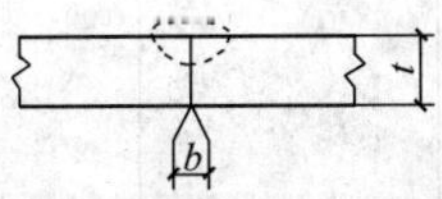	6～12	F	$b=0$	0，+1	0，+1	
	SP-CI-1	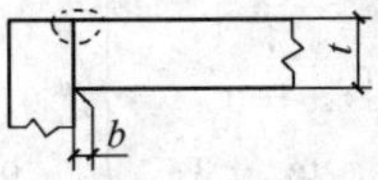						
2	SP-BI-2	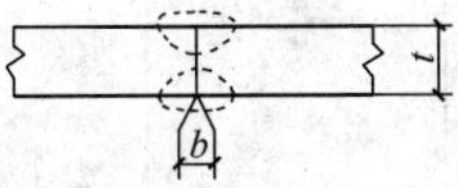	6～20	F	$b=0$	0，+1	0，+1	
	SP-CI-2	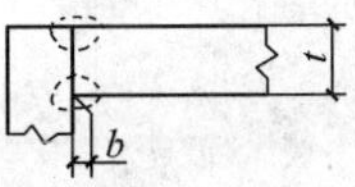						
3	SP-BV-1	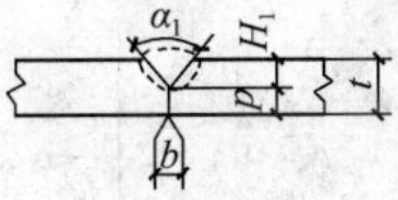	≥14	F	$b=0$ $H_1\geqslant2\sqrt{t}$ $p=t-H_1$ $\alpha_1=60°$	0，+1 0，+3 0°，+10°	0，+1.5 0，+3 −5°，+10°	
	SP-BV-2	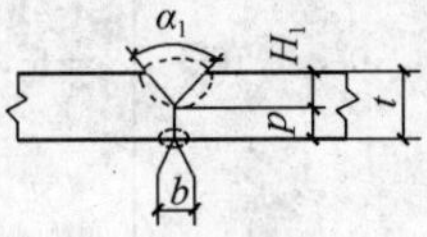						
	SP-CV-1	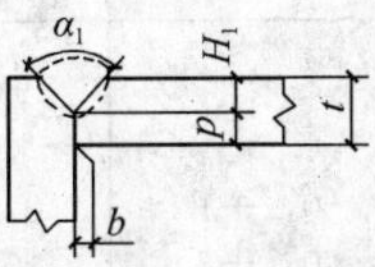						
	SP-CV-2	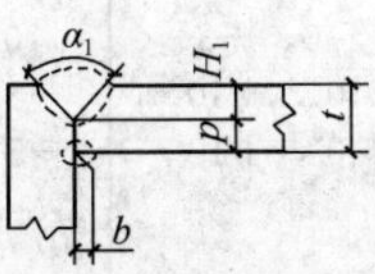						

续表

序号	标　记	坡口形状示意图	板厚 (mm)	焊接位置	坡口尺寸 (mm)	允许偏差（mm） 施工图	允许偏差（mm） 安装装配	备注
4	SP-BL-1	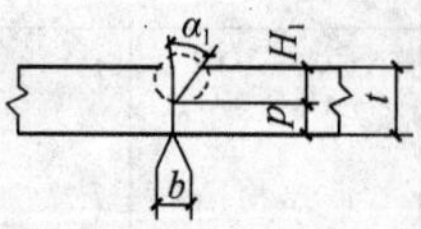	≥14	F H	$b=0$ $H_1\geqslant 2\sqrt{t}$ $p=t-H$ $\alpha_1=60°$	±0 0，+3 0°，+10°	0，+1.5 0，+3 −5°，+10°	
	SP-BL-2	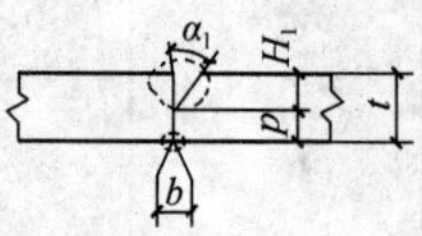						
	SP-CL-1	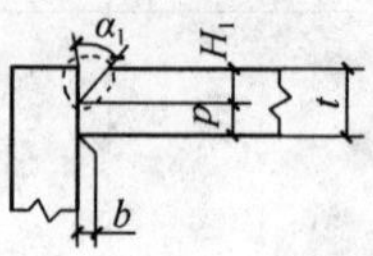						
	SP-CL-2	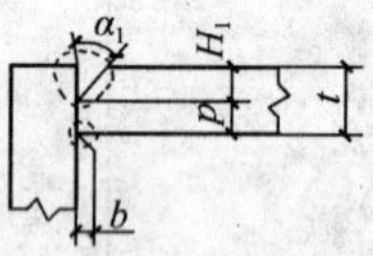						
5	SP-TL-1	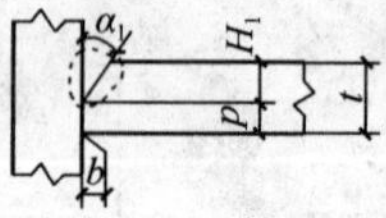	≥14	F H	$b=0$ $H_1\geqslant 2\sqrt{t}$ $p=t-H_1$ $\alpha_1=60°$	0，+1 0，+3 0°，+10°	0，+1.5 0，+3 −5°，+10°	
	SP-TL-2	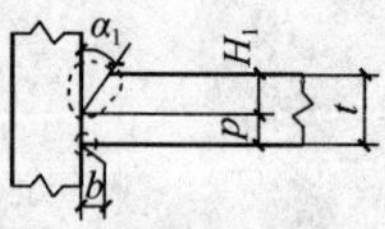						
6	SP-BX-2	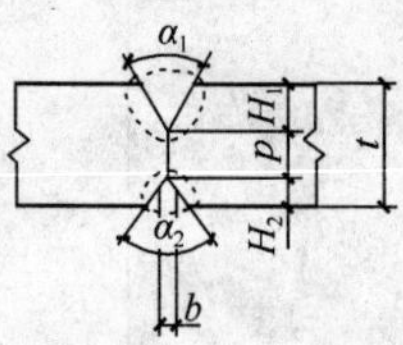	≥25	F	$b=0$ $H_1\geqslant 2\sqrt{t}$ $p=t-H_1-H_2$ $H_2\geqslant 2\sqrt{t}$ $\alpha_1=60°$ $\alpha_2=60°$	0，+1 0，+3 0，+3 0°，+10° 0°，+10°	0，+1.5 0，+3 0，+3 −5°，+10° −5°，+10°	

续表

序号	标记	坡口形状示意图	板厚（mm）	焊接位置	坡口尺寸（mm）	允许偏差（mm）		备注
						施工图	安装装配	
	SP-BK-2	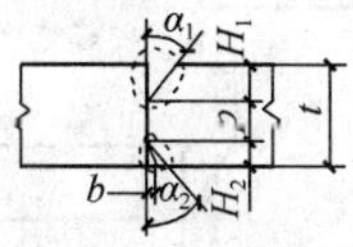						
7	SP-TK-2	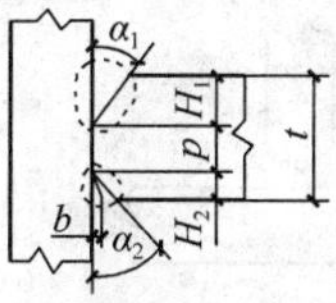	≥25	F H	$b=0$ $H_1\geqslant2\sqrt{t}$ $p=t-H_1-H_2$ $H_2\geqslant2\sqrt{t}$ $\alpha_1=60°$ $\alpha_2=60°$	0，+1 0，+3 0，+3 0°，+10° 0°，+10°	0，+1.5 0，+3 0，+3 −5°，+10° −5°，+10°	
	SP-CK-2	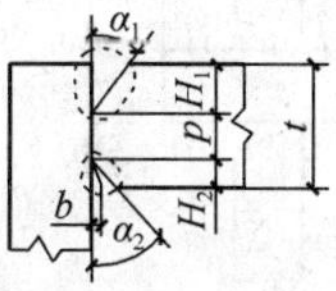						

4.2.2.3 防止板材产生层状撕裂的节点形式

在十字形、T形角接接头中，当翼缘板厚度≥20mm时，为防止翼缘板产生层状撕裂，宜采用以下节点构造设计：

（1）采用较小焊接坡口间隙及角度，如图4-3a所示，并满足焊透深度要求；

（2）在角接接头中，采用偏向侧板或对称坡口，如图4-3b所示；

（3）采用对称坡口，如图4-3c所示；

（4）在T形或角接接头中，板厚方向承受焊接拉应力的板材端头伸出接头焊缝，如图4-3d所示；

（5）在T形、十字形角接接头中采用过渡段，以对接接头代替T形、十字形接头，如图4-3e、图4-3f所示。

4.2.2.4 构件制作与工地安装焊接点形式

（1）构件制作焊接点形式应符合以下要求：

1）桁架和支撑杆件与节点板连接节点形式如图4-4所示；当杆件承受拉力时，焊缝应在搭接杆件节点板外边缘处提前终止，其间距 a 应不小于 h_f。

2）型钢与钢板搭接时其位置应符合图4-5的要求。

3）搭接接头上的角焊缝应尽量避免在同一搭接接触面上相交，如图4-6所示。

4）要求焊缝与母材等强并承受动荷载的对接接头，其纵横两方向的对接焊缝，宜采用T形交叉的形式。交叉点距离宜小于200mm，并拼接料的长度和宽度宜小于300mm，如图4-7所示。若有特殊要求，应在施工图样中注明焊缝位置；

以角焊缝作纵向连接组焊的部件，在局部荷载区宜采用一定长度的对接或角接组合焊

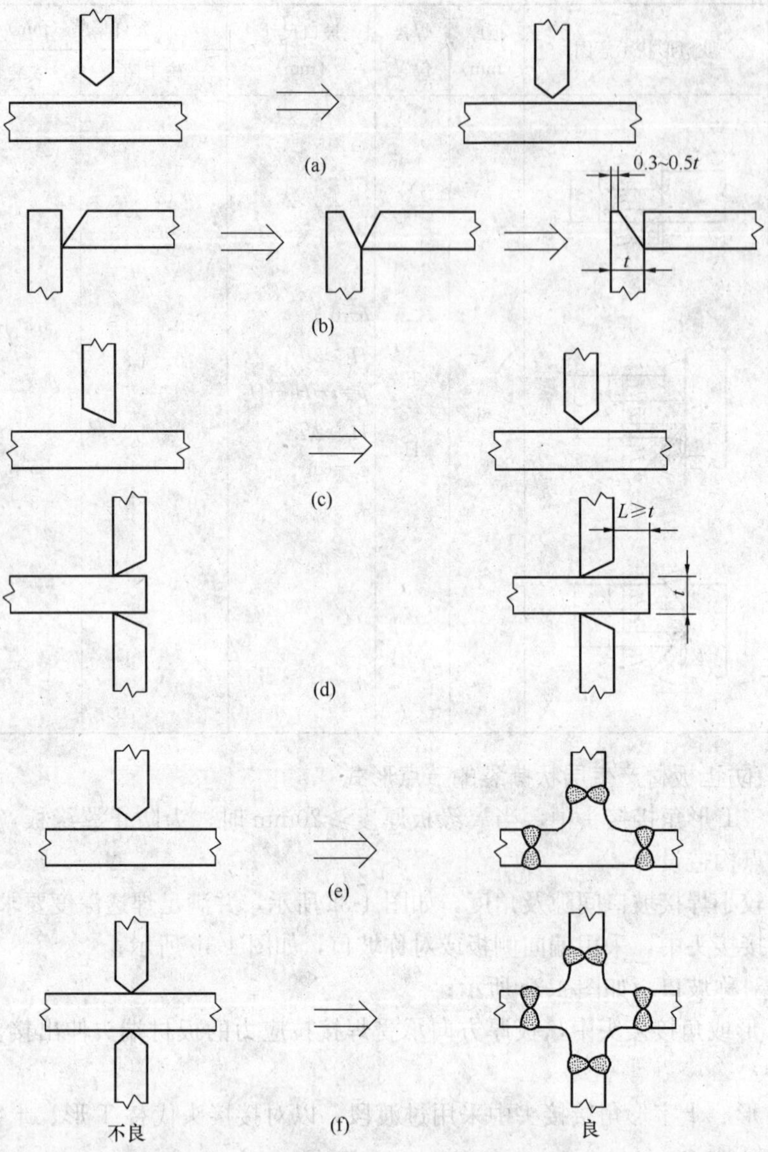

图 4-3　T 形、十字形、角接接头防止层状撕裂的节点构造设计示意

缝，在此长度外的坡口深度应平缓过渡到零，且过渡长度应不小于坡口深度的 4 倍；

5）箱形组合柱、梁的纵向角焊缝，宜采用全焊透或部分焊透的对接和角接组合焊缝，如图 4-8a 所示，要求全焊透时应垫板后单面焊，如图 4-8b 所示；

6）组合焊接 H 形柱、梁纵向连接角焊缝，当腹板厚度大于 20mm 时，可采用全焊透或部分焊透对接或角接的组合焊缝，如图 4-9 所示；

7）箱形柱与隔板的焊接接头应采用全焊透形式，如图 4-10a 所示；当无法进行焊接时，可采用熔嘴电渣焊，焊缝应对称设置，如图 4-10b 所示；

8）钢管混凝土组合柱纵向和横向焊缝应采用双面或单面全焊透形式，如图 4-11 所示；

（2）工地安装焊接节点形式应符合以下要求：

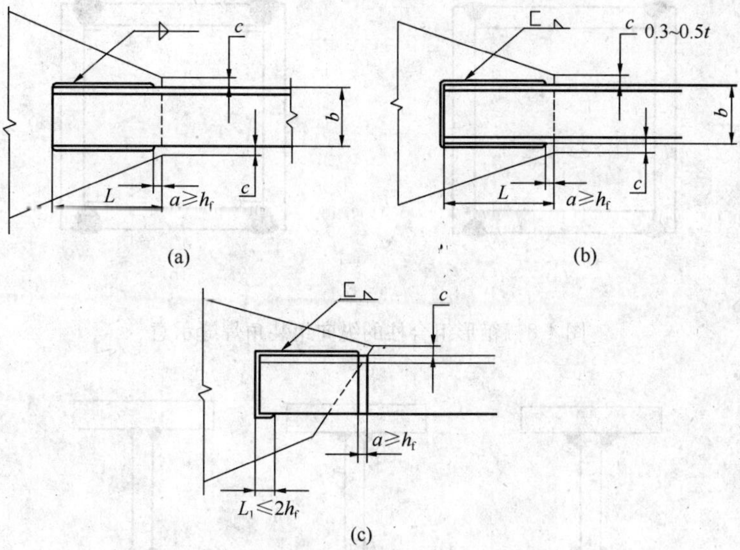

图 4-4 桁架和支撑杆件与节点板连接节点示意

（a）两面侧焊；（b）三面围焊；（c）L 形围焊

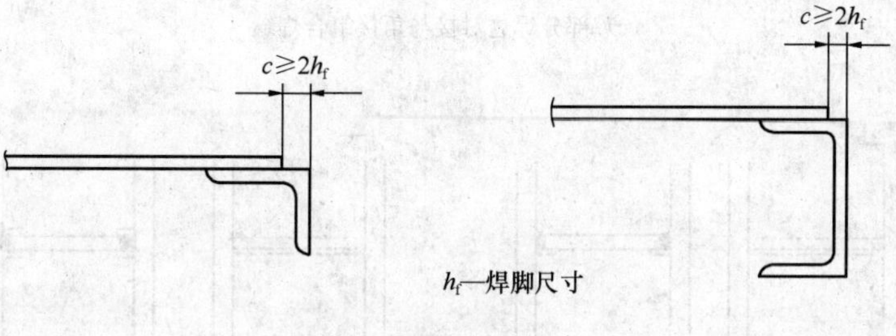

图 4-5 型钢与钢板搭接节点示意

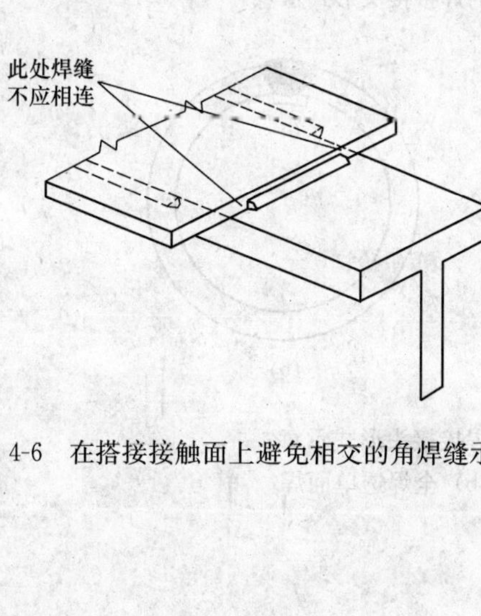

图 4-6 在搭接接触面上避免相交的角焊缝示意

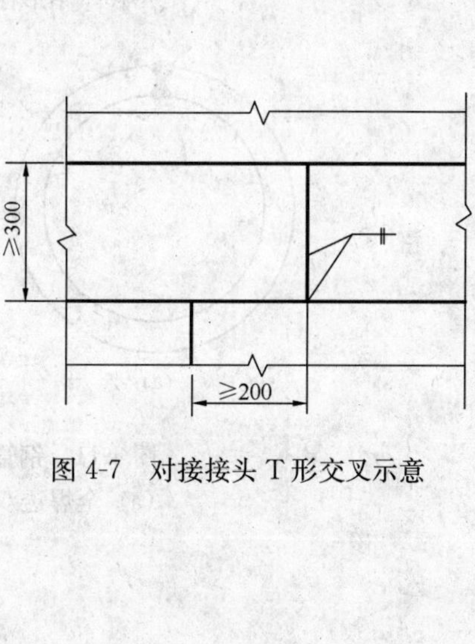

图 4-7 对接接头 T 形交叉示意

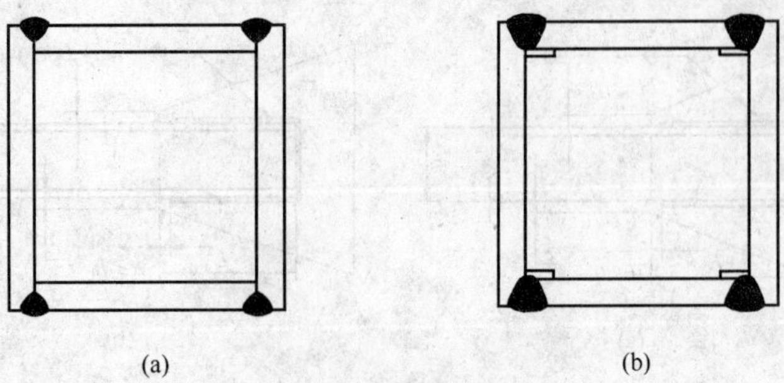

图 4-8 箱形组合柱的纵向组装角焊缝示意

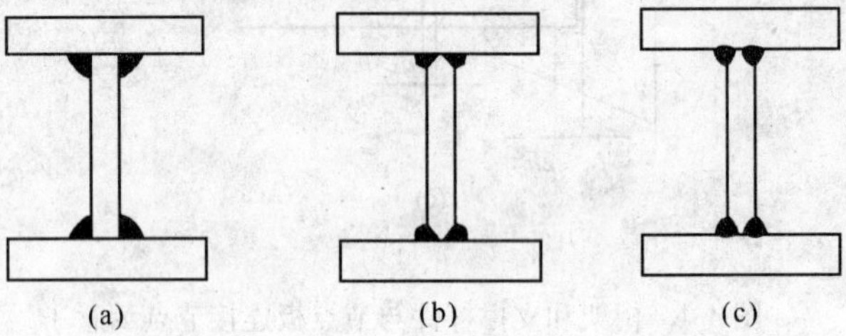

图 4-9 角焊缝、全焊透及部分焊透对接与角接组合焊缝示意

（a）角焊缝；（b）全焊透对接与角接组合焊缝；

（c）部分焊透对接与角接组合焊缝

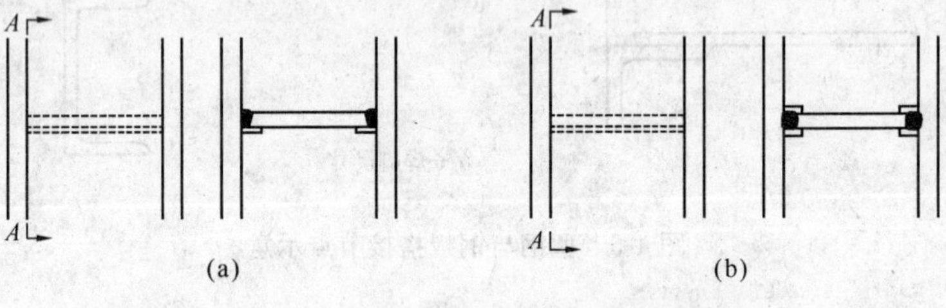

图 4-10 箱形柱与隔板的焊接接头形式示意

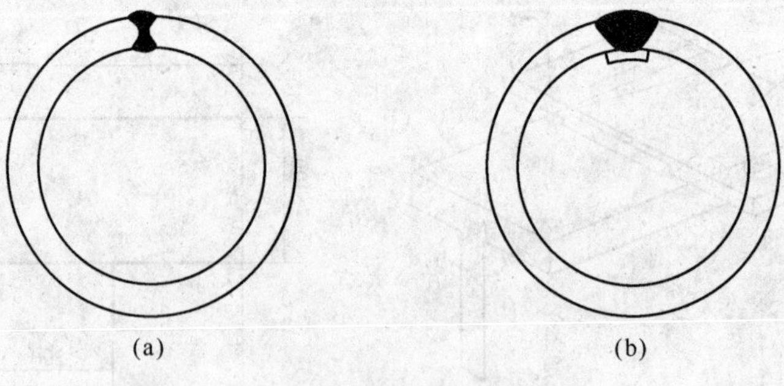

图 4-11 钢管柱纵缝焊接接头形式示意

（a）全焊透双面焊；（b）全焊透单面焊

1）H形框架柱安装拼接接头宜采用焊接和螺栓组合节点或全焊接节点，如图4-12a、图4-12b所示。采用焊接和螺栓组合节点时其腹板应采用螺栓连接，如图4-12c所示。当采用全焊节点时，翼缘板应采用单V形坡口加垫板全焊透焊缝，而腹板宜采用K形坡口双面部分焊透焊缝，反面不必清根；当设计要求腹板全焊透时，在腹板厚度不大于20mm时，宜采用单V形坡口加垫板焊接形式，当腹板厚度大于20mm时宜采用K形坡口，反面应清根，如图4-12e、图4-12d所示。

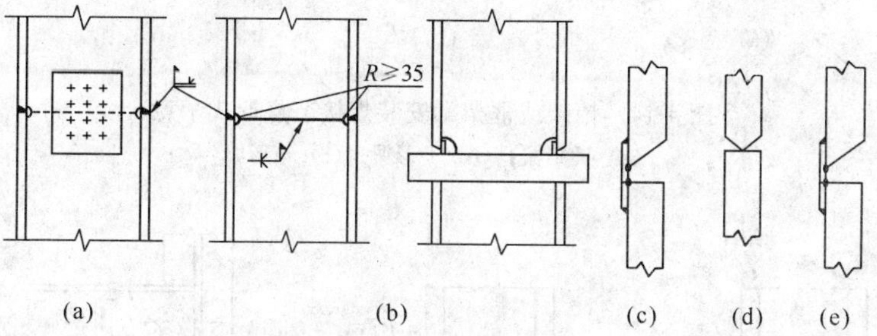

图4-12　H形框架柱安装拼接节点及坡口形式示意

（a）、（b）图中焊缝背面垫板省略

（a）栓焊组合节点；（b）全焊节点形式；（c）翼板焊接坡口；

（d）腹板K形焊接坡口；（e）腹板单V形焊接坡口

2）箱形及钢管框架柱安装拼接应采用全焊接头，并根据设计要求采用全焊透或部分焊透焊缝。当全焊透焊缝坡口形式时应采用单V形坡口加垫垫板，如图4-13所示。

3）在桁架、框架梁中，焊接组合T形、H形、箱形钢梁的安装拼接采用全焊连接时，宜采用翼缘板与腹板拼接截面错位的形式。H形及T形截面组焊型钢错开不小于200mm。翼缘板与腹板之间的纵向连接焊缝应留下段最后焊接，与翼缘板对接焊缝应不小于300mm，如图4-14所示。当腹板厚度不大于20mm时，宜根据焊接位置采用V形坡口加垫板单面焊；当大于20mm时，宜采用X形坡口反面清根双面焊；

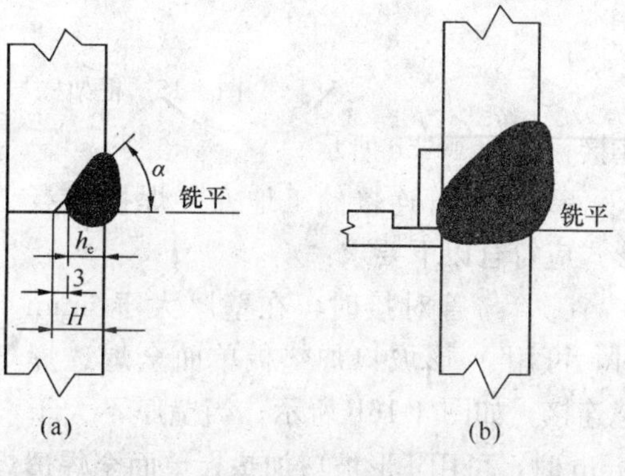

图4-13　箱形及钢管框架柱安装拼接接头坡口示意

（a）部分焊透焊缝；（b）全焊透焊缝

箱形截面构件翼缘板与腹板接口错开宜大于500mm，上、下翼缘板的焊接宜采用V形坡口加垫板单面焊。其他要求同H形截面；

4）框架梁与柱刚性连接时，应采用以下连接节点形式：

①当柱上有悬臂梁时，梁的腹板与悬臂梁腹板宜使用高强螺栓连接。梁翼缘板与悬臂梁翼缘板应用V形坡口加垫板单面全焊透焊缝连接，如图4-15a所示；当柱上无悬臂梁时，梁的腹板与柱上焊好的承剪板采用高强螺栓连接，梁翼缘板直接与柱身用单边V形坡口加垫板单面全焊透焊缝连接，如图4-15b所示；

②当梁与H形柱与轴方向刚性连接时，梁的腹板应用V形坡口加垫板单面全焊透焊缝

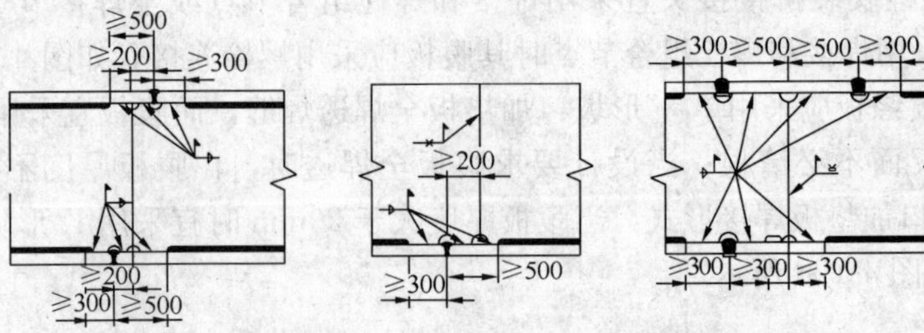

(a)　　(b)　　(c)

图 4-14　桁架或框架梁安装焊接节点形式示意

(a) H 形梁；(b) T 形梁；(c) 箱形梁

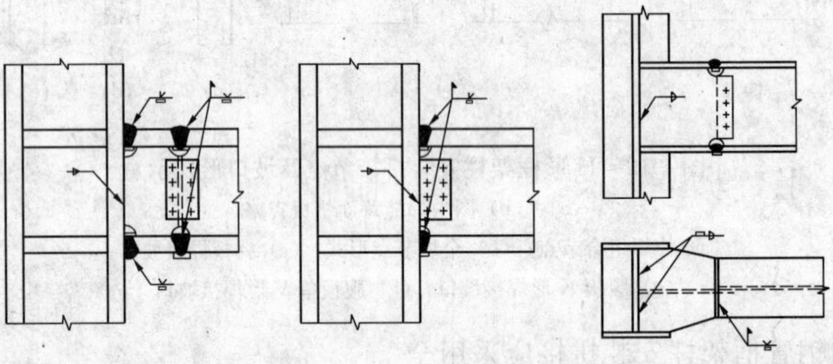

(a)　　(b)　　(c)

图 4-15　框架柱与梁刚性连接节点形式示意

连接，如图 4-15c 所示。

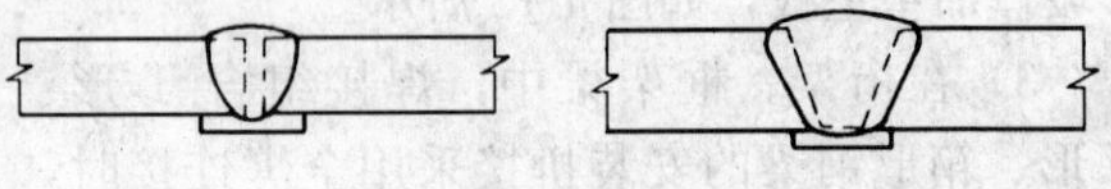

(a)　　(b)

图 4-16　管-管对接连接节点形式示意

(a) I 形坡口对接；(b) V 形坡口对接

5）管与管连接的工地安装焊接节点形式应符合以下要求：

①管与管对接时，在壁厚大于 6mm 时，可用 V 形坡口加垫板单面全焊透焊缝连接，如图 4-16b 所示；当壁厚不大于 6mm 时，可用 I 形坡口加垫板单面全焊透焊缝连接，如图 4-16a 所示；

②管与管 T、Y、K 形相贯接头应按要求在节点各区分别采用全焊透焊缝和部分焊透焊缝，其坡口尺寸与形状应符合设计要求，当设计要求采用角焊缝连接时，其坡口尺寸与形状应符合图 4-17 和图 4-18（一）、（二）的要求。

6）管材与空心球工地安装焊接节点应采用以下形式：

①钢管内插套管作为单面焊接坡口的垫板时，坡口的间隙、角度及外形要求应符合图 4-19b 的要求；

②钢管内不插套管时，宜将管端加工成 30°～60°折线形坡口，装配后根据间隙尺寸的需要进行管端二次加工，如图 4-19c 所示。当要求全焊透时应进行宏观切片检验和专项工艺评定试验以确定坡口尺寸及焊接工艺参数。

4.2.2.5　承受动载与抗震的焊接节点形式

（1）承受动载时槽焊、角焊、对接接头及塞焊应符合以下规定：

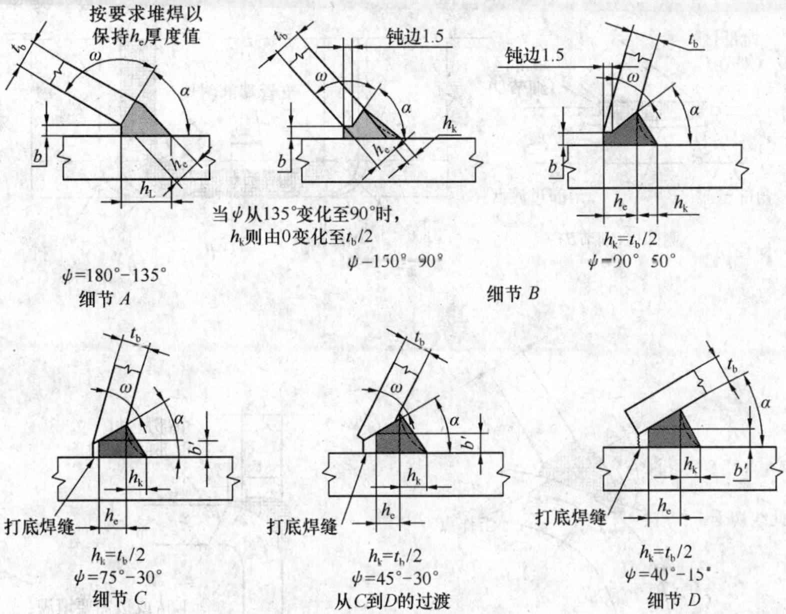

图 4-17 管材相贯接头完全焊透焊缝的各区坡口形状与尺寸示意
（焊缝为标准平直状剖面形状）

—尺寸 h_e、h_L、b、b'、ψ、ω、α 见《钢结构焊接技术规程》中表 4.3.6-1；2—最小标准平直状焊缝剖面形状如实线所示；3—可采用虚线所示的下凹状剖面形状；4—支管厚度 t_b<16mm；5—h_k：加强焊脚尺寸

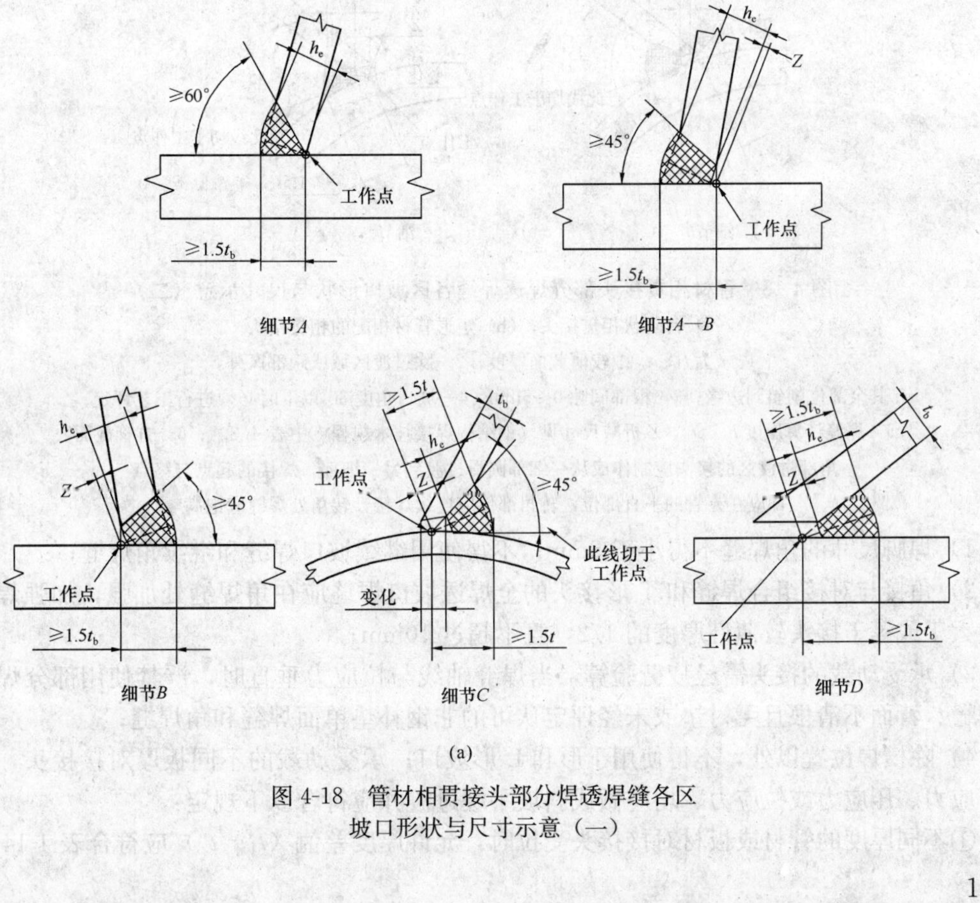

(a)

图 4-18 管材相贯接头部分焊透焊缝各区
坡口形状与尺寸示意（一）

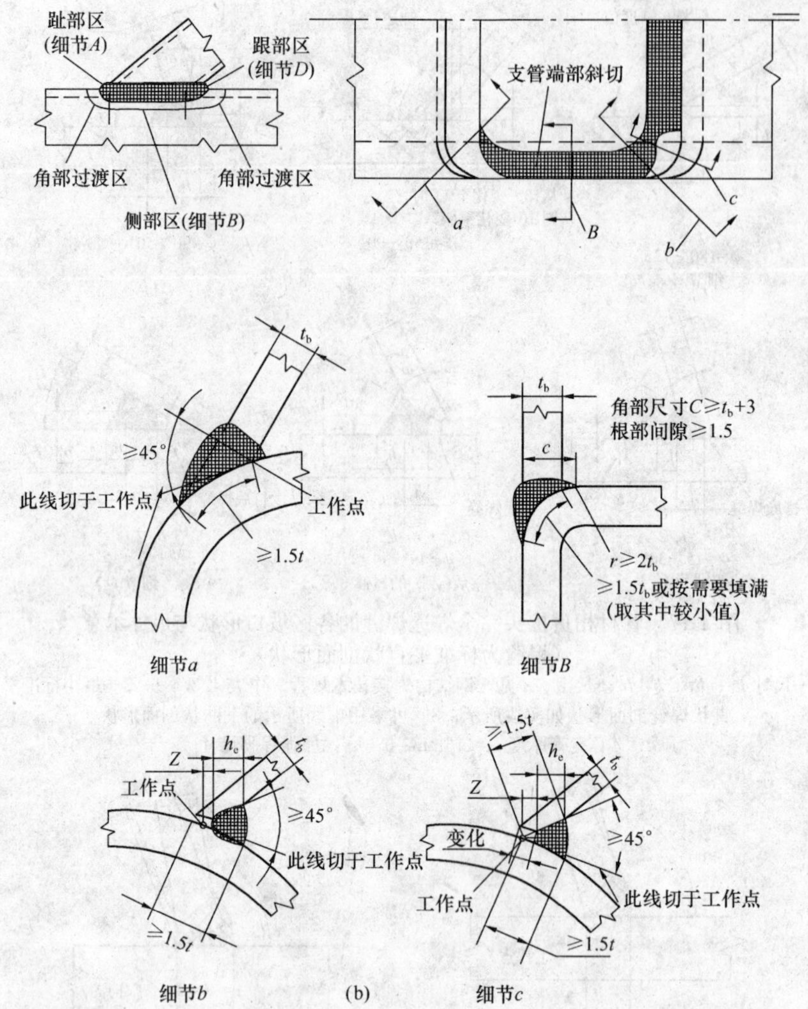

图 4-18 管材相贯接头部分焊透焊缝各区坡口形状与尺寸示意（二）

（a）台阶状相贯接头；（b）矩形管材相配的相贯接头

1—t 为 t_b、t_c 中较薄截面厚度；2—除过渡区域或跟部区外，其余部位削斜到边缘；3—根部间隙 0～5mm；4—坡口角度 30°以下时必须进行工艺评定；5—焊缝计算厚度 $h_e > t_b$，Z 折减尺寸见《钢结构焊接技术规程》中表 4.3.4；6—方管截面角部过渡区的接头应制作成从一细部圆滑过渡到另一细部，焊接的起点与终点都应在方管的平直部位，转角部位应连续焊接，转角处焊缝应饱满

1）焊脚尺寸的角焊缝不得小于 5mm；不得使用继续坡口焊缝和继续角焊缝；

2）角接与对接组合焊缝和 T 形接头的全焊透坡口焊缝应在角焊缝处加强，加强焊脚尺寸应大于或等于接头较薄件厚度的 1/2，且不超过 10mm；

3）承受动载的接头需经疲劳验算，当焊缝轴线与拉应力垂直时，严禁使用部分焊透对接焊缝、背面不清根且无衬垫或未经评定认可的非钢补垫单面焊缝和角焊缝；

4）除横焊位置以外，不得使用 J 形和 L 形坡口；承受动载的不同板厚对接接头，不论受剪应力、压应力或拉应力、均应做成斜坡平缓过渡并应符合以下规定：

①不同厚度的管材或板材对接接头受拉时，允许厚度差值（$t_1 - t_2$）应符合表 4-14 的规

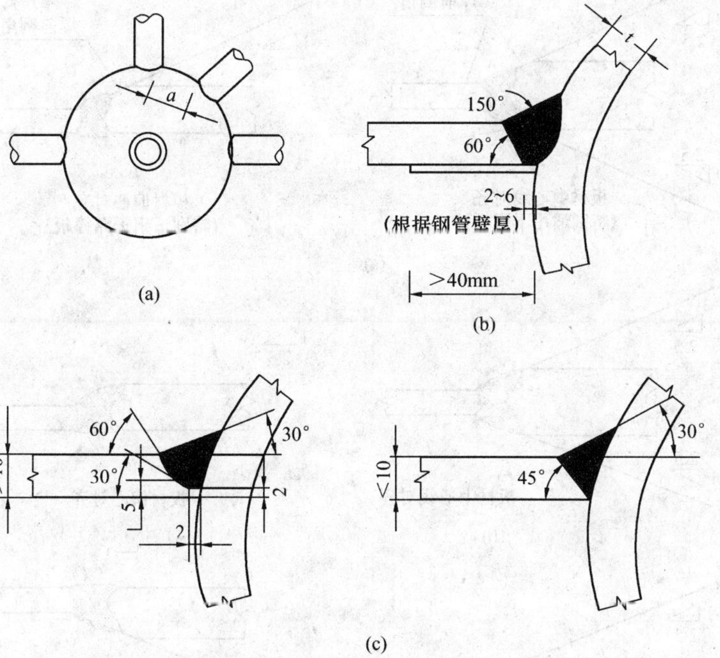

图 4-19　管-球节点形式及坡口形式与尺寸示意

(a) 空心球节点示意；(b) 加套管连接；(c) 不加套管连接

定。当超过表 4-14 的规定时，应将焊缝焊成斜坡形，其坡度最大允许值应为 1∶2.5；或将较厚板的一面或两面及管材的外壁或内壁在施焊前做成斜坡，其坡度最大允许值应为 1∶2.5，如图 4-20 所示。

表 4-14　不同厚度钢材对接的允许厚度差　(mm)

较薄钢材厚度 t_2	≥5～9	10～12	>12
允许厚度差 t_1-t_2	2	3	4

②不同厚度的板材对接时，应根据现场实际条件采用机械加工、砂轮打磨或热切割的方法使其平缓过渡，其连接处最大允许坡度值应为 1∶2.5，如图 4-20e 所示。

5) 承受动载需经疲劳验算的构件上严禁使用槽焊和塞焊；承受动载不需要进行疲劳验算的构件，采用槽焊和塞焊时，槽或孔的边缘到开孔件邻近边垂直于应力方向的净尺寸应不小于此部件厚度的 5 倍，且不小于槽或孔宽的 2 倍；构件端部搭接接头的纵向角焊缝长度应不小于两侧焊缝间的垂直距离 B，且在无槽焊、塞焊等其他措施时，距离 B 不应超过较薄件厚度 t 的 16 倍，如图 4-21 所示。

(2) 承受动载需经疲劳验算的构件，严禁使用气电立焊和电渣焊接头。

(3) 承受动载构件的组焊节点形式应符合以下要求：

1) 由多个构件组叠成构件时，应以连续焊缝沿构件纵向连接；当对称横截面的部件组合焊接时，应按构件轴线对称布置焊缝，当应力分布不对称时应作相应修正；

2) 实腹吊车梁横向加劲板与翼缘板之间的焊缝应避免与吊车梁纵向主焊缝交叉，如图 4-22 所示。

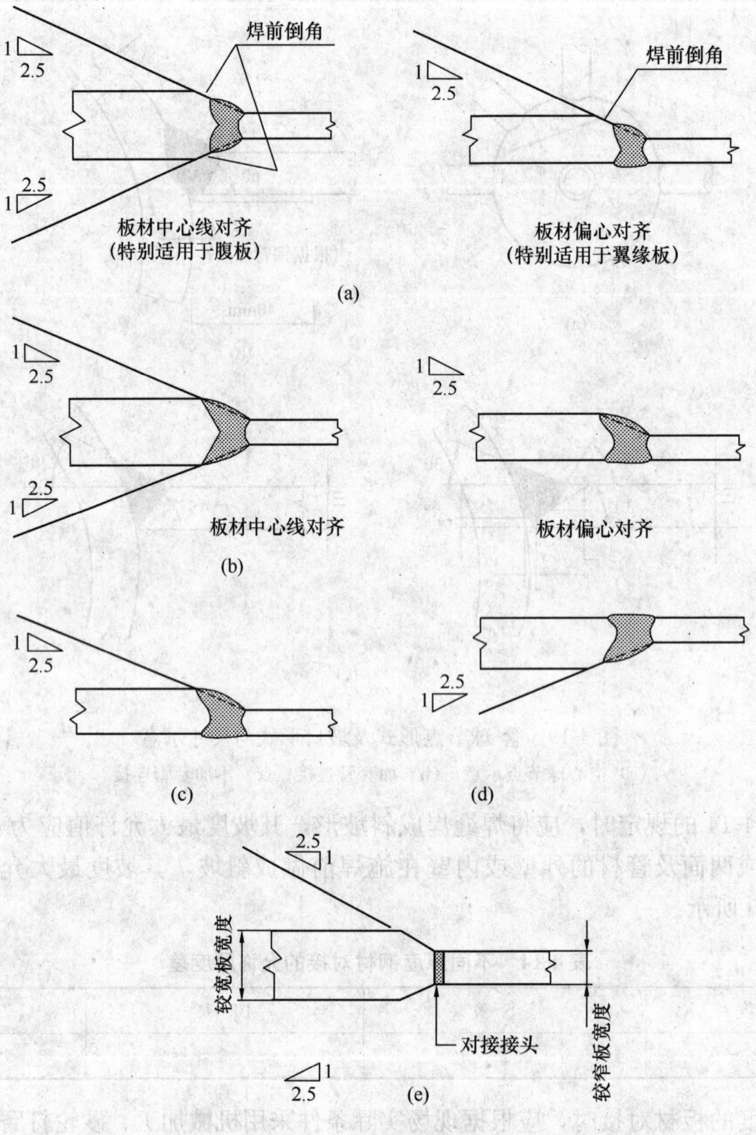

图 4-20　对接接头部件厚度、宽度不同时的平缓过渡要求示意

(a) 板材厚度不同加工成斜坡状；(b) 板材厚度不同焊成斜坡状；(c) 管材内径相同壁厚不同；(d) 管材外径相同壁厚不同；(e) 板材宽度不同

3）承受动载需经疲劳验算的桁架，其腹杆和弦杆与节点板的搭接焊缝应采用围焊，各杆件焊缝之间应不小于 50mm。节点板局部尺寸如图 4-23 所示。

4）抗震结构框架梁与柱的刚性连接节点焊接，应符合以下要求：

①梁的下翼缘板与柱之间宜采用 J 形坡口单面全焊透焊缝，且在反面清根封底焊成平缓过渡形；当采用 L 形坡口加垫板单面全焊透焊缝时，焊完后应切除全部长度的垫板及引弧板、引出板，打磨清除夹渣或未熔合等缺陷再焊成平缓过渡形。

②引出板、引弧板、垫板切除时，应沿梁与柱交接拐角处切割成圆弧过渡形，且表面不得有深沟和伤及母材；引出板、引弧板及垫板的固定焊缝不应在焊缝以外的母材上焊接定位焊缝，应焊在接头焊接坡口内和垫板上，如图 4-24 所示。

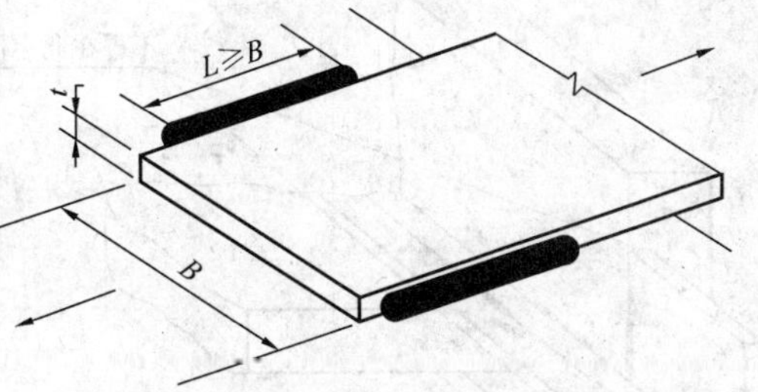

图 4-21 承受动载不需进行疲劳验算时构件端部纵向角焊缝长度及距离要求示意

B—应不大于 16t（中间有塞焊焊缝或槽焊焊缝时除外）

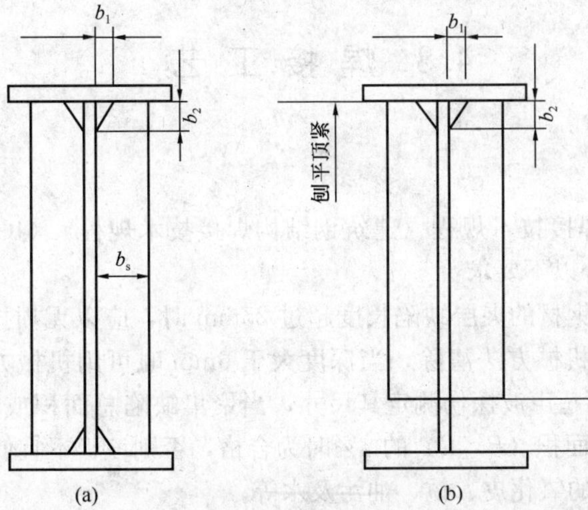

图 4-22 实腹吊车梁横向加劲肋板连接构造示意

$b_1 \approx \frac{b_s}{3}$且≤40mm；$b_2 \approx \frac{b_s}{2}$且≤60mm。

（a）支座加劲肋；（b）中间加劲肋

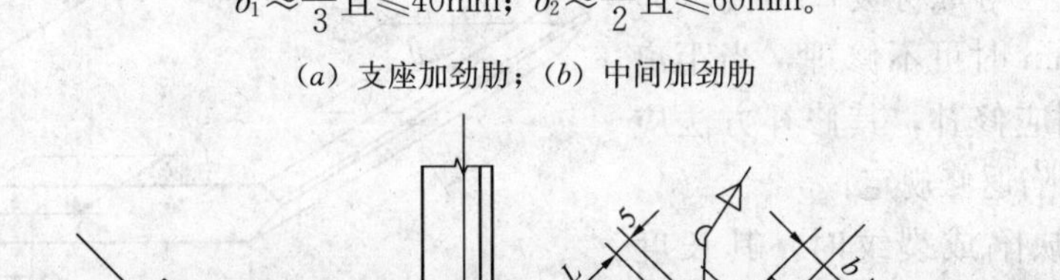

图 4-23 桁架弦杆、腹杆与节点板连接形式示意

$L>b$；$c \geqslant 2h_f$

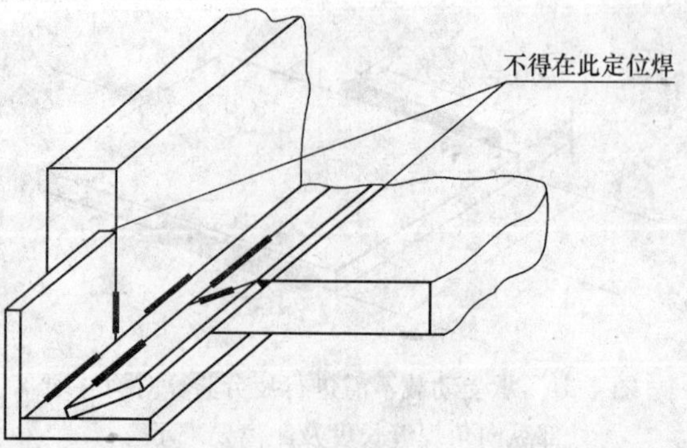

图 4-24　引弧板、引出板和垫板的固定焊缝位置示意

4.3 焊接工艺

4.3.1 一般规定

（1）钢材除应符合焊接技术规程《建筑钢结构焊接技术规程》（JGJ81—2002）第三章的相应规定外，尚应符合以下要求：

1）焊接坡口边缘上钢材的夹层缺陷长度超过 25mm 时，应以无损探伤检测其深度，当深度不大于 6mm 时可用机械方法清除，当深度大于 6mm 时可用机械方法清除后焊满，如深度大于 25mm，应采用超声波探伤测定其尺寸，当聚集缺陷总面积或单个缺陷面积（$a\times d$）不超过被切割钢材总面积（$B\times L$）的 4%时为合格，否则该板不宜使用；

2）清除施焊处表面的氧化皮、锈、油污及水等；

3）钢材内部的夹层缺陷，其尺寸不超过 2）款规定且与母材坡口距离（b）大于或等于 25mm 时可不修理，当距离小于 25mm 时则应修补，其修补方法应符合熔化焊缝缺陷返修规定；

4）当夹层缺陷成裂纹时，其长度（a）和深度（d）不大于 50mm 时可按 4.3.3 中（11）款的规定修补，如裂纹深度大于 50mm 或累计长度大于板宽的 20%时，该板不宜使用。如图 4-25 所示。

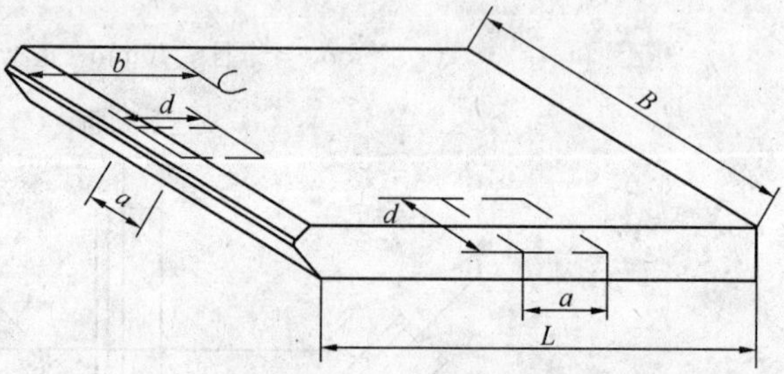

图 4-25　夹层缺陷示意

（2）焊接材料除应符合焊接技术规程《建筑钢结构焊接技术规程》（JGJ81—2002）第三章的规定外，尚应符合以下规定：

1）焊丝、焊剂、熔嘴及焊条应储存在干燥、通风环境中并由专人保管；

2）熔嘴、焊剂、焊条和药芯焊丝在使用前，应按说明书及相关规定烘干；低氢型焊条烘干温度应为 350～380℃，保温时间应为 1.5～2h，并应缓冷至 110～120℃在保温箱内存放，使用时应放入保温筒中，当低氢焊条在大气中的时间超过 4h 时应重新烘干；但重复烘干不宜超过 2 次；受潮的焊条不应使用；

3）实芯焊丝和熔嘴导管应无锈蚀、油污，镀铜层应完好；

4）焊钉的力学性能和外观质量、焊接瓷环尺寸应符合《电弧螺柱焊用圆柱头焊钉》（GB/T 10433）的规定，并应由厂家提供焊钉性能检测报告及焊接端的鉴定文件，焊钉应在防潮环境下保存；施焊前应清除焊钉及母材表面的氧化皮、锈、水泥灰渣油污、漆、水等杂质，受潮的焊接瓷环应经 120℃烘干 2h 方可使用。

5）焊剂、焊条烘干及保温装置的加热、测温、控温性能应符合使用要求；二氧化碳气体保护电弧焊的气瓶必须有预热干燥器。

（3）焊接不同类别的钢材，其焊接材料应与母材相匹配，结构钢材采用 CO_2 气体保护焊、埋弧焊或手工电弧焊时，其焊接材料应按表 4-15～表 4-17 选用。

表 4-15　常用结构钢材 $CO_2$①气体保护焊实芯焊丝的选配

钢材		焊丝型号示例	熔敷金属性能④				
牌号	等级		抗拉强度 σ_b（MPa）	屈服强度 σ_S（MPa）	延伸率 δ_5（%）	冲击功	
						T（℃）	Akv（J）
Q235	A	ER49-1②	490	372	20	常温	47
	B						
	C	ER50-6	500	420	22	−29	27
	D					−18	
Q295	A	ER49-1②	490	372	20	常温	47
	B	ER49-6 ER50-3 ER50-6	500	420	22	−18	27
Q345	A	ER49-1②	490	372	20	常温	47
	B	ER50-3	500	420	22	−20	27
	C	ER50-2	500	420	22	−29	27
	D						
	E	③		③		③	
Q390	A	ER50-3	500	420	22	−18	27
	B						
	C						
	D	ER50-2	500	420	22	−29	27
	E	③		③		③	
Q420	A	ER55-D2	550	470	17	−29	27
	B						
	C						
	D						
	E	③		③		③	
Q460	C	ER55-D2	550	470	17	−29	27
	D						
	E	③		③		③	

①含 Ar-CO_2 混合气体保护焊；

②用于一般结构，其他用于重大结构；

③按供需协议；

④表中焊材熔敷金属力学性能的单值均为最小值。

表 4-16　常用结构钢埋弧焊焊接材料的选配

钢材		焊剂型号-焊丝牌号示例
牌号	等级	
Q235	A、B、C	F4A0-H08A
	D	F4A2-H08A
Q295	A	F5004-H08A①、F5004-H08MnA②
	B	F5014-H08A①、F5014-H08MnA②
Q345	A	F5004-H08A①、F5004-H08MnA②、F5004-H10Mn2②
	B	F5014-H08A①、F5014-H08MnA②、F5014-H10Mn2② F5011-H08A①、F5011-H08MnA②、F5011-H10Mn2②
	C	F5024-H08A①、F5024-H08MnA②、F5024-H10Mn2② F5021-H08A①、F5021-H08MnA②、F5021-H10Mn2②
	D	F5034-H08A①、F5034-H08MnA②、F5034-H10Mn2② F5031-H08A①、F5031-H08MnA②、F5031-H10Mn2②
	E	F5041③
Q390	A、B	F5011-H08MnA①、F5011-H10Mn2②、F5011-H08MnMoA②
	C	F5021-H08MnA①、F5021-H10Mn2②、F5021-H08MnMoA②
	D	F5031-H08MnA①、F5031-H10Mn2②、F5031-H08MnMoA②
	E	F5041③
Q420	A、B	F6011-H10Mn2②、F6011-H08MnMoA②
	C	F6021-H10Mn2②、F6021-H08MnMoA②
	D	F6031-H10Mn2②、F6031-H08MnMoA②
	E	F6041③
Q460	C	F6021-H08MnMoA②
	D	F6031-H08Mn2MoVA②
	E	F6041③

①薄板 I 形坡口对接；②中、厚板坡口对接；③供需双方协议。

表 4-17　常用结构钢材手工电弧焊接材料的选配

钢材							手工电弧焊焊条				
牌号	等级	抗拉强度③ σ_b (MPa)	屈服强度③ σ_S (MPa)		冲击功③		型号示例	熔敷金属性能③			
			$\delta \leqslant 16$ (mm)	$\delta > 50 \sim 100$ (mm)	T (℃)	Akv (J)		抗拉强度 σ_b (MPa)	屈服强度 σ_S (MPa)	延伸率 δ_5 (%)	冲击功≥27J 时试验温度 (℃)
Q235	A	375～460	235	205④	—	—	E4303①	420	330	22	0
	B				20	27	E4303①、E4328、E4315、E4316				0
	C				0	27					−20
	D				−20	27					−30

续表

钢材							手工电弧焊焊条				
牌号	等级	抗拉强度③ σ_b (MPa)	屈服强度③ σ_s (MPa) $\delta \leqslant 16$ (mm)	屈服强度③ σ_s (MPa) $\delta>50\sim100$ (mm)	冲击功③ T (℃)	冲击功③ Akv (J)	型号示例	熔敷金属性能③ 抗拉强度 σ_b (MPa)	熔敷金属性能③ 屈服强度 σ_s (MPa)	熔敷金属性能③ 延伸率 δ_5 (%)	熔敷金属性能③ 冲击功≥27J时试验温度 (℃)
Q295	A	390～570	295	235	—	—	E4303①	420	330	22	0
	B				20	34	E4315、E4316、E4328				−30 −20
Q345	A	470～630	345	275			E5003①	490	390	20	0
	B				20	34	E5003①、E5015、E5016、E5018			22	−30
	C				0	34	E5015、E5016、E5018				
	D				−20	34					
	E				−40	27	②				②
Q390	A	490～650	390	330	—	—	E5015、E5016、E5515-D3、−G、E5516-D3、−G	490	390	22	−30
	B				20	34					
	C				0	34		540	440	17	
	D				−20	34					
	E				−40	27	②				②
Q420	A	520～680	420	360	—	—	E5515-D3、−G、E5516-D3、−G	540	440	17	−30
	B				20	34					
	C				0	34					
	D				−20	34					
	E				−40	27	②				②
Q460	C	550～720	460	400	0	34	E6015-D1、−G、E5516-D1、−G	590	490	15	−30
	D				−20	34					
	E				−40	27	②				②

①用于一般结构；②由供需双方协议；③表中钢材及焊材熔敷金属力学性能的单值均为最小值；④为板厚 $\delta>60\sim100$mm 时的 σ_s 值。

(4) 焊缝坡口表面及组装质量应符合以下要求：

1) 焊接坡口可用机械加工或火焰切割方法，当采用机械加工坡面时，加工件表面应光滑，无台阶；当用火焰切割时，其工件表面质量应符合现行国家标准《热切割、气割质量和尺寸偏差》(JB/T 10045.3) 的规定。缺棱在 1～3mm 时，应打磨平整，当缺棱大于 3mm 时应用直径不大于 3.2mm 的低氢型焊条补焊，并打磨平整。

2) 施焊前焊工应检查焊接部位的表面清理和组装质量，不符合要求时应进行修补合格后施焊。坡口组装间隙超过允许偏差时，可在坡口两侧或单侧堆焊然后修磨合格，当坡口组装间隙超过较薄板厚 2 倍或大于 20mm 时，不应以堆焊的方式增加构件长度或减小组装间隙。

3）T 形角接或搭接接头组装间隙超过 1mm 或管材 K、T、Y 形接头组装间隙超过 1.5mm 时，施焊的焊脚尺寸应比设计要求值增大，但 T 形角接接头组装间隙超过 5mm 时应提前在板端堆焊并修磨平整或在修理平整后施焊。

4）严禁在接头间隙中填塞焊条头、铁块等杂物。

（5）焊接工艺资料应符合以下要求：

在施焊前应由施工单位焊接技术负责人编制焊接工艺技术交底，包括安全技术措施；并向有关施焊人员进行安全技术交底，施焊过程中严格遵守安全操作规程和技术规定：

1）安全操作规程：

①电焊工必须经过培训，考试合格持证上岗；

②明火作业必须履行审批手续，并配备看火人、灭火器、灭火水；

③电焊机必须在开关箱中设置专用漏电保护器和牢固接地；

④电焊工应戴安全帽、绝缘手套，穿绝缘鞋、戴护目镜，高处作业应系安全带、穿绝缘防滑鞋，下挂接火盆；电焊机应用绝缘材料垫起，并一次侧线不超过 5m，二次侧线不超过 30m，双线必须到位；严禁用主体钢筋、架子管、设备做回路地线；

⑤焊钳、把线、电焊机、开关箱必须绝缘良好，拆装电源线、开关箱、电焊机应由持证电工进行，并应绝缘良好；在潮湿环境作业应脚下垫干木板或绝缘板、橡胶板；

⑥焊接带电的设备应先切断电源，焊接有压力的容器或管道前应卸压，并使用安全电压（12V）做照明电源；

⑦存放过易燃、易爆和有害物质的容器、管道施焊前应打开孔盖、充分通风并清理干净后进行；

⑧电弧气割和清渣时应戴眼镜，雷雨天气应停止作业；

⑨施焊现场应无易燃、易爆危险品，不能挪开时应采取有效的隔离措施；

⑩工作结束应切断电源，锁好开关箱，确认无火险时方可离开。

2）技术规定：

①焊接方法和焊接方法的组合；

②母材的牌号、厚度及相关尺寸；

③焊接材料的规格、型号；

④焊接接头的形式、坡口形状及尺寸；

⑤对夹具、定位焊、衬垫的要求；

⑥焊接电源、电压；层次、速度，清根要求，焊接顺序等的工艺参数规定；

⑦预热温度及层间温度范围；

⑧后热、焊后消除应力的处理；

⑨检验方法、合格标准；

⑩其他规定。

（6）施焊环境应符合以下规定：

1）施焊风速规定：气体保护电弧焊及药芯焊丝电弧焊风速超过 2m/s、手工电弧焊风速超过 8m/s 时应采取有效的防风措施，制作车间不应有穿堂风和鼓风机吹风；

2）施焊现场的相对湿度不应超过 90%；当焊件表面有冰雪和潮湿迹象时，应采取除潮措施；

3）施焊现场温度：当低于 0℃时，应将构件施焊区各方向≥2 倍钢板厚度且不小于 100mm 范围以内的钢材加热到 20℃以上时方可施焊，并在施焊过程中不低于这一温度。加热温度应根据构件钢材类别、构造特点、质量等级、焊接性能、焊接材料熔敷金属扩散氢含量、焊接热输入和焊接方法等因素确定，其加热温度应高于常温情况下的预热温度，并由施工单位技术负责人编制施焊技术方案，经监理审批后实施，技术方案应保证施焊不受环境低温影响，并采取有效的保温措施；当施焊现场超出规定环境条件时，应设防护棚并编制专项施工方案经监理审批后实施。

（7）引出板、垫板、引弧板应符合以下规定：

1）不应在焊缝以外的母材上引弧；严禁在承受动载且需疲劳验算的构件上引弧或装焊夹具；

2）十字形、角接、对接或 T 形接头主焊缝两端必须配置引出板和引弧板，其材质应与母材相同，坡口形式应与被焊焊缝相同；

3）气体保护电弧焊和手工电弧焊焊缝引出长度应大于 25mm，其引出板和引弧板的宽度应大于 50mm，长度宜为钢板厚度的 1.5 倍，且不小于 30mm，厚度应不小于 6mm；非手工电弧焊焊缝引出长度应大于 80mm。引出板和引弧板的厚度应不小于 10mm，长度宜为板厚的 2 倍且不小于 100mm，宽度应大于 80mm；

4）施焊完毕应割除引出板和引弧板，并打磨平滑，不得用锤打掉引出板和引弧板。

（8）定位焊焊工必须持证上岗，所用焊接材料与正式焊接相同，焊缝的质量要求与终焊相同，钢衬垫的定位焊在坡口内焊接，焊缝的厚度不宜超过设计焊缝厚度的 2/3，焊缝长度宜大于 40mm，间距宜在 500～600mm 之间，并应填满弧坑。定位焊预热温度应高于正式焊预热温度。定位焊焊缝不得有气孔、裂纹现象，不可避免时应清除重焊。

（9）多层焊应符合以下规定：

1）采用焊条手工电弧焊焊接坡口底层焊道时宜使用不大于 ϕ4mm 的焊条，其最小尺寸应适宜，但最大厚度不应超过 6mm；

2）厚板多层焊应连续进行，焊道焊完应及时清渣，发现缺陷应清除重焊。施焊过程中应控制母材温度，使层间温度的上下限符合工艺要求。中断施焊时应采取适当后热保温措施，重启焊接时的预热温度应高于初始预热温度。

（10）栓钉焊的环境温度，当焊钉使用气体保护电弧焊和手工电弧焊时，其预热温度应符合相应工艺要求，当温度低于 0℃时，打弯试验的数量应增加 1%。

（11）槽焊和塞焊可采用气体保护电弧焊、自保护电弧焊及手工电弧焊。仰焊和立焊时，每道焊缝焊完应等熔渣冷却清除后再施焊；平焊时应分层熔敷焊缝，每层熔渣冷却凝结、清除后方可重新焊接。

（12）调质钢不得使用电渣焊和气电立焊。

4.3.2　焊接预热及后热

（1）除气电立焊、电渣焊外，Ⅰ、Ⅱ类匹配相应强度等级的低氢型焊接材料并采用中等热输入施焊时，板厚与最低预热温度要求应符合表 4-18 的规定。

表 4-18　常用结构钢材最低预热温度要求

钢材牌号	接头最厚部件的板厚 t（mm）				
	$t<25$	$25\leqslant t\leqslant 40$	$40<t\leqslant 60$	$60<t\leqslant 80$	$t>80$
Q235	—	—	60℃	80℃	100℃
Q295、Q345	—	60℃	80℃	100℃	140℃

注：本表适应条件：

1. 接头形式为坡口对接，根部焊道，一般拘束度；
2. 热输入约为 15～25kJ/cm；
3. 采用低氢型焊条，熔敷金属扩散氢含量（甘油法）：
   E4315、4316 不大于 8mL/100g；
   E5015、E5016、E5515、E5516 不大于 6mL/100g；
   E6015、E6016 不大于 4mL/100g；
4. 一般拘束度，指一般角焊缝和坡口焊缝的接头未施加限制收缩变形的刚性固定，也未处于结构最终封闭安装或局部返修焊接条件下而具有一定自由度；
5. 环境温度为常温；
6. 焊接接头板厚不同时，应按厚板确定预热温度；焊接接头材质不同时，按高强度、高碳当量的钢材确定预热温度。

工程结构施焊时的预热温度，尚应满足以下要求：

1）应根据焊接接头的尺寸、坡口形式、构件约束条件及板厚确定预热温度。当焊接坡口间隙及角度增大时，应适当提高预热温度；

2）根据熔敷金属的扩散氢含量确定预热温度，扩散氢含量高时应适当提高预热温度；当条件不变时使用超低氢型焊条打底，预热温度可在原基础上降低 25～50℃。当气体保护焊的二氧化碳气体含水量符合要求或使用富氩混合气体保护焊时，其熔敷金属扩散氢可视同于低氢型焊条；

3）根据焊接热输入的大小确定预热温度。用气电立焊和电渣焊施焊时，如现场温度在 0℃以上便可不预热；当其条件不变时，热输入增大 5kJ/cm，预热温度可降低 25～50℃。

4）根据接头热传导条件确定预热温度。T 形接头两侧角焊缝同时施焊时应按对接接头确定预热温度，当条件不变时 T 形接头应比对接接头的预热温度提高 25～50℃。

5）根据现场环境温度确定预热温度，施焊现场温度低于常温而高于 0℃时应提高预热温度 15～25℃。

（2）层间温度控制方法及预热方法应符合以下规定：

1）预热的加热区应在焊接坡口两侧，宽度应为施焊处母材厚度的 1.5 倍以上，且不小于 100mm；预热温度宜在焊件的背面距焊接点各方向不小于 75mm 处测得；用火焰加热器预热时，应在停止加热后的正面测得。

2）层间温度控制及焊前预热温度的保持宜采用火焰加热器、电加热器等进行，并采用专用测温仪器测得。

（3）当要求焊后消氢处理时应符合以下规定：

1）消氢处理的加热温度应为 200～250℃，保温时间应根据板厚确定，按每 25mm 不小于 0.5h、且总保温时间不得小于 1h，达到保温时间后应缓慢向常温过渡。

2）消氢处理的加热和测温方法应符合 2 条的规定。

（4）Ⅲ、Ⅳ类钢材的预热温度、层间温度及后热处理应遵守厂家提供的指导性参数要求。

4.3.3 防止层状撕裂的工艺措施

（1）十字形、T 形、角接接头焊接时，宜采用以下焊接措施：

1）用双面坡口对称焊代替单面坡口非对称焊；用低强度焊条在坡口内母材板面上先堆焊塑性过渡层。

2）采用低氢型、超低氢型焊条或用气体保护焊施焊；提高预热温度焊接。

3）Ⅱ类、Ⅲ类以上钢箱形柱角接接头，当板厚大于等于 80mm 时，板边火焰切割面宜用机械去除淬硬层。如图 4-26 所示。

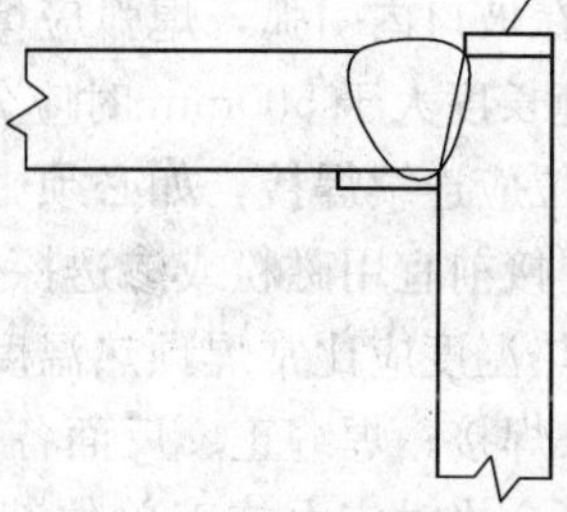

图 4-26 特厚板角接接头防止层状撕裂的工艺措施示意

（2）宜采用以下合理的焊接顺序控制变形：

1）对于十字形、T 形和对接接头坡口焊，在工件条件允许的情况下，宜采用双面坡口对称顺序焊；对于有对称截面的构件，宜采用对称于构件的中线或轴线顺序焊；

2）对双面非对称坡口焊接，宜先焊深坡口侧部分焊缝、后焊浅坡口侧、最后焊坡口侧焊缝；

3）较长焊缝宜分段退焊或与多人对称焊同时运用；

4）采用间隔跳焊法，以避免工部件侧面受热变形；

（3）用反变形法控制角变形。

（4）对一般构件可用定位焊固定控制变形；对大型、厚板构件宜用刚性固定法增加结构焊接时的刚度。

（5）对于大型结构宜采用分部组装焊接、应先分别矫正后再组装焊。

（6）在焊缝布置、节点形式及焊接顺序确定时宜采用熔化极气体保护电弧焊或药芯焊丝自保护焊等能量相对较高的焊接方法，并采用较小的热输入。

（7）当设计对焊后消除应力有要求时，应根据构件尺寸，工地安装焊缝宜采用锤击法消除应力；工厂制作宜采用加热炉整体退火或电热器局部退火对焊件消除应力，仅有稳定结构尺寸的情况下采用振动法消除应力。

（8）焊后热处理应符合现行国家标准《碳钢、低合金钢焊接构件 焊后热处理方法》（JB/T 6046）的规定。采用电加热器对构件局部消除应力进行热处理时，尚应符合以下要求：

1）配有自动控温的加热设备，其测温、控温、加热的性能应符合使用要求；

2）加热带（板）以外构件两侧宜用保温材料覆盖；

3）构件焊缝两侧加热带（板）的宽度应为板厚的 3 倍，且不小于 200mm。

（9）用振动法消除应力时，应符合现行国家标准《振动时效效果 评定方法》（JB/T 5926）标准的规定；用锤击法消除中间焊层应力时，应用小型振动工具或圆头手锤进行，不应对根部焊缝、焊缝坡口边缘或盖面焊缝的母材锤击。

(10) 焊缝表面缺陷超过质量验收标准时，对气孔、加渣、焊瘤、余高过大等缺陷应用铲凿、钻、铣和砂轮打磨等方法进行处理，必要时应进行修补；对咬边、弧坑、焊缝不足等缺陷应进行补焊。

(11) 经无损探伤检测查明焊缝内部存在超标缺陷的应进行返修，返修应符合以下规定：

1) 返修前应由施工单位编写返修方案；根据缺陷位置、深度用碳弧气刨或砂轮打磨处理，当有裂纹时，碳弧气刨前应先在裂纹两端钻孔止裂，清除裂纹及两端各长 50mm 的母材或焊缝；

2) 清除缺陷应将刨槽加工成四侧边斜面角大于 10°的坡口，并经修整消除气泡渗碳层，必要时应用磁粉探伤或渗透探伤法判断裂纹是否被清除；

3) 焊补应在坡口内引弧，熄弧应填满弧坑；多层焊各层接头应错开，缝长度应不小于 100mm；当焊缝长度大于 500mm 时应分段退焊；

4) 返修部位应连续焊接，如必须中断，应采取后热、保温措施，以防由于骤冷收缩产生裂纹，再次焊接前宜用磁粉或渗透探伤法检查无裂纹时方可继续施焊；

5) 修补预热温度应比常焊预热温度高，并应根据实际情况判定是否需要焊后消氢处理或用超低型焊条焊接；焊缝正、反面各作为一个部位，同一部位返修不宜超过两次；对两次返修的部位仍不合格时应由施工单位编制整改方案并经工程技术负责人审批报监理认可后实施；

6) 返修焊接应填入返修施工记录并应附无损探伤报告，存入工程档案。

(12) 碳弧气刨应符合以下规定：

如有夹碳现象，应在夹碳周围 5～10mm 处重新气刨，所刨深度应深于夹碳 2～3mm；如有黏渣可用砂轮打磨。调质钢及 Q420、Q460 在碳弧气刨后，均应用砂轮去除淬硬层后方可施焊。

4.4 焊接质量

4.4.1 一般规定

(1) 质检员应按规程规范和施工图样及技术文件对焊接质量进行检查验收。

(2) 质检员的职责如下：

1) 对所用钢材及焊接材料的材质、型号、规格及外观质量进行检查，应符合设计图样及标准、规范的要求；

2) 检查焊工上岗证及施焊范围是否按焊接施工技术方案及安全操作规程进行施焊；

3) 对焊缝质量按设计图样、规程、规范及验收标准进行检查验收；

(3) 施工单位应编制检查验收方案经技术负责人审批报监理认可，应包括检验批的划分、抽样检查项目、检验方法、检验时间及检验标准等内容。

(4) 抽样检查应符合以下要求：

1) 检查数量：现场安装焊缝按每条焊缝 1 处，工厂制作焊缝长度≤1000mm 时，每条焊缝 1 处；长度＞1000mm 时，每 300mm 1 处；

2）检验批的确定：

①按焊接接头形式、焊接部位分别组成检验批；

②工厂制作焊缝以同一车间按一定数量组成检验批；多层框架结构以每节柱的所有构件组成检验批；

③现场安装焊缝以区段组成检验批；多层框架结构以每层焊缝组成检验批。

3）检验批的大小宜为300～600处；

4）抽样检查除设计指定的焊缝以外，其他可以随机取样。

（5）抽检检查的焊缝数当不合格率小于2%时，该批验收应定为合格；不合格率大于5%时，该批验收应定为不合格；不合格率在2%～5%时，应加倍抽检，且必须在原不合格部位两侧的焊缝延长线各增加一处，如在所有抽检焊缝中不合格率不大于3%时，该批验收应定为合格，大于3%时，该批验收应定为不合格。当批量验收不合格时，应对该批余下焊缝全数进行检查。当检查出一处裂纹缺陷时，应加倍抽查，如在加倍抽查焊缝中未检查出其他裂纹缺陷时，该批验收应定为合格，当检查出多处裂纹缺陷或加倍抽查又发现裂纹缺陷时，应对该批余下焊缝全数进行检查。

（6）所有检查出的不合格部位应按规定予以修补，直至合格。

4.4.2 外观质量

（1）焊缝应冷却到常温后再进行外观检查，Ⅱ、Ⅲ类钢材的焊缝应以焊后24h检查结果作为验收依据，Ⅳ类钢应以焊后48h检查结果作为验收依据。

（2）外观检查一般以目测、尺量、卡规量、裂纹应用5倍放大镜在光线充足的条件下进行，必要时可采用渗透探伤或磁粉探伤检查。

（3）焊缝外观质量应符合以下规定：

1）一级焊缝不得有根部收缩、咬边、接头不良和未焊满等缺陷；一级和二级焊缝不得有夹渣、气孔、电弧擦伤和裂纹等缺陷；

2）二级焊缝的外观质量除应符合上款的规定外，并二级和三级焊缝的外观质量应符合表4-19的规定。

表4-19 焊缝外观质量允许偏差

检验项目 \ 焊缝质量等级	二级	三级
未焊满	≤0.2+0.02t且≤1mm，每100mm长度焊缝内未焊满累积长度≤25mm	≤0.2+0.04t且≤2mm，每100mm长度焊缝内未焊满累积长度≤25mm
根部收缩	≤0.2+0.02t且≤1mm，长度不限	≤0.2+0.04t且≤2mm，长度不限
咬边	≤0.05t且≤0.5mm，连续长度≤100mm，且焊缝两侧咬边总长≤10%焊缝全长	≤0.1t且≤1mm，长度不限
裂纹	不允许	允许存在长度≤5mm的弧坑裂纹
电弧擦伤	不允许	允许存在个别电弧擦伤

续表

检验项目 \ 焊缝质量等级	二级	三级
接头不良	缺口深度 ≤0.05t 且 ≤0.5mm，每1000mm长度焊缝内不得超过1处	缺口深度≤0.1t且≤1mm，每1000mm长度焊缝内不得超过1处
表面气孔	不允许	每50mm长度焊缝内允许存在直径<0.4t且≤3mm的气孔2个；孔距应≥6倍孔径
表面夹渣	不允许	深≤0.2t，长≤0.5t且≤20mm

焊缝焊脚尺寸允许偏差应符合表4-20的规定；

表4-20 焊缝焊脚尺寸允许偏差

序号	项目	示意图	允许偏差（mm）	
1	一般全焊透的角接与对接组合焊缝	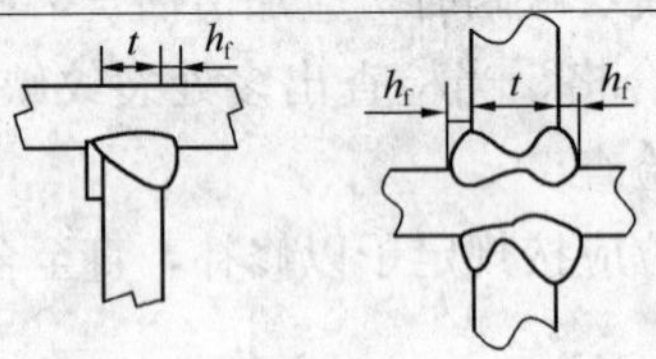	$h_f \geqslant \left(\frac{t}{4}\right)_0^{+4}$ 且≤10	
2	需经疲劳验算的全焊透角接与对接组合焊缝	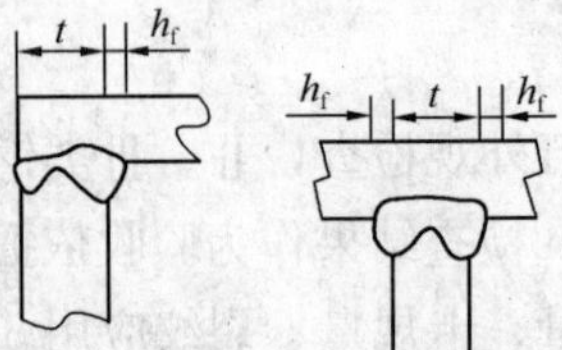	$h_f \geqslant \left(\frac{t}{2}\right)_0^{+4}$ 且≤10	
3	角焊缝及部分焊透的角接与对接组合焊缝	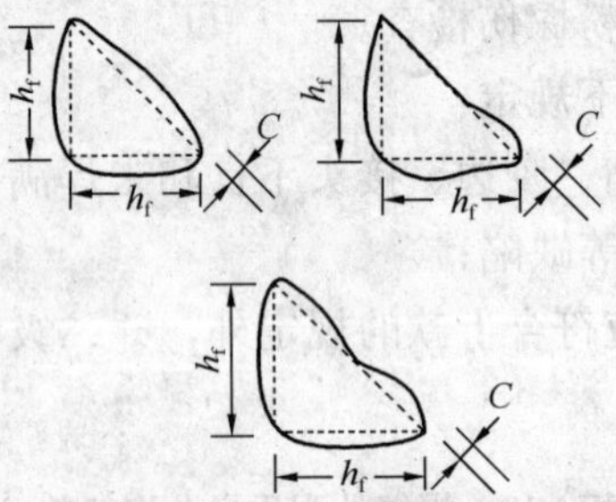	h_f≤6时 0～1.5	h_f>6时 0～3.0

注：1. h_f>8.0mm的角焊缝，其局部焊脚尺寸允许低于设计要求值1.0mm，但总长度不得超过焊缝长度的10%；

2. 焊接H形梁腹板与翼缘板的焊缝两端在其两倍翼缘板宽度范围内，焊缝的焊脚尺寸不得低于设计要求值。

焊缝余高和错边允许偏差应符合表4-21的规定。

表4-21 焊缝余高和错边允许偏差

序号	项目	示意图	允许偏差(mm)	
			一、二级	三级
1	对接焊缝余高(C)	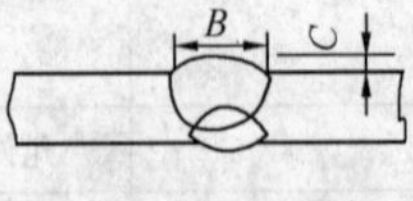	B<20时，C为0～3；B≥20时，C为0～4	B<20时，C为0～3.5；B≥20时，C为0～5

续表

序号	项目	示意图	允许偏差(mm)	
			一、二级	三级
2	对接焊缝错边(d)	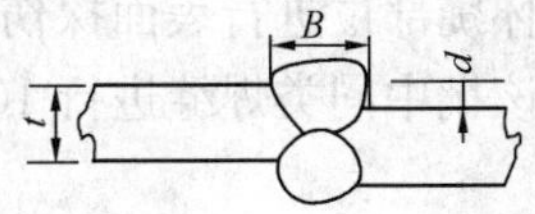	$d<0.1t$ 且$\leqslant 2.0$	$d<0.15t$ 且$\leqslant 3.0$
3	角焊缝余高(C)	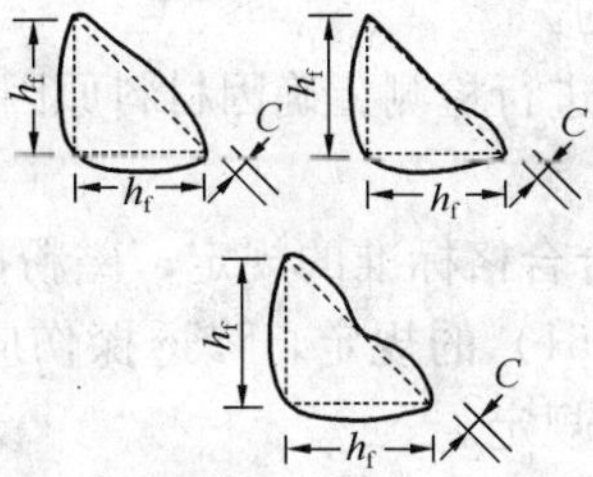	$h_f\leqslant 6$时C为0～1.5； $h_f>6$时C为0～3.0	

（4）栓钉焊后应经打弯检查，打弯至30°时，热影响区和焊缝无肉眼可见的裂纹为合格。检查数量应不少于焊钉总数的1%。

（5）气电立焊、电渣焊接头的焊缝应光滑，不得有裂纹、未熔合等缺陷，当板厚≥30mm时咬边、压痕深度不得大于1.0mm；当板厚<30mm时不得大于0.5mm。

4.4.3 无损检测

（1）无损检测应在外观质量检查合格后进行；焊缝检测人员应持相应探伤Ⅱ、Ⅲ级以上的上岗证书上岗执业。

（2）设计要求全焊透的焊缝，其内部缺陷的检测应符合以下要求：

1）一级焊缝应100%检验，合格等级应符合国家现行标准《钢焊缝手工超声波探伤方法和探伤结果分级》（GB/T 11345）B级Ⅱ、Ⅲ级以上的检验规定；

2）二级焊缝应进行抽检，抽检比例应不小于20%，其合格等级应为现行国家标准《钢焊缝手工超声波探伤方法和探伤结果分级》（GB/T 11345）B级检验的Ⅲ级及以上；

3）全焊透的二级焊缝可不进行无损检测。

（3）焊接球节点网架焊缝的超声波探伤方法及缺陷分级应符合现行国家标准《焊接球节点钢网架焊缝超声波探伤及质量分级法》（JG/T 3034.1）的规定。

（4）螺栓球节点网架焊缝的超声波缺陷分级及探伤方法应符合国家现行标准《钢结构超声波探伤及质量分级法》（JG/T 203）的规定。

（5）箱形构件隔板电渣焊焊缝无损检测结果除应符合第（2）条的相关规定外，还应进行焊缝熔透宽度、焊缝偏移检测。

（6）圆管K、Y、T节点焊缝的超声波探伤方法及缺陷分级应符合相关规定。在设计指定的超声波探伤或射线探伤不能对缺陷性质作出正确判断时，可进行射线探伤进一步检测、验证。

（7）射线探伤应符合国家现行标准《金属熔化焊焊接接头射线照相》（GB/T 3323）的规定，射线照相的质量等级应符合AB级的要求；

1）一级焊缝评定合格等级应为《金属熔化焊焊接接头射线照相》（GB/T 3323）Ⅱ、Ⅲ级及以上；

2）二级焊缝评定合格等级应为《金属熔化焊焊接接头射线照相》（GB/T 3323）的Ⅲ级及以上。

（8）有下列情况之一的应进行表面检测：

1）外观检查怀疑有裂纹时，应对怀疑部位进行表面探伤；

2）外观检查发现有裂纹时，应对该批中同类焊缝进行100%表面检测；

3）检查人员认为有必要时；

4）设计图样规定进行表面探伤的。

（9）铁磁性材料应采用磁粉探伤进行检测。确因材料原因或结构原因不能进行磁粉探伤时，方进行渗透探伤。

（10）磁粉探伤和渗透探伤应符合合格标准的规定；磁粉探伤应符合现行国家标准《无损检测　焊缝磁粉检测》（JB/T 6061）的规定，渗透探伤应符合国家现行标准《无损检测　焊缝渗透检测》（JB/T 6062）的规定。

4.5　钢构件预拼装工程

钢构件预拼装工程质量分为合格和不合格。

合格标准：主控项目全部符合规定；一般项目应有80%及以上的检查点符合规定，其余检查点的偏差值不得超过允许偏差的1.5倍。

主控项目：

普通螺栓和高强螺栓连接的多层板叠，应使用试孔器进行检查，并应符合以下规定：

（1）当使用比螺栓公称直径大0.3mm的试孔器检查时，其通过率应为100%；

（2）当使用比孔公称直径小1.0的试孔器检查时，每组孔的通过率不应小于85%。

检查数量：按预拼装单元全数检查。

检验方法：用试孔器检查。

一般项目：

预拼装钢构件的允许偏差应符合表4-22的规定。

表4-22　钢构件预拼装的允许偏差　（mm）

<table>
<tr><th>构件类型</th><th colspan="2">项　目</th><th>允许偏差</th><th>检验方法</th></tr>
<tr><td rowspan="5">多节柱</td><td colspan="2">预拼装单元总长</td><td>±5.0</td><td>用钢尺检查</td></tr>
<tr><td colspan="2">预拼装单元弯曲矢高</td><td>l/1500，且不应大于10.0</td><td>用拉线和钢尺检查</td></tr>
<tr><td colspan="2">接口错边</td><td>2.0</td><td>用焊缝量规检查</td></tr>
<tr><td colspan="2">预拼装单元柱身扭曲</td><td>h/200，且不应大于5.0</td><td>用拉线、吊线和钢尺检查</td></tr>
<tr><td colspan="2">顶紧面至任一牛腿距离</td><td>±2.0</td><td rowspan="2">用钢尺检查</td></tr>
<tr><td rowspan="5">梁、桁架</td><td colspan="2">跨度最外两端安装孔或两端支承面最外侧距离</td><td>+5.0
−10.0</td></tr>
<tr><td colspan="2">接口截面错位</td><td>2.0</td><td>用焊缝量规检查</td></tr>
<tr><td rowspan="2">拱度</td><td>设计要求起拱</td><td>±l/5000</td><td rowspan="2">用拉线和钢尺检查</td></tr>
<tr><td>设计未要求起拱</td><td>l/2000
0</td></tr>
<tr><td colspan="2">节点处杆件轴线错位</td><td>4.0</td><td>划线后用钢尺检查</td></tr>
</table>

续表

构件类型	项目	允许偏差	检验方法
管构件	预拼装单元总长	±5.0	用钢尺检查
	预拼装单元弯曲矢高	l/1500，且不应大于 10.0	用拉线和钢尺检查
	对口错边	t/10，且不应大于 3.0	用焊缝量规检查
	坡口间隙	+2.0 −1.0	
构件平面总体预拼装	各楼层柱距	+4.0	用钢尺检查
	相邻楼层梁与梁之间距离	±3.0	
	各层间框架两对角线之差	H/2000，且不应大于 5.0	
	任意两对角线之差	$\sum H$/2000，且不应大于 8.0	

检查数量：按预拼单元全数检查。

4.6 单层钢结构安装工程

4.6.1 基础和支承面质量

基础和支承面质量分为合格和不合格。

合格标准：主控项目全部符合规定；一般项目有 80%及以上的检查点符合规定，其他检查点的偏差值不得超过允许偏差的 1.5 倍。

主控项目：

(1) 建筑物的基础轴线、定位轴线及标高、地脚螺栓的规格、材质及锚固应符合设计要求。

检查数量：抽查柱基总数的 10%，且不应少于 3 个。

检验方法：用全站仪、经纬仪、水准仪或钢尺检查。

(2) 基础顶面直接作为柱的支承面和基础顶面预埋支座或钢板作为柱的支承面时，其支承面、地脚螺栓（锚栓）的位置允许偏差应符合表 4-23 的规定。

检查数量：抽查柱基总数的 10%，且不应少于 3 个。

表 4 23 支承面、地脚螺栓（锚栓）位置的允许偏差 (mm)

项目		允许偏差
支承面	标高	±3.0
	水平度	l/1000
地脚螺栓（锚栓）	螺栓中心偏移	5.0
预留孔中心偏移		10.0

检验方法：用全站仪、经纬仪、水准仪、水平尺和钢尺检查。

(3) 采用杯形基础时，杯口尺寸的允许偏差应符合表 4-24 的规定。

检查数量：抽查总数的 10%，且不少于 4 处。

检验方法：观察、尺量检查。

(4) 采用坐浆垫板时，安装的坐浆垫板的允许偏差应符合表4-25的规定。

表4-24 杯口尺寸的允许偏差 (mm)

项　目	允许偏差
底面标高	0.0 −5.0
杯口深度 H	±5.0
杯口垂直度	H/100，且不应大于10.0
位　置	10.0

表4-25 坐浆垫板的允许偏差 (mm)

项　目	允许偏差
顶面标高	0.0 −3.0
水平度	l/1000
位　置	20.0

检查数量：抽查基础总数的10%，且不应少于3个；资料全数检查。

检验方法：用全站仪、水准仪、水平尺和钢尺检查。

一般项目：

地脚螺栓（锚栓）尺寸的允许偏差应符合表4-26的规定。施工过程中应对地脚螺栓（锚栓）的螺纹采取保护措施。

表4-26 地脚螺栓（锚栓）尺寸的允许偏差 (mm)

项　目	允许偏差	项　目	允许偏差
螺栓（锚栓）露出长度	+30.0 0.0	螺纹长度	+30.0 0.0

检查数量：抽查基础总数的10%，且不应少于3个。

检验方法：用尺量检查。

4.6.2 安装和校正

安装和校正质量分为合格和不合格。

合格标准：主控项目全部符合规定；一般项目有80%及以上的检查点符合规定，其余检查点的偏差值不得超过其允许偏差的1.5倍。

主控项目：

(1) 钢结构构件应符合设计要求及规范的相关规定。由于运输搬运，堆放储存和吊运安装等造成的钢结构构件变形及涂层脱落，应进行校正和修补。

检查数量：抽查构件的10%，且不应少于3个。

检验方法：观察、拉线尺量检查。

(2) 设计要求顶紧的节点，其接触面不应少于70%紧贴，且边缘处最大间隙不应大于0.8mm。

检查数量：抽查总节点数量的10%，且不应少于3个。

检验方法：用钢尺及0.3mm至0.8mm厚的塞尺实测检查。

(3) 钢屋（托）架、桁架、梁及受压杆件的垂直度和侧向弯曲矢高的允许偏差应符合表4-27的规定。

检查数量：抽查同类构件总数的10%，且不应少于3个。

表 4-27 钢屋（托）架、桁架、梁及受压杆件垂直度和侧向弯曲矢高的允许偏差 (mm)

项目	允许偏差		图例
跨中的垂直度	$h/250$，且不应大于 15.0		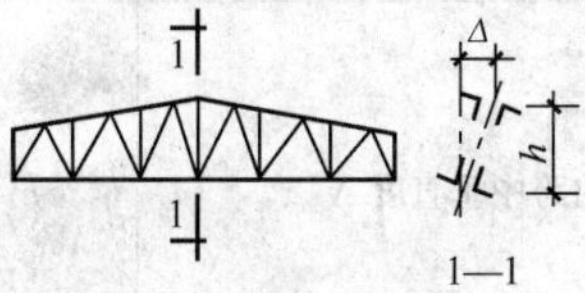
侧向弯曲矢高 f	$l\leqslant30$m	$l/1000$，且不应大于 10.0	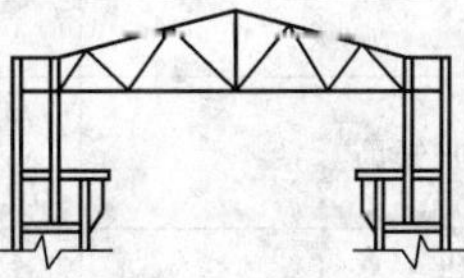
	30m$<l\leqslant$60m	$l/1000$，且不应大于 30.0	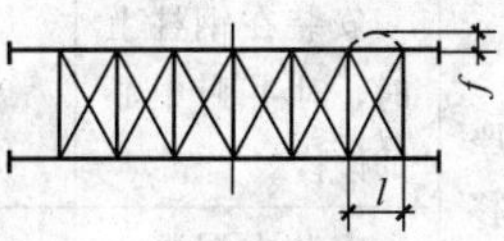
	$l>60$m	$l/1000$，且不应大于 50.0	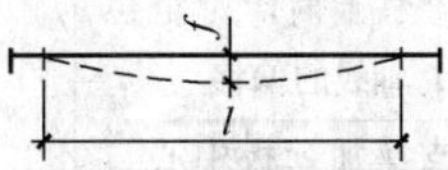

检验方法：用经纬仪、拉线、吊线、尺量检查。

(4) 单层钢结构主体结构的整体垂直度和整体平面弯曲的允许偏差应符合表 4-28 的规定。

表 4-28 整体垂直度和整体平面弯曲的允许偏差 (mm)

项目	允许偏差	图例	项目	允许偏差	图例
主体结构的整体垂直度	$H/1000$，且不应大于 25.0	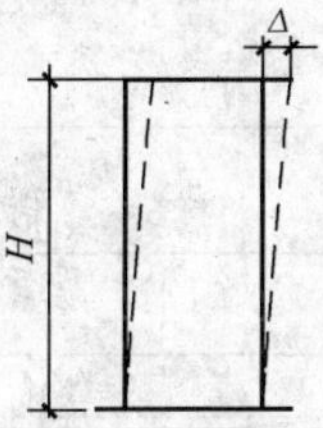	主体结构的整体平面弯曲	$L/1500$，且不应大于 25.0	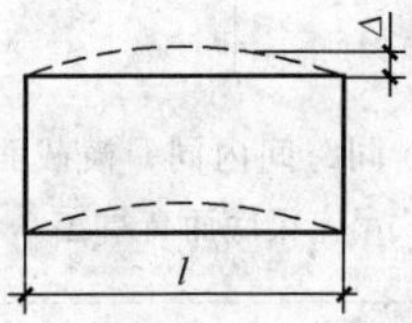

检查数量：主要立面全数检查，每个所检查的立面、除两列角柱外，尚应至少抽查一列中间柱。

检验方法：用全站仪、经纬仪等实测。

一般项目：

(1) 当钢桁架（或梁）安装在混凝土柱上时，其支座中心对定位轴线的允许偏差不应大于 10mm；当采用大型混凝土屋面板时，钢桁架（或梁）间距的允许偏差不应大于 10mm。

检查数量：抽查同类构件的 10%，且不应少于 3 榀。

检验方法：拉线、尺量检查。

(2) 钢柱等主要构件的中心线及标高基准点的标注应清晰、齐全。

检查数量：抽查同类构件总数的 10%，且不应少于 3 件。

检验方法：观察检查。

(3) 钢吊车梁或直接承受动力荷载的类似构件，安装的允许偏差应符合表 4-29 的规定。

表 4-29　钢吊车梁安装的允许偏差　(mm)

项目		允许偏差	图例	检验方法
梁的跨中垂直度Δ		$h/500$	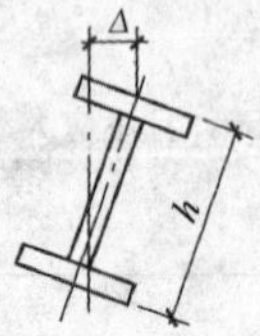	用吊线和钢尺检查
侧向弯曲矢高		$l/1500$，且不应大于10.0	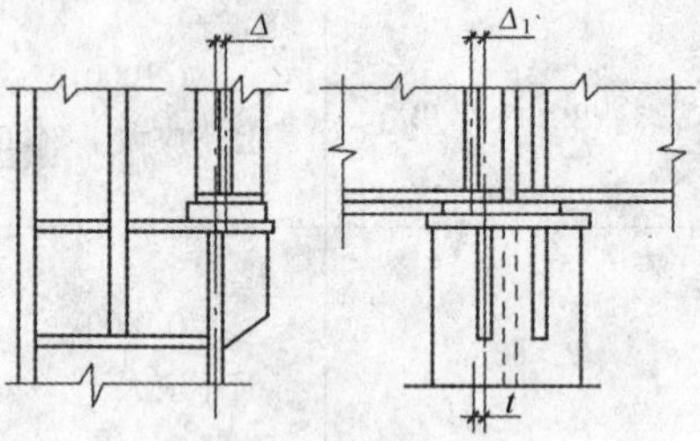	用拉线和钢尺检查
垂直上拱矢高		10.0		
两端支座中心位移Δ	安装在钢柱上时，对牛腿中心的偏移	5.0		
	安装在混凝土柱上时，对定位轴线的偏移	5.0		
吊车梁支座加劲板中心与柱子承压加劲板中心的偏移Δ_1		$t/2$		用吊线和钢尺检查
同跨间内同一横截面吊车梁顶面高差Δ	支座处	10.0	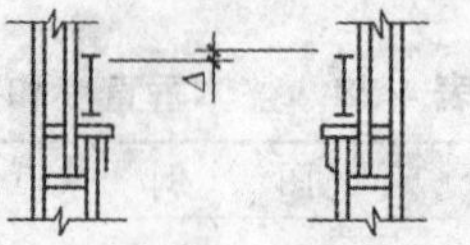	用经纬仪、水准仪和钢尺检查
	其他处	15.0		
同跨间内同一横截面下挂式吊车梁底面高差Δ		10.0	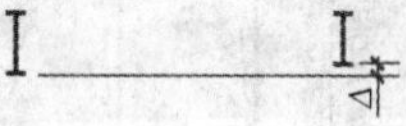	
同列相邻两柱间吊车梁顶面高差Δ		$l/1500$，且不应大于10.0	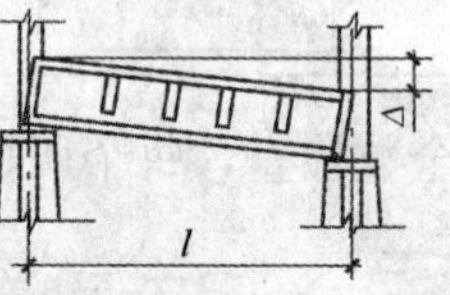	用水准仪和钢尺检查
相邻两吊车梁接头部位Δ	中心错位	3.0	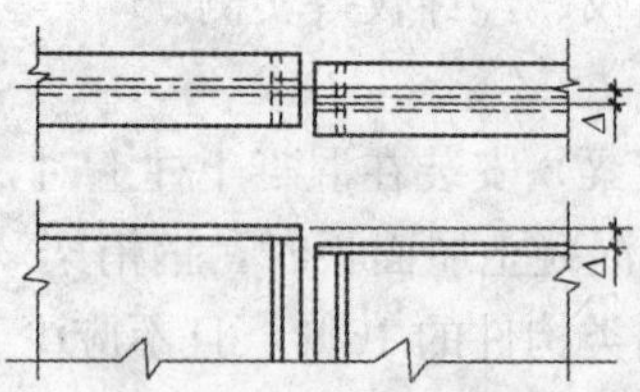	用钢尺检查
	上承式顶面高差	1.0		
	下承式底面高差	1.0		
同跨间任一截面的吊车梁中心跨距Δ		±10.0	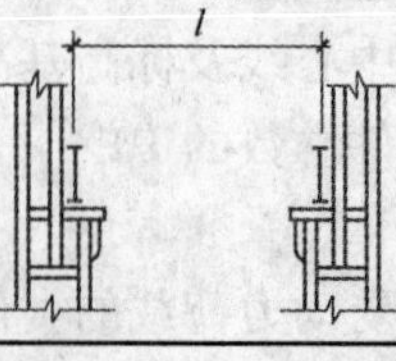	用经纬仪和光电测距仪检查；跨度小时，可用钢尺检查

续表

项目	允许偏差	图例	检验方法
轨道中心对吊车梁腹板轴线的偏移Δ	$t/2$	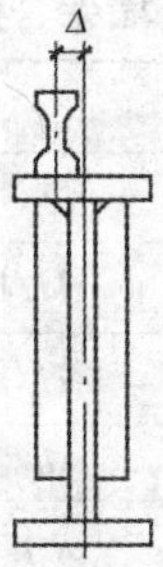	用吊线和钢尺检查

检查数量：抽查吊车梁总数的10%，且不应少于3榀。

（4）钢柱安装的允许偏差应符合表4-30的规定。

表4-30 单层钢结构中柱子安装的允许偏差 (mm)

项目			允许偏差	图例	检验方法
柱脚底座中心线对定位轴线的偏移			5.0	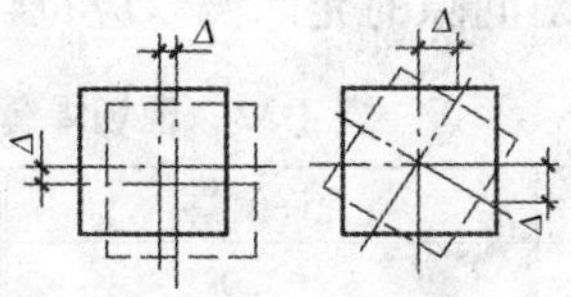	用吊线和钢尺检查
柱基准点标高	有吊车梁的柱		+3.0 −5.0	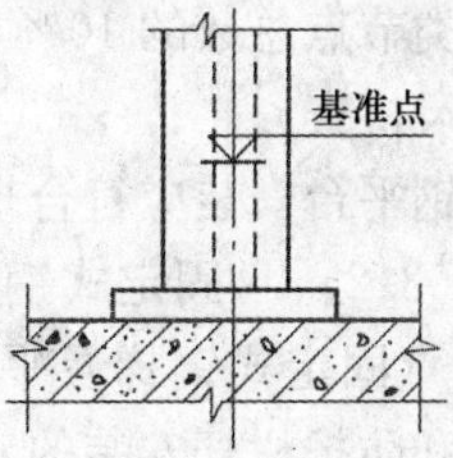	用水准仪检查
	无吊车梁的柱		+5.0 −8.0		
弯曲矢高			$H/1200$， 且不应大于15.0		用经纬仪或拉线和钢尺检查
柱轴线垂直度	单层柱	$H\leqslant10m$	$H/1000$	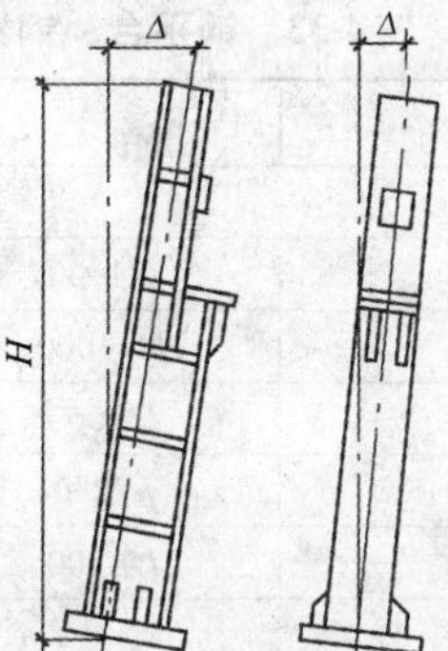	用经纬仪或吊线和钢尺检查
		$H>10m$	$H/1000$， 且不应大于25.0		
	多节柱	单节柱	$H/1000$， 且不应大于10.0		
		柱全高	35.0		

检查数量：抽查钢柱总数的10%，且不应少于3件。

（5）墙架、檩条等次要构件安装的允许偏差应符合表4-31的规定。

表4-31　墙架、檩条等次要构件安装的允许偏差　(mm)

项目		允许偏差	检验方法
墙架立柱	中心线对定位轴线的偏移	10.0	用钢尺检查
	垂直度	$H/1000$，且不应大于10.0	用经纬仪或吊线和钢尺检查
	弯曲矢高	$H/1000$，且不应大于15.0	用经纬仪或吊线和钢尺检查
抗风桁架的垂直度		$h/250$，且不应大于15.0	用吊线和钢尺检查
檩条、墙梁的间距		±5.0	用钢尺检查
檩条的弯曲矢高		$L/750$，且不应大于12.0	用拉线和钢尺检查
墙梁的弯曲矢高		$L/750$，且不应大于10.0	用拉线和钢尺检查

注：1. H为墙梁立柱的高度；
2. h为抗风桁架的高度；
3. L为檩条或墙梁的长度。

检查数量：抽查同类构件的10%，且不应少于3件。

（6）现场焊缝组对间隙的允许偏差应符合表4-32的规定。

表4-32　现场焊缝组对间隙的允许偏差　(mm)

项目	允许偏差	项目	允许偏差
无垫板间隙	+3.0 0.0	有垫板间隙	+3.0 −2.0

检查数量：抽查同类节点总数的10%，且不应少于3个。

检验方法：尺、塞尺检查。

（7）钢梯、栏杆、钢平台安装应符合现行国家标准《固定式钢梯及平台安全要求　第二部分：钢斜梯》(GB 4053.2)、《固定式钢梯及平台安全要求　第三部分　工业防护栏杆及钢平台》(GB 4053.3)、《固定式钢梯及平台安全要求　第一部分：钢直梯》(GB 4053.1)的规定。钢平台、钢梯和防护栏杆安装的允许偏差和检验方法应符合表4-33的规定。

检查数量：抽查钢平台总数的10%，钢梯、防护栏杆抽查总长度10%，但钢平台不应少于1个，防护栏杆不应少于5m，钢梯不应少于1跑。

表4-33　钢平台、钢梯和防护栏杆安装的允许偏差　(mm)

项目	允许偏差	检验方法
平台高度	±15.0	用水准仪检查
平台梁水平度	$l/1000$，且不应大于20.0	用水准仪检查
平台支柱垂直度	$H/1000$，且不应大于15.0	用经纬仪或吊线和钢尺检查
承重平台梁侧向弯曲	$l/1000$，且不应大于10.0	用拉线和钢尺检查
承重平台梁垂直度	$h/250$，且不应大于15.0	用吊线和钢尺检查
直梯垂直度	$l/1000$，且不应大于15.0	用吊线和钢尺检查
栏杆高度	±15.0	用钢尺检查
栏杆立柱间距	±15.0	用钢尺检查

（8）钢结构表面应清洁，结构的主要面不应有泥沙、疤痕等污垢。

检查数量：抽查构件总数的10%，且不应少于3件。

检验方法：观察检查。

4.7 高层及多层钢结构安装工程

4.7.1 基础和支承面工程质量

基础和支承面质量分为合格和不合格。

合格标准：主控项目全部符合规定；一般项目应有80%及以上检查点符合规定，其余检查点的偏差值不超过允许偏差的1.5倍。

主控项目：

（1）当采用杯形基础时，杯口尺寸的允许偏差应符合表4-24的规定。

检查数量：抽查基础总数的10%，且不应少于4处。

检验方法：观察、尺量检查。

（2）多层建筑采用坐浆垫板时，坐浆垫板的允许偏差应符合表4-25的规定。

检查数量：抽查柱基总数的10%，且不应少于3个。

检验方法：用全站仪、水准仪、水平尺、钢尺检查。

（3）多层建筑以基础顶面直接作为柱的支承面，或以基础顶面预埋支座或钢板作为柱的支承面时，其支承面、地脚螺栓（锚栓）位置的允许偏差应符合表4-23的规定。

（4）建筑物的定位轴线、基础上的定位轴线和标高、地脚螺栓（锚栓）的紧固、规格和位置应符合设计要求；当设计无具体要求时，应符合表4-34的规定。

表4-34 建筑物定位轴线、基础上柱的定位轴线和标高、地脚螺栓（锚栓）的允许偏差 (mm)

项目	允许偏差	图例	项目	允许偏差	图例
建筑物定位轴线	$L/20000$，且不应大于3.0	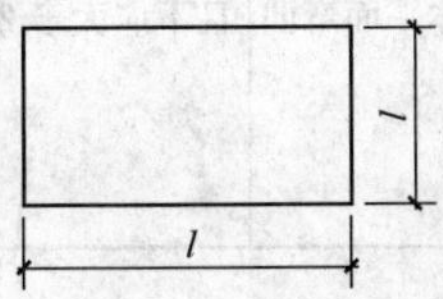	基础上柱底标高	±2.0	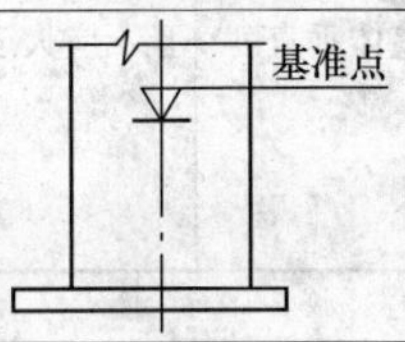
基础上柱的定位轴线	1.0	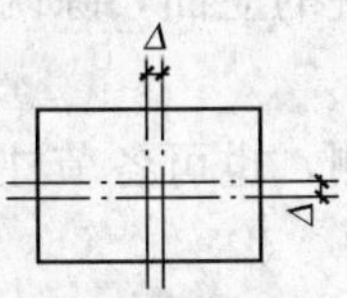	地脚螺栓（锚栓）位移	2.0	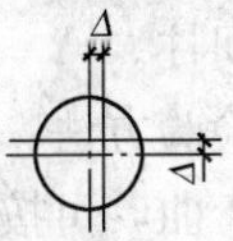

一般项目：

地脚螺栓（锚栓）的螺纹应受到保护；地脚螺栓（锚栓）尺寸的允许偏差应符合表4-26的规定。

检查数量：抽查柱基总数的10%，且不应少于3个。

检验方法：尺量检查。

4.7.2 安装和校正

安装和校正质量分为合格和不合格。

合格标准：主控项目全部符合规定；一般项目有 80%及以上检查点符合规定，其余检查点的偏差值不超过允许偏差的 1.5 倍。

主控项目：

(1) 设计要求的顶紧点，其接触面不应小于 70%紧贴，且边缘最大间隙不应大于 0.8mm。

检查数量：抽查节点总数的 10%，且不应少于 3 个。

检验方法：用钢尺和 0.3～0.8mm 厚的塞尺实测检查。

(2) 钢主梁、次梁及受压杆件的侧向弯曲矢高和垂直度的允许偏差应符合表 4-27 的相关规定。

检查数量：抽查同类构件的 10%，且不应少于 3 个。

检验方法：用经纬仪、吊线、拉线尺量检查。

(3) 钢结构构件应符合设计要求和规范的有关规定；由于运输、堆放及吊装等造成的钢构件涂层脱落及变形，应进行修补和矫正。

检查数量：抽查钢构件的 10%，且不应少于 3 个。

检验方法：观察、拉线尺量实测。

(4) 多层及高层钢结构主体结构的整体垂直度和整体平面弯曲的允许偏差应符合表4-35 的规定。

表 4-35 整体垂直度和整体平面弯曲的允许偏差 (mm)

项目	允许偏差	图例	项目	允许偏差	图例
主体结构的整体垂直度	(H/2500+10.0)且不应大于 50.0	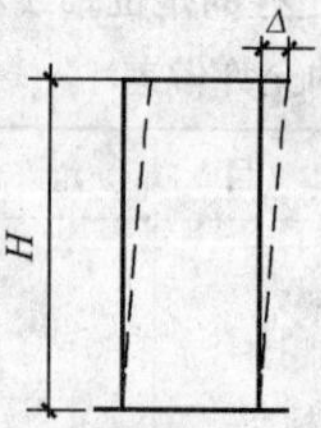	主体结构的整体平面弯曲	L/1500，且不应大于 25.0	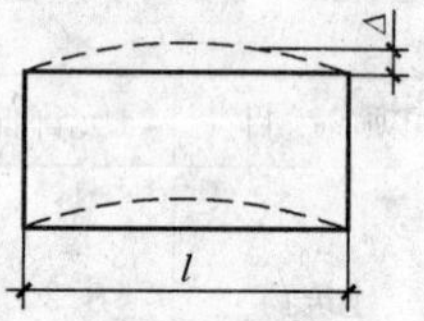

检查数量：主要立面全数检查，对每个所检查的立面，除两列角柱外，尚应至少抽查一列中间柱。

检验方法：整体垂直度用全站仪、经纬仪实测，也可各节柱垂直度偏差累计计算；整体平面弯曲，可按实际偏差累计计算。

(5) 柱子安装的允许偏差应符合表 4-36 的规定。

检查数量：标准柱全数检查；非标准柱抽查总数的 10%，且不应少于 3 根。

检验方法：用全站仪、经纬仪、钢尺检测。

一般项目：

(1) 当钢构件安装在混凝土柱上时，其支座中心对定位轴线的偏差不应大于 10mm，当采用大型混凝土屋面板时，钢梁（桁架）间距的允许偏差不应大于 10mm。

表 4-36 柱子安装的允许偏差 (mm)

项目	允许偏差	图例	项目	允许偏差	图例
底层柱柱底轴线对定位轴线偏移	3.0	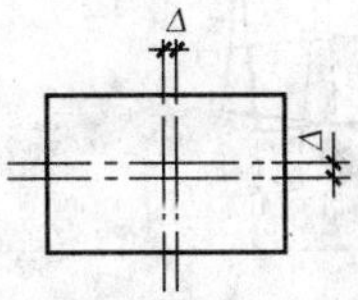	单节柱的垂直度	$h/1000$，且不应大于 10.0	
柱子定位轴线	1.0	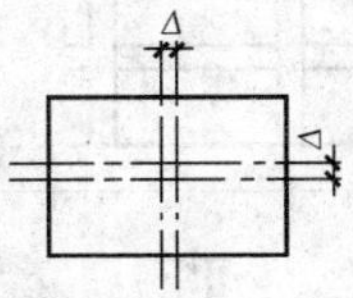			

检查数量：抽查同类构件的 10%，且不应少于 3 榀。

检验方法：拉线、尺量检查。

(2) 多层及高层钢结构中钢吊车梁或直接承受动力荷载的类似构件，安装的允许偏差应符合表 4-29 的规定。

检查数量：抽查钢吊车梁总数的 10%，且不应少于 3 榀。

(3) 多层及高层钢结构中墙架、檩条等次要构件安装的允许偏差应符合表 4-31 的规定。

检查数量：抽查同类构件的 10%，且不应少于 3 件。

(4) 多层及高层钢结构中钢梯、钢平台、防护栏杆安装应符合现行国家标准《固定式钢梯及平台安全要求 第一部分：钢直梯》(GB 4053.1)、《固定式钢梯及平台安全要求 第二部分：钢斜梯》(GB 4053.2) 和《固定式钢梯及平台安全要求 第三部分：工业防护栏杆及钢平台》(GB 4053.3) 的规定；钢平台、钢梯和防护栏安装的允许偏差应符合表 4-33 的规定。

检查数量：抽查钢平台总数的 10%，抽查防护栏杆、钢梯总长度的 10%，且钢平台不应少于 1 个，防护栏杆不应少于 5m，钢梯不应少于 1 跑。

(5) 多层及高层钢结构中现场焊缝组对间隙的允许偏差应符合表 4-32 的规定。

(6) 钢结构表面应清洁、主要结构表面应无疤痕、泥沙等污垢。

检查数量：抽查同类构件的 10%，且不应少于 3 件。

检验方法：观察检查。

(7) 钢柱等主要构件的标高及中心线基准点应标注清晰、齐全、准确。

检查数量：抽查同类构件总数的 10%，且不应少于 3 件。

检验方法：观察检查。

(8) 钢构件安装的允许偏差应符合表 4-37 的规定。

检查数量：抽查同类构件或节点总数的 10%，其中柱和梁各不应少于 3 件，主梁与次梁连接点不应少于 3 个，支承压型板的钢梁长度不应少于 5m。

(9) 主体结构总高度的允许偏差应符合表 4-38 的规定。

表 4-37　多层及高层钢结构中构件安装的允许偏差　　(mm)

项　目	允许偏差	图　例	检验方法
上、下柱连接处的错口 Δ	3.0	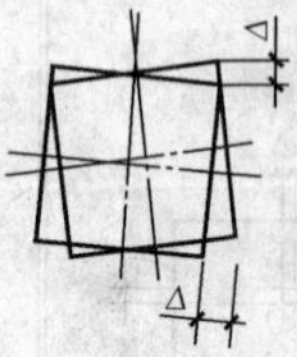	用钢尺检查
同一层柱的各柱顶高度差 Δ	5.0	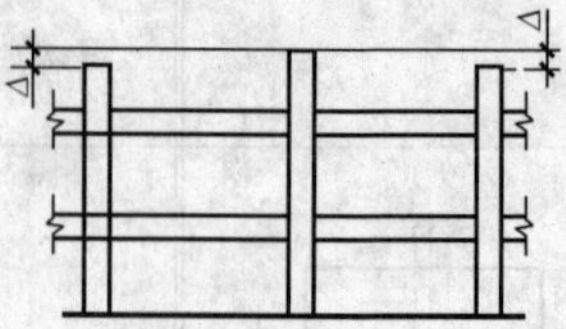	用水准仪检查
同一根梁两端顶面的高差 Δ	$l/1000$，且不应大于 10.0	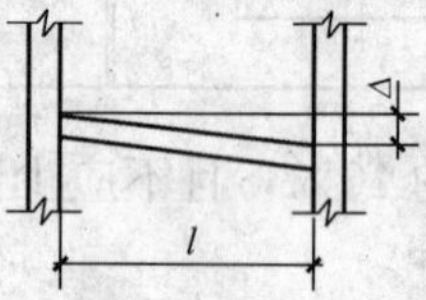	用水准仪检查
主梁与次梁表面的高差 Δ	±2.0	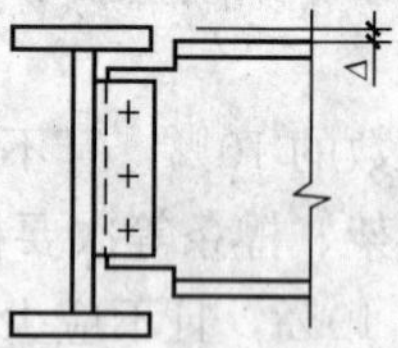	用直尺和钢尺检查
压型金属板在钢梁上相邻列的错位 Δ	15.00	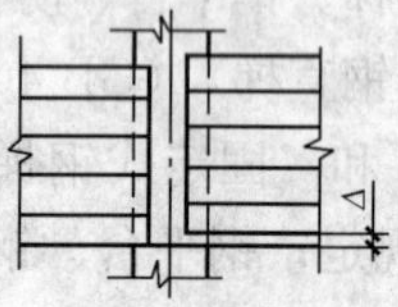	用直尺和钢尺检查

表 4-38　多层及高层钢结构主体结构总高度的允许偏差　　(mm)

项　目	允许偏差	图　例
用相对标高控制安装	$\pm\sum(\Delta_h+\Delta_z+\Delta_w)$	
用设计标高控制安装	$H/1000$，且不应大于 30.0 $-H/1000$，且不应小于 −30.0	

注：1. Δ_h 为每节柱子长度的制造允许偏差；

2. Δ_z 为每节柱子长度受荷载后的压缩值；

3. Δ_w 为每节柱子接头焊缝的收缩值。

检查数量：抽查标准柱列数的 10%，且不应少于 4 列。

检验方法：用全站仪、水准仪、尺量检测。

4.8 钢网架结构安装工程

4.8.1 支承垫块和支承面顶板

支承垫块和支承面顶板质量分为合格和不合格。

合格标准：主控项目全部符合规定；一般项目有 80%及以上的检查点符合规定；其余检查点的偏差值不应超过允许偏差的 1.5 倍。

主控项目：

(1) 钢网架结构支座定位轴线的位置、支座锚栓的规格应符合设计要求。

检查数量：抽查支座总数的 10%，且不应少于 4 处。

检验方法：用经纬仪、钢尺实测。

(2) 支承垫块的规格、品种、摆放位置和朝向，必须符合设计要求及现行国家规范标准的规定。不同类型刚性垫块之间或橡胶垫块与刚性垫块之间不得互换使用。

检查数量：抽查支座总数的 10%，且不应少于 4 处。

检验方法：观察、尺量检查。

(3) 钢网架支座锚栓的紧固应符合设计要求。

检查数量：抽查支座总数的 10%，且不应少于 4 处。

检验方法：观察检查。

(4) 支承面顶板的标高、位置、水平度及支座锚栓的位置允许偏差应符合表 4-39 的规定。

表 4-39 支承面顶板、支座锚栓位置的允许偏差 (mm)

项目		允许偏差
支承面顶板	位置	15.0
	顶面标高	0 −3.0
	顶面水平度	$l/1000$
支座锚栓	中心偏移	±5.0

一般项目：

支座锚栓尺寸的允许偏差应符合表 4-23 的规定。对支座锚栓的螺纹应采取适当保护措施。

检查数量：抽查支座总数的 10%，且不应少于 4 处。

检验方法：尺量实测。

4.8.2 总拼与安装

总拼与安装质量分为合格和不合格。

合格标准：主控项目全部符合规定；一般项目有 80%及以上的检查点符合规定，其余检查点的偏差值不应超过允许偏差的 1.5 倍。

主控项目：

(1) 对建筑结构跨度 40m 及以上，安全等级为一级的公共建筑钢网架结构，并且设计有要求时，应按下列项目作节点承载力试验，其结果必须符合以下规定：

1) 螺栓球节点应根据设计要求所指定的最大螺栓孔螺纹进行抗拉强度试验，其强度试验结果必须满足设计承载力的要求。

2）焊接球节点应根据设计要求指定的规格球及相匹配的钢管焊接试件作轴心拉压承载力试验，其试验破坏荷载值应≥1.6倍设计承载力。

检查数量：每项试验做3个试件。

检验方法：在万能试验机上试验，检查试验报告。

（2）钢网架结构总拼及屋面工程完毕后应测量其挠度值，实测挠度值不应超过设计值的1.15倍。

检查数量：跨度24m以上的钢网架结构测量下弦中央一点及各下弦跨度的四分之一点；跨度24m及以下钢网架结构测量下弦中央一点。

检验方法：用水准仪和钢尺实测。

（3）小拼单元的允许偏差应符合表4-40的规定。

表4-40　小拼单元的允许偏差　(mm)

项目			允许偏差
节点中心偏移			2.0
焊接球节点与钢管中心的偏移			1.0
杆件轴线的弯曲矢高			L_1/1000，且不应大于5.0
锥体型小拼单元	弦杆长度		±2.0
	锥体高度		±2.0
	上弦杆对角线长度		±3.0
平面桁架型小拼单元	跨长	≤24m	+3.0 −7.0
		>24m	+5.0 −10.0
	跨中高度		±3.0
	跨中拱度	设计要求起拱	±L/5000
		设计未要求起拱	+10.0

注：1. L_1为杆件长度；
2. L为跨长。

检查数量：抽查单元总数的5%，且不应少于5个。

检验方法：拉线用钢尺和辅助工具实测。

（4）中拼单元的允许偏差应符合表4-41的规定。

表4-41　中拼单元的允许偏差　(mm)

项目		允许偏差	项目		允许偏差
单元长度≤20m，拼接长度	单跨	±10.0	单元长度>20m，拼接长度	单跨	±20.0
	多跨连续	±5.0		多跨连续	±10.0

一般项目：

（1）钢网架结构安装完毕，其表面应洁净，不应有明显的疤痕、油污；螺栓球节点的各缝隙应用油腻封闭严密，且应将多余的螺孔填充封严。

检查数量：抽查节点及杆件总数的5%，且不应少于10个节点。

检验方法：观察检查。

（2）钢网架结构安装的允许偏差应符合表4-42的规定。

检查数量：全数检查，杆件弯曲矢高抽查杆件总数的 5%。

表 4-42 钢网架结构安装的允许偏差 (mm)

项 目	允许偏差	检验方法
纵向、横向长度	$L/2000$，且不应大于 30.0 $-L/2000$，且不应小于-30.0	用钢尺实测
支座中心偏移	$L/3000$，且不应大于 30.0	用钢尺和经纬仪实测
周边支承网架相邻支座高差	$L/400$，且不应大于 15.0	用钢尺和水准仪实测
支座最大高差	30.0	
多点支承网架相邻支座高差	$L_1/800$，且不应大于 30.0	

注：1. L 为纵向、横向长度；
2. L_1 为相邻支座间距。

4.9 压型金属板工程

4.9.1 压型金属板制作

压型金属板制作质量分为合格和不合格。

合格标准：主控项目全部符合规定；一般项目有 80%及以上的检查点符合规定，其余检查点的偏差值不应超过允许偏差的 1.5 倍。

主控项目：

(1) 有镀层或涂层的压型金属板成型后，其镀层或涂层不应有肉眼可见的划痕、剥落、和裂纹等缺陷。

检查数量：抽查件数的 5%，且不应少于 10 件。

检验方法：观察。

(2) 成型后的压型金属板基板不应有凸凹撞伤和裂纹。

检查数量：抽查总件数的 5%，且不应少于 10 件。

检验方法：观察和用 10 倍放大镜检查。

一般项目：

(1) 压型金属板的表面应洁净，不应有明显的皱褶。

检查数量：抽查总件数的 5%，且不应少于 10 件。

检验方法：观察检查。

(2) 压型金属板的尺寸允许偏差应符合表 4-43 的规定。

检查数量：抽查总件数的 5%，且不应少于 10 件。

检验方法：拉线、尺量检查。

表 4-43 压型金属板的尺寸允许偏差 (mm)

项 目			允许偏差
波 距			±2.0
波 高	压型钢板	截面高度≤70	±1.5
		截面高度>70	±2.0
侧向弯曲	在测量长度 l_1 的范围内		20.0

注：l_1 为测量长度，指板长扣除两端各 0.5m 后的实际长度（小于 10m）或扣除后任选的 10m 长度。

(3) 压型金属板施工现场制作的允许偏差应符合表 4-44 的规定。

表 4-44　压型金属板施工现场制作的允许偏差　(mm)

项目		允许偏差
压型金属板的覆盖宽度	截面高度≤70	+10.0，−2.0
	截面高度>70	+6.0，−2.0
板长		±9.0
横向剪切偏差		6.0
泛水板、包角板尺寸	板长	±6.0
	折弯面宽度	±3.0
	折弯面夹角	2°

检查数量：抽查总件数的 5%，且不应少于 10 件。

检验方法：用钢尺、角尺检查。

4.9.2　压型金属板安装

压型金属板安装质量分为合格和不合格。

合格标准：主控项目全部符合规定，一般项目有 80% 及以上检查点符合规定。其余检查点不应超过允许偏差的 1.5 倍。

主控项目：

(1) 组合楼板中压型钢板与主体结构（梁）的锚固支承长度应符合设计要求，且不应小于 50mm；端部锚固件连接应可靠，设置位置应符合设计要求。

检查数量：抽查连接锚固支承纵向长度的 10%，且不应少于 10m。

检验方法：观察、尺量检查。

(2) 压型金属板、泛水板和包角板的固定应牢靠。密封材料的敷设和防腐涂料的涂刷应严密无破损。连接件的数量、间距应符合设计和现行国家标准规范的要求。

检查数量：全数检查。

检验方法：观察、尺量检查。

(3) 压型金属板在支承构件上应可靠搭接，其搭接长度应符合设计要求，当设计无具体要求时，应符合表 4-45 的规定。

表 4-45　压型金属板在支承构件上的搭接长度　(mm)

项目		搭接长度
截面高度>70		375
截面高度≤70	屋面坡度<1/10	250
	屋面坡度≥1/10	200
墙面		120

检查数量：抽查搭接部位总长度的 10%，且不应少于 10m。

检验方法：观察、尺量检查。

一般项目：

(1) 压型金属板安装应顺直、平整，表面应清洁干净；墙面下端及檐口应平直；错钻的孔眼应处理严密。

检查数量：抽查总面积的10%，且不少于$10m^2$。

检验方法：观察检查。

(2) 压型金属板安装的允许偏差应符合表4-46的规定。

表4-46 压型金属板安装的允许偏差 (mm)

项目		允许偏差
屋面	檐口与屋脊的平行度	12.0
	压型金属板波纹线对屋脊的垂直度	$L/800$，且不应大于25.0
	檐口相邻两块压型金属板端部错位	6.0
	压型金属板卷边板件最大波浪高	4.0
墙面	墙板波纹线的垂直度	$H/800$，且不应大于25.0
	墙板包角板的垂直度	$H/800$，且不应大于25.0
	相邻两块压型金属板的下端错位	6.0

注：1. L为屋面半坡或单坡长度；
2. H为墙面高度。

检查数量：檐口的平直度：抽查总长度的10%，且不应少于10m。其他项目：抽查每20m一处，且不应少于2处。

检验方法：用拉线、吊线、尺量检查。

5 屋面工程

5.1 瓦屋面工程

5.1.1 油毡瓦屋面

5.1.1.1 油毡瓦屋面材料

油毡瓦进场后进行严格验收，应提供厂家合格证、检测报告等相关资料；并对油毡瓦的外观质量进行检查，油毡瓦的边缘应整齐、厚薄均匀、切槽应清晰；表面应无孔洞、裂纹、砸伤、起泡和折皱等缺陷。

5.1.1.2 油毡瓦屋面施工

油毡瓦用油毡钉固定在木基层上，当基层为混凝土时可用冷沥青玛琋脂固定。油毡瓦基层应平整、清洁、牢固。铺设前，应在基层先铺设一层沥青防水卷材，其搭接宽度应不小于100mm，并顺坡度方向，由下向上铺设，搭接应上卷材压下卷材。油毡瓦应自檐口向上铺设，第一行瓦应与檐口平齐，切槽应向屋脊，位置正确后应用油毡钉固定。第二行瓦应与第一行瓦叠合，切槽方向指向檐口。第三行瓦应压在第二行瓦上，并露出切槽 125mm，其油毡瓦的对缝上下行不得重合，油毡钉帽应埋在垫毡下面，每片油毡瓦用油钉不少于 4 个，当屋面坡度大于 150%时，应增加油毡钉的数量。将油毡瓦沿切槽切开分为 4 块作为脊瓦，并用两个油毡钉固定，脊瓦与坡面瓦搭接的宽度不小于 100mm，且不小于脊瓦的 1/2，与突出屋面结构的交接处铺贴高度应不小于 25mm。在管道、烟囱与屋面交接处二毡三油垫层，铺瓦以后再做一层高聚物改性沥青防水卷材防水。

女儿墙泛水处应做防水附加层，每边不少于 250mm，再沿八字坡面铺贴。

5.1.1.3 油毡瓦屋面工程质量

油毡瓦屋面质量分合格和不合格。

合格标准：主控项目全部符合要求；一般项目 80%及以上检查点符合要求。其余检查点的偏差不超过允许偏差的 1.5 倍。

主控项目：

(1) 油毡瓦的质量必须符合设计要求，包括规格尺寸、厚度及形状。

检验方法：观察、尺量，检查合格证及检测报告。

(2) 油毡瓦必须钉牢，钉帽不得外露。

检验方法：观察。

一般项目：

(1) 油毡瓦应表面平整，檐口顺直并与基面紧贴。

检验方法：观察检查。

(2) 泛水做法应符合设计要求，并结合严密，无渗漏，顺直整齐。

检验方法：观察检查和雨后或淋水试验。

(3) 油毡瓦的对缝，上下层不得重合；铺设方法应正确。

检验方法：观察检查。

检查数量：屋面每 $100m^2$ 抽查一处，每处 $10m^2$，且不少于 3 处。

5.1.2 金属板材屋面

5.1.2.1 金属板材

金属板材包括：镀锌板、铝合金板、钛合金板、不锈钢板、铜板、锌板等。压型板是金属板材的一个类别。

压型板进场应提供厂家合格证、检测报告、生产许可证，并对压型板进行检查，压型板的边缘应整齐，表面光滑、色泽均匀；外形规则，不得有脱膜、锈蚀和扭曲翘边等缺陷。

5.1.2.2 金属板材屋面施工

金属板材用有防水垫圈的镀锌螺钉固定，固定点应选在波峰上，所有外露的螺钉均应涂防锈漆。金属板的横向搭接不应小于一个波，纵向搭接不应小于 100mm，两板之间应密封。

金属板挑出墙面的长度应不小于 200mm，伸入檐沟的长度应不小于 50mm，天沟应压在金属板下面且不应小于 100mm。檐口用镀锌板封头，山墙用异型镀锌钢包角板与支架固定封严。泛水板与突出屋面的墙体搭接高度应不小于 300mm，安装应平直、固定应牢靠。

5.1.2.3 金属板材屋面质量

金属板材屋面质量分合格和不合格。

合格标准：主控项目全部符合要求；一般项目 80%及以上的检查点应符合要求。其余检查点的偏差不得超过允许偏差的 1.5 倍。

检查数量：每 $100m^2$ 抽查一处，每处 $10m^2$，且不少于 3 处。

主控项目：

(1) 金属板材及辅助材料的规格、材质必须符合要求。

检验方法：检查产品合格证及检测报告。

(2) 金属板材的固定和密封必须符合设计要求，不得有渗漏。

检验方法：观察和雨后或做淋水试验。

一般项目：

(1) 金属板材屋面檐口线、泛水应平直，不得有起伏现象。

检验方法：观察检查。

(2) 金属板材屋面应平整，固定应牢靠，封闭应严密，坡度应符合设计要求。

检验方法：观察、尺量检查。

5.1.3 平瓦屋面

5.1.3.1 平瓦

平瓦进场应提供产品合格证、强度等级检测报告。平瓦包括黏土烧结瓦和混凝土瓦。

平瓦（含脊瓦）应边缘齐全、无裂纹、泛砂、分层等缺陷。黏土烧结瓦质地应密实，不得有未烧透现象。混凝土瓦的配合比应一致。并充分养护。

5.1.3.2 平瓦屋面施工

平瓦屋面施工前应在基层铺设油毡，油毡横向铺设时应由下往上铺，上行油毡压下行油毡不少于10mm。平瓦屋面分设木楞条和坐泥两种，设木楞时应按瓦的尺寸将木楞（一般为30mm×30mm），用圆钉与基底钉牢。瓦头应平直，瓦头应伸出檐板50～70mm，房脊瓦和相邻的第一行瓦应用砂浆窝牢。瓦榫应落槽，瓦脚应挂实。脊瓦与两面坡瓦至少搭接40mm，其缝隙应用麻刀混合砂浆抹平，斜脊和屋脊应平直。

平瓦屋面与突出屋面结构及立墙交接部位应做泛水，侧面瓦伸入泛水的宽度不应小于50mm；檐沟、天沟的防水层伸入瓦内的宽度应不小于150mm，瓦伸入檐沟、天沟的长度应在50～70mm。

5.1.3.3 平瓦屋面工程质量

平瓦屋面工程质量分合格和不合格。

合格标准：主控项目应全部符合要求，一般项目有80%及以上的检查点符合要求。其余检查点的偏差值不超过允许偏差的1.5倍。

主控项目：

(1) 平瓦、脊瓦的质量必须符合设计要求。

检验方法：观察和检查产品合格证、检测报告。

(2) 平瓦铺设必须牢靠。坡度50%以上或抗震设防地区的屋面，应采取加固措施。

检验方法：手扳、观察。

一般项目：

(1) 脊瓦应铺设正确，间距均匀，封闭应严密；屋脊和斜脊应顺直。

检验方法：观察、拉线尺量检查。

(2) 泛水做法应符合设计要求，表面应顺直，结合应严密并无渗漏现象。

检验方法：观察和淋水试验或雨后检查。

(3) 瓦木条分档应均匀，铺设应平整、牢靠，搭接紧密，排列整齐，檐口平直。

检验方法：观察、拉线检查。

5.2 隔热屋面工程

5.2.1 种植屋面

5.2.1.1 种植屋面材料

种植屋面所使用的防水材料，细石混凝土，应由设计确定；进场后认真验收，见证取样送有见证取样资质的试验室进行检测合格后使用。种植屋面的防水层应采用耐霉烂、耐穿刺、耐腐蚀性能好的防水材料。采用防水卷材做防水层时，应设细石混凝土保护层。

5.2.1.2 种植屋面质量

种植屋面的泄水坡度应在1%～3%之间，并在四周设挡水墙和泄水孔，泄水孔内放疏水细骨料。种植屋面的施工应尽力避免破坏防水层，保护层的厚度和材质应符合设计要求。种植屋面的防水层应做闭水试验，蓄水深度应不低于整个试验范围内最高点20mm，持续时间24h不渗漏为合格。

种植屋面工程质量分为合格和不合格，合格标准：主控项目全部符合要求。

检查数量：全数检查。

主控项目：

(1) 种植屋面防水层所使用的防水材料应符合现行国家标准规定；种植屋面防水层的施工必须符合设计要求，不得渗漏。

检验方法：蓄水试验。

(2) 种植屋面挡水墙、泄水孔的设置应符合设计要求，并不得堵塞。

检验方法：观察、尺量检查。

5.2.2 架空屋面

5.2.2.1 架空屋面所用的材料

架空屋面所用的材料应符合设计要求。

非上人屋面砌筑支座用黏土砖，其强度等级不应低于 MU7.5；上人屋面的黏土砖强度等级不应低于 MU10。

混凝土板使用的双向钢筋和浇筑的混凝土强度等级应由设计确定，在设计无规定时混凝土强度等级不应低于 C20。

砌筑砂浆的强度等级不应低于 M5。

5.2.2.2 架空屋面工程施工

架空屋面是在屋面防水层上用黏土砖砌 120mm×200mm 的砖支座架，在支座架上设置隔热材料板，架空高度一般为 100～300mm（标准砖 3 层），如图 5-1 所示。

架空屋面施工时，应先清扫屋面后弹出支座中心线，支座底面的防水层应采取保护措施。黏土砖应充分湿润，但应防止成饱合状态。以保证结合质量。

在安装隔热板时，应安放稳妥，并用水泥砂浆将缝隙嵌严。

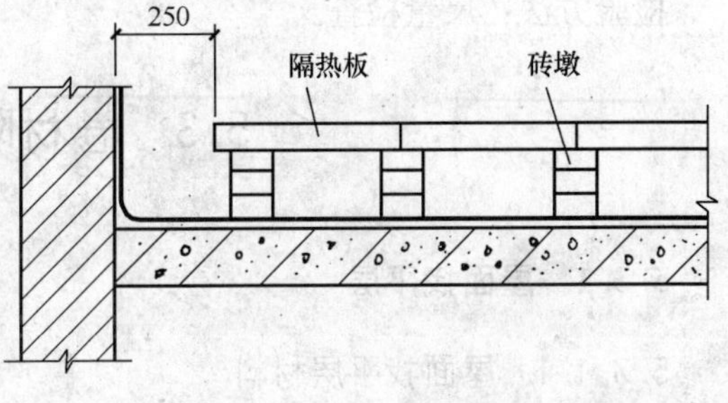

图 5-1 架空屋面

5.2.2.3 架空屋面工程质量

架空屋面工程质量分为合格和不合格。

合格标准：主控项目符合要求；一般项目有 80%及以上检查点符合要求。其余检查点的偏差不超过允许偏差的 1.5 倍。

检查数量：每 100m² 检查一处，每处 10m²，且不得少于 3 处。

主控项目：

架空隔热制品的材质、规格必须符合要求，严禁有裂纹及钢筋裸露等缺陷。

检验方法：观察和查阅产品合格证、检测报告。

一般项目：

(1) 相邻两块隔热板的高低差不得大于 3mm。

检验方法：用直尺和楔形塞尺检查。

(2) 隔热板的架设应平整稳妥。缝隙应抹填严实；隔热板与周边墙的距离应不小于 250mm，架空层的高度及变形缝的设置应符合设计要求。

检验方法：观察、尺量检查。

5.2.3 蓄水屋面

5.2.3.1 蓄水屋面材料

蓄水屋面材料进场应提供产品合格证、检测报告，现场见证取样送有见证取样资质的检测单位检测合格后方可使用。

蓄水屋面可采用刚性防水层或柔性防水层，柔性防水层使用的卷材或涂膜防水应尽量采用耐霉烂、耐穿透、耐腐蚀性能好的材料。

5.2.3.2 蓄水屋面工程施工

蓄水屋面应划分为若干蓄水区，每区的边长不宜大于10m，遇变形缝分成两个蓄水区，当屋面长度超过40m时应设伸缩缝一道，并设人行道到每个蓄水区。

蓄水屋面应在防水层施工前，安装排水管、溢水管和给水管；当使用防水混凝土做蓄水区时，防水混凝土应一次浇筑完成。振捣应密实，并适时浇水养护。

5.2.3.3 蓄水屋面工程质量

蓄水屋面工程质量分为合格和不合格两种。

合格标准：主控项目全部符合要求。

（1）蓄水屋面防水层施工必须符合设计要求，不得有渗漏现象。

检验方法：蓄水区内最高点，蓄水不少于20mm，24h无渗漏为合格。

（2）蓄水屋面上设置的排水管、溢水管、溢水孔、过水孔的标高、轴线、尺寸应符合设计要求。

检验方法：尺量检查。

5.3 卷材防水屋面工程

5.3.1 屋面找平层

5.3.1.1 屋面找平层材料

屋面找平层可采用细石混凝土、沥青混凝土或水泥砂浆。

5.3.1.2 找平层施工

找平层的厚度和技术要求应符合表5-1的规定。

表5-1 找平层的厚度和技术要求

类别	基层种类	厚度（mm）	技术要求
水泥砂浆找平层	整体混凝土	15～20	1∶2.5～1∶3（水泥∶砂）体积比，水泥强度等级不低于32.5级
	整体或板状材料保温层	20～25	
	装配式混凝土板，松散材料保温层	20～30	
细石混凝土找平层	松散材料保温层	30～35	混凝土强度等级不低于C20
沥青砂浆找平层	整体混凝土	15～20	1∶8（沥青∶砂）质量比
	装配式混凝土板，整体或板状材料保温层	20～25	

找平层的排水坡度应符合设计要求。平屋面采用材料找坡时，坡度宜为 2%，采用结构找坡时，坡度不应小于 3%，檐沟、天沟纵向找坡，坡度不应小于 1%，沟底的水落差不得大于 200mm。

突出屋面的女儿墙、山墙、天窗壁、变形缝、烟囱等与基层的交接处、转角处均应做成圆弧形，圆弧半径应符合表 5-2 的规定。内排水的水落口周围应做成略低的凹沟。

表 5-2　转角处圆弧半径

卷 材 种 类	圆弧半径（mm）	卷 材 种 类	圆弧半径（mm）
沥青防水卷材	100～150	合成高分子防水卷材	20
高聚物改性沥青防水卷材	50		

找平层宜设分格缝，并填充密封材料，其纵、横缝的最大间距：当使用沥青砂浆找平时不宜大于 4m，当使用细石混凝土、沥青混凝土或水泥砂浆找平时不宜大于 6m。当基层为预制钢筋混凝土板时，应符合以下规定：

（1）板缝宽度大于 40mm 时，缝内应设置结构钢筋；

（2）板端及侧缝应灌强度等级不低于 C20 的细石混凝土；

（3）板端缝应做密封处理。

5.3.1.3　找平层工程质量

找平层工程质量分为合格和不合格。

合格标准：主控项目全部符合要求；一般项目有 80%及以上的检查点符合要求，20%检查点偏差不得超过允许偏差的 1.5 倍。

检查数量：每 100m^2 抽查一处，每处 10m^2，且不得少于 3 处。

主控项目：

（1）找平层所使用的材料及配合比，必须符合设计要求。

检验方法：查阅产品合格证、检测报告，检查计量设备的准确性，核实是否经过检测。

（2）屋面（包括檐沟、天沟）找平层的排水坡度，必须符合设计要求。

检验方法：用水平尺（水准仪）、拉线和尺量检查。

一般项目：

（1）找平层分格缝的间距、位置应符合设计要求。

检验方法：观察和尺量检查。

（2）找平层表面平整度允许偏差为 5mm。

检验方法：用 2m 长靠尺和楔形塞尺检查。

（3）突出屋面结构与基层交接处、转角处均应做成圆弧形，并整齐平缓。

检验方法：观察、尺量检查。

（4）水泥砂浆：细石混凝土找平层应压光修平，不得有酥松、起砂、起皮现象；沥青混凝土找平层应先清扫，涂刷冷底子油后铺设。

5.3.2　屋面保温层

5.3.2.1　屋面保温层材料

屋面保温层材料进场时应提供产品合格证、检测报告，见证取样送有见证取样检测资质的检测单位检测合格后方可使用。

屋面保温板状材料（聚苯乙烯泡沫塑料板、硬质聚氨酯泡沫塑料板等）、整体现浇材料（沥青蛭石、沥青膨胀珍珠岩等）和松散材料（膨胀蛭石、膨胀珍珠岩）。

板状保温材料质量要求应符合表 5-3 的规定。

表 5-3 板状保温材料质量要求

项　目	聚苯乙烯泡沫塑料类		硬质聚氨酯泡沫塑料	泡沫玻璃	微孔混凝土类	膨胀蛭石（珍珠岩）制品
	挤压	模压				
表观密度（kg/m³）	≥32	15～30	≥30	≥150	500～700	300～800
热导率［W/（m·K）］	≤0.03	≤0.041	≤0.027	≤0.062	≤0.22	≤0.26
抗压强度（MPa）	—	—	—	≥0.4	≥0.4	≥0.3
在 10%形变下的压缩应力（MPa）	≥0.15	≥0.06	≥0.15	—	—	—
70℃，48h 后尺寸变化率（%）	≤2.0	≤5.0	≤5.0	≤0.5	—	—
吸水率（V/V,%）	≤1.5	≤6	≤3	≤0.5	—	—
外观质量	板的外形基本平整，无严重凹凸不平；厚度允许偏差为 5%，且不大于 4mm					

松散保温材料质量要求应符合表 5-4 的规定。

表 5-4 松散保温材料质量要求

项　目	膨胀蛭石	膨 胀 珍 珠 岩
粒　径	3～15mm	≥0.15mm，<0.15mm 的含量不大于 8%
堆积密度	≤300kg/m³	≤120kg/m³
热导率	≤0.14W/（m·K）	≤0.07W/（m·K）

倒置式屋面应采用长期浸泡不腐烂、吸水率小的保温材料（聚苯泡沫板、硬质聚氨酯泡沫板、闭孔泡沫玻璃等）。保温层上应用混凝土砖、水泥砂浆做保护层，当使用卵石做保护层时应先铺一层无纺聚酯纤维布作隔离层。

5.3.2.2 保温层施工

松散材料保温层施工应符合以下规定：

（1）松散保温材料应分层铺设并振捣密实，密实后的厚度与程度应经试验确定。

（2）保温层施工完毕后，应及时进行找平层和防水层的施工，雨季施工，保温层应采取防雨措施。

（3）铺设松散材料保温层的基层应干燥、干净和平整。

（4）保温层含水率应符合设计要求。

整体现浇保温层施工应符合以下规定：

（1）硬质聚氨酯泡沫塑料应用计量器准确计量，并严格按配合比配料，发泡厚度均匀一致。

（2）沥青膨胀蛭石、沥青膨胀珍珠岩宜用机械搅拌，并应色泽均匀一致，无沥青团，压实程度通过试验确定，其厚度应符合设计要求，表面应平整。

板状材料保温层施工应符合以下规定：

(1) 板状保温材料应紧密排列在基层上，并应铺平垫稳。

(2) 分层铺设时，板块接缝上下层应错开，板缝应用同类材料嵌填密实。

(3) 粘贴铺设时，应粘贴牢靠，紧密。

(4) 板状材料保温层的基层应干燥、平整，无杂质、油污等。

5.3.2.3 保温层工程质量

保温层工程质量分合格和不合格。

合格标准：主控项目全部符合要求，一般项目 80%及以上的检查点符合要求，其余检查点的偏差不超过允许偏差的 1.5 倍。

检查数量：每 100m^2 检查一处，每处 10m^2，且不得少于 3 处。

主控项目：

(1) 保温层的含水率必须符合设计要求。

检验方法：检查抽样检验报告。

(2) 保温材料的密度、导热系数、吸水率、强度必须符合设计要求。

检验方法：检查产品合格证、检测报告、复验报告。

一般项目：

(1) 倒置式屋面保护层铺设的卵石应均匀，卵石的质量应符合设计要求。

检验方法：按堆积密度计算其重量。

(2) 保温层厚度的允许偏差：板状保温材料为 5%；整体浇筑和松散保温材料为－5%，＋10%。

(3) 保温层的铺设应符合以下要求：

1) 整体浇筑保温层：搅拌应均匀，振捣应密实，表面应平整，坡度应符合设计要求。

2) 板状保温材料：应在基层紧密排列，铺设应平稳，缝隙应严密，找坡应正确。

3) 松散保温材料：应分层铺设，压实适当，表面平整，找坡应正确。

检验方法：观察。

5.3.3 卷材防水层

5.3.3.1 防水层材料

卷材防水层一般采用合成高分子防水卷材、沥青防水卷材或高聚物改性沥青防水卷材。其中后者在工地应用比较广泛。

合成高分子防水卷材的外观质量和物理性能应符合表 5-5 和 5-6 的规定。

表 5-5 合成高分子防水卷材外观质量

项 目	质 量 要 求
折 痕	每卷不超过 2 处，总长度不超过 20mm
杂 质	大于 0.5mm 颗粒不允许，每 1m^2 不超过 9mm^2
胶 块	每卷不超过 6 处，每处面积不大于 4mm^2
凹 痕	每卷不超过 6 处，深度不超过本身厚度的 30%；树脂类深度不超过 15%
每卷卷材的接头	橡胶类每 20m 不超过 1 处，较短的一段不应小于 3000mm，接头处应加长 150mm；树脂类 20m 长度内不允许有接头

表 5-6　合成高分子防水卷材物理性能

项　目		性能要求			
		硫化橡胶类	非硫化橡胶类	树脂类	纤维增强类
断裂拉伸强度（MPa）		≥6	≥3	≥10	≥9
扯断伸长率（%）		≥400	≥200	≥200	≥10
低温弯折（℃）		−30	−20	−20	−20
不透水性	压力（MPa）	≥0.3	≥0.2	≥0.3	≥0.3
	保持时间（min）	≥30			
加热收缩率（%）		<1.2	<2.0	<2.0	<1.0
热老化保持率（80℃，168h）	断裂拉伸强度	≥80%			
	扯断伸长率	≥70%			

沥青防水卷材的外观质量和物理性能应符合表 5-7 和 5-8 的规定。

表 5-7　沥青防水卷材外观质量

项　目	质量要求
孔洞、硌伤	不允许
露胎、涂盖不匀	不允许
折纹、皱折	距卷芯 1000mm 以外，长度不大于 100mm
裂纹	距卷芯 1000mm 以外，长度不大于 10mm
裂口、缺边	边缘裂口小于 20mm；缺边长度小于 50mm，深度小于 20mm
每卷卷材的接头	不超过 1 处，较短的一段不应小于 2500mm，接头处应加长 150mm

表 5-8　沥青防水卷材物理性能

项　目		性能要求	
		350 号	500 号
纵向拉力（25±2℃）（N）		≥340	≥440
耐热度（85±2℃，2h）		不流淌，无集中性气泡	
柔度（18±2℃）		绕 ϕ20mm 圆棒无裂纹	绕 ϕ25mm 圆棒无裂纹
不透水性	压力（MPa）	≥0.10	≥0.15
	保持时间（min）	≥30	≥30

高聚物改性沥青防水卷的外观质量和物理性能应符合表 5-9 和 5-10 的规定。

表 5-9　高聚物改性沥青防水卷材外观质量

项　目	质量要求
孔洞、缺边、裂口	不允许
边缘不整齐	不超过 10mm
胎体露白、未浸透	不允许
撒布材料粒度、颜色	均匀
每卷卷材的接头	不超过 1 处，较短的一段不应小于 1000mm，接头处应加长 150mm

表 5-10　高聚物改性沥青防水卷材物理性能

项　　目		性 能 要 求		
		聚酯毡胎体	玻纤胎体	聚乙烯胎体
拉力（N/50mm）		≥450	纵向≥350，横向≥250	≥100
伸长率（%）		最大拉力时，≥30	—	断裂时，≥200
耐热度（℃，2h）		SBS 卷材 90，APP 卷材 110，无滑动、流淌、滴落		PEE 卷材 90，无流淌、起泡
低温柔度（℃）		SBS 卷材－18，APP 卷材－5，PEE 卷材－10 3mm 厚 r=15mm；4mm 厚 r=25mm；3s 弯 180°，无裂纹		
不透水性	压力（MPa）	≥0.3	≥0.2	≥0.3
	保持时间（min）	≥30		

注：SBS——弹性体改性沥青防水卷材；APP——塑性体改性沥青防水卷材；PEE——改性沥青聚乙烯胎防水卷材。

卷材应根据设防道数、品种、防水等级选定所需要的厚度应符合表 5-11 的规定。

表 5-11　卷材厚度选用表

屋面防水等级	设防道数	合成高分子防水卷材	高聚物改性沥青防水卷材	沥青防水卷材
Ⅰ级	三道或三道以上设防	不应小于 1.5mm	不应小于 3mm	—
Ⅱ级	二道设防	不应小于 1.2mm	不应小于 3mm	—
Ⅲ级	一道设防	不应小于 1.2mm	不应小于 4mm	三毡四油
Ⅳ级	一道设防	—	—	二毡三油

防水卷材粘结剂的质量应符合以下规定：

（1）合成高分子粘结剂的粘结剥离强度不应小于 15N/10mm，在持续浸水 168h 以后的保持率不应小于 70%。

（2）双面粘结带剥离状态下的黏合性不应小于 10N/25mm，在持续浸水 168h 以后的保持率不应小于 70%。

（3）改性沥青粘结剂的粘结强度不应小于 8N/10mm。

应根据屋面的使用条件、坡度和历年来当地最高气温选择粘结各层沥青防水卷材和粘结绿豆砂保护层的沥青玛瑞脂，其标号应按表 5-12 选用。沥青玛瑞脂的质量要求应符合表 5-13的规定。

表 5-12　沥青玛瑞脂选用标号

屋面坡度	历年极端最高气温	沥青玛瑞脂标号
2%～3%	低于 38℃	S-60
	38～41℃	S-65
	41～45℃	S-70
3%～15%	低于 38℃	S-65
	38～41℃	S-70
	41～45℃	S-75

续表

屋面坡度	历年极端最高气温	沥青玛𤧛脂标号
15%～25%	低于38℃	S-75
	38～41℃	S-80
	41～45℃	S-85

注：1. 卷材防水层上有块体保护层或整体刚性保护层时，沥青玛𤧛脂标号可按表中标号降低5号；

2. 屋面受其他热源影响（如高温车间等）或屋面坡度超过25%时，应将沥青玛𤧛脂的标号适当提高。

表 5-13　沥青玛𤧛脂的质量要求

指标名称＼标号	S-60	S-65	S-70	S-75	S-80	S-85
耐热度	用2mm厚的沥青玛𤧛脂黏合两张沥青油纸，在不低于下列温度（℃）中，在1∶1坡度上停放5h后，沥青玛𤧛脂不应流淌，油纸不应滑动					
	60	65	70	75	80	85
柔韧性	涂在沥青油纸上的2mm厚的沥青玛𤧛脂层，在（18±2）℃时围绕下列直径（mm）的圆棒，用2s的时间以均衡速度弯成半周，沥青玛𤧛脂不应有裂纹					
	10	15	15	20	25	30
粘结力	用手将两张粘贴在一起的油纸慢慢地一次撕开，从油纸和沥青玛𤧛脂粘贴面的任何一面的撕开部分，应不大于粘贴面积的1/2					

5.3.3.2　防水层施工

防水层的基层必须清理干净、晾晒干透。

检验方法：将一块$1m^2$防水卷材铺在找平层上，3～4h后检查，卷材表面无水珠（表明找平层含水率在9%以内）方可进行防水层施工。

防水卷材施工铺贴的方向应符合以下规定：

（1）当屋面坡度大于15%或处在受震动环境的屋面，卷材应垂直于屋脊，合成高分子和高聚物改性沥青防水卷材可平行或垂直于屋脊。

（2）上下层间不得相互垂直，并应错开至少1/3宽度粘贴。

（3）当屋面坡度为3%时，卷材可平行于屋脊贴铺。

（4）当屋面坡度在3%～15%时，卷材可垂直或平行于屋脊铺贴。

应根据使用条件、现场气温、屋面坡度、并经试验确定玛𤧛脂的配制配合比，施工过程中应严格按配合比配料，每工作台班应对玛𤧛脂的柔韧性和软化点进行检查。

卷材施工可采用热风焊接法、冷粘法、热粘法、热熔法、自粘法。

热风焊接法是用热空气焊枪将防水材料搭接黏合的施工方法，其施工应符合以下规定：

（1）卷材的焊接面应清洁、无油污、水和其他杂质。

（2）焊接时应先焊长边、后焊短边。

（3）控制热风加热时间和温度，接缝焊接不得有跳焊、焊焦、焊接不牢及漏焊等现象。

（4）焊接不得损坏非焊接部位的卷材。

（5）卷材的铺设应平整顺直、搭接宽度准确，不得有皱折、扭曲。

冷粘法是在常温环境下采用冷粘结剂进行基层与卷材、卷材与卷材之间的粘结，冷粘法施工应符合以下规定：

（1）根据粘结剂说明书，严格控制粘贴卷材的时间；粘贴卷材应压实牢靠，不得有空鼓。

（2）粘贴卷材应平整顺直，搭接尺寸正确无扭曲、皱折。

（3）接缝处用密封材料封闭严密。

（4）粘结剂应不露底，不堆积，且涂刷均匀，其厚度宜为 0.5～1mm，面层厚度宜为 1～1.5mm。

热粘法是用热粘结剂进行卷材与卷材间、卷材与基层之间粘结的粘结方法，热粘法应符合以下规定：

（1）粘结剂涂刷后应及时粘贴卷材；粘贴的卷材应压实牢靠，并无空鼓现象。

（2）粘贴卷材应平整顺直、搭接尺寸正确，无皱折、扭曲。

（3）接缝处用密封材料封严。

（4）粘结剂应不露底，不堆积，且涂刷均匀，其厚度宜为 1～1.5mm；面层厚度宜为 2～3mm。

热熔法是用火焰将热熔型防水卷材底层的热熔胶熔化进行粘贴的方法，热熔法施工应符合以下规定：

（1）卷材热熔后应迅速滚铺，立即辊压牢固，不得有空鼓。

（2）卷材受热应均匀，不得过火烤焦或烧穿。

（3）卷材接缝处应挤出熔化的沥青油，并用腻子刀顺卷材长、短边画出宽窄一致的油线条。

（4）卷材铺贴后应平整顺直，满足搭接尺寸要求，不得有皱折和扭曲。

自粘法是用卷材本身自带不干胶进行粘贴的施工方法，自粘法施工应符合以下规定：

（1）卷材铺贴时应将隔离纸全部撕净，基层应涂刷处理剂，在处理剂干燥后及时粘贴卷材。

（2）卷材应辊压牢固，不得有空鼓。

（3）接缝应做宽度不小于 10mm 的封闭密封材料条。

（4）卷材铺贴应平整顺直，搭接尺寸满足要求，不得有皱折、扭曲。

卷材粘结可采用满粘法、点粘法、条粘法、空铺法。满粘法是卷材与基层全部粘贴的施工方法。点粘法是打孔卷材或普通卷材与基层采用点状粘贴的施工方法。条粘法是卷材与基层采用条状粘结的施工方法。空铺法是卷材与基层在仅有周边 80cm 宽度范围内粘贴，以防基层有大的变形撕裂卷材。

上下层的接缝应错开，各种卷材的搭接宽度应符合表 5-14 的要求。

檐沟、天沟、檐口、泛水及立面卷材收头应裁齐，塞入预留沟槽内，用压条钉压牢固，钉距不应大于 900mm，并用密封材料封严。

卷材防水层经验收合格后应尽快做保护层。

保护层可用云母或蛭石、绿豆砂、块材、细石混凝土、水泥砂浆、浅色涂料、铄铂纸等。

云母和蛭石不得有粉料，铺撒应均匀，厚度应一致。

绿豆砂应清洁无杂质，铺撒应均匀，粘结应牢固。

块材保护层应设分格缝，分格面积不宜大于 100m^2，分格宽度不宜小于 36m。

表 5-14 卷材搭接宽度 (mm)

卷材种类＼铺贴方法		短边搭接		长边搭接	
		满粘法	空铺、点粘、条粘法	满粘法	空铺、点粘、条粘法
沥青防水卷材		100	150	70	100
高聚物改性沥青防水卷材		80	100	80	100
合成高分子防水卷材	胶粘剂	80	100	80	100
	胶粘带	50	60	50	60
	单缝焊	60，有效焊接宽度不小于 25			
	双缝焊	80，有效焊接宽度 10×2+空腔宽			

细石混凝土、水泥砂浆或块材保护层与防水层之间应设隔离层；细石混凝土和块材保护层与女儿墙、山墙之间应留 30mm 宽度的沟槽，并用密封材料嵌填严密。

5.3.4 卷材防水层工程质量

卷材防水层质量分为合格和不合格。

合格标准：主控项目全部符合要求；一般项目 80%及以上的检查点符合要求，20%检查点的偏差不超过允许偏差的 1.5 倍。

检查数量：每 $100m^2$ 抽查一处，每处 $10m^2$，且不得少于 3 处。

主控项目：

(1) 卷材防水层不得有积水和渗漏现象。

检验方法：雨后或淋水、蓄水试验。

(2) 卷材防水层在檐沟、天沟、檐口、水落口、变形缝、泛水、伸出管道与屋面交接处的防水构造必须符合设计要求。

检验方法：检查隐蔽工程验收记录和观察。

(3) 卷材防水层所用卷材及配套材料必须符合设计要求。

检验方法：检查产品合格证、检测报告、复验报告。

一般项目：

(1) 卷材防水层撒布材料或浅色涂料保护层应撒布或涂刷均匀。粘结牢固；细石混凝土、块材或水泥砂浆保护层与防水层之间应设置隔离层；刚性防水保护层分格缝的留置应符合设计要求。

检验方法：观察。

(2) 排汽屋面的排汽管道应贯通，不得有堵塞。排汽管应安装牢靠，封闭严密，位置及标高正确。

检验方法：观察。

(3) 卷材的铺贴方向正确，卷材搭接宽度的允许偏差为－10mm。

检验方法：观察和尺量检查。

(4) 卷材防水层的搭接缝应粘贴牢固，密封严密，不得有空鼓、翘边、皱折等现象。

检验方法：观察。

5.4 刚性防水屋面工程

5.4.1 刚性防水材料

细石混凝土原材料要求：

(1) 细石混凝土所用的水泥宜用硅酸盐水泥或普通硅酸盐水泥，每立方米混凝土中的水泥用量不得少于330kg；水泥强度等级不低于42.5级。

(2) 混凝土中掺加减水剂、防水剂、膨胀剂等外加剂时，应严格按配合比准确计量，投料顺序应得当，搅拌应均匀。

(3) 细骨料含泥量不应大于2%，粗骨料含泥量不应大于1%。

(4) 混凝土水灰比不应大于0.55；灰砂比宜为1∶2～1∶2.5；含砂率宜为35%～40%。

细石混凝土防水层厚度不应小于40mm，并应配置双向钢筋，钢筋在分格缝处应断开，钢筋保护层厚度不应小于10mm。细石混凝土的强度等级不应低于C20。

5.4.2 细石混凝土防水层施工

细石混凝土防水层分格缝应设在屋面板的支承端、转角处，分格缝中填充密封材料、分格缝的纵、横间距不宜大于6m。

细石混凝土应用机械搅拌和振捣，每个分格缝的板块混凝土应一次浇筑完成，不得有施工缝，混凝土收水后应二次压光。混凝土浇筑后12h开始养护，持续时间不应少于14d。

5.4.3 细石混凝土防水层质量

细石混凝土防水层质量分合格和不合格。

合格标准：主控项目全部符合要求，一般项目80%及以上检查点符合要求，其余检查点的偏差不超过允许偏差的1.5倍。

检查数量：每$100m^2$抽查一处，每处$10m^2$，且不得少于3处。

主控项目：

(1) 细石混凝土防水层不得有积水或渗漏现象。

检验方法：雨后、淋水、蓄水检验。

(2) 细石混凝土防水层在落水口、泛水、变形缝、伸出屋面的管道、天沟、檐口等部位的做法应符合设计和规程规范的要求。

检验方法：观察、检查隐蔽工程验收记录。

(3) 细石混凝土的原材料及配合比应符合设计要求。

检验方法：检查产品合格证、检测报告、计量设备、复验报告等。

一般项目：

(1) 细石混凝土防水层分格缝的位置、间距应符合设计要求。

检验方法：观察、尺量检查。

(2) 细石混凝土防水层表面平整度允许偏差为5mm。

检验方法：2m 靠尺和塞尺检查。

（3）细石混凝土防水层表面应压光，不得有起皮、起砂、裂纹、起壳等现象。

检验方法：观察。

（4）细石混凝土防水层的钢筋型号、规格、位置、尺寸及混凝土的强度等级、厚度应符合设计要求。

检验方法：观察和尺量检查。

5.4.4 密封材料嵌缝

5.4.4.1 密封材料

刚性防水屋面的天沟、檐沟、变形缝、泛水、分格缝等细部密封处理可采用合成高分子或石油沥青密封材料。

合成高分子密封材料的物理性能应符合表 5-15 的规定。

改性石油沥青密封材料的物理性能应符合表 5-16 的规定。

表 5-15 合成高分子密封材料物理性能

项目		性能要求	
		弹性体密封材料	塑性体密封材料
拉伸粘结性	抗拉强度(MPa)	≥0.2	≥0.02
	伸长率(%)	≥200	≥250
柔性(℃)		−30，无裂纹	−20，无裂纹
拉伸-压缩循环性能	拉伸-压缩率（%）	≥±20	≥±10
	粘结和内聚破坏面积（%）	≤25	

表 5-16 改性石油沥青密封材料物理性能

项目		性能要求	
		Ⅰ	Ⅱ
耐热度	温度（℃）	70	80
	下垂值（mm）	≤4.0	
低温柔性	温度（℃）	−20	−10
	粘结状态	无裂纹和剥离现象	
拉伸粘结性（%）		≥125	
浸水后拉伸粘结性（%）		≥125	
挥发性（%）		≤2.8	
施工度（mm）		≥22.0	≥20.0

注：改性石油沥青密封材料按耐热度和低温柔性分为Ⅰ类和Ⅱ类。

5.4.4.2 密封材料施工

密封防水基层应平整、密实，不得有起皮，起砂、蜂窝、麻面等缺陷；并应干燥、无杂质、油污等。

密封材料的基层应涂刷与密封材料相匹配的基层处理剂，其基层处理剂的配合比应准确、搅拌应均匀。采用多组分基层处理剂时，应根据处理剂有效时限确定使用量，基层处理剂宜在背衬材料铺设后进行，并且涂刷应均匀，待基层处理剂表面干燥后再填密封材料。

改性沥青密封材料施工可采用冷嵌法或热灌法。采用冷嵌法施工时，应先将少许密封材料硬刮在缝的两侧，分几次将密封材料嵌填在缝内，并应压实牢固；当采用热灌法施工时，应自下而上进行，先浇灌垂直于屋脊的板缝，并在交叉处沿平行于屋脊的两侧板缝各延伸浇灌 150mm，留成斜槎。

合成高分子密封材料施工可用腻子刀或挤出枪嵌填。采用腻子刀嵌填时应先将少许密封材料嵌填在缝隙内，分层填满，用力压实，使其与缝壁紧密结合，并在凝结前修整完毕。

裸露的密封材料应设保护层，其宽度不应小于 200mm；密封材料不得固化前受碰撞或污染。

5.4.4.3　密封材料嵌填质量

密封材料嵌填质量分为合格和不合格。

合格标准：主控项目全部符合要求；一般项目 80％及以上检查点符合要求，其余检查的偏差不超过允许偏差的 1.5 倍。

检查数量：每 50 延长米抽查一处，每处 5m，且不得少于 3 处。

主控项目：

（1）密封材料嵌填必须连续、饱满、密实、粘结牢固，无开裂、脱落、气泡等现象。

检验方法：观察。

（2）密封材料的质量必须符合设计要求。

检验方法：检查产品合格证、配合比和复验报告。

一般项目：

（1）密封材料的嵌填基层应牢固、干燥、无杂质、油污，表面应密实、平整。

检验方法：观察。

（2）密封材料的缝边应顺直，无凹凸不平现象。

检验方法：观察。

（3）密封防水接缝宽度的允许偏差为±10％，其深度为宽度的 0.5～0.7 倍。

检验方法：尺量检查。

5.5　涂膜防水屋面工程

5.5.1　涂膜防水层材料

（1）防水涂料原材

防水涂料应采用合成高分子防水涂料、高聚物改性沥青防水涂料。

（2）合成高分子防水涂料的物理性能应符合表 5-17 的要求。

（3）高聚物改性沥青防水涂料物理性能应符合表 5-18 的要求。

胎基增强材料的质量应符合表 5-19 的要求。

表 5-17　合成高分子防水涂料物理性能

项目		性能要求		
		反应固化型	挥发固化型	聚合物水泥涂料
固体含量（%）		≥94	≥65	≥65
拉伸强度（MPa）		≥1.65	≥1.5	≥1.2
断裂伸长率（%）		≥350	≥300	≥200
柔性（℃）		−30，弯折无裂纹	−20，弯折无裂纹	−10，绕 ϕ10mm 棒无裂纹
不透水性	压力（MPa）	≥0.3		
	保持时间(min)	≥30		

表 5-18　高聚物改性沥青防水涂料物理性能

项目		性能要求
固体含量（%）		≥43
耐热度（80℃，5h）		无流淌、起泡和滑动
柔性（−10℃）		3mm 厚，绕 ϕ20mm 圆棒无裂纹、断裂
不透水性	压力（MPa）	≥0.1
	保持时间（min）	≥30
伸长值（20±2℃拉伸，mm）		≥4.5

表 5-19　胎体增强材料质量要求

项目		质量要求		
		聚酯无纺布	化纤无纺布	玻纤网布
外观		均匀，无团状，平整无折皱		
拉力（N/50mm）	纵向	≥150	≥45	≥90
	横向	≥100	≥35	≥50
伸长率（%）	纵向	≥10	≥20	≥3
	横向	≥20	≥25	≥3

5.5.2　涂膜防水层施工

涂膜防水层一般由 1～3 层涂布而成，必要时，可在各层涂料间设置胎基增强材料。

涂膜防水层的基层干燥程度可视涂料特性确定。当采用溶剂型涂料时，对屋面基层的干燥程度要求比较严格。

多组分防水涂料应严格控制配合比，准确计量，搅拌要均匀，并根据有效时限确定配制量。

涂膜防水涂料应分层涂布，前一道防水涂料干燥成膜后方可涂后一层，不得一次涂成。涂膜厚度应符合表 5-20 的规定。

胎体增强材料的铺设：当屋面坡度大于 15%时应垂直于屋脊，当屋面坡度小于 15%时应平行于屋脊。胎体短边搭接宽度不应小于 70mm，胎体长边搭接宽度不应小于 50mm，采用二层胎体材料时，上下层应相互平行铺设，且搭接缝应相互错开不小于幅宽的 1/3。

表 5-20 涂膜厚度选用

屋面防水等级	设防道数	高聚物改性沥青防水涂料	合成高分子防水涂料
Ⅰ级	三道或三道以上设防	—	不应小于 1.5mm
Ⅱ级	二道设防	不应小于 3mm	不应小于 1.5mm
Ⅲ级	一道设防	不应小于 3mm	不应小于 2mm
Ⅳ级	一道设防	不应小于 2mm	—

檐沟、檐口、天沟、泛水及立面涂膜防水层的收头应用防水涂料多遍涂刷或用封闭材料封严。

5.5.3 涂膜防水层工程质量

涂膜防水层工程质量分为合格和不合格。

合格标准：主控项目全部符合要求；一般项目 80％及以上的检查点符合要求，其余检查点的偏差值不超过允许偏差的 1.5 倍。

检查数量：每 $100m^2$ 抽查一处，每处 $10m^2$，且不得少于 3 处。

主控项目：

（1）涂膜防水层不得有积水和渗漏现象。

检验方法：雨后或淋水、蓄水试验。

（2）涂膜防水层的檐沟、檐口、天沟、水落口、变形缝、泛水及伸出屋面管道的防水构造必须符合设计要求。

检验方法：观察和检查隐蔽工程验收记录。

（3）防水涂料及胎体材料必须符合设计要求。

检验方法：检查产品合格证、检测报告、复验报告。

一般项目：

（1）涂膜防水层应粘结牢固，涂刷应均匀，表面平整，无流淌、空鼓、胎体裸露、皱折、翘边。

检验方法：观察。

（2）涂膜防水层上的浅色涂料或撒布材料保护层应涂刷或撒布均匀，粘结牢固，用细石混凝土、块材或水泥砂浆做保护层时应设隔离层，刚性防水层保护层的分格缝应符合设计要求。

检验方法：观察。

（3）涂膜防水层的平均厚度应符合设计要求，其最小厚度应不小于设计厚度的 80％。

涂膜防水屋面的找平层、保温层的施工和质量同卷材防水屋面的找平层、保温层的施工和质量。

5.6 防水细部做法

5.6.1 防水细部构造施工

5.6.1.1 突出屋面的管道防水细部做法

突出屋面的管道防水细部做法应符合以下规定：

（1）管道根部500mm以内找平层应抹高，并在找平层上抹出高度不小于300mm的圆台。

（2）管道周围与细石混凝土防水层或找平层之间应预留20mm×20mm的沟槽，用密封材料填严。

（3）管道根部周围应做宽度和高度不小于300mm的附加层。

（4）管道防水层收头处应用铁箍箍紧，用密封材料封严。

5.6.1.2　变形缝防水细部做法

变形缝防水细部做法应符合以下规定：

（1）防水层应粘贴到变形缝两侧砌体的上部；变形缝的泛水高度不应小于250mm。

（2）变形缝顶部应用金属板或混凝土板扣严，混凝土板的接缝应用密封材料塞严；变形缝内应填充塑料泡沫，上部填放衬垫材料并用防水卷材封严。

5.6.1.3　落水口防水细部做法

落水口防水细部做法应符合以下规定：

（1）防水材料贴入落水口内的深度不应小于50mm；落水口上沿的标高应设置在沟底的最低部位。

（2）落水口杯与基层应留200mm×200mm的沟槽，并用密封材料塞严。

（3）落水口周围500mm半径范围以内的坡度不应小于5%，并用密封材料或防水涂料涂封。

5.6.1.4　女儿墙泛水防水细部做法

女儿墙泛水防水细部做法应符合以下规定：

（1）砖墙的防水卷材收头压在女儿墙压顶下，压顶应做防水处理；也可压在墙体凹槽用钢钉、木条固定，用密封材料封严。凹槽距找平层的高度应不小于250mm，凹槽以上的墙体应做防水处理。

（2）泛水处的卷材应采用满粘法施工。

（3）混凝土墙的防水卷材收头应采用钢钉钉压条压牢并用密封材料封严。

（4）涂膜防水层一直涂到女儿墙压顶下，收头处应用涂料三次涂刷，压顶应做防水处理。

5.6.1.5　檐口防水细部做法

檐口防水细部做法应符合以下规定：

（1）檐口800mm范围以内的卷材应采用满粘法压实贴牢。

（2）檐口下部应抹出滴水槽或画出滴水线。

（3）涂膜收头应用封闭材料封严或用防水涂料三遍涂刷。

（4）卷材收头应用木条压入凹槽，用钢钉钉牢，并用密封材料封严。

5.6.1.6　檐沟、天沟防水细部做法

檐沟、天沟防水细部做法应符合以下规定：

（1）卷材从沟底翻到沟外檐顶部的收头应用木条压紧，用钢钉钉牢，用密封材料封严。

（2）沟槽内的附加层在檐沟、天沟与屋面相交处宜空铺，其宽度不应小于200mm。

（3）在檐沟、天沟与细石混凝土防水层相交处应留沟槽并用密封材料塞严。

（4）涂膜防水收头应用密封材料封严或用防水涂料三遍涂刷。

5.6.2 防水细部做法质量

防水细部做法质量分为合格和不合格。

合格标准：主控项目全部符合规定。

检查数量：全数检查。

主控项目：

（1）檐沟、天沟、檐口、落水口、变形缝、泛水及伸出屋面的管道处的防水做法，必须符合设计要求。

检验方法：观察和检查隐蔽工程验收记录。

（2）檐沟、天沟的排水坡度，必须符合设计要求。

检验方法：用水准仪、水平尺、拉线尺量检查。

6 地下防水工程

6.1 地下建筑防水工程

6.1.1 防水混凝土

6.1.1.1 防水混凝土材料

防水混凝土材料应符合以下规定：

（1）水泥：水泥强度等级不应低于32.5级。在不受侵蚀介质及冻融影响时，宜采用普通硅酸盐水泥、火山灰质硅酸盐水泥、矿渣硅酸盐水泥、硅酸盐水泥、粉煤灰硅酸盐水泥，在受冻融影响时，应优先选用普通硅酸盐水泥，而不宜使用粉煤灰硅酸盐水泥和火山灰质硅酸盐水泥。在受侵蚀介质影响时，应按介质本身的性质选用相应的水泥。不得使用受潮结块或过期水泥。

（2）砂：宜使用中砂，含泥量不得大于3%。

（3）石：卵石或碎石的粒径宜为5～40mm，含泥量不得大于1%。

（4）粉煤灰：粉煤灰的级别不应低于二级，掺量不宜大于20%；硅粉掺量不应大于3%，其他掺合料的掺量应经试验确定。

（5）外加剂：外加剂的掺量和品种应经试验确定，其技术性能应符合现行国家或行业标准一等品及以上的质量要求。

（6）水：拌制混凝土的水，应用不含有害物质的洁净水。

6.1.1.2 防水混凝土配合比

防水混凝土配合比应符合以下规定：

（1）试配的抗渗水压值应比设计要求的抗渗水压值提高0.2MPa；

（2）最小水泥用量不得少于300kg/m^3；当掺活性掺合料时，水泥用量不得少于280kg/m^3。

（3）灰砂比宜为1：2～1：2.5；砂率宜为35%～45%，水灰比不得大于0.55。

（4）普通防水混凝土坍落度不宜大于50mm，泵送混凝土坍落度在100～140mm之间。

6.1.1.3 防水混凝土施工

防水混凝土必须按配合比准确称量配料，混凝土组成材料计量结果的允许偏差应符合表6-1的规定。

防水混凝土机械搅拌的时间不应少于2min。掺外加剂时，应根据外加剂说明书的要求掌握搅拌时间。

防水混凝土现场实测坍落度与要求坍落度的偏差应符合表6-2的规定。当实测坍落度不能满足施工需要时，应二次加入减水剂或同水灰比的水泥浆、严禁加水搅拌。

表 6-1 混凝土组成材料计量结果的允许偏差

混凝土组成材料	每盘计量	累计计量
水泥、掺合料	±2%	±1%
粗、细骨料	±3%	±2%
水、外加剂	±2%	±1%

注：累计计量仅适用于微机控制计量的搅拌站。

表 6-2 混凝土坍落度允许偏差

要求坍落度（mm）	允许偏差（mm）
≤40	±10
50～90	±15
≥100	±20

防水混凝土必须用高频机械振捣器振捣密实，避免漏振、超振和欠振，振捣时间在10～30s 为宜，并以混凝土泛浆和不冒气泡为准；当掺加引气减水剂或引气剂时，应使用高频插入式振捣棒充分振捣。

防水混凝土应尽量避免留施工缝，当必须留施工缝时，应遵守以下规定：

（1）拱、板、墙结合的水平施工缝宜在拱、板、墙交接线以下 150～300mm 处留置；

（2）墙体水平施工缝应在底板以上不小于 300mm 处的墙体上留置，不应留置在弯矩与剪力最大处或侧墙与底板的交接处；

（3）垂直施工缝应尽量避开地下水和裂隙水较多的地段，并最好与变形缝相结合留置；

（4）有预留孔洞的墙体，施工缝距孔洞的边缘不应小于 300mm。

施工缝防水的构造：将中埋遇水膨胀止水条放入预留的宽约 100mm 的施工缝凹槽内，用钢钉钉固在凹槽底层成一连续封闭带或设置中埋止水带或外贴止水带等三种形式。如图 6-1 所示。

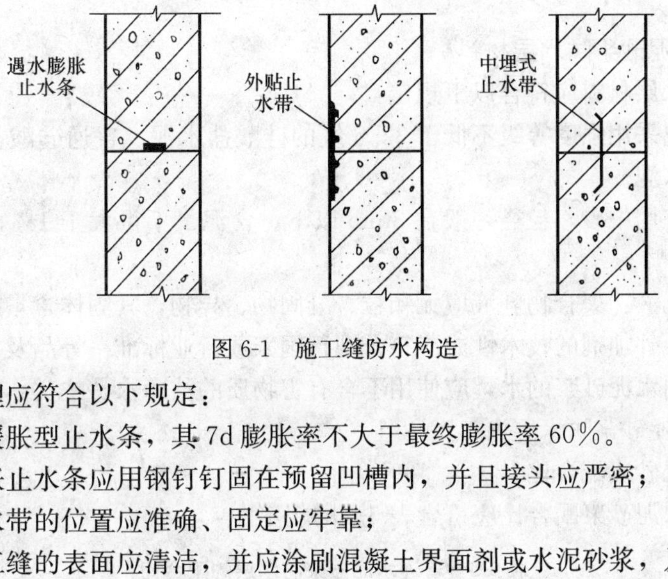

图 6-1 施工缝防水构造

施工缝的处理应符合以下规定：

（1）应选用缓胀型止水条，其 7d 膨胀率不大于最终膨胀率 60%。

（2）遇水膨胀止水条应用钢钉钉固在预留凹槽内，并且接头应严密；

（3）中埋止水带的位置应准确、固定应牢靠；

（4）垂直施工缝的表面应清洁，并应涂刷混凝土界面剂或水泥砂浆，及时浇筑混凝土。

（5）水平施工缝应清除表面杂物和浮浆。先刷一层水泥浆，再浇一层 30～50m 厚的 1∶1水泥砂浆或涂一层界面剂，并及时浇筑混凝土。

6.1.1.4 防水混凝土质量

防水混凝土质量分为合格和不合格两种。

合格标准：主控项目全部符合规定，一般项目 80%及以上的检查点符合规定，其余检查点的偏差值不超过允许偏差值的 1.5 倍。

检查数量：每 100m² 抽查一处，每处 10m²，且不得少于 3 处；细部构造应全数检查。

主控项目：

(1) 防水混凝土的配合比、坍落度及原材料必须符合设计要求。

检验方法：检查产品合格证、检测报告、复验报告和计量设备的合法性及准确性。

(2) 防水混凝土的抗渗能力和抗压强度必须符合设计要求。

检验方法：检查防水混凝土的抗渗、抗压试验报告。

(3) 防水混凝土的施工缝、后浇带、变形缝、预埋件、穿墙管的设置和构造，必须符合设计要求，并不得有渗漏。

检验方法：观察和检查隐蔽工程验收记录。

一般项目：

(1) 防水混凝土结构表面的微观裂缝宽度不应大于0.2mm，并不得有宏观贯通裂缝。

检验方法：用刻度放大镜检查。

(2) 防水混凝土结构的厚度不应小于250mm，其允许偏差为15mm、－10mm；迎水面钢筋保护层厚度不应小于50mm，其允许偏差为±10mm。

检验方法：尺量和检查隐蔽工程验收记录。

(3) 防水混凝土结构表面应平整、坚实，不得有露筋、蜂窝等缺陷；预埋件的位置应准确、牢固。

检验方法：观察和尺量检查。

6.1.2 水泥砂浆防水层

6.1.2.1 水泥砂浆防水层材料

水泥砂浆防水层材料应符合以下规定：

(1) 水泥：应采用强度等级不低于32.5级的硅酸盐水泥、普通硅酸盐水泥，不得使用受潮结块或过期水泥。

(2) 砂：砂宜用中砂，粒径一般在3mm以下，含泥量不得大于1%，硫化盐和硫化物的含量不得大于1%。

(3) 聚合物乳液：聚合物乳液应无颗粒、凝固物、异物，其固体含量应不大于3.5%。

(4) 外加剂：外加剂的技术性能应符合现行国家或行业标准一等品及以上的质量要求。

(5) 水：拌制水泥砂浆的水，应使用不含有害物质的洁净水。

6.1.2.2 水泥砂浆防水层施工

(1) 防水水泥砂浆配合比

防水层普通水泥砂浆配合比应符合表6-3的规定。

表6-3 普通水泥砂浆防水层的配合比

名称	配合比（质量比）		水灰比	适用范围
	水泥	砂		
水泥浆	1	—	0.55～0.60	水泥砂浆防水层的第一层
水泥浆	1	—	0.37～0.40	水泥砂浆防水层的第三、五层
水泥砂浆	1	1.5～2	0.40～0.50	水泥砂浆防水层的第二、四层

掺聚合物、掺合料、外加剂等水泥砂浆的配合比应符合现行国家所掺材料的规定。

(2) 防水水泥砂浆施工

防水水泥砂浆基层质量应符合以下要求：

1）防水水泥砂浆基层的混凝土及砌筑砂浆的强度应不低于设计强度值的80%；

2）基层表面的孔洞、缝隙，应用与防水水泥砂浆配合比相同的砂浆抹平和填实；

3）基层表面应无杂物、油污、泛砂、结皮、积水等现象，其平整度应符合规范要求；

4）防水水泥砂浆施工前应将穿墙管、预埋件周边的凹槽填满压实密封材料；

5）水泥砂浆防水层应分层施工，并应压实抹平，最后一层表面应压光；

6）水泥砂浆防水层应与基层结合严密，并应连续施工，如必须留施工缝时，距阴阳角处的距离不得小于200mm，接槎做成斜形或阶梯形；防水层的阴、阳角处应做成圆弧形。

掺加聚合物的水泥砂浆拌合1h以内必须用完，且施工过程中不得任意加水。

普通水泥砂浆防水层终凝后应及时浇水养护，养护时间不得少于14d，养护期间温度不宜低于5℃。掺聚合物水泥砂浆未硬化前不得浇水或受雨淋冲刷，硬化后应采用干湿交替的养护方法进行养护，如处在潮湿环境中可自然养护。

6.1.2.3 水泥砂浆防水层质量

水泥砂浆防水层质量分为合格和不合格。

合格标准：主控项目全部符合规定，一般项目应有80%及以上的检查点符合规定，其余检查点的偏差值不超过允许偏差值的1.5倍。

检查数量：每100m^{2}抽查一处，每处10m^2，且不得少于3处。

主控项目：

（1）防水水泥砂浆与基层必须结合严密，无空鼓结皮现象。

检验方法：观察和敲击检查。

（2）防水水泥砂浆的配合比及原材料必须符合设计要求。

检验方法：检查产品合格证、检测报告、复验报告和计量措施。

一般项目：

（1）防水水泥砂浆防水层的施工缝位置应正确，接槎应留成斜坡形或阶梯形并结合牢固。

检验方法：观察和检查隐蔽工程验收记录。

（2）水泥砂浆防水层的表面应平整密实，不得有泛砂、结皮、麻面、裂纹等现象，阴、阳角处应做成圆弧形。

检验方法：观察。

（3）水泥砂浆防水层的厚度应符合设计要求。最薄厚度不得小于设计厚度值的85%。

检验方法：观察、尺量检查。

6.1.3 地下卷材防水层

6.1.3.1 地下防水层材料

地下卷材防水层应选用合成高分子防水卷材和高聚物改性沥青防水卷材。卷材的外观质量及规格、品种应符合现行国家标准或行业标准。

合成高分子防水卷材主要物理性能应符合表6-4的规定。

高聚物改性沥青防水卷材主要物理性能应符合表6-5的规定。

防水卷材厚度的选用应符合表6-6的规定。

各类卷材的粘贴必须采用与卷材相匹配的粘结剂，粘结剂的质量应符合以下规定。

表 6-4　合成高分子防水卷材主要物理性能

项　目	性能要求				
	硫化橡胶类		非硫化橡胶类	合成树脂类	纤维胎增强类
	JL_1	JL_2	JF_3	JS_1	
抗拉强度（MPa）	≥8	≥7	≥5	≥8	≥8
断裂伸长率（%）	≥450	≥400	≥200	≥200	≥10
低温弯折性（℃）	−45	−40	−20	−20	−20
不透水性	压力 0.3MPa，保持时间 30min，不透水				

表 6-5　高聚物改性沥青防水卷材主要物理性能

项　目		性能要求		
		聚酯毡胎体卷材	玻纤毡胎体卷材	聚乙烯膜胎体卷材
抗拉性能	拉力（N/50mm）	≥800（纵横向）	≥500（纵向） ≥300（横向）	≥140（纵向） ≥120（横向）
	最大拉力时伸长率（%）	≥40（纵横向）	—	≥250（纵横向）
低温柔度（℃）		≤−15		
		3mm 厚，r=15mm；4mm 厚，r=25mm；3s，弯 180°，无裂纹		
不透水性		压力 0.3MPa，保持时间 30min，不透水		

表 6-6　防水卷材厚度

防水等级	设防道数	合成高分子防水卷材	高聚物改性沥青防水卷材
1 级	三道或三道以上设防	单层：不应小于 1.5mm； 双层：每层不应小于 1.2mm	单层：不应小于 4mm； 双层：每层不应小于 3mm
2 级	二道设防		
3 级	一道设防	不应小于 1.5mm	不应小于 4mm
	复合设防	不应小于 1.2mm	不应小于 3mm

（1）合成高分子卷材间的粘结剥离强度不应低于 15N/10mm；在浸水 168h 后的粘结剥离强度的保持率不应小于 70%。

（2）高聚物改性沥青防水卷材间的粘结剥离强度应不低于 8N/10mm。

6.1.3.2　地下卷材防水层施工

地下卷材防水层粘贴前应将基层清理干净，然后涂一层基层处理剂。

当基层比较潮湿时，可使用湿固化型粘结剂或潮湿界面隔离剂。

合成高分子卷材的铺贴应采用冷粘法施工。

高聚物改性沥青卷材的铺贴应采用热熔法施工。

冷粘法铺贴卷材应符合以下规定：

（1）粘结剂的涂刷应均匀，不露底、不堆积、不流淌；

（2）应严格控制涂刷粘结剂后卷材的铺贴间隔时间，卷材应压实粘贴牢固，不得有空鼓。

（3）粘贴的卷材应平整、顺直、搭接尺寸准确，不得有皱折和扭曲。

（4）接缝应用密封材料封严，密封材料的宽度不应小于 10mm。

卷材的长边和短边的搭接宽度不应小于 100mm。采用两层或两层以上的多层卷材做防水层时，其上下层的接缝应错开1/3幅宽，并上下层不得相互垂直铺贴。在立面与平面的交接处，卷材的接缝应设在平面上，并且距立面不得少于600mm。

热熔法铺粘卷材应符合以下规定：

(1) 火焰加热卷材应均匀，不得烧焦或烧穿卷材；

(2) 卷材热熔后应立即滚铺，与基层粘贴牢固，不得有皱折、空鼓；

(3) 滚铺卷材时接缝处应挤出沥青油，并用腻刀刮封接口成一严密的沥青油线。

(4) 卷材铺贴后应顺直平整，搭接尺寸正确。

6.1.3.3 地下卷材防水层质量

地下卷材防水层质量分为合格和不合格。

检查数量：每$100m^2$抽查1处，每处$10m^2$，且不得少于3处。

主控项目：

(1) 卷材防水层所用材料必须符合设计要求。

检验方法：检查产品合格证、检测报告、复验报告。

(2) 卷材防水层及变形缝、穿墙管、转角处等细部做法必须符合设计要求。

检验方法：观察、检查隐蔽工程验收记录。

一般项目：

(1) 地下卷材防水层的基层应坚实、清洁、无油污、平整，不得有脱皮、泛砂现象，阴阳角处应做成圆弧形。

检验方法：观察、检查隐蔽工程验收记录。

(2) 地下卷材防水层的搭接缝应粘结牢固、密实，不得有起鼓、翘边、皱折等缺陷。

检验方法：观察。

(3) 地下卷材防水层的保护层应粘贴牢固、结合密实，厚度均匀一致；并不得损伤防水层。

(4) 卷材搭接宽度允许偏差为－10mm。

检验方法：观察、尺量检查。

6.1.4 涂料防水层

6.1.4.1 涂料防水层材料

涂料防水层采用的涂料包括有机防水涂料和无机防水涂料。有机防水涂料有水乳型、聚合物型和反应型防水涂料，适用于结构主体的迎水面。无机防水涂料有水泥基渗透结晶型和水泥基防水涂料，适用于结构主体的背水面。

有机防水涂料的物理性能应符合表6-7的规定。

表6-7 有机防水涂料物理性能

涂料种类	可操作时间(min)	潮湿基面粘结强度(MPa)	抗渗性(MPa)			浸水168h后断裂伸长率(%)	浸水168h后抗拉强度(MPa)	耐水性(%)	表干(h)	实干(h)
			涂膜(30min)	砂浆迎水面	砂浆背水面					
反应型	≥20	≥0.3	≥0.3	≥0.6	≥0.2	≥300	≥1.65	≥80	≤8	≤24
水乳型	≥50	≥0.2	≥0.3	≥0.6	≥0.2	≥350	≥0.5	≥80	≤4	≤12

续表

涂料种类	可操作时间（min）	潮湿基面粘结强度（MPa）	抗渗性（MPa）			浸水168h后断裂伸长率（%）	浸水168h后抗拉强度（MPa）	耐水性（%）	表干（h）	实干（h）
			涂膜（30min）	砂浆迎水面	砂浆背水面					
聚合物水泥	≥30	≥0.6	≥0.3	≥0.8	≥0.6	≥80	≥1.5	≥80	≤4	≤12

注：耐水性是指在浸水168h后材料的粘结强度及砂浆抗渗性的保持率。

无机防水涂料的物理性能应符合表6-8的规定。

表6-8　无机防水涂料物理性能

涂料种类	抗折强度（MPa）	粘结强度（MPa）	抗渗性（MPa）	冻融循环
水泥基防水涂料	>4	>1.0	>0.8	>D50
水泥基渗透结晶型防水涂料	≥3	≥1.0	>0.8	>D50

涂料防水层所用的胎体增强材料质量要求应符合表6-9的规定。

表6-9　胎体增强材料质量要求

项目		聚酯无纺布	化纤无纺布	玻纤网布
外观		均匀无团状，平整无折皱		
拉力（宽50mm）	纵向（N）	≥150	≥45	≥90
	横向（N）	≥100	≥35	≥50
伸长率	纵向（%）	≥10	≥20	≥3
	横向（%）	≥20	≥25	≥3

6.1.4.2　涂料防水层施工

基层表面的蜂窝、麻面、凹凸不平、泛砂、脱皮、气孔等缺陷应修补处理；基层含水率应不超过9%。基层阴阳角处应做成圆弧形，阴角圆弧直径宜大于50mm，阳角圆弧直径宜大于10mm。穿墙管、预埋件等部位应做密封处理。

防水涂料可采用喷涂或涂刷方法施工，涂刷或喷涂的遍数应由设计确定。后遍涂刷应在前遍涂层干燥成膜后进行。涂刷方向应遍与遍之间交替进行，同层搭接宽度宜为30～50mm，涂层不得露底、堆积流淌。

胎体材料同层搭接宽度应大于100mm，且上下层的接缝应错开胎体材料幅面的1/3。

地下防水涂料的厚度应符合表6-10的要求。

表6-10　防水涂料厚度　　(mm)

防水等级	设防道数	有机涂料			无机涂料	
		反应型	水乳型	聚合物水泥	水泥基	水泥基渗透结晶型
1级	三道或三道以上设防	1.2～2.0	1.2～1.5	1.5～2.0	1.5～2.0	≥0.8
2级	二道设防	1.2～2.0	1.2～1.5	1.5～2.0	1.5～2.0	≥0.8
3级	一道设防	—	—	≥2.0	≥2.0	—
	复合设防	—	—	≥1.5	≥1.5	—

6.1.4.3 涂料防水层质量

涂料防水层质量分为合格和不合格。

合格标准：主控项目全部符合规定，一般项目80%及以上的检查点符合规定；其余检查点的偏差值不超过允许偏差值的1.5倍。

检查数量：每100m^{2}抽查1处，每处10m^2，且不得少于3处。

主控项目：

(1) 涂料防水层所用的材料及配合比必须符合设计要求。

检验方法：检查产品合格证、检测报告、复验报告和计量设备的合法性和准确性。

(2) 涂料防水层及变形缝、穿墙管、转角处等细部做法均应符合规范和设计要求。

检验方法：观察、检查隐蔽工程验收记录。

一般项目：

(1) 涂料防水层的基层应坚固、清洁、平整、无油污、空鼓、脱皮、泛砂等缺陷，基层含水率不大于9%，基层阴阳角处应做成圆弧形。

检验方法：观察、检查隐蔽工程验收记录。

(2) 涂料防水层与基层粘结应牢固，涂刷应均匀，不得有皱折、堆积流淌、露底、空鼓等现象。

检验方法：观察。

(3) 侧墙涂料防水层的保护层应结合牢固、厚度均匀一致。抹保护层前、涂料表面应用界面剂拉毛。

检验方法：观察。

(4) 涂料防水层的厚度不应小于设计厚度的80%。

检验方法：割取实样（20mm×20mm）用卡尺测量或用针刺测量，取样部位应重新修复。

6.1.5 金属防水层

6.1.5.1 金属防水层材料

金属防水层所用金属板（铜板、铝板、合金钢板、钢板）的主要物理性能和外观质量应符合现行国家标准的规定。

金属板表面锈蚀、划痕、麻点的深度不得大于板厚的负偏差值。

金属板焊接拼缝应严密，并应进行无损检验和外观检查。

6.1.5.2 金属防水层施工

金属防水层施工包括外防水和内防水。

外防水做法是在结构外设置防水层，所用金属板应焊接在混凝土或砌体的预埋件上，金属防水层验收合格后应将防水板与结构间的缝隙用水泥砂浆灌实，如图6-2所示。

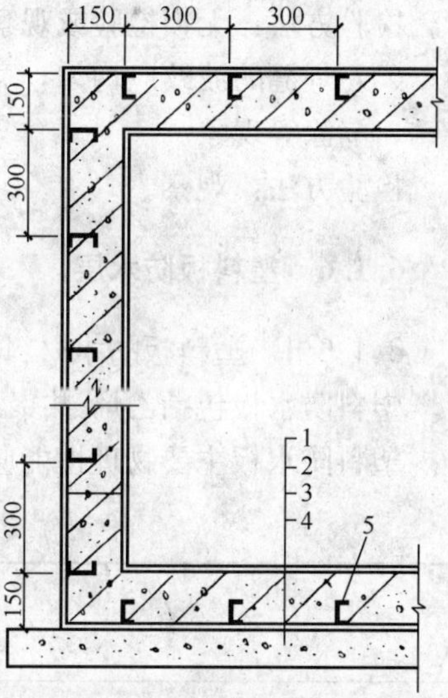

图6-2 外防水做法

1—砂浆防水层；2—结构；3—金属防水层；4—垫层；5—锚固件

内防水做法是在结构施工前在其内部设置金属防水层，金属防水层应与围护结构的钢筋焊牢或在金属防水层上焊接锚固件与主体结构混凝土连接。如图 6-3 所示。

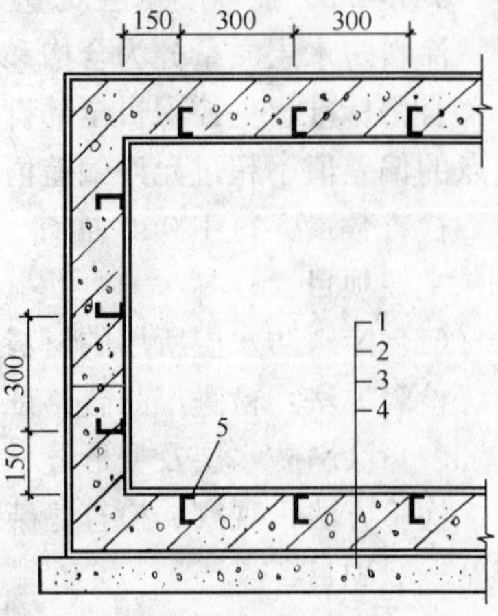

图 6-3 内防水做法
1—金属防水层；2—结构；3—砂浆防水层；4—垫层；5—锚固件

6.1.5.3 金属防水层质量

金属防水层质量分为合格和不合格。

合格标准：主控项目全部符合规定，一般项目 80% 及以上的检查点符合规定，其余检查点的偏差值不超过允许偏差的 1.5 倍。

检查数量：每 $10m^2$ 抽查 1 处，每处 $1m^2$，且不得少于 3 处。焊缝按不同长度抽查 5%，且不得少于 1 条。长度＞2000mm 的焊缝每条抽查 3 处；长度为 500～2000mm 的焊缝，每条抽查 2 处；长度＜500mm 的焊缝，每条抽查 1 处。

主控项目：

(1) 电工必须经过安全技术培训，考试合格，持证上岗。

检验方法：检查特殊工种焊工上岗证。

(2) 金属防水层所采用的金属板材、焊条必须符合设计要求。

检验方法：检查产品合格证、检测报告、复验报告。

一般项目：

(1) 防水金属板的表面不得有明显损伤和凸凹面。

检验方法：观察。

(2) 焊缝不得有裂纹、夹渣、气孔、焊瘤、咬边、弧坑、烧穿、未熔合等现象。

检验方法：无损检验或观察。

(3) 焊缝的波纹应均匀，宽度应一致，飞溅物及焊渣应清理干净，防锈漆层不得有脱皮反锈，漏涂等现象。

检验方法：观察。

6.1.6 塑料板防水层

6.1.6.1 塑料板防水材料

塑料防水板包括乙烯-共聚物沥青、聚氯乙烯、聚乙烯、乙烯-醋酸乙烯共聚物等。

塑料防水板主要物理性能应符合表 6-11 的规定。

表 6-11 塑料板主要物理性能

项 目	性 能 要 求			
	EVA	ECB	PVC	PE
抗拉强度（MPa）≥	15	10	10	10
断裂伸长率（%）≥	500	450	200	400
不透水性 24h（MPa）≥	0.2	0.2	0.2	0.2

续表

项 目	性能要求			
	EVA	ECB	PVC	PE
低温弯折性（℃）≤	−35	−35	−20	−35
热处理尺寸变化率（%）≤	2.0	2.5	2.0	2.0

注：EVA—乙烯醋酸乙烯共聚物；ECB—乙烯共聚物沥青；PVC—聚氯乙烯；PE—聚乙烯。

塑料防水板规格：宽2～4m，厚1～2mm。

6.1.6.2 塑料板防水层施工

塑料板防水层的基层应坚固、平整、无凸起尖锐物，其平整度应符合下式要求：

$$\frac{D}{L}=\frac{1}{6}\sim\frac{1}{10}$$

式中 D——初期基层相邻两凸面与凹面的深度；

L——初期基层相邻两凸面之间的距离。

塑料板防水层应设缓冲层，缓冲层用暗钉垫固定在基层上，钢钉的长度应经试钉确定，掌握能将暗钉垫压牢，又能将钢钉钉帽镶入槽内为宜。如图6-4所示。

塑料防水板的搭接宽度应为100mm，接缝以双焊缝焊接，每条焊缝的宽度应不小于10mm，焊缝应严密，塑料防水板不得有焊焦焊穿或未熔合现象。环向铺设时应先拱后墙，下部防水板应压在上部防水板上。

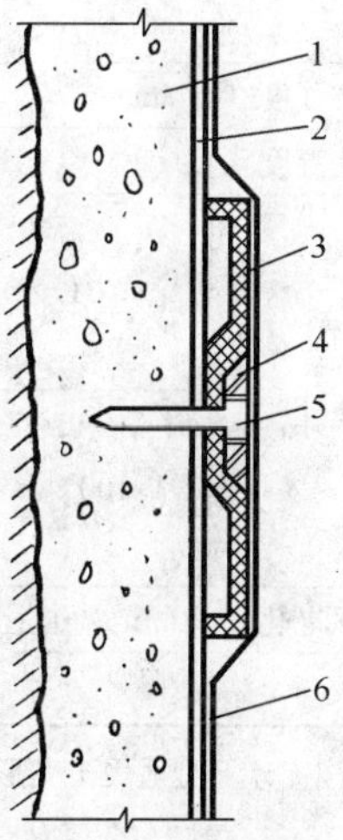

图6-4 暗钉圈固定缓冲层
1—初期支护；2—缓冲层；3—热塑性圆垫圈；4—金属垫圈；5—射钉；6—防水板

塑料防水板的铺设应在内衬混凝土施工前进行，间距不应小于5m，并应设临时护板，以防电焊火灼伤或机械损伤防水板。

6.1.6.3 塑料防水板防水层质量

塑料防水板防水层质量分为合格和不合格。

合格标准：主控项目全部符合规定，一般项目80%及以上的检查点符合规定，其余检查点的偏差值不超过允许偏差的1.5倍。

检查数量：每$100m^2$抽查1处，每处$10m^2$，且不少于3处，焊缝应抽查总数的5%，每条焊缝1处，且不少于3处。

主控项目：

(1) 塑料防水板及辅材必须符合要求。

检验方法：检查产品合格证、检测报告、复验报告。

(2) 塑料防水板的焊缝必须用热风焊接，不得有开焊、渗漏等现象。

检验方法：在双焊缝间充气检查。

一般项目：

(1) 塑料防水板的基层坚实牢固、平整、无毛刺；阴阳角处应做成圆弧形。

检验方法：观察、尺量检查。

(2) 塑料防水板搭接宽度的允许偏差为−10mm。

检验方法：尺量检查。

(3) 塑料防水板应与基层牢固结合，不得有过余绷紧、损伤现象。

检验方法：观察。

6.1.7　细部做法

6.1.7.1　细部做法材料

细部构造包括变形缝、后浇带、施工缝等，所使用的材料有止水带、遇水膨胀橡胶腻子止水条等高分子防水材料和密封材料。

止水带物理性能应符合表 6-12 的规定。止水带表面不允许有缺胶、海绵状、开裂等缺陷，中心孔偏差不允许超过管状断面厚度的 1/3；止水带表面的气泡、杂质、明疤、凹痕的面积不大于 16mm^2，深度不大于 2mm，且不超过 4 处。

表 6-12　止水带物理性能

项目			性能要求		
			B型	S型	J型
硬度（邵尔 A，度）			60±5	60±5	60±5
拉伸强度（MPa）　≥			15	12	10
扯断伸长率（%）　≥			380	380	300
压缩永久变形	70℃×24h，%　≤		35	35	35
	23℃×168h，%　≤		20	20	20
撕裂强度（kN/m）　≥			30	25	25
脆性温度（℃）　≤			−45	−40	−40
热空气老化	70℃×168h	硬度变化（邵尔 A，度）	+8	+8	—
		拉伸强度（MPa）　≥	12	10	—
		扯断伸长率（%）　≥	300	300	—
	100℃×168h	硬度变化（邵尔 A，度）	—	—	+8
		拉伸强度（MPa）　≥	—	—	9
		扯断伸长率（%）　≥	—	—	250
臭氧老化 50PPhm：20%，48h			2级	2级	0级
橡胶与金属黏合			断面在弹性体内		

注：1. B型适用于变形缝用止水带；S型适用于施工缝用止水带；J型适用于有特殊耐老化要求的接缝用止水带。
2. 橡胶与金属黏合项仅适用于具有钢边的止水带。

遇水膨胀橡胶腻子止水条的物理性能应符合表 6-13 的规定。遇水膨胀橡胶腻子止水条应选用缓胀型的，其 7d 的膨胀率应不大于最终膨胀率的 60%为合格，当不合格时，可采取表面涂缓膨胀剂的方法进行调整。

表 6-13　遇水膨胀橡胶腻子止水条物理性能

项目	性能要求		
	PN-150	PN-220	PN-300
体积膨胀倍率（%）	≥150	≥220	≥300
高温流淌性（80℃×5h）	无流淌	无流淌	无流淌
低温试验（−20℃×2h）	无脆裂	无脆裂	无脆裂

注：体积膨胀倍率$=\dfrac{\text{膨胀后的体积}}{\text{膨胀前的体积}}\times 100\%$。

改性石油沥青密封材料物理性能应符合表 6-14 的规定。

表 6-14 改性石油沥青密封材料物理性能

项目		性能要求	
		Ⅰ类	Ⅱ类
耐热度	温度（℃）	70	80
	下垂值（mm）	≤4.0	
低温柔性	温度（℃）	−20	−10
	粘结状态	无裂纹和剥离现象	
拉伸粘结性（%）		≥125	
浸水后拉伸粘结性（%）		≥125	
挥发性（%）		≤2.8	
施工度（mm）		≥22.0	≥20.0

注：改性石油沥青密封材料按耐热度和低温柔性分为Ⅰ类和Ⅱ类。

弹性橡胶密封垫材料的物理性能应符合表 6-15 的规定。
遇水膨胀密封垫胶料的物理性能应符合表 6-16 的规定。
合成高分子密封材料的物理性能应符合表 6-17 的规定。

表 6-15 弹性橡胶密封垫材料物理性能

项目		性能要求	
		氯丁橡胶	三元乙丙胶
硬度（邵尔 A，度）		45±5~60±5	55±5~70±5
伸长率（%）		≥350	≥330
抗拉强度（MPa）		≥10.5	≥9.5
热空气老化（70℃×96h）	硬度变化值（邵尔 A，度）	≤+8	≤+6
	抗拉强度变化率（%）	≥−20	≥−15
	扯断伸长率变化率（%）	≥−30	≥−30
压缩永久变形（70℃×24h）（%）		≤35	≤28
防霉等级		达到与优于 2 级	达到与优于 2 级

注：以上指标均为成品切片测试的数据，若只能以胶料制成试样测试，则其力学性能数据应达到本标准的 120%。

表 6-16 遇水膨胀橡胶密封垫胶料物理性能

项目	性能要求			
	PZ-150	PZ-250	PZ-400	PZ-600
硬度（邵尔 A，度）	42±7	42±7	45±7	48±7
抗拉强度（MPa）≥	3.5	3.5	3	3
扯断伸长率（%）≥	450	450	350	350
体积膨胀倍率（%）≥	150	250	400	600

续表

项目		性能要求			
		PZ-150	PZ-250	PZ-400	PZ-600
反复浸水试验	抗拉强度（MPa）≥	3	3	2	2
	扯断伸长率（%）≥	350	350	250	250
	体积膨胀倍率（%）≥	150	250	300	500
低温弯折（−20℃×2h）		无裂纹	无裂纹	无裂纹	无裂纹
防霉等级		达到与优于2级			

注：1. 成品切片测试应达到本标准的80%。

2. 接头部位的拉伸强度指标不得低于本标准的50%。

表6-17　合成高分子密封材料物理性能

项目		性能要求	
		弹性体密封材料	塑性体密封材料
拉伸粘结性	抗拉强度（MPa）	≥0.2	≥0.02
	伸长率（%）	≥200	≥250
柔性（℃）		−30，无裂纹	−20，无裂纹
拉伸-压缩循环性能	拉伸-压缩率（%）	≥±20	≥±10
	粘结和内聚破坏面积（%）	≤25	

6.1.7.2　埋设件防水施工

结构用的预埋件宜预埋。

预留孔底部或预埋件端部的混凝土厚度不得小于250mm，当厚度小于250mm时应采取局部加厚或其他防水措施进行处理。如图6-5所示。

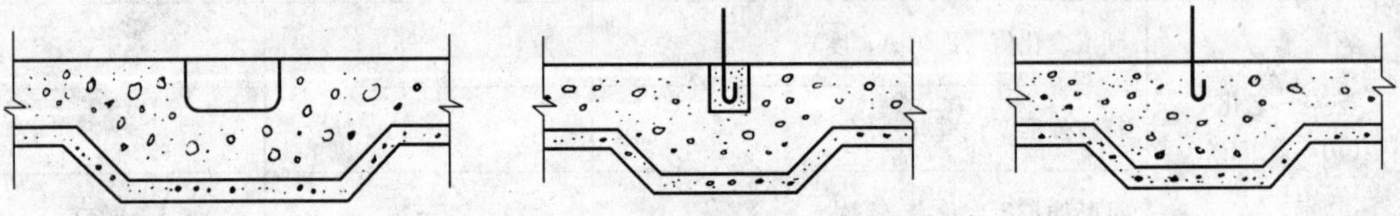

图6-5　埋设件或预留孔槽处理

预留槽（孔）内的防水层应与槽（孔）外的结构防水层相连接。

当固定模板的螺栓必须穿过混凝土结构时，其套管或螺杆应满焊止水环或翼环，采用螺栓加堵头或工具式螺栓做法时，拆模后应将留下的凹槽封堵密实。

6.1.7.3　密封材料防水施工

密封材料的基层应干燥、接缝的尺寸应正确，并且接缝内应清洁、无杂物。

密封材料施工可选用冷嵌法或热灌法。

冷嵌法是将密封材料直接填塞在接缝内，压紧密实并与缝壁牢固结合。接头应做成斜槎。

热灌法是将密封材料熬制后灌注在接缝内，灌注应自上而下进行，并应严格控制浇灌温度，减少接头数量，接头部位应做成斜槎。

接缝处的密封材料外露部分应做宽度不小于 100mm 的保护层，密封材料的底部应设背衬材料。

6.1.7.4 穿墙管防水施工

穿墙管应在浇筑混凝土前预埋。当管道伸缩或结构变形较小时，穿墙管主管可用直接埋入混凝土内固定式防水做法，应在预留的凹槽内嵌填密封材料，做法见图 6-6 所示。

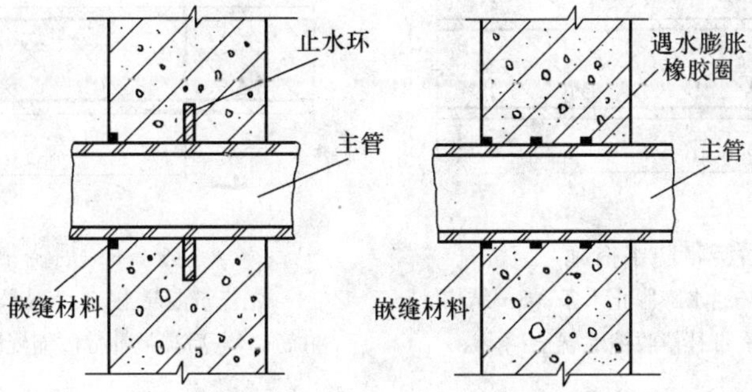

图 6-6 固定式穿墙管防水措施

当管道伸缩量或结构变形较大时，应采用套管加止水环法，其做法如图 6-7 所示。

穿墙管施工应符合以下规定：

(1) 穿墙管与穿墙管之间的间距应大于 300mm。穿墙管与凹凸部位、内墙角的距离应大于 250mm；

(2) 管道安装后，套管与管道之间应嵌内衬填料，端部应用密封材料填严。柔性穿墙管应在墙内侧设法兰压紧。

(3) 金属止水环应焊在主管道上，并应满焊严密；当采用套管时，其套管上的翼环应满焊严密，并应将套管内清理干净，涂防锈漆。穿墙管外侧的防水层应细致处理严密，不得留接槎。

(4) 当采用遇水膨胀止水圈穿墙管时，管径宜小于 50mm，止水圈应用胶粘剂严密粘贴在管上，并且止水圈应涂缓胀剂。

6.1.7.5 后浇带防水施工

后浇带应设置在变形和受力较小的部位，宽度宜为 700～1000mm，间距宜为 30～60m。

后浇带的结构主筋不宜在缝中断开，在必须断开时，主筋的搭接长度应大于主筋直径的 45 倍，附加钢筋的设置应符合设计要求。后浇带的防水措施应符合以下规定：

(1) 后浇带的施工应安排在两侧混凝土龄期达到 42d 后进行。而高层建筑的后浇带应在顶板混凝土浇筑 14d 后施工；

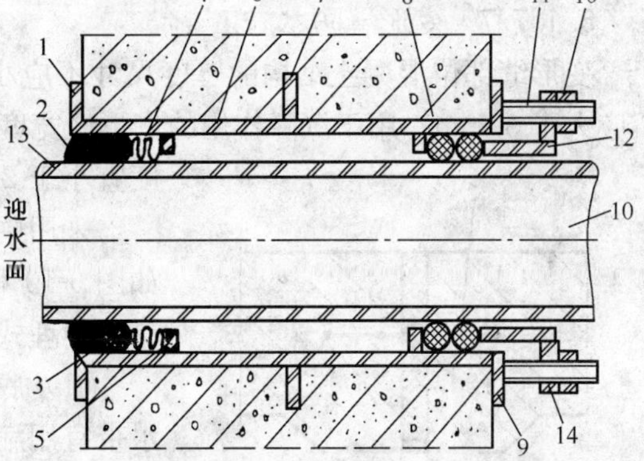

图 6-7 套管式穿墙管防水措施

1—翼环；2—嵌缝材料；3—背衬材料；4—填缝材料；5—挡圈；6—套管；7—止水环；8—橡胶圈；9—翼盘；10—螺母；11—双头螺栓；12—短管；13—主管；14—法兰盘

（2）后浇带的接缝应按施工缝处理规定；

（3）后浇带混凝土浇筑前应将落入的杂物清理干净，并应对外贴式止水带予以保护；

（4）后浇带混凝土的养护不得少于 14d；

（5）后浇带浇筑的补偿混凝土的强度等级不应低于两侧混凝土的强度等级。

后浇带的防水措施如图 6-8 和图 6-9 所示。

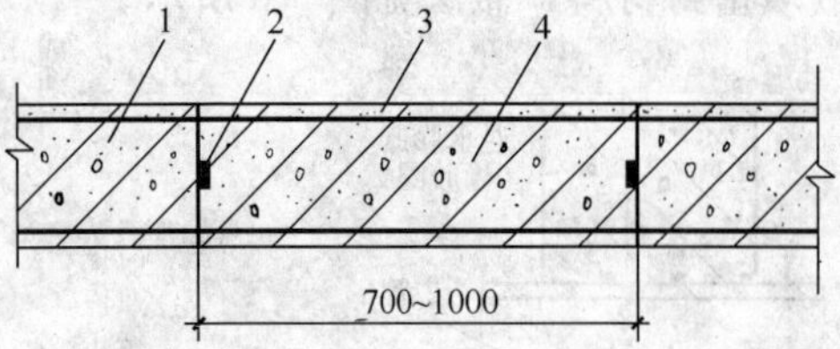

图 6-8　后浇带防水措施

1—先浇筑混凝土；2—遇水膨胀止水条；3—结构主筋；4—后浇带补偿收缩混凝土

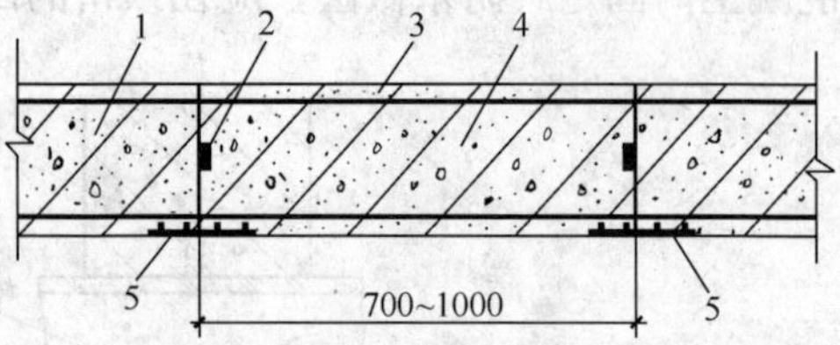

图 6-9　后浇带防水措施

1—先浇筑混凝土；2—遇水膨胀止水带；3—结构主筋；4—后浇带补偿收缩混凝土；5—外贴式止水带

6.1.7.6　施工缝防水施工

施工缝防水施工可采用中埋式止水带、外贴式止水带、遇水膨胀止水条和外涂防水层等方法。

施工缝的防水施工应符合以下规定：

（1）浇筑垂直施工缝混凝土前，应将其表面的灰尘、油污、杂质等清理干净，涂刷混凝土界面处理剂后及时浇筑混凝土。

（2）采用遇水膨胀橡胶腻子止水条时，应将止水条用钢钉牢固钉固在基面上，并且接头应顶紧后再浇筑混凝土。

（3）采用中埋式止水带时，应确保止水带的牢固性和位置的准确性。

（4）浇筑水平施工缝混凝土前，应清除施工缝表面的杂物和浮浆，涂刷混凝土界面处理剂或铺与浇筑混凝土配合比相同的水泥砂浆后再浇筑混凝土。

6.1.7.7　变形缝防水施工

变形缝部位混凝土结构的厚度尺寸不应小于 300mm；沉降变形缝的最大允许沉降偏差不应大于 30mm。用于沉降作用的变形缝宽度宜为 20～30mm，用于伸缩作用的变形缝的宽度宜小于 20～30mm。

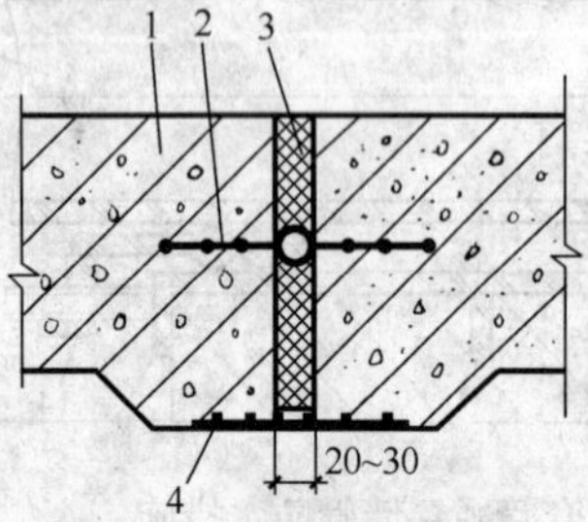

图 6-10　中埋式止水带与外贴防水层复合使用

1—混凝土结构；2—中埋式止水带；3—填缝材料；4—外贴防水层

采用中埋式止水带的变形缝的两种复合防水结构形式如图 6-10 和图 6-11 所示。

中埋式止水带施工应符合以下规定：

（1）底板和顶板内止水带应成盆状妥善安放固定，止水带宜用扁钢或钢筋套固定。用扁钢固定的止水带端部应用焊接在结构钢筋上的扁钢夹紧，扁钢的固定螺栓间距宜为 500mm；

（2）止水带的空心圆环应与变形缝中心线位置对准；

（3）止水带的接缝应设在墙的较高处，挤紧，热压焊牢；

(4) 中埋式橡胶止水带在转角处宜使用直角配件，并做成半径不小于 200mm 的圆弧形，转角半径应随止水带宽度的增大而加大；

(5) 浇筑混凝土前应对止水带位置的准确性进行检查，止水带有损坏处应修补，混凝土浇筑过程中应注意止水带两侧混凝土的灌入对称性，防止因混凝土的压力而位移；并对混凝土进行充分振捣密实。

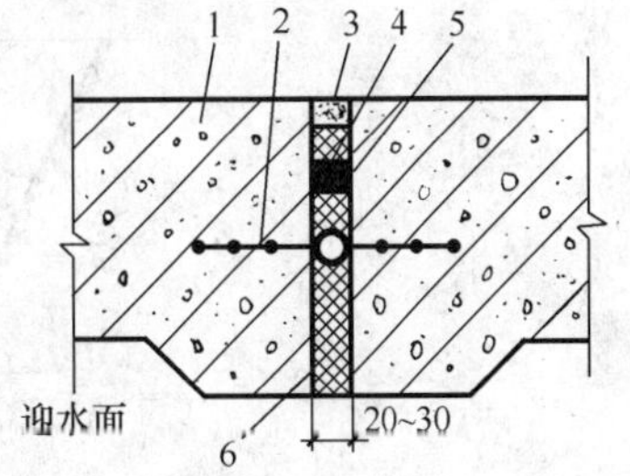

图 6-11 中埋式止水带与遇水膨胀橡胶条复合使用

1—混凝土结构；2—中埋式止水带；3—嵌缝材料；4—背衬材料；5—遇水膨胀橡胶条；6—填缝材料

6.1.7.8 细部做法质量

防水混凝土结构细部做法质量分为合格和不合格。

合格标准：主控项目全部符合规定，一般项目 80％及以上的检查点符合规定，其余检查点的允许偏差值不超过允许偏差的 1.5 倍。

检查数量：全数检查。

主控项目：

(1) 施工缝、变形缝、穿墙管、预埋件、后浇带等细部做法，均须符合设计要求，不得有渗漏。

检验方法：观察、检查隐蔽工程验收记录。

(2) 细部做法所用止水带、接缝密封材料、遇水膨胀橡胶腻子止水条必须符合设计要求。

检验方法：检查产品合格证、检测报告、复验报告。

一般项目：

(1) 翼环与套管、穿墙管、止水环应焊接严密，并做防腐处理。

检验方法：观察和检查隐蔽工程验收记录。

(2) 接缝混凝土的表面应洁净、干燥、密实；密封材料应填塞密实，粘结牢固，不得有鼓包、下陷和开裂脱落等现象。

检验方法：观察。

(3) 中埋式止水带中心线应与施工缝中心线重合，止水带应位置正确，固定牢靠。不得有扭曲、接头不严等缺陷。

检验方法：观察和检查隐蔽工程验收记录。

6.2 地下排水工程

6.2.1 盲沟排水

6.2.1.1 盲沟排水施工要求

盲沟排水适用于防水要求较高并有抗浮要求和无自流排水条件的地下工程。

盲沟排水有离墙和贴墙两种形式。总体由集水管、中砂和石子反滤层组成。贴墙盲沟的构造如图 6-12 所示。

盲沟反滤层所使用的材料应符合以下规定：

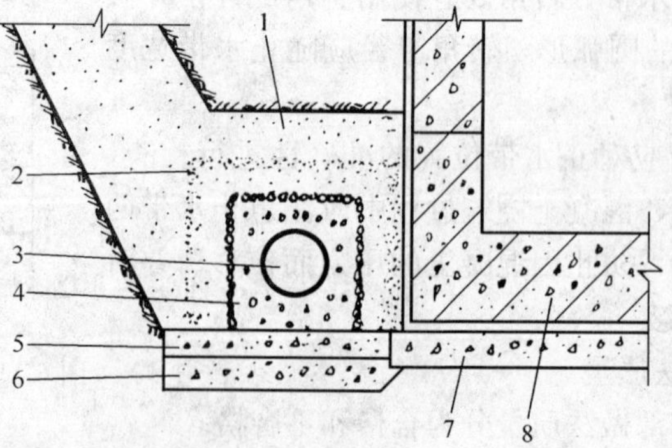

图 6-12　贴墙盲沟构造

1—素土夯实；2—中砂反滤层；3—集水管；4—卵石反滤层；5—水泥砂碎砖层；6—碎砖夯实层；7—混凝土垫层；8—主体结构

(1) 砂、石的粒径

1) 渗水层：塑性指数 $I_p \leqslant 3$（砂性土）时，采用 1～7mm 粒径卵石；$I_p > 3$（黏性土）时，采用 5～10mm 粒径的卵石。

2) 滤水层（贴天然土）：塑性指数 $I_p \leqslant 3$ 时，采用 0.1～2mm 粒径砂子；$I_p > 3$（黏性土）时，采用 2～5mm 粒径的砂子。

(2) 砂、石的含泥量

砂、石的含泥量不得大于 2%，并不得有其他杂质。

集中管应采用普通硬塑管、加筋软管式透水管或无砂混凝土管。

盲沟在高低处和转弯处、出水口处应设滤水篦子。

6.2.1.2　盲沟排水施工质量

盲沟排水施工质量分为合格和不合格。

合格标准：主控项目应全部符合规定；一般项目 80%及以上的检查点符合要求，其余检查点的偏差不超过允许偏差的 1.5 倍。

盲沟排水施工检查数量，应抽查总数的 10%，可按 10 延长米或两轴线间为 1 处，且不得少于 3 处。

主控项目：

反滤层的砂、石粒径和含泥量必须符合设计要求。

检验方法：检查砂、石检测报告。

一般项目：

盲沟的做法应符合设计要求。

检验方法：检查隐蔽工程验收记录。

6.2.2　渗排水

6.2.2.1　渗排水施工要求

渗排水适用于防水要求较高并有抗浮要求和无自流条件的地下工程。

渗排水层设在工程结构底板下面，用集水管放入粗砂过滤层组成。如图 6-13 所示。

粗砂过滤层的厚度宜为300mm，较厚的过滤层应分层铺填，基土层与过滤层之间可铺填粒径为5～10mm的石子一层，厚度宜为100～150mm；过滤层与结构底板垫层之间宜抹1∶3水泥砂浆（厚度在30～50mm）或空铺一层防水卷材做隔浆层。

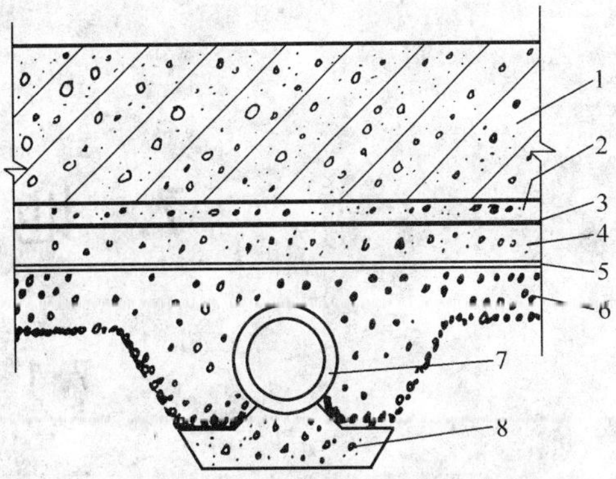

图6-13 渗排水层构造
1—结构底板；2—细石混凝土；3—底板防水层；4—混凝土垫层；5—隔浆层；6—粗砂过滤层；7—集水管；8—集水管座

集水管应设置在粗砂过滤层的底部，流水坡度不宜小于1%。两集水管的间距宜为5～10m，渗入集水管的水自行流入集水井后用水泵排走。

6.2.2.2 渗排水施工质量

渗排水施工质量的检查数量应抽查总数的10%，可按10延长米或两轴线间为1处，且不得少于3处。

主控项目：

集水管的坡度、埋设深度、间距及集水井的分布必须符合设计要求。

检验方法：观察和尺量检查。

7 地面工程

7.1 基层

7.1.1 基土

7.1.1.1 基土施工要点

基土是指地面垫层以下的土层，松软的或有杂质的土层应按设计要求进行处理。

当土层结构被扰动或填土时，应按现行国家标准《建筑地基基础工程施工质量验收规范》的规定，分层夯实或压实。

填土应为最佳含水率。填土过干时应洒水湿润，土过湿时应晾干或掺干石灰。

填土的施工可采用人工或机械分层压（夯）实，每层的虚铺厚度：

人工夯实时，不应大于 200mm；

机械夯实时（蛙式打夯机）不应大于 250mm；碾压时，不宜大于 300mm。

大面积或重要工程的填土，应取土样，按击实试验确定最大干密度与最佳含水率。

7.1.1.2 基土质量

基土质量分为合格和不合格。

合格标准：主控项目全部符合规定；一般项目 80%及以上的检查点符合规定。其余检查点的偏差值不超过允许偏差的 1.5 倍。

检查数量：随机抽查不应少于 3 间，不足 3 间时应全数检查；礼堂、工业厂房、门厅应以两轴线为 1 间，走廊、过道应以 10 延长米为 1 间计算。

主控项目：

（1）基土应为原土，严禁使用腐殖质土、淤泥质土、耕作层土、膨胀土、冻土和含有机物质大于 8%的土。

检验方法：观察、检查土质记录。

（2）基土应均匀密实，压实系数应符合设计要求，当设计无具体要求时，不应小于 0.90kPa。

检验方法：观察和检查试验记录。

一般项目：

基土表面的允许偏差应符合表 7-1 的规定。

7.1.2 三合土垫层

7.1.2.1 三合土垫层施工

三合土垫层应采用砂、石灰和碎砖的拌合料铺设，其厚度不应小于 100mm。三合土垫层的施工方法可先铺碎砖后灌石灰砂浆或先拌合三合土后一起铺设。

表 7-1 基土表面的允许偏差

项　目	允许偏差（mm）	检 验 方 法
表面平整度	15	用 2m 靠尺和楔形塞尺检查
标　高	0，－50	用水准仪检查
坡　度	不大于房间相应尺寸的 2‰	用坡度尺检查
厚　度	不大于设计厚度的 1/10	用钢尺检查

当采用先铺碎砖后灌石灰砂浆的方法时，碎砖每层虚铺的厚度不应大于 120mm，灌石灰砂浆前应对碎砖层洒水湿润，铺平夯实，其体积比宜为 1∶1.4～1∶2，灌浆后再夯实。

当采用先拌合三合土后铺设的方法时，拌合料的体积比宜为 1∶3∶6，（生石灰应熟化），加水拌合应均匀，每层铺设厚度为 150mm，每层夯实后的厚度宜为 120mm。

7.1.2.2　三合土垫层质量

三合土垫层质量分为合格和不合格。

合格标准：主控项目全部符合规定；一般项目 80％及以上的检查点符合规定，其余检查点的偏差值不超过允许偏差的 1.5 倍。

检查数量：随机抽查不应少于 3 间；不足三间时应全数检查；礼堂、工业厂房、门厅应以两个轴线为 1 间，走廊、走道应以 10 延长米为 1 间计算。

主控项目：

（1）三合土的配合比应符合设计要求。

检验方法：观察、检查配合比通知单。

（2）生石灰熟化后的颗粒粒径不得大于 5mm；所采用的砂应为中砂，并不得有草根、木屑等有机物，所用的碎砖不应有杂质、酥松、风化现象，其粒径不应大于 60mm。

检验方法：观察和检查产品合格证、检测报告。

一般项目：

三合土垫层表面的允许偏差应符合表 7-2 的规定。

表 7-2 三合土垫层的允许偏差

项 次	项　目	允许偏差（mm）	检 验 方 法
1	表面平整度	10	用 2m 靠尺和楔形塞尺检查
2	标　高	±10	用水准仪检查
3	坡　度	不大于房间相应尺寸的 2‰	用坡度尺检查
4	厚　度	不大于设计厚度的 1/10	用钢尺检查

注：灰土、炉渣、水泥混凝土垫层表面的允许偏差可参照本表执行。

7.1.3　灰土垫层

7.1.3.1　灰土垫层施工

灰土垫层应采用经熟化的石灰与黏土（或粉土、粉质黏土）的拌合料铺设，其厚度不应小于 100mm。熟石灰可采用磨细法或浇水粉化法，也可用电石渣或粉煤灰代替。

灰土拌合料以 3∶7（熟石灰∶黏土）或按设计要求的配合比进行配制。

熟化石灰应在使用前3～4d用生石灰洒水粉化并过筛后使用；黏土使用前应过筛，不得含有机物质。

灰土拌合料应颜色一致，拌合均匀，含水量16％左右方可有利于拌合料相互之间的结合。

灰土拌合料应分层铺设，逐层夯实，每层的虚铺厚度宜为150～250mm；夯实系数及干密度值应符合设计要求，经湿润养护、晾干后方可进行下道工序的施工。

7.1.3.2 灰土垫层质量

灰土垫层质量分为合格和不合格。

合格标准：主控项目全部符合规定；一般项目80％及以上的检查点符合规定，其余检查点的偏差值不大于允许偏差的1.5倍。

检查数量：随机抽查不应少于3间，不足3间时全数检查；礼堂、工业厂房、门厅应以两轴线间为1间、过道、走廊以10延长米为1间计算。

主控项目：

灰土体积配合比应符合设计要求。

检验方法：观察和检查配合比通知单。

一般项目：

使用的黏土（或粉土、粉质黏土）不得含有机物质；熟石灰颗粒粒径不得大于5mm。黏土粒径不得大于15mm。

检验方法：观察、检查材质合格证明。

灰土垫层表面的允许偏差应符合表7-2的规定（同三合上垫层）。

7.1.4 砂石垫层和砂垫层

7.1.4.1 砂石垫层和砂垫层施工

砂石垫层厚度不应小于100mm；砂垫层厚度不应小于60mm。

砂石应选用天然级配砂石，铺设过程中不得有粗细分离现象，压实前应洒水湿润，夯实或碾压不得少于3遍，直至不松动为止。

7.1.4.2 砂石垫层和砂垫层质量

砂石垫层和砂垫层质量分为合格和不合格。

合格标准及检查数量同三合土垫层。

主控项目：

（1）砂石垫层的贯入度或干密度应符合设计要求。

检验方法：检查试验报告和观察检查。

（2）砂石或砂不得含有草根、木屑等有机物杂质；砂石最大粒径不得大于垫层厚度的2/3，砂应使用中砂。

检验方法：检查材质合格证、检测报告和观察。

一般项目：

（1）砂石或砂垫层的表面不应有石堆及砂窝等现象。

检验方法：观察。

（2）砂石或砂垫层表面的允许偏差应符合表7-3的规定。

表 7-3 砂垫层和砂石垫层的允许偏差

项 次	项 目	允许偏差（mm）	检 验 方 法
1	表面平整度	15	用 2m 靠尺和楔形塞尺检查
2	标 高	±20	用水准仪检查
3	坡 度	不大于房间相应尺寸的 2‰	用坡度尺检查
4	厚 度	不大于设计厚度的 1/10	用钢尺检查

7.1.5 碎砖或碎石垫层

7.1.5.1 碎砖或碎石垫层施工

碎砖或碎石垫层的厚度不应小于 100mm。

碎砖垫层应铺设均匀，洒水湿润后进行夯实，夯实厚度不应大于虚铺厚度的 3/4，且表面应平整。

碎石垫层应铺设均匀，用粒径 2～25mm 的细石子将表面空隙填平。洒水湿润后进行夯实不应少于三遍，夯、压直至不松动为止。

7.1.5.2 碎砖或碎石垫层质量

碎砖或碎石垫层质量分为合格和不合格。

合格标准、检查数量同三合土垫层。

主控项目：

（1）碎砖不应采用酥松、风化和含有机物的砖料，其粒径不应大于 60mm；碎石的厚度应均匀，最大粒径不应大于垫层厚度的 2/3。

检验方法：观察和检查材质合格证、检测报告。

（2）碎砖或碎石垫层的密实度应满足设计要求。

检验方法：观察和检查试验报告。

一般项目：

碎砖或碎石垫层的表面允许偏差应符合表 7-4 的规定。

7.1.6 炉渣垫层

7.1.6.1 炉渣垫层施工

炉渣垫层应采用水泥石灰炉渣或水泥炉渣。炉渣使用前应浇水闷透，水泥石灰炉渣使用的炉渣应用石灰浆或熟石灰拌合闷透不少于 5d。

炉渣垫层用料应均匀，用水量掌握铺设后垫层表面不出现泌水为宜。

炉渣垫层的基层应平整、干净、无杂物并应浇水湿润；炉渣垫层压实厚度大于 120mm 时，应分层铺设，并且每层压实厚度不应大于虚铺厚度的 3/4。

炉渣垫层铺设后应养护，达到一定强度后方可进行下道工序施工。

7.1.6.2 炉渣垫层质量

炉渣垫层质量分为合格和不合格。

合格标准、检查数量同三合土垫层。

主控项目：

（1）炉渣垫层的用料配合比应符合设计要求。

检验方法：观察、检查配合比通知单与实际配料相比较。

(2) 炉渣不应含其他有机杂质和未燃尽的煤块，粒径不应大于 40mm，含 5mm 以下的颗粒不得超过总体积的 40%，所用熟石灰的粒径不得大于 5mm。

检验方法：观察和检查材质合格证和检测报告。

一般项目：

(1) 炉渣垫层表面的允许偏差应符合表 7-3 的规定。

(2) 炉渣垫层与基层结合应牢固，不得有松散炉渣颗粒和空鼓现象。

检验方法：观察、锤击检查。

7.1.7 防水层

7.1.7.1 防水层施工

防水层材料包括沥青类防水涂料、防水卷材或防水水泥砂浆等。

找平层为水泥类材料时，铺设沥青类防水卷材或涂防水涂料前应涂刷与防水卷材或涂料相容的基层处理剂。基层处理剂可是同类涂料的冷底子油或其他与卷材或涂料性能相容的材料。

防水层施工时，穿过楼板的管道四周应自下而上涂铺，高度应超过套管上口，靠近墙面处，应高出层面 200～300mm，当设计有具体要求时应依设计要求铺涂。管道穿过楼板的根部或阴阳角处应增加附加层。

防水材料铺涂后，必须做闭水试验。蓄水深度为范围内最高点不低于 20mm，持续 24h 无渗漏为合格。

7.1.7.2 防水层质量

防水层质量分为合格和不合格。

合格标准：主控项目全部符合规定；一般项目 80%及以上的检查点符合规定要求，其余检查点的偏差值不大于允许偏差的 1.5 倍。

检查数量：每检验批应随机抽查不少于 3 间，不足 3 间时全数检查；礼堂、工业厂房、门厅以两轴线之间为 1 间、走道、通道、走廊以 10 延长米为 1 间计算。

检验批划分：每一层或以施工段作为一个检验批、高层建筑以三标准层、不足三层也作为一个检验批计算。

主控项目：

(1) 防水层材料必须符合设计要求和国家现行标准的规定。

检验方法：观察和检查材质合格证、检测报告。

(2) 厨厕间和有防水要求的地面必须设置防水层。楼层结构必须是现浇混凝土或预制混凝土板，其混凝土强度的等级不应低于 C20；楼板四周除门洞以外全做高度不小于 120mm 的混凝土翻边。结构层的标高和预留洞口的位置应准确，严禁刮剔凿。

检验方法：观察和尺量检查。

(3) 水泥类防水层的强度等级和防水性能必须符合设计要求。

检验方法：观察和检查检测报告。

(4) 防水层严禁有渗漏，排水坡度应符合设计要求。排水畅通、无积水现象。

检验方法：观察、雨后或蓄水试验。

一般项目：

（1）防水层的层数、每层的厚度应符合设计要求。

检验方法：观察、卡尺检查。

（2）防水层与基层应粘结牢固，不得有空鼓、翘边；防水涂料涂刷应均匀、平整、厚度一致，无鼓泡、裂缝、脱皮等现象。

检验方法：观察、针刺检查或切片检查。

（3）防水层表面的允许偏差应符合表 7-4 的规定。

表 7-4 防水层表面的允许偏差

项 次	项 目	允许偏差（mm）	检 验 方 法
1	表面平整度	3	用 2m 靠尺和楔形塞尺检查
2	标 高	±4	用水准仪检查
3	坡 度	不大于房间相应尺寸的 2‰	用坡度尺检查
4	厚 度	不大于设计厚度的 1/10	用钢尺检查

7.1.8 混凝土垫层

7.1.8.1 混凝土垫层施工

混凝土垫层的厚度不应小于 60mm。

垫层施工前，基层的表面应撒水湿润；室内地面的混凝土垫层应设置纵、横伸缩缝，其纵向伸缩缝的间距不得大于 6m、横向伸缩缝的间距不得大于 12m。

礼堂、工业厂房、门厅等大面积混凝土垫层应分段浇筑。分段应结合变形缝位置、设备基础的位置和不同类型地面的相接处进行划分，并应与其他设置的纵、横伸缩缝间距相一致。

混凝土宜用平板振捣器振捣密实，每层的铺设厚度不应大于 200mm。

7.1.8.2 混凝土垫层质量

混凝土垫层质量分为合格和不合格。

合格标准、检查数量同三合土垫层。

主控项目：

（1）混凝土垫层所使用的材料：粗骨料的最大粒径不应大于垫层厚度的 2/3；含泥量不应大于 2%；中粗砂的含泥量不应大于 3%。

检验方法：观察、检查材料合格证、检测报告、复验报告。

（2）混凝土的强度等级应符合设计要求，当设计无具体要求时，其强度等级不应小于 C10。

检验方法：观察、检查配合比通知单、试块试验报告。

一般项目：

混凝土垫层表面的允许偏差可参照表 7-3 的规定。

7.1.9 找平层

7.1.9.1 找平层施工

找平层可根据厚、薄程度的具体情况使用水泥砂浆或混凝土铺设。当找平层下有一层填充料时应先行铺平振实。当找平层下为混凝土垫层时，找平层施工前应先刷一层水灰比为0.4～0.5的水泥浆。

找平层的基层为钢筋混凝土板时，板缝嵌填的施工应符合以下要求：

(1) 预制钢筋混凝土板底部的缝宽不应小于20mm；

(2) 板缝嵌填前应清理干净，并浇水湿润；

(3) 板缝嵌填应采用强度等级不小于C20的细石混凝土；并应振捣密实、表面拉毛、细石混凝土浇筑的高度应低于板面10～20mm，浇筑后应适时浇水养护；

(4) 预制钢筋混凝土板底部的缝宽大于40mm时应按设计要求配置钢筋。

在预制钢筋混凝土板上做找平层时，板端应按设计要求采取防裂措施。

有防水要求的建筑地面工程，必须对立管、套管及地漏和楼板交接处进行密封处理后方可进行找平层施工，找平层的排水坡度应符合设计要求。

7.1.9.2 找平层质量

找平层质量分为合格和不合格。

合格标准：主控项目全部符合规定；一般项目应有80%及以上的检查点符合规定，其他检查点的偏差不得大于允许偏差的1.5倍。

检查数量：每检验批应随机抽查不少于3间，不足3间时全数检查；礼堂、工业厂房、门厅应以两轴线为1间，走廊、过道应以10延长米为1间计算。

检验批划分：以每层或每层施工段作为一个检验批，高层建筑以三个标准层、不足三个标准层时也按一个检验批计算。

主控项目：

(1) 找平层使用的卵石或碎石的含泥量不应大于2%，粒径不应大于找平层厚度的2/3；砂的含泥量不应大于3%，宜为中粗砂。

检验方法：观察和检查材料合格证、检测报告。

(2) 水泥砂浆和混凝土的配合比及强度等级应符合设计要求。且水泥砂浆的体积比不应大于1∶3，混凝土的强度等级不应小于C15。

检验方法：观察、检查配合比通知单及试验报告。

(3) 有防水要求的建筑地面工程的套管、地漏、立管的部位严禁有渗漏、积水，坡度应符合设计要求。

检验方法：观察、雨后或闭水试验检查。

一般项目：

(1) 找平层的表面应平整、坚实，不得有裂纹、起砂、脱皮等现象。

检验方法：观察检查。

(2) 找平层应与基层结合牢固，不得有空鼓、开裂脱落等现象。

检验方法：观察、敲击检查。

(3) 找平层的表面允许偏差应符合表7-5的规定。

7.1.10 填充层

7.1.10.1 填充层施工

填充层的基层应平整、坚实、且应干燥，无杂物、油污、裂纹、起砂、空鼓等现象。

表 7-5 找平层的允许偏差

项 次	项 目	允许偏差（mm）			检验方法
		用沥青玛琋脂做结合层铺设拼花木板、板块面层	用水泥砂浆做结合层铺设板块面层	用胶粘剂做结合层铺设拼花木板、塑料板、强化复合地板	
1	表面平整度	3	5	2	用 2m 靠尺和楔形塞尺检查
2	标 高	±5	±8	±4	用水准仪检查
3	坡 度	不大于房间相应尺寸的 2‰			用坡度尺检查
4	厚 度	不大于设计厚度的 1/10			用钢尺检查

填充层为松散材料时，应先铺平拍实；填充层为板、块材料时，应分层错缝铺贴，各层所使用的材料厚度应一致。

7.1.10.2 填充层质量

填充层质量分为合格和不合格。

合格标准、检查数量及检验批划分同找平层。

主控项目：

(1) 填充层所使用的材料质量必须符合设计要求和现行国家产品标准的规定。

检验方法：观察、检查材料的合格证、检测报告。

(2) 填充层所使用的材料配合比应符合设计要求。

检验方法：观察、检查配合比通知单。

一般项目：

(1) 填充层所使用的松散材料必须铺设密实；板块材料填充应严密，接缝上下层应错开、无翘曲。

检验方法：观察检查。

(2) 填充层表面的允许偏差应符合表 7-6 的规定。

表 7-6 填充层表面的允许偏差

项 目	允许偏差（mm）		检 验 方 法
	松散材料	板块材料	
表面平整度	7	5	用 2m 靠尺和楔形塞尺检查
标 高	±4	±4	用水准仪检查
坡 度	不大于房间相应尺寸的 2‰		用坡度尺检查
厚 度	不大于设计厚度的 1/10		用钢尺检查

7.2 整体铺设面层

7.2.1 混凝土面层

7.2.1.1 混凝土面层施工

混凝土面层的厚度应符合设计要求。

混凝土面层应用平板振捣器进行充分振捣。面层压平抹平工序应在混凝土初凝前完成；表面压光工序应在终凝前完成。

浇筑混凝土面层，应随浇随振捣并随抹平。混凝土面层施工不应留施工缝。因其他原因施工间歇时间超过允许时间规定时，对已凝结的混凝土接槎可刷一层水灰比为0.4～0.5的水泥浆进行处理后方可继续浇筑面层混凝土，并应充分振捣密实、压平、无明显接槎。

7.2.1.2 混凝土面层质量

混凝土面层质量分为合格和不合格。

合格标准：主控项目全部符合规定；一般项目80%及以上的检查点符合规定，其余检查点的偏差不得大于允许偏差的1.5倍。

检查数量：每检验批随机抽查不应少于3间，不足3间应全数检查；礼堂、工业厂房、门厅应以两轴线之间为1间，走道、走廊应以10延长米为1间计算。

检验批划分：按层或层施工段、变形缝划分检验批；高层建筑按三层标准层（不足三层时也按三层计）为一个检验批。

主控项目：

（1）混凝土采用的材料：粗骨料的最大粒径不应大于混凝土面层厚度的2/3，细石混凝土面层所使用的石子粒径不应大于15mm。

检验方法：观察、检查石子合格证、检测报告。

（2）面层混凝土的强度等级应符合设计要求；当设计无具体要求时，其强度等级不应小于C20；混凝土垫层兼面层时混凝土强度等级不应小于C15。

检验方法：检查配合比通知单及试块强度试验报告。

（3）面层与下层的结合应牢固，无空鼓、开裂等现象。

检验方法：敲击检查和观察。

（注：空鼓面积不应大于400cm^2，且每（自然间）标准间不多于两处可不计。）

一般项目：

（1）面层表面应平整，不应有麻面起砂、脱皮及裂纹。

检验方法：观察。

（2）面层表面的排水坡度应符合设计要求。不得有积水和反流现象。

检验方法：观察和淋水或用坡度尺检查。

（3）水泥砂浆踢脚线应与墙面结合牢固，其高度和厚度应均匀一致。

检验方法：观察、敲击和尺量检查。

（注：局部空鼓长度不应大于300mm，且每自然间不多于两处可不计。）

（4）楼梯踏步的高度、宽度应符合设计要求。楼梯踏步高、宽差不应大于10mm；旋转楼梯踏步两端的宽度与设计宽度的允许偏差为5mm。楼梯踏步的防滑条、各齿角应顺直、整齐。

检验方法：观察和尺量检查。

（5）混凝土面层的允许偏差应符合表7-7的规定。

7.2.2 水泥砂浆面层

7.2.2.1 水泥砂浆面层施工

水泥砂浆应搅拌均匀、抹平工作应在水泥砂浆初凝前完成，压光工作应在水泥砂浆终凝前完成；水泥砂浆面层的厚度不应小于20mm。可用石屑替代砂制作水泥石屑面层，铺设水泥石屑面层应符合以下规定：

表7-7 水泥混凝土面层的允许偏差

项　　目	允许偏差（mm）	检　验　方　法
表面平整度	5	用2m靠尺和楔形塞尺检查
踢脚线上口平直	4	拉5m线和用钢尺检查
缝格平直	3	拉5m线和用钢尺检查

(1) 石屑的含粉量不应大于3%，其粒径宜为3～5mm；

(2) 水泥宜采用普通硅酸盐水泥、硅酸盐水泥，其强度等级不应低于42.5级；

(3) 水泥与石屑的体积配合比宜为1∶2，其水灰比宜为0.4；

(4) 压光工作不应少于两遍。

7.2.2.2 水泥砂浆面层质量

水泥砂浆面层质量分为合格和不合格。

合格标准、检查数量、检验批划分同混凝土面层。

主控项目：

(1) 水泥采用普通硅酸盐水泥、硅酸盐水泥，其强度等级不应小于32.5级，不同品种或不同强度等级的水泥严禁混用；砂的含泥量不应大于3%，石屑的粒径应为1～5mm；砂应为中砂。

检验方法：观察、检查材料合格证、检测报告、复验报告。

(2) 水泥砂浆的强度等级、体积配合比必须符合设计要求，且强度等级不应小于M15，体积配合比应为1∶2。

检验方法：检查检测报告、配合比通知单。

(3) 面层与基层应结合牢固，无空鼓、裂纹和脱落现象。

（注：空鼓面积不应大于400cm^2，且每自然间或标准间不多于两处可不计。）

检验方法：观察、敲击检查。

一般项目：

(1) 楼梯踏步的高度、宽度应符合设计要求。楼梯踏步高度差不应大于10mm，每踏步两端的宽度差不应大于10mm；旋转楼梯踏步两端宽度与设计宽度的允许偏差为5mm，踏步的齿角、防滑条应整齐顺直。

检验方法：观察、尺量检查。

(2) 面层表面的坡度应符合设计要求，不得有积水和倒泛水现象。

检验方法：观察检查。

(3) 踢脚线与墙面应结合牢固，出墙厚度、高度一致。

检验方法：敲击、观察和尺量检查。

(4) 面层的表面应洁净、光滑、平整，无脱落、起皮、麻面和开裂现象。

检验方法：观察。

(5) 水泥砂浆面层的允许偏差及检验方法应符合表7-8的规定。

表 7-8　水泥砂浆面层的允许偏差

项　目	允许偏差（mm）	检　验　方　法
表面平整度	4	用 2m 靠尺和楔形塞尺检查
踢脚线上口平直	4	拉 5m 线和用钢尺检查
缝格平直	3	拉 5m 线和用钢尺检查

7.2.3　防油渗面层

7.2.3.1　防油渗面层施工

防油渗面层应采用防油渗混凝土或防油渗涂料涂刷。

防油渗混凝土的强度等级不应低于 C30，其厚度宜为 60～70mm；防渗混凝土应采用普通混凝土中掺防油剂或其他外加剂。

防油渗混凝土面层应分段浇筑，其分段划分应符合设计要求。

防油渗混凝土配合比应按设计要求的抗渗性能和强度等级通过试验确定。

防油渗混凝土的搅拌应均匀，坍落度不宜大于 10mm，振捣应密实，不得有漏振和过振。

防油渗涂料应分层涂刷，涂层的厚度宜为 5～7mm，涂刷不得少于三遍；其施工及配制应符合产品说明书的规定。

7.2.3.2　防油渗面层质量

防油渗面层质量分合格和不合格。

合格标准、检查数量、检验批划分同混凝土面层。

主控项目：

（1）防油渗混凝土所使用的水泥应为普通硅酸盐水泥，其强度等级不应低于 32.5 级；碎石所使用的石英石或花岗岩严禁用多孔、松散和吸水率大的石子，其粒径在 5～20mm 为宜，含泥量不应大于 1%；砂应采用洁净无杂物和细度模数为 2.3～2.6 的中砂，掺用的防油渗剂和外加剂应符合产品合格标准；防油渗涂料应具有耐磨、耐火和耐油、粘结性能强等特点。

检验方法：观察、检查合格证、检测报告。

（2）防油渗混凝土的抗渗性能和强度等级必须符合设计要求，且强度等级不应低于 C30，防油渗涂料的抗拉粘结强度不应小于 0.3MPa。

检验方法：检查配合比通知单和检测报告。

（3）防油渗混凝土与基层粘结应牢固、无空鼓、起皮、泛砂等缺陷。

检验方法：观察、敲击检查。

（4）防油渗涂料应与基层粘结牢固，严禁有开裂、漏涂、起皮等现象。

检验方法：观察。

一般项目：

（1）防油渗面层的表面坡度应符合设计要求，不得有积水和逆水现象。

检验方法：观察、用坡度尺或泼水检查。

（2）防油渗混凝土面层应平整、光滑，不应有脱皮、麻面、起砂及裂纹现象。

检验方法：观察。

(3) 踢脚线与墙面应粘结牢固，出墙厚度及高度应均匀一致。

检验方法：敲击、观察、尺量。

(4) 抗油渗面层的允许偏差应符合表 7-9 的规定。

表 7-9　防油渗面层的允许偏差

项　　目	允许偏差（mm）	检　验　方　法
表面平整度	5	用 2m 靠尺和楔形塞尺检查
踢脚线上口平直	4	拉 5m 线和用钢尺检查
缝格平直	3	拉 5m 线和用钢尺检查

7.2.4　防爆（不发火）面层

7.2.4.1　防爆面层施工

防爆面层应使用水泥类拌合料铺设，其厚度应符合设计要求。

防爆水泥砂浆面层、防爆混凝土面层施工同相应面层施工。

防爆面层采用的石料和达到养护标准时间的试件，应在金刚砂轮机上做摩擦试验。其试验结果应符合现行国家标准《不发火（防爆的）建筑地面材料及其制品不发火性的试验方法》的规定。

7.2.4.2　防爆面层质量

防爆面层的质量分为合格和不合格。

合格标准、检查数量及检验批的划分同混凝土面层。

主控项目：

(1) 防爆面层使用的石料应用白云石、大理石或其他不发火石料加工而成，应以金属类物件与石料撞击不发生火花为合格；所用的砂应表面粗糙、质地坚硬，其粒径宜为 0.15～5mm 为宜，含泥量不应大于 3%，有机物含量不应大于 5%；使用的水泥应为普通硅酸盐水泥，其强度等级不应低于 32.5 级，面层分格条应选用不发火型的，施工时应随时检查，不得混入易发生火花的其他材料。

检验方法：观察、检查材料合格证、检测报告。

(2) 防爆面层与基层应结合牢固，无空鼓、结皮、裂纹等缺陷。

检验方法：观察、敲击检查。

（注：空鼓面积不应大于 400cm²，且每自然间（标准间）不多于两处可不计。）

(3) 防爆面层的试件必须试验报告合格。

检验方法：检查试件检测报告。

一般项目：

(1) 踢脚线与墙面的结合应牢固，出墙面的厚度及高度应均匀一致。

检验方法：观察、敲击、尺量检查。

(2) 防爆面层的表面允许偏差应符合表 7-10 的规定。

(3) 防爆面层的表面应密实，无裂缝、结皮、蜂窝、麻面等缺陷。

检验方法：观察。

7.3 板块铺设面层

7.3.1 砖面层

7.3.1.1 砖面层施工

砖面层采用缸砖、水泥花砖、陶瓷地砖、陶瓷锦砖铺设在基层上。基层可采用夯实土层后设水泥找平层、结合层可采用水泥砂浆、建筑胶、胶粘剂等。

结合层厚度：水泥砂浆应为10～15mm，建筑胶应为2～5mm，胶粘剂应为2～3mm。

用水泥砂浆铺贴陶瓷砖、水泥花砖和缸砖面层时应符合以下规定：

(1) 砖铺面层施工前，应对面砖的外观质量、色泽及规格尺寸进行挑选，浸水后无明水时再用；

(2) 砖面层铺砖使用的砂浆应为干硬性、严格按设计标高进行施工，并应砂浆饱满；

(3) 砖缝的留设应符合设计要求，当设计无具体要求时，紧铺贴宽度不宜大于1mm；留缝铺贴砖缝宽度宜为5～10mm；

(4) 砖铺面层应在24h内进行勾缝、压缝和擦缝。勾缝和压缝采用的水泥应为同颜色、同强度等级和同品种，并应适时养护和成品保护。

用水泥砂浆粘贴陶瓷锦砖时，应符合以下规定：

(1) 粘贴陶瓷锦砖前，应在基层刷水泥浆，随刷随铺，用抹子拍平拍严。

(2) 陶瓷锦砖底面应清洁无杂质，陶瓷锦砖的联与联之间，与基层之间以及在墙角、靠墙及镶边处均应结合严密，牢固。

(3) 陶瓷锦砖铺贴后，应洒水湿润后揭纸，用白水泥勾缝并清理面层，做好成品保护工作。

用建筑胶或胶结料粘贴缸砖时，应在基层抹建筑胶或热沥青胶结料，在粘结料凝结前将缸砖粘贴在基面上。胶结料应待干燥至不粘手时，将缸砖就位准确并压密实稳妥。

7.3.1.2 砖面层质量

砖面层质量分为合格和不合格。

合格标准：主控项目全部符合规定；一般项目80%及以上检查点符合规定，其他检查点的偏差不得大于允许偏差的1.5倍。

检查数量：每检验批抽查不少于3间，不足3间时全数检查；走廊、通道以10延长米为1间，礼堂、工业厂房（按单跨计算）门厅以两轴线为1间计算。

检验批划分：每检验批或每施工段作为一个检验批，高层建筑的标准间每三标准层（不足三层也按三层计）作为一个检验批。

主控项目：

(1) 使用的板块必须符合设计要求。

检验方法：观察、检查产品合格证及检测报告。

(2) 面层与基层的结合应牢固，无空鼓、翘边等现象。

检验方法：敲击检查。

一般项目：

(1) 砖面层的表面应清洁、图案清晰，色泽一致，接缝平缓，深浅一致，板块应无缺楞掉角、无裂纹。

检验方法：观察检查。

(2) 面层邻接处的镶边尺寸及用料应符合设计要求，边棱应光滑、整齐。

检验方法：观察、尺量检查。

(3) 踢脚线表面应洁净，粘结应牢固、出墙厚度及高度应一致。

检验方法：观察、敲击、尺量检查。

(4) 台阶和楼梯踏步的缝隙宽窄应一致，齿角应整齐；楼梯踏步高度差不应大于10mm；防滑条应平整顺直。

检验方法：观察、尺量检查。

(5) 地面面层的坡度应符合设计要求，与管道、地漏的结合应严密，无渗漏现象，表面无积水和倒泛水。

检验方法：观察、用坡度尺或蓄水检查。

(6) 砖面层的允许偏差应符合表7-10的规定。

表7-10 砖面层的允许偏差

项 目	允许偏差（mm）			检 验 方 法
	陶瓷锦砖、陶瓷地砖	缸 砖	水泥花砖	
表面平整度	2	4	3	用2m靠尺和楔形塞尺检查
缝格平直	3	3	3	拉5m线和用钢尺检查
接缝高低差	0.5	1.5	1	用钢尺和楔形塞尺检查
踢脚线上口平直	3	4	4	拉5m线和用钢尺检查
板块间隙宽度	2	2	2	用钢尺检查

7.3.2 花岗石和大理石面层

7.3.2.1 花岗石和大理石面层施工

花岗石和大理石面层应采用天然花岗石、大理石板材在基层上铺设，粘结用水泥砂浆的体积比为1∶2，厚度应为10～15mm。

天然花岗石、大理石的技术等级、光泽度、外观质量应符合行业现行标准《天然花岗石建筑板材》、《天然大理石建筑板材》的规定。

板材铺设前，应对板材的花纹、图案、纹理、颜色等选择试拼并编号。应将有裂纹、缺楞掉角、表面有蜂窝麻面、翘曲等缺陷的板材剔除，并不得将不同品种的板材在同一表面使用。

花岗石、大理石粘铺前应浸水，待表面晾干或擦干后方可铺设；铺设时宜采用干铺水泥洒水或用水泥砂浆作铺的方法施工。

板缝的宽度应符合设计要求，当设计无具体要求时应不大于1mm。铺设后，应对成品进行保护，待水泥砂浆达至一定强度后，方可打蜡擦光。

拼接的花岗石、大理石面层应厚薄一致，颜色协调，无尖角的花岗石、大理石板材用水泥砂浆在基层上铺设时，板材的间隙应用水泥掺石粒或水泥砂浆填补。

7.3.2.2 花岗石、大理石面层质量

花岗石、大理石面层质量分为合格和不合格。

合格标准、检查数量、检验批的划分同砖面层。

主控项目：

(1) 花岗石、大理石面层所用板块的质量、品种、规格尺寸应符合设计要求。

检验方法：观察、尺量及检查板材合格证、检测报告。

(2) 花岗石、大理石面层与基层粘结应牢固，无空鼓现象。

检验方法：敲击检查。

(注：单块板块的边角有局部空鼓，且每自然间、不超过5%时可不计。)

一般项目：

(1) 花岗石、大理石面层的表面应平整、光滑，无锯痕、磨痕、蜂窝麻面，且图案清晰，接缝宽窄一致，边棱顺直、颜色一致，无缺棱、掉角和开裂等缺陷。

检验方法：观察。

(2) 踢脚线的表面应粘贴牢固，出墙厚度及高度一致。

检验方法：观察、敲击和尺量检查。

(3) 台阶和楼梯踏步板块的缝隙宽窄一致，楞角整齐，楼梯踏步高度差不应大于10mm，防滑条应平顺、整齐、牢固。

检验方法：观察、尺量检查。

(4) 地面面层的坡度应符合设计要求，地漏管道应结合严密、无渗漏、无积水现象。

检验方法：观察、试水检查或用坡度尺检查。

(5) 花岗石、大理石面层（包括花岗石、大理石拼装面层）的允许偏差应符合表7-11的规定。

表7-11 花岗石、大理石面层的允许偏差

项目	允许偏差（mm）		检验方法
	大理石面层和花岗石面层	碎拼大理石、碎拼花岗石面层	
表面平整度	1	3	用2m靠尺和楔形塞尺检查
缝格平直	2	—	拉5m线和用钢尺检查
接缝高低差	0.5	—	用钢尺和楔形塞尺检查
踢脚线上口平直	1	1	拉5m线和用钢尺检查
板块间隙宽度	1	—	用钢尺检查

7.3.3 预制板块面层

7.3.3.1 预制板块面层施工

预制板块面层包括水磨石板块和混凝土板块、用水泥砂浆粘铺或用干砂铺设。

用水泥砂浆粘铺时厚度应为10～15mm，干砂铺设时的厚度一般为20～30mm。用干砂铺设时应洒水将砂压实，并应用靠尺找平。

用水泥砂浆层铺设预制板块时，可用水泥砂浆铺设或用干铺水泥砂拌合后浇水的方法施工。铺设后 2d 内用 1：1 水泥砂浆或水泥浆填缝。并将表面清理干净。板缝的宽度应符合设计要求，当设计无具体要求时，混凝土板块的缝隙宽度不宜大于 6mm；水磨石板块的缝隙不应大于 2mm。

7.3.3.2 预制板块面层质量

预制板块面层质量分为合格和不合格。

合格标准、检验批的划分和检查数量同砖面层。

主控项目：

(1) 预制板块的规格尺寸，质量、强度等级应符合设计要求；水磨石板块应符合现行国家行业标准《建筑水磨石制品》(JC/T 507) 的规定。

检验方法：观察、检查产品合格证、检测报告。

(2) 板块面层与基层的结合应牢固、无空鼓现象。

检验方法：敲击检查。

(注：凡单块板块料边角有局部空鼓，且每标准间（自然间）不超过总数的 5%可不计。)

一般项目：

(1) 预制板块的表面应无缺楞、掉角、蜂窝麻面、裂纹、翘曲等缺陷。

检验方法：观察。

(2) 预制板块面层应图案清晰，色泽一致，边角顺直、镶嵌整齐、平整光滑，接缝均匀。

检验方法：观察。

(3) 预制板块面层镶边料尺寸应符合设计要求，边角顺直、光滑、整齐。

检验方法：观察、尺量检查。

(4) 踢脚线应与基面粘贴牢固，出墙厚度、高度应一致。

检验方法：观察、敲击、尺量检查。

(5) 台阶和楼梯踏步板块的缝隙应宽窄一致，边角整齐，相邻踏步的高度差不应大于 10mm，防滑条应整齐、顺直、牢靠。

检验方法：观察、尺量检查。

(6) 预制板块面层的允许偏差应符合表 7-12 的规定。

表 7-12 预制板块面层的允许偏差

项 目	允许偏差（mm）			检 验 方 法
	高级水磨石板块	水磨石板块	水泥混凝土板块	
表面平整度	2	3	4	用 2m 靠尺和楔形塞尺检查
缝格平直	3	3	3	拉 5m 线和用钢尺检查
接缝高低差	0.5	1	1.5	用钢尺和楔形塞尺检查
踢脚线上口平直	3	4	4	拉 5m 线和用钢尺检查
板块间隙宽度	2	2	6	用钢尺检查

7.3.4 塑料板面层

7.3.4.1 塑料板面层施工

塑料板面层是用塑料板块或塑料卷材，以胶粘剂粘铺在基层上而成的地面。

基层的表面应坚实平整、干燥无杂物、油污、蜂窝麻面、裂纹等现象。

使用的胶粘剂应与基层和面层材料相容，并经过试验确定后使用。

塑料板块施工前，应按设计要求弹线、分格和定位编号。

当使用乳液型胶粘剂铺贴时，应在基层和塑料板面分别涂胶粘剂；当使用溶剂型胶粘剂铺贴时，应在基层表面均匀涂刷小于1mm厚的胶粘剂，待晾干到不粘手时一次性就位粘贴密实。

用塑料卷材铺贴地面时，可在塑料卷材的周边涂不小于100mm的胶粘剂铺贴或干铺。

用塑料焊条焊接塑料板块时，应选用成分和性能与板块性能相容的焊条，先将塑料板块铺贴在基层上48h后再行施焊。

7.3.4.2 塑料板面层质量

塑料板面层质量分为合格和不合格。

合格标准、检查数量及检验批的划分均同砖面层。

主控项目：

(1) 塑料面层所使用的塑料板块、卷材及胶粘剂应符合设计要求和现行国家标准的规定。板块与卷材的规格尺寸、品种、颜色等级应符合设计要求。

检验方法：观察、检查产品合格证和检测报告。

(2) 塑料板材应与基层粘贴牢固，不得有溢胶、开裂、折皱、翘边等缺陷。

检验方法：观察检查。

(注：卷材局部脱胶处面积不应大于200mm^2，且相隔距离不小于500mm时可不计，当单块板块边角局部脱胶每自然间（标准间）不超过总数的5%时可不计。)

一般项目：

(1) 塑料板面层图案应清晰，色泽一致，拼接图案花纹吻合、接缝严密、美观，阴阳角收边方正、无溢胶。

检验方法：观察。

(2) 板块焊缝应光滑平整，无焦化变色、起鳞、焊瘤等现象，表面凹凸允许偏差为±0.6mm。焊缝的抗拉强度值不得小于塑料板强度的75%。

检验方法：观察、检查检测报告。

(3) 镶边用料尺寸应正确、边角方正整齐接缝顺直、拼缝严密。

检验方法：观察、尺量检查。

(4) 塑料板面层的允许偏差应符合表7-13的规定。

表7-13 塑料面层的允许偏差

项目	允许偏差（mm）	检验方法
表面平整度	2	用2m靠尺和楔形塞尺检查
缝格平直	3	拉5m线和用钢尺检查
接缝高低差	0.5	用钢尺和楔形塞尺检查
踢脚线上口平直	2	拉5m线和用钢尺检查

7.3.5 地毯面层

7.3.5.1 地毯面层施工

地毯面层是将方块或卷材地毯在水泥基层上铺设的地面。

地毯面层的基层应表面光滑、平整、坚实、无蜂窝、麻面、裂纹、凹坑、油污、钉头及其他杂物。

(1) 固定式地毯铺设应符合以下规定：

1) 固定地毯用的金属压条、专用双面胶带、金属卡条等必须符合设计要求；

2) 铺设地毯应张拉力适度、周边卡条固定要牢固，门口及人员经常走动的部位更应用金属压条或双面胶带固定牢固；

3) 地毯的周边应塞进踢脚线或卡条的压缝中；

4) 粘贴地毯应用与地毯相容的胶粘剂与基层粘贴牢固。

(2) 活动式地毯铺设应符合以下规定：

1) 将地毯拼接成整块后直接铺设在基层上，四周应压在踢脚线或卡条缝隙中；

2) 与不同类型的基层连接收口应符合设计要求；

3) 方块地毯的拼缝应挤紧并粘牢。

(3) 楼梯地毯的铺设应平整、顺直，棱角分明，顶台级地毯应用压条固定牢靠，并逐级用卡条固定牢。

7.3.5.2 地毯面层质量

地毯面层质量分为合格和不合格。

合格标准：主控项目全部符合规定；一般项目 80%及以上的检查点符合规定，其他检查点的偏差不得超过允许偏差的 1.5 倍。

检验数量：全数检查。

主控项目：

(1) 地毯的规格、品种、颜色、图案及辅料必须符合设计要求和现行国家产品标准的规定。

检验方法：观察、检查产品合格证、检测报告。

(2) 地毯表面应平整、无折皱，接缝应粘贴牢固、图案应吻合、清晰。

检验方法：观察。

一般项目：

(1) 地毯表面不应有卷边、翘角、起鼓、拼缝处露线、绒面毛顺光不一致、有污垢损伤等缺陷。

检验方法：观察。

(2) 地毯与其他面层的交接、收口处和柱子周边、墙边应平整顺直、压牢固。

检验方法：观察。

7.4 木面层铺设

7.4.1 实木地板面层

7.4.1.1 实木地板面层施工

实木地板面层采用拼花图案实木或条材、块材实地铺设，铺设的方式有空铺和实铺两种。

实木地板有单层和双层铺设。双层铺设一般为面层用实木地板，下层用毛料地板。

木搁栅应垫稳并固定牢靠，表面平直，与墙相交处应留出30mm的空隙，木搁栅的连接方法、截面尺寸，间距应符合设计要求。

毛料地面层的铺设，木材的髓心应向上，其板缝不应大于3mm，与墙应留8～12mm的缝隙。毛料地板应与木搁栅斜向30°～45°用圆钉钉牢。

用实木条材铺设地板时，条材应用圆钉钉牢在木搁栅上。并从板的小侧面斜向将板钉牢在木搁栅上。实木条材的端头应实落在木搁栅上，并应接头错开，板与板之间结合应严密，只允许个别有不大于1mm的缝隙，当条材为硬木时，其缝隙不应大于0.5mm，并应用钻打孔后再钉圆钉。地板与墙应留8～12mm的间隙。

用实木地板块材铺设地板时，块材应用钉牢固地钉在地板上，圆钉应从板块的侧面斜向钉入板块与木搁栅中。当板块长度不大于300mm时，每侧面应钉两钉，当板块长度大于300mm时沿板块长度方向每300mm一根钉与木搁栅钉牢。接头处必须钉一根钉。地板与墙应留8～12mm的间隙。

用拼花方法铺设地板时，地板的接缝应采用截口、平口或企口接缝，拼花地板应铺设在毛料地板层上，其铺钉应严密；当拼花地板长度小于300mm时，每侧面钉两根钉，当长度大于300mm时，每300mm钉1根钉，接头处应每板钉1根钉。拼花地板的周边应镶边，铺设的图案应符合设计要求。

7.4.1.2 实木地板面层质量

实木地板面层质量分为合格和不合格。

合格标准、检查数量、检验批划分同砖面层。

主控项目：

（1）实木地板面层材料的材质和含水率必须符合设计要求；垫土、毛料地板、木搁栅等必须做防蛀、防腐处理。

检验方法：观察、检查材料合格证、检测报告。

（2）木搁栅必须安装牢固，上表面应平直。

检验方法：观察、脚踏检查。

（3）实木地板面层铺设应牢固、表面平整光滑，无空鼓现象。

检验方法：观察、脚踏检查。

一般项目：

（1）实木地板的面层应刨平，磨光，无明显毛刺、刨痕；纹理、图案清晰，颜色协调一致。

检验方法：观察、手摸检查。

(2) 实木地板的面层应清洁干净，接头位置应错开，并且端头必须均钉两钉固定牢靠，接缝必须严密。

检验方法：观察检查。

(3) 拼花地板接缝应钉、粘牢固、严密、对齐，缝隙宽窄一致；表面无溢胶、钉眼、锤痕。

检验方法：观察检查。

(4) 踢脚线板应表面洁净光滑，厚度、高度一致；接缝严密。

检验方法：观察、尺量检查。

(5) 实木地板面层的允许偏差应符合表 7-14 的规定。

表 7-14　实木地板面层的允许偏差

项　　目	允许偏差（mm）			检　验　方　法
	松木地板	硬木地板	拼花地板	
板面缝隙宽度	1	0.5	0.2	用钢尺检查
表面平整度	3	2	2	用 2m 靠尺和楔形塞尺检查
踢脚线上口平齐	3	3	3	拉 5m 通线，不足 5m 拉通线和用钢尺检查
板面拼缝平直	3	3	3	
相邻板材高差	0.5	0.5	0.5	用钢尺和楔形塞尺检查
踢脚线与面层的接缝	1	1	1	楔形塞尺检查

7.4.2　实木复合地板面层

7.4.2.1　实木复合地板面层施工

实木复合地板面层采用块材或条材复合地板、实木拼花复合地板，实铺或空铺在基层。

木搁栅的截面尺寸、材质、间距、固定方式等应符合设计要求。固定木搁栅不得损伤基层预埋的水、电、通讯、供热管线，与墙之间应留 30mm 宽的缝隙，木搁栅应平直、稳固。

毛料地板层做法同实木地板面层。

实木复合地板可采用点粘法或满粘法铺设，所使用的粘合剂应具有防水、防腐、无毒、抗老化等性能。

实木复合地板铺设时、相接接头位置应错开，与墙之间的距离应不小于 10mm。

7.4.2.2　实木复合地板面层质量

实木复合地板面层质量分为合格和不合格。

合格标准、检查数量及检验批的划分同砖面层。

主控项目：

(1) 实木复合地板面所使用的块材和条材的质量要求及技术等级应符合设计要求；木搁栅、毛料板和垫木必须做防水、防腐处理。

检验方法：观察和检查材料合格证及检测报告。

(2) 木搁栅应安装平直、牢靠。

检验方法：观察、脚踏检查。

(3) 实木复合地板面层粘贴应牢固、无空鼓现象。

检验方法：观察、脚踏检查。

一般项目：

(1) 实木复合地板面层的颜色、图案应符合设计要求，图案应清晰，颜色应协调，板面无翘曲开裂现象。

检验方法：观察检查。

(2) 实木复合地板面层应清洁、无杂物、油污；接头应错开，接缝应严密。

检验方法：观察检查。

(3) 踢脚板应表面光滑洁净，接缝严密平齐，出墙厚度、高度一致。

检验方法：观察、尺量检查。

(4) 实木复合地板面层的允许偏差应符合表 7-15 的规定。

表 7-15　实木复合地板面层的允许偏差

项　　目	允许偏差 (mm)	检　验　方　法
板面缝隙宽度	0.5	用钢尺检查
表面平整度	2.0	用 2m 靠尺和楔形塞尺检查
踢脚线上口平齐	3.0	拉 5m 通线，不足 5m 拉通线和用钢尺检查
板面拼缝平直	3.0	
相邻板材高差	0.5	用钢尺和楔形塞尺检查
踢脚线与面层的接缝	1.0	用楔形塞尺检查

7.4.3　中密度复合地板面层

7.4.3.1　中密度复合地板面层施工

中密度复合地板面层是用中密度（强化）复合地板直接铺贴在基层上而成的地板面层；也可设在毛料板层的上层。

中密度复合地板面层铺设前，应在基层铺设一层泡沫塑料布做衬垫。

中密度复合地板铺设应从房间的一边铺向另一边，板缝用专用地板胶粘合，板缝应严密，接头应错开，不小于 300mm；地板、垫层与墙之间所留的空隙应不小于 10mm。

7.4.3.2　中密度复合地板面层质量

中密度复合地板面层质量分为合格和不合格。

合格标准、检查数量及检验批的划分同砖面层。

主控项目：

(1) 中密度（强化）复合地板面层的木搁栅安装应牢固、平直，间距符合设计要求。

检验方法：观察、脚踏、尺量检查。

(2) 中密度复合地板面层所采用的材料，其质量要求及技术等级应符合设计要求。毛料地板、垫木和木搁栅等应做防水、防腐处理。

检验方法：观察、检查材料合格证、检测报告。

(3) 中密度（强化）复合地板面层铺设应平整牢固、无空鼓现象。

检验方法：观察、脚踏检查。

一般项目：

(1) 中密度（强化）复合地板的接头应错开，缝隙应严密，表面清洁无杂物。

检验方法：观察。

(2) 面层图案及颜色应符合设计要求，板面无翘曲，颜色一致，图案清晰。

检验方法：观察，用2m靠尺、塞尺检查。

(3) 中密度（强化）复合地板面层的允许偏差应符合表7-15的规定（同实木复合地板面层）。

(4) 踢脚板的表面应光滑平整，接缝严密，厚度、高度一致。

检验方法：观察、尺量检查。

8 木结构工程

8.1 原木和方木结构

原木和方木结构包括齿连接的原木、方木、板材屋架、屋面木骨架及上弦横向支撑组成的木屋盖，支撑在砖柱、木柱或砖墙上。

8.1.1 承重木结构材质标准

承重木结构原木材质标准应符合表 8-1 的规定。

表 8-1 承重木结构原木材质标准

项次	缺陷名称	木材等级		
		$Ⅰ_a$	$Ⅱ_a$	$Ⅲ_a$
		受拉构件或拉弯构件	受弯构件或压弯构件	受压构件
1	腐朽	不允许	不允许	不允许
2	木节： 1）在构件任何 150mm 长度上沿圆周所有木节尺寸的总和，不得大于所测部位原木周长的 2）每个木节的最大尺寸，不得大于所测部位原木周长的	1/4 1/10 （连接部位） 为 1/12	1/3 1/6	不限 1/6
3	扭纹：斜率不大于（%）	8	12	15
4	裂缝： 1）在连接的受剪面上 2）在连接部位的受剪面附近，其裂缝深度（有对面裂缝时用两者之和）不得大于原木直径的	不允许 1/4	不允许 1/3	不允许 不 限
5	髓心	应避开受剪面	不 限	不 限

注：1. $Ⅰ_a$、$Ⅱ_a$ 等材不允许有死节，$Ⅲ_a$ 等材允许有死节（不包括发展中的腐朽节），直径不应大于原木直径的 1/5，且每 2m 长度内不得多于 1 个。

2. 木节尺寸按垂直于构件长度方向测量。直径小于 10mm 的木节不量。

承重木结构方木材质标准应符合表 8-2 的规定。

承重木结构板材材质标准应符合表 8-3 的规定。

木材木节量法如图 8-1 所示。

木节量测的方法应符合图 8-1 的规定。

表 8-2 承重木结构方木材质标准

项次	缺陷名称	木材等级		
		Ⅰ$_a$	Ⅱ$_a$	Ⅲ$_a$
		受拉构件或拉弯构件	受弯构件或压弯构件	受压构件
1	腐朽	不允许	不允许	不允许
2	木节： 在构件任一面任何 150mm 长度上所有木节尺寸的总和，不得大干所在面宽的	1/3 （连接部位为 1/4）	2/5	1/2
3	斜纹：斜率不大于（%）	5	8	12
4	裂缝： 1）在连接的受剪面上 2）在连接部位的受剪面附近，其裂缝深度（有对面裂缝时用两者之和）不得大于材宽的	 不允许 1/4	 不允许 1/3	 不允许 不　限
5	髓心	应避开受剪面	不　限	不　限

注：1. Ⅰ$_a$ 等材不允许有死节，Ⅱ$_a$、Ⅲ$_a$ 等材允许有死节（不包括发展中的腐朽节），对于Ⅱ$_a$ 等材直径不应大于 20mm，且每延米中不得多于 1 个，对于Ⅲ$_a$ 等材直径不应大于 50mm，每延米中不得多于 2 个。

2. Ⅰ$_a$ 等材不允许有虫眼，Ⅱ$_a$、Ⅲ$_a$ 等材允许有表层的虫眼。

3. 本节尺寸按垂直于构件长度方向测量。本节表现为条状时，在条状的一面不量（参见图 8-1）；直径小于 10mm 的木节不计。

表 8-3 承重木结构板材材质标准

项次	缺陷名称	木材等级		
		Ⅰ$_a$	Ⅱ$_a$	Ⅲ$_a$
		受拉构件或拉弯构件	受弯构件或压弯构件	受压构件
1	腐朽	不允许	不允许	不允许
2	本节： 在构件任一面任何 150mm 长度上所有木节尺寸的总和，不得大于所在面宽的	1/4 （连接部位为 1/5）	1/3	2/5
3	斜纹：斜率不大于（%）	5	8	12
4	裂缝： 连接部位的受剪面及其附近	不允许	不允许	不允许
5	髓心	不允许	不　限	不　限

注：同表 8-1 注。

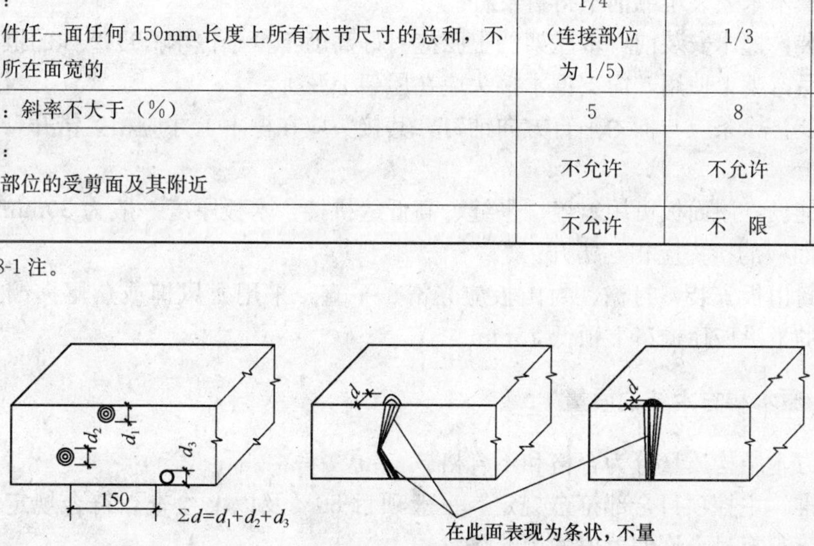

图 8-1 木节量法

8.1.2 木屋盖工程

8.1.2.1 木屋架制作

木屋架制作步骤如下：

(1) 放大样（或按木工简易计算法计算）根据设计图样标准的尺寸在平整的地面或墙面画出木屋架的各部尺寸样图；包括木屋架的长度、起拱高度（如设计有要求时，按设计要求，如设计无具体要求，则按木屋架跨度的 1/200 起拱）立柱高度、各杆件的受力轴线、节点构造全在大样上显示清楚。

(2) 根据大样，用木纹平直不易变形且含水率不大于 18%的板材制作，样板与大样尺寸的允许偏差应不大于 1mm，经检验合格后方可使用。

(3) 各杆件下料，用制作的样板在材料上画线，按线下料，杆件的实际尺寸与设计图样尺寸的允许偏差不应大于 2mm。

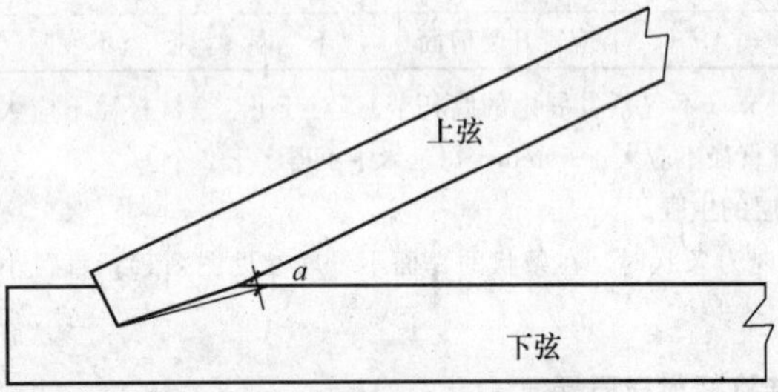

图 8-2 上、下弦节点示意图

注：图中 a 表示节点后端的空隙尺寸。

(4) 按图样注明的齿连接屋架节点准确做齿、开槽，使齿与槽相互配合，其齿的轴线支点应实，由于屋架受力情况下产生下压，与底弦接触底面的后端切留 10mm 空隙，如图 8-2 所示（历年来木屋架发生事故均与这点有关，应引起特别注意）。

(5) 屋架组装，木屋架的端节点应加紧固螺栓，脊节点应加夹板将立柱、两上弦端头用螺杆分别连接在夹板上。杆件的接长处应设夹板和受剪螺栓，其他节点应用扒钉钉牢。

8.1.2.2 木骨架安装

木屋架安装：木屋架在砌好的砖墙上安装前应量测后画好中心线，并垫不少于 600mm 的枕木，在檩木未安装牢靠前不得拆支杆。

檩木安装：檩木安装前，木屋架的上弦应钉好高度不少于檩木高度 2/3 的檩托，稍有弓曲的檩木应弓弯朝上使用，简支檩木接头应在屋架上弦上。

椽条安装：椽条应与檩木垂直方向铺钉，其接头应在檩木上并应相互错开，椽条用圆钉钉固在檩木上。

屋面板铺设：屋面板可用斜缝、平缝、高低缝拼接，木板厚度一般为 30mm，宽不小于 150mm。屋面板的接头应相互错开。

封檐、封山板安装：封檐、封山板应光滑、平直，采用龙凤榫或燕尾榫镶接，不得平接；封檐板的下沿应比檐口上顶低 25mm。

8.1.3 原木和方木结构质量

原木和方木结构质量分为合格和不合格。

合格标准：主控项目全部符合规定；一般项目 80%及以上检查点符合规定，其余检查点的偏差值不得超过允许偏差值的 1.5 倍。

主控项目：

（1）根据结构杆件的受力情况，按照现行国家标准《承重木结构原木材质标准》、《承重木结构方木材质标准》、《承重木结构板材材质标准》的规定，检查原木、方木、板材构件的质量，超出标准限值的构件不得使用。

检查数量：每检验批对受力构件全数检查。

检验方法：尺量检查。

（2）检查木结构的含水率标准：

1）原木、方木结构应不大于25%；

2）板材结构、受拉构件的连接板应不大于18%；

3）在通风条件较差环境的木构件应不大于20%。

检查数量：全数检查。

检验方法：按现行国家标准《木材物理力学试验方法总则》规定检测木构件的平均含水率。

一般项目：

（1）木桁架、梁、柱制作的允许偏差应符合表8-4的规定。

表8-4 木桁架、梁、柱制作的允许偏差

<table>
<tr><th>项次</th><th colspan="3">项　目</th><th>允许偏差
(mm)</th><th>检 验 方 法</th></tr>
<tr><td>1</td><td>构件截面
尺　寸</td><td colspan="2">方木构件高度、宽度
板材厚度、宽度
原木构件梢径</td><td>−3
−2
−5</td><td>钢尺量</td></tr>
<tr><td>2</td><td>结构长度</td><td colspan="2">长度不大于15m
长度大于15m</td><td>±10
±15</td><td>钢尺量桁架支座节点中心间距，梁、柱全长（高）</td></tr>
<tr><td>3</td><td>桁架高度</td><td colspan="2">跨度不大于15m
跨度大于15m</td><td>±10
±15</td><td>钢尺量脊节点中心与下弦中心距离</td></tr>
<tr><td>4</td><td>受压或压
弯构件纵
向弯曲</td><td colspan="2">方木构件
原木构件</td><td>$L/500$
$L/200$</td><td>拉线钢尺量</td></tr>
<tr><td>5</td><td colspan="3">弦杆节点间距</td><td>±5</td><td rowspan="2">钢尺量</td></tr>
<tr><td>6</td><td colspan="3">齿连接刻槽深度</td><td>±2</td></tr>
<tr><td rowspan="3">7</td><td rowspan="3">支座节点
受剪面</td><td colspan="2">长　度</td><td>−10</td><td rowspan="7">钢尺量</td></tr>
<tr><td rowspan="2">宽　度</td><td>方　木</td><td>−3</td></tr>
<tr><td>原　木</td><td>−4</td></tr>
<tr><td rowspan="3">8</td><td rowspan="3">螺栓中心
间距</td><td colspan="2">进孔处</td><td>$\pm 0.2d$</td></tr>
<tr><td rowspan="2">出孔处</td><td>垂直木纹
方向</td><td>$\pm 0.5d$
且不大于
$4B/100$</td></tr>
<tr><td>顺木纹
方向</td><td>$\pm 1d$</td></tr>
</table>

续表

项次	项　目	允许偏差（mm）	检验方法
9	钉进孔处的中心间距	±1d	
10	桁架起拱	+20 −10	以两支座节点下弦中心线为准，拉一水平线，用钢尺量跨中下弦中心线与拉线之间距离

注：d 为螺栓或钉的直径；L 为构件长度；B 为板束总厚度。

（2）木桁架、梁、柱安装的允许偏差应符合表 8-5 的规定。

检查数量：全数检查。

表 8-5　木桁架、梁、柱安装的允许偏差

项次	项　目	允许偏差（mm）	检验方法
1	结构中心线的间距	±20	钢尺量
2	垂直度	$H/200$ 且不大于 15	吊线钢尺量
3	受压或压弯构件纵向弯曲	$L/300$	吊（拉）线钢尺量
4	支座轴线对支承面中心位移	10	钢尺量
5	支座标高	±5	用水准仪

注：H 为桁架、柱的高度；L 为构件长度。

（3）屋面木骨架安装允许偏差应符合表 8-6 的规定。

检查数量：全数检查。

表 8-6　屋面木骨架的安装允许偏差

项次	项　目		允许偏差（mm）	检验方法
1	檩条、椽条	方木截面	−2	钢尺量
		原木梢径	−5	钢尺量，椭圆时取大小径的平均值
		间距	−10	钢尺量
		方木上表面平直	4	沿坡拉线钢尺量
		原木上表面平直	7	
2	油毡搭接宽度		−10	钢尺量
3	挂瓦条间距		±5	
4	封山、封檐板平直	下边缘	5	拉 10m 线，不足 10m 拉通线，钢尺量
		表　面	8	

（4）木屋架上弦与下弦的连接及支撑的设置应符合设计要求。

检查数量：横向支撑全数检查。

检验方法：对照图样进行检查。

8.2 轻型木结构

轻型木结构是指用锚固在条形基础上，用规格材料作墙体骨架、用木基结构板作面板的框架墙承重、支承规格材组合梁或层板胶合梁作主梁或屋脊梁，规格材料作搁栅、椽条与木基结构板材构成的屋盖（楼盖），并设置必要的剪力墙支撑系统。

8.2.1 轻型木结构材料质量标准

轻型木结构用规格材材质标准应符合表8-7的规定。

表8-7 轻型木结构用规格材材质标准

项次	缺陷名称	材质等级		
		$Ⅰ_c$	$Ⅱ_c$	$Ⅲ_c$
1	振裂和干裂	允许个别长度不超过600mm，不贯通，如贯通，参见劈裂要求		贯通：600mm长 不贯通：900mm长或不超过1/4构件长 干裂：无限制贯通干裂参见劈裂要求
2	漏刨	构件的10%轻度漏刨[③]		轻度漏刨不超过构件的5%，包含长达600mm的散布漏刨[⑤]，或重度漏刨[④]
3	劈裂	$b/6$		$1.5b$
4	斜纹：斜率不大于（%）	8	10	12
5	钝棱[⑥]	$h/4$和$b/4$，全长或等效 如果每边的钝棱不超过$h/2$或$b/3$，$L/4$		$h/3$和$b/3$，全长或等效，如果每边钝棱不超过$2h/3$或$b/2$，$L/4$
6	针孔虫眼	每25mm的节孔允许48个针孔虫眼，以最差材面为准		
7	大虫眼	每25mm的节孔允许12个6mm的大虫眼，以最差材面为准		
8	腐朽—材心[⑰a]	不允许		当$h>40$mm时不允许，否则$h/3$或$b/3$
9	腐朽—白腐[⑰b]	不允许		1/3体积
10	腐朽—蜂窝腐[⑰c]	不允许		1/6材宽[⑬]—坚实[⑬]
11	腐朽—局部片状腐[⑰d]	不允许		1/6材宽[⑬、⑭]
12	腐朽—不健全材	不允许		最大尺寸$b/12$和50mm长，或等效的多个小尺寸[⑬]
13	扭曲，横弯和顺弯[⑦]	1/2中度		轻度

续表

项次	缺陷名称	材质等级								
		Ⅰc			Ⅱc			Ⅲc		
	木节和节孔⑯高度（mm）	健全节、卷入节和均布节⑧		非健全节、松节和节孔⑨	健全节、卷入节和均布节		非健全节、松节和节孔⑩	任何木节		节孔⑪
		材边	材心		材边	材心		材边	材心	
14	40	10	10	10	13	13	13	16	16	16
	65	13	13	13	19	19	19	22	22	22
	90	19	22	19	25	38	25	32	51	32
	115	25	38	22	32	48	29	41	60	35
	140	29	48	25	38	57	32	48	73	38
	185	38	57	32	51	70	38	64	89	51
	235	48	67	32	64	93	38	83	108	64
	285	57	76	32	76	95	38	95	121	76

项次	缺陷名称	材质等级	
		Ⅳc	Ⅴc
1	振裂和干裂	贯通——$L/3$ 不贯通——全长 3面振裂——$L/6$ 干裂无限制，贯通干裂参见劈裂要求	不贯通——全长 贯通和三面振裂 $L/3$
2	漏刨	散布漏刨伴有不超过构件10%的重度漏刨⑭	任何面的散布漏刨中，宽面含不超过10%的重度漏刨④
3	劈裂	$b/6$	$2b$
4	斜纹：斜率不大于（%）	25	25
5	钝棱⑥	$h/2$ 和 $b/2$，全长或等效不超过 $7h/8$ 或 $3b/4$，$L/4$	$h/3$ 和 $b/3$，全长或每个面等效，如果钝棱不超过 $h/2$ 或 $3b/4$，$\leqslant L/4$
6	针孔虫眼	每25mm的节孔允许48个针孔虫眼，以最差材面为准	
7	大虫眼	每25mm的节孔允许12个6mm的大虫眼，以最差材面为准	
8	腐朽—材心⑰a	1/3截面⑬	1/3截面⑮
9	腐朽—白腐⑰b	无限制	无限制
10	腐朽—蜂窝腐⑰c	100%坚实	100%坚实
11	腐朽—局部片状腐⑰d	1/3截面	1/3截面
12	腐朽—不健全材	1/3截面，深入部分1/6长度⑮	1/3截面，深入部分1/6长度⑮
13	扭曲，横弯和顺弯⑦	中度	1/2中度

续表

项次	缺陷名称	材质等级					
		Ⅳc			Ⅴc		
	木节和节孔[16]高度（mm）	任何木节		节孔[12]	任何木节		节孔[12]
		材边	材心				
14	40	19	19	19	19	19	19
	65	32	32	32	32	32	32
	90	44	64	44	44	64	38
	115	57	76	48	57	76	44
	140	70	95	51	70	95	51
	185	89	114	64	89	114	64
	235	114	140	76	114	140	76
	285	140	165	89	140	165	89

项次	缺陷名称	材质等级	
		Ⅵc	Ⅶc
1	振裂和干裂	材面—不长于600mm，贯通干裂同劈裂	贯通：600mm长 不贯通：900mm长或不大于$L/4$
2	漏刨	构件的10%轻度漏刨[3]	轻度漏刨不超过构件的5%，包含长达600mm的散布漏刨[5]或重度漏刨[4]
3	劈裂	b	$1.5b$
4	斜纹：斜率不大于（%）	17	25
5	钝棱[6]	$h/4$和$b/4$，全长或每个面等效如果钝棱不超过$h/2$或$b/3$，$L/4$	$h/3$和$b/3$，全长或每个面等效不超过$2h/3$或$b/2$，$\leqslant L/4$
6	针孔虫眼	每25mm的节孔允许48个针孔虫眼，以最差材面为准	
7	大虫眼	每25mm的节孔允许12个6mm的大虫眼，以最差材面为准	
8	腐朽—材心[17a]	不允许	$h/3$或$b/3$
9	腐朽—白腐[17b]	不允许	1/3体积
10	腐朽—蜂窝腐[17c]	不允许	$b/6$
11	腐朽—局部片状腐[17d]	不允许	$b/6$[14]
12	腐朽—不健全材	不允许	最大尺寸$b/12$和50mm长，或等效的小尺寸[13]
13	扭曲，横弯和顺弯[7]	1/2中度	轻度

续表

项次	缺陷名称	材质等级			
		Ⅵc		Ⅶc	
	木节和节孔⑯ 高度（mm）	健全节、卷入节和均布节	非健全节、松节和节孔⑩	任何木节	节孔⑪
14	40	—	—	—	
	65	19	16	25	19
	90	32	19	38	25
	115	38	25	51	32
	140				
	185				
	235				
	285				

①目测分等应考虑构件所有材面以及二端。表中 b——构件宽度，h——构件厚度，L——构件长度。

②除本注解中已说明，缺陷定义详见国家标准《锯材缺陷》（GB/T 4823—1995）。

③一系列深度不超过 1.6mm 的漏刨，介于刨光的表面之间。

④全长深度为 3.2mm 的漏刨（仅在宽面）。

⑤全面散布漏刨或局部有刨光面或全为糙面。

⑥离材端全面或部分占据材面的钝棱，当表面要求满足允许漏刨规定，窄面上损坏要求满足允许节孔的规定（长度不超过同一等级允许最大节孔直径的二倍），钝棱的长度可为 305mm，每根构件允许出现一次。含有该缺陷的构件不得超过总数的 5%。

⑦顺弯允许值是横弯的 2 倍。

⑧卷入节是指被树脂或树皮包围不与周围木材连生的木节，均布节是指在构件任何 150mm 长度上所有木节尺寸的总和必须小于容许最大木节尺寸的 2 倍。

⑨每 1.2m 有一个或数个小节孔，小节孔直径之和与单个节孔直径相等。

非健全节是指腐朽节，但不包括发展中的腐朽节。

⑩每 0.9m 有一个或数个小节孔，小节孔直径之和与单个节孔直径相等。

⑪每 0.6m 有一个或数个小节孔，小节孔直径之和与单个节孔直径相等。

⑫每 0.3m 有一个或数个小节孔，小节孔直径之和与单个节孔直径相等。

⑬仅允许厚度为 40mm。

⑭假如构件窄面均有局部片状腐，长度限制为节孔尺寸的二倍。

⑮不得破坏钉入边。

⑯节孔可以全部或部分贯通构件。除非特别说明，节孔的测量方法同节子。

⑰腐朽（不健全材）。

a. 材心腐朽是指某些树种沿髓心发展的局部腐朽，用目测鉴定。心材腐朽存在于活树中，在被砍伐的木材中不会发展。

b. 白腐是指木材中白色或棕色的小壁孔或斑点，由白腐菌引起。白腐存在于活树中，在使用时不会发展。

c. 蜂窝腐与白腐相似但囊孔更大。含有蜂窝腐的构件较未含蜂窝腐的构件不易腐朽。

d. 局部片状腐是柏树中槽状或壁孔状的区域。所有引起局部片状腐的木腐菌在树砍伐后不再生长。

木基结构板材在集中静载和冲击荷载作用下应控制的力学指标应符合表 8-8 的规定。

表 8-8 木基结构板材在集中静载和冲击荷载作用下应控制的力学指标①

用途	标准跨度（最大允许跨度）(mm)	试验条件	冲击荷载 (N·m)	最小极限荷载② (kN)		0.89kN集中静载作用下的最大挠度③ (mm)
				集中静载	冲击后集中静载	
楼面板	400（410）	干态及湿态重新干燥	102	1.78	1.78	4.8
	500（500）	干态及湿态重新干燥	102	1.78	1.78	5.6
	600（610）	干态及湿态重新干燥	102	1.78	1.78	6.4
	800（820）	干态及湿态重新干燥	122	2.45	1.78	5.3
	1200（1220）	干态及湿态重新干燥	203	2.45	1.78	8.0
屋面板	400（410）	干态及湿态	102	1.78	1.33	11.1
	500（500）	干态及湿态	102	1.78	1.33	11.9
	600（610）	干态及湿态	102	1.78	1.33	12.7
	800（820）	干态及湿态	122	1.78	1.33	12.7
	1200（1220）	干态及湿态	203	1.78	1.33	12.7

①单个试验的指标。

②100%的试件应能承受表中规定的最小极限荷载值。

③至少90%的试件的挠度不大于表中的规定值。在干态及湿态重新干燥试验条件下，楼面板在静载和冲击荷载后静载的挠度，对于屋面板只考虑静载的挠度，对于湿态试验条件下的屋面板，不考虑挠度指标。

木基结构板材在均布荷载作用下应控制的力学指标应符合表8-9的规定。

表 8-9 木基结构板材在均布荷载作用下应控制的力学指标①

用途	标准跨度（最大允许跨度）(mm)	试验条件	性能指标①	
			最小极限荷载② (kPa)	最大挠度③ (mm)
楼面板	400（410）	干态及湿态重新干燥	15.8	1.1
	500（500）	干态及湿态重新干燥	15.8	1.3
	600（610）	干态及湿态重新干燥	15.8	1.7
	800（820）	干态及湿态重新干燥	15.8	2.3
	1200（1220）	干态及湿态重新干燥	10.8	3.4
屋面板	400（410）	干 态	7.2	1.7
	500（500）	干 态	7.2	2.0
	600（610）	干 态	7.2	2.5
	800（820）	干 态	7.2	3.4
	1000（1020）	干 态	7.2	4.4
	1200（1220）	干 态	7.2	5.1

①单个试验的指标。

②100%的试件应能承受表中规定的最小极限荷载值。

③每批试件的平均挠度应不大于表中的规定值。4.79kPa均布荷载作用下的楼面最大挠度；或1.68kPa均布荷载。作用下的屋面最大挠度。

结构胶合板每层单板的缺陷限值应符合表 8-10 的规定。

表 8-10 结构胶合板每层单板的缺陷限值

缺陷特征	缺陷尺寸（mm）
实心缺陷：木节	垂直木纹方向不得超过 76
空心缺陷：节孔或其他孔眼	垂直木纹方向不得超过 76
劈裂、离缝、缺损或钝棱	$l<400$，垂直木纹方向不得超过 40 $400\leqslant l\leqslant 800$，垂直木纹方向不得超过 30 $l>800$，垂直木纹方向不得超过 25
上、下面板过窄或过短	沿板的某一侧边或某一端头不超过 4，其长度不超过板材的长度或宽度的一半
与上、下面板相邻的总板过窄或过短	$\leqslant 4\times 200$

注：l—缺陷长度。

8.2.2 轻型木结构工程质量

轻型木结构工程质量分为合格和不合格两种。

合格标准：主控项目全部符合规定。一般项目 80%及以上检查点符合规定，其他检查点的偏差值不得超过允许偏差的 1.5 倍。

主控项目：

（1）规格材料的应力等级应符合以下规定：

1）对每个种类的木材进行检测，其应力等级、规格尺寸至少应随机抽取 15 个试样做侧力受弯试验，测定抗弯强度。

2）根据试验数据统计分析结果，其抗弯强度设计值应符合设计要求。

（2）根据设计要求的木材品种，抗弯强度等级，按《轻型木结构用规格材材质标准》检查规格材的质量和含水率。木材的含水率应不大于 18%。

检查数量：每检验批随机抽查 100 块。

检验方法：尺量，按现行国家标准《木材物理力学试验方法总则》规定测定木材平均含水率，并对规格材的尺寸与标识相对照。

（3）对屋面（楼面）板材应进行冲击荷载试验、均布荷载试验和集中荷载试验，应符合《木基结构板材在均布荷载作用下应控制的力学指标》、《木基结构板材在集中静载和冲击荷载作用下应控制的力学指标》的规定。结构用胶合板每层单板的缺陷不应超过《结构胶合板每层单板的缺陷限值》的规定，并与木基结构板材的标识相对照比较。

（4）对普通圆钉的最低屈服强度进行试验，其结果应符合设计要求。

检查数量：抽查各种长度的圆钉均不少于 10 枚。

检验方法：检查受弯试验报告。

一般项目：

墙面板、屋面板与框架构件的钉连接、屋脊梁无支座的椽条与搁栅的钉连接、木框架各构件的钉连接均应符合设计要求。

检查数量：全数检查。

检验方法：尺量，游标卡尺检查。

8.3 木结构的防护

8.3.1 木结构防护规定

为保证木结构在设计的寿命期限内使用，应根据木结构的使用环境、木材抗腐或抗虫蛀的性能来分析判断是否需要作防腐处理。

木结构使用的木材根据使用环境分为三级：

(1) HJ_1 木材和复合木材用于地面以上时：

1) 室外有遮盖的木结构。

2) 室外长期暴露在大气或潮湿环境下的木结构。

(2) HJ_2 木材和复合木材用与地面、淡水、土壤相接触或其他易造成腐蚀、虫害的环境。

(3) HJ_3 木材和复合木材用于与土壤、地面接触处。

热带或亚热带：

使用的防护剂应具有杀死腐菌和害虫的效力，而不致危害人畜安全和污染环境。

防护剂分油类、水溶性、油溶性等多种。

油类防护剂用于加压处理、涂刷处理或热冷槽处理。

水溶性防护剂采用加压处理、喷洒处理、减压处理、常温浸渍处理、热冷槽处理。

油溶性防护剂可采用热冷槽处理、加压处理、常温浸渍处理。

常温浸渍处理仅能在虫害和腐蚀轻微的环境（HJ_1）中使用。喷洒和涂刷处理仅能在处理过的木材因钻孔、开槽使未经处理木材内部重新暴露的部位使用。

8.3.2 防护剂的保持量

结构复合木材的防护剂最低保持量应符合表 8-11 的规定。

表 8-11 结构复合木材的防护剂最低保持量

防护剂				保持量（kg/m^3）			检测区段（mm）	
类型	名称		计量依据	使用环境			木材厚度	
				HJⅠ	HJⅡ	HJⅢ	<127mm	≥127mm
油类	混合防腐油 Creosote	101 102 103	溶液	128	160	192	0～15	0～25
油溶性	五氯酚 Penta	104 105	主要成分	6.4	8.0	9.6	0～15	0～25
油溶性	环烷酸铜 CuN	107	金属铜	0.64	0.96	1.20	0～15	0～25

续表

防护剂				保持量（kg/m³）			检测区段（mm）	
类型	名称		计量依据	使用环境			木材厚度	
				HJⅠ	HJⅡ	HJⅢ	<127mm	≥127mm
水溶性	铜铬砷合剂 CCA—A —B —C	201	主要成分	4.0	6.4	9.6	0～15	0～25
水溶性	氨溶砷酸铜 ACA	301	主要成分	4.0	6.4	9.6	0～15	0～25
水溶性	氨溶砷酸铜锌 ACZA	302	主要成分	4.0	6.4	9.6	0～15	0～25

胶合板的防护剂最低保持量应符合表 8-12 的规定。

表 8-12　胶合板的防护剂最低保持量

防护剂				保持量（kg/m³）			检测区段（mm）
类　型	名　称		计量依据	使用环境			
				HJⅠ	HJⅡ	HJⅢ	
油　类	混合防腐油 Creosote	101 102 103	溶　液	128	160	192	0～16
油溶性	五氯酚　penta	104 105	主要成分	6.4	8.0	9.6	0～16
油溶性	8-羟基喹啉铜　Cu8	106	主要成分	0.32	不推荐	不推荐	0～16
油溶性	环烷酸铜　CuN	107	金属铜	0.64	不推荐	不推荐	0～16
水溶性	铜铬砷合剂　CCA —A —B —C	201	主要成分	4.0	6.4	9.6	0～16
水溶性	酸性铬酸铜　ACC	202	主要成分	4.0	8.0	不推荐	0～16
水溶性	氨溶砷酸铜　ACA	301	主要成分	4.0	6.4	9.6	0～16
水溶性	氨溶砷酸铜锌　ACZA	302	主要成分	4.0	6.4	9.6	0～16
水溶性	氨溶季氨铜　ACQ-B	304	主要成分	4.0	6.4	不推荐	0～16
水溶性	柠檬酸铜　CC	306	主要成分	4.0	不推荐	不推荐	0～16
水溶性	氨溶季氨铜　ACQ-D	401	主要成分	4.0	6.4	不推荐	0～16
水溶性	铜唑　CBA-A	403	主要成分	3.3	不推荐	不推荐	0～16
水溶性	硼酸/硼砂　SBX	501	主要成分	2.7	不允许	不允许	0～16

层板胶合木防护剂透入度应符合表 8-13 的规定。

表 8-13　层板胶合木防护剂透入度检测规定与要求

木材特征	胶合前处理	胶合后处理
不刻痕	透入深度（mm）或边材吸收率	
	76%或 90%	64%或 85%

续表

木材特征	胶合前处理		胶合后处理	
刻 痕	地面以上	与地面接触	木材厚度 $t<127$mm	木材厚度 $t\geqslant127$mm
	25	32	10 与 90%	13 与 90%

层板胶合木的防护剂最低保持量（胶合后的处理）应符合表 8-14 的规定。

表 8-14 层板胶合木的防护剂最低保持量 (kg/m³)

防护剂				胶合后处理			
类型	名 称		计量依据	使用环境			检测区段 (mm)
				HJ Ⅰ	HJ Ⅱ	HJ Ⅲ	
油类	混合防腐油 Creosote	101	溶 液	128	160		0～15
		102					
		103		128	160		
油溶性	五氯酚 Penta	104	主要成分	4.8	9.6	不推荐	0～15
		105					
	8-羟基喹啉铜 Cu8	106		0.32	不推荐		0～15
	环烷酸铜 CuN	107	金属铜	0.64	0.96		0～15

层板胶合木的防护剂最低保持量（胶合前的处理）应符合表 8-15 的规定。

表 8-15 层板胶合木的防护剂最低保持量 (kg/m³)

防护剂				胶合前处理			
类 型	名 称		计量依据	使用环境			检测区段 (mm)
				HJ Ⅰ	HJ Ⅱ	HJ Ⅲ	
油类	混合防腐油 Creosote	101 102 103	溶液	128	160	不推荐	13～26
油溶性	五氯酚 Penta	104 105	主要成分	4.8	9.6		13～26
	8-羟基喹啉铜 Cu8	106		0.32	不推荐		13～26
	环烷酸铜 CuN	107	金属铜	0.64	0.96		13～26
水溶性	铜铬砷合剂 CCA—A —B —C	201	主要成分	4.0	6.4	不推荐	13～26
	酸性铬酸铜 ACC	202		4.0	8.0		13～26
	氨溶砷酸铜 ACA	301		4.0	6.4		13～26
	氨溶砷酸铜锌 ACZA	302		4.0	6.4		13～26

锯材防护剂透入度检测规定与要求应符合表 8-16 的规定。

表 8-16　锯材防护剂透入度检测规定与要求

木材特征	透入深度（mm）或边材吸收率		钻孔采样数量		试样合格率
	木材厚度				
	<127mm	≥127mm	油　类	其他防护剂	
不刻痕	64 或 85%	64 或 85%	20	48	80%
刻　痕	10 或 90%	13 或 90%	20	48	80%

锯材的防护剂最低保持量应符合表 8-17 的规定。

表 8-17　锯材的防护剂量低保持量

防　护　剂				保持量（kg/m³）			检测区段（mm）	
类　型	名　　称		计量依据	使用环境			木材厚度	
				HJⅠ	HJⅡ	HJⅢ	<127mm	≥127mm
油　类	混合防腐油 Creosote	101 102 103	溶　液	128	160	192	0～15	0～25
油溶性	五氯酚　Penta	104 105	主要成分	6.4	8.0	8.0	0～15	0～25
	8-羟基喹啉铜　Cu8	106		0.32	不推荐	不推荐	0～15	0～25
	环烷酸铜　CuN	107	金属铜	0.64	0.96	1.20	0～15	0～25
水溶性	铜铬砷合剂　CCA—A —B —C	201	主要成分	4.0	6.4	9.6	0～15	0～25
	酸性铬酸铜　ACC	202		4.0	8.0	不推荐	0～15	0～25
	氨溶砷酸铜　ACA	203		4.0	6.4	9.6	0～15	0～25
	氨溶砷酸铜锌　ACZA	302		4.0	6.4	9.6	0～15	0～25
	氨溶季氨铜　ACQ-B	304		4.0	6.4	9.6	0～15	0～25
	柠檬酸铜　CC	306		4.0	6.4	不推荐	0～15	0～25
	氨溶季氨铜　ACQ-D	401		4.0	6.4	不推荐	0～15	0～25
	铜唑　CBA-A	403		3.2	不推荐	不推荐	0～15	0～25
	硼酸/硼砂* SBX	501		2.7	不推荐	不推荐	0～15	0～25

*　硼酸/硼砂仅限用于无白蚁地区的室内木结构。

8.3.3　木结构防护质量

木结构防护质量分为合格和不合格。

合格标准：主控项目全部符合要求。

主控项目：

(1) 木构件防护剂的透入度和保持量应符合以下要求：

1) 马尾松、桦木、杨木、湿地松、云南松、木麻黄等易虫蛀或易腐蚀木材制作的构件。

2) 在设计文件中注明的与埋入混凝土、砌体中、处于通风不良且经常受潮湿、与地面接触的木结构。

3) 设计文件规定要求作防护剂加压处理的木结构，其中包括结构复合木材、结构胶合板、层板胶合木、锯材制作的木构件。

检查数量：以一个木屋盖或一幢木结构房屋为检验批。属于本条1)、2)款所列构件，油类防护剂处理的抽查20个点，用其他防护剂处理的抽查48个点，属第3)款情况的构件全数检查。

检验方法：用X光衍射或化学试剂显示反应检测。

(2) 木结构的防火处理应符合设计要求。

检查数量：以一个木屋盖或一幢木结构房屋为检验批，全面检查。

检验方法：根据国家现行规定和设计图样要求逐项检查。

(3) 木结构防腐处理应符合设计要求。

检查数量：以一个木屋盖或一幢木结构房屋为检验批进行全面检查。

8.4 木结构工程施工安全

8.4.1 木结构防火、防爆安全

木结构是易引发火灾的建筑，故时刻注意防火、防爆是木结构安全施工的首要工作，其防火、防爆技术措施包括以下几个方面：

(1) 做好预防工作，消除一切可能引发火灾及爆炸危险因素。

(2) 消除一切火源，使可燃物得不到危险状态的生成条件；现场严禁吸烟或明火作业。

(3) 充分考虑其他辅助措施，以便在火灾、爆炸发生时将损失降到最低限度和减少危害程度。现场准备足够的灭火器、灭火水源、以便发生火情及时扑救。

(4) 利用难燃材料代替易燃材料，加强对易燃物的管理。使易燃物远离火源。

(5) 现场加强对胶粘材料和油漆材料的管理。成立防火消防组织，单位领导为第一消防责任人。

8.4.2 机械设备安全

木结构工程施工涉及的机械设备必须性能完好、运转部位应有保护设施。安全技术措施有以下方面：

(1) 平刨机安全操作规程：

1) 平刨机应设安全防护装置，刨料时应双手操作并保持身体重心平衡，刨削量一般不超过1.5mm，进料应均匀，禁止在刨口上回料。当手按木料通过刨口时应特别注意，防止由于刨削产生的振动使手脱离木料，刨刀伤手。

2) 长度小于300mm的木料必须使用压板，严禁用手推进。

3）木材节疤、戗槎部位通过刨口时应减速推料，刨刀钝了应及时拆下磨快，防止刨刀过钝产生大的振动，使人神经麻痹，出现事故。

4）旧料加工前应清除表面泥砂、铁钉等杂物，维修或调整刀具时应停机并切断电源。

（2）圆盘锯安全操作规程：

1）圆盘锯开动前应检查各部件固定螺栓的紧固性和锯片的完好性。

2）不得加工超过锯片半径厚度的木料，短窄木料应用推棒和刨钩。

3）操作人员应戴护目镜，并禁止在锯片运转方向的正前方操作。

4）进料应紧靠靠板，并不得用力过猛，戗槎、硬节部位应放慢进料速度。

5）严禁用手清理锯片旁的木屑或杂物。

6）废料、木屑、锯末应及时清理，严防火灾；并在现场准备灭火器、灭火水，严禁烟火。

（3）临时用电安全：

1）使用的电器设备应完好无损，电器、电缆线及配件应符合绝缘性能的规定。

2）配电箱应有防雨措施，设备开关应做到一漏一箱一机一闸；箱内无杂物，严禁动力、照明混用，并设牢固接地。

3）现场临时照明灯具及电线，室外高度不应低于 3m，室内高度不应低于 2.4m，灯具的金属外壳及支架应保护接地。电线应采用三芯电橡皮护套电缆，严禁使用花线和护套线。

4）电器应由持证上岗的专业电工维修，严禁非专业人员拆卸修理电器或接电。

5）移动电气设备引出线不应大于 5m，移动电箱接线长度不应大于 30m；设备发生故障或发现电器起火和有人触电应及时切断电源。

（4）高处作业安全

1）高处作业应穿防滑鞋、戴安全帽、系安全带。

2）有心脏病、高血压、癫痫病等不适于高处作业的患者不得从事高处作业。

3）在脚手架上作业时应背工具袋，发现竖向或水平洞口应及时封堵。

4）应注意侧方或上下方电线，与电线应保持一定的安全距离。

5）使用的工具应随时装入工具袋，不得空中投掷。

9 装饰装修工程

9.1 抹灰工程

9.1.1 一般抹灰工程

一般抹灰工程是指用水泥砂浆、聚合物水泥砂浆、石灰砂浆、水泥混合砂浆和石膏灰，纸箱石灰、麻刀石灰等材料抹灰的工程。

9.1.1.1 一般抹灰工程材料

(1) 水泥：水泥的强度等级应不低于32.5级。

(2) 石灰膏：石灰膏应用块状生石灰洒水粉化，加水通过孔径不大于3mm×3mm筛过滤，存于沉淀池中，等水分渗去留下石灰膏，经常温状态5d以上时间的熟化后便可使用，用于罩面的石灰膏不少于30d。石灰膏可用磨细的生石灰代替，干粉滤筛4900孔/cm^2，用于罩面的石灰熟化时间不应小于3d。

(3) 砂：砂应过筛，并不得含有杂质。

(4) 黏土：掺加的黏土应为亚黏土，并应浸水湿透。

(5) 纸筋：纸筋应洁净、捣烂、浸透，有条件时可用机碾磨细。

(6) 麻刀：麻刀应无杂质，长度不得大于30mm，质地坚韧、干燥。

9.1.1.2 一般抹灰施工

一般抹灰分为普通抹灰和高级抹灰。

普通抹灰工序为：分层赶平、修整，表面压光。

高级抹灰工序为：阴阳角找方，设置标筋，分层赶平、修整，表面压光。

使用的工具有：阴角器——用于阴角找方；阳角器——用于阳角找方；托板——用于分层赶平、修整；木抹——用于搓平；刮尺——用于刮平抹灰层；铁抹——用于上灰和表面压光。

基层设置标筋，竖向设置的标筋间距不超过2m。

抹灰层的平均厚度，不得大于以下规定：

(1) 顶棚：板条及现浇混凝土板15mm；预制混凝土板18mm；金属网片时20mm；

(2) 内墙：普通抹灰时18mm；高级抹灰时25mm；

(3) 外墙：勒脚及突出墙面部位为25mm；墙面20mm；

(4) 石墙：石墙墙面为35mm。

使用水泥混合砂浆或石灰砂浆时每遍厚度宜为7～9mm；水泥砂浆每遍厚度宜为5～7mm。

面层厚度（压平压实后）使用纸筋石灰、石膏灰时不得大于2mm；麻刀石灰不得大于

3mm。柱面、门洞口、墙面（内墙）的阳角做法应符合设计要求。当设计无具体要求时，应采用1：2水泥砂浆做暗护角，暗护角的高度不应低于2m，角的两侧宽度不应小于50mm。

9.1.1.3　一般抹灰工程质量

一般抹灰工程质量分为合格和不合格。

合格标准：主控项目全部符合规定；一般项目80%及以上检查点符合规定，其余检查点的偏差值不得超过允许偏差的1.5倍。

检查数量：室内每检验批至少抽查10%，且不得少于3间；不足3间时也按一检验批抽查，室外每检验批100m^{2}至少抽查一处，每处不得少于10m^2。

检验批划分：同一材料、同一工艺和同一施工条件的室内抹灰工程每50个自然间（标准间、走廊和大面积房间按抹灰面积30m^{2}为一间）划分为一个检验批，不足50间也按一个检验批计；同一材料，同一工艺和同一施工条件的室外抹灰工程按500～1000m^{2}为一检验批，不足500m^{2}也按一检验批计算。

主控项目：

（1）抹灰前应清除基层的杂物、尘土、污垢、油污，并应洒水湿润。

检验方法：观察检查。

（2）一般抹灰所用材料品种、性能及砂浆的配合比应符合设计要求。水泥的强度等级，凝结时间、安定性等的复验应合格。

检验方法：检查产品合格证、检测报告、复验报告。

（3）抹灰工程应分层进行，当抹灰厚度≥35mm时，应采取适当加强措施；不同材料基体交接处的表面抹灰，应采取防开裂的加强措施；当使用加强网时，其加强网与各基体的搭接宽度应不小于100mm。

检验方法：检查施工记录和隐蔽工程验收记录。

（4）各抹灰层之间及抹灰层与基层之间必须粘结牢固，应无开裂、空鼓和爆灰现象。

检验方法：观察、敲击和检查施工记录。

一般项目：

（1）一般抹灰工程的外观质量应符合以下规定：

1）普通抹灰的表面应光滑平整，分格缝应清晰，洁净无污物。

2）高级抹灰的表面应光滑平整，颜色均匀协调，分格缝和灰缝应美观清晰，洁净无污物，无抹纹。

检验方法：观察和手摸检查。

（2）孔洞、槽、盒、护角部位的抹灰应整齐，边角应平直、清洁、光滑，管道后的抹灰应平整，与其他部位的抹灰高度相吻合。

检验方法：观察检查。

（3）抹灰层的厚度应符合设计要求；水泥砂浆不得涂在涂料或石灰砂浆层上。

检验方法：检查施工记录。

（4）分格缝的设置应符合设计要求，表面应光滑、棱角应顺直整齐、深度和宽度应均匀一致。

检验方法：观察、尺量检查。

（5）有排水滴落的部位应设滴水线（槽）。滴水槽的深度和宽度应均匀一致、不应小于10mm，且应整齐平直、内高外低。

检验方法：观察、尺量检查。

（6）一般抹灰工程质量的允许偏差和检验方法应符合表9-1的规定。

表9-1　一般抹灰的允许偏差和检验方法

项次	项目	允许偏差（mm）		检验方法
		普通抹灰	高级抹灰	
1	立面垂直度	4	3	用2m垂直检测尺检查
2	表面平整度	4	3	用2m靠尺和塞尺检查
3	阴阳角方正	4	3	用直角检测尺检查
4	分格条（缝）直线度	4	3	拉5m线，不足5m拉通线，用钢直尺检查
5	墙裙、勒脚上口直线度	4	3	拉5m线，不足5m拉通线，用钢直尺检查

注：1. 普通抹灰，本表第3项阴角方正可不检查；
2. 顶棚抹灰，本表第2项表面平整度可不检查，但应平顺。

检查数量：室内抽查检验批的10%，且不得小于3间，不足3间时全数检查。室外按每100m² 为一检验批抽查一处，每处不得少于10m²。

9.1.2　装饰抹灰工程

装饰抹灰是指斩假石、干粘石、假面砖、水刷石等抹灰。

9.1.2.1　装饰抹灰材料

装饰抹灰使用的水泥、砂、石灰膏的质量要求与一般抹灰工程相同。

装饰抹灰所用的硬骨料（砾石、石粒等）应坚硬、耐光、光泽，使用前应清洗干净，不含杂质，干粘石所用石粒应清洁、干燥。

掺入装饰抹灰砂浆的颜料，应有耐光、耐碱等性能。

9.1.2.2　装饰抹灰施工

（1）水刷石

在浇水湿润的砂浆基层面上刮水泥浆（水泥浆的水灰比在0.37～0.40之间）一遍后及时涂抹水泥石子混合料，用抹子拍平压实，待初凝后，终凝前用清水加压自上而下冲刷，直至石子的一半显露后用清水将面层所沾污的水泥浆冲洗干净。

（2）斩假石

在浇水湿润的砂浆基层面上刮水泥浆（水泥浆水灰比在0.37～0.40之间）一遍后及时涂抹水泥石屑混合料，并用抹子赶平压实，待水泥石屑料终凝以后，经试剁，以石子不脱落为准。斩剁自上而下进行，边线应清晰顺直，大面宜斩剁成直纹，墙角、柱子的边棱宜横剁出边条或留出窄小边条不剁，边条应顺直整齐。

（3）干粘石

在浇水湿润的砂浆基层面上刮水泥浆（水泥浆水灰比在0.4～0.5之间）一遍后及

时涂抹水泥砂浆或聚合物水泥砂浆粘结层（厚度在4～6mm之间，砂浆稠度不大于80mm。用木铲将粒径在4～6mm的石粒甩粘在粘结层上，用抹子将石粒慢慢拍平，甩石粒时用纱网在下方接挡回收。石粒压入砂浆层的深度应不小于石粒的1/2。砂浆粘结层应适时浇水养护。

（4）假面砖

在浇水湿润的砂浆基层面上涂抹彩色水泥混合砂浆，待混合砂浆初凝后，按面砖尺寸在混合砂浆层上画线，并画沟、画纹。沟纹间距、深浅一致，接缝平直顺畅。

9.1.2.3　装饰抹灰工程质量

装饰抹灰工程质量分为合格和不合格。

合格标准：主控项目全部符合规定。一般项目80%及以上检查点符合规定，其余检查点的偏差值不得超过允许偏差的1.5倍。

检查数量、检验批划分同一般抹灰工程。

主控项目：

（1）抹灰基层的油渍、污垢、灰尘等清扫干净，并应洒水湿润。

检验方法：观察。

（2）装饰抹灰所使用的材料，其性能、品种、规格等应符合设计要求。水泥现场取样送检的复验报告（包括水泥强度、凝结时间、安定性等）、砂浆配合比应符合设计要求。

检验方法：检查产品合格证、检测报告、复验报告。

（3）装饰抹灰的厚度≥35mm时，应采取加强措施。与不同材料的交接处应采取防开裂的加强措施，采用加强网与各基体搭接的宽度不应小于100mm。

检验方法：检查隐蔽工程验收记录、施工记录。

（4）抹灰层与基体之间和各抹灰层之间必须粘结牢固，抹灰层应无空鼓、裂纹、脱层等现象。

一般项目：

（1）装饰抹灰工程的外观质量应符合以下规定：

1）水刷石的表面应石粒分布均匀、平整、紧密、清晰，无掉粒、接槎痕迹，色泽一致。

2）斩假石的剁纹应深浅一致、均匀平顺，无漏剁、过剁，逢阳角处应横剁并留出宽窄一致的不剁边条，棱角应无破损现象。

3）干粘石应不露粘、不露砂浆，石粘色泽一致、分布均匀、粘结牢固、阳角处应不见砂浆黑边。

4）假面砖的表面应沟纹清晰、整齐、平整、无缺棱掉角、脱皮、起砂，色泽一致。

检验方法：观察检查。

（2）装饰抹灰的分格缝应符合设计要求，深度、宽度应均匀一致、表面应平整，棱角应清晰整齐。

检验方法：观察检查。

（3）有排水滴落的部位应做滴水线、滴水线应内高外低，滴水槽的深度和宽度不应小于10mm。

检验方法：观察、尺量检查。

（4）装饰抹灰工程质量的允许偏差和检验方法应符合表 9-2 的规定。

表 9-2 装饰抹灰的允许偏差和检验方法

项 目	允许偏差（mm）				检验方法
	水刷石	斩假石	干粘石	假面砖	
立面垂直度	5	4	5	5	用 2m 垂直检测尺检查
表面平整度	3	3	5	4	用 2m 靠尺和塞尺检查
阳角方正	3	3	4	4	用直角检测尺检查
分格条（缝）直线度	3	3	3	3	拉 5m 线，不足 5m 拉通线，用钢直尺检查
墙裙、勒脚上口直线度	3	3	—	—	拉 5m 线，不足 5m 拉通线，用钢直尺检查

9.1.3 清水墙勾缝工程

9.1.3.1 清水墙勾缝

清水墙勾缝前应做好以下准备：

（1）清除墙体表面粘结的泥浆、砂浆和杂物，并充分浇水湿润。

（2）剔凿瞎缝，并对缺棱少角部位用与砌体同颜色的砂浆修补齐全。

（3）将脚手眼清理干净，并洒水湿润，用与原砌体同颜色的砌材补砌和同颜色同配合比的砂浆勾缝严密。

清水墙勾缝应用砂浆勾缝，砂浆配合比为 1∶1.5，使用细砂搅拌。石墙面勾缝可采用混合砂浆，内墙面可用原砌筑砂浆随砌随勾。

砖墙面勾缝宜用平缝或凹缝，凹缝深度为 4～5mm，毛石墙面勾缝应保持砌合的自然缝，石墙面勾缝应采用凸缝或平缝；混凝土小型空心砌块墙面勾缝应采用平缝。

9.1.3.2 清水墙勾缝工程质量

清水墙勾缝工程质量分为合格和不合格。

合格标准：主控项目全部符合规定，一般项目 80％及以上的检查点符合规定，其余检查点的偏差值不得超过允许偏差的 1.5 倍。

检查数量、检验批的划分同一般抹灰工程。

主控项目：

（1）清水墙勾缝工程所用水泥复验报告结果（包括水泥强度、凝结时间、安定性），砂浆配合比应符合设计要求。

检验方法：检查复验报告、施工记录。

（2）清水墙勾缝应粘结牢固，无漏勾、开裂现象。

检验方法：观察检查。

一般项目：

（1）清水墙勾缝各交接处应严密平顺、横平竖直、深度、宽度一致，填满压实。

检验方法：观察、尺量检查。

（2）勾缝用砂浆颜色一致，墙面清洁干净。

检验方法：观察。

9.2 门窗工程

9.2.1 金属门窗安装工程

9.2.1.1 金属门窗安装

涂色镀锌钢板门窗安装应符合以下规定：

（1）涂色镀锌钢板门窗安装应采用后塞口法，是在墙上预留洞口再把涂色镀锌钢板门窗装入预留洞口。

（2）带副框门窗安装前用自攻钉把连接件固定在副框上，再将副框装入预留洞口，将副框安装方正、位置准确后将连接件与洞口内预埋件焊接，再把门窗放入副框，用螺钉将门窗固定在副框上。

（3）不带副框门窗安装是将门窗框放入预留洞内，将门窗框放在预留洞口安装方正、位置准确后用膨胀螺栓把门窗框固定在预留洞口，门窗与洞口之间的缝隙用密封膏封严。

铝合金门窗安装应符合以下规定：

（1）铝合金门窗应采用后塞口法安装，即在墙上预留洞口，再把铝合金门窗装入预留洞口，铝合金门窗应安装方正、位置准确。

（2）铝合金门窗可用燕尾铁脚、膨胀螺栓、射钉或预埋钢板焊接等方法与墙体连接牢靠。

（3）密封条应比门窗装配边长 20～30mm，转角处应成 45°角对接并用胶粘剂粘贴牢固。

（4）铝合金门窗框与墙体的空隙应用弹性材料填塞饱满，表面用密封胶密封。

钢门窗安装应符合以下规定：

（1）钢门窗安装应采用后塞口法，即在墙中预留洞口后把钢门窗装入预留洞口。钢门窗安装应方正、位置准确。

（2）钢门窗应用燕尾铁脚埋入墙中用水泥砂浆填塞的方法与墙体连接。

9.2.1.2 金属门窗安装质量

金属门窗安装质量分为合格和不合格。

合格标准：主控项目全部符合规定；一般项目 80％及以上检查点符合规定，其余检查点的偏差值不得超过允许偏差的 1.5 倍。

检查数量：每检验批抽查 5％，并不得少于 3 樘，不足 3 樘时全数检查；高层建筑的外窗，每检验批至少抽查 10％，且不得少于 6 樘，不足 6 膛时全数检查。

检验批的划分：同一类型、品种、规格、尺寸、开启方向、性能、安装位置、连接方式和铝合金门窗型材的壁厚应符合设计要求。金属门窗的防腐、封闭处理及填嵌处理等应符合设计要求。

检验方法：观察、尺量检查、检查产品合格证、检测报告、复验报告。

金属门窗框和副框的安装必须牢靠。预埋件的埋设方式、与框的连接方式、位置、数量必须符合设计要求。

检验方法：手扳检查；检查隐蔽工程验收记录。

金属门窗必须安装牢靠，关闭严密、开启灵活，无翘曲不方等缺陷，推拉门窗扇必须设置防脱装置。

检验方法：手扳、观察、开启检查。

一般项目：

（1）金属门窗表面应光滑平整、洁净、色泽协调一致；无撞伤、划痕，漆膜及保护层应完整。

检验方法：观察检查。

（2）铝合金门窗推拉门窗扇开启应不大于 100N 的力。

检验方法：弹簧秤检查。

（3）金属门窗框与主体结构之间的空隙应填嵌密实，表面用密封胶密封，密封胶胶线应平直、无断裂，光滑、宽窄一致。

检验方法：观察、敲击、检查隐蔽工程验收记录。

（4）金属门窗扇的毛毡或塑料泡沫密封条及橡胶密封条应安装到位，不得有脱槽、断裂扭曲等现象。

检验方法：观察检查。

（5）金属门窗设排水孔的位置、数量、通畅程度应符合设计要求。

检验方法：观察检查。

（6）涂色镀锌钢板门窗安装的允许偏差和检验方法应符合表 9-3 的规定。

表 9-3 涂色镀锌钢板门窗安装的允许偏差和检验方法

项次	项目		允许偏差（mm）	检验方法
1	门窗槽口宽度、高度	≤1500mm	2	用钢尺检查
		>1500mm	3	
2	门窗槽口对角线长度差	≤2000mm	4	用钢尺检查
		>2000mm	5	
3	门窗框的正、侧面垂直度		3	用垂直检测尺检查
4	门窗横框的水平度		3	用 1m 水平尺和塞尺检查
5	门窗横框标高		5	用钢尺检查
6	门窗竖向偏离中心		5	用钢尺检查
7	双层门窗内外框间距		4	用钢尺检查
8	推拉门窗扇与框搭接量		2	用钢直尺检查

铝合金门窗安装的允许偏差和检验方法应符合表 9-4 的规定。

表 9-4 铝合金门窗安装的允许偏差和检验方法

项次	项目		允许偏差（mm）	检验方法
1	门窗槽口宽度、高度	≤1500mm	1.5	用钢尺检查
		>1500mm	2	

续表

项次	项目		允许偏差(mm)	检验方法
2	门窗槽口对角线长度差	≤2000mm	3	用钢尺检查
		>2000mm	4	
3	门窗框的正、侧面垂直度		2.5	用垂直检测尺检查
4	门窗横框的水平度		2	用1m水平尺和塞尺检查
5	门窗横框标高		5	用钢尺检查
6	门窗竖向偏离中心		5	用钢尺检查
7	双层门窗内外框间距		4	用钢尺检查
8	推拉门窗扇与框搭接量		1.5	用钢直尺检查

钢门窗安装的留缝限值、允许偏差和检验方法应符合表9-5的规定。

表9-5 钢门窗安装的留缝限值、允许偏差和检验方法

项次	项目		留缝限值(mm)	允许偏差(mm)	检验方法
1	门窗槽口宽度、高度	≤1500mm	—	2.5	用钢尺检查
		>1500mm	—	3.5	
2	门窗槽口对角线长度差	≤2000mm	—	5	用钢尺检查
		>2000mm	—	6	
3	门窗框的正、侧面垂直度		—	3	用1m垂直检测尺检查
4	门窗横框的水平度		—	3	用1m水平尺和塞尺检查
5	门窗横框标高		—	5	用钢尺检查
6	门窗竖向偏离中心		—	4	用钢尺检查
7	双层门窗内外框间距		—	5	用钢尺检查
8	门窗框、扇配合间隙		≤2	—	用塞尺检查
9	无下框时门扇与地面间留缝		4~8	—	用塞尺检查

9.2.2 塑钢门窗安装工程

9.2.2.1 塑钢门窗安装

(1) 塑钢门窗安装应采用后塞口法，即在墙体预留洞口后将塑钢门窗装入预留洞口。

(2) 塑钢门窗与墙体可用塑料膨胀螺栓或预埋件连接；塑钢门窗安装五金配件应用钻打孔后用自攻螺钉拧紧。

(3) 安装组合窗前应将两窗框用拼樘料按一定间距相连、双向拧紧并设斜支。拼接料的间距应≤600mm。拼樘料每端应短于两侧外窗面10~20mm，连同紧固件及缝隙用弹性材料塞严密。

(4) 塑钢门窗与主体间的空隙应用弹性材料填塞密实，表面应用密封胶密封。

9.2.2.2 塑钢门窗安装工程质量

塑钢门窗安装工程质量分为合格和不合格。

合格标准：主控项目全部符合要求；一般项目80%及以上的检查点符合要求，其余检查点的偏差值不得超过允许偏差的1.5倍。

检查数量：每检验批应至少抽查5%，且不得少于3樘，不足3樘时应全数检查；高层建筑的外窗，每检验批应至少抽查10%，且不得少于6樘，不足6樘时全数检查。

检验批划分：同一类型、品种、规格的塑钢窗每100樘应划分为一个检验批，不足100樘也按一个检验批计算。

主控项目：

(1) 塑钢门窗的规格、类型、品种、尺寸、安装位置、开启方向、填嵌、密封处理均应符合设计要求。塑钢材的内衬增强型钢的壁厚和设置应符合现行国家产品标准的规定。

检验方法：观察、卡尺、尺量检查，检查产品合格证、检测报告、复验报告。

(2) 塑钢门窗框、副框及扇的安装必须牢靠，连接件、膨胀螺栓的位置、数量、间距应符合设计要求。各固定点距中竖框、中横框、窗角150～200mm，固定点间距应不大于600mm。

检验方法：观察、手扳和检查隐蔽工程验收记录。

(3) 塑钢门窗拼樘料、内衬增强型钢的规格、尺寸、壁厚必须符合设计要求。型钢与塑料外层应紧密粘合。门窗框与主体必须连接牢靠，固定点的间距应不大于600mm。

检验方法：观察、手扳、卡尺、尺量检查。

(4) 塑钢门窗扇应开启灵活、关后严密、无翘角；推拉门窗扇应有防脱装置。

检验方法：观察、开与关检查、手扳。

(5) 塑钢门窗配件的规格、型号、数量应符合设计要求。

检验方法：观察、手扳、检查产品合格证对照设计图样检查。

(6) 塑钢门窗与墙之间的空隙应采用弹性材料填嵌饱满，表面应用密封胶封闭严密；密封胶线应宽窄一致、光滑顺直、粘结牢固。

检验方法：观察，检查隐蔽工程记录。

一般项目：

(1) 塑钢门窗的表面应清洁、光滑平整，正面无撞伤、划痕。

检验方法：观察检查。

(2) 塑钢窗扇的封闭条应完整无脱落。旋转窗应开启自如，间隙均匀一致。塑钢门窗扇的开启力应符合以下规定：

1) 推拉门窗扇的开启力应不大于10N；

2) 平开门窗扇平铰链的开启力应不大于80N；滑撑铰链的开启力应为80～30N。

检验方法：用弹簧秤检查。

(3) 封闭条与槽口及玻璃的接触处应平整脱槽及卷曲。

检验方法：观察检查。

(4) 排水孔洞应通畅，其位置和数量应符合设计要求。

检验方法：观察检查。

（5）塑钢门窗安装的允许偏差和检验方法应符合表9-6的规定。

表9-6 塑料门窗安装的允许偏差和检验方法

项次	项目		允许偏差(mm)	检验方法
1	门窗槽口宽度、高度	≤1500mm	2	用钢尺检查
		＞1500mm	3	
2	门窗槽口对角线长度差	≤2000mm	3	用钢尺检查
		＞2000mm	5	
3	门窗框的正、侧面垂直度		3	用1m垂直检测尺检查
4	门窗横框的水平度		3	用1m水平尺和塞尺检查
5	门窗横框标高		5	用钢尺检查
6	门窗竖向偏离中心		5	用钢直尺检查
7	双层门窗内外框间距		4	用钢尺检查
8	同樘平开门窗相邻扇高度差		2	用钢直尺检查
9	平开门窗铰链部位配合间隙		＋2；－1	用塞尺检查
10	推拉门窗扇与框搭接量		＋1.5；－2.5	用钢直尺检查
11	推拉门窗扇与竖框平行度		2	用1m水平尺和塞尺检查

9.2.3 木门窗制作与安装工程

9.2.3.1 木门窗制作用材

普通木门窗用木材质量应符合表9-7的规定。

表9-7 普通木门窗用木材的质量

木材缺陷		门窗扇的立梃、冒头、中冒头	窗棂、压条、门窗及气窗的线脚、通风窗立梃	门心板	门窗框
活节	不计个数，直径(mm)	＜15	＜5	＜15	＜15
	计算个数，直径	≤材宽的1/3	≤材宽的1/3	≤30mm	≤材宽的1/3
	任1延长米个数	≤3	≤2	≤3	≤5
死节		允许，计入活节总数	不允许	允许，计入活节总数	
髓心		不露出表面的，允许	不允许	不露出表面的，允许	
裂缝		深度及长度≤厚度及材长的1/5	不允许	允许可见裂缝	深度及长度≤厚度及材长的1/4
斜纹的斜率(%)		≤7	≤5	不限	≤12
油眼		非正面，允许			
其他		浪形纹理、圆形纹理、偏心及化学变色，允许			

高级木门窗用木材质量应符合表 9-8 的规定。

表 9-8　高级木门窗用木材的质量

木材缺陷		木门扇的立梃、冒头、中冒头	窗棂、压条、门窗及气窗的线脚、通风窗立梃	门心板	门窗框
活节	不计个数,直径(mm)	<10	<5	<10	<10
	计算个数,直径	≤材宽的 1/4	≤材宽的 1/4	≤20mm	≤材宽的 1/3
	任 1 延长米个数	≤2	0	≤2	≤3
死节		允许,包括在活节总数中	不允许	允许,包括在活节总数中	不允许
髓心		不露出表面的,允许	不允许	不露出表面的,允许	
裂缝		深度及长度≤厚度及材长的 1/6	不允许	允许可见裂缝	深度及长度≤厚度及材长的 1/5
斜纹的斜率(%)		≤6	≤4	≤15	≤10
油眼		非正面,允许			
其他		浪形纹理、圆形纹理、偏心及化学变色,允许			

9.2.3.2　木门窗安装

木门窗安装有塞口法和立口法。塞口法是在砌墙时预留洞口，后将门窗框装入预留洞；立口法是墙体砌筑前将门窗框按预定的位置先树立在砌体上后砌时将门窗框挤紧砌严。

木门窗框与混凝土、抹灰层、砖石砌体接触处及埋入混凝土、砖石砌体的木砖应做防腐处理。

木门窗框安装时应位置准确、校正找方。加钉斜支撑和固定拉杆防止变形，安装木门窗框的拉杆不得少于 2 个，每边的固定点不得少于 2 个，间距不得大于 1.2m。

镶贴脸板的木门窗框应凸出墙面抹灰层和装饰面层总厚度之和。

木门窗五金配件安装应符合以下规定：

(1) 合页距门窗扇上下端取立梃高度的 1/10，并应避开上下榫孔。

(2) 五金配件用木螺钉安装，当硬木时应先钻 2/3 螺钉长度的孔，孔径应略小于木螺钉直径后将木螺钉拧入。

(3) 门锁应避开立梃与冒头的相交处安装。

(4) 窗拉手距地面的高度宜为 1.5～1.6m，门拉手与地面的高度宜为 0.9～1.05m。

9.2.3.3　木门窗工程质量

木门窗制作和安装工程质量分为合格和不合格。

合格标准：主控项目全部符合规定；一般项目 80%及以上的检查点符合规定，其余检查点的偏差不得超过允许偏差的 1.5 倍。

检查数量：每检验批至少抽查 5%，且不少于 3 樘，不足 3 樘时全数检查；高层建筑的外窗，每个检验批至少抽查 10%，且不少于 6 樘，不足 6 樘时全数检查。

检验批的划分：同一品种、同一类型、同一规格的木门窗以每 100 樘划为一个检验批，不足100樘时也按一个检验批计算。

主控项目：

(1) 木门窗制作所使用的木材的品种、等级、规格、尺寸、窗框的线型和人造板的甲醛含量应全部符合设计及国家现行规定。

检验方法：观察、检查进场材料的验收记录和复验报告。

(2) 木门窗应采用烘干或有一定自然干燥时间的木材制作，含水率应符合《建筑木门、木窗》(JG/T 122) 的规定。

检验方法：检查材料进场验收记录。

(3) 木门窗的防虫、防腐、防火处理应符合设计要求。

检验方法：观察、检查施工验收记录。

(4) 木门窗的五金配件安装处和相交处不得有木节。木门窗如有允许限值以内的虫眼或木节时，应用同一木材的木楔加胶塞严，对于清漆制品，木楔的颜色和纹理应与制品相吻合。

检验方法：观察检查。

(5) 厚度大于50mm的门窗框和扇应以双榫连接。榫插入孔眼时应用胶料涂抹后进行，并用破头楔蘸胶加紧。

检验方法：观察。

(6) 纤维板门、模压门和胶合板门不得有脱胶。胶合板不得有戗槎和表面单层刨透现象，制作纤维板、胶合板门的边框与横楞交接处应平整吻合并加压胶合；横楞和上下冒头应各钻两个贯通的透气孔。

检验方法：观察检查。

(7) 木门窗的类型、品种、规格、连接方式、安装位置及开启方向应符合设计要求。

检验方法：观察、尺量检查、检查门的合格证。

(8) 木门窗框的安装必须牢靠。木门窗的固定点的固定方式、数量、位置应符合设计要求。门窗扇开启灵活，关闭严密，无翘曲，安装牢固。

检验方法：观察、手扳、开启、检查隐蔽工程验收记录。

(9) 木门窗配件的规格、型号、数量应符合设计要求；安装位置应正确，满足使用要求，安装牢固。

检验方法：观察、开启、手扳检查。

一般项目：

(1) 木门窗的表面应洁净，不得有锤印、刨纹；木门窗的割角、拼缝应平整严密，门窗扇、框的裁口应顺直光滑。

检验方法：观察检查。

(2) 木门窗的槽、孔应边缘光滑平整，无毛刺；与墙体缝隙的弹性填充材料应符合设计要求，寒冷地区应用保温材料填充密实。

检验方法：观察、敲击检查和检查隐蔽工程验收记录。

(3) 木门窗的盖口条、压缝条、密封条、批水的安装应与门窗结合牢固、严密、顺直。

检验方法：观察、手扳检查。

(4) 木门窗制作的允许偏差和检验方法应符合表9-9的规定。

表 9-9 木门窗制作的允许偏差和检验方法

项次	项 目	构件名称	允许偏差(mm)		检 验 方 法
			普通	高级	
1	翘曲	框	3	2	将框、扇平放在检查平台上，用塞尺检查
		扇	2	2	
2	对角线长度差	框、扇	3	2	用钢尺检查；框量裁口里角，扇量外角
3	表面平整度	扇	2	2	用 1m 靠尺和塞尺检查
4	高度、宽度	框	0;−2	0;−1	用钢尺检查；框量裁口里角，扇量外角
		扇	+2;0	+1;0	
5	裁口、线条结合处高低差	框、扇	1	0.5	用钢直尺和塞尺检查
6	相邻棂子两端间距	扇	2	1	用钢直尺检查

(5) 木门窗安装的留缝限值、允许偏差和检验方法应符合表 9-10 的规定。

表 9-10 木门窗安装的留缝限值、允许偏差和检验方法

项次	项 目		留缝限值(mm)		允许偏差(mm)		检验方法
			普通	高级	普通	高级	
1	门窗槽口对角线长度差		—	—	3	2	用钢尺检查
2	门窗框的正、侧面垂直度		—	—	2	1	用 1m 垂直检测尺检查
3	框与扇、扇与扇接缝高低差		—	—	2	1	用钢直尺和塞尺检查
4	门窗扇对口缝		1～2.5	1.5～2	—	—	用塞尺检查
5	工业厂房双扇大门对口缝		2～5	—	—	—	
6	门窗扇与上框间留缝		1～2	1～1.5	—	—	
7	门窗扇与侧框间留缝		1～2.5	1～1.5	—	—	
8	窗扇与下框间留缝		2～3	2～2.5	—	—	
9	门扇与下框间留缝		3～5	3～4	—	—	
10	双层门窗内外框间距		—	—	4	3	用钢尺检查
11	无下框时门扇与地面间留缝	外门	4～7	5～6	—	—	用塞尺检查
		内门	5～8	6～7	—	—	
		卫生间门	8～12	8～10	—	—	
		厂房大门	10～20	—	—	—	

9.2.4 特种门安装工程

9.2.4.1 特种门分类

特种门的种类：防盗门、自动门、防火门、金属卷帘门、旋转门、全玻门等。

特种门安装应符合设计要求及现行国家标准《建筑装饰装修工程质量验收规范》外，还应符合有关标准、主管部门的规定。

9.2.4.2 特种门安装工程质量

特种门安装工程质量分为合格和不合格。

合格标准：主控项目全部符合规定；一般项目80%及以上检查点符合规定，其余检查点的偏差值不得超过允许偏差的1.5倍。

检查数量：每检验批应至少抽查50%，且不得少于10樘，不足10樘时全数检查。

检验批划分：同一类型、规格和品种的特种门每50樘应划为一个检验批，不足50樘时也按一个检验批计算。

主控项目：

(1) 特种门的质量和性能应符合设计要求。

检验方法：检查产品合格证、检测报告。

(2) 特种门的开启方向、规格尺寸、防腐、防火处理、类型品种应符合设计要求。

检验方法：观察、尺量检查、检查产品进场验收记录和隐蔽工程验收记录。

(3) 有自动装置、智能装置、机械装置的特种门，其自动装置、智能装置、机械装置的功能应符合设计要求和有关标准的规定。

检验方法：启动自动装置、智能装置、机械装置、进行观察。

(4) 特种门的安装必须牢靠，预埋件的位置、数量、与框连接方式、埋设方式必须符合设计要求。

检验方法：观察、手扳、检查隐蔽工程验收记录。

(5) 特种门的配件应位置正确、齐全、有效、安装牢固。

检验方法：观察，手扳、检查产品合格证、检测报告和进场验收记录。

一般项目：

(1) 特种门的表面应清洁，无碰伤划痕，表面装饰应符合设计要求。

检验方法：观察检查。

(2) 推拉自动门安装的留缝限置、允许偏差和检验方法应符合表9-11的规定。

表9-11 推拉自动门安装的留缝限值、允许偏差和检验方法

项次	项目		留缝限值 (mm)	允许偏差 (mm)	检验方法
1	门槽口宽度、高度	≤1500mm	—	1.5	用钢尺检查
		>1500mm	—	2	
2	门槽口对角线长度差	≤2000mm	—	2	用钢尺检查
		>2000mm	—	2.5	
3	门框的正、侧面垂直度		—	1	用1m垂直检测尺检查
4	门构件装配间隙		—	0.3	用塞尺检查
5	门梁导轨水平度		—	1	用1m水平尺和塞尺检查
6	下导轨与门梁导轨平行度		—	1.5	用钢尺检查
7	门扇与侧框间留缝		1.2~1.8	—	用塞尺检查
8	门扇对口缝		1.2~1.8	—	用塞尺检查

（3）旋转门安装的允许偏差和检验方法应符合表 9-12 的规定。

表 9-12 旋转门安装的允许偏差和检验方法

项次	项　目	允许偏差（mm）		检验方法
		金属框架玻璃旋转门	木质旋转门	
1	门扇正、侧面垂直度	1.5	1.5	用 1m 垂直检测尺检查
2	门扇对角线长度差	1.5	1.5	用钢尺检查
3	相邻扇高度差	1	1	用钢尺检查
4	扇与圆弧边留缝	1.5	2	用塞尺检查
5	扇与上顶间留缝	2	2.5	用塞尺检查
6	扇与地面间留缝	2	2.5	用塞尺检查

（4）推拉自动门的感应时间限值和检验方法应符合表 9-13 的规定。

表 9-13 推拉自动门的感应时间限值和检验方法

项次	项　目	感应时间限值（s）	检验方法
1	开门响应时间	≤0.5	用秒表检查
2	堵门保护延时	16～20	用秒表检查
3	门扇全开启后保持时间	13～17	用秒表检查

9.2.5 门窗玻璃安装工程

9.2.5.1 门窗玻璃安装

门窗玻璃安装应符合以下规定：

（1）玻璃安装前应清除裁口内的杂物、污垢，并检查边框内尺寸和做好记录。

（2）安装短边大于 1m，长边大于 1.5m 的玻璃时应有橡胶软垫，并用压条和圆钉固定牢靠。

（3）固定扇玻璃和木框的钉距不得大于 300mm，且每边不得少于两个，用木条固定时不得将玻璃压得过紧；压条应在刷底油后安装。

（4）为防止木框变形，玻璃上框应留适当的缝隙。

（5）使用密封胶时，其基层应清洁、干燥。无污垢。

塑钢门窗、铝合金门窗玻璃安装应符合以下规定：

（1）安装玻璃前应清除槽口内的灰尘和杂物。

（2）使用密封胶前应将玻璃和边框接触处清理干净，且不得有水和油污。

（3）玻璃四周应垫不同厚度的垫块，边框和上框的垫块应用胶粘剂粘牢。

（4）安装多层玻璃时，镀膜玻璃应安装在最外层；单层玻璃安装时，镀膜应在室内的一侧。

9.2.5.2 玻璃安装工程质量

玻璃安装工程质量分为合格和不合格。

合格标准：主控项目全部符合要求；一般项目 80%及以上的检查点全部符合要求，其余检查点的偏差值不得超过允许偏差的 1.5 倍。

检查数量：每检验批至少抽查5%，且不得少于3樘，不足3樘时应全数检查；高层建筑的外窗，每个检验批至少抽查10%，且不得少于6樘，不足6樘时应全数检查。

检验批划分：同一类型、品种、规格的门窗玻璃每100樘划为一个检验批，不足100樘时也按一个检验批计算。

主控项目：

(1) 玻璃的规格尺寸、品种、色泽、涂膜朝向、图案应符合设计要求；单块玻璃长边尺寸大于1.5m时应使用安全玻璃。

检验方法：观察、检查产品合格证、检测报告和进场验收记录。

(2) 玻璃的裁割尺寸应正确，不得有裂纹破损，且应安装牢靠。

检验方法：观察检查、敲击检查。

(3) 玻璃安装的方法应符合设计要求，固定玻璃的钢丝卡或钉子的数量、规格应能保证玻璃的牢靠性。

检验方法：观察检查。

(4) 接触玻璃的木压条应与裁口边缘平齐，结合紧密，割角结合严密。

检验方法：观察。

(5) 密封条与玻璃和槽口结合平整紧密，密封胶的粘结应牢固、整齐。

检验方法：观察。

(6) 密封条与玻璃应贴紧，压条与型材之间应无明显空隙，压条接缝应不大于0.5mm。

检验方法：观察检查。

一般项目：

(1) 玻璃的表面应清洁，不得有密封胶、涂料、腻子等污渍，中空玻璃的表面及空层应清洁，不得有水蒸气和灰尘、杂物。

检验方法：观察。

(2) 门窗玻璃与型材不得直接接触，磨砂玻璃的磨砂面及单层玻璃的镀膜应向室内一面。中空玻璃的单层镀膜玻璃应在最外层，其镀膜层应向室内。

检验方法：观察。

(3) 玻璃腻子应填充饱满。粘结牢固，平齐，固定玻璃的钉子、卡子不应露出腻子面。

检验方法：观察。

9.3 吊顶工程

9.3.1 明龙骨吊顶工程

9.3.1.1 明龙骨吊顶材料

明龙骨吊顶由饰面板和龙骨组成，龙骨可采用铝合金、轻钢龙骨、木龙骨等，饰面板可采用金属板、塑料板、格栅、玻璃板、矿棉板或石膏板等。显露部分龙骨。

9.3.1.2 明龙骨吊顶施工

(1) 吊杆应垂直，距主龙骨端头不得大于300mm。当吊杆与设施设备相碰时应调整或增设吊杆。

(2) 主龙骨吊点间距应小于1.2m。主龙骨安装后应校正位置和标高是否准确。

(3) 次龙骨应与主龙骨紧贴安装，固定饰面板的次龙骨间距不得大于600mm，处在潮湿环境的次龙骨宜为300～400mm。饰面板接缝处的次龙骨宽度不得小于40mm。

(4) 横撑龙骨应用连接件将两端连接在次龙骨上。

(5) 龙骨骨架应起拱，起拱高度应为短向跨的1‰～3‰。

(6) 轻钢龙骨、铝合金龙骨骨架应用沉头自攻螺钉固定饰面板，木龙骨骨架应用铁钉固定胶合板；金属饰面板应按产品说明书进行吊挂。吊挂连接件、插接件应牢固；采用粘接法安装饰面板时，涂胶应均匀，不得有漏涂，胶粘剂未固化前饰面板不得有强烈振动。

9.3.1.3 明龙骨吊顶工程质量

明龙骨吊顶工程质量分为合格和不合格。

合格标准：主控项目全部符合规定；一般项目80%及以上的检查点符合规定，其余检查点的偏差值不得超过允许偏差的1.5倍。

检查数量：每检验批至少抽查10%，并不得少于3间，不足3间时全数检查。

检验批划分：同一类型的吊顶工程每50间（大面积走廊和房间按30m^{2}为一间）划为一个检验批，不足50间也按一个检验批计。

主控项目：

(1) 吊顶尺寸、起拱、标高和造型应符合设计要求。

检验方法：观察、尺量检查。

(2) 吊杆、龙骨的材质、规格、间距及连接方式应符合设计要求。

检验方法：观察、尺量、检查产品合格证、材料进场验收记录和隐蔽工程验收记录。

(3) 明龙骨吊顶的龙骨、吊杆安装必须牢固。

检验方法：手扳、检查隐蔽工程验收记录。

(4) 饰面材料的品种、材质、图案、颜色、规格尺寸应符合设计要求，当使用玻璃饰面板时，应采用安全玻璃、塑料板或采取必要的安全措施。

检验方法：观察、检查产品合格证、检测报告和材料进场验收记录。

(5) 饰面材料的安装应牢靠、紧密、平整。

检验方法：观察、手扳检查。

一般项目：

(1) 饰面板表面应清洁、色泽协调一致，不得有裂纹、缺棱掉角、翘曲、接槎不平、压条宽窄不一致及弯曲不平直等现象。

检验方法：观察、尺量检查。

(2) 吊顶的灯具、烟感器、风口篦子的布置应合理、美观，与饰面板的交接处应平缓吻合、严密。

检验方法：观察检查。

(3) 金属龙骨的接缝应顺直平整、吻合、色泽一致，不得有损坏和划伤，木龙骨接缝应严密、木材无劈裂。

检验方法：观察检查。

(4) 吊顶内吸声材料的品种和铺设厚度应符合设计要求，并应有防泄漏措施。

检验方法：检查隐蔽工程验收记录或施工记录。

(5) 明龙骨吊顶工程安装的允许偏差和检验方法应符合表 9-14 的规定。

表 9-14 明龙骨吊顶工程安装的允许偏差和检验方法

项次	项 目	允许偏差（mm）				检验方法
		石膏板	金属板	矿棉板	塑料板、玻璃板	
1	表面平整度	3	2	3	2	用 2m 靠尺和塞尺检查
2	接缝直线度	3	2	3	3	拉 5m 线，不足 5m 拉通线，用钢直尺检查
3	接缝高低差	1	1	2	1	用钢直尺和塞尺检查

9.3.2 暗龙骨吊顶工程

9.3.2.1 暗龙骨吊顶材料

暗龙骨吊顶由饰面板及龙骨组成。饰面板可采用金属板、木板、塑料板、格栅、矿棉板石膏板；龙骨可采用铝合金龙骨、木龙骨、轻钢龙骨，所有龙骨全不显露。

9.3.2.2 暗龙骨吊顶施工

暗龙骨吊顶施工要求同明龙骨施工，饰面板安装应符合以下规定：

(1) 饰面板安装接缝应严密，平整，图案花纹吻合。

(2) 吸声板的安装应有定位措施。

(3) 玻璃吊顶应牢靠、不得使用塑料制垫。

9.3.2.3 暗龙骨吊顶工程质量

暗龙骨吊顶工程质量分为合格和不合格。

合格标准：主控项目全部符合规定；一般项目 80%及以上的检查点符合规定，其余检查点的偏差值不得超过允许偏差的 1.5 倍。

检查数量：每检验批抽查 10%，且不得少于 3 间，不足 3 间时，全数检查。

检验批划分：同一类型的吊顶工程每 50 间（大面积走廊或房间按吊顶面积 $30m^2$ 为一间）划为一个检验批，不足 50 间也按一个检验批计。

主控项目：

(1) 吊顶起拱、标高、尺寸及造型应符合设计要求。

检验方法：观察、尺量检查。

(2) 饰面板的品种、材质、规格尺寸、色泽、图案应符合设计要求。

检验方法：观察、检查产品合格证、检测报告、复验报告。

(3) 暗龙骨吊顶工程的龙骨、吊杆和饰面板的安装必须牢靠。

检验方法：观察、手扳、检查隐蔽工程验收记录和施工记录。

(4) 龙骨、吊杆的规格尺寸，材质、间距、连接方式应符合设计要求。金属龙骨、吊杆的表面应作防腐处理，木龙骨、吊杆应作防火、防腐处理。

检验方法：观察、尺量检查，检查材料的合格证、检测报告、进场验收记录或隐蔽工程验收记录。

(5) 石膏板的接缝应做防开裂处理，当使用双层板时、基层板与面层板的接缝应相互错开，且接缝不得在同一个龙骨上。

检验方法：观察检查。

一般项目：

(1) 饰面板的表面应洁净光滑，色泽协调一致，不得有缺棱掉角、翘曲、开裂和压条不直、宽窄不一致的现象。

检验方法：观察、尺量检查。

(2) 吊顶的灯具、喷淋头、风口篦子、烟感器等的布置位置应合理、美观，与饰面板的接触处应吻合、平缓、严密。

检验方法：观察。

(3) 金属龙骨、吊杆的接缝、角缝应吻合、均匀一致、平整、无锤印、翘曲。木龙骨、吊杆应平整顺直，无弯曲变型或开裂现象。

检验方法：检查施工记录和隐蔽工程验收记录。

(4) 吊顶内填吸声材料的铺设厚度及材料品种应符合设计要求，并应采取防泄漏措施。

检验方法：检查施工记录和隐蔽工程验收记录。

(5) 暗龙骨吊顶工程安装的允许偏差和检验方法应符合表9-15的规定。

表9-15 暗龙骨吊顶工程安装的允许偏差和检验方法

项次	项目	允许偏差（mm）				检验方法
		纸面石膏板	金属板	矿棉板	木板、塑料板、格栅	
1	表面平整度	3	2	2	2	用2m靠尺和塞尺检查
2	接缝直线度	3	1.5	3	3	拉5m线，不足5m拉通线，用钢直尺检查
3	接缝高低差	1	1	1.5	1	用钢直尺和塞尺检查

9.4 轻质隔墙工程

9.4.1 板材隔墙工程

9.4.1.1 板材隔墙材料

板材隔墙材料有石膏空心板、预制钢丝网水泥板、复合轻质隔墙板和现浇钢丝网水泥板。

材料进场应进行严格验收，并应提供产品合格证、检测报告。水泥、钢筋、外加剂等主要材料应现场取样送有见证取样资质的检测单位复验，各项指标检测报告合格后方可投入使用。

9.4.1.2 板材隔墙施工

板材隔墙施工应符合以下规定：

(1) 墙定位线应准确、清晰，隔墙的基层应坚固、平整，标高正确。

(2) 板材隔墙的施工应符合构造结构和设计要求。

(3) 安装板材隔墙所使用的固定件应符合设计要求，并作防腐处理。

（4）板材隔墙拼接使用的芯材应作防火处理。

（5）板材隔墙上的水、电预埋管开槽、开洞应用冲击钻或云石无齿切割机，不得使用钢钎剔凿或使用锤子敲打。

9.4.1.3　板材隔墙工程质量

板材隔墙工程质量分为合格和不合格。

合格标准：主控项目全部符合规定；一般项目80%及以上检查点符合规定，其余检查点的偏差值不得超过允许偏差的1.5倍。

检查数量：每检验批抽查10%，且不得少于3间，不足3间时全数检查。

检验批划分：同一类型的板材隔墙每50间（大面积走廊或房间按隔墙面积30m^{2}为一间）划为一个检验批，不足50间也按一个检验批计。

主控项目：

（1）板材的规格尺寸、品种。性能、颜色等应符合设计要求，有隔热、阻燃、防潮和隔声要求的工程，隔墙板材应有相应性能等级的合格证和检测报告。

检验方法：观察、检查产品合格证、检测报告、进场验收记录。

（2）固定隔墙板材的连接件、预埋件的连接方法、数量应符合设计要求。

检验方法：检查隐蔽工程验收记录、观察、尺量检查。

（3）板材安装必须牢靠，现浇钢丝网水泥隔墙板与周围主体的连接方式应符合设计要求。

检验方法：观察、手扳检查。

（4）板材接缝材料的品种和接缝方法应符合设计要求。

检验方法：观察、检查产品合格证、检测报告。

一般项目：

（1）隔墙板材安装的轴线、标高应正确，板材本身不应有缺棱掉角、裂纹损伤，墙面的垂直度、平整度、阴阳角方正及接缝的高低差等允许偏差应符合表9-16的规定。

表9-16　板材隔墙安装的允许偏差和检验方法

项次	项　目	允许偏差（mm）				检验方法
		复合轻质墙板		石膏空心板	钢丝网水泥板	
		金属夹芯板	其他复合板			
1	立面垂直度	2	3	3	3	用2m垂直检测尺检查
2	表面平整度	2	3	3	3	用2m靠尺和塞尺检查
3	阴阳角方正	3	3	3	4	用直角检测尺检查
4	接缝高低差	1	2	2	3	用钢直尺和塞尺检查

（2）板材隔墙的表面应清洁光滑、平整、接缝顺直、宽窄一致。

检验方法：观察、手摸检查。

（3）隔墙板上的预留洞、沟槽、线盒洞等的位置应正确，方正、边缘整齐。

检验方法：观察、尺量检查。

9.4.2　骨架隔墙工程

9.4.2.1　骨架隔墙材料

骨架隔墙由饰面板和龙骨组成。饰面板可采用人造木板、水泥纤维板、石膏板等；龙骨可采用木龙骨，轻钢龙骨等。

9.4.2.2　骨架隔墙施工

木龙骨安装应符合以下规定：

（1）木龙骨的纵、横向间距及横截面积应符合设计要求；

（2）木龙骨的纵、横交叉处应采用半开榫、加胶、加钉连接。

（3）木龙骨应作防火处理。

轻钢龙骨安装应符合以下规定：

（1）应按定位轴线、边线固定沿顶龙骨、沿地龙骨及边框龙骨、龙骨与主体的固定点间距应不大于600mm，并应连接牢靠。

（2）竖向龙骨安装应垂直，龙骨间距应符合设计要求。处在潮湿环境房间的龙骨间距不宜大于400mm。

（3）支撑龙骨安装时，应先安装支撑卡在竖龙骨的开口处，卡距宜在400～600mm之间，与竖龙骨上下两端的距离宜在20～25mm之间。

（4）安装贯通龙骨时，隔墙低于3m时设一道，隔墙高度在3～5m时设两道，并应将扣件扣紧扣牢。

（5）饰面板横向和竖向的接缝赶不上原布置的龙骨上时，应另加龙骨固定。

（6）门窗和特殊部位安装附加龙骨应符合设计要求。

胶合板安装应符合以下规定：

（1）胶合板背面在安装前应做防火处理。

（2）木龙骨贴胶合板用圆钉固定，当用轻钢龙骨时胶合板的固定应用自攻螺钉。钉距宜为80～150mm。采用钉枪固定时钉距宜为80～100mm。用圆钉固定胶合板应将钉帽砸扁。

（3）阳角处宜作护角。

（4）当胶合板用木压条固定时，其固定点间距不应大于200mm。

纸面石膏板安装应符合以下规定：

（1）石膏板宜竖向铺设，边缘应设置在横竖龙骨的中心线上（隔墙的四周除外）。

（2）石膏板（包括双层设置的石膏板）的接缝应错开，不得在同一根龙骨上接缝。

（3）石膏板在木龙骨上用圆钉固定，在轻钢龙骨上用自攻钉固定。周边钉间距不得大于200mm，石膏板中部钉间距不得大于300mm，边缘钉距石膏板边缘应为10～15mm。

（4）石膏板的固定应从中部开始，后钉四周，钉帽略埋入板面，钉帽应做防锈处理，不得有纸面被损坏现象。

（5）石膏板板缝应按设计要求做接缝处理，石膏板与主体相交处应留3mm空隙，并作防开裂处理。

9.4.2.3　骨架隔墙工程质量

骨架隔墙工程质量分为合格和不合格。

合格标准：主控项目全部符合规定；一般项目80%及以上检查点符合规定，其余检查点的偏差值不得超过允许偏差的1.5倍。

检查数量：每检验批至少抽查10%，且不得少于3间，不足3间时全数检查。

检验批划分：同一类型的骨架隔墙每50间（大面积走廊和房间按隔墙面积每$30m^2$为一间）划分一个检验批，不足50间也按一检验批计。

主控项目：

(1) 骨架隔墙使用的龙骨、饰面板、配件、填充材料、嵌缝材料的规格尺寸、品种、性能和木材的含水率应符合设计要求。有阻燃、防潮、隔声、隔热等特殊要求时，材料应有相应性能等级的合格证、检测报告，必要时应现场见证取样，送有见证取样资质的检测单位试验，各项性能指标合格后方可投入使用。

检验方法：观察、检查产品合格证、检测报告、复验报告。

(2) 骨架隔墙工程的边框龙骨必须与主体结构连接牢靠，并应平整、垂直，标高及轴线准确。

检验方法：手扳、尺量检查和对照图样检查。

(3) 龙骨间距和构造连接方式应符合设计要求。龙骨隔墙内的管线安装及门窗洞口等的部位应有加强龙骨，并应位置准确、牢靠。加强龙骨与填充材料的设置应符合设计要求。

检验方法：对照图样尺量、检查隐蔽工程验收记录。

(4) 木质墙面板及木龙骨的防腐、防火处理应符合设计要求。

检验方法：检查隐蔽工程验收记录。

(5) 墙面板接缝方法及接缝材料应符合设计要求。

检验方法：观察、检查材料合格证、检测报告。

(6) 骨架隔墙的饰面板应固定牢靠，无折断、缺棱掉角、翘曲、脱皮等现象。

检验方法：观察、手扳检查。

一般项目：

(1) 骨架隔墙的表面应光滑平整，色泽协调一致、清洁无污物，无开裂，接缝应均匀、平缓过渡。

检验方法：

(2) 骨架隔墙的孔洞、沟槽、线盒位置应正确，与安装管、件应吻合、边缘应整齐。

检验方法：观察、尺量检查。

(3) 骨架隔墙的填充材料应密实、干燥、均匀一致、无间断。

检验方法：观察、敲击和检查隐蔽工程验收记录。

(4) 骨架隔墙安装的允许偏差和检验方法应符合表9-17的规定。

表9-17　骨架隔墙安装的允许偏差和检验方法

项次	项　目	允许偏差（mm）		检验方法
		纸面石膏板	人造木板、水泥纤维板	
1	立面垂直度	3	4	用2m垂直检测尺检查
2	表面平整度	3	3	用2m靠尺和塞尺检查
3	阴阳角方正	3	3	用直角检测尺检查
4	接缝直线度	—	3	拉5m线，不足5m拉通线，用钢直尺检查
5	压条直线度	—	3	拉5m线，不足5m拉通线，用钢直尺检查
6	接缝高低差	1	1	用钢直尺和塞尺检查

9.4.3 玻璃隔墙工程

9.4.3.1 玻璃隔墙材料

玻璃隔墙所使用的玻璃、骨架、胶结材料、密封胶、门拉手等应符合设计要求。

尤其是玻璃，目前发生自爆的现象屡有发生，请引起高度重视。

钢化玻璃产生自爆的原因如下：

在生产玻璃的原料中通常含有微量的硫和镍，在材料熔化的过程中镍合金碎片会增加玻璃中的镍含量，当玻璃原料加热时，原子发生反应成为微小的硫化镍晶体。由于冷却过程较快，使硫化镍不能全部转化为β相而重新转化为α相，在以后的时间里少则几个月，多则几十年，硫化镍由α相转化为β相时发生自爆。

9.4.3.2 玻璃隔墙施工

玻璃砖隔墙施工应符合以下规定：

(1) 玻璃砖隔墙以1.5m高度为一个施工段，待下部施工段胶结材料凝结达到设计强度后方可进行上部工序的施工。

(2) 当玻璃砖隔墙面积过大时应增设支撑。玻璃砖隔墙的骨架应与主体结构连接牢靠。

(3) 玻璃砖应排列整齐美观，表面清洁整齐，封闭用的油灰或封闭胶应饱满密实、连续。

玻璃板隔墙施工应符合下列规定：

(1) 玻璃隔墙轴线边线应清晰、准确。隔墙基层应坚实平整。

(2) 骨架边框的组合及安装应符合说明书和设计要求。

(3) 压条应紧贴边框，不得有高低不平和弯曲现象。

(4) 玻璃安装前应对骨架、边框的稳定性、牢靠性进行检查，发现问题及时处理。

(5) 玻璃安装同门窗玻璃安装。

9.4.3.3 玻璃隔墙工程质量

玻璃隔墙工程质量分为合格和不合格。

合格标准：主控项目全部符合规定；一般项目80%及以上的检查点符合规定，其余检查点的偏差值不得超过允许偏差的1.5倍。

检查数量：每检验批至少抽查20%，且不得少于6间，不足6间时全数检查。

检验批划分：同一类型的玻璃隔墙每50间（大面积走廊或房间按隔墙面积每30m^2为一间）划为一个检验批，不足50间时也按一个检验批计。

主控项目：

(1) 玻璃隔墙所使用材料的规格尺寸、性能、品种、图案、色泽应符合设计要求。玻璃板隔墙应采用安全玻璃。

检验方法：观察、检查产品合格证、检测报告和物资进场验收记录。

(2) 玻璃砖隔墙或玻璃板隔墙的安装方式应符合设计要求。

检验方法：观察检查。

(3) 玻璃砖隔墙的拉结筋必须连接牢固，位置应正确。

检验方法：观察、尺量检查。

(4) 玻璃板隔墙的安装必须牢靠，玻璃隔墙胶垫安装的位置应正确。

检验方法：观察、手扳、检查施工记录。

一般项目：

（1）玻璃隔墙表面应清洁干净，平整美观，色泽协调。

检验方法：观察检查。

（2）玻璃隔墙的接缝应平直，玻璃无缺棱掉角、裂纹和划伤。

检验方法：观察检查。

（3）玻璃砖及玻璃板的嵌缝应饱满密实、胶缝均匀一致。

检验方法：观察检查。

（4）玻璃隔墙安装的允许偏差和检验方法应符合表9-18的规定。

表9-18　玻璃隔墙安装的允许偏差和检验方法

项次	项　目	允许偏差（mm）		检验方法
		玻璃砖	玻璃板	
1	立面垂直度	3	2	用2m垂直检测尺检查
2	表面平整度	3	—	用2m靠尺和塞尺检查
3	阴阳角方正	—	2	用直角检测尺检查
4	接缝直线度	—	2	拉5m线，不足5m拉通线，用钢直尺检查
5	接缝高低差	3	2	用钢直尺和塞尺检查
6	接缝宽度	—	1	用钢直尺检查

9.4.4　活动隔墙工程

9.4.4.1　活动隔墙材料

活动隔墙材料包括墙板、配件、边框、连接件、木材、屏风、走轮、支托等，应有产品合格证，使用的木材应有含水率检测报告。

9.4.4.2　活动隔墙施工

活动隔墙是为随时扩大空间，必要时临时隔开使用空间的活动墙体，所以活动隔墙必须满足使用功能的需要。

（1）墙体轻便，可轻易搬动和安放。

（2）高度一般在1.8m以上。

（3）可随意折叠平放。

（4）安放可成直线，又可成曲线，成直线安放的应下设支脚或托轮。

9.4.4.3　活动隔墙质量

活动隔墙工程质量分为合格和不合格。

合格标准：主控项目全部符合规定：一般项目80%及以上检查点符合规定，其余检查点的偏差值不得超过允许偏差的1.5倍。

检查数量：每检验批至少抽查20%，且不得少于6间，不足6间时全数检查。

检验批划分：同一类型的活动隔墙每50间（大面积走廊和房间按隔墙面积30m^{2}为一

间）划为一个检验批，不足50间也按一个检验批计。

主控项目：

（1）活动隔墙所用的配件、墙面板、屏风等材料的规格尺寸、性能、品种和木材的含水率应符合设计要求，有防潮、防腐、阻燃等特殊要求时，材料应有相应性能等级的检测报告。

检验方法：观察、检查产品合格证、检测报告、复验报告、物资进场验收记录。

（2）活动隔墙必须有稳定性措施或与主体结构连接牢靠。

检验方法：观察、手扳、尺量检查。

（3）活动隔墙的推拉、连接、组装的构配件必须安装牢靠，位置准确、推拉灵便、拆卸简单。

检验方法：观察、手扳、推拉、拆卸检查。

（4）活动隔墙的制作形式、尺寸、连接方式、图案、色泽应符合设计要求。

检验方法：观察检查。

一般项目：

（1）活动隔墙的色泽应协调一致、清洁整齐、平整光滑、线条清晰顺直。

检验方法：观察、手摸、尺量检查。

（2）活动隔墙的孔洞、沟槽、管线、灯盒应切割准确、边缘整齐。

检验方法：观察、尺量检查。

（3）活动隔墙应推拉灵便、无声响、连接件牢靠，安放稳定。

检验方法：观察、推拉检查。

（4）活动隔墙安装的允许偏差和检验方法应符合表9-19的规定。

表9-19 活动隔墙安装的允许偏差和检验方法

项次	项 目	允许偏差(mm)	检验方法
1	立面垂直度	3	用2m垂直检测尺检查
2	表面平整度	2	用2m靠尺和塞尺检查
3	接缝直线度	3	拉5m线，不足5m拉通线，用钢直尺检查
4	接缝高低差	2	用钢直尺和塞尺检查
5	接缝宽度	2	用钢直尺检查

9.5 饰面板（砖）工程

9.5.1 饰面砖工程

9.5.1.1 饰面砖材料

（1）饰面墙砖包括釉面砖、彩色釉面陶瓷墙地砖、陶瓷锦砖（马赛克）、玻璃锦砖等。釉面砖按釉面颜色分为单元砖（含白色）、花色砖和图案砖。

釉面砖按正面形状分为方形砖、长方形砖和异形配件砖，异形配件砖的形状如图 9-1 所示。

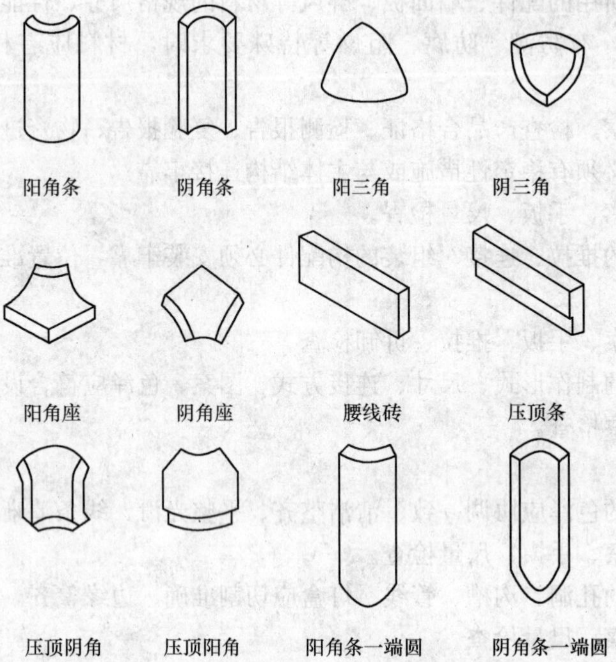

图 9-1　异形配件砖

注：釉面砖允许色差：优等品应基本一致；一等品应不明显；合格品应不严重。

釉面砖的侧边形状有小圆边、平边、大圆边、带凸缘边。选择不同的侧边，可组成各种形状的釉砖。

釉面砖根据外观质量分为优等品、一等品、合格品三个等级。

釉面砖表面缺陷允许范围应符合表 9-20 的规定。

表 9-20　釉面砖表面缺陷允许范围

缺陷名称	优等品	一级品	合格品
开裂、夹层、釉裂	不允许		
背面磕碰	深度为砖厚的 1/2	不影响使用	
剥边、落脏、釉泡、斑点、坯粉、釉缕、橘釉、波纹、缺釉、棕眼、裂纹、图案、缺陷、正面磕碰	距离砖面 1m 处目测无可见缺陷	距离砖面 2m 处目测缺陷不明显	距离砖面 3m 处目测缺陷不明显

釉面砖允许色差：优等品应基本一致；一等品应不明显；合格品应不严重。

各等级白色釉面砖的白度不小于 73 度。

釉面砖吸水率不大于 21%；经急冷急热试验，釉面应无裂纹；弯曲强度平均值不小于 16MPa；当厚度≥7.5mm 时，弯曲强度平均值不小于 13MPa；经抗龟裂试验，釉面砖应无裂纹。

(2) 彩色釉面陶瓷墙地砖。彩色釉面陶瓷墙地砖简称彩釉砖。

彩釉砖表面质量应符合表 9-21 的规定。

表 9-21 彩釉砖表面质量

缺陷名称	优等品	一等品	合 格 品
缺釉、斑点、裂纹、落脏、棕眼、熔洞、釉缕、釉泡、烟熏开裂、磕碰、波纹、剥边、坯粉	距离砖面 1m 处目测，有可见缺陷的砖数不超过 5%	距离砖面 2m 处目测，有可见缺陷的砖数不超过 5%	距离砖面 3m 处目测，缺陷不明显
色 差	距离砖面 3m 处目测不明显		

釉面砖的侧面和背面，不允许有妨碍粘结的明显附着釉及其他影响使用的缺陷。

各等级彩釉砖均不得有结构分层缺陷存在。

彩釉砖凸背纹的高度和凹背纹的深度均不得小于 0.5mm。

彩釉砖吸水率不大于 10%；经三次急冷急热循环试验无裂纹；经 20 次冻触循环不出现破裂、剥落或裂纹；弯曲强度平均值不低于 25MPa。

(3) 陶瓷锦砖（马赛克）。陶瓷锦砖按其表面性质分有釉锦砖和无釉锦砖。按砖联分为单色、拼花两种。单块锦砖边长不大于 50mm；砖联有正方形、长方形两种。

陶瓷锦砖按尺寸允许偏差和外观质量分为优等品和合格品。

最大边长不大于 25mm 的锦砖，外观缺陷的允许范围应符合表 9-22 的规定。

表 9-22 最大边长不大于 25mm 的锦砖外观缺陷允许范围

<table>
<tr><th rowspan="3">缺陷名称</th><th rowspan="3">表示方法</th><th rowspan="3">单位</th><th colspan="4">缺陷允许范围</th><th rowspan="3">备 注</th></tr>
<tr><th colspan="2">优等品</th><th colspan="2">合格品</th></tr>
<tr><th>正面</th><th>背面</th><th>正面</th><th>背面</th></tr>
<tr><td>夹层、釉裂、开裂</td><td rowspan="2"></td><td rowspan="6">mm</td><td colspan="4">不允许</td><td rowspan="2"></td></tr>
<tr><td>斑点、粘疤、起泡、坯粉、麻面、波纹、缺釉、橘釉、棕眼、落脏、熔洞</td><td colspan="2">不明显</td><td colspan="2">不严重</td></tr>
<tr><td rowspan="2">缺角</td><td>斜边长</td><td>1.5～2.3</td><td>3.5～4.3</td><td>2.3～3.5</td><td>4.3～5.6</td><td rowspan="2">斜边长小于 1.5mm 的缺角允许存在，正背面缺角不允许在同一角部，正面只允许缺角一处</td></tr>
<tr><td>深度</td><td colspan="4">不大于砖厚的 2/3</td></tr>
<tr><td rowspan="3">缺边</td><td>长度</td><td>2.0～3.0</td><td>5.0～6.0</td><td>3.0～5.0</td><td>6.0～8.0</td><td rowspan="3">正背面缺边不允许出现在同一侧面
同一侧面边不允许有两处缺边；正面只允许有 2 处缺边</td></tr>
<tr><td>宽度</td><td>1.5</td><td>2.5</td><td>2.0</td><td>3.0</td></tr>
<tr><td>深度</td><td>1.5</td><td>2.5</td><td>2.0</td><td>3.0</td></tr>
<tr><td rowspan="2">变 形</td><td>翘边</td><td></td><td colspan="4">不明显</td><td rowspan="2"></td></tr>
<tr><td>大小头</td><td>mm</td><td colspan="2">0.2</td><td colspan="2">0.4</td></tr>
</table>

最大边长大于25mm的锦砖，外观缺陷的允许范围应符合表9-23的规定。

表9-23　最大边长大于25mm的锦砖外观缺陷的允许范围

<table>
<tr><th rowspan="3">缺陷名称</th><th rowspan="3">表示方法</th><th rowspan="3">单位</th><th colspan="4">缺陷允许范围</th><th rowspan="3">备　注</th></tr>
<tr><th colspan="2">优等品</th><th colspan="2">合格品</th></tr>
<tr><th>正面</th><th>背面</th><th>正面</th><th>背面</th></tr>
<tr><td>夹层、釉裂、开裂</td><td rowspan="2"></td><td rowspan="7">mm</td><td colspan="4">不允许</td><td rowspan="2"></td></tr>
<tr><td>斑点、粘疤、起泡、坯粉、麻面、波纹、缺釉、棕眼、落脏、熔洞</td><td colspan="2">不明显</td><td colspan="2">不严重</td></tr>
<tr><td rowspan="2">缺角</td><td>斜边长</td><td>1.5～2.8</td><td>3.5～4.9</td><td>2.8～4.3</td><td>4.9～6.4</td><td rowspan="2">斜边长小于1.5mm的缺角允许存在，正背面缺角不允许出现在同一角，正面只允许缺角一处</td></tr>
<tr><td>深度</td><td colspan="4">不大于砖厚的2/3</td></tr>
<tr><td rowspan="3">缺边</td><td>长度</td><td>3.0～5.0</td><td>6.0～9.0</td><td>5.0～8.0</td><td>9.0～13.0</td><td rowspan="3">正背面缺边不允许出现在同一侧面，同一侧面边不允许有两处缺边；正面只允许有两处缺边</td></tr>
<tr><td>宽度</td><td>1.5</td><td>3.0</td><td>2.0</td><td>3.5</td></tr>
<tr><td>深度</td><td>1.5</td><td>2.5</td><td>2.0</td><td>3.0</td></tr>
<tr><td rowspan="2">变　形</td><td>翘曲</td><td></td><td colspan="4">不明显</td><td rowspan="2"></td></tr>
<tr><td>大小头</td><td>mm</td><td colspan="2">0.2</td><td colspan="2">0.4</td></tr>
</table>

无釉锦砖吸水率不大于0.2%；有釉锦砖吸水率不大于1.0%。

有釉锦砖经急冷急热试验结果不裂。

砖联内及砖联间色差基本协调一致（优等品）；合格品目测稍有偏差。

锦砖成联铺贴后，脱纸时间不大于40min。

（4）玻璃锦砖（玻璃马赛克）。

单块玻璃锦砖正面的外观质量应符合表9-24的规定。整联上具有表中所列缺陷的单块玻璃锦砖数不大于5%。

表9-24　玻璃锦砖的外观质量

<table>
<tr><th colspan="2">缺陷名称</th><th>表示方法</th><th colspan="2">缺陷允许范围（mm）</th></tr>
<tr><td>变形</td><td>凹陷
变曲</td><td>深度
弯曲度</td><td colspan="2">不大于0.2
不大于0.5</td></tr>
<tr><td colspan="2">缺角</td><td>损伤长度</td><td colspan="2">3.0～4.0允许一处</td></tr>
<tr><td colspan="2">缺边</td><td>长度
宽度</td><td>3.0～4.0
1.0～2.0</td><td>允许一处</td></tr>
<tr><td colspan="2">疵点
裂纹</td><td></td><td colspan="2">不允许存在</td></tr>
<tr><td colspan="2">皱纹</td><td></td><td colspan="2">不允许密集</td></tr>
<tr><td colspan="2">开口式气泡</td><td>长度</td><td colspan="2">不大于1</td></tr>
</table>

注：单块玻璃锦砖缺角与缺边不能同时存在。

单块玻璃锦砖边长为20mm、25mm，最大边长不超过45mm。正面具有各种颜色、呈乳浊和半乳浊状，内含少量未熔颗粒和气泡。

单块锦砖的背面应有阶梯状或锯齿状沟纹。

每批玻璃锦砖的色泽应基本一致。

9.5.1.2 饰面砖镶贴施工

（1）饰面砖粘贴前应先选砖排砖，以使拼缝均匀。在同一墙面的横竖排列，不宜有一行以上的非整砖、非整砖行应排在不明显处。

（2）饰面砖粘贴前，应将砖的背面清理干净，并应浸水两小时以上，待表面无明水时方可粘贴使用。

（3）饰面砖宜用1∶2水泥砂浆粘贴，砂浆的厚度为6～10mm。也可采用聚合物水泥或胶粘剂粘贴。

（4）饰面砖的接缝，室内的宜用与饰面砖同颜色的水泥浆或石膏灰嵌缝；室外用水泥砂浆或水泥浆勾缝。

9.5.1.3 饰面砖粘贴工程质量

饰面砖粘贴工程质量分为合格和不合格。

合格标准：主控项目全部符合规定；一般项目有80%及以上检查点符合规定，其余检查点的偏差值不得超过允许偏差的1.5倍。

检查数量：室外每个检验批每100m^2应至少抽查一处，每处不得少于10m^2；室内每个检验批至少抽查10%，并不得少于3间，不足3间时全数检查。

检验批划分：相同工艺、施工条件和品种的室外饰面砖工程每500～1000m^2划分为一个检验批；相同工艺、施工条件和品种的室内饰面砖工程每50间（大面积走廊和房间按施工面积每30m^2为一间）划为一个检验批，不足50间也按一个检验批计。

主控项目：

（1）饰面砖的规格尺寸、品种、颜色、图案及性能应符合设计要求。

检验方法：观察、检查产品合格证、检测报告、复验报告和物资进场验收记录。

（2）饰面砖粘贴工程的防水、找平、粘贴和勾缝材料及施工方法应符合现行国家产品标准、工程技术标准的规定及设计要求。

检验方法：检查产品合格证、检测报告、复验报告和隐蔽工程验收记录。

（3）饰面砖粘贴必须牢固。

检验方法：检查试件粘结强度检测报告和施工记录。

（4）饰面砖工程应无空鼓，裂纹和脱落现象。

检验方法：观察、敲击检查。

一般项目：

（1）饰面砖的表面应清洁干净、光滑平整、色泽协调一致，无缺棱掉角及裂纹。

检验方法：观察检查。

（2）非整砖使用部位、阴阳角处搭接方式应符合设计要求。

检验方法：观察检查。

（3）墙面凸出物周围的饰面砖应整块切割粘贴吻合，边缘应平直整齐。贴脸、踢脚线及墙裙出墙面的厚度应一致。

检验方法：观察、尺量检查。

(4) 饰面砖接缝应平直光滑，填嵌应饱满、密实、连续、其深度和宽度应符合设计要求。

检验方法：观察、尺量检查。

(5) 有排水要求的部位应做滴水槽（线），滴水槽（线）应顺直、外低内高，流水坡度应符合设计要求。

检验方法：观察、用水平尺检查。

(6) 饰面砖粘贴的允许偏差和检验方法应符合表 9-25 的规定。

表 9-25 饰面砖粘贴的允许偏差和检验方法

项次	项　目	允许偏差（mm）		检验方法
		外墙面砖	内墙面砖	
1	立面垂直度	3	2	用 2m 垂直检测尺检查
2	表面平整度	4	3	用 2m 靠尺和塞尺检查
3	阴阳角方正	3	3	用直角检测尺检查
4	接缝直线度	3	2	拉 5m 线，不足 5m 拉通线，用钢直尺检查
5	接缝高低差	1	0.5	用钢直尺和塞尺检查
6	接缝宽度	1	1	用钢直尺检查

9.5.2 饰面板工程

9.5.2.1 饰面板材料

饰面板材料包括天然大理石板材、天然花岗石板材、水磨石板材和金属饰面板。

(1) 天然大理石板材

天然大理石板材分为普型板材和异型板材。普型板材是正方形或长方形的板材；异型板材是形状奇异的不规则的板材。

天然大理石板材按其规格尺寸、表面平整度、角度允许极限公差、外观质量、镜面光泽度分为优等品、一等品、合格品三个等级。

各等级板材的外观质量：

1) 同一批板材的花纹色调基本协调。

2) 板材正面的外观缺陷应符合表 9-26 的规定。

3) 板材允许修补和粘结。修补和粘结后应不影响板材的装饰质量和物理性能。

板材的抛光面应具有镜面光泽，能清晰地映出景物。

板材的质量密度应不小于 2.60g/cm³；吸水率不大于 0.75%；干燥压缩强度不小于 20.0MPa；弯曲强度不小于 7.0MPa。

(2) 天然花岗石板材

天然花岗石板材分为普型板材和异型板材。普型板材呈正方形或长方型，异型板材是形状奇异不规则的板材。

表 9-26 大理石板材正面的外观缺陷

缺陷名称	优等品	一等品	合格品
正面棱缺陷长≤8mm，宽≤3mm	不允许	不明显	1处
正面角缺陷长≤3mm，宽≤3mm			1处
翘曲 裂纹 砂眼 凹陷 色斑 污点			有，但不影响使用

天然花岗石板材按表面加工程度分为细面板材、镜面板材、粗面板材。细面板材是指表面平整光滑的板材；镜面板材是指表面平整、具有镜面光泽的板材；粗面板材是指表面平整、粗糙、具有较规则加工条纹的机刨板、剁斧板、锤击板、烧毛板等。

天然花岗石板材按其规格尺寸允许偏差、平面度允许极限公差、角度允许极限公差、外观质量分为优等品、一等品和合格品三个等级。

各等级板材的外观质量：

1）同一批板材的色调花纹应基本协调一致。

2）板材正面的外观缺陷应符合表 9-27 的规定。

表 9-27 花岗石板材正面的外观缺陷

名称	规定内容	优等品	一等品	合格品
缺棱	长度不超过 10mm（长度小于 5mm 不计）周边每米长（个）			
缺角	面积不超过 5mm×2mm（面积小于 2mm×2mm 不计）每块板（个）		1	2
裂纹	长度不超过两端顺延至板边总长度的 1/10（长度小于 20mm 的不计），每块板（条）	不允许		
色斑	面积不超过 20mm×30mm（面积小于 15mm×15mm 不计），每块板（个）		2	3
色线	长度不超过两端顺延至板边总长度的 1/10（长度小于 40mm 的不计），每块板（条）			
坑窝	粗面板材的正面出现坑窝		不明显	出现，但不影响使用

镜面板材的正面应具有镜面光泽，能清晰映出景物，光泽度值应不低于 75 光泽单位。

板材的质量密度应不小于 2.50g/cm^3；吸水率不大于 1.0%；干燥压缩强度不小于 60.0MPa；弯曲强度不小于 8.0MPa。

（3）水磨石板材

水磨石板材按其表面加工细度分为粗磨板材、细磨板材和抛光板材。粗磨板材距 1.5m 目测磨痕不明显；细磨板材光泽度不低于 10 度；抛光板材光泽度不低于 30 度。

水磨石板材按其外形尺寸极限偏差、平整度允许偏差、矩形板材角度偏差及外观质量分为一级品和二级品两个等级。

各等级板材的外观质量：

1）石碴分布应均匀，每块板出石率不得低于55%。

2）板材材料级配和颜色应基本协调一致。

3）板材正表面缺陷应符合表9-28的规定。

表9-28 水磨石板材正表面缺陷

缺陷种类	一级品	二级品
杂质、返浆	不许有	不超过2处，每处不大于100mm×100mm
气孔、剥落、划痕、颜色、不均匀、杂石、漏砂	距1.5m目测不明显	

板材表面吸水值应不小于0.4g/cm^2；总吸水率小于8%；抗折强度平均值不低于5.0MPa，其中单块值不得低于4.0MPa。

（4）金属饰面板

金属饰面板的品种、质量、颜色、图案、线条应符合设计要求。并应有产品合格证、检测报告。

金属饰面板的表面应光滑、平整、色泽一致，边角整齐、涂膜厚度均匀、无折皱、划痕等缺陷。

9.5.2.2 饰面板安装

（1）石材饰面板安装

石材饰面板安装应符合以下规定：

1）饰面板安装前，应按品种、规格的颜色进行选配，并将背面、侧面清理干净，打眼修边，每块石材板上、下边打眼数量不得少于2个，并应用防锈金属丝穿入孔内，以作固定之用。

2）饰面板安装时，接缝宽度可用木楔调整。并保证外表面垂直、平整，与板的上沿平顺一致。

3）灌注砂浆时，应先在竖缝内塞15～20mm深的塑料泡沫条或麻丝，以防漏浆，并将饰面板的背面和基层浇水湿润。砂浆灌注应分层进行，每层灌注高度为150～200mm，并不得大于板高的1/3，插捣密实。施工缝的留置应在饰面板水平接缝以下50～100mm处。待砂浆凝固后，清除填缝材料。

4）室内安装天然石镜面或光面饰面板时接缝应干接，接缝处宜用与饰面板颜色相同的水泥浆填抹严密；室外安装天然石镜面或光面饰面板时，接缝可干接或用水泥细砂浆勾缝，干接缝应用与饰面板相同颜色的水泥浆填平抹严。天然石粗磨面、麻面、天然面、条纹面饰面板的勾缝和接缝应用水泥砂浆填抹严密。

5）安装人造石饰面板，接缝宜用与人造石饰面板颜色相同的水泥砂浆或水泥浆勾抹严密。

6）饰面板应表面清洁干净；镜面和光面饰面板应清理干净后打蜡擦光。

7）石材饰面板的接缝宽度，应符合表9-29的规定。

表 9-29　饰面板接缝宽度

项次	名称		接缝宽度（mm）
1	天然石	光面、镜面	1
2		粗磨面、麻面、条纹面	5
3		天然面	10
4	人造石	水磨石	2
5		水刷石	10
6		人理石、花岗岩	1

（2）金属饰面板安装

金属饰面板安装应符合以下规定：

1）金属饰面板安装，当设计有要求时，应按设计要求施工；当设计无具体要求时，宜采用抽芯铝铆钉，中间必须垫橡胶垫圈。抽芯铝铆钉的间距以 100～150mm 为宜。

2）金属板材安装严禁采用对接形式，搭接长度应符合设计要求，不得有透缝现象。

3）阴阳角宜采用预制角装饰板安装，角板与大面板搭接方向应与主导风向、雨向一致。不得逆风、逆雨向安装。

9.5.2.3　饰面板安装工程质量

饰面板安装工程质量分为合格和不合格。

合格标准：主控项目全部符合规定；一般项目 80％及以上检查点符合规定，其余检查点的偏差值不得超过允许偏差的 1.5 倍。

检查数量：室外每个检验批每 100m^2 应至少抽查一处，每处不得少于 10m^2。室内每个检验批至少抽查 10％，且不得少于 3 间，不足 3 间时全数检查。

检验批划分：相同工艺、施工条件、材料的室外饰面板工程每 500～100m^2 划为一个检验批，不足 500m^2 时也按一个检验批计；相同工艺、施工条件、材料的室内饰面板工程每 50 间（大面积的走廊或房间按施工面积每 30m^2 为一间）划分为一个检验批，不足 50 间也按一个检验批计。

主控项目：

（1）饰面板的规格尺寸、颜色、性能、品种和木龙骨、木饰面、塑料饰面板的阻燃处理应符合设计要求。

检验方法：观察、检查产品合格证、检测报告和物资进场记录。

（2）饰面板的孔洞、沟槽的位置、尺寸、数量应符合设计要求。

检验方法：检查图样，与实物相对照。

（3）饰面板安装工程的预埋件（后置件）、连接件的数量、规格尺寸、位置、连接方式和防腐处理及后置件的拉拔试验强度必须符合设计要求。饰面板安装必须牢靠。

检验方法：手扳，检查拉拔试验报告、隐蔽工程验收记录和施工记录。

一般项目：

（1）饰面板表面应清洁干净、平整光滑，色泽协调一致。无开裂、缺棱掉角和泛碱现象。

检验方法：观察检查。

（2）饰面板嵌缝应饱满、密实、平整光滑，深度、宽度一致，填充材料色泽应与饰面板调和。

检验方法：观察、尺量检查。

（3）采用湿做法施工的饰面板工程、石材应进行防碱背涂处理。饰面板与基层之间的灌注材料应饱满密实。

（4）饰面板上的孔洞、沟槽应边缘整齐，与管道、构件应套切吻合。

检验方法：观察检查。

饰面板安装的允许偏差和检验方法应符合表 9-30 的规定。

表 9-30　饰面板安装的允许偏差和检验方法

项次	项　目	允许偏差（mm）							检验方法
		石　材			瓷板	木材	塑料	金属	
		光面	剁斧石	蘑菇石					
1	立面垂直度	2	3	3	2	1.5	2	2	用 2m 垂直检测尺检查
2	表面平整度	2	3	—	1.5	1	3	3	用 2m 靠尺和塞尺检查
3	阴阳角方正	2	4	4	2	1.5	3	3	用直角检测尺检查
4	接缝直线度	2	4	4	2	1	1	1	拉 5m 线，不足 5m 拉通线，用钢直尺检查
5	墙裙、勒脚上口直线度	2	3	3	2	2	2	2	拉 5m 线，不足 5m 拉通线，用钢直尺检查
6	接缝高低差	0.5	3	—	0.5	0.5	1	1	用钢直尺和塞尺检查
7	接缝宽度	1	2	2	1	1	1	1	用钢直尺检查

9.6　涂饰工程

9.6.1　溶剂型涂料涂饰工程

9.6.1.1　涂饰材料

溶剂型涂料包括丙烯酸酯涂料、有机硅烯酸涂料、聚氨酯丙烯酸涂料等。

9.6.1.2　溶剂型涂料施工

溶剂型涂料施工工序

木料表面高级溶剂型混色涂料（色漆）涂饰主要工序：清理、起钉、除污—铲除脂囊、修补平整—磨砂布—节疤处涂漆片—干性油或有色干性油打底—局部刮腻子、磨砂布—第一遍满刮腻子—磨砂布—第二遍满刮腻子—磨砂布—底层涂料—第一遍涂料—复补腻子—磨砂布—湿布擦净—第二遍涂料—磨砂布—湿布擦净—第三遍涂料。

木料表面普通清漆涂饰主要工序：清理、起钉、除污等—磨砂布—润粉—磨砂布—第一遍满刮腻子—磨砂布—刷油色—第一遍清漆—拼色—复补腻子—磨砂布—第二遍清漆—磨砂布—第三遍清漆。

金属表面高级溶剂型涂料施工主要工序：清理除锈—磨砂布—涂刷防锈涂料—局部刮腻子—磨砂布—第一遍刮腻子—磨砂布—第二遍刮腻子—磨砂布—第一遍涂料—复补腻子—磨砂布—第二遍刷涂料—磨砂布—湿布擦净—第三遍涂料—磨砂布—湿布擦净—第四遍涂料。

金属表面普通溶剂型涂料施工主要工序：清理除锈—磨砂布—刷防锈涂料—局部刮腻子、磨砂布—第一遍涂料—第二遍涂料。

木料表面普通溶剂型混色涂料（色漆）施工主要工序：清理—铲除脂囊—修补平整—磨砂布—节疤处涂漆片—带色干性油或干性油打底—局部刮腻子—磨砂布—腻子处涂干性油—第一遍涂料—复补腻子—磨砂布—第二遍涂料。

木料表面高级清漆施工主要工序：清扫、起钉、除污—磨砂布—润粉—磨砂布—第一遍刮腻子—磨砂布—第二遍刮腻子—磨砂布—刷油色—第一遍清漆—拼色—复补腻子—磨砂布—第二遍清漆—磨砂布—第三遍清漆—磨砂布—第四遍清漆—磨砂布—第五遍清漆—磨退—打砂蜡—打油蜡—擦亮。

9.6.1.3 溶剂型涂料施工质量

溶剂型涂料施工质量分为合格和不合格。

合格标准：主控项目全部符合规定；一般项目有80%及以上的检查点符合规定，其余检查点的偏差值不得超过允许偏差的1.5倍。

检查数量：室内涂饰工程每检验批应至少抽查10%，且不得少于3间；不足3间时应全数检查；室外涂料工程每100m^{2}应至少抽查一处，每处不得少于10m^2。

检验批划分：室内涂饰工程同类涂料施工的墙面每50间（大面积走廊和房间按施工面积30m^{2}为一间）划为一个检验批，不足50间也按一个检验批计；室外涂饰工程每栋楼同类涂料施工的墙面每500～1000m^{2}划为一个检验批，不足500m^{2}也应划为一个检验批。

主控项目：

（1）溶剂型涂料工程所选用的涂料的型号、品种、性能应符合设计要求。

检验方法：检查产品合格证、检测报告、物资进场验收记录。

（2）溶剂型涂料施工工程的颜色、光泽、图案应符合设计要求。

检验方法：观察检查。

（3）溶剂型涂料施工应涂刷均匀，粘结牢固，不得有漏涂、露底、返锈、起皮现象。

检验方法：观察、手摸检查。

（4）溶剂型涂料工程的基层处理应符合以下规定：

1）混凝土或抹灰基层施工前应涂刷抗碱底漆。

2）旧墙面涂刷涂料前应清除疏松的旧装修层，并刷一层界面剂。

3）混凝土或抹灰层所使用的涂料含水率不得大于8%。木基层所使用的涂料含水率不得大于12%。

4）基层腻子应粘结牢固、平整光滑，无脱层、裂纹或粉化；内墙腻子的粘结强度应符合《建筑室内用腻子》（JG/T 3049）的规定。

5）卫生间、厨房墙必须使用耐水腻子刮平后涂刷涂料。

检验方法：观察；手摸检查；检查施工记录。

一般项目：

(1) 涂层与设备或装修材料相接处应吻合，界线应清晰。

检验方法：观察检查。

(2) 色漆的施工质量和检验方法应符合表9-31的规定。

表9-31 色漆的涂饰质量和检验方法

项次	项 目	普通涂饰	高级涂饰	检验方法
1	颜色	均匀一致	均匀一致	观察
2	光泽、光滑	光泽基本均匀 光滑无挡手感	光泽均匀一致，光滑	观察、手摸检查
3	刷纹	刷纹通顺	无刷纹	观察
4	裹棱、流坠、皱皮	明显处不允许	不允许	观察
5	装饰线、分色线直线度允许偏差（mm）	2	1	拉5m线，不足5m拉通线，用钢直尺检查

注：无光色漆不检查光泽。

(3) 清漆的施工质量和检验方法应符合表9-32的规定。

表9-32 清漆的涂饰质量和检验方法

项次	项 目	普通涂饰	高级涂饰	检验方法
1	颜色	基本一致	均匀一致	观察
2	木纹	棕眼刮平、木纹清楚	棕眼刮平、木纹清楚	观察
3	光泽、光滑	光泽基本均匀，光滑无挡手感	光泽均匀一致光滑	观察、手摸检查
4	刷纹	无刷纹	无刷纹	观察
5	裹棱、流坠、皱皮	明显处不允许	不允许	观察

9.6.2 水性涂料工程

9.6.2.1 水性涂料材料

水性涂料包括乳液型涂料、水溶性涂料、无机涂料。

9.6.2.2 水性涂料施工工序

混凝土及抹灰顶棚、内墙表面普通无机薄涂料、水溶性薄涂料施工主要工序：清扫—填补缝隙、局部刮腻子—磨砂布—第一遍刮腻子—磨砂布—第一遍涂料—第二遍涂料。

混凝土及抹灰内墙、顶棚表面普通乳液型薄涂料施工主要工序：清扫—填补缝隙、局部刮腻子—磨砂布—第一遍刷涂料—磨砂布—第二遍涂料。

混凝土及抹灰内墙、顶棚表面高级乳液型薄涂料施工主要工序：清扫—填补缝隙、局部刮腻子—磨砂布—第一遍刮腻子—磨砂布—第二遍刮腻子—磨砂布—第一遍涂料—复补腻子磨砂布—第二遍涂料—磨砂布—第三遍涂料。

混凝土及抹外墙表面乳液型薄涂料、无机薄涂料施工主要工序：修补—清扫—填补缝隙、局部刮腻子—磨砂布—第一遍涂料—第二遍涂料。

混凝土及抹灰顶棚、内墙表面高级轻质厚涂料施工主要工序：清扫—填补缝隙、局部刮腻子—磨砂布—第一遍刮腻子—磨平—第一遍喷涂厚涂料—第二遍喷涂厚涂料—局部喷涂厚涂料。

混凝土及顶棚、内墙表面普通轻质厚涂料施工主要工序：清扫—填补缝隙、局部刮腻子—磨砂布—第一遍刮腻子—磨砂布—喷涂厚涂料。

混凝土及抹灰外墙表面厚涂料施工主要工序：修补—清理、填补缝隙—局部刮腻子—磨砂布—第一遍厚涂料—第二遍厚涂料。

混凝土及抹灰外墙表面厚涂料施工主要工序：修补—清理—填补缝隙、局部刮腻子—磨砂布—第一遍厚涂料—第二遍厚涂料。

混凝土及抹灰外墙表面复层涂料施工主要工序：修补—清理—填补缝隙、局部刮腻子—磨砂布—涂刷封底涂料—涂刷主层涂料—滚压—第一遍面层涂料—第二遍面层涂料。

混凝土及抹灰顶棚、内墙表面复层建筑涂料施工主要工序：清理—填补缝隙、局部刮腻子—磨砂布—第一遍刮腻子—磨砂布—第二遍刮腻子—磨砂布—涂刷封底涂料—涂刷主层涂料—滚压—第一遍面层涂料—第二遍面层涂料。

9.6.2.3 水性涂料施工质量

水性涂料施工质量分为合格和不合格。

合格标准：主控项目全部符合规定；一般项目80%及以上检查点符合规定，其余检查点的偏差值不得超过允许偏差的1.5倍。

检查数量：室内涂饰工程每检验批应至少抽查10%，且不得少于3间；不足3间时应全数检查；室外涂饰工程每100m^{2}应至少检查一处，每处不少于10m^2；不足3间的全数检查。

检验批划分：室外涂饰工程每栋楼的同类涂料施工墙面每500～1000m^{2}划分为一个检验批，不足500m^{2}也按一个检验批计。室内涂饰工程同类涂料施工的墙面每50间（大面积走廊或房间按涂料施工面积每30m^{2}为一间）划为一个检验批，不足50间也应按一个检验批计。

主控项目：

（1）水性涂料施工工程所用涂料的型号、性能、品种应符合设计要求。

检验方法：检查产品合格证、检测报告和进场验收记录。

（2）水性涂料涂饰工程的图案、颜色应符合设计要求。

检验方法：观察检查。

（3）水性涂料涂饰工程应涂布均匀、粘结牢固、无露底、漏涂、起皮、裂纹、脱落现象。

检验方法：观察、手摸检查。

（4）水性涂料施工工程的基层处理应符合以下规定：

1）新建筑物的混凝土或抹灰工程基层在涂刷涂料之前应做抗碱封闭底漆处理。

2）旧墙面在涂刷涂料前应清理基层的尘土、杂质，并涂刷界面剂。

3）涂刷乳液型涂料时，含水率不得大于10%。

4）基层腻子粘结应牢固、坚实、平整，无脱落、起皮和裂纹，内墙腻子的粘结强度应符合《建筑室内用腻子》（JG/T 3049）的规定。

5）卫生间、厨房间墙面必须使用耐水腻子。

检验方法：观察、检查施工记录及手摸检查。

一般项目：

（1）涂层与设备和其他装修材料的相交处应平缓吻合，界面应清晰。

检验方法：观察检查。

（2）复层涂料的涂饰质量和检查方法应符合表 9-33 的规定。

厚涂料的涂饰质量和检验方法应符合表 9-34 的规定。

薄涂料的涂饰质量和检验方法应符合表 9-35 的规定。

表 9-33　复层涂料的涂饰质量和检验方法

项　次	项　目	质量要求	检验方法
1	颜色	均匀一致	观察
2	泛碱、咬色	不允许	
3	喷点疏密程度	均匀，不允许连片	

表 9-34　厚涂料的涂饰质量和检验方法

项　次	项　目	普通涂饰	高级涂饰	检验方法
1	颜色	均匀一致	均匀一致	观察
2	泛碱、咬色	允许少量轻微	不允许	
3	点状分布	—	疏密均匀	

表 9-35　薄涂料的涂饰质量和检验方法

项次	项　目	普通涂饰	高级涂饰	检验方法
1	颜色	均匀一致	均匀一致	观察
2	泛碱、咬色	允许少量轻微	不允许	
3	流坠、疙瘩	允许少量轻微	不允许	
4	砂眼、刷纹	允许少量轻微砂眼，刷纹通顺	无砂眼，无刷纹	
5	装饰线、分色线直线度允许偏差（mm）	2	1	拉 5m 线，不足 5m 拉通线，用钢直尺检查

9.7　裱糊与软包工程

9.7.1　裱糊工程

9.7.1.1　裱糊工程材料

裱糊工程材料包括复合纸质壁纸、墙布、聚氯乙烯塑料壁纸等。

9.7.1.2 裱糊工程施工

裱糊工程施工工序：

混凝土及抹灰面上裱糊复合壁纸主要工序：清理基层、填补缝隙磨砂布—刮腻子、磨砂布涂刷底胶一遍—墙面画基准线—壁纸涂刷胶粘剂—基底涂刷胶粘剂—裱糊壁纸—拼缝、搭接对花纹—赶压胶粘剂、气泡—擦净挤出的胶液—清理修整。

混凝土及抹灰面上裱糊墙布主要工序：清扫基底、填补缝隙、磨砂布—刮腻子、磨砂布—涂刷底胶一遍—墙面画准线—基底涂刷胶粘剂—裱糊墙布—拼缝、接槎搭接、对花纹—赶压胶粘剂、气泡—擦净挤出的胶液—清理修整。

混凝土及抹灰面上裱糊聚氯乙烯塑料壁纸（PVC壁纸）主要工序：清理基层—填补缝隙—磨砂布—刮腻子—磨砂布—涂刷底胶一遍—墙面画准线—壁纸浸水润湿—基层涂刷胶粘剂—裱糊壁纸—拼缝、搭接、对花纹—赶压胶粘剂、气泡—裁边修齐—擦净挤出胶液—清理修整。

9.7.1.3 裱糊工程质量

裱糊工程质量分为合格和不合格。

合格标准：主控项目全部符合要求；一般项目80%及以上检查点符合要求，其余检查点的偏差值不得超过允许偏差的1.5倍。

检查数量：每个检验批至少抽查10%，并不得少于3间，不足3间时全数检查。

检验批划分：同一品种的裱糊工程每50间（大面积走廊和房间按施工面积30m^2为一间）划为一个检验批，不足50间时也按一个检验批计。

主控项目：

（1）墙布、壁纸的规格尺寸、品种、图案颜色、阻燃性能必须符合设计要求及现行国家标准的规定。

检验方法：观察、检查产品合格证、检测报告和物资进场验收记录。

（2）裱糊工程基层处理质量应符合以下规定：

1）新建筑物混凝土或抹灰基层墙面在刮腻子前应涂刷抗碱封闭底漆。

2）旧墙面在裱糊前应对基层进行清理，清除疏松层及表面灰尘，并涂界面剂。

3）混凝土或抹灰基层的含水率不得大于8%，基层为木材的含水率不得大于12%。

4）基层腻子应粘结牢固、坚实，腻子的粘结强度应符合《建筑室内用腻子》（JG/T 3049）N型的规定。基层表面不得有粉化、脱皮、裂纹等现象。

5）基层表面的垂直度、平整度及阴阳角方正的要求同高级抹灰。

6）基层色泽应协调一致，裱糊前应用封闭底胶涂刷基层。

（3）各幅面的拼接应横平竖直，拼接处的图案花纹应吻合，不显拼缝。

（4）墙布、壁纸应粘结牢固，不得有翘边、空鼓、脱层、补贴、漏贴等现象。

检验方法：观察、手摸检查。

一般项目：

（1）墙布、壁纸墙面应清洁干净、平整光滑、色泽协调一致，无空鼓、气泡、裂缝、皱折、斑污、胶痕等现象。

检验方法：观察、手摸检查。

（2）发泡壁纸的发泡及复合压花壁纸的压痕应无破损。

检验方法：观察检查。

（3）墙布、壁纸与各种设备的线盒、装饰线应结合严密。

检验方法：观察检查。

（4）墙布、壁纸边缘应整齐平直，不得有飞刺、纸毛；阳角处无接槎，阴角处应顺光。

检验方法：观察检查。

9.7.2 软包工程

9.7.2.1 软包材料

软包工程所使用的材料包括：龙骨、木基层板、填充材料、纺织面料、清油漆、防潮油纸等，物资进场应有产品合格证、检测报告、重要材料应见证取样，送有见证取样资质的检测单位进行复验，复验结果的各项指标必须符合设计和现行国家标准的规定（尤其是对人有害的气体含量指标）。

9.7.2.2 软包工程施工

软包工程包括门软包、墙面软包。

（1）墙面及门软包所使用的纺织品面料、龙骨、木基层板、填充料等均应做防火处理。

（2）墙面防潮层处理应满铺油纸或涂刷清油漆。

（3）木龙骨宜采用凹槽榫整体或分片安装，与主体连接应牢靠，并严密。

（4）填充料的规格尺寸应准确、棱角应方正规则，与基层粘接应牢固、严密。

（5）纺织品面料软包应清洁、平整顺直、应紧贴墙面。接缝应严密、图案花纹应吻合，无褶皱、波纹起伏现象。

（6）软包布面与踢脚板、贴脸板、压缝条、电气盒等交接处应顺直、严密、无飞边，孔洞与电气盒接合处应套切尺寸准确。

9.7.2.3 软包工程质量

软包工程质量分为合格和不合格。

合格标准：主控项目全部符合规定；一般项目有80%及以上检查点符合规定，其余检查点的允许偏差值不得超过允许偏差的1.5倍。

检查数量：每检验批至少抽查20%，且不得少于6间，不足6间时全数检查。

检验批划分：同一品种的软包工程每50间（大面积走廊或房间按施工面积每30m² 为一间）划为一个检验批，不足50间也按一个检验批计。

主控项目：

（1）边框材料、内衬材料、面料材料的材质、图案、颜色、阻燃性能和木材的含水率应符合设计要求及国家现行标准的有关规定。

检验方法：观察，检查产品合格证、检测报告和物资进场验收记录。

（2）软包工程的龙骨、边框、衬板应安装牢靠，拼缝应平直、无翘曲。

检验方法：观察、手扳检查。

（3）软包工程的构造做法及安装位置应符合设计要求。

检验方法：观察、尺量检查、检查施工记录。

（4）单块软包面料不应有接缝，面料应绷紧、包裹严密。

检验方法：观察、手摸检查。

一般项目：

(1) 软包边框应平整顺直，接缝严密吻合。表面涂饰质量应符合相关规定。

检验方法：观察、手摸检查。

(2) 软包工程的表面应光滑平整、清洁干净、图案清晰，色泽协调一致，美观无皱折和凸凹不平等现象。

检验方法：观察、手摸检查。

(3) 清油木制边框的颜色、木纹应协调一致。

检验方法：观察检查。

(4) 软包工程安装的允许偏差和检验方法应符合表9-36的规定。

表9-36　软包工程安装的允许偏差和检验方法

项次	项　目	允许偏差（mm）	检　验　方　法
1	垂直度	3	用1m垂直检测尺检查
2	边框宽度、高度	0；−2	用钢尺检查
3	对角线长度差	3	用钢尺检查
4	裁口、线条接缝高低差	1	用钢直尺和塞尺检查

9.8　细 部 工 程

9.8.1　橱柜制作与安装工程

9.8.1.1　橱柜材料

(1) 橱柜使用的木材材质和木材的含水率应符合设计要求。

(2) 制作橱柜用的木工乳胶及胶合板应符合现行国家有害气体控制标准。胶合板进场后应见证取样，送有见证取样检测资质的检测单位检测合格后方可使用。

9.8.1.2　橱柜制作安装

橱柜制作安装应符合以下规定：

(1) 根据地面、棚顶标高和设计要求确定橱柜的平面位置及高度、宽度。

(2) 橱柜木框框架应立面垂直，横梁应水平，框架交接处应用榫连接，榫连接处应涂木工乳胶。

(3) 底板、面板、侧板应用扁帽圆钉与木框架连接牢固，所露钉帽应做防腐处理。

(4) 抽屉应采用燕尾榫连接，并涂木工乳胶；安装抽屉时应配置滑道。

(5) 五金配件安装的位置应合理、牢靠。

9.8.1.3　橱柜制作安装质量

橱柜制作安装质量分为合格和不合格。

合格标准：主控项目全部符合要求；一般项目80%及以上的检查点符合要求，其余检查点的偏差值不得超过允许偏差的1.5倍。

检查数量：每检验批至少抽查3间（处），不足3间（处）时全数检查。

检验批划分：同种类的橱柜每50间（处）应划为一个检验批，不足50间（处）时也按一个检验批计。

主控项目：

(1) 橱柜制作安装所用材料的规格和材质、木材的含水率和阻燃性能、人造板的甲醛含量、花岗石的放射性等指标均应符合设计要求及国家现行标准的规定。

检验方法：观察；检查产品合格证、检测报告、复验报告、物资进场验收记录。

(2) 橱柜安装预埋件或后置件的数量、规格尺寸、位置及防锈处理方式应符合设计要求。

检验方法：检查施工记录和隐蔽工程验收记录。

(3) 橱柜安装应牢靠；各侧板、面板、顶板按规定设置钉距，并与板面相平。

橱柜的造型、安装位置、固定方式、制作方法、规格尺寸应符合设计要求。

检验方法：观察，手扳、尺量检查。

(4) 橱柜配件的品种、规格应符合设计要求；安装位置应合理、美观、牢靠。

检验方法：观察和检查物资进场验收记录、手扳检查。

(5) 橱柜门和抽屉关闭后与面板位置准确，开启灵活。

检验方法：观察、开启检查。

一般项目：

(1) 橱柜表面清洁干净、平整光滑、色泽协调一致，无裂纹、翘曲和损伤。

检验方法：观察检查。

(2) 橱柜拼缝应严密，裁口平顺整齐。

检验方法：观察检查。

(3) 橱柜安装的允许偏差和检验方法应符合表 9-37 的规定。

表 9-37　橱柜安装的允许偏差和检验方法

项次	项　　目	允许偏差（mm）	检　验　方　法
1	外形尺寸	3	用钢尺检查
2	立面垂直度	2	用 1m 垂直检测尺检查
3	门与框架的平行度	2	用钢尺检查

9.8.2　窗台板、散热器罩、窗帘盒制作安装工程

9.8.2.1　窗台板、散热器罩、窗帘盒材料

窗台板、散热器罩、窗帘盒材料要求同橱柜材料。

9.8.2.2　木窗台板、散热器罩、窗帘盒制作安装

(1) 窗帘盒宽度、高度应符合设计要求，其长度，当设计无具体要求时，窗帘盒宜伸出窗口两侧 200～300mm，窗帘盒中线应对准窗口中线，并应使窗帘盒伸出两端窗口的长度相等。窗帘盒的下沿应与窗口上沿平齐或略低。

(2) 使用木龙骨双包夹板制作窗帘盒时，遮挡板立面不得有明榫和露钉帽现象，并底边应做封边。

(3) 窗帘盒底板可采用后置埋木楔或用膨胀螺栓固定，遮挡板与顶板棚相交处宜用角线收口，窗帘盒应与墙紧贴。

(4) 窗帘轨道安装应平直，与墙面应平行，轨道固定点必须在顶板的龙骨上，必须用木螺钉连接牢靠。电动窗帘应按厂家说明书进行安装和调试。

9.8.2.3 窗台板、散热器罩、窗帘盒制作安装质量

窗台板、散热器罩、窗帘盒制作安装质量分为合格和不合格。

合格标准：主控项目全部符合规定；一般项目80%及以上检查点符合规定，其余检查点的偏差值不得超过允许偏差的1.5倍。

检查数量：每检验批至少抽查3间（处），不足3间时全数检查。

检验批划分：同类制品每50间（处）划分为一个检验批，不足50间（处）也按一个检验批计。

主控项目：

(1) 窗台板、散热器罩、窗帘盒制作安装材料的材质、规格尺寸、含水率、阻燃性能、人造板的甲醛含量、石材的放射性等指标应符合设计要求及现行国家标准的相关规定。

检验方法：观察；检查产品合格证、检测报告、复验报告及物资进场验收记录。

(2) 窗台板、散热器罩、窗帘盒的规格尺寸、造型、安装位置、连接方式必须符合设计要求。窗帘盒、散热器罩、窗台板安装必须牢靠。

检验方法：手扳检查和检查物资进场验收记录。

(3) 窗台板、散热器罩、窗帘盒配件的品种、规格应符合设计要求。

检验方法：手扳检查、检查物资进场验收记录。

一般项目：

(1) 窗台板、散热器罩、窗帘盒的表面应清洁干净、平整光滑、接缝严密、线条顺直。

检验方法：观察检查。

(2) 窗台板、散热器罩、窗帘盒与窗框、墙面的相接处应严密、密封胶缝宽窄一致、严密光滑。

检验方法：观察检查。

(3) 窗台板、散热器罩、窗帘盒安装允许偏差和检验方法应符合表9-38的规定。

表9-38 窗帘盒、窗台板和散热器罩安装的允许偏差和检验方法

项次	项目	允许偏差（mm）	检验方法
1	水平度	2	用1m水平尺和塞尺检查
2	上口、下口直线度	3	拉5m线，不足5m拉通线，用钢直尺检查
3	两端距窗洞口长度差	2	用钢直尺检查
4	两端出墙厚度差	3	用钢直尺检查

9.8.3 门窗套制作与安装工程

9.8.3.1 木门窗套制作材料

木门窗套制作材料的材质等级应符合设计要求，材料进场应经严格验收。其含水率指标应符合现行国家标准的规定。

9.8.3.2 木门窗制作安装

(1) 木门窗洞口应方正垂直，其对角线允许偏差应符合现行国家规范的要求；木门窗套

及预埋件木砖应作防腐处理。

（2）应先在洞口画出中心线、里外位置线、木门窗框安装前应对与墙体接触处作防腐处理。

（3）木门窗套安装应牢靠、方正，安装木门套时应先固定上方，后固定两侧，木门窗套的上部应与主体结构连接牢靠。

（4）木门窗套饰面板的花纹、颜色应与周边协调，板面应略大于门窗套边材，大面应刨光，小面应刮直。木纹根部应向下，如长度方向需要接长，其花纹应通顺，其接头部位应避开人平视高度，应在室内1.2m以下和2m以上接头。

（5）线条、贴脸的颜色、品种、花纹应与饰面板协调。贴脸所有接头应成45°角对接。贴脸与门窗套板面结合严密，平整光滑，贴脸或线条盖住抹灰墙面应不小于10mm。

9.8.3.3 门窗套制作安装工程质量

门窗套制作安装工程质量分为合格和不合格。

合格标准：主控项目全部符合规定；一般项目80%及以上检查点符合规定，其余检查点的偏差值不得超过允许偏差的1.5倍。

检查数量：每个检验批应至少抽查3间（处），不足3间（处）时应全数检查。

检验批划分。同类制作品每50间（处）划为一个检验批，不足50间（处）也按一个检验批计。

主控项目：

（1）门窗套制作所使用的材料，其材质、规格尺寸、颜色、花纹、阻燃性能、含水率、人造板的甲醛含量、石材的放射性等应符合设计要求和现行国家标准相关规定。

检验方法：观察；检查产品合格证、检测报告、复验报告和物资进场验收记录。

（2）门窗套的尺寸、造型和固定方式应符合设计要求，门窗套的安装应牢靠。

检验方法：观察；尺量；手扳检查。

一般项目：

（1）门窗套表面应清洁、光滑、平整、顺直，色泽协调、接缝严密、无裂纹、翘曲和破损。

检验方法：观察检查。

（2）门窗套安装的允许偏差和检验方法应符合表9-39的规定。

表9-39 门窗套安装的允许偏差和检验方法

项次	项目	允许偏差（mm）	检验方法
1	正、侧面垂直度	3	用1m垂直检测尺检查
2	门窗套上口水平度	1	用1m水平检测尺和塞尺检查
3	门窗套上口直线度	3	拉5m线、不足5m拉通线，用钢直尺检查

9.8.4 扶手和护栏制作与安装工程

9.8.4.1 扶手和护栏制作材料

木扶手和护栏所使用的木材材质应符合设计要求；木扶手和护栏的连接件应能承受自身和外部荷载的冲击。木材的含水率应符合设计要求。胶、油漆有害气体含量应符合现行国家标准规定。

金属扶手和护栏、连接件、焊条、玻璃护板等应符合设计要求。

扶手与护栏材料进场应经严格验收，应提供产品合格证、检测报告、重要材料还应见证取样，送有见证取样检测资质的检测单位进行复验。

9.8.4.2 扶手和护栏制作与安装

（1）木扶手和护栏的接头和弯头应连接牢靠。木扶手和护栏的宽度和厚度超过70mm时，接头部位的连接应予加强。

（2）扶手与垂直杆件的连接应牢靠，连接件不得外露。

（3）整体弯头制作前应做样板，按样板画线制作；采用胶粘结法时，温度不宜低于5℃。弯头与栏杆扁钢连接应牢靠和严密。

（4）木扶手弯头加工后应进行刨光，弯曲弧度应自然，表面应打磨光滑。

（5）金属护栏、扶手垂直杆件与预埋件连接应牢靠、垂直杆件应立直，焊接部位应抛光。

（6）玻璃栏板应使用安全玻璃或夹层玻璃。

9.8.4.3 扶手和护栏工程质量

扶手和护栏工程质量分为合格和不合格。

合格标准：主控项目全部符合规定；一般项目80%及以上的检查点符合规定，其余检查点的偏差值不得超过允许偏差的1.5倍。

检查数量：每个检验批的扶手和护栏应全数检查。

检验批划分：每部楼梯划为一个检验批。

主控项目：

（1）扶手和护栏制作和安装所使用的材料的规格尺寸、材质、数量和木材、塑料等的阻燃性能应符合设计要求。

检验方法：观察、检查产品合格证、检测报告和物资进场验收记录。

（2）扶手、护栏的尺寸、安装方法、安装位置及造型应符合设计要求。

检验方法：观察；尺量检查；检查物资进场验收记录。

（3）扶手和护栏安装用的预埋件的规格、位置、数量及扶手和护栏与预埋件的连接点应符合设计要求。

检验方法：观察；检查隐蔽工程验收记录、施工记录。

（4）栏杆间距、护栏高度、安装方式、安装位置应符合设计要求。

检验方法：观察；手扳检查；尺量检查。

（5）玻璃护栏所使用的玻璃厚度应不小于12mm，并应为钢化夹层玻璃或钢化玻璃。当护栏外侧与地面高度超过5m时，护栏玻璃应使用钢化夹层玻璃。

检验方法：观察；尺量检查；检查产品合格证、物资进场验收记录。

一般项目：

（1）扶手和护栏转角的弧度应符合设计要求，表面应光滑，接缝应严密。色泽一致，无翘曲、裂纹和破损。

检验方法：观察和手摸检查。

（2）护栏和扶手安装的允许偏差和检验方法应符合表9-40的规定。

表 9-40　护栏和扶手安装的允许偏差和检验方法

项　次	项　目	允许偏差（mm）	检　验　方　法
1	护栏垂直度	3	用 1m 垂直检测尺检查
2	栏杆间距	3	用钢尺检查
3	扶手直线度	4	拉通线，用钢直尺检查
4	扶手高度	3	用钢尺检查

9.8.5　花饰制作与安装工程

9.8.5.1　花饰制作与安装材料

花饰制作与安装材料包括石材、混凝土、木材、石膏、玻璃、金属、塑料、玻璃钢及胶粘剂、建筑胶、连接件、螺栓、钢钉等。

9.8.5.2　花饰制作与安装施工

（1）花饰装饰线安装的基底应坚实平整，装饰线不得随基底的起伏而变化。

（2）花饰装饰线、装饰件的安装应根据基底材料的不同，选择适当的连接方式。

（3）花饰的木装饰线、装饰件的接缝应拼对花纹、拐弯接口应平齐严密，同一房间的颜色应基本一致，封口压条、装饰线和装饰件应连接牢靠和严密。

（4）石膏装饰线、装饰件安装的基层应干燥，石膏线、石膏件与基底连接的水平线，定位线的距离、位置应均衡一致。对接角处应 45°割角连接。当使用螺钉固定花饰线或花饰件时应先用冲击钻打孔，后用经防锈处理的螺钉连接，当使用粘结剂固定花饰时，应使用短时间硬固的胶粘剂。

（5）金属制装饰线、装饰件安装前应做防腐处理。基底应坚实、平整、干燥、洁净；用铆固件、焊件或紧固件连接时，紧固件的位置应准确，焊点应设置在隐蔽处，焊接件应打磨抛光（不锈钢制品）后涂蜡处理。刷漆金属件应除锈涂防锈漆后再刷面漆。

9.8.5.3　花饰制作与安装工程质量

花饰制作与安装工程质量分为合格和不合格。

合格标准：主控项目全部符合规定；一般项目 80%及以上的检查点符合规定，其余检查点的偏差值不超过允许偏差的 1.5 倍。

检查数量：室内每检验批至少抽查 3 间（处）；不足 3 间时全数检查；室外每个检验批应全部检查。

检验批划分：同种类制品每 50 间（处）应划分为一个检验批。不足 50 间（处）也应按一个检验批计算。

主控项目：

（1）花饰的制作材料与安装材料的材质、规格尺寸应符合设计要求。

检验方法：观察；检查产品合格证、物资进场验收记录。

（2）花饰的造型、规格尺寸应符合设计要求。

检验方法：观察、尺量检查。

（3）花饰的安装固定方式及安装位置必须符合设计要求，安装必须牢靠。

检验方法：观察；尺量、手扳检查。

一般项目：

(1) 花饰表面应清洁干净，接缝严密、端正，无翘曲、破损和裂纹。

检验方法：观察检查。

(2) 花饰安装的允许偏差和检验方法应符合表 9-41 的规定。

表 9-41 花饰安装的允许偏差和检验方法

项次	项目		允许偏差（mm）		检验方法
			室内	室外	
1	条型花饰的水平度或垂直度	每米	1	2	拉线和用 1m 垂直检测尺检查
		全长	3	6	
2	单独花饰中心位置偏移		10	15	拉线和用钢直尺检查

10 幕墙工程

10.1 石材幕墙工程

10.1.1 石材幕墙材料

(1) 石材

石材幕墙采用的石材有火成岩、花岗石等。

花岗石石材的弯曲强度应经有见证取样检测资质的检测单位检测合格后方可投入使用。其弯曲强度不应小于 8MPa，石材含水率不小于 0.8%。火烧石材应比抛光石板厚 3mm。石材表面处理方法应根据用途和现场实际环境条件选定。

幕墙石材的性能试验方法和技术要求应符合现行国家标准的有关规定。

石材表面的加工应采用机械操作，加工后的石材应用高压水枪冲洗或用刷子清洗，严禁清洗石材时用溶剂型化学清洗剂。

(2) 石材幕墙金属构件和密封结构胶

石材幕墙采用的金属构件、硅酮结构胶和密封材料：

1) 石材幕墙金属构件。石材幕墙构件所使用的钢材的性能试验方法和技术要求应符合现行国家标准的规定。钢构件采用冷弯薄壁型钢时，其壁厚不得小于 3.5mm；钢结构幕墙高度超过 40m 时，钢构件宜采用高耐候结构钢，并应在其表面涂刷防腐涂料。

幕墙金属构件所使用的奥氏体不锈钢材的性能试验方法和技术要求应符合现行国家标准的规定。铝合金型材的材质和表面处理层厚度应符合现行国家标准中有关高精级的有关规定。

幕墙采用的非标准五金件应符合设计要求，并应有产品合格证。

2) 建筑密封胶和密封材料。石材幕墙采用的橡胶制品有三元乙丙橡胶、密封胶条，氯丁橡胶应为挤出成形，橡胶块应为压模成形。

硅酮结构密封胶是幕墙工程重要的粘结密封材料。其性能直接关系到建筑幕墙的使用安全，故必须使用国家认可的合格产品。硅酮结构密封胶的有效期比较短，储存时间较长或储存温度较高均会对硅酮结构密封胶的性能产生影响。因此，国家强制性条文规定："隐框、半隐框幕墙所采用的结构粘结材料必须是中性硅酮结构密封胶，其性能必须符合《建筑用硅酮结构密封胶》(GB 16776) 的规定；硅酮结构密封胶必须在有效期内使用"。

采用的幕墙硅酮耐候密封胶的性能应符合表 10-1 的规定。

(3) 硅酮结构密封胶

幕墙采用的中性结构密封胶分单组分和双组分，我国对国产、进口 13 种硅酮结构密封胶的试验结果详见表 10-2。

表 10-1 石材幕墙硅酮耐候密封胶的性能

项 目	技术性能	项 目	技术性能
表干时间	1～1.5h	断裂伸长率	≥300%
流淌性	≤1.0mm	撕裂强度	—
初期固化时间（≥25℃）	4d	施工温度	5～48℃
完全固化时间（相对湿度≥50%，温度 25±2℃）	7～14d	污染性	无污染
		固化后的变位承受能力	≥50%
邵氏硬度	15～25	有效期	9～12 个月
极限抗拉强度	≥1.79MPa		

表 10-2 硅酮结构密封胶试验结果 (MPa)

编 号		标 况	低 温	高 温	光照后	浸水后
单组分	1	1.18	1.30	0.90	1.05	—
	2	0.81	1.10	0.58	0.74	0.58
	3	1.06	1.32	0.90	0.87	0.94
	4	0.80	1.07	0.68	0.69	0.76
	5	1.02	1.28	0.80	0.89	0.69
	6	0.93	1.17	0.77	0.77	0.73
	7	1.09	1.44	0.81	0.97	0.93
	8	1.09	1.40	0.87	0.86	0.93
	9	1.01	1.46	1.09	0.90	0.91
双组分	11	0.97	1.45	0.66	0.87	0.93
	44	0.82	1.18	0.72	0.72	0.74
	77	1.13	1.45	0.73	0.80	0.91
	99	1.05	1.42	0.78	1.07	1.07
均 值		0.99	1.38	0.72	0.87	0.91
标准误差		0.13	0.13	0.05	0.15	0.14

同一幕墙工程应采用同一品牌的单组分或双组分硅酮结构密封胶，并应有保质年限的说明书。

10.1.2 石材幕墙安装

石材幕墙横梁的安装应符合以下规定：

(1) 应将横梁两端的垫片及连接件安装在立柱预定位置，并应安装牢靠、接缝严密。

(2) 相邻两根横梁的水平标高偏差不应大于 1mm。同层标高偏差：当幕墙宽度≤35m 时不应大于 5mm；当幕墙宽度>35m 时，不应大于 7mm。

石材幕墙立柱的安装应符合以下规定：

(1) 立柱安装标高偏差不应大于 3mm，轴线前后偏差不应大于 2mm，左右偏差不应大于 3mm；

（2）相邻两立柱安装标高偏差不应大于3mm，同层立柱的最大标高偏差不应大于5mm，相邻两根立柱的距离偏差不应大于2mm。

石板安装应符合以下规定：

（1）先对横竖连接件进行检查、测量和调整；

（2）石板安装上下、左右的偏差不应大于1.5m；

（3）石板空缝安装时必须有防水措施，并应按设计要求设置排水孔；

（4）填充硅酮密封胶的石板缝厚度、宽度应按硅酮耐候密封胶使用说明书中的技术参数计算后确定。

10.1.3 石材幕墙质量

石材幕墙工程质量分为合格和不合格。

合格标准：主控项目应全部符合规定；一般项目应有80%及以上的检查点符合规定，其余检查点的偏差值不得超过允许偏差的1.5倍。

主控项目：

（1）石材幕墙所使用的材料的规格、型号、尺寸、性能、品种和等级，应符合设计及现行国家产品标准和工程技术规范的要求。石材的吸水率应小于0.8%，弯曲强度不应小于8.0MPa。石材幕墙的不锈钢挂件厚度应不小于3.0mm，铝合金挂件的厚度不应小于4.0mm。

检验方法：观察；尺量检查；检查产品合格证、检测报告、复验报告、物资进场验收记录。

（2）石材幕墙的分格缝、造型、光泽、花纹、图案、颜色应符合设计要求。

检验方法：观察；尺量检查。

（3）石材上开槽，打孔、开沟的数量、位置、尺寸、深度应符合设计要求。

检验方法：检查施工记录和物资进场验收记录。

（4）石材幕墙主体结构的预埋件、后植件的规格尺寸、位置、数量和后植件拉拔试验结果应符合设计要求。

检验方法：检查拉拔试验检测报告和隐蔽工程验收记录。

（5）石材幕墙的金属框架立柱、横梁与主体结构的连接、连接件与框架、连接件与石材面板的连接必须符合设计要求，安装必须牢靠。

检验方法：检查隐蔽工程验收记录；观察；手扳检查。

（6）金属框架和连接件的防腐处理、石材幕墙的防雷装置与主体可靠连接的方式、接地电阻值应符合设计要求。

检验方法：观察；检查施工记录和隐蔽工程验收记录。

（7）石材幕墙的防火、防潮、保温材料的设置应符合设计要求，填充或涂布的厚度均匀一致。保温物的填充应严密、密实。

检验方法：检验施工记录和隐蔽工程验收记录。

（8）整体结构的变形缝、各连接墙角的节点应符合设计要求和技术标准的规定。

检验方法：检查施工记录和隐蔽工程验收记录。

（9）石材表面和板缝处理、板缝的厚度和宽度应符合设计要求，并应注胶饱满、连续、密实、均匀、无气泡。

检验方法：观察；尺量；检查施工记录。

（10）石材幕墙应无渗漏。

检验方法：做淋水试验或雨后检查。

一般项目：

（1）石材幕墙的表面应清洁干净、平整光滑，无破损、划伤和污垢，颜色和花纹应协调一致，无明显修补及色差。

检验方法：观察；手摸检查。

（2）石材幕墙的压条应洁净、平直、接槎严密，安装牢固；板缝应横平竖直、宽窄一致、阴阳角石板压向应正确，合缝应顺直；凸凹线出墙厚度应一致，上下口应平直；石材板上的沟、槽边缘应整齐、吻合。

检验方法：观察；尺量检查。

（3）石材幕墙的密封胶缝应深浅一致，横平竖直、宽窄一致、光滑洁净；石材幕墙上的滴水线、流水坡向、流水坡度应符合设计要求。

检验方法：观察；坡度尺、直尺检查。

（4）石材幕墙每平方米石材的表面质量和检验方法应符合表10-3的规定。

表 10-3 每平方米石材的表面质量和检验方法

项次	项 目	质量要求	检验方法
1	裂痕、明显划伤和长度＞100mm的轻微划伤	不允许	观 察
2	长度≤100mm的轻微划伤	≤8条	用钢尺检查
3	擦伤总面积	≤500mm^2	用钢尺检查

（5）石材幕墙安装的允许偏差和检验方法应符合表10-4的规定。

表 10-4 石材幕墙安装的允许偏差和检验方法

<table>
<tr><th rowspan="2">项次</th><th rowspan="2" colspan="2">项 目</th><th colspan="2">允许偏差（mm）</th><th rowspan="2">检 验 方 法</th></tr>
<tr><th>光 面</th><th>麻 面</th></tr>
<tr><td rowspan="4">1</td><td rowspan="4">幕墙垂直度</td><td>幕墙高度≤30m</td><td colspan="2">10</td><td rowspan="4">用经纬仪检查</td></tr>
<tr><td>30m＜幕墙高度≤60m</td><td colspan="2">15</td></tr>
<tr><td>60m＜幕墙高度≤90m</td><td colspan="2">20</td></tr>
<tr><td>幕墙高度＞90m</td><td colspan="2">25</td></tr>
<tr><td>2</td><td colspan="2">幕墙水平度</td><td colspan="2">3</td><td>用水平仪检查</td></tr>
<tr><td>3</td><td colspan="2">板材立面垂直度</td><td colspan="2">3</td><td>用水平仪检查</td></tr>
<tr><td>4</td><td colspan="2">板材上沿水平度</td><td colspan="2">2</td><td>用1m水平尺和钢直尺检查</td></tr>
<tr><td>5</td><td colspan="2">相邻板材板角错位</td><td colspan="2">1</td><td>用钢直尺检查</td></tr>
<tr><td>6</td><td colspan="2">幕墙表面平整度</td><td>2</td><td>3</td><td>用垂直检测尺检查</td></tr>
<tr><td>7</td><td colspan="2">阳角方正</td><td>2</td><td>4</td><td>用直角检测尺检查</td></tr>
<tr><td>8</td><td colspan="2">接缝直线度</td><td>3</td><td>4</td><td>拉5m线，不足5m拉通线，用钢直尺检查</td></tr>
<tr><td>9</td><td colspan="2">接缝高低差</td><td>1</td><td>—</td><td>用钢直尺和塞尺检查</td></tr>
<tr><td>10</td><td colspan="2">接缝宽度</td><td>1</td><td>2</td><td>用钢直尺检查</td></tr>
</table>

10.2 玻璃幕墙工程

10.2.1 玻璃幕墙材料

10.2.1.1 金属材料

玻璃幕墙采用的铝合金型材应符合现行国家标准规定中高精度级，铝合金的阳极氧化膜的厚度应不低于现行国家标准中规定的AA15级。

玻璃幕墙采用的钢材、不锈钢材、标准五金配件应符合现行国家标准的规定。

玻璃幕墙采用的非标准五金配件应符合设计要求，并有产品合格证。

10.2.1.2 玻璃

玻璃幕墙所采用玻璃的外观质量和性能应符合现行国家标准的规定。

目前发现使用的钢化玻璃有发生自爆的现象，故玻璃加工的质量应特别引起重视。

当幕墙采用热反射镀膜玻璃时，应采用真空磁控阴极溅射镀膜玻璃或在线热喷涂镀膜玻璃。热反射镀膜玻璃的外观质量应符合表10-5的规定。

表10-5 热反射镀膜玻璃外观质量

项目 \ 外观质量		等级划分		
		优等品	一等品	合格品
针眼	直径≤1.2m	不允许集中	集中的每平方米允许2处	
	1.2mm<直径≤1.6mm 每平方米允许处数	中部不允许 75mm边部3处	不允许集中	
	1.6mm<直径≤2.5mm 每平方米允许处数	不允许	75mm边部4处 中部2处	75mm边部8处 中部3处
	直径>2.5mm	不允许		
斑纹		不允许		
斑点	1.6mm<直径≤5.0mm 每平方米允许处数	不允许	4	8
划伤	0.1mm≤宽度≤0.3mm 每平方米允许处数	长度≤50mm 4	长度≤100mm 4	不限
	宽度>0.3mm 每平方米允许处数	不允许	宽度<0.4mm 长度≤100mm 1	宽度<0.8mm 长度<100mm 2

注：表中针眼（孔洞）是指直径在100mm面积内超过20个针眼为集中。

当幕墙采用中空玻璃时，应采用双道密封。明框幕墙的中空玻璃的密封胶应采用聚硫密封胶和丁基密封腻子；半隐框和隐框幕墙的中空玻璃密封胶应采用结构硅酮密封胶和丁基密封腻子。

当幕墙采用夹层玻璃时，应采用聚乙烯醇缩丁醛（PVB）胶片干法加工合成的夹层玻璃。

10.2.1.3 建筑密封材料

玻璃幕墙采用的橡胶制品宜采用氯丁橡胶、三元乙丙橡胶；密封胶条应挤出成形。

玻璃幕墙采用的聚硫密封胶应有耐溶剂、耐水和耐老化性，且应有低透气率、低温弹性等特点。

玻璃幕墙采用的氯丁密封胶性能应符合表 10-6 的规定。

耐候硅酮密封胶应采用中性胶，其性能应符合表 10-7 的规定。

表 10-6 氯丁密封胶的性能

项 目	指 标
稠度	不流淌，不塌陷
含固量	≥75%
表干时间	≤15min
固化时间	≤12h
耐寒性（−40℃）	不龟裂
耐热性（90℃）	不龟裂
低温柔性（−40℃，棒 ϕ10mm）	无裂纹
剪切强度	0.1N/mm²
施工温度	−5～50℃
施工性	采用手工注胶机不流淌
有效期	12 月

表 10-7 耐候硅酮密封胶的性能

项 目	技 术 指 标
表干时间	1～1.5h
流淌性	无流淌
初步固化时间（25℃）	3d
完全固化时间	7～14d
邵氏硬度	20～30 度
极限抗拉强度	0.11～0.14MPa
撕裂强度	3.8N/mm
固化后的变位承受能力	25%≤δ≤50%
有效期	9～12 月
施工温度	5～48℃

10.2.1.4 结构硅酮密封胶

结构硅酮密封胶应采用高模数中性胶；结构硅酮密封胶分单组分和双组分，其性能应符合表 10-8 的规定。

表 10-8 结构硅酮密封胶的性能

项 目	技术指标		项 目	技术指标	
	中性双组分	中性单组分		中性双组分	中性单组分
有效期	9 月	9～12 月	内聚力（母材）破坏率	100%	
施工温度	10～30℃	5～48℃	剥离强度（与玻璃、铝）	5.6～8.7N/mm（单组分）	
使用温度	−48～88℃		撕裂强度（B 模）	4.7N/mm	
操作时间	≤30min		抗臭氧及紫外线拉伸强度	不变	
表干时间	≤3h		污染和变色	无污染、无变色	
初步固化时间（25℃）	7d		耐热性	150℃	
完全固化时间	14～21d		热失重	≤10%	
邵氏硬度	35～45 度		流淌性	≤2.5mm	
粘结拉伸强度（H 型试件）	≥0.7N/mm²		冷变形（蠕变）	不明显	
延伸率（哑铃型）	≥100%		外观	无龟裂、无变色	
粘结破坏（H 型试件）	不允许		完全固化后的变位承载能力	12.5%≤δ≤50%	

10.2.1.5 低发泡间隔双面胶带

当玻璃幕墙风荷载≤1.8kN/m² 时，宜采用聚乙烯低发泡间隔双面胶带，其性能应符合表10-9的规定

当玻璃幕墙风荷载>1.8kN/m² 时，宜采用中等硬度的聚胺基甲酸乙酯低发泡间隔双面胶带，其性能应符合表10-10的规定。

表10-9 聚乙烯低发泡间隔双面胶带的性能

项目	技术指标	项目	技术指标
密度	0.21g/cm³	剥离强度	27.6N/mm
邵氏硬度	40度	剪切强度（停留24h）	40MPa
抗拉强度	0.87MPa	隔热值	0.41W/（m²·K）
伸长率	125%	使用温度	−44～75℃
承受压应力（压缩率10%）	0.18MPa	施工温度	15～52℃

表10-10 聚胺基甲酸乙酯低发泡间隔双面胶带的性能

项目	技术指标	项目	技术指标
密度	0.35g/cm³	静态拉伸粘结性（2000h）	0.007MPa
邵氏硬度	30～35度	动态抗剪强度（停留15min）	0.28MPa
抗拉强度	0.91MPa	隔热值	0.55W/（m²·K）
伸长率	105～125%	抗紫外线（300W，250～300mm，3000h）	颜色不弯
承受压应力（压缩率10%）	0.11MPa		
动态拉伸粘结性（停留15min）	0.39MPa	烤漆耐污染性（70℃，200h）	无

10.2.1.6 其他材料

玻璃幕墙可采用聚乙烯发泡材料作填充材料，其密度应不大于0.037g/cm³。

聚乙烯发泡填充材料的性能应符合表10-11的规定。

表10-11 聚乙烯发泡填充材料的性能

项目	直径		
	10mm	30mm	50mm
抗拉强度（MPa）	0.35	0.43	0.52
延伸率（%）	46.5	52.3	64.3
压缩后变形率（纵向）（%）	4.0	4.1	2.5
压缩后恢复率（纵向）（%）	3.2	3.6	3.5
永久压缩变形率（%）	3.0	3.4	3.4
25%压缩时，纵向变形率（%）	0.75	0.77	1.12
50%压缩时，纵向变形率（%）	1.35	1.44	1.65
75%压缩时，纵向变形率（%）	3.21	3.44	3.70

玻璃幕墙宜采用矿棉、岩棉、防火板、玻璃棉等不燃或难燃材料作隔热保温材料，且应

同时选用塑料薄膜或铝箔包装的复合材料，作防潮、防水材料。

在主体结构与玻璃幕墙构件之间，应设置耐热硬质有机材料制成的垫片，且应安装牢靠、严密。

10.2.2 玻璃幕墙安装

玻璃幕墙立柱安装应符合以下要求：

(1) 应先将立柱和连接件连接，后将连接件与主体预埋件连接，再进行调整与固定。立柱安装轴线左右不应大于3mm，前后偏差不应大于2mm，标高偏差不应大于3mm。

(2) 同层立柱的最大标高偏差不应大于5mm；相邻两柱安装标高偏差不应大于3mm，距离偏差不应大于2mm。

玻璃幕墙横梁的安装应符合以下规定：

(1) 应将横梁两端部的连接件及弹性胶垫牢固安装在立柱的预定位置，且接缝应严密。

(2) 相邻两根横梁的水平标高偏差不应大于1mm。同层标高偏差：当幕墙宽度＞35m时不应超过7mm；当幕墙宽度≤35m时，不应超过5mm。

幕墙玻璃安装的要求详见主控项目所述。

耐候硅酮密封胶的施工应符合以下规定：

(1) 耐候硅酮密封胶的厚度应大于3.5mm，施工宽度不应小于厚度的两倍；如果槽口底部较深应用聚乙烯发泡材料填充严密。

(2) 接缝的相对两面应用耐候硅酮密封胶粘结，且不得三面粘结。

10.2.3 玻璃幕墙质量

玻璃幕墙工程质量分为合格和不合格。

合格标准：主控项目应全部符合规定；一般项目80%及以上的检验点符合规定，其余检验点的偏差值应不超过允许偏差的1.5倍。

检查数量：各检验批每100m^2至少抽查一处，每处不得少于10m^2。

主控项目：

(1) 玻璃幕墙所使用的材料、组件、构件的质量，应符合设计要求及现行国家产品标准和工程技术规范的要求。

检验方法：检查组件、配件、材料的产品合格证、检测报告、复验报告及物资进场验收记录。

(2) 玻璃幕墙的分格缝、造型应符合设计要求。

检验方法：观察；尺量检查。

(3) 玻璃幕墙使用的玻璃应符合以下规定：

1) 幕墙玻璃应使用安全玻璃，玻璃的规格尺寸、品种、颜色、安装方向及光学性能应符合设计要求。

2) 幕墙玻璃的厚度不应小于6.0mm。全玻幕墙肋玻璃的厚度不应小于12mm。

3) 幕墙的中空玻璃应用两道密封。隐框和半隐框幕墙的中空玻璃应用硅酮结构密封胶及丁基密封胶；明框幕墙的中空玻璃应采用聚硫密封胶及丁基密封胶；镀膜面应在中空玻璃第2或第3片上。

4）幕墙的夹层玻璃应采用聚乙烯醇缩丁醛（PXB）胶片干法加工合成的夹层玻璃。点支承玻璃幕墙夹层玻璃的夹层胶片（PXB）厚度不应小于0.76mm。

5）钢化玻璃的表面不得有损坏；8mm以下厚度的玻璃应进行防爆处理；所有幕墙玻璃的边缘应进行处理。

检验方法：观察；尺量检查和检查施工记录。

（4）玻璃幕墙与主体结构连接的预埋件、连接件、紧固件必须连接牢靠，其数量、位置、连接方式、防腐处理及规格尺寸应符合设计要求。

检验方法：观察；检查施工记录、隐蔽工程验收记录。

（5）各种紧固件、连接件的螺栓应有防退弹簧垫片，焊接应符合设计和规范的规定。

检验方法：观察；检查施工记录和隐蔽工程验收记录。

（6）半隐框或隐框玻璃幕墙，每块玻璃的下边应有两个不锈钢或铝合金托条，其厚度不应小于2mm，长度不应小于100mm，托条应低于玻璃槽口2mm。

检验方法：观察；检查施工记录。

（7）明框玻璃幕墙的玻璃安装应符合以下规定：

1）玻璃槽口与配套玻璃尺寸应符合设计和技术规范标准的要求。

2）玻璃与构件之间应设软垫，玻璃周边与构件凹槽底部应留一定的空隙，每块玻璃下部应设两块与槽口宽度基本相同且长度不小于100mm的软垫、玻璃嵌入深度及所留的缝隙应符合设计要求。

3）玻璃周围的橡胶条的规格尺寸、材质应符合设计要求，橡胶条的长度应比边框内槽长1.5%～2.0%，转角处应45°割角对接，并涂胶粘结后嵌入槽内、镶嵌平整顺直。

检验方法：观察；检查施工记录。

（8）高度超过4m时，全玻幕墙应吊挂在主体结构上，吊夹具的规格尺寸、材质应符合设计要求，玻璃与玻璃肋、玻璃与玻璃之间的缝隙应用硅酮密封胶填嵌严密。

检验方法：观察；检查施工记录和隐蔽工程验收记录。

（9）点支承玻璃幕墙应使用带方向头的不锈钢爪，其钢爪间的中心间距应大于250mm。

检验方法：观察；尺量检查。

（10）玻璃幕墙四周和玻璃幕墙内表面与主体结构的连接点、墙角的连接点、变形缝应符合设计要求和技术标准规范的要求。

检验方法：观察；检查施工记录和隐蔽工程验收记录。

（11）玻璃幕墙的防雷装置必须与主体结构的防雷接地可靠连接牢固。

检验方法：观察；检查施工记录和隐蔽工程验收记录。

（12）玻璃幕墙开启窗安装应牢靠、开启角度、方向应合理；配件应齐全，开启应方便灵活，关闭应严密。

检验方法：开启和关闭检查，观察及手扳检查。

（13）玻璃幕墙打注的密封胶和结构胶应密实、饱满、连续、均匀无气泡，其厚度和宽度应符合设计和技术规范标准的要求。

检验方法：观察；尺量；检查施工记录。

（14）玻璃幕墙应无渗漏。

检验方法：作淋水试验或雨后检查。

一般项目：

（1）玻璃幕墙表面应平整光滑、清洁干净、色泽协调一致；不得有镀膜破损和污垢。

检验方法：观察检查。

（2）一个分格铝合金型材的表面质量和检验方法应符合表10-12的规定。

表10-12　一个分格铝合金型材的表面质量和检验方法

项次	项　目	质量要求	检验方法
1	明显划伤和长度＞100mm的轻微划伤	不允许	观　察
2	长度≤100mm的轻微划伤	≤2条	用钢尺检查
3	擦伤总面积	≤500mm²	用钢尺检查

（3）每平方米玻璃的表面质量和检验方法应符合表10-13的规定。

表10-13　每平方米玻璃的表面质量和检验方法

项次	项　目	质量要求	检验方法
1	明显划伤和长度＞100mm的轻微划伤	不允许	观　察
2	长度≤100mm的轻微划伤	≤8条	用钢尺检查
3	擦伤总面积	≤500mm²	用钢尺检查

（4）单元玻璃幕墙的隐框玻璃幕墙的分格玻璃拼缝或单元拼缝应横平竖直、均匀一致；明框玻璃幕墙的压条和外露框应横平竖直，规格尺寸、颜色应符合设计要求，压条安装应牢靠。

检验方法：观察；手扳检查；检查物资进场记录。

（5）玻璃幕墙的密封胶缝应宽窄、深浅均匀一致、光滑顺直、横平竖直。

检验方法：观察；手摸检查。

（6）保温、防火材料应涂布或填充严密、饱满、均匀、密实、平整。

检验方法：检查隐蔽工程验收记录；观察。

（7）玻璃幕墙隐蔽连接节点的装修遮封应牢固、严密、整齐、美观。

检验方法：观察；手扳检查。

（8）明框玻璃幕墙安装的允许偏差和检验方法应符合表10-14的规定。

（9）隐框、半隐框玻璃幕墙安装的允许偏差和检验方法应符合表10-15的规定。

表10-14　明框玻璃幕墙安装的允许偏差和检验方法

项次	项　目		允许偏差（mm）	检　验　方　法
1	幕墙垂直度	幕墙高度≤30m	10	用经纬仪检查
		30m＜幕墙高度≤60m	15	
		60m＜幕墙高度≤90m	20	
		幕墙高度＞90m	25	
2	幕墙水平度	幕墙幅宽≤35m	5	用水平仪检查
		幕墙幅宽＞35m	7	

续表

项次	项　目		允许偏差（mm）	检　验　方　法
3	构件直线度		2	用2m靠尺和塞尺检查
4	构件水平度	构件长度≤2m	2	用水平仪检查
		构件长度＞2m	3	
5	相邻构件错位		1	用钢直尺检查
6	分格框对角线长度差	对角线长度≤2m	3	用钢尺检查
		对角线长度＞2m	4	

表10-15　隐框、半隐框玻璃幕墙安装的允许偏差和检验方法

项次	项　目		允许偏差（mm）	检　验　方　法
1	幕墙垂直度	幕墙高度≤30m	10	用经纬仪检查
		30m＜幕墙高度≤60m	15	
		60m＜幕墙高度≤90m	20	
		幕墙高度＞90m	25	
2	幕墙水平度	层高≤3m	3	用水平仪检查
		层高＞3m	5	
3	幕墙表面平整度		2	用2m靠尺和塞尺检查
4	板材立面垂直度		3	用垂直检测尺检查
5	板材上沿水平度		2	用1m水平尺和钢直尺检查
6	相邻板材板角错位		1	用钢直尺检查
7	阳角方正		2	用直角检测尺检查
8	接缝直线度		3	拉5m线，不足5m拉通线，用钢直尺检查
9	接缝高低差		1	用钢直尺和塞尺检查
10	接缝宽度		1	用钢直尺检查

10.3　金属幕墙工程

10.3.1　金属幕墙材料

10.3.1.1　金属材料

金属幕墙采用的钢材性能和技术要求应符合现行国家标准的规定。高度超过40m的钢结构幕墙构件宜采用高耐候结构钢，并在其表面涂刷防腐涂料；钢构件采用冷弯薄壁型钢的壁厚不得小于3.5mm。

金属幕墙采用的不锈钢宜采用奥氏体不锈钢材，其性能试验方法和技术要求应符合现行国家标准的规定。

金属幕墙采用的铝合金型材应符合国家现行标准中有关高精度的要求。铝合金的材质和表面处理层的厚度应符合国家现行标准的规定。铝合金板材可采用铝合金单板、铝合金蜂窝板、铝塑复合板等。铝合金单板的厚度不应小于2.5mm；铝合金蜂窝板的厚度应为10mm、12mm、15mm、20mm和25mm。铝塑复合板的上下两层铝合金板的厚度均应为0.5mm，铝合金板材应符合现行国家标准及设计规定，并有产品合格证。

金属幕墙所使用的非标准五金件应符合设计要求，并有产品合格证。

10.3.1.2 建筑密封材料

金属幕墙使用的橡胶制品宜采用氯丁橡胶、三元乙丙橡胶；密封条应为挤出成形，使用的橡胶条、橡胶块应为模压成形。

金属幕墙应采用中性硅酮耐候密封胶，其技术性能应符合表10-16的规定。

表10-16 金属幕墙硅酮耐候密封胶性能

项目	技术性能	项目	技术性能
表干时间	1～1.5h	断裂伸长率	—
流淌性	无流淌	撕裂强度	3.8N/mm
初期固化时间（≥25℃）	3d	施工温度	5～48℃
完全固化时间［相对湿度≥50%，温度（25±2）℃）］	7～14d	污染性	无污染
		固化后的变位承受能力	25%～50%
邵氏硬度	20～30	有效期	9～12个月
极限抗拉强度	0.11～0.14MPa		

10.3.1.3 硅酮结构密封胶

金属幕墙应采用中性硅酮结构密封胶。中性硅酮结构密封胶分单组分和双组分，其技术性能应符合国家现行标准的规定。

同一幕墙工程应使用同一品牌的单组分或双组分硅酮结构密封胶，并应有质量保证书和使用说明书，明确保质年限。

同一幕墙工程应采用同一品牌的硅酮耐候密封胶和硅酮结构密封胶。

10.3.2 金属幕墙安装

金属幕墙立柱的安装应符合以下规定：

（1）金属幕墙立柱安装标高偏差不应大于3mm，轴线左右偏差不应大于3mm，前后偏差不应大于2mm；

（2）相邻两根立柱安装距离偏差不应大于2mm，标高偏差不应大于3mm，同层立柱的标高最大偏差不应大于5mm。

金属幕墙横梁安装应符合以下规定：

（1）将横梁两端的连接件及垫片在柱的预定位置安装牢固，并且接缝应整齐严密。

（2）同层标高偏差：当幕墙宽度≤35m时，不应大于5mm，当幕墙宽度>35m时，不应大于7mm；相邻两根横梁水平标高偏差不应大于1mm。

金属面板安装应符合以下规定：

（1）对横竖连接件的准确性、牢靠性进行检查、测量和调整；

（2）金属面板安装时，上下、左右的允许偏差不应大于1.5mm；

(3) 金属面板空缝安装时，必须有防水措施，其排水出口的设置及排水坡度应符合设计要求。

(4) 硅酮耐候密封胶填充时，金属面板缝的厚度、宽度应根据硅酮耐候密封胶说明书中的技术参数，经计算后确定。

10.3.3 金属幕墙工程质量

金属幕墙工程质量分为合格和不合格。

合格标准：主控项目应全部符合规定；一般项目80%及以上的检查点符合规定，其余检查点的偏差值不超过允许偏差的1.5倍。

检查数量：每检验批100m^{2}应至少抽查一处，每处不得少于10m^2。

主控项目：

(1) 金属幕墙工程所使用的各种配件、材料应符合设计要求及现行国家产品标准、工程技术标准的规定。

检验方法：检查产品合格证、检测报告、复验报告和物资进场验收记录。

(2) 金属幕墙的立面分格和造型应符合设计要求。

检验方法：观察；尺量检查。

(3) 金属面板的规格尺寸、品种、颜色、安装位置及方向应符合设计要求。

检验方法：观察；检查物资进场验收记录。

(4) 金属幕墙主体结构上的后植件、预埋件的位置、数量及后植件的拉拔试验结果必须符合设计要求。

检测方法：检查拉拔试验报告和隐蔽工程验收记录。

(5) 金属幕墙的主体结构预埋件与金属框架立柱的连接、横梁与立柱的连接、金属板的安装必须符合设计要求，连接、安装必须牢靠。

检验方法：手扳检查，检查隐蔽工程验收记录。

(6) 金属幕墙的保温、防火、防水材料应符合设计要求，应填塞密实、涂刷均匀，厚度一致。

检验方法：检查隐蔽工程验收记录。

(7) 金属幕墙的防雷装置必须与主体结构的防雷装置连接牢靠。金属框架及连接件、预埋件的防腐处理应符合设计要求。

检验方法：检查施工记录和隐蔽工程验收记录。

(8) 各墙角的连接点、变形缝应符合设计和技术标准规范的要求；金属幕墙应无渗漏。

检验方法：观察；检查隐蔽工程验收记录；做淋水试验或雨后检查。

(9) 金属幕墙的板缝注胶，其厚度和宽度应符合设计要求和技术标准的规定，并应注胶饱满、密实、均匀、连续、无气泡。

检验方法：观察；检查施工记录和尺量检查。

一般项目：

(1) 金属板表面应清洁干净，平整光滑，色泽一致。

检验方法：观察检查。

(2) 金属幕墙的压条应清洁干净，平整顺直，宽度一致，接头严密，安装牢靠。

检验方法：观察，手扳检查。

（3）金属幕墙的密封胶缝应横平竖直，深浅一致，宽度均匀，光滑顺直。

检验方法：观察检查。

（4）金属幕墙的排水坡度、滴水线的设置应符合设计要求。通畅顺直。

检验方法：观察；用坡度尺或水平尺检查。

（5）每平方米金属面板的表面质量和检验方法应符合表 10-17 的规定。

（6）金属幕墙安装的允许偏差和检验方法应符合表 10 18 的规定。

表 10-17　每平方米金属板的表面质量和检验方法

项次	项　目	质量要求	检验方法
1	明显划伤和长度＞100mm 的轻微划伤	不允许	观　察
2	长度≤100mm 的轻微划伤	≤8 条	用钢尺检查
3	擦伤总面积	≤500mm²	用钢尺检查

表 10-18　金属幕墙安装的允许偏差和检验方法

项次	项　目		允许偏差（mm）	检　验　方　法
1	幕墙垂直度	幕墙高度≤30m	10	用经纬仪检查
		30m＜幕墙高度≤60m	15	
		60m＜幕墙高度≤90m	20	
		幕墙高度＞90m	25	
2	幕墙水平度	层高≤3m	3	用水平仪检查
		层高＞3m	5	
3	幕墙表面平整度		2	用 2m 靠尺和塞尺检查
4	板材立面垂直度		3	用垂直检测尺检查
5	板材上沿水平度		2	用 1m 水平尺和钢直尺检查
6	相邻板材板角错位		1	用钢直尺检查
7	阳角方正		2	用直角检测尺检查
8	接缝直线度		3	拉 5m 线，不足 5m 拉通线，用钢直尺检查
9	接缝高低差		1	用钢直尺和塞尺检查
10	接缝宽度		1	用钢直尺检查

11 给水排水及采暖工程

11.1 基本规定

11.1.1 给水排水及采暖材料、设备

(1) 建筑给排水及采暖工程所使用的主要材料、配件、器具、成品、半成品和设备必须有产品合格证、检测报告。其规格尺寸、型号及性能检测报告的结果应符合设计和现行国家技术标准的要求。物资进场应进行检查验收，经现场监理工程师核查确认。

(2) 所有材料、设备进场应对品种、规格尺寸、外观质量等进行严格验收。包装应完好无损，表面应无外力冲击破损及划痕。

(3) 主要设备和器具必须有完整的安装使用说明书；在运输、安装和保管过程中应采取有效的防护措施，防止损坏和侵蚀。

(4) 阀门安装前，应作严密性和强度试验；试验应在每批（同型号、同规格、同牌号）数量中抽查10%，且不少于一个；对于安装在主干管道上的闭路阀门，应逐个全部作严密性和强度试验。

(5) 阀门的严密性和强度试验，应符合以下规定：

1) 阀门的严密性试验压力为公称压力的1.1倍；

2) 阀门的强度试验压力为公称压力的1.5倍；

3) 试验压力在整个试验持续时间内应保持不变，并应壳体填料及阀瓣密封面无渗漏；

4) 阀门试压的试验持续时间应不少于表11-1的规定。

表11-1 阀门试验持续时间

公称直径 DN (mm)	最短试验持续时间 (s)		
	严密性试验		强度试验
	金属密封	非金属密封	
≤50	15	15	15
65～200	30	15	60
250～450	60	30	180

11.1.2 给水、排水及采暖系统安装

给水系统安装：

(1) 给水管道的水压试验必须符合设计要求。

(2) 管径≤100mm 的镀锌钢管应采用螺纹连接，套丝扣破坏的镀锌层及螺纹部分应做防腐处理；管径>100mm 的镀锌钢管应采用法兰或卡套式专用管件连接，镀锌钢管与法兰的焊接处应二次镀锌。

(3) 给水复合管和塑料管可采用橡胶圈接口、热熔连接、粘结接口、专用管件连接及法兰连接。阀门、塑料管、金属管、复合管的连接可用专用管件连接，塑料管上不得使用套丝法连接。给水铸铁管道应采用水泥捻口或橡胶圈连接。

(4) 铜管连接可采用焊接或专用接头连接，当管径小于 22mm 时宜采用套管或承插焊接。承口应迎水流方向安装；当管径≥22mm 时宜采用对口焊接。

(5) 给水立管和装有 3 个或 3 个以上配水点的支管始端，均应安装可拆卸的连接件。

(6) 冷热水管道同时安装应符合以下规定：

1) 垂直平行安装时，热水管应在冷水管的左侧。

2) 上、下平行安装时，热水管应在冷水管的上方。

给水管道及配件安装：

(1) 给水引入管与排水管的水平间距不得小于 1m。室内给水与排水管道平行敷设时，两管间的最小水平距离不得小于 0.5m；交叉铺设时，垂直净距不得小于 0.15m。给水管应设在排水管的下面，若给水管必须设在排水管的下边时，给水管应加套管，其长度不得小于排水管径的 3 倍。

(2) 管道及管件焊接的焊缝的表面质量应符合设计和现行国家技术标准的要求。

(3) 给水水平管道的坡度应符合设计要求。

(4) 给水管道和阀门安装的允许偏差应符合现行国家施工规范的要求。

(5) 管道的吊、支架安装应牢靠，其间距应符合现行国家施工规范的要求。

(6) 水表安装的位置应符合设计要求。

室内消火栓系统安装：

(1) 消火栓系统安装应符合设计要求。

(2) 消火栓水龙带与水枪应放在箱内正确位置。

(3) 箱式消火栓的安装应符合设计要求及现行国家标准规范的规定。

排水系统安装：

(1) 生活污水管道应使用混凝土管、铸铁管和塑料管。雨水管道宜使用混凝土管、镀锌管或非镀锌钢管、铸铁管、塑料管等。悬吊式雨水管道应选用塑料管、铸铁管或钢管，易受振动的雨水管道应使用钢管。

(2) 在生活污水管道上设置的清扫口和检查口，当图样有要求时依设计要求，当设计无具体要求时，应符合以下规定：

1) 在立管道上每隔一层设置一个检查口，唯有最低层和有卫生器具的最高层必须设置检查口。两层建筑可只在底层设立管检查口，如为乙字弯管，则在乙字弯管的上部设置检查口，检查口高度距地面一般为 1m，允许偏差 20mm，检查口的朝向应便于检修，暗装立管的检查口应安检修门。

2) 在连接 2 个及 2 个以上大便器或 3 个及 3 个以上卫生器具的污水横管上应设置清扫口。当污水管在楼板下悬吊敷设时，可将清扫口设置在上一层楼地面上，污水管起点的清扫口与管道相垂直的墙面距离不得小于 200mm；如污水管起点设置堵头代做清扫口时，与墙面距离不得小于400mm。

3）在转角小于135°的污水横管上，应设置清扫口或检查口。

4）污水横管的直线管段，应按设计要求的距离设置清扫口或检查口。

（3）埋在地板下或地下的排水管道的检查口，应设在检查井内。检查口的标高应与井底表面标高相平，井底表面坡向检查口的坡度应为5%。

（4）金属排水管道上的卡箍或吊钩应固定在承重主体结构上。固定件间距：横管不大于2m；立管不大于3m。楼层高度≤4m时立管可安装1个固定件。立管底部的弯管处应设支墩或采取固定措施。

（5）塑料排水管道的支、吊架间距应符合表11-2的规定。

表11-2　排水塑料管道支吊架最大间距　（m）

管径（mm）	50	75	110	125	160
立　管	1.2	1.5	2.0	2.0	2.0
横　管	0.5	0.75	1.10	1.30	1.6

检验方法：尺量检查。

（6）排水通气管不得与风道或烟道连接，且应符合以下规定：

1）通气管应高出屋面300mm，且必须大于积雪厚度。

2）在通气管出口4m以内有门、窗时，通气管应高出门窗顶600mm或引向无门、窗一侧。

3）在经常上人的平屋顶上，通气管应高出屋面2m，并应根据防雷规定设置防雷装置。

4）屋顶有隔热层时，排水通气管应从隔热层板面算起。

（7）安装未经消毒处理的医院含菌污水管道，不得与其他排水管道直接连接。

（8）饮食工业设备引出的排水管及饮用水箱的溢流管，不得与污水管道直接连接，并应留出不小于100mm的隔断空间。

（9）通向室外的排水管，穿过基础或墙壁必须下返时，应采用45°三通和45°弯头连接，并应在垂直管段顶部设置清扫口。

（10）检查井的引出管应高于室内向室外排出管或两管相平，并设不小于90°的水流转角，落差大于300mm时可不受通度限制。

（11）用于室内排水的水平管道与水平管道、水平管道与立管的连接，应采用45°三通或45°四通和90°斜三通或90°斜四通。立管与排出管端的连接，应采用两个45°弯头或曲率半径不小于4倍管径90°的弯头。

（12）室内排水和雨水管道安装的允许偏差应符合表11-3的规定。

表11-3　室内排水和雨水管道安装的允许偏差和检验方法

<table>
<tr><th>项次</th><th colspan="4">项　目</th><th>允许偏差（mm）</th><th>检验方法</th></tr>
<tr><td>1</td><td colspan="4">坐　标</td><td>15</td><td rowspan="6">用水准仪（水平尺）、直尺、拉线和尺量检查</td></tr>
<tr><td>2</td><td colspan="4">标　高</td><td>±15</td></tr>
<tr><td rowspan="4">3</td><td rowspan="4">横管纵横方向弯曲</td><td rowspan="2">铸铁管</td><td colspan="2">每1m</td><td>≯1</td></tr>
<tr><td colspan="2">全长（25m以上）</td><td>≯25</td></tr>
<tr><td rowspan="2">钢　管</td><td rowspan="2">每1m</td><td>管径小于或等于100mm</td><td>1</td></tr>
<tr><td>管径大于100mm</td><td>1.5</td></tr>
</table>

续表

<table>
<tr><th>项次</th><th colspan="4">项 目</th><th>允许偏差（mm）</th><th>检 验 方 法</th></tr>
<tr><td rowspan="6">3</td><td rowspan="6">横管纵横方向弯曲</td><td rowspan="2">钢 管</td><td rowspan="2">全长（25m以上）</td><td>管径小于或等于100mm</td><td>≯25</td><td rowspan="6">用水准仪（水平尺）、直尺、拉线和尺量检查</td></tr>
<tr><td>管径大于100mm</td><td>≯308</td></tr>
<tr><td rowspan="2">塑料管</td><td colspan="2">每1m</td><td>1.5</td></tr>
<tr><td colspan="2">全长（25m以上）</td><td>≯38</td></tr>
<tr><td rowspan="2">钢筋混凝土管、混凝土管</td><td colspan="2">每1m</td><td>3</td></tr>
<tr><td colspan="2">全长（25m以上）</td><td>≯75</td></tr>
<tr><td rowspan="6">4</td><td rowspan="6">立管垂直度</td><td rowspan="2">铸铁管</td><td colspan="2">每1m</td><td>3</td><td rowspan="6">吊线和尺量检查</td></tr>
<tr><td colspan="2">全长（5m以上）</td><td>≯15</td></tr>
<tr><td rowspan="2">钢 管</td><td colspan="2">每1m</td><td>3</td></tr>
<tr><td colspan="2">全长（5m以上）</td><td>≯10</td></tr>
<tr><td rowspan="2">塑料管</td><td colspan="2">每1m</td><td>3</td></tr>
<tr><td colspan="2">全长（5m以上）</td><td>≯15</td></tr>
</table>

采暖系统安装：

（1）焊接钢管的连接，管径≤32mm时采用螺纹连接；当管径>32mm时采用焊接；镀锌钢管的连接：当管径≤100mm时应采用螺纹连接，套丝扣破坏的镀锌层表面及外露螺纹部分应做防腐处理；管径>100mm时应采用法兰或卡套式专用管件连接，镀锌钢管与法兰焊接处应做二次镀锌。

（2）管道安装坡度应符合设计要求，当设计无具体要求时应符合以下规定。

1）汽、水同向流动的热水采暖管道和汽、水同向流动的蒸汽管道及凝结水管道，坡度应为3‰，且不得小于2‰；

2）汽、水逆向流动的热水采暖管道和汽、水逆向流动的蒸汽管道，坡度不得小于5‰；

3）散热器支管坡度应为1%，坡向应利于泄水和排水。

（3）补偿器的型号、安装位置及预拉伸和固定支架的构造及安装位置应符合设计要求。

（4）平衡阀及调节阀型号、规格、公称压力及安装位置应符合设计要求。安装完后应根据系统平衡要求进行调试，作出标识。

（5）蒸汽减压阀和管道及设备上安全阀的型号、规格、安装位置及公称压力应符合设计要求，安装完毕后应根据系统工作压力进行调试、并作出标识。

（6）方形补偿器制作时，应用整根无缝钢管揻制，如需要接口，其接口应设在垂直臂的中间部位，且接口必须采用焊接。

（7）方形补偿器水平安装的坡度应与管道一致；其臂长方向垂直安装时必须设排水、排气装置。

（8）热量表、疏水器、排污器、过滤器及阀门的规格、型号、安装位置及公称压力应符合设计要求。

（9）钢管管道焊口尺寸的允许偏差应符合规范要求。

（10）采暖系统入口装置及分户热计量系统入户装置，应符合设计要求。安装位置应便于检查和维修。

(11) 散热器支管长度超过 1.5m 时，应在支管上安装管卡。

(12) 上供下回式系统的热水干管变径应顶平偏心连接，蒸汽干管变径应底平偏心连接。

(13) 在管道干管上焊接垂直或水平分支管道时，干管开孔所产生的钢渣及管壁所产生的废弃物不得残留管内，且分支管道焊接时不得插入主干管内。

(14) 膨胀水箱的膨胀管及循环管上不得安装阀门。

(15) 当采暖热媒为 110～130℃高温水时，管道可拆卸件应使用法兰，不得使用长丝和活接头。法兰垫料应使用耐热橡胶板。

(16) 焊接钢管直径大于 32mm 的管道转弯，在作为自然补偿时应使用摵弯。塑料管及复合管除必须使用直角弯头外应使用管道直接弯曲转弯。

(17) 金属支架、设备和管道的涂漆和防腐应无脱皮、起泡，附着良好、无漏涂及流淌等现象。

11.1.3 给水、排水及采暖工程质量

11.1.3.1 室内给水工程质量

室内给水系统各分项工程安装质量分为合格和不合格。

合格标准：主控项目全部符合规定；一般项目 80%及以上检查点符合规定，其余检查点的偏差值不超过允许偏差的 1.5 倍。

主控项目：

(1) 室内给水管道的水压试验必须符合设计要求。当设计无具体要求时，各种材质的给水管道系统的试验压力均为工作压力的 1.5 倍，但不得小于 0.6MPa。

检验方法：金属及复合管给水管道系统的试验压力下观测 10min，压力降不应大于 0.02MPa，然后降到工作压力进行检查，应不渗漏；塑料管给水系统应在试验压力下稳定 1h，压力降不得超过 0.05MPa，然后在工作压力的 1.15 倍状态下稳定 2h，压力降不得超过 0.03MPa，同时检查各连接点不得渗漏。

(2) 给水系统交付使用前必须进行通水试验并做好记录。

检验方法：观察和开启水嘴、阀门等放水。

(3) 生产给水管道在交付使用前必须冲洗和消毒，并经有关部门取样检验，符合现行国家《生活饮用水标准》后方可使用。

检验方法：检查有关检测报告。

(4) 室内直埋给水管道（复合管道和塑料管道除外）应做防腐处理，埋地管道结构和防腐材质应符合设计要求。

检验方法：观察；局部解剖检查。

一般项目：

(1) 给水引入管与排出管的水平净距不得小于 1m。室内排水与给水管道平行敷设时，两管间的最小水平净距不得小于 0.5m；交叉铺设时，垂直净距不得小于 0.15m。排水管道应铺设在给水管道的下面，如果排水管道必须铺设在给水管道上面时，给水管道应加长度不小于排水管径 3 倍的不渗透套管。

检验方法：尺量检查。

(2) 管道和管件焊接的焊缝表面质量应符合以下要求：

1）焊缝及热影响区表面应无裂纹、未焊透、未熔合、夹渣、气孔、弧坑、焊瘤等缺陷。

2）焊缝外形尺寸应符合施工图样和工艺标准的规定，焊缝高度不得低于母材表面，焊缝与母材应平缓过渡。

检验方法：观察。

（3）给水水平管道应有2‰～5‰的坡度坡向泄水装置。

检验方法：水平尺和尺量检查。

（4）给水管道和阀门安装的允许偏差应符合表11-4的规定。

表11-4 管道和阀门安装的允许偏差和检验方法

项次	项目			允许偏差（mm）	检验方法
1	水平管道纵横方向弯曲	钢管	每米 全长25m以上	1 ≯25	用水平尺、直尺、拉线和尺量检查
		塑料管复合管	每米 全长25m以上	1.5 ≯25	
		铸铁管	每米 全长25m以上	2 ≯25	
2	立管垂直度	钢管	每米 5m以上	3 ≯8	吊线和尺量检查
		塑料管复合管	每米 5m以上	2 ≯8	
		铸铁管	每米 5m以上	3 ≯10	
3	成排管段和成排阀门		在同一平面上间距	3	尺量检查

（5）管道的支架（吊架）安装应平整牢靠，其间距应符合表11-5、表11-6、表11-7的规定。

表11-5 铜管管道支架的最大间距

公称直径（mm）		15	20	25	32	40	50	65	80	100	125	150	200
支架最大间距（m）	垂直管	1.8	2.4	2.4	3.0	3.0	3.0	3.5	3.5	3.5	3.5	4.0	4.0
	水平管	1.2	1.8	1.8	2.4	2.4	2.4	3.0	3.0	3.0	3.0	3.5	3.5

表11-6 塑料管及复合管管道支架的最大间距

管径（mm）			12	14	16	18	20	25	32	40	50	63	75	90	110
最大间距（m）	立管		0.5	0.6	0.7	0.8	0.9	1.0	1.1	1.3	1.6	1.8	2.0	2.2	2.4
	水平管	冷水管	0.4	0.4	0.5	0.5	0.6	0.7	0.8	0.9	1.0	1.1	1.2	1.35	1.55
		热水管	0.2	0.2	0.25	0.3	0.3	0.35	0.4	0.5	0.6	0.7	0.8	—	—

表11-7 钢管管道支架的最大间距

公称直径（mm）		15	20	25	32	40	50	70	80	100	125	150	200	250	300
支架的最大间距（m）	保温管	2	2.5	2.5	2.5	3	3	4	4	4.5	6	7	7	8	8.5
	不保温管	2.5	3	3.5	4	4.5	5	6	6	6.5	7	8	9.5	11	12

检验方法：观察；手扳及尺量检查。

(6) 水表应安装在便于检查、维修、不受冻结、污染和暴晒的地方。安装螺翼式水表，与阀门应有不小于 8 倍水表接口直径的直线管段。表外壳距墙表面净距为 10～30mm；水表进水口中心标高应符合设计要求，其允许偏差应为±10mm。

检验方法：观察；尺量检查。

11.1.3.2　室内消火栓系统安装质量

主控项目：

室内消火栓系统安装完成后应选屋顶层（或水箱间内）和选首层选二个消火栓做射水试验，达到设计要求的射水强度为合格。

检验方法：现场射水试验检查。

一般项目：

(1) 安装消火栓，将水龙带、水枪和快速接头绑扎好后挂在箱内的托盘、支架或挂钉上。

检验方法：观察。

(2) 箱式消火栓的安装应符合以下规定：

1) 栓口应朝外，并应安装在门轴的另一侧。

2) 栓口中心距地面应为 1.1m，允许偏差±20mm。

3) 阀门中心距箱后内表面为 100mm，距箱侧面为 140mm，允许偏差±5mm。

4) 消火栓箱体安装的垂直度允许偏差为 3mm。

检验方法：观察；尺量检查。

11.1.3.3　给水设备安装

主控项目：

(1) 水泵试运转的轴承温升必须符合设备说明书的技术参数规定。

检验方法：运行一定时间后用温度仪表实测检查。

(2) 敞口水箱的满水试验和密闭水箱（罐）的水压试验必须符合设计要求。

检验方法：密闭水箱（罐）的水压试验在试验压力下 10min 压力降不变；满水试验静置 24h，无渗漏现象。

(3) 水泵就位前的基础标高、轴线、尺寸、预埋螺栓孔的位置、混凝土的强度必须符合设计要求。

检验方法：对照施工图样用水准仪、经纬仪、垂直仪和尺量检查。

一般项目：

(1) 水箱底座或支架的安装位置和尺寸应符合设计要求，埋设应平整、牢靠。

检验方法：对照施工图样尺量检查。

(2) 水箱泄放管和溢流管应设置在排水点附近，但不得直接与排水管连接。

检验方法：观察检查。

(3) 立式水泵不应采用弹簧减振器作减振装置。

检验方法：观察检查。

(4) 管道及设备保温层平整度和厚度的允许偏差应符合表 11-8 的规定。

(5) 室内给水设备安装的允许偏差应符合表 11-9 的规定。

表 11-8 管道及设备保温的允许偏差和检验方法

<table>
<tr><th>项次</th><th colspan="2">项目</th><th>允许偏差
(mm)</th><th>检验方法</th></tr>
<tr><td>1</td><td colspan="2">厚度</td><td>+0.1δ
−0.05δ</td><td>用钢针刺入</td></tr>
<tr><td rowspan="2">2</td><td rowspan="2">表面
平整度</td><td>卷材</td><td>5</td><td rowspan="2">用2m靠尺和楔形塞尺检查</td></tr>
<tr><td>涂抹</td><td>10</td></tr>
</table>

注：δ为保温层厚度。

表 11-9 室内给水设备安装的允许偏差和检验方法

<table>
<tr><th>项次</th><th colspan="3">项目</th><th>允许偏差
(mm)</th><th>检验方法</th></tr>
<tr><td rowspan="3">1</td><td rowspan="3">静置
设备</td><td colspan="2">坐标</td><td>15</td><td>经纬仪或拉线、尺量</td></tr>
<tr><td colspan="2">标高</td><td>±5</td><td>用水准仪、拉线和尺量检查</td></tr>
<tr><td colspan="2">垂直度（每米）</td><td>5</td><td>吊线和尺量检查</td></tr>
<tr><td rowspan="4">2</td><td rowspan="4">离心式
水泵</td><td colspan="2">立式泵体垂直度（每米）</td><td>0.1</td><td>水平尺和塞尺检查</td></tr>
<tr><td colspan="2">卧式泵体水平度（每米）</td><td>0.1</td><td>水平尺和塞尺检查</td></tr>
<tr><td rowspan="2">联轴器
同心度</td><td>轴向倾斜（每米）</td><td>0.8</td><td rowspan="2">在联轴器互相垂直的四个位置上用水准仪、百分表或测微螺钉和塞尺检查</td></tr>
<tr><td>径向位移</td><td>0.1</td></tr>
</table>

11.2 室内排水工程质量

室内排水工程质量分为合格和不合格。

合格标准：主控项目全部符合规定；一般项目80%及以上的检查点符合规定，其他检查点的偏差值不超过允许偏差的1.5倍。

11.2.1 排水管道及配件安装

主控项目：

(1) 埋地或隐蔽的排水管道必须在隐蔽前做灌水试验，灌水的高度应不低于底层地面或底层卫生器具的上边缘。

检验方法：灌水15min后，如水面下降再灌满，5min水面不再下降，检查管道和接口无渗漏为合格。

(2) 塑料排水管必须按设计要求的位置安装伸缩管。当设计无具体要求时，伸缩管的间距不得大于4m；高层建筑的明设塑料排水管应按设计要求安装防火套管或阻火圈。

检验方法：观察。

(3) 排水主立管和水平干管管道应用球径不小于排水管道直径的2/3的通球做通球试验，通球必须100%通过排水管。

检验方法：通球试验检查。

（4）生活污水塑料管道的坡度必须符合设计要求或表 11-10 的规定。

检验方法：水平尺、水准仪或拉线尺量检查。

（5）生活污水铸铁管道的坡度必须符合设计要求或表 11-11 的规定。

表 11-10　生活污水塑料管道的坡度

项　次	管　径（mm）	标准坡度（‰）	最小坡度（‰）
1	50	25	12
2	75	15	8
3	110	12	6
4	125	10	5
5	160	7	4

表 11-11　生活污水铸铁管道的坡度

项　次	管　径（mm）	标准坡度（‰）	最小坡度（‰）
1	50	35	25
2	75	25	15
3	100	20	12
4	125	15	10
5	150	10	7
6	200	8	5

检验方法：观察；尺量检查。

一般规定：

（1）生活污水管道上设置的清扫口或检查口，应符合设计要求，当设计无具体要求时应符合以下规定：

1）立管上每隔一层设置一个检查口，但在最底层和有卫生器具的最顶层必须设置。如为两层建筑，可只在底层设置一个立管检查口；如有乙字形弯管，则应在乙字形弯管的上部设置检查口；检查口中心高度距地面为 1m，允许偏差±20mm；检查口的朝向应便于检查维修。暗立管的检查口应安装检修门。

2）连接 3 个及 3 个以上卫生器具或 2 个及 2 个以上大便器的污水横管上应设置清扫口。当污水管在楼板下悬吊敷设时，可将清扫口设置在上一层楼板上表面，污水管起点的清扫口与管道相垂直的距离不得小于 200mm；当污水管起始点用堵丝代做清扫口时，与墙面的距离不得小于 400mm。

3）在转角小于 135°的污水管上，应设置清扫口或检查口。

4）污水管横管的直线管段，应按设计要求的距离设置清扫口或检查口。

检验方法：观察；尺量检查。

（2）埋在地板下或地下的排水管道的检查口，应设置在检查井内。井底表面标高与检查口的法兰相平，井底应设 5％的坡度，坡向检查口。

检验方法：坡度尺、钢尺尺量检查。

（3）金属排水管道上的卡箍或吊钩应固定在承重结构上。固定件的间距：立管不大于 3m，横管不大于 2m。楼层高度≤4m 时，立管可设置 1 个固定件。立管底部的弯管处应设支墩或采取固定措施。

检验方法：观察；尺量检查。

（4）排水塑料管道支吊架最大间距应符合表 11-12 的规定。

表 11-12　排水塑料管道支吊架最大间距　（m）

管径（mm）	50	75	110	125	160
立　管	1.2	1.5	2.0	2.0	2.0
横　管	0.5	0.75	1.10	1.30	1.6

检验方法：尺量检查。

（5）排水通气管不得与烟道、风道连接，且应符合以下规定：

1）通气管应高出屋面300mm，且必须高于最大积雪厚度。

2）当通气管出口4m以内有门、窗时，通气管应高出门、窗顶600mm并引向无门窗一侧。

3）在上人平屋顶上的通气管应高出屋面2m，并应设置防雷装置。

4）有隔热层的屋顶应从隔热层的表面计算通气管的高度。

检验方法：观察；尺量检查。

（6）安装不经消毒处理的医院含菌污水管道，不得与其他排水管道直接连接。

检验方法：观察检查。

（7）饮食业工艺设备引出的排水管及饮用水水箱的溢流管，不得与污水管道直接连接，并应留设不小于100mm的隔离空间。

检验方法：观察；尺量检查。

（8）通向室外的排水管道，穿过基础或墙壁必须下返时，应使用45°三通或45°弯头连接，并应在垂直管段的顶部设清扫口。

检验方法：观察；尺量检查。

（9）由室内通向室外排水检查井的管道，检查井的引入管应高于排出管或两管相平，并应有不小于90°的水流转角，当落差大于300mm时，其转角角度可不受限制。

检验方法：观察；尺量检查。

（10）室内排水的水平管道与水平管道、水平管道与立管的连接，应采用90°斜四通或90°斜三通和45°四通或45°三通。立管与排出管的端部的连接，应采用曲率半径不小于4倍管径的90°弯头或两个45°弯头。

检验方法：观察；尺量检查。

（11）室内排水管道安装的允许偏差和检验方法应符合表11-13的规定。

表11-13　室内排水和雨水管道安装的允许偏差和检验方法

<table>
<tr><th>项次</th><th colspan="4">项　　目</th><th>允许偏差（mm）</th><th>检验方法</th></tr>
<tr><td>1</td><td colspan="4">坐　　标</td><td>15</td><td rowspan="12">用水准仪（水平尺）、直尺、拉线和尺量检查</td></tr>
<tr><td>2</td><td colspan="4">标　　高</td><td>±15</td></tr>
<tr><td rowspan="10">3</td><td rowspan="10">横管纵横方向弯曲</td><td rowspan="2">铸铁管</td><td colspan="2">每1m</td><td>≯1</td></tr>
<tr><td colspan="2">全长（25m以上）</td><td>≯25</td></tr>
<tr><td rowspan="4">钢　管</td><td rowspan="2">每1m</td><td>管径小于或等于100mm</td><td>1</td></tr>
<tr><td>管径大于100mm</td><td>1.5</td></tr>
<tr><td rowspan="2">全长（25m以上）</td><td>管径小于或等于100mm</td><td>≯25</td></tr>
<tr><td>管径大于100mm</td><td>≯308</td></tr>
<tr><td rowspan="2">塑料管</td><td colspan="2">每1m</td><td>1.5</td></tr>
<tr><td colspan="2">全长（25m以上）</td><td>≯38</td></tr>
<tr><td rowspan="2">钢筋混凝土管、混凝土管</td><td colspan="2">每1m</td><td>3</td></tr>
<tr><td colspan="2">全长（25m以上）</td><td>≯75</td></tr>
</table>

续表

项次	项目			允许偏差（mm）	检验方法
4	立管垂直度	铸铁管	每1m	3	吊线和尺量检查
			全长（5m以上）	≯15	
		钢管	每1m	3	
			全长（5m以上）	≯10	
		塑料管	每1m	3	
			全长（5m以上）	≯15	

11.2.2 雨水管道及配件安装

主控项目：

(1) 安装完室内的雨水管道应做灌水试验，灌水高度必须达到每根立管顶部的漏斗。

检验方法：灌水试验持续1h，不渗漏。

(2) 塑料雨水管的伸缩管安装应符合设计要求。

检验方法：对照设计图样检查。

(3) 悬吊式雨水管道的敷设坡度不得小于5‰；埋地雨水管道的最小坡度应符合表11-14的规定。

表 11-14 地下埋设雨水排水管道的最小坡度

项次	管径（mm）	最小坡度（‰）	项次	管径（mm）	最小坡度（‰）
1	50	20	4	125	6
2	75	15	5	150	5
3	100	8	6	200～400	4

检验方法：水平尺、拉线尺量检查。

一般项目：

(1) 雨水管应固定在承重结构上。雨水斗边缘与屋面相交处应处理严密，无渗漏现象。连接管的管径应符合设计要求，当设计无具体要求时，连接管的管径不得小于100mm。

检验方法：观察；尺量检查。

(2) 雨水管道不得与生活污水管道连接。

检验方法：观察。

(3) 雨水管道安装的允许偏差应符合表11-13的规定。

(4) 悬吊式雨水管道的检查口或带法兰堵头的三通的间距不得大于表11-15的规定。

表 11-15 悬吊管检查口间距

项次	悬吊管直径（mm）	检查口间距（m）	项次	悬吊管直径（mm）	检查口间距（m）
1	≤150	≯15	2	≥200	≯20

(5) 雨水钢管管道焊接的焊口允许偏差和检验方法应符合表11-16的规定。

检验方法：拉线、尺量检查。

表 11-16 钢管管道焊口允许偏差和检验方法

项次	项目			允许偏差	检验方法
1	焊口平直度	管壁厚 10mm 以内		管壁厚 1/4	焊接检验尺和游标卡尺检查
2	焊缝加强面	高度		+1mm	
		宽度			
3	咬边	深度		小于 0.5mm	直尺检查
		长度	连续长度	25mm	
			总长度（两侧）	小于焊缝长度的 10%	

11.3 室内热水供应系统安装质量

室内热水供应系统安装质量分为合格和不合格。

合格标准：主控项目全部符合规定；一般项目 80%及以上的检查点符合规定，其余检查点的偏差值不超过允许偏差的 1.5 倍。

11.3.1 管道及配件安装

主控项目：

（1）热水供应系统安装结束，管道做保温前应做水压试验。试验压力应符合设计要求。当设计无具体要求时，热水供应系统水压试验压力应为系统顶点的工作压力加 0.1MPa，且系统顶点的试验压力应不小于 0.3MPa。

检验方法：复合管或钢管管道系统试验压力 10min 内压力降不大于 0.2MPa，然后降至工作压力检查结果应不渗漏，且压力应不降；塑料管道系统在试验压力状态下稳定 1h，压力降不得超过 0.05MPa，后在工作压力 1.15 倍状态下稳定 2h，压力降不得超过 0.03MPa，各连接点不得有渗漏。

（2）热水供应管道应尽量利用自然弯补偿伸缩量，直线段如果过长则应加设补偿器。补偿器的位置、规格型号应符合设计要求，并按有关规定进行预拉伸。

检验方法：对照设计图样检查。

（3）热水供应系统安装结束后必须进行冲洗后方可使用。

检验方法：现场观察检查。

一般项目：

（1）温度控制器及阀门应安装在便于检查和维修的部位。

检验方法：观察检查。

（2）管道安装的坡度应符合设计要求。

检验方法：用水平尺、拉线尺量检查。

（3）热水供应管道和阀门安装的允许偏差应符合表 11-4 的规定。

（4）热水供应系统管道应做保温（浴室内明装管道除外），保温材料的质量、保温层的厚度、保护层的材质及设置应符合设计要求。保温层的平整度、厚度应符合表 11-8 的规定。

11.3.2 辅助设备安装

主控项目：

(1) 太阳能集热器玻璃安装前，应对上、下集管和集热排管作水压试验，试验压力应为工作压力的 1.5 倍。

检验方法：试验压力状态下持续 10min 而压力不变，且不渗漏。

(2) 应对热交换器以工作压力的 1.5 倍作水压试验，热水部分应不低于 0.4MPa，蒸汽部分应不低于工作压力加 0.3MPa。

检验方法：试验压力状态下持续 10min 后检查压力降不变，不渗漏为合格。

(3) 安装水泵前应对基础混凝土的强度、标高、尺寸、轴线和预埋螺栓的位置进行检查，其结果必须符合设计要求。

检验方法：对照设计图样用仪器、钢尺等进行检查。

(4) 水泵试运行的轴承温升应符合设计要求。

检验方法：用温度计实测检查。

(5) 密闭水箱（罐）的水压试验和敞口水箱的满水试验必须符合设计要求。

检验方法：水压试验在试验压力状态下持续 10min 而压力不降，且不渗漏。

一般项目：

(1) 由集热器上下集管通往热水箱的循环管道，应有不小于 5‰的坡度。

检验方法：尺量检查。

(2) 自然循环的热水箱底部与集热器上集管之间的距离为 0.3～1m。

检验方法：尺量检查。

(3) 安装固定式太阳能热水器应朝向正南。如受条件限制不能朝向正南时，其偏移角不能大于 15°。集热器的倾角，如在春夏秋三个季节全部使用的，应采用当地纬度为倾角；如仅在夏季使用，可比当地纬度减少 10°。

检验方法：观察；用分度仪检查。

(4) 制作吸热钢板凹槽的圆度应准确，间距应均匀一致。安装集热排管时，应用钢丝和卡箍紧固在钢板凹槽内。

检验方法：手扳；尺量检查。

(5) 太阳能热水器的最低处应设置泄水装置。

检验方法：观察检查。

(6) 热水箱及上、下集管等循环管道均应保温。

检验方法：观察。

(7) 以水作介质的太阳能热水器，在 0℃以下地区使用时应有防冻措施。

检验方法：观察。

(8) 热水供应辅助设备安装的允许偏差应符合表 11-9 的规定。

(9) 太阳能热水器安装的允许偏差应符合表 11-17 的规定。

表 11-17 太阳能热水器安装的允许偏差和检验方法

项目			允许偏差	检验方法
板式直管太阳能热水器	标高	中心线距地面（mm）	±20	尺量
	固定安装朝向	最大偏移角	不大于 15°	分度仪检查

11.4 卫生器具安装

卫生器具安装质量分为合格和不合格。

合格标准：主控项目全部符合规定；一般项目80%及以上的检查点符合规定，其余检查点的偏差值不超过允许偏差的1.5倍。

11.4.1 卫生器具安装

主控项目：

(1) 地漏和排水栓的安装应牢固、平整、低于排水表面、周围无渗漏。地漏水封高度不得小于50mm。

检验方法：闭水试验检查。

(2) 卫生器具完工后应做通水和满水试验。

检验方法：通水试验，给排水畅通；满水试验各连接点不渗漏。

一般项目：

(1) 有饰面的浴盆，应留出通向浴盆排水口的检修门。

检验方法：观察检查。

(2) 小便池冲洗管，应采用硬质塑料管或镀锌钢管制作。冲洗孔应斜向下方安装，冲洗水向墙面成45°角，镀锌钢管钻孔后应二次镀锌处理。

检验方法：观察检查。

(3) 卫生器具的支、托架应做防腐处理或使用不锈钢材料制作，安装应牢靠、平整，与器具接触处吻合。支点均衡平稳。

检验方法：观察；手扳检查。

(4) 卫生器具安装的允许偏差和检验方法应符合表11-18的规定。

表11-18 卫生器具安装的允许偏差和检验方法

项次	项目		允许偏差（mm）	检验方法
1	坐标	单独器具	10	拉线、吊线和尺量检查
		成排器具	5	
2	标高	单独器具	±15	
		成排器具	±10	
3	器具水平度		2	用水平尺和尺量检查
4	器具垂直度		3	吊线和尺量检查

主控项目：

卫生器具给水配件应完好无损，接口严密，开启灵便。

检验方法：观察；开启检查。

一般项目：

(1) 卫生器具给水配件安装标高的允许偏差和检验方法应符合表11-19的规定。

表 11-19　卫生器具给水配件安装标高的允许偏差和检验方法

项　次	项　　目	允许偏差（mm）	检验方法
1	大便器高、低水箱角阀及截止阀	±10	尺量检查
2	水嘴	±10	
3	淋浴器喷头下沿	±15	
4	浴盆软管淋浴器挂钩	±20	

(2) 浴盆、淋浴器挂钩的高度应符合设计要求，当设计无具体要求时，应距地面 1.8m。

检验方法：尺量检查。

11.4.2　卫生器具排水管道安装

主控项目：

(1) 卫生器具的排水管道接头应严密、无渗漏，其固定管卡、支架应牢靠，位置应正确，与管道的连接应平整、顺直。

检验方法：观察；通水检查。

(2) 各卫生器具横排水管和受水管口及立管等均应采取可靠的固定措施。

检验方法：观察；手扳检查。

(3) 受水口与楼层面接触部位应采取可靠的防渗漏措施。

检验方法：观察；做闭水试验检查。

一般项目：

(1) 卫生器具的排水管径和最小坡度应符合设计要求，当设计无具体要求时，应符合表 11-20 的规定。

表 11-20　连接卫生器具的排水管管径和最小坡度

项次	卫生器具名称		排水管管径（mm）	管道的最小坡度（‰）
1	污水盆（池）		50	25
2	单、双格洗涤盆（池）		50	25
3	洗手盆、洗脸盆		32～50	20
4	浴　盆		50	20
5	淋浴器		50	20
6	大便器	高、低水箱	100	12
		自闭式冲洗阀	100	12
		拉管式冲洗阀	100	12
7	小便器	手动、自闭式冲洗阀	40～50	20
		自动冲洗水箱	40～50	20
8	化验盆（无塞）		40～50	25
9	净身器		40～50	20
10	饮水器		20～50	10～20
11	家用洗衣机		50（软管为 30）	

检验方法：水平尺拉线尺量检查。

(2) 卫生器具排水管道安装的允许偏差和检验方法应符合表11-21的规定。

表11-21 卫生器具排水管道安装的允许偏差及检验方法

项次	检查项目		允许偏差（mm）	检验方法
1	横管弯曲度	每1m长	2	用水平尺量检查
		横管长度≤10m，全长	<8	
		横管长度>10m，全长	10	
2	卫生器具的排水管口及横支管的纵横坐标	单独器具	10	用尺量检查
		成排器具	5	
3	卫生器具的接口标高	单独器具	±10	用水平尺和尺量检查
		成排器具	±5	

11.5 室内采暖系统安装质量

室内采暖系统安装质量分为合格和不合格。

合格标准：主控项目应全部符合规定；一般项目80%及以上的检查点符合规定，其余检查点的偏差值不超过允许偏差的1.5倍。

11.5.1 管道及配件安装

主控项目：

(1) 补偿器的安装位置、规格型号、预拉伸和支架安装位置、构造应符合设计要求。

检验方法：观察；对照施工图样和检查预拉伸试验记录。

(2) 管道安装的坡度应符合设计要求，当设计无具体要求时应符合以下规定。

1) 汽、水逆向流动的热水采暖管道和汽、水逆向流动的蒸汽管道坡度不应小于5‰；

2) 汽、水同向流动的热水采暖管道和汽、水同向流动的蒸汽管道及凝结水管道，坡度应在3‰～2‰之间；

3) 散热器支管的坡度应为1%，坡向应有利于泄水和排气。

检验方法：观察；拉线用水平尺、尺量检查。

(3) 蒸汽减压阀、设备安全阀及管道的规格型号、公称压力及安装位置应符合设计要求；安装结束后应作压力试验，且作出标记。

检验方法：对照施工图样，检查产品合格证及压力试验。

(4) 方形补偿器应水平安装，且应与管道的坡度一致；如臂长方向垂直安装时必须设置排水及排气装置。

检验方法：观察检查。

(5) 方形补偿器制作应使用整根无缝钢管揻制，如制作时钢管需要接长，其接口应设在垂直臂的中间部位，接口必须采用焊接。

检验方法：观察检查。

一般项目：

(1) 钢管管道焊口尺寸的允许偏差应符合表 11-16 的规定。

(2) 疏水器、除污器、过滤器、阀门及热量表的公称压力、规格型号、安装位置应符合设计要求。

检验方法：对照施工图样检查，并检查产品的合格证、检测报告。

(3) 分户计热系统和采暖系统入口装置，应符合设计要求；且安装位置应便于检查和维修。

检验方法：观察检查。

(4) 管道、金属支架及设备的防腐处理、涂漆应无脱落、流淌、漏涂、起泡等现象。

检验方法：观察检查。

(5) 钢管管径大于 32mm 的管道转弯焊接时，自然补偿时应采用摵弯；塑料管或复合管除必须采用直角弯头外还应使用管道直接弯曲转弯的方法安装。

检验方法：观察检查。

(6) 当采暖热媒为 110～130℃的高温水时，管道的可拆卸件应用法兰，不得使用活接和长丝；法兰垫应优先选用耐热橡胶板。

检验方法：观察和检查物资进场报验单。

(7) 在管道主管上焊接水平分支或垂直管道时，干管管壁所附废弃物和开孔所产生的钢屑不得残留在管内，并且分支管不得插入干管内。

检验方法：观察检查。

(8) 膨胀水箱的循环管和膨胀管，不得在其上安装阀门。

检验方法：观察检查。

(9) 上供下回式系统的蒸汽干管变径应底平偏心连接；热水干管变径应顶平偏心连接。

检验方法：观察检查。

(10) 散热器支管长度超过 1.5m 时，应在支管上安装管卡。

检验方法：观察；尺量检查。

(11) 设备和管道保温的允许偏差应符合表 11-8 的规定。

(12) 采暖管道安装的允许偏差应符合表 11-22 的规定。

表 11-22　采暖管道安装的允许偏差和检验方法

项次	项　目			允许偏差	检验方法
1	横管道纵、横方向弯曲(mm)	每 1m	管径≤100mm	1	用水平尺、直尺、拉线和尺量检查
			管径>100mm	1.5	
		全长(25m 以上)	管径≤100mm	≯13	
			管径>100mm	≯25	
2	立管垂直度(mm)	每 1m		2	吊线和尺量检查
		全长(5m 以上)		≯10	
3	弯管	椭圆率 $\frac{D_{max}-D_{min}}{D_{max}}$	管径≤100mm	10%	用外卡钳和尺量检查
			管径>100mm	8%	
		折皱不平度(mm)	管径≤100mm	4	
			管径>100mm	5	

注：D_{max}，D_{min}分别为管子最大外径及最小外径。

11.5.2 散热器及辅助设备安装

主控项目：

（1）水箱、热交换器、水泵等辅助设备安装的质量检查及验收应按给水设备安装主控项目、一般项目的有关规定进行。

（2）整组出厂和零散片组对的散热器安装后应作水压试验。试验压力应符合设计要求，当设计无具体要求时，应为工作压力的 1.5 倍，且不得小于 0.6MPa。

检验方法：试验时间持续 2～3min，压力降不变且不渗漏为合格。

一般项目：

（1）组对散热器的垫片应符合以下规定：

1）应使用成品垫片组装散热器，组对后的垫片外露不应大于 1mm。

2）散热器垫片的材质应符合设计要求，当设计无具体要求时，应优先选用耐热橡胶垫。

检验方法：观察；尺量检查。

（2）散热器背面与装饰后的墙表面的距离，应符合设计要求，当设计无具体要求时，应为 30mm。

检验方法：尺量检查。

（3）钢制散热器或铸铁散热器的表面应涂防腐及面漆，防腐及面漆的色泽应均匀一致，附着良好，无漏涂、流淌、气泡和脱落现象。

检验方法：观察检查。

（4）散热器组对应严密平直，组对后的散热器表面平直度应符合表 11-23 的规定。

检验方法：拉线和尺量检查。

表 11-23 组对后的散热器平直度允许偏差

项次	散热器类型	片　数	允许偏差(mm)	项次	散热器类型	片　数	允许偏差（mm）
1	长 翼 型	2～4	4	2	铸铁片式	3～15	4
		5～7	6		钢制片式	16～25	6

（5）散热器支架、托架的安装应准确，埋设应牢靠。散热器支架、托架的数量，应符合设计要求；当设计无具体要求时，应符合表 11-24 的规定。

表 11-24 散热器支架、托架数量

项　次	散热器型式	安装方式	每组片数	上部托钩或卡架数	下部托钩或卡架数	合　计
1	长翼型	挂墙	2～4	1	2	3
			5	2	2	4
			6	2	3	5
			7	2	4	6
2	柱型 柱翼型	挂墙	3～8	1	2	3
			9～12	1	3	4
			13～16	2	4	6
			17～20	2	5	7
			21～25	2	6	8

续表

项　次	散热器型式	安装方式	每组片数	上部托钩或卡架数	下部托钩或卡架数	合　计
3	柱型 柱翼型	带足落地	3～8	1	—	1
			8～12	1	—	1
			13～16	2	—	2
			17～20	2	—	2
			21～25	2	—	2

检验方法：现场清点核查。

(6) 散热器安装允许偏差和检验方法应符合表 11-25 的规定。

表 11-25　散热器安装允许偏差和检验方法

项　次	项　　目	允许偏差（mm）	检验方法
1	散热器背面与墙内表面距离	3	尺　量
2	与窗中心线或设计定位尺寸	20	
3	散热器垂直度	3	吊线和尺量

检验方法：现场观察。

11.5.3　金属辐射板安装质量

主控项目：

(1) 水平安装的辐射板应有不小于 5‰坡度坡向回水管。

检验方法：水平尺、拉线和尺量检查。

(2) 辐射板管道及带状辐射板之间的连接，应采用法兰安装牢固。

(3) 辐射板安装后应作水压试验，水压试验应符合设计要求，当设计无具体要求时，水压试验的压力应为工作压力的 1.5 倍，且不得小于 0.6MPa。

检验方法：试验压力状态下持续 2～3min 而压力降不变，且无渗漏现象。

11.5.4　低温热水地板辐射采暖系统安装质量

主控项目：

(1) 盘管隐蔽前必须作水压试验，试验压力应为工作压力的 1.5 倍，且不得小于 0.6MPa。

检验方法：水压试验稳定 1h 压力降不大于 0.05MPa，且无渗漏为合格。

(2) 加热盘管弯曲部位不得出现硬死弯现象，曲率半径应符合以下规定：

1) 复合管：不应小于管道外径的 5 倍。

2) 塑料管：不应小于管道外径的 8 倍。

检验方法：尺量检查。

(3) 地面以下敷设的盘管地下部分不得有接头。

检验方法：隐蔽前检查。

一般项目：

(1) 填充层混凝土强度等级应符合设计要求。

检验方法：检查试块强度试验报告。

(2) 防水层、防潮层、伸缩缝及隔热层的设置应符合设计要求。

检验方法：混凝土浇筑前观察检查。

(3) 加热盘管的管径、间距、长度应符合设计要求；间距允许偏差不大于±10mm。

检验方法：拉线和尺量检查。

(4) 集、分水器的规格、型号、安装位置、安装高度、公称压力等应符合设计要求。

检验方法：对照产品说明书及设计图样，尺量实物检查。

11.5.5 系统水压试验和调试

主控项目：

(1) 系统冲洗后方可充水、加热、试运转和调试。

检验方法：观察；测量室内温度应符合设计要求。

(2) 系统通过水压试验合格后方可对系统冲洗、清扫除污器及过滤器。

检验方法：观察；排出水不含铁屑、泥沙，水不混浊为合格。

(3) 采暖系统安装完毕在管道做保温前应进行水压试验。试验压力应符合设计要求，当设计无具体要求时，应符合以下规定：

1) 使用复合管和塑料管的热水采暖系统，应以系统顶点工作压力加0.2MPa作水压试验压力，且系统顶点的试验压力应不小于0.4MPa。

2) 高温热水采暖系统，水压试验压力应为系统顶点工作压力加0.4MPa。

3) 热水、蒸汽采暖系统，应以系统顶点工作压力加0.1MPa作水压试验压力，且在系统顶点的试验压力应不小于0.3MPa。

检验方法：使用复合管及塑料管的采暖系统应在水压试验压力状态下持续10min，压力降不大于0.2MPa，降至工作压力后检查无渗漏；

使用塑料管的采暖系统应在试验压力状态下持续1h，压力降不大于0.05MPa，降至工作压力的1.5倍，持续2h，压力降不大于0.03MPa，并各连接点无渗漏为合格。

11.6 室外给水管网安装质量

室外给水管网安装质量分为合格和不合格。

合格标准：主控项目全部符合规定；一般项目80%及以上的检查点符合规定，其余检查点的偏差值不超过允许偏差的1.5倍。

11.6.1 给水管道安装

主控项目：

(1) 给水管道不得直接穿越化粪池、公共厕所、污水井等污染点。

检验方法：观察检查。

(2) 给水管道应埋设在当地冰冻线以下，因条件所限必须在冰冻线以上埋设时应对管道进行保温处理。无冰冻区的管道埋设，管顶的覆土埋深不得小于500mm，穿过道路下方的埋深不得小于 700mm。

检验方法：观察检查。

(3) 管道法兰、卡箍、卡扣应安装在检查井或地沟里，不应埋设在土壤中。

检验方法：观察检查。

(4) 给水各井内的管道安装应符合设计要求，当设计无具体要求时，法兰或承口与井壁的距离：管径＞450mm 时不得小于 350mm；管径≤450mm 时不得小于 250mm。

检验方法：尺量检查。

(5) 管网必须做水压试验，水压试验的压力为工作压力的 1.5 倍，且不得小于 0.6MPa。

检验方法：塑料管道水压试验压力状态下持续 1h 压力降不大于 0.05MPa，后降至工作压力检查压力降保持不变，无渗漏；铸铁管、钢管的水压试验压力状态下持续 10min 压力降不应大于 0.05MPa，然后降至工作压力检查压力降保持不变，无渗漏。

(6) 钢管、镀锌钢管的防腐处理必须符合设计要求，如设计无具体要求，应符合表 11-26的规定。防腐材料与管道应粘结牢靠、无滑移空鼓、接头不严等现象。

表 11-26　管道防腐层种类

防腐层层次	正常防腐层	加强防腐层	特加强防腐层
（从金属表面起）1	冷底子油	冷底子油	冷底子油
2	沥青涂层	沥青涂层	沥青涂层
3	外包保护层	加强包扎层	加强保护层
		（封闭层）	（封闭层）
4		沥青涂层	沥青涂层
5		外保护层	加强包扎层
			（封闭层）
6			沥青涂层
7			外包保护层
防腐层厚度不小于（mm）	3	6	9

检验方法：观察；剥离检查。

(7) 给水管道必须冲洗，饮用水管道冲洗后还应严格消毒；符合国家现行饮用水卫生标准后方可使用。

检验方法：观察水的清澈度，检查检测报告。

一般项目：

(1) 金属支架和管道的涂漆应粘结良好，无漏涂、流淌、起泡、脱皮等缺陷。

检验方法：观察检查。

(2) 阀门、水表的安装应正确，管道连接应符合工艺要求。塑料给水管道上的阀门、水表等设备自重或启闭装置的扭矩不得作用在管道上，管径大于或等于 500mm 的管道必须单独设置支承装置。

检验方法：观察检查。

(3) 当污水管与给水管相互平行但不在同一标高设置而垂直间距在 500mm 以内时，给水管管径＞200mm 时，管壁水平距离不得小于 3m，管径≤200mm 时水平间距不得小于 1.5m。

检验方法：尺量检查。

(4) 捻口用的油麻填充料必须清洁干净，其填塞深度应为环型间隙深度的 1/3，并应塞实。

检验方法：观察；尺量检查。

(5) 捻口用水泥的强度等级不应低于 32.5MPa，接口水泥砂浆应严格控制水灰比，并应密实饱满，水泥砂浆凹入承口边缘的深度不得大于 2mm。

检验方法：观察和尺量检查。

(6) 安装水泥捻口的给水铸铁管的地点有侵蚀性地下水时，铸铁管接口处应涂抹沥青进行防腐处理。

检验方法：观察检查。

(7) 管道的坡度、标高、坐标应符合设计要求，管道安装的允许偏差应符合表 11-27 的规定。

表 11-27 室外给水管道安装的允许偏差和检验方法

项次	项目			允许偏差（mm）	检验方法
1	坐标	铸铁管	埋地	100	拉线和尺量检查
			敷设在沟槽内	50	
		钢管、塑料管、复合管	埋地	100	
			敷设在沟槽内或架空	40	
2	标高	铸铁管	埋地	±50	
			敷设在地沟内	±30	
		钢管、塑料管、复合管	埋地	±50	
			敷设在地沟内或架空	±30	
3	水平管纵横向弯曲	铸铁管	直段（25m 以上）起点～终点	40	
		钢管、塑料管、复合管	直段（25m 以上）起点～终点	30	

(8) 铸铁管承插口连接的对口间隙应不小于 3mm，最大间隙不得大于表 11-28 的规定。

检验方法：尺量检查。

(9) 铸铁管道直线敷设时，承插捻口连接的环型间隙应符合表 11-29 的规定。

表 11-28 铸铁管承插捻口的对口最大间隙 (mm)

管径	沿直线敷设	沿曲线敷设
75	4	5
100～250	5	7～13
300～500	6	14～22

表 11-29 铸铁管承插捻口的环型间隙 (mm)

管径	标准环型间隙	允许偏差
75～200	10	+3 −2
250～450	11	+4 −2
500	12	+4 −2

检验方法：尺量检查。

(10) 采用橡胶圈接口的埋地给水管道，在地下水或土壤对橡胶圈有腐蚀的地段，在回填土前应用沥青锯末或沥青麻丝等材料封闭橡胶圈接口。用橡胶圈接口的管道，接口的最大偏转角应符合表 11-30 的规定

表 11-30 橡胶圈接口最大允许偏转角

公称直径（mm）	100	125	150	200	250	300	350	400
允许偏转角度	5°	5°	5°	5°	4°	4°	4°	3°

检验方法：观察；尺量检查。

11.6.2 消防水泵接合器及室外消火栓安装

主控项目：

(1) 消火栓和消防水泵接合器的位置应有明显的标志，消火栓口的位置应便于操作，门前不得堆放杂物。室外消火栓和消防水泵接合器应采用墙壁式的，进、出水栓口的位置应符合设计要求，当设计无具体要求时，进、出水口的中心高度距地面 1.1m，非墙壁式消火栓和消防水泵接合器的上方应有防砸措施。

检验方法：观察；尺量检查。

(2) 消防水系统必须进行水压试验，试验压力应为工作压力的 1.5 倍，且不得小于 0.6MPa。

检验方法：在试验压力状态下持续 10min，其压力降应不大于 0.05MPa，然后降至工作压力检查，压力降不变，无渗漏为合格。

(3) 消防管道安装完毕后，应对管道彻底清洗。

检验方法：观察冲洗水的清澈度。

一般项目：

(1) 消防水泵接合器的止回阀和安全阀安装的方向及安装的位置应正确，阀门的开启和关闭应灵便。

检验方法：观察；手扳检查。

(2) 室外消防水泵接合器和消火栓的安装尺寸、位置、标高应符合设计要求。栓口安装标高的允许偏差为±20mm。

检验方法：尺量检查。

(3) 地下式消火栓的顶部出水口或地下式消防水泵接合器顶部进水口与消防井盖底面的距离不得大于 400mm，消防井应设爬梯，并应留足够的维修操作空间。寒冷地区的检查井应有防冻措施。

检验方法：观察；尺量检查。

11.6.3 井室及管沟

主控项目：

(1) 各种井室的井盖应有明显的标识，不得混用，并应符合设计要求。

检验方法：观察检查。

(2) 小区道路或过车路面的下方井室井盖上表面应与路面相平，允许偏差为±5mm。并应使用重型井圈和井盖；绿化带上及其他不通车部位可采用轻型井圈和井盖。井盖的上表面应高出地坪 50mm，并在井口四周做 2%坡度的水泥砂浆泛水坡。

检验方法：观察；尺量检查。

(3) 重型混凝土或铸铁井圈，应在井壁砌砖上浇筑不少于 80mm 厚的混凝土垫层，不得直接放在井壁的砌砖上。

检验方法：观察；尺量检查。

(4) 井室的地基和管沟的基层处理必须符合设计要求。

检验方法：观察检查。

一般项目：

(1) 管沟的沟底应为原土或夯实土，沟底的坡度应符合设计要求，平整顺畅，不得有混凝土硬块、石块及砖等硬物。

检验方法：观察检查。

(2) 沟基为岩石不易开凿和清除的砾石或块石时，沟底应挖深 100～200mm 后用粒径不大于 5mm 的细土或细砂夯实，并测准沟底标高时再进行管道敷设。

(3) 管沟的标高、位置、坐标应符合设计要求。

检验方法：观察；尺量检查。

(4) 管道穿过井壁部位应用干硬混凝土或砂浆分层次填塞密实，抹平，不得有渗漏现象。

检验方法：观察检查。

(5) 管沟土方回填时，其管顶上部 200mm 以内用无冻土块、无石块的细土或细砂回填，并不得用机械回填和夯实；管顶细土或细砂的上层 500mm 以内不得用直径大于 100mm 的冻块或石块回填，以上用机械回填时不得在其管上部行走和碾压。

检验方法：观察和尺量检查。

(6) 井室施工依设计图样和标准图施工，井室的底标高在地下水位以下时，基层应设 100mm 厚的混凝土底板；井底标高在地下水位以上时，基层应用素土夯实，砌筑井壁时应用水泥砂浆，内侧抹灰应平整光滑，严密无渗漏现象。

检验方法：观察，尺量检查。

11.7 室外排水管网工程质量

室外排水管网工程质量分为合格和不合格。

合格标准：主控项目全部符合规定；一般项目 80%及以上的检查点符合规定，其他检查点的偏差值不超过允许偏差的 1.5 倍。

11.7.1 排水管道安装

主控项目：

(1) 管道隐蔽前必须做通水和水压试验，排水应通畅，接口应严密无渗漏现象。

检验方法：按排水检查井划分段进行通水和水压试验，试验水应以试验段上部管顶加高

1m，持续时间不少于30min，逐段试验检查，各接口应无渗漏。

（2）排水管道的坡度必须符合设计要求，严禁有存水、无坡或倒坡现象。

检验方法：用水准仪、水平尺、拉线、尺量检查。

一般项目：

（1）排水铸铁管当采用捻口时，应用油麻丝填塞严实后再用水泥砂浆抹出封闭埂，埂高不低于50mm，其接口面凹入承口边缘的深度不得小于2mm。

检验方法：观察；尺量检查。

（2）管道的标高、位置、管径应符合设计要求。安装的允许偏差和检验方法应符合表11-31的规定。

表11-31　室外排水管道安装的允许偏差和检验方法

项次	项　目		允许偏差（mm）	检验方法
1	坐　标	埋　地	100	拉　线 尺　量
		敷设在沟槽内	50	
2	标　高	埋　地	±20	用水平仪、拉线和尺量
		敷设在沟槽内	±20	
3	水平管道纵横向弯曲	每5m长	10	拉　线 尺　量
		全长（两井间）	30	

（3）铸铁排水管在安装前应外壁除锈后涂二遍石油沥青。

检验方法：观察检查。

（4）承插接口的排水管道安装时，管件和管道的承口应与水流方向逆向安装。

检验方法：观察检查。

（5）混凝土管或钢筋混凝土管的抹带接口应符合以下规定：

1）抹带接口前管口外壁应凿毛、扫净、洒水湿润，当管径≤500mm时抹带可一次完成；当管径＞500mm时应分二次抹成，抹带不得出现裂纹。

2）钢丝网应在管道安装前放在下方接口处，抹压砂浆时应将钢丝网抹压在水泥砂浆的中层，钢丝网不得外露。

3）抹带厚度不得少于管壁厚，宽度宜为80～100mm。

检验方法：观察；尺量检查。

11.7.2　井池及排水管沟

主控项目：

（1）排水检查井、化粪池的底板和进、出水管的标高；位置必须符合设计要求，其允许偏差为±15mm。

检验方法：用水准仪、拉线、尺量检查。

（2）井池、沟底的混凝土强度等级应符合设计要求，并严禁施工中混进泥土。

检验方法：观察，检查混凝土开盘鉴定或浇灌申请。

一般项目：

（1）井盖的型号、规格应正确，并有明显标志，标高及与路面、地坪的高度应符合设计和施工规范的要求。

检验方法：观察；尺量检查。

（2）井、池的规格尺寸、标高、位置、砌筑方法及内壁抹灰应符合规程、规范的要求。

检验方法：尺量；观察检查。

11.8 室外供热管网安装

室外供热管网安装质量分为合格和不合格。

合格标准：主控项目全部符合规定；一般项目80%及以上的检查点符合规定，其余检查点的偏差值不超过允许偏差的1.5倍。

11.8.1 管道及配件安装

主控项目：

（1）三通加固、直埋无补偿供热管道预热伸长应符合设计要求，隐蔽前应检查接口及预制保温层外壳的完好性。回填应符合设计要求。

检验方法：回填土隐蔽前现场检查，并在回填过程中进行监督检查。

（2）调节阀及平衡阀的规格、型号、公称压力应符合设计要求，安装结束后应根据系统规定进行调试，合格后作好标记。

检验方法：对照设计图样、产品合格证、现场检查调试结果。

（3）补偿器和管道支架的位置及构造必须符合设计要求；补偿器安装前应根据产品说明书或设计要求进行预拉伸。

检验方法：对照设计施工图样，检查预拉伸记录。

（4）用户入口处管道及检查井的布置应符合设计要求，并应满足支、托、吊架牢靠稳定、便于检查维修的需要。

检验方法：对照设计图样检查。

（5）直埋管道的保温应符合设计要求，接口在现场使用聚氨酯发泡保温时，接头处的保温层厚度应与管道保温层的厚度一致并成为一体。

检验方法：对照设计图样检查。

一般项目：

（1）除污器的构造及安装位置应符合设计要求，并应安装方向正确；管网应经冲洗和清除污物后方可使用。

检验方法：现场开启检查口检查。

（2）管道敷设的坡度及垂直度应符合设计要求。

检验方法：对照设计图样，用水准仪、垂直仪检查。

（3）管道焊口的允许偏差应符合表11-16的规定。

（4）管道及管件焊接缝表面质量应符合以下规定：

1）焊缝及热影响区应无裂纹、未焊透、弧坑、夹渣、气孔、未熔合、焊瘤等现象。

2）焊缝的外形尺寸应符合设计要求，并应使焊缝与母材平缓过渡，焊缝高度在设计无具体要求时应不低于母材。

检验方法：观察检查。

(5) 供热管道的蒸汽管或供水管的敷设应符合设计要求，当设计无具体要求时，应敷设在载热介质前进方向的上方或右侧。

检验方法：对照设计图样检查。

(6) 地沟内的管道安装位置，其净距（保温层外表面）应符合以下规定：

与沟顶(不通行地沟)：100～200mm；

(半通行和通行地沟)：200～300mm；

与沟底：100～200mm；

与沟壁：100～150mm。

(7) 管道保温层的平整度和厚度的允许偏差应符合表 11-8 的规定。

(8) 防锈漆的厚度应均匀，不得有漏涂、流淌、起泡，脱皮等现象。

检验方法：隐蔽前观察检查。

(9) 架高供热管道的高度应符合设计要求，当设计无具体要求时，应符合以下规定（以保温层外表面计算）：

1) 车辆通行路面以上不小于 4.5m；

2) 人行道路面以上不小于 2.5m；

3) 跨越铁路，距轨顶不小于 6m。

检验方法：尺量检查。

(10) 室外供热管道安装的允许偏差和检验方法应符合表 11-32 的规定。

表 11-32　室外供热管道安装的允许偏差和检验方法

项次	项目			允许偏差	检验方法
1	坐标（mm）		敷设在沟槽内及架空	20	用水准仪（水平尺）、直尺、拉线
			埋　地	50	
2	标　高（mm）		敷设在沟槽内及架空	±10	尺量检查
			埋　地	±15	
3	水平管道纵、横方向弯　曲（mm）	每 1m	管径≤100mm	1	用水准仪（水平尺）、直尺、拉线和尺量检查
			管径>100mm	1.5	
		全长（25m 以上）	管径≤100mm	≯13	
			管径>100mm	≯25	
4	弯管	椭圆率 $\frac{D_{max}-D_{min}}{D_{max}}$	管径≤100mm	8%	用外卡钳和尺量检查
			管径>100mm	5%	
		折皱不平度（mm）	管径≤100mm	4	
			管径 125～200mm	5	
			管径 250～400mm	7	

11.8.2　系统水压试验及调试

主控项目：

（1）供热管道的水压试验压力应为工作压力的1.5倍，且不得小于0.6MPa。

检验方法：水压试验压力状态下持续10min压力降不大于0.05MPa，然后降至工作压力，压力不降、且无渗漏为合格。

（2）管道试压合格后应进行冲洗。

检验方法：观察水色不浑浊为合格。

（3）管道冲洗完毕后加热、试运行和调试；如不具备加热条件，则应延期试运行和调试。

检验方法：检测各供热管道入口处供水和回水的温度、压力是否满足设计要求。

（4）供热管道可分段分支作水压试验，试验段、分支管道上的阀门应开启，试验管道与非试验管道用阀门隔开。

检验方法：关闭和开启阀门试验检查。

11.9　供热锅炉及辅助设备安装

供热锅炉及辅助设备安装质量分为合格和不合格。

合格标准：主控项目全部符合规定；一般项目80%及以上的检查点符合规定，其余检查点的偏差值不超过允许偏差的1.5倍。

11.9.1　锅炉安装

主控项目：

（1）非承压锅炉的安装应符合设计和产品说明书的要求，锅筒顶部必须安装与大气的连通管，且连通管上不得安装阀门或在锅筒顶部开口设置。

检验方法：对照产品说明书或设计图样检查。

（2）以天然气为燃料的锅炉，其大气排放管或天然气释放管应通向贮存或处理装置后再通向大气。

检验方法：对照设计图样检查。

（3）当两台或两台以上燃油锅炉共用一个烟囱时，应在各锅炉的烟道上设置挡板或风阀装置，并应灵便有效。

检验方法：观察；手开启检查。

（4）锅炉水冷壁和锅筒的后集箱最低处排污阀、排污管及下集箱不得采用螺纹连接。

检验方法：观察检查。

（5）机械炉排安装结束后应进行冷态运转试验，连续运转时间应不少于8h。

检验方法：观察试运转全过程。

（6）锅炉本体管道及配件焊缝质量应符合以下规定：

1）管道焊口尺寸的允许偏差应符合表11-16的规定。

2）无损探伤的检测结果应符合锅炉本体设计的相关规定。

3）焊缝表面应无裂纹、未焊透、弧坑、夹渣气孔、未熔合等现象。

检验方法：观察；检查无损探伤检测报告。

（7）锅炉设备基础混凝土的强度等级必须符合设计要求；基础的坐标、几何尺寸、预埋螺栓孔位置及标高应符合表 11-33 的规定。

表 11-33　锅炉及辅助设备基础的允许偏差和检验方法

项次	项目		允许偏差（mm）	检验方法
1	基础坐标位置		20	经纬仪、拉线和尺量
2	基础各不同平面的标高		0，−20	水准仪、拉线尺量
3	基础平面外形尺寸		20	
4	凸台上平面尺寸		0，−20	尺量检查
5	凹穴尺寸		+20，0	
6	基础上平面水平度	每　米	5	水平仪（水平尺）和楔形塞尺检查
		全　长	10	
7	竖向偏差	每　米	5	经纬仪或吊线和尺量
		全　高	10	
8	预埋地脚螺栓	标高（顶端）	+20，0	水准仪、拉线和尺量
		中心距（根部）	2	
9	预留地脚螺栓孔	中心位置	10	尺量
		深　度	−20，0	
		孔壁垂直度	10	吊线和尺量
10	预埋活动地脚螺栓锚板	中心位置	5	拉线和尺量
		标　高	+20，0	
		水平度（带槽锚板）	5	水平尺和楔形塞尺检查
		水平度（带螺纹孔锚板）	2	

（8）锅炉的汽、水系统安装结束后，必须作水压试验，水压试验的压力应符合表 11-34 的规定。

表 11-34　水压试验压力规定

项次	设备名称	工作压力 P（MPa）	试验压力（MPa）
1	锅炉本体	$P<0.59$	$1.5P$ 但不小于 0.2
		$0.59\leqslant P\leqslant 1.18$	$P+0.3$
		$P>1.18$	$1.25P$
2	可分式省煤器	P	$1.25P+0.5$
3	非承压锅炉	大气压力	0.2

注：1. 工作压力 P 对蒸汽锅炉指锅筒工作压力，对热水锅炉指锅炉额定出水压力；

2. 铸铁锅炉水压试验同热水锅炉；

3. 非承压锅炉水压试验压力为 0.2MPa，试验期间压力应保持不变。

一般项目：

（1）锅炉本体安装应按产品说明和设计要求，设置坡向排污阀的坡度。

检验方法：用水准仪或水平尺检查。

（2）由炉底送风的锅炉风室基座与基础之间必须封堵严密。

检验方法：观察检查。

（3）省煤器的出口或入口处应按设计图样安装管道和阀门。

检验方法：对照设计图样检查。

（4）电动调节阀门的调节与执行机构的转臂应在同一平面动作，无卡阻及空运行，其运行及伺服时间应满足使用要求，传动部位应灵便并有防护罩。

检验方法：运行时观察检查。

（5）锅炉安装的标高、轴线、坐标和中心线垂直度的允许偏差和检验方法应符合表11-35的规定。

表 11-35 锅炉安装的允许偏差和检验方法

项次	项目		允许偏差（mm）	检验方法
1	坐标		10	经纬仪、拉线和尺量
2	标高		±5	水准仪、拉线和尺量
3	中心线垂直度	卧式锅炉炉体全高	3	吊线和尺量
		立式锅炉炉体全高	4	吊线和尺量

（6）组装链条炉排安装的允许偏差和检验方法应符合表 11-36 的规定。

（7）往复炉排安装的允许偏差和检验方法应符合表 11-37 的规定。

表 11-36 组装链条炉排安装的允许偏差和检验方法

项次	项目		允许偏差（mm）	检验方法
1	炉排中心位置		2	经纬仪、拉线和尺量
2	墙板的标高		±5	水准仪、拉线和尺量
3	墙板的垂直度，全高		3	吊线和尺量
4	墙板间两对角线的长度之差		5	钢丝线和尺量
5	墙板框的纵向位置		5	经纬仪、拉线和尺量
6	墙板顶面的纵向水平度		长度 1/1000，且≯5	拉线、水平尺和尺量
7	墙板间的距离	跨距≤2m	$^{+3}_{0}$	钢丝线和尺量
		跨距＞2m	$^{+5}_{0}$	
8	两墙板的顶面在同一水平面上相对高差		5	水准仪、吊线和尺量
9	前轴、后轴的水平度		长度 1/1000	拉线、水平尺和尺量
10	前轴、后轴和轴心线相对标高差		5	水准仪、吊线和尺量
11	各轨道在同一水平面上的相对高差		5	水准仪、吊线和尺量
12	相邻两轨道间的距离		±2	钢丝线和尺量

表 11-37 往复炉排安装的允许偏差和检验方法

项次	项目		允许偏差（mm）	检验方法
1	两侧板的相对标高		3	水准仪、吊线和尺量
2	两侧板间距离	跨距≤2m	+3 0	钢丝线和尺量
		跨距>2m	+4 0	
3	两侧板的垂直度，全高		3	吊线和尺量
4	两侧板间对角线的长度之差		5	钢丝线和尺量
5	炉排片的纵向间隙		1	钢板尺量
6	炉排两侧的间隙		2	

（8）铸铁省煤器破损肋片数不应大于总肋片数的5%，破损肋片的根数不应大于总根数的10%。铸铁省煤器支承架安装的允许偏差和检验方法应符合表11-38的规定。

表 11-38 铸铁省煤器支承架安装的允许偏差和检验方法

项次	项目	允许偏差（mm）	检验方法
1	支承架的位置	3	经纬仪、拉线和尺量
2	支承架的标高	0 −5	水准仪、吊线和尺量
3	支承架的纵、横向水平度（每米）	1	水平尺和塞尺检查

11.9.2 辅助设备及管道安装

主控项目：

（1）辅助设备基础的混凝土强度等级必须符合设计要求，基础的标高、轴线、几何尺寸、螺栓孔的位置等应符合表11-33的规定。

（2）风机试运行的轴承温升应符合以下规定：

1）滚动轴承温度不得超过80℃。

2）滑动轴承温度不得超过60℃。

检验方法：用温度计或温度仪检查。

轴承径向单振幅应符合以下规定：

1）风机转速在1000～1450r/min时，不应超过0.08mm；

2）风机转速<1000r/min时，不应超过0.10mm。

检验方法：用测振仪表检查。

（3）分汽缸（集水器、分水器）安装前应进行水压试验，水压试验压力应为工作压力的1.5倍，且不得小于0.6MPa。

检验方法：水压试验压力状态下持续10min压力不降、无渗漏为合格。

（4）敞口罐、箱安装前应进行满水试验；密闭罐、箱应作水压试验，水压试验压力应是工作压力的1.5倍，且不得小于0.4MPa。

检验方法：满水试验在满水后静止24h无渗漏；密闭罐、箱的水压试验压力状态下持续

10min 而压力不降，不渗漏为合格。

(5) 地下直埋油罐应在埋地前做气密性试验，试验压力降不应小于 0.03MPa。

检验方法：试验压力下观察 30min，压力不降、无渗漏。

(6) 连接锅炉和辅助设备的工艺管道安装后必须进行系统水压试验，试验压力应为系统中最大工作压力的 1.5 倍。

检验方法：在试验压力状态下持续 10min 压力降不超 0.05MPa，然后降至工作压力检查无渗漏现象为合格。

(7) 各种设备的主要操作通道的宽度应符合设计要求，如设计无具体要求时不应小于 1.5m，辅助操作通道不应小于 0.8m。

检验方法：尺量检查。

(8) 管道连接的法兰、管件以及阀门、仪表安装的位置应便于检查、修理；与墙壁、管架或楼板应保持一定的距离。

检验方法：观察检查。

(9) 管道焊接质量的允许偏差和检验方法应符合表 11-16 的规定。并应符合以下要求：

1) 焊缝及热影响区应无裂纹、未焊透、未熔合、夹渣气孔、弧坑、焊瘤等现象。

2) 焊缝外形尺寸应符合工艺条件和设计图样的规定，焊缝与母材应平缓过渡，焊缝高度不得低于母材表面。

检验方法：观察检查。

一般项目：

(1) 单斗式提升机安装应符合以下规定：

1) 垂直式导轨的垂直度允许偏差不大于 1‰；倾斜式导轨的倾斜度允许偏差不大于 2‰。

2) 导轨间距的允许偏差不大于 2mm。

3) 料斗运行应平稳，翻转应灵活，行程开关位置应准确。

4) 料斗的垂心与吊点应在同一垂直线上，允许偏差不大于 10mm。

检验方法：吊线坠、用垂直仪检查。

(2) 安装锅炉送、引风机，运行应灵活，无任何碰撞杂音；运转部位应有安全防护装置。

检验方法：启动观察、听声响。

(3) 水泵外观质量检查：泵壳应无裂纹、砂眼、凹凸不平等现象；蒸汽往复泵的主要部件、活塞、活动轴必须灵活；多级泵的平衡管路应无折陷或损坏现象。

检验方法：启动后听、看检查。

(4) 手摇泵安装应垂直，安装高度应符合设计要求，当设计无具体要求时，泵中心距地面高度为 800mm。

检验方法：吊线和尺量检查。

(5) 水泵试运转，叶轮与泵壳不应有摩擦及碰撞现象，轴承温升应符合产品说明书的要求，进出口部位阀门应开启灵活。

检验方法：运转时用温度计或测温仪检查。

(6) 注水器安装高度应符合设计要求，当设计无具体要求时，中心与地面的高度应为 1.0～1.2m。

检验方法：尺量检查。

（7）除尘器安装应牢靠，不得将烟管道压在风机上，烟道与风机应采用软接头，除尘器安装的位置和进、出口方向应正确。

检验方法：观察检查。

（8）真空除氧器和热力除氧器的排汽管应伸出室外，将水汽直接排入大气。

检验方法：观察检查。

（9）软化水设备罐体的视镜应设置在便于观察的部位。树脂装填的高度应符合说明书的要求。

检验方法：对照说明书，观察检查。

（10）管道及设备保温层的厚度和平整度的允许偏差应符合表11-8的规定。

（11）涂刷油漆前，必须清除设备及管道表面的锈斑、焊渣、污垢和灰尘。涂漆厚薄应均匀，无流淌、漏涂、起泡、脱皮等现象。

检验方法：观察检查。

（12）锅炉辅助设备安装的允许偏差和检验方法应符合表11-39的规定。

表11-39 锅炉辅助设备安装的允许偏差和检验方法

项次	项目			允许偏差（mm）	检验方法
2	送、引风机	坐标		10	经纬仪、拉线和尺量
		标高		±5	水准仪、拉线和尺量
2	各种静置设备（各种容器、箱、罐等）	坐标		15	经纬仪、拉线和尺量
		标高		±5	水准仪、拉线和尺量
		垂直度（1m）		2	吊线和尺量
3	离心式水泵	泵体水平度（1m）		0.1	水平尺和塞尺检查
		联轴器同心度	轴向倾斜（1m）	0.8	水准仪、百分表（测微螺钉）和塞尺检查
			径向位移	0.1	

（13）连接锅炉及辅助设备的工艺管道安装的允许偏差和检验方法应符合表11-40的规定。

表11-40 工艺管道安装的允许偏差和检验方法

项次	项目		允许偏差（mm）	检验方法
1	坐标	架空	15	水准仪、拉线和尺量
		地沟	10	
2	标高	架空	±15	水准仪、拉线和尺量
		地沟	±10	
3	水平管道纵、横方向弯曲	$DN \leqslant 100$mm	2‰，最大50	直尺和拉线检查
		$DN > 100$mm	3‰，最大70	
4	立管垂直		2‰，最大15	吊线和尺量
5	成排管道间距		3	直尺尺量
6	交叉管的外壁或绝热层间距		10	

11.9.3 安全附件安装

主控项目：

（1）压力表的刻度极限值，应≥工作压力的1.5倍，表盘直径不得小于100mm。

检验方法：观察；尺量检查。

（2）水位表的安装应符合以下规定：

1）水位表应有放水阀门（或旋塞）和接到安全地点的放水管。

2）水位表应有指示最高、最低安全水位的明显标志，玻璃板（管）的最低可见边缘应比最低安全水位低25mm，最高可见边缘应比最高安全水位高25mm。

3）玻璃管式水位表应有防护装置。

4）电解点式水位表的零点应与锅筒正常水位重合。

5）采用双色水位表时，每台锅炉只能装1个，另1个装普通水位表。

检验方法：观察；尺量检查。

（3）锅炉的超压、超温报警器和高低水位报警器及联锁保护装置必须符合设计要求。并应安装牢靠和齐全有效。

检验方法：启动、联动试验并作好试验记录。

（4）蒸汽锅炉安全阀应有通向室外的排汽管；热水锅炉安全阀泄水管应接到安全地点。排气管和泄水管上不得设置阀门。

检验方法：观察检查。

（5）锅炉和省煤器安全阀的定压和调整应符合表11-41的规定。

表11-41 安全阀定压规定

项次	工作设备	安全阀开启压力（MPa）
1	蒸汽锅炉	工作压力+0.02MPa
		工作压力+0.04MPa
2	热水锅炉	1.12倍工作压力，但不少于工作压力+0.07MPa
		1.14倍工作压力，但不少于工作压力+0.10MPa
3	省煤器	1.1倍工作压力

一般项目：

（1）压力表与温度计在同一管道上安装时，按介质流动方向，压力表应安在温度计的上游，如压力表根据现场情况必须安在温度表的下游时，其间距不应小于300mm。

检验方法：观察；尺量检查。

（2）温度计安装应符合以下规定：

1）热电偶温度计的保护套管应保证规定的插入深度；

2）压力式温度计的毛细管应固定稳妥并有可靠的保护措施，转弯处的弯曲半径不应小于50mm，温包必须全部浸入介质中；

3）安装在设备和管道上的套管温度计，不得设置在死角或引出管上。

（3）测压表取源部件安装在水平工艺管道上时，取压口的方位应符合以下规定：

1）测量液体压力的，在工艺管道下半部、并与管道水平中心线成0°～45°夹角范围内。

2）测量蒸汽压力的，在工艺管道的上半部或下半部、并与管道水平中心线成0°～45°夹角范围内。

3）测量气体压力的，在工艺管道的上半部。

检验方法：观察；尺量检查。

（4）安装压力表必须符合以下规定：

1）压力表应安装在便于观察和清洗的部位，并免受冰冻、高温、振动影响又有足够照明的地方。

2）压力表应设存水弯管，存水弯管应采用钢管揻作，内径不小于10mm；当采用铜管揻作时，其内径不应小于6mm。

3）压力表与存水弯管之间应安装三通旋塞。

检验方法：观察；尺量检查。

11.9.4 煮炉、烘炉和试运行

主控项目：

（1）锅炉的煮炉、烘炉合格后，应持续48h的带负荷试运行，并应进行安全阀热状态定压检验和调试。

（2）锅炉火焰烘炉应符合以下规定：

1）火焰燃烧应在炉膛中央，不应直接烧烤炉拱和炉墙。

2）一般烘炉时间不少于4d，前期升温应缓慢，后期烟温不应高于160℃，且持续时间不应少于24h。

3）链条炉排在烘炉过程中应定期运转。

4）烘炉的中、后期应根据锅炉内水质情况换水排污。

检验方法：计时、测温、操作观察。

（3）烘炉结束应符合以下规定：

1）炉墙砌筑砂浆含水率应在7%以下。

2）炉墙经烘烤后应无裂纹、塌落和变形。

检验方法：观察、测试检查。

一般项目：

煮炉时间一般应2～3d，如蒸汽压力较低，煮炉时间可适当延长。浇注保温材料或非砌筑保温的锅炉，安装后可直接煮炉。煮炉结束后检查集箱内壁和锅筒应无油垢，擦去附着物后金属表面应无锈斑。

检验方法：打开集箱和锅筒检查孔检查。

11.9.5 换热器安装

主控项目：

（1）热交换器水压试验压力应为最大工作压力的1.5倍，蒸汽部分应不低于蒸汽供应压力加0.3MPa；热水部分不应低于0.4MPa。

检验方法：在试验压力状态下，持续10min而压力不降、无渗漏。

（2）高温水系统中，循环水泵与换热器的安装位置应符合设计要求。

检验方法：对照设计图样检查。

（3）安装壳管式热交换器应按设计要求进行，如无具体要求其封头与墙壁或屋顶的距离不得小于换热器本身的长度。

检验方法：观察；尺量检查。

一般项目：

（1）管道及设备保温层的平整度及厚度的允许偏差应符合表 11-8 的规定。

（2）换热站内管道安装的允许偏差应符合表 11-40 的规定。

（3）换热站设备安装的允许偏差和检验方法应符合表 11-39 的规定。

（4）换热站的循环泵、减压器、除污器、流量计、疏水器、调节器的安装应符合规程规范的有关规定。

检验方法：对照规程规范检查。

12 通风与空调工程

12.1 风管系统安装

风管安装是指通风与空调工程中的金属及非金属风管系统的安装。

风管系统安装质量分为合格和不合格。

合格标准：主控项目全部符合规定；一般项目80％及以上的检查点符合规定，其余检查点的偏差值不超过允许偏差的1.5倍。

主控项目：

（1）风管安装必须符合以下规定：

1）风管内严禁穿越其他管线；

2）室外立管的固定拉索严禁连接在避雷网或避雷针上；

3）输送含有易燃、易爆气体或安装在易燃易爆环境下的风管系统应有良好的接地，通过辅助生产房间或生活区时必须严密，并不得有接口。

检查数量：抽查总数的20％，且不少于一个系统。

检验方法：观察检查。

（2）在风管穿过需要封闭的防火、防爆的楼板或墙体时应设防护套管或预埋管，其钢板的厚度应不小于1.6mm。风管与防护套之间，应用对人体无害且不燃的柔性材料封堵。

检查数量：抽查总数20％，且不得少于一个系统。

（3）输送空气温度高于80℃的风管，应按设计要求采取防护措施。

检验数量：抽查总数的20％，且不得少于一个系统。

检验方法：观察检查。

（4）风管部件安装必须符合以下规定：

1）各类风管部件及操作机构的安装，应能保证正常的使用功能，并便于操作；

2）斜插板风阀的安装，阀板必须为向上拉启；水平安装时，阀板还应为顺流方向插入；

3）止回风阀，自动排气活门的安装方向应正确。

检查数量：抽查总数的20％，且不得少于5件。

检验方法：尺量、观察检查、动作试验。

（5）排烟阀（口）、防火阀的安装方向、位置应正确。防火分区隔墙两侧的防火阀，距墙表面不应大于200mm。

检查数量：抽查总数的20％，且不得少于5件。

检验方法：观察、尺量、动作试验检查。

（6）净化空调系统风管的安装还应符合以下规定：

1）风管、静压箱及其他部件，必须擦拭干净，做到无浮尘、无油污，当施工停顿或完毕时，应将端口封好；

2）法兰垫料应为不易老化、不产生灰尘和具有一定强度、弹性的材料，厚度为5～8mm，不得采用乳胶海绵；法兰垫片应尽量减少拼接，并不允许直缝对接，严禁在垫料表面涂涂料；

3）风管与隔墙、洁净室吊顶等围护结构的接缝应严密。

检查数量：抽查总数的20%，且不得少于一个系统。

检验方法：用白布擦拭。

(7) 集中式真空吸尘系统安装应符合以下规定：

1）真空吸尘系统弯管的弯曲曲率半径不应小于管径的4倍，弯管的内侧壁面应光滑流畅，褶皱弯管不得使用。

2）真空吸尘系统的三通夹角不得小于45°；四通制作应采用两个斜三通的做法。

检查数量：抽查数量的20%，且不得少于两件。

检验方法：观察检查。

(8) 风管系统安装完毕后，应按系统类别进行严密性检验，漏风量应符合设计与规范的要求。风管系统的严密性检验应符合以下规定：

1）低压系统风管的严密性检验应采用抽检，抽检率为5%，且不得少于一个系统，在加工质量有保证的前提下采用漏光检测法，检测不合格时，应按规定的抽检率做漏风量试验。

中压系统风管的严密性检验，应在漏光法检测合格后对系统漏风量进行抽查，抽查率为20%，且不得少于一个系统。

高压系统风管的严密性检验，为全数进行漏风量测试；系统风管严密性检验的被抽检系统应全部合格，则视为通过；如有不合格，则应再加倍抽检，直至全部合格。

2）净化空调系统风管的严密性检验，1～5级的系统按高压系统风管的规定执行；6～9级的系统按中压系统风管的规定执行。

检查数量：按风管系统类别、材质分别抽查，且不少于3件。

检验方法：按《漏光法检测与漏风量测试》进行。

(9) 手动密闭阀安装，阀门上标志的箭头方向必须与受冲击波方向一致。

检查数量：全数检查。

检验方法：观察；核对检查。

一般项目：

(1) 风管的安装应符合以下规定：

1）风管安装前应清除管内外杂物，并做好清洁保护工作；

2）风管安装的位置、标高、走向应符合设计要求，现场风管接口的配制，不得缩小其有效截面。

3）连接法兰的螺栓应均匀拧紧，其螺母宜在一侧；

4）风管接口的连接应严密、牢固。风管法兰的垫片材料质量应符合系统功能的要求，厚度不应小于3mm。垫片不应凹入管内，也不应突出法兰外。

5）柔性短管的安装，应松紧适度，无明显扭曲；

6）可伸缩性金属或非金属软风管的长度不宜超过2m，并不应有塌凹或死弯现象；

7）风管与砖、混凝土风道的连接接口，应顺着气流方向插入，并应采取密封措施；风管伸出屋面处应有防雨措施；

8）锅板、不锈钢板风管与碳素钢支架的接触处，应有隔绝、绝缘或防腐措施。

检验方法：尺量检查、观察检查。

检验数量：抽查总数的10%，且不少于1个系统。

（2）无法兰连接风管的安装应符合以下规定：

1）风管的连接处，应完好无损，表面平整，无扭曲现象。

2）承插式风管的四周缝隙应一致，无明显的褶皱和弯曲；内涂的密封胶应完整，外粘的密封胶带，应完好无损、粘贴牢靠；

3）薄钢板法兰形式风管的连接，其弹性插条、紧固螺栓、弹簧夹的间隔不应大于150mm，且应分布均匀、无松动现象；

4）插条连接的矩形风管，连接后的板面应平整，无明显弯曲。

检查数量：抽查总数的10%，且不少于1个系统。

检验方法：观察；尺量检查。

（3）风管的连接应平直、不扭曲。明装风管水平安装时，其水平度的允许偏差为3/1000，总偏差不应大于20mm。明装风管垂直安装时，其垂直度的允许偏差为2/1000，总偏差不大于20mm。暗装风管的位置应正确，无明显偏差。

除尘系统的风管，宜倾斜或垂直敷设，与水平夹角宜≥45°，水平和小坡度管应尽量短。

对含有凝结水或其他液体的风管，其坡度应符合设计要求，并在最低处设置排液装置。

检查数量：抽查总数的10%，且不少于1个系统。

检验方法：观察；尺量检查。

（4）风管支、吊架的安装应符合以下规定：

1）风管垂直安装时，间距应不大于4m，单根直管至少应有2个固定点；风管水平安装时，长边或直径尺寸≤400mm的，其间距应不大于4m；＞400mm时，其间距应不大于3m。螺旋风管的支、吊架间距可分别延长到5m和3.75m；对于薄钢板法兰风管的支吊架间距应不大于3m。

2）风管支、吊架宜按国家图集与规范选用刚度、强度相宜的形状和规格。至于边长或直径大于250mm的超重、超宽特殊风管的支吊架应符合设计要求。

3）支、吊架不宜设置在阀门、检查口、风口和自控机构处，离插接或风口的距离不宜小于200mm。

4）当主、干风管长度超过20m水平悬吊时，应设置防止管道摆动的固定点，且每个系统不应少于1个。

5）空调设备或风管使用的可调隔振支、吊架的拉伸或压缩量应按设计要求进行调整；吊架的螺孔应采用机械加工。吊杆应平直，螺纹完整、光洁；安装后各支、吊架的受力应均衡，且无明显变形。

6）抱箍支架的折角应平直，抱箍箍紧并紧贴风管；安装在支架上的圆风管应设抱箍和托座，其圆弧应均匀，并与风管的外径弧度相一致。

检查数量：抽查总数的10%，且不少于1个系统。

检验方法：观察；尺量检查。

(5) 非金属风管的安装应符合以下规定：

1) 风管连接的两片法兰端面应平整、平行受力均衡，严密，法兰螺栓的两端面部位应加镀锌垫圈。

2) 应适当增加水平风管与支、吊架的接触面积；

3) 硬聚氯乙烯风管的直线段连接长度大于20m，应按设计要求设置伸缩节；支管的重量不得用干管来承担，必须自行设置支、吊架；

4) 当风管垂直安装时，支架间距不得大于3m。

检查数量：抽查总数的10%，且不得少于1个系统。

检验方法：观察；尺量检查。

(6) 复合材料风管安装还应符合以下规定：

1) 复合材料风管连接缝应牢靠，无开裂和孔洞。当采用插接连接时，接口应匹配，无松动，端口缝隙应不大于5mm；

2) 采用法兰连接时，应有防冷桥措施；

3) 支、吊架的安装宜按产品说明中的标准规范执行。

检查数量：抽查总数的10%；且不得少于1个系统。

检验方法：观察；尺量检查。

(7) 集中式真空吸尘系统安装应符合以下规定：

1) 吸尘管道的坡度宜5/1000，并坡向吸尘点或立管；

2) 吸尘嘴与管道的连接，应严密、牢靠。

检查数量：抽查总数的20%，且不得少于5件。

检验方法：观察；尺量检查。

(8) 各类风阀应安装在便于检修和操作的部位，安装后的电动或手动操作装置应灵活、可靠，阀门关闭应保持严密。

防火阀边长或直径尺寸≥630mm时，宜设独支、吊架。

排烟阀（口）及手动装置（包括预埋套管）的位置应符合设计要求；预埋套管不得有瘪陷和死弯。

除尘系统吸入管段的调节阀，宜安装在垂直管道上。

检查数量：抽查总数的20%，且不得少于5件。

检验方法：观察；尺量检查。

(9) 风帽安装必须牢靠，连接风管在墙或屋面的交接处不应有渗漏现象。

检查数量：抽查总数的10%，且不得少于5件。

检验方法：观察；尺量检查。

(10) 排、吸风罩的安装位置应正确，排列整齐，牢靠。

检查数量：抽查总数的10%，且不得少于5件。

检验方法：观察，尺量检查。

(11) 风管与风口的连接应牢靠，严密；与装饰面相贴合、表面平整、不变形，调节灵活可靠；条形风口的安装，接缝应衔接自然，无明显缝隙。同一厅室、房间内的相同风口的安装高度应一致，排列应整齐。

明装无吊顶的风口，安装的标高、位置的偏差不应大于10mm。

风口垂直安装时，其垂直度的偏差不应大于 2/1000；水平安装时，水平度的偏差不应大于 3/1000。

检查数量：抽查总数的 10%，且不得少于一个系统或 5 件、2 个房间的风口。

检验方法：观察；尺量检查。

(12) 净化空调系统风口安装应符合以下规定：

1) 风口安装前应清扫干净，其边框与顶棚或墙面的接缝应设密封垫料或密封胶，不应有漏风现象。

2) 带高效过滤器的送风口，应有可分别调整高度的吊杆。

检查数量：抽查总数量的 20%，且不得少于一个系统或 5 件、2 个房间的风口。

检验方法：观察；尺量检查。

12.2 通风与空调设备安装

通风与空调设备安装是工作压力不大于 5kPa 的通风机与空调设备安装。

通风与空调设备安装质量分为合格和不合格。

合格标准：主控项目全部符合规定；一般项目 80%及以上的检查点符合规定，其余检查点的偏差值不超过允许偏差的 1.5 倍。

主控项目：

(1) 通风机的安装应符合以下规定：

1) 固定通风机的地脚螺栓应拧紧，并有防退扣措施；

2) 叶轮旋转应平稳，停转不应每次都停留在同一位置上；

3) 通风机的规格、型号应符合设计要求，其出口方向应正确。

检查数量：全数检查。

检验方法：根据设计图样核对、观察检查。

(2) 通风机直通大气的进、出口及传动装置的外露部位，必须设置防护罩（网）或采取其他相应的安全措施。

检查数量：全数检查。

检验方法：按照设计图样核对，观察检查。

(3) 空调机组的安装应符合以下规定：

1) 空调机组的规格、型号、技术参数、安装方向应符合设计要求；

2) 现场组装的组合式空调机组应做漏风量检测，其漏风量必须符合现行国家标准《组合式空调机组》(GB/T 14294) 的规定。

检查数量：抽查总数的 20%；且不少于 1 台。净化空调系统的机组 1～5 级的全数检查；6～9 级的抽查 50%。

检验方法：检查测试报告，依据设计图样核查。

(4) 除尘器的安装应符合以下规定：

1) 布袋除尘器、电除尘器的壳体及辅助设备应接地牢靠。

2) 现场组装的除尘器壳体应做漏风量检测，设计工作压力状态下允许漏风率为 5%，其中离心力式除尘器为 3%；

3）除尘器的规格、型号、进出口的设置方向必须符合设计要求。

检查数量：抽查总数的20%，且不得少于1台；其接地保护应全数检查。

检验方法：观察；检查测试记录；按照设计图样检查。

（5）高效过滤器应在洁净室及净化空调系统进行全面清扫和系统连续试车12h以后，方可进行安装。

安装前需进行仪器检漏和外观检查。不得有变形、油漆脱落、破损、断裂等现象；仪器检漏的抽检应符合产品说明书、合格证、检测报告的相关规定。

检验合格后应立即安装，安装的方向必须正确，安装后的高效过滤器四周及接口应严密，调试前应做扫描检漏。

检查数量：高效过滤器的仪器抽检检漏按批量抽查5%，且不得少于1台。

检验方法：观察；按《洁净室测试方法》规定扫描检测或检查检测记录。

（6）净化空调设备安装应符合以下规定：

1）净化空调设备与洁净室围护结构相连的接缝必须严密密封；

2）风机过滤器单元（FFU与FMU空气净化装置）应有清洁的环境，外观检查，不得有变形、锈蚀、漆膜脱落、拼接板破损等缺陷；系统试运行时，必须在进风口处加设临时中效过滤器。

检查数量：全数检查。

检验方法：对照设计图样核对、观察检查。

（7）静电空气过滤器金属外壳必须有牢靠接地。

检查数量：抽查总数的20%，且不得少于1台。

检验方法：观察；电阻测定。

（8）电加热器的安装必须符合以下规定：

1）电加热器与钢构架间的绝热层必须为不燃材料；接线柱外露部分应做安全防护罩；

2）电加热器的金属外壳必须有牢靠接地；

3）连接电加热器风管的法兰片，应采用耐热不燃材料制作。

检查数量：抽查总数的20%，且不得少于1台。

检验方法：观察；检查电阻测定记录；核对材料。

（9）干蒸汽加湿器的安装，其蒸汽喷管口不应朝向下方。

检查数量：全数检查。

检验方法：观察检查。

（10）过滤吸收器的安装方向必须正确，并应单独设立支架，与室外的连接管不得有渗漏。

检查数量：全数检查。

检验方法：观察检查。

一般项目：

（1）通风机的安装应符合以下规定：

1）现场组装的轴流风机风机叶片安装的角度应一致，达到在同一平面运行，叶轮与筒体之间的间隙应均匀，水平度允许偏差为1/1000；

2）安装隔振器的地面应平整，各组隔振器承受荷载的压缩量应均匀，高度误差应小于 2mm；

3）安装风机的隔振钢支、吊架，其结构形式和外形尺寸应符合设计和设备技术文件的规定；焊接应牢固，焊缝应饱满、均匀。

检查数量：抽查总数的 20%，且不得少于 1 台。

检验方法：观察；尺量检查、检查施工记录。

4）通风机安装的允许偏差和检验方法应符合表 12-1 的规定。

表 12-1　通风机安装的允许偏差

项次	项　目		允许偏差	检　验　方　法
1	中心线的平面位移		10mm	经纬仪或拉线和尺量检查
2	标　高		±10mm	水准仪或水平仪、直尺、拉线和尺量检查
3	皮带轮轮宽中心平面偏移		1mm	在主、从动皮带轮端面拉线和尺量检查
4	传动轴水平度		纵向 0.2/1000 横向 0.3/1000	在轴或皮带轮 0°和 180°的两个位置上，用水平仪检查
5	联轴器	两轴芯径向位移	0.05mm	在联轴器互相垂直的四个位置上，用百分表检查
		两轴线倾斜	0.2/1000	

（2）组合式空调机组和柜式空调机组的安装应符合以下规定：

1）组合式空调机组各功能段的组装，应符合设计要求；各功能段之间的连接应严密，整体应平直。

2）机组和上、下水管的连接应正确，机组下部的连接应正确，机组下部冷凝水排放管的水封高度应符合设计要求；

3）机组应清洁干净，箱体内应无杂物、垃圾和积尘；

4）机组内空气过滤器（网）和空气热交换器翅片应完好、清洁。

检查数量：抽查总数的 20%，且不少于 1 台。

检验方法：观察检查。

（3）空气处理室的安装应符合以下规定：

1）金属空气处理室壁板及各段的组装位置应正确，连接应严密、牢靠，表面应平整光滑；

2）喷水段的本体及其检查口不得漏水，喷水管和喷嘴的排列、规格应符合设计要求；

3）表面式换热器的散热面应保持清洁、完好。当用于冷却空气时，在下部应设有排水装置，冷凝水的引流管或槽应畅通，冷凝水不外溢；

4）表面式换热器与围护结构间的缝隙，以及表面式热交换器之间的缝隙，应封堵严密；

5）换热器与系统供回水管的连接应正确，且无渗漏。

检查数量：抽查总数的 20%，且不得少于 1 台。

检验方法：观察检查。

（4）单元式空调机组的安装应符合以下规定：

1）分体式空调机组的室外机和风冷整体式空调机组的安装，固定应牢靠；除应满足冷却风循环空间的要求外，还应符合环境卫生保护相关法规的规定。

2）分体式空调机组的室内机的位置应正确、且应保持水平，冷凝水排放应通畅。管道穿墙处必须密封，不得有渗漏现象。

3）整体式空调机组管道的连接应严密、无渗漏，四周应留有相应的维修空间。

检查数量：抽查总数的20%，且不得少于1台。

检验方法：观察检查。

（5）除尘设备的安装应符合以下规定：

1）除尘器转动或活动部件的动作应灵活、可靠，且应符合设计要求；

2）除尘器的排灰阀、卸料阀、排泥阀的安装应严密，并便于操作和维修。

3）除尘器的安装位置应正确、平稳牢靠，除尘器安装允许偏差和检验方法应符合表12-2的规定。

表12-2　除尘器安装允许偏差和检验方法

项次	项　目		允许偏差（mm）	检　验　方　法
1	平面位移		≤10	用经纬仪或拉线、尺量检查
2	标　高		±10	用水准仪、直尺、拉线和尺量检查
3	垂直度	每　米	≤2	吊线和尺量检查
		总偏差	≤10	

检查数量：抽查总数的20%，且不得少于1台。

检验方法：观察；尺量和检查施工记录。

（6）现场组装的静电除尘器安装，还应符合设备技术说明书及以下规定：

1）阳极板组合后的阳极排平整度允许偏差为5mm，其对角线允许偏差为10mm；

2）阴极小框架组合后主平面允许偏差为5mm，其对角线允许偏差为10mm；

3）阴极大框架的整体平面度允许偏差为15mm，整体对角线允许偏差为10mm；

4）阳极板高度≤7m的电除尘器，阴、阳极间距允许偏差为5mm。阳极板高度大于7m的电除尘器，阴、阳极间距允许偏差为10mm；

5）振打锤装置的固定应可靠；振打锤的转动应灵活。锤头方向应正确；振打砧振打锤头之间应为良好的线接触状态，接触长度应大于锤头厚度的0.7倍。

检查数量：抽查总数的20%，且不少于1组。

检验方法：观察；尺量检查；检查施工记录。

（7）现场组装布袋除尘器的安装，还应符合以下规定：

1）除尘器的外壳应严密、不漏，布袋接口应牢固；

2）分室及吹袋式除尘器的滤袋安装必须平直。每条滤袋的拉紧力应保持在25～35N/m；与滤袋连接接触的短管和袋帽应无毛刺；

3）机械回转扁袋袋式除尘器的旋臂，应转动灵活可靠，净气室上部的顶盖应严密不漏气，旋转应灵活，无卡阻现象；

4）脉冲袋式除尘器的喷吹孔，应对准文氏管的中心，同心度允许偏差为2mm。

检查数量：抽查总数的20%，且不得少于1台。

检验方法：观察；尺量及检查施工记录。

（8）洁净室空气净化设备安装应符合以下规定：

1）带有通风机的气闸室、吹淋室与地面间应设隔振垫；

2）机械式余压阀安装、阀板、阀体的转动应水平，允许偏差为 2/1000。余压阀的安装位置应在室内气流的下风方，且不应在工作面高度范围内；

3）传递窗的安装应牢靠、垂直，与墙体连接部位应严密密封。

检查数量：抽查总数的 20%，且不少于 1 件。

检验方法：观察；尺量检查。

（9）装配式洁净室安装应符合以下规定：

1）洁净室的地面应干燥、清洁、平整度允许偏差为 1/1000；

2）洁净室的顶板和墙壁（含夹芯材料）应为阻燃材料；

3）洁净室吊顶承载后应平直不变形，压条全部紧贴。洁净室壁板者为上、下槽形板时，其接头应平整、严密；组装完毕的洁净室所有拼接缝（含与建筑物的接缝）均应采取密封措施，做到密封良好、不脱落。

检查数量：抽查总数 20%，且不少于 5 处。

检验方法：观察；尺量检查；检查施工记录。

（10）洁净层流罩的安装应符合以下规定：

1）洁净层流罩的安装水平度允许偏差为 1/1000，高度的允许偏差为±1mm；

2）洁净层流罩应设独立的吊杆，且有防晃动的具体措施；

3）洁净层流罩安装在吊顶上，四周与顶板之间应设有隔振和密封措施。

检查数量：抽查总数的 20%，且不得少于 5 件。

检验方法：观察；尺量及检查施工记录。

（11）通风机过滤器单元（FFU、FMU）的安装应符合以下规定：

1）通风机过滤器单元的高效过滤器安装前应按规定检漏，合格后方可安装，方向应正确；安装后的 FFU 或 FMU 机组应便于检查维修；

2）安装后的 FFU 风机过滤器单元，应保持整体平整，与吊顶衔接严密。风机箱与过滤器的连接和过滤器与吊顶框架应有可靠的密封措施。

检查数量：抽查总数的 20%，且不得少于 2 个。

检验方法：观察；尺量检查及检查施工记录。

（12）高效过滤器的安装应符合以下规定：

1）采用液槽密封时，槽架安装应水平，不得有渗漏现象，槽内无水分和污物，槽内密封液高度宜为 2/3 槽深。密封液的熔点宜高于 50℃；

2）高效过滤器采用机械密封时，应采用密封垫料，其厚度为 6～8mm，并定位贴在过滤器边框上，安装后的垫料压缩应均匀，压缩率为 25%～50%；

检查数量：抽查总数的 20%，且不得少于 5 个。

检验方法：观察和尺量检查。

（13）消声器的安装应符合以下规定：

1）消声弯管、消声器均应单独设置支、吊架；

2）消声器安装前应保持清洁干净，无浮尘和油污；

3）消声器安装的方向、位置应正确，与风管的连接应严密，消声器不得受潮和损坏。

两组同类型消声器不宜直接串联。

4）组合式消声器的安装，其组件的位置、方向、排列应符合设计要求，单件消声器组件组装及整个消声器的固定应牢靠。

检查数量：整体安装的消声器抽查10%，且不得少于5台。现场组装的消声器全数检查。

检验方法：观察；手扳检查，核查施工记录。

（14）空气过滤器的安装应符合以下规定：

1）卷绕式过滤器的安装，框架应平整、滤料应松紧适度、上下筒体应平行；

2）粗效、中效袋式或框架式空气过滤器的安装，过滤器周围与框架的压紧应均匀、无缝隙；并便于检查和更换填料；

3）空气过滤器的安装应平整、牢靠，方向应正确。框架与围护结构、过滤器之间应严密无透缝。

检查数量：抽查总数的10%，且不得少于1台。

检验方法：观察检查。

（15）风机盘管机组安装应符合以下规定：

1）机组与回风箱、风口、风管的安装应严密、牢靠。

2）机组应设立单独的支、吊架，安装的高度、坡度、位置应正确，固定应牢靠；

3）机组安装前宜先进行单机试运行及水压检漏试验。水压试验压力应为系统工作压力的1.5倍，试验观察时间为2min，不渗漏为合格。

检查数量：抽查总数的10%，且不得少于1台。

检验方法：观察；检查试验记录。

（16）转换式换热器安装的位置、转轮旋转方向及接管应正确、运行应平稳。

检查数量：抽查总数的20%，且不得少于1台。

检验方法：观察检查。

（17）转轮去湿机安装应牢靠，传动部件及转轮应灵活可靠、方向应正确；处理与再生空气接管应正确；排风水管应有 定的坡度，并坡向排出方向。

检查数量：抽查总数的20%，且不得少于1台。

检验方法：观察。

（18）蒸汽加湿器的安装应设置单独的支架，并应安装牢靠；接管尺寸正确、无渗漏。

检查数量：全数检查。

检验方法：观察检查。

（19）空气风幕机的安装，方向、位置应正确、安装应牢靠，纵向垂直度与横向水平度的偏差均不应大于2/1000。

检查数量：抽查总数10%，且不得少于1台。

检验方法：观察；检查施工记录。

（20）变风量末端装置的安装，应单独设置支、吊架，与风管连接前应做动作试验。

检查数量：抽查总数的10%，且不得少于1台。

检验方法：观察检查、查阅检查试验记录。

12.3 空调制冷系统安装

空调制冷系统安装是指工作压力不高于2.5MPa。工作温度在－20～150℃的整体式、单元式、组装式制冷设备（包括热泵）、制冷附属设备和其他配套设备及管道系统安装。

空调制冷系统安装质量分为合格和不合格。

合格标准：主控项目全部符合规定；一般项目有80%及以上的检查点符合规定，其余检查点的偏差值不超过允许偏差的1.5倍。

主控项目：

（1）制冷设备及附属设备的安装应符合以下规定：

1）设备混凝土基础必须经过质量交接验收，合格后方可进行设备安装；

2）制冷设备、附属设备的规格、型号、技术参数必须符合设计要求，应有产品合格证、检测报告；

3）设备安装的标高、位置、管口方向应符合设计要求；用地脚螺栓固定的制冷设备和附属设备，其垫铁的位置应正确、接触应严密；螺栓应牢靠、螺母应有防退措施。

检查数量：全数检查。

检验方法：检查产品合格证、检测报告、核对设备规格、型号是否与设计图样相符。

（2）直接膨胀表面式冷却器的外表应清洁干净、完整无破损，空气与制冷剂应呈逆流向；表面式冷却器与外壳四周的缝隙应严密、冷凝水的排放应通畅。

检查数量：全数检查。

检验方法：观察检查。

（3）燃油系统的管道、设备、储油罐、日用油箱的安装位置和连接方式应符合消防和设计要求。

燃气系统设备安装的调压装置、过滤器的安装和调节应符合设计和设备技术文件的要求。其电器的安装应有明显可靠接地。

检查数量：全数检查。

检验方法：观察；查阅接地电阻测试记录。

（4）制冷设备的试运行及各项严密性试验，均应符合设备技术文件的要求。对现场充注制冷剂和组装式制冷机组，必须进行吹污、气密性试验、真空试验、充注制冷剂检漏试验，其相应的技术数据必须符合产品说明书及现行国家标准、规范的规定。

检查数量：全数检查。

检验方法：观察检查；查阅试运行记录。

（5）制冷系统管道、管件、阀门的安装应符合以下规定：

1）制冷系统的管道、管件、阀门的规格型号、工作压力、材质必须符合设计要求，并有产品合格证、检测报告；

2）法兰、螺纹连接处的密封材料的性质必须与管道介质的性质相容；

3）制冷剂液体管不得向上装成“Ω”形。气体管道也不能向下装成“Ʊ”形（特殊情况的回油管除外）；当液体支管引出时，必须从干管底部或侧面接出；气体支管引出时，必须从干管顶部或侧面接出；有两根以上的支管从干管引出时，连接部位应错开，间距不应小于2倍直径，且不小于200mm；

4）制冷系统投入运行前，应对安全阀进行调试校对，其开启和回座压力应符合产品说明书的要求；

5）制冷机与附属设备之间制冷剂管道的连接，其坡度、坡向应符合设计及产品说明书的要求，当设计无具体要求时，应符合表12-3的规定。

表12-3 制冷剂管道坡度、坡向

管道名称	坡向	坡度	管道名称	坡向	坡度
压缩机吸气水平管（氟）	压缩机	≥10/1000	冷凝器水平供液管	贮液器	（1～3）/1000
压缩机吸气水平管（氨）	蒸发器	≥3/1000	油分离器至冷凝器水平管	油分离器	（3～5）/1000
压缩机排气水平管	油分离器	≥10/1000			

(6) 燃油管道系统必须设置可靠的防静电接地装置，其管道法兰应采用镀锌螺栓连接或在法兰处用铜导线跨接，且应接合良好。

检查数量：系统全数检查。

检验方法：观察；检查试验记录。

(7) 燃气系统与机组的连接不得使用非金属软管。燃气管道的压力试验与吹扫应用氮气或压缩空气，严禁用水。当燃气供气管道压力大于0.005MPa时，焊缝的无损探伤检测的执行标准应符合设计要求。当设计无具体要求时，则采用超声波探伤，且应全数检测，以质量不低于Ⅱ级为合格。

检查数量：全数检查。

检验方法：观察；查阅试验报告、探伤报告。

(8) 氨制冷系统管道、阀门、填料及附件不得采用铜或铜合金材料（磷青铜除外），管内不得镀锌。氨系统的管道焊缝应进行射线照相检验，抽检率为10%，以质量不低于Ⅲ级为合格。在不具备射线照相检验的场合，可用超声波检验，以不低于Ⅱ级为合格。

检查数量：全数检查。

检验方法：观察；检查探伤报告及试验报告。

(9) 输送乙二醇溶液管道系统，不得使用内镀锌管道及配件。

检查数量：抽查系统管段的20%，且不得少于5件。

检验方法：观察；检查施工记录。

(10) 制冷管道系统应进行气密性试验、真空试验和强度试验，且必须合格。

检查数量：全数检查。

检验方法：检查试验记录；观察。

一般项目：

(1) 制冷机组与附属设备安装应符合以下规定：

1）制冷设备及附属设备安装的标高、位置的允许偏差，应符合表12-4的规定。

2）整体安装的制冷机组，其机身纵、横向水平度的允许偏差为1/1000，并应符合产品说明书的规定。

3）制冷附属设备安装的垂直度、水平度允许偏差为1/1000，并应符合产品说明书的规定；

4）采取隔振措施的制冷设备及附属设备，其隔振器的安装位置应正确，各隔振器的压缩量应均匀，其偏差应不大于 2mm；

5）采取弹簧隔振的制冷机组，应具有防止机组水平位移的固定措施。

检查数量：全数检查。

检验方法：在机座或指定的基准面上用水准仪、水平仪、尺量及观察检查。

表 12-4　制冷设备与制冷附属设备安装允许偏差和检验方法

项次	项目	允许偏差（mm）	检验方法
1	平面位移	10	经纬仪或拉线和尺量检查
2	标高	±10	水准仪或经纬仪、拉线和尺量检查

(2) 模块式冷水机组单元多台并联组合时，接口应牢固，且严密不漏。连接后机组表面应清洁平整、完好无损、无明显扭曲变形。

检查数量：全数检查。

检验方法：观察；尺量检查。

(3) 蓄冷系统载冷剂泵和燃油系统油泵的安装，纵、横向水平度允许偏差为 1/1000，联轴器两轴芯轴向倾斜允许偏差为 0.2/1000，径向位移为 0.05mm。

检查数量：全数检查。

检验方法：在基座或指定的基准面上，水准仪、水平仪检测、观察及尺量检查。

(4) 制冷系统管道、管件的安装应符合以下规定：

1）管道、管件的内外壁应清洁干净、无水分；铜管管道支吊架的型式、间距、位置及管道安装标高应符合设计要求，连接制冷机的吸、排气管道应单独设立支架；管径≤20mm 的铜管道在阀门处应有支架支承；当上下管道平行敷设时，吸气管应在下方；

2）制冷剂管道弯管的弯曲半径不应小于管道直径的 3.5 倍，其最大和最小外径之差不应大于管道直径的 0.8 倍，且不得使用皱褶弯管和焊接弯管；

3）制冷剂管道分支管应按介质流向弯成 90°弧度与主管连接，不宜使用弯曲半径小于管道直径 1.5 倍的压制弯管；

4）铜管切口应平整、不得有毛刺、凹凸等缺陷，切口允许倾斜偏差为管径的 1%，管口翻边后应保持同心，不得有皱褶，且应有良好的密封；

5）采用承插钎焊焊接连接的铜管，其插接深度应符合表 12-5 的规定，承插的扩口方向应逆介质流向。当采用套接钎焊焊接连接时，其插接深度应不小于承插连接的规定。

表 12-5　承插式焊接的铜管承口的扩口深度表　（mm）

铜管规格	≤*DN*15	*DN*20	*DN*25	*DN*32	*DN*40	*DN*50	*DN*65
承插口的扩口深度	9～12	12～15	15～18	17～20	21～24	24～26	26～30

采用对接焊缝组对管道的内壁应平齐，错边量不大于壁厚的 0.1 倍，且不大于 1mm。

6）穿越墙体或楼板的管道支、吊架和管道焊接的接口不得设置在套管内，并不得将套管作为管道的支撑。

检查数量：抽查系统的20%，且不得少于5件。

检验方法：观察；尺量检查。

(5) 制冷系统阀门的安装应符合以下规定：

1）制冷水阀门安装前应进行严密性和强度试验，强度试验采用的压力应为阀门公称压力的1.5倍，持续时间不得少于5min；严密性试验压力应为阀门公称直径的1.1倍，持续时间30s不渗漏为合格。合格后的阀体内壁应保持干燥。如发现阀门进出口封闭破损或锈蚀，应解体后清理和修复、更换；

2）制冷系统阀门的安装位置、高度、方向应符合设计要求；

3）水平管道上阀门的手柄不应朝下；垂直管道上阀门的手柄应朝向便于操作的一侧。

4）自控阀门安装的位置应符合设计要求。调节阀、电磁阀、热力膨胀阀、升降式止回阀等的阀头均应向上；热力膨胀阀的安装位置应高于感温包，感温包应安装在蒸发器末端的回气管上，与管道接触良好，绑扎紧密；

5）安全阀应垂直安装在便于检修的位置，其排气管的出口应朝向安全地带，排液管应装在泄水管上。

检查数量：抽查总数的20%，且不得少于5件。

检验方法：观察；尺量；检查试验记录。

(6) 制冷系统的吹、扫、排污工作应采用压力为0.6MPa的干燥压缩空气或氮气，以浅色布检查5min，无污物为合格。系统吹扫完毕后，应将系统中阀门的阀芯拆下清洗干净。

检查数量：全数检查。

检验方法：观察；检查试验记录。

12.4 空调水系统管道与设备安装

空调水系统管道与设备安装是指冷（热）水、冷却水、凝结水系统的管道、设备及附件的安装。

空调水系统管道及设备安装质量分为合格和不合格。

合格标准：主控项目全部符合规定：一般项目80%及以上的检查点符合规定，其余检查点的偏差值不超过允许偏差的1.5倍。

主控项目：

(1) 空调工程水系统的设备与附属设备、管道、管配件及阀门的规格、型号、材质及连接方式应符合设计要求。

检查数量：抽查总数的10%，且不得少于5件。

检验方法：观察；抽查产品合格证、物资进场验收记录。

(2) 空调工程水系统管道安装应符合以下规定：

1）管道隐蔽前必须经监理验收、签字认可。

2）管道钢管、镀锌钢管不得采用热揻弯。

3）设备与管道的连接应在设备安装完毕后进行，与水泵、制冷机组的接管必须采用柔性接口。柔性短管不得强行对口连接，与其连接的管道应设置单独支架。

4）冷、热水及冷却水管应在系统冲洗、排污检查合格（目测：排出口的水色和清澈度与入口水比较相似并无杂物为合格）再循环试运行2h以上，见水质正常后方可与空调设备和制冷机组相连通。

5）固定在结构上的管道吊、支架不得影响结构的安全。穿越墙或楼板的管道应设套管，管道接口不得设置在套管内，套管与楼板的底面和墙体的饰面相平，穿过楼板的套管上部应高出楼层地面20～50mm，并不得将套管作为管道的支撑。

保温管道与套管四周间隙应采用不燃绝热材料填塞紧密。

检查数量：系统全数检查。每个系统管道、部件抽查总数的10%，且不得少于5件。

检验方法：观察；尺量；检查隐检记录，试验记录。

（3）管道系统外观质量检验合格后进行水压试验，水压试验结果应符合设计要求；当设计无具体要求时，应符合以下规定：

1）冷热水、冷却水系统的试验压力，当工作压力≤1.0MPa时，为工作压力的1.5倍，且不低于0.6MPa，当工作压力＞1.0MPa时，为工作压力加0.5MPa。

2）对高层或大型建筑垂直位差较大的冷（热）媒水、冷却水管道系统宜采用分区、分层试压和系统试压相结合的方法。一般建筑可采用系统试压的方法。

分区、分层试压：对相对独立的局部区域的管道试压。在试验压力状态下持续10min，压力不降，再将系统压力降到工作压力状态持续60min压力不降，无渗漏为合格。

系统试压：在各分区管道与系统主、干管全部连通后对整个系统进行试压。试验压力以最低点的压力为准，但最低点的压力不得超过组成件与管道的承受压力。试验压力状态下持续10min，压力降不得大于0.02MPa，再降至工作压力检查无渗漏现象为合格。

3）各类耐压塑料管的强度试验压力为工作压力的1.5倍，严密性工作压力为设计工作压力的1.15倍；

4）凝结水系统采用充水试验，应以不渗漏为合格。

检查数量：系统全数检查。

检验方法：观察；检查试验记录。

（4）阀门安装应符合以下规定：

1）阀门安装的高度、进出口方向、位置应符合设计要求，连接应牢靠；

2）安装在保温管道上的各种手动阀门，手柄均不得向下；

3）阀门安装应经严格检查，阀门的名牌应符合现行国家标准（GB/T 12220）《通用阀门　标志》的规定。对工作压力大于1.0MPa及在主干管道上起切断作用的阀门，应进行严密性和强度试验，合格后方可用在工程上。其他阀门可不进行单独的试验，可在系统试压时检验。

强度试验压力为公称压力的1.5倍，持续时间不少于5min，阀门的壳体及填料应无渗漏现象。

严密性试验压力为公称压力的1.1倍；试验压力应保持不变，持续时间应符合表12-6的规定，以阀瓣密封面无渗漏为合格。

检查数量：1）、2）条抽查5%，且不少于1个。水压试验以每批（同规格、同型号、同牌号）抽查总数的20%，且不得少于1个。对于安装在主干管道上起切断作用的阀门，全数检查。

检验方法：观察检查；检查试验记录；对照设计图样核对。

表 12-6 阀门压力持续时间

公称直径 DN (mm)	最短试验持续时间（s）		公称直径 DN (mm)	最短试验持续时间（s）	
	严密性试验			严密性试验	
	金属密封	非金属密封		金属密封	非金属密封
≤50	15	15	250～450	60	30
65～200	30	15	≥500	120	60

（5）补偿器的安装位置和补偿量必须符合产品说明书及设计要求，并根据设计验算的补偿量进行预压缩或预拉伸；设有补偿器（膨胀节）的管道应设固定支架，其固定位置和结构形式应符合设计要求，并应在补偿器的预压缩或预拉伸前固定；导向支架的位置应符合产品说明书的要求。

检查数量：抽查总数的 20%，且不得少于 1 个。

检验方法：观察；检查补偿器的预压缩或预拉伸记录。

（6）冷却塔的规格型号、技术参数必须符合设计要求。对有易燃材料的冷却塔，安装时必须执行国家施工防火安全的规定。

检查数量：全数检查。

检验方法：对照图样核查，监督执行防火规定。

（7）水泵的规格型号、技术参数应符合产品说明书及设计要求的性能指标。水泵试运行的时间不应少于 2h 的连续运行时间。

检查数量：全数检查。

检验方法：对照施工图样检查；实测；检查试运行记录。

（8）集水缸、分水缸、储冷罐、水箱的水压试验或满水试验结果必须符合设计要求。储冷罐内壁防腐涂层的材质、施工质量、涂布厚度必须符合产品说明书和设计要求。储冷罐与底座必须采取绝热措施。

检查数量：全数检查。

检验方法：观察；尺量；检查试验记录。

一般项目：

（1）空调水系统管道使用建设用硬质聚氯乙烯（PAC-U）、聚丙烯（PP-R）、交联聚乙烯（PEX）与聚丁烯（PB）等有机材料管道时，其连接方法应符合产品说明书和设计要求。

检查数量：抽查总数的 20%，且不得少于 2 处。

检验方法：观察，尺量，检查产品合格证、试验记录。

（2）金属管道的焊接应符合以下规定：

1）管道焊缝表面应清洁干净，焊缝外观质量检查不得低于国家现行标准《现场设备、工业管道焊接工程施工及验收规范》（GB 50236）中第 11.3.3 条的 N 级规定（氨管为Ⅲ级）。

2）管道焊接材料的品种、性能、规格应符合设计要求。管道对接坡口形式和焊口组对应符合表 12-7 的规定；管道对接焊缝与支吊架的距离应大于 50mm；管道的固定焊口应远离设备，且不宜与设备接口中心线重合；对口的平直度为 1/100，全长不大于 10mm。

检查数量：抽查总数的 20%，且不得少于 1 处。

检验方法：观察；尺量检查。

(3) 螺纹连接的管道，螺纹段应清洁干净、规整理顺，缺丝、断丝、秃牙现象不大于螺纹总扣数的10%；连接应牢固；接口根部安装后外露丝扣为2～3扣，无外露填料；管道的镀锌层应注意保护，有破损的应进行处理。

检查数量：抽查总数的5%，且不得少于5处。

检验方法：观察；尺量检查。

表12-7　管道焊接坡口形式和尺寸

项次	厚度 T（mm）	坡口名称	坡口形式	坡口尺寸			备注
				间隙 C（mm）	钝边 P（mm）	坡口角度 α（°）	
1	1～3	I形坡口	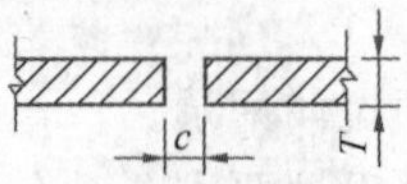	0～1.5	—	—	内壁错边量≤0.1T，且≤2mm；外壁≤3mm
	3～6			1～2.5			
2	6～9	V形坡口	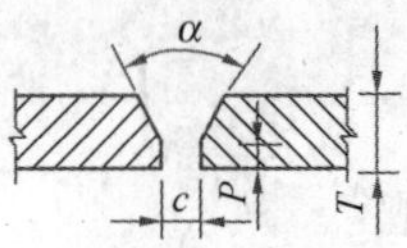	0～2.0	0～2	65～75	
	9～26			0～3.0	0～3	55～65	
3	2～30	T形坡口	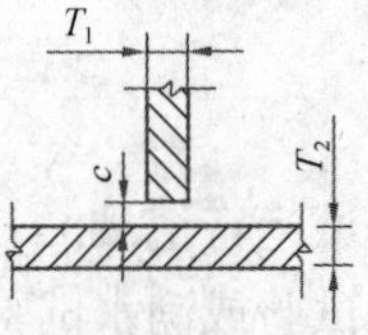	0～2.0	—	—	

(4) 用法兰连接的管，其法兰平面应与管道中心线相垂直和同心。两片法兰对接平面应平行，其偏差不应大于管道外径的1.5/1000，且不得大于2mm；螺栓长度应一致，螺母在同侧、拧紧程度应均匀。螺栓拧紧后不应低于螺母平面。法兰衬垫的规格、品种、材质应符合设计要求。

(5) 钢管道安装应符合以下规定：

1) 管道和管件安装前应将管内外清理干净。管道安装间断时应将管口封闭；

2) 管道揻弯的弯曲半径，热揻不应小于管道外径的3.5倍、冷揻不应小于管道外径的4倍；焊接弯管不应小于1.5倍；冲压弯管不应小于1倍，弯管的最大外径与最小外径的差不应大于管道外径8/100，管壁减薄率不应大于15%；

3) 冷凝水排水管的坡度应符合设计要求；当设计无具体要求时，其坡度宜≥8‰；软管连接的长度不宜>150mm；

4) 冷热水管道与支、吊架之间，应有绝热衬垫（其承压强度能满足支撑管道的重量，且为不燃、难燃硬质绝热或经防腐处理的木质衬垫），其厚度不应小于绝热层厚度，宽度应大于支、吊架支承面的宽度。衬垫的表面应平整、结合面的空隙应填实；

5) 管道安装的标高、坐标和纵、横的弯曲度应符合表12-8的规定。在吊顶内暗装管道的位置应正确，应无明显偏差。

检查数量：抽查总数的10%，且不得少于5处。

检验方法：观察；尺量检查。

(6) 塑钢复合管道的安装，当系统工作压力<1.0MPa时，可采用涂（衬）塑焊接钢管螺纹连接，与管道配件的连接深度和扭矩应符合表12-9的规定；当系统工作压力为1.0～2.5MPa时，可采用塑涂（衬）无缝钢管法兰连接或沟槽式连接，管道配件均为无缝钢管涂（衬）塑管件。

沟槽式连接的管道，其沟槽与橡胶密封圈和卡箍必须为配套合格产品；吊支架的间距应符合表12-10的规定。

表12-8 管道安装的允许偏差和检验方法

项目			允许偏差（mm）	检查方法
坐标	架空及地沟	室外	25	按系统检查管道的起点、终点、分支点和变向点及各点之间的直管 用经纬仪、水准仪、液体连通器、水平仪、拉线和尺量检查
		室内	15	
	埋地		60	
标高	架空及地沟	室外	±20	
		室内	±15	
	埋地		±25	
水平管道平直度		*DN*≤100mm	2*L*‰，最大40	用直尺、拉线和尺量检查
		DN>100mm	3*L*‰，最大60	
立管垂直度			5*L*‰，最大25	用直尺、线锤、拉线和尺量检查
成排管段间距			15	用直尺尺量检查
成排管段或成排阀门在同一平面上			3	用直尺、拉线和尺量检查

注：*L*——管道的有效长度（mm）。

表12-9 钢塑复合管螺纹连接深度及紧固扭矩

公称直径（mm）		15	20	25	32	40	50	65	80	100
螺纹连接	深度（mm）	11	13	15	17	18	20	23	27	33
	牙数	6.0	6.5	7.0	7.5	8.0	9.0	10.0	11.5	13.5
扭矩（N·m）		40	60	100	120	150	200	250	300	400

表12-10 沟槽式连接管道的沟槽及支、吊架的间距

公称直径（mm）	沟槽深度（mm）	允许偏差（mm）	支、吊架的间距（m）	端面垂直度允许偏差（mm）
65～100	2.20	0～+0.3	3.5	1.0
125～150	2.20	0～+0.3	4.2	
200	2.50	0～+0.3	4.2	1.5
225～250	2.50	0～+0.3	5.0	
300	3.0	0～+0.5	5.0	

注：1. 连接管端面应平整光滑、无毛刺；沟槽过深，应作为废品，不得使用。

2. 支、吊架不得支承在连接头上，水平管的任意两个连接头之间必须有支、吊架。

检查数量：抽查总数的10%，且不得少于5处。

检验方法：观察；尺量；检查产品合格证。

(7) 风机盘管机组及其他空调设备与管道的连接，宜采用软接管或弹性接管（非金属或金属软管），其耐压值应≥1.5倍的工作压力。软管的连接应牢靠、不应有瘪管和强扭管。

检查数量：抽查总数的10%，且不得少于5处。

检验方法：观察；检查产品合格证。

(8) 金属管道的支、吊架的型式、间距、标高、位置应符合设计和技术标准的要求。当设计无具体要求时，应符合以下规定。

1) 冷（热）媒水、冷却水系统管道机房内总、干管的支吊架应使用承重防晃管架；与设备连接的管道管架宜有减振措施。当水平支管的管架采用单杆吊架时，应在管道起始点、三通、弯头、阀门及每隔15m长度设置一个承重且防摇晃支吊架；

2) 支、吊架的安装应平整牢靠，与管道接触紧密。管道与设备连接处应设独立支、吊架；

3) 无热位移的管道吊架，其吊杆安装应垂直；有热位移的，其吊杆应向热膨胀（或冷收缩）的相反方向偏移安装，偏移量应由设计验算确定；

4) 滑动支架的滑动面应平整、清洁，其安装位置应符合设计要求，当设计无具体要求时，应从支承面中心向位移反方向偏移1/2位移值安装；

5) 焊接管道支、吊架的焊工应持证上岗施焊，且不得有欠焊、漏焊及夹渣、气孔、焊瘤咬边、裂纹等现象。支架与管道焊接时，管道侧的咬边量，不应超过管道壁厚的0.1倍；

6) 竖井内的立管，每隔2～3层应设一个导向支架。在建筑结构负重允许的情况下，水平安装管道支、吊架的间距应符合表12-11的规定。

表12-11　钢管道支、吊架的最大间距

公称直径（mm）		15	20	25	32	40	50	70	80	100	125	150	200	250	300
支架的最大间距（m）	L_1	1.5	2.0	2.5	2.5	3.0	3.5	4.0	5.0	5.0	5.5	6.5	7.5	8.5	9.5
	L_2	2.5	3.0	3.5	4.0	4.5	5.0	6.0	6.5	6.5	7.5	7.5	9.0	9.5	10.5
	对大于300mm的管道可参考300mm管道														

注：1. 适用于工作压力不大于2.0MPa，不保温或保温材料密度不大于200kg/m^{3}的管道系统。

2. L_1用于保温管道，L_2用于不保温管道。

检查数量：抽查支架总数的5%，且不少于5个。

检验方法：观察；尺量检查。

(9) 采用建筑用硬聚氯乙烯（PVC-U）、聚丙烯（PP-R）与交联聚乙烯（PEX）等管道时，管道与金属支、吊架之间应有隔绝措施，不可直接接触。当为热水管道时，还应加宽其接触面积。支、吊架的间距应符合设计和产品说明书的要求。

检查数量：抽查支架总数的5%，且不得少于5个。

检验方法：观察检查。

(10) 集气罐、除污器（水过滤器）、自动排气装置、阀门等管道部件的安装应符合设计及以下要求：

1）阀门安装的进出口方向、位置应正确，并便于操作；连接应牢靠、紧密，启闭灵活；成排阀门的排列应美观整齐，在同一平面上的允许偏差为3mm；

2）气动、电动等自动阀门安装前应进行单体调试，包括启闭动作试验；

3）冷却水和冷冻水除污器（水过滤器）应安装在进机组前的管道上，方向正确且便于清污；与管道连接严密牢靠，安装位置应便于滤网的清理和拆装。过滤器滤网的材质、包扎方法、规格等应符合设计要求；

4）闭式系统管道应在系统的最高部位及所有可能积聚空气的最顶部设置排气阀，在管道的最低部位设置排水阀及排水管。

检查数量：抽查同一规格、型号总数的10%，且不得少于2个。

检验方法：观察；操作检查，对照设计图样检查。

（11）冷却塔安装应符合以下规定：

1）冷却塔地脚螺栓与预埋件的固定或连接应牢靠，各连接部件应采用热镀锌或不锈钢螺栓，其紧固力应均匀一致；基础标高应符合设计要求。

2）冷却塔安装：同一冷却水系统的多台冷却塔安装时，各台冷却塔的水面高度应一致，高差不应大于30mm。单台冷却塔安装的垂直度和水平度允许偏差均为2/1000。

3）冷却塔的喷嘴及出水口的位置和方向应正确，积水盘应严密无渗漏；分水器布水均匀。有转动布水器的冷却塔，其转动部位应灵活，喷水出口应符合设计和产品说明书的要求。

4）冷却塔风机叶片的端部与塔体四周的径向间隙应均匀。对可调整角度的叶片，其角度应一致。

检查数量：全数检查。

检验方法：观察；尺量；积水盘做充水试验或检查试验记录。

（12）水泵及附属设备安装应符合以下规定：

1）水泵的标高和平面位置允许偏差为±10mm，安装用地脚螺栓应垂直、拧紧，且与设备座连接牢靠、紧密；

2）垫铁组每组不超过3块；且放置的位置应正确、平稳、接触部位严密；

3）整体安装的泵，横向水平偏差不应大于0.20/1000，纵向水平偏差不应大于0.10/1000；解体安装的泵，其纵、横向安装的水平偏差均不应大于0.05/1000；当水泵与电动机用联轴器连接时，联轴器两轴芯的允许偏差、轴向倾斜不应大于0.2/1000，径向位移不应大于0.05mm；大型整体安装的管道水泵不应有明显偏斜；

4）减振器与水泵和水泵基础连接应牢靠、平稳、接触部位应严密。

检查数量：全数检查。

检验方法：手扳试拧；观察；用水平仪和塞尺测量或检查设备安装记录。

（13）集水器、分水器、储冷罐、水箱等设备的安装，底座或支架的位置、尺寸应符合设计要求。设备与底座或支架的接触部位应严密，安装应牢靠平整方正。平面位置的允许偏差为15mm，垂直度允许偏差为1/1000，标高的允许偏差为±5mm。膨胀水箱安装的位置及接管的连接应符合设计要求。

检查数量：全数检查。

检验方法：观察；尺量检查；查阅试验记录或旁站监督。

12.5 防腐与绝热

防腐与绝热质量分为合格和不合格。

合格标准：主控项目全部符合要求；一般项目80%及以上的检查点符合要求，其余检查点的偏差值不超过允许偏差的1.5倍。

主控项目：

(1) 管道和风管的绝热，应采用难燃或不燃材料，其密度、规格、材质应符合设计要求。当采用难燃材料时，其材料的难燃性必须合格。

检查数量：随机抽查检验批中的1件。

检验方法：点燃试验；观察；检查产品合格证，检测报告。

(2) 防腐涂料和油漆，应在保质期内使用，并应有产品合格证。

检查数量：按批检查。

检验方法：观察；检查产品合格证。

(3) 在以下场合必须使用不燃绝热材料：

1) 电加热器前后800mm的绝热层和风管；

2) 穿越防火隔墙两侧2m范围内的绝热层、风管、管道。

检查数量：全数检查。

检验方法：观察；点燃试验；检查产品合格证。

(4) 输送介质温度低于周围空气露点温度的管道，当使用非闭孔性绝热材料时，防潮层（隔汽层）必须完整，且封闭良好。

检查数量：抽查总数量的10%，且不得少于5段。

检验方法：观察检查。

(5) 位于洁净室内的管道和风管的绝热层，不应使用易产生尘埃的材料（如短纤维矿棉、玻璃纤维等）。

检查数量：全数检查。

检验方法：观察检查。

一般项目：

(1) 各种空调设备、部件的油漆喷涂，不得遮盖铭牌标志和影响部位的功能使用。

检查数量：抽查总数的10%，且不得少于2个。

检验方法：观察检查。

(2) 喷、涂油漆的漆面膜应无堆积、皱纹、气泡、掺杂、混色、漏涂等现象。

检查数量：抽查总面积的10%。

检验方法：观察检查。

(3) 风管系统部件的绝热，不能影响其操作功能。

检查数量：抽查总数量的10%，且不得少于2个。

检验方法：观察检查。

(4) 绝热层应密实，无空隙、裂纹；表面应平整，当使用板材或卷材时，允许偏差为5mm；当采用涂抹或其他方式时，允许偏差为10mm。防潮层、包括绝热层的端部应完好无损，且封闭良好；其接缝应顺水搭接。

检查数量：抽查管道轴线长度的10%；阀门、部件抽查总数的10%，且不少于2个。

检验方法：观察；用钢钎穿刺保护层、尺量检查。

（5）风管绝热层采用粘结方法固定时应符合以下规定：

1）粘结材料宜在风管、设备或部件的表面均匀涂布，并应紧密贴合，无空鼓、空隙等现象。

2）粘结剂的性能应符合使用环境卫生和温度的要求，并应与绝热材料相溶、匹配。

3）绝热层纵、横向的接缝应错开。

4）绝热层粘贴后，如进行捆绑或包扎，包扎的搭接处应均匀、紧贴；捆绑应松紧适度，不得使绝热层破损。

检查数量：抽查总数的10%。

检验方法：检查产品合格证、观察检查。

（6）风管绝热层采用保温钉固定应符合以下规定：

1）矩形风管或设备保温钉的分布应均匀，保温钉的数量底面每平方米不应少于16个，侧面不应少于10个，顶面不应少于8个。首行保温钉至风管或保温材料边缘的距离应小于120mm；

2）保温钉与风管，设备及部件表面的连接，可采用粘结或焊接，并结合应牢靠，焊接后应保持风管平整，焊接影响部位应作防腐处理；

3）风管法兰部位的绝热层厚度，最薄不得低于风管绝热层的0.8倍；

4）带有防潮隔汽层绝热材料的拼接缝处，应用粘胶带封严。其宽度不应小于50mm。粘胶带粘贴应牢固，不得有脱落和开裂。

检查数量：抽查总数的10%，且不得少于5处。

检验方法：观察检查。

（7）在采用玻璃纤维布作绝热保温层时，应分层进行涂抹，厚度应均匀，表面固化层应牢固光滑，无气泡、漏涂、裂缝等现象。

检查数量：抽查总数的10%。

检验方法：观察检查。

（8）当使用玻璃纤维布作绝热保护层时，搭接宽度宜为30～50mm，且松紧适度。

检查数量：抽查数量的10%，且不得少于10m^2。

检验方法：观察；尺量检查。

（9）管道过滤器、阀门、法兰的绝热结构应能单独拆卸。

检查数量：抽查总数的10%，且不得少于5个。

检验方法：观察检查。

（10）管道绝热层的施工应符合以下规定：

1）绝热材料的材质，规格应符合设计要求，绝热层的粘贴应牢固平整，绑扎应紧密，无断裂、松弛、滑动等现象；

2）硬质、半硬质绝热管壳的拼接缝隙，保冷时不应大于2mm、保温时不应大于5mm，并用粘结材料严密勾缝，其纵缝应错开，外层的水平接缝应设在侧下方。当绝热层的厚度大于100mm时，应分层施工，各层的接缝应相互错开；

3）硬质或半硬质绝热管壳应用难腐织带或金属丝捆扎，其间距为300～350mm，并每节至少捆扎2道；

4）软质或松散绝热材料应按设计规定的密度填充压实均匀，毡类材料在管道上绑扎时搭接处应严密。

检查数量：抽查总数的10％，且不得少于10段。

检验方法：观察；尺量检查。

(11) 管道防潮层的施工应符合以下规定：

1）防潮层应紧密与绝热层粘贴严实，不得有气泡、空鼓、褶皱和裂纹等现象；

2）管道立管的防潮层应由低向高敷设，环向搭接的缝口应朝向低的一端；纵向搭接缝应顺水位于管道的侧面；

3）卷材防潮层应以螺旋状缠绕，其搭接宽度为30～50mm。

检查数量：抽查总数的10％，且不得少于10m。

检验方法：观察；尺量检查。

(12) 金属保护壳施工应符合以下规定：

1）金属保护壳应紧贴绝热层，不得有褶皱、强行接口、脱壳等现象。接口搭接应顺水并应设加强筋，搭接尺寸为20～25mm。使用的自攻钉不得刺破防潮层，并应均匀分布。

2）户外金属保护壳应顺水设纵、横向接缝；纵向接缝应位于管道的侧面。金属保护壳与屋面或墙体交接处应加设泛水。

检查数量：抽查总数的10％。

检验方法：观察检查。

(13) 冷热源机房内制冷系统管道的表面应有色标志。

检查数量：抽查总数的10％。

检验方法：观察检查。

12.6 系统调试

系统调试质量分为合格和不合格。

合格标准：主控项目全部符合规定；一般项目80％及以上的检查点符合规定，其余检查点的偏差值不超过允许偏差的1.5倍。

主控项目：

(1) 通风与空调工程安装后，必须进行系统调试和测定。系统调试应包括以下项目：

1）设备单机试运行及调试；

2）系统空机无负荷联合试运行及调试。

检查数量：全数检查。

检验方法：观察、检查调试记录。

(2) 设备单机试运行应符合以下规定：

1）空调机组、通风机中的风机叶轮旋转方向应正确、平稳、无异常声响和振动，电动机运行的功率应符合设备技术说明书的规定。在额定转速下连续运行2h后，滑动轴承外壳最高温度不得高于70℃；滚动轴承不得高于80℃；

2）水泵叶轮旋转方向应正确，声响与振动无异常，连接部位无松动，电动机运行功率值符合设备技术文件的要求。水泵连续运转2h以后，最高温升滚动轴承外壳不得超过75℃；滑动轴承外壳不得超过70℃；

3）风机盘管机组的温控、三速开关的动作应正确，并与机组运行状态分别对应。

检查数量：第1）、2）条抽查20%，且不得少于1台；第3）条抽查10%，且不得少于2台。

检验方法：观察、旁站、查阅试运转记录。

（3）通风工程系统无负荷联动试运转及调试应符合以下规定：

1）湿式除尘器的供、排水系统运行正确。

2）系统经过平衡调整，各吸风罩或风口的风量与设计风量的允许偏差不应大于15%；

3）系统联动试运转时，设备及主要部件的联动必须符合设计要求，动作正确、调试无异常。

4）空调工程水系统应清洗干净、不含杂质，并排除管道中的空气；系统连续运转应正常平稳；水泵的压力及水泵电机的电流不应有大的波动。系统平衡调整后各空调机组的水流量应符合设计要求，其允许偏差为20%；

5）各自动计量检测的执行机构和元件的工作应正常，满足建筑设备自动化（FA、BA等）系统对被测定参数进行控制和检测的要求；

6）多台冷却塔并联运行时，各座冷却塔的进出水量应均衡一致；

7）空调室内噪声应符合设计要求；

8）有压差要求的房间、厅堂与其他相邻房间的压差；工艺性空调应符合设计要求；舒适性空调正压为0～25Pa；

9）有环境噪声要求的场所，空调机组、制冷机组的测定应符合现行国家标准《采暖通风与空气调节设备噪声声功率级的测定—工程法》（GB 9068）的规定。洁净室内的噪声应符合设计要求。

检查数量：观察；用仪表测量检查；检查调试记录。

（4）通风与空调工程的控制和监测设备，应能与系统的检测元件和执行机构相沟通，系统的状态参数能正常显示，自动保护、自动调节、设备联锁应能灵敏可靠。

检查数量：抽查系统或监测系统总数的30%且不得少于1个系统。

检验方法：旁站观察；检查调试记录。

13 建筑电气工程

13.1 电气设备安装

13.1.1 架空线路及杆上电气设备安装

13.1.1.1 架空线路及杆上电气设备安装程序

架空线路及杆上电气设备安装应按以下程序实施：

(1) 线路方向和杆位、拉线坑位测量、校正及钉桩后，应经监理检查确认，方可挖电线杆坑和拉线坑；

(2) 电线杆坑、拉线坑的各部尺寸应经监理确认合格后方可立电线杆和埋设拉线锚；电线杆、拉线锚的土方回填应严格分层夯实。

(3) 杆上电线线路及高压电气设备交接验收合格后才能通电交付使用；

(4) 架空线路做绝缘检验、且经单相冲击试验合格后方可通电运行；

(5) 架空线路的相线位置经检查正确无误后，才能与接户线连接。

13.1.1.2 架空线路及杆上电气设备安装质量

架空线路及杆上电气设备安装质量分为合格和不合格。

合格标准：主控项目全部符合规定；一般项目80％及以上的检查点符合要求，其余检查点的偏差值不超过允许偏差的1.5倍。

主控项目：

(1) 电线坑、拉线坑深度的允许偏差应为不浅于设计深度50mm，不深于设计深度100mm。

(2) 架空导线的弧垂值允许偏差为设计弧垂值的5％，同档水平排列的导线间弧垂直偏差为±50mm。

(3) 变压器中性点应与接地装置引出干线直接连接，接地装置的接地电阻值必须符合设计要求。

(4) 杆上高压绝缘子、变压器、高压隔离开关、避雷器、跌落式熔断器的检验试验必须符合现行国家标准（GB 50150）《电气装置安装工程　电器设备交接试验标准》的规定。

(5) 杆上低压配电箱的电气装置和馈电线路交接试验应符合以下规定：

1) 相间和相对地间的绝缘电阻值应大于0.5MΩ；

2) 电气装置的交流工频耐压试验电压为1kV，当绝缘电阻值大于10MΩ时，可采用2500V兆欧表摇测替代，试验持续时间1min，无击穿闪路现象；

3) 每路配电开关及保护装置的型号、规格，应符合设计要求。

一般项目：

(1) 拉线的绝缘子及金具应齐全，位置正确，承力拉线应与线路中心线方向一致，转角拉线应与线路分角线方向一致。拉线应收紧，收紧程度与杆上导线数量规格及弧垂值相匹配。

(2) 电杆组立应正直，直线杆横向位移不应大于50mm，杆梢偏移不应大于梢径的1/2，转角杆紧线后不向内角倾斜，向外角倾斜不应大于1个梢径。

(3) 直线杆单横担应装于受电侧，终端杆、转角杆的单横担应装于拉线侧。横担的上下歪斜和左右扭斜，从横担端部测量不应大于20mm。横担等镀锌制品应采用热浸镀锌。

(4) 导线无断股，死弯和扭绞，与绝缘子固定牢靠，金具规格应与导线规格相匹配。

(5) 线路的过引线、接户线、跳线的线间加线对地间的安全距离，电压在6～10kV时，应大于300mm；电压在1kV及以下时应大于150mm。用绝缘导线架设的线路，绝缘破口处应仔细修补完整。

(6) 杆上电器设备安装应符合以下规定：

1) 变压器油位应正确、无渗油现象、附件应齐全、外壳涂层应完整；

2) 固定电气设备的支架、紧固件应为热浸镀锌制品，紧固件及防松件完好齐全有效；

3) 跌落式熔断器安装的相间距离不小于500mm；熔管试操动能自然打开；

4) 杆上隔离开关分合操动灵活，操动机构机械锁定可靠，分合时三相同时性好，分离后，刀片与静触头间空气间隙距离不小于200mm；地面操作杆的接地（PE）牢靠，且有明显接地；

5) 杆上避雷器排列整齐，间距不小于350mm，电源侧铜质引线截面面积不小于$16mm^2$，铝线截面面积不小于$25mm^2$，接地侧铜质引线截面面积不小于$25mm^2$，铝线截面面积不小于$35mm^2$。与接地装置应连接可靠。

13.1.2 变压器、箱式变电所安装

13.1.2.1 变压器、箱式变电所安装程序

变压器、箱式变电所安装应符合以下程序：

(1) 变压器、箱式变电所基础的验收，应对埋入基础的电线电缆导管和变压器进、出线的预留孔、预埋件进行检查，符合设计要求后方可安装变压器、箱式变电所；

(2) 杆上变压器支架必须经过牢固性检查验收后方可进行变压器吊装且应安装牢靠。

(3) 变压器、接地装置必须交接检验合格后方可通电。

13.1.2.2 变压器、箱式变电所安装质量

变压器、箱式变电所安装质量分为合格和不合格。

合格标准：主控项目全部符合规定；一般项目80%及以上检查点符合规定，其余检查点的偏差值不超过允许偏差的1.5倍。

主控项目：

(1) 接地干线与箱式变电所的N和PE母线直接连接；接地装置引出的接地干线与变压器的低压侧中性点直接连接；变压器箱体、干式变压器的支架或外壳应有牢靠接地。所有紧固件及防松零件应齐全有效。

(2) 变压器必须按现行国家标准《电气装置安装工程电气设备交接试验标准》的规定进行验收合格。

（3）变压器安装的位置应正确，浸油变压器的油位应符合要求，无渗漏油现象，并附件齐全有效。

（4）箱式变电所及落地式配电箱的基础应高于室外地坪，周围排水畅通。用地脚螺帽拧紧牢靠；自由安放的应垫方正垂直。金属箱式变电所及落地式配电箱箱体应有可靠接零（PEN）或接地（PE），并有明显标识。

（5）箱式变电所的交接试验必须符合以下规定：

1）由变压器、低压成套和高压成套开关三个独立单元组合成的箱式变电所高压电气设备部分，必须按现行国家标准《电气装置安装工程电气设备交接试验标准》的规定试验合格。

2）熔断器、高压开关与变压器组合在同一个密闭油箱内的箱式变电所，交接检验按产品说明书的要求进行。

3）低压成套配电柜交接检验应符合以下规定：

①相对地间和相间的绝缘电阻值应大于0.5MΩ；

②每路配电开关及保护装置的型号、规格应符合设计要求；

③电气装置的交流工频耐压试验电压为1kV，当绝缘电阻值大于10MΩ时，可采用2500V兆欧表摇测替代，试验持续时间1min，无击穿闪络现象。

一般项目：

（1）有载调压开关的传动部分润滑应良好，动作灵活，点动给定位置与开关实际位置一致，自动调节符合产品说明书要求。

（2）绝缘件应无破损、裂纹和瓷件表面瓷釉损坏等现象，外表应洁净，测温仪表应准确。

（3）装有滚轮的变压器就位后，应将滚轮制动固定。

（4）变压器器身的检查应符合产品说明书的规定，当满足以下条件之一的变压器器身可不检查：

1）制造厂家规定不检查器身的；

2）就地生产仅做短途运输的变压器，并在运输过程中有效监督，无紧急制动、剧烈振动、冲撞或严重颠簸等异常情况的。

（5）箱式变电所内外涂层应完整、无损伤，有通风口的风口防护网完好。

（6）箱式变电所的高低压柜内部接线完整、低压每个输出回路的标记、名称应清晰准确。

（7）装有气体继电器的变压器顶盖，沿气体继电器的气流方向设置1.0%～1.5%的升高坡度。

13.1.3 成套控制柜（屏、台）、配电柜和照明、动力配电箱（盘）安装

13.1.3.1 控制柜、配电柜、配电箱安装程序

成套控制柜（屏、台）、配电柜和照明、动力配电箱（盘）安装应符合以下程序：

（1）埋设的柜、屏、台下的电缆沟和基础型钢等应经监理检查验收合格后方可安装屏、柜、台；

（2）室内外落地式动力配电箱的基础、埋入基础的电线导管、电缆导管应经监理检查验

收合格后方可安装箱体；

（3）墙上明装的动力、照明配电箱（盘）的预埋件（螺栓、金属埋件）、应在抹灰前预留和预埋；暗装的动力、照明配电箱的预留孔和电线导管及动力、照明配电线的线盒等应经监理对照施工图样检查合格，才能安装配电箱（盘）；

（4）接零（PEN）或接地（PE）连接完成后，核对柜、屏、台、箱、盘内的元件型号、规格与设计图样相符，并经交接检查验收合格后方可进行试运转。

13.1.3.2 控制柜、配电箱、配电柜安装质量

成套控制柜、配电箱、配电柜和照明、动力配电箱（盘）安装质量分为合格和不合格。

合格标准：主控项目全部符合规定；一般项目80%及以上的检查点符合规定，其余检查点的偏差值不超过允许偏差的1.5倍。

主控项目：

（1）箱、盘、柜、屏、台的金属框架及基础型钢必须有牢靠接零（PEN）或接地（PE）；且装有可开启的电器门，门和框架的接地端子间应由裸体编织铜线连接，并设明显标识。

（2）低压成套动力、照明配电箱（盘）和控制柜（屏、台）、配电柜应有可靠的电击保护。柜（台、箱、盘、屏）内保护导体应设裸露的外部保护导体的端子，保护导体的截面积应符合设计要求，当设计无具体要求时，柜（台、箱、盘、屏）内保护导体的最小截面面积 S_p 不应小于表13-1的规定：

表13-1 保护导体的截面积 （mm^2）

相线的截面积 S	相应保护导体的最小截面积 S_p	相线的截面积 S	相应保护导体的最小截面积 S_p
$S \leqslant 16$	S	$400 < S \leqslant 800$	200
$16 < S \leqslant 35$	16	$S > 800$	$S/4$
$35 < S \leqslant 400$	$S/2$		

注：S 指柜（屏、台、箱、盘）电源进线相线截面积，且两者（S、S_p）材质相同。

（3）抽出式成套配电柜、手车推拉应灵活，无碰撞和卡阻现象。静触头与动触头的中心线应一致，并触头接触紧密，投入时，接地触头应先于主触头接触；退出时，接地触头后于主触头分开。

（4）高压成套配电柜的交接检查验收必须符合《电气装置安装工程电气设备交接试验标准》的规定，并应符合以下要求：

1）逻辑元件、继电保护元器件、控制用计算机、变送器等单体校验应合格，整体校验动作应正确，整定参数应符合设计要求；

2）经法定程序批推投入市场的新高压电气设备和继电保护装置应按产品说明书的相关规定交接检验验收。

（5）低压成套配电柜交接检验验收必须符合相关规定。

（6）柜、箱、台、屏、盘间线路的线间和线对地间绝缘电阻值，馈电线路必须大于0.5MΩ；二次回路必须大于1MΩ。

（7）柜、箱、台、屏、盘间二次回路交流工频耐压试验，当绝缘电阻值大于10MΩ时，用2500V兆欧表摇测1min，应无闪络击穿现象。

(8) 直流屏试验，应将屏内电子器件从线路上退出，检测主回路线间和线对地间的绝缘电阻值应不大于0.5MΩ，直流屏所附蓄电池组的充、放电应符合产品技术文件的要求；整流器的控制调整和输出特性试验应符合产品技术文件的要求。

(9) 照明配电箱（盘）的安装应符合以下规定：

1) 箱（盘）内配线应整齐，无绞线现象。导线连接牢固，不伤芯线，不断股。垫圈下螺丝两侧压的导线截面积相同，同一端子上的导线连接不应多于2根，防松垫圈应齐全有效。

2) 箱（盘）内开关应灵敏有效，有漏电保护器的回路，漏电保护装置动作电流不应大于30mA，动作时间不大于0.1s。

3) 照明配电箱（盘）内，分别设置零线（N）和保护地线（PE）汇流排，零线和保护地线通过汇流排配出。

一般项目：

(1) 基础型钢安装允许偏差应符合表13-2的规定。

表13-2　基础型钢安装允许偏差

项　目	允许偏差		项　目	允许偏差	
	(mm/m)	(mm/全长)		(mm/m)	(mm/全长)
不直度	1	5	不平行度	—	5
水平度	1	5			

(2) 柜、箱、屏、台、盘相互之间或与基础型钢应用镀锌螺栓连接，并且防松零件齐全有效。

(3) 柜、箱、屏、台、盘安装垂直度允许偏差为1.5‰，相互间的接缝不应大于2mm，成列盘面的允许偏差不应大于5mm。

(4) 柜、箱、屏、台、盘内检查验收应符合以下规定：

1) 保护装置及控制开关的型号、规格应符合设计要求。

2) 闭锁装置应动作灵敏准确、可靠；

3) 主开关的辅助开关切换动作与主开关动作协调一致；

4) 柜、箱、屏、台、盘上标识器件应标明被控设备编号、名称或操作位置，接线端子应有清晰、工整的编号，所使用的油漆应不易退色。

5) 回路中的电子元件不应参加交流工频耐压试验；48V及以下的回路可不做交流工频耐压试验。

(5) 低压电器组合应符合以下规定：

1) 熔断器的熔体规格、自动开关的整定值应符合设计要求；

2) 发热元件安装应在散热良好的位置；

3) 切换压板接触应良好，相邻压板间应有一定的安全距离，切换时不触及相邻的压板；

4) 信号回路上的信号灯、按钮、光字牌、电笛、电铃、事故电钟等信号及动作显示准确；

5) 外壳应接零（PEN）或接电（PN），并应牢靠；

6) 端子排安装牢靠，端子应编序号，强、弱电端子隔离设置，端子规格与芯线截面面积应符合设计要求。

(6) 柜、箱、屏、台、盘间的配线；电流回路应采用额定电压不低于750V、芯线截面积不小于2.5mm^2的铜芯绝缘电缆或电线；除电子元件回路或类似回路外，其他回路的电线应采用额定电压不低于750V、芯线截面不小于1.5mm^2的铜芯绝缘电缆或电线。

二次回路连线应成束绑扎，不同电压等级、直流、交流线路及计算机控制线路应分别绑扎，且应有明显标识；固定后不应妨碍手车的抽出式部件的拉出和推进或开启。

(7) 连接柜、箱、屏、台、盘面板上的控制台、板及电器等可动部位的电线应符合以下规定：

1) 线束有外套塑料管等加强绝缘保护层；

2) 采用多股铜芯软电线、敷设长度应留有适当的裕量；

3) 可转动部位的两端应用卡子固定；

4) 与电器连接时，端部应绞紧，且有不开口的搪锡或终端端子，不松散、断股。

(8) 照明配电箱（盘）的安装应符合以下规定：

1) 配电箱的位置应正确，部件应齐全，箱体的开孔与导管的管径相匹配，暗装的配电箱的箱盖应紧贴墙面，箱（盘）的油漆涂层应完好无损；

2) 箱（盘）内的接线应布置整齐紧凑，回路编号齐全，标识正确明显；

3) 箱（盘）安装牢靠，垂直度允许偏差为1.5‰；底边与地面为1.5m，照明配电板底边距地面不小于1.8m。

13.1.4 低压电动机、电加热器及电动执行机构检查接线

13.1.4.1 接线规定

低压电动机、电加热器及电动执行机构应与机械设备可靠连接，绝缘电阻测试应合格，经手动操作应符合工艺要求后才能接线。若与工艺要求不相符，轻则不能达到预期的功能要求，重则损坏电气设备或其他设备，也有可能给智能化系统的联动调校带来不必要的麻烦。

13.1.4.2 接线质量

低压电动机、电加热器及电动执行机构检查接线质量分为合格和不合格。

合格标准：主控项目全部符合规定；一般项目随机抽检均应符合规定。

主控项目：

(1) 电动机、电加热器及电动执行机械的可接近裸体必须接零或接地。

(2) 电动机、电加热器及电动执行机构绝缘电阻值应大于0.5MΩ。

(3) 100kW以上的电动机，应分别测量各项直流电阻值，相互差不应大于最小值的2%；无中性点引出的电动机，测量线间直流电阻值、相互差不应大于最小值的1%。

一般项目：

(1) 电气设备安装应牢靠，螺栓及防松零件齐全，不松动。防水防潮电气设备的接线盒盖及接线入口等部位应做密封处理。

(2) 除电动机随机技术文件说明不允许在施工现场做抽芯检查外，有以下情况之一的电动机应抽芯检查：

1) 出厂时间已超过厂家保证期限的，或无保证期限但已超过出厂时间一年以上的；

2）电气试验、手动盘转、试运转和外观检查有异常情况的；

(3) 电动机抽芯检查应符合以下规定：

1）线圈绝缘层完好无损，端部绑线不松动，槽楔牢固、无断裂，引线焊接饱满，膛内清洁无杂质，通风孔道畅通无阻；

2）连接用紧固件的防松件完整齐全；

3）电动机轴承无锈斑，注油（脂）的规格、型号数量正确，转子平衡铁紧固，平衡螺丝锁死，风扇叶片无裂纹或损伤；

4）其他指标符合产品技术文件的特殊要求。

(4) 在设备接线盒内裸露的不同相线间和导线对地间最小安全距离应大于 8mm，若不能满足要求，则应采取绝缘措施进行防护。

13.1.5 柴油发电机组安装

13.1.5.1 柴油发电机组安装程序

柴油发电机组安装应按下列程序进行：

(1) 柴油发电机组基础必须经过监理验收合格，方可进行机组安装。

(2) 安放式柴油发电机组应将底部垫平、垫实；地脚螺栓固定的机组应经初平、螺栓孔灌浆、精平、紧固地脚螺栓、二次浇筑细石混凝土等程序。

(3) 水冷、风冷、烟气排放、油、气等系统及隔振防噪声设施安装完成；配置的消防器材已按设计要求安装到位；随机配电盘控制柜接线及发电机静态试验合格，方可进行无负荷试运行。

(4) 发电机无负荷试运行和试验调整合格后，方可进行有负荷试运行。

(5) 在规定时间内，负荷连续试运行合格后方可投入备用状态。

13.1.5.2 柴油发电机组安装质量

柴油发电机组安装质量分为合格和不合格。

合格标准：主控项目全部符合规定；一般项目随机抽检均应符合规定。

主控项目：

(1) 发电机组至低压配电柜馈电线路的相间、相对地间的绝缘电阻值应大于 0.5MΩ；塑料绝缘电缆馈电线路直流耐压试验为 2.4kV，时间为 15min，泄漏电流稳定，无击穿现象。

(2) 发电机的试验必须符合表 13-3 的规定。

(3) 柴油发电机组馈电线路连接后，两端的相序必须与供电系统的相序一致。

(4) 发电机中性线（工作零线）应与接地干线直接相连，螺栓防松零件齐全，并有标识。

一般项目：

(1) 发电机组随带控制柜的接线应正确，紧固件紧固状态良好，无遗漏脱落。开关、保护装置的规格、型号正确，验证出厂试验的锁定标记应无位移，若有位移应按厂家说明书的要求重新试验标定。

(2) 发电机本体和机械部分的可接近裸体导体应接零（PFN）或接地（PE）牢靠，且有明显标识。

表 13-3 发电机交接试验

序号	部位（内容）		试验内容	试验结果
1	静态试验	定子电路	测量定子绕组的绝缘电阻和吸收比	绝缘电阻值大于 0.5MΩ； 沥青浸胶及烘卷云母绝缘吸收比大于 1.3； 环氧粉云母绝缘吸收比大于 1.6
2			在常温下，绕组表面温度与空气温度差在±3℃范围内测量各相直流电阻	各相直流电阻值相互间差值不大于最小值 2%，与出厂值在同温度下比差值不大于 2%
3			交流工频耐压试验 1min	试验电压为 $1.5U_n+750V$，无闪络击穿现象，U_n 为发电机额定电压
4		转子电路	用 1000V 兆欧表测量转子绝缘电阻	绝缘电阻值大于 0.5MΩ
5			在常温下，绕组表面温度与空气温度差在±3℃范围内测量绕组直流电阻	数值与出厂值在同温度下比差值不大于 2%
6			交流工频耐压试验 1min	用 2500V 摇表测量绝缘电阻替代
7		励磁电路	退出励磁电路电子器件后，测量励磁电路的线路设备的绝缘电阻	绝缘电阻值大于 0.5MΩ
8			退出励磁电路电子器件后，进行交流工频耐压试验 1min	试验电压 1000V，无击穿闪络现象
9		其他	有绝缘轴承的用 1000V 兆欧表测量轴承绝缘电阻	绝缘电阻值大于 0.5MΩ
10			测量检温计（埋入式）绝缘电阻，校验检温计精度	用 250V 兆欧表检测不短路，精度符合出厂规定
11			测量灭磁电阻，自同步电阻器的直流电阻	与铭牌相比较，其差值为±10%
12	运转试验		发电机空载特性试验	按设备说明书比对，符合要求
13			测量相序	相序与出线标识相符
14			测量空载和负荷后轴电压	按设备说明书比对，符合要求

（3）受电侧低压配电柜的开关设备、手动或自动切换装置和保护装置等试验合格，应按设计的自备电源使用分配预案进行负荷试验，机组连续运行 12h 无故障为合格。

13.1.6 不间断电源安装

13.1.6.1 不间断电源安装规定

不间断电源主要供给智能化和计算机系统。其输出的电流或电压的质量要求高。为此，不间断电源应按产品技术要求试验调整，经调试合格后方可接入馈电网络，否则会导致整个智能化系统失灵损坏或崩溃。

13.1.6.2 不间断电源安装质量

不间断电源安装质量分为合格和不合格。

合格标准：主控项目全部符合规定；一般项目随机抽检均应符合规定。

主控项目：

(1) 不间断电源的整流装置、静态开关装置和逆变装置的型号、规格必须符合设计要求。内部接线应正确，紧固件的安装应牢固齐全，焊接连接无开焊现象。

(2) 不间断电源的输出、输入各级保护系统和输出电压的波形畸变系数、频率、相位、电压的稳定性、静态开关的动作等各项技术性能指标试验调整必须符合产品技术文件和设计，文件的要求。

(3) 不间断电源装置间连接的线间、线对地间绝缘电阻值应大于0.5MΩ。

(4) 不间断电源输出端的中性线（N极），必须与由接地装置直接引进的接地干线相连接，做重复接地。

一般项目：

(1) 不间断电源机架组装应横平竖直、垂直度、水平度允许偏差不应大于1.5‰；紧固件齐全有效。

(2) 引出或引入不间断电源装置的主回路电缆、电线及控制电缆、电线应分别穿保护管敷设，在电缆支架上平行敷设应保证150mm的安全距离；电缆、电线的屏蔽护套接地应连接可靠，与接地干线应就近连接，紧固件应齐全。

(3) 不间断电源装置可接近裸露导体应有可靠接零（PEN）或接地（PN），且有明显标识。

(4) 不间断电源正常运行时，产生的A声不应大于45dB；输出额定电流为5A及以下的小型不间断电源噪声，不应大于30dB。

13.1.7 低压电气动力设备试验和试运行

13.1.7.1 低压电气动力设备试验和试运行程序

低压动力设备试验和试运行应按下列程序进行：

(1) 设备可接近裸露导体接零（PEN）或接地（PE）连接完成，经监理验收合格方可进行试验；

(2) 动力成套配电（控制）柜、屏、台、箱、盘的交流工频耐压试验、保护装置的动作试验合格方可通电；

(3) 控制回路模拟动作试验合格，盘车或手动操作，机械部分与电气部分的动作或转动协调一致，经监理检查确认无误后方可空载试运行。

13.1.7.2 低压电气动力设备试验和试运行质量

低压电气动力设备试验和试运行质量分为合格和不合格。

合格标准：主控项目全部符合规定；一般项目随机抽检均应符合规定。

主控项目：

(1) 试运行前，相关电气线路和设备应按规定试验合格。

(2) 现场单独安装的低压电器交接试验项目应符合表13-4的规定。

一般项目：

(1) 成套配电（控制）台、箱、盘、屏的运行电压、电流应正常，各种仪表指示准确有效。

(2) 电动机应做通电试验，检查电动机的转向和机械转动有无异常情况；空载试运行一般为2h，应记录空载电流，轴承的温升和机身情况。

表 13-4 低压电器交换试验

序 号	试 验 内 容	试验标准或条件
1	绝缘电阻	用 500V 兆欧表摇测，绝缘电阻值≥1MΩ；潮湿场所，绝缘电阻值≥0.5MΩ
2	低压电器动作情况	除产品另有规定外，电压、液压或气压在额定值的 85%～110%范围内能可靠动作
3	脱扣器的整定值	整定值误差不得超过产品技术条件的规定
4	电阻器和变阻器的直流电阻差值	符合产品技术条件规定

(3) 交流电动机在无负荷状态下可启动次数及时间间隔应符合产品说明书的相关要求；当无具体要求时，连续启动 2 次的时间间隔不应小于 5min，再次启动应在电动机冷却至常温的情况下进行。空载状态运行应记录电压、温度、电流、运转时间等相关数据，且应符合工艺装置或建筑设备空载状态运行的要求。

(4) 大容量（630A 及以上母线或导线连接处，在设计负荷情况下应做温度抽测记录，温升稳定且不大于设计值。

(5) 电动执行机构的指示及动作方向应与工艺装置的设计要求相吻合。

13.2 配　　线

13.2.1 插接式母线、封闭母线、裸母线安装

13.2.1.1 母线安装

插接式母线、封闭母线、裸母线安装应按以下程序进行：

(1) 高低压成套配电柜、变压器、绝缘子及穿墙套管安装就位，经监理验收合格后方能安装高低压成套配电柜母线和变压器；

(2) 插接式母线、封闭母线安装，在结构封顶、室内底层地面施工和已确定地面标高、场地清理、层间距离复合后，才能确定支架设置位置；

(3) 与插接式母线安装、封闭式母线安装位置有关的管道、空调及建筑装饰装修工程基本结束，确认扫尾施工不会影响安装的母线时方可安装母线；

(4) 插接式母线、封闭式母线每段母线组对接续前，绝缘电阻测试合格，绝缘电阻值大于 20MΩ，才能安装组对；

(5) 母线支架和插接式母线、封闭式母线的外壳接零（PEN）或接地（PE）连接完成，交流工频耐压试验和母线绝缘电阻测试合格后方能通电。

13.2.1.2 母线安装质量

插接式母线、封闭式母线、裸母线安装质量分为合格和不合格。

合格标准：主控项目全数检验全部符合规定；一般项目随机抽检均应符合规定。

主控项目：

(1) 套管的法兰、保护网（罩）、母线支架及绝缘子的底座等可接近裸露导体应有可靠的接零（PEN）或接地（PE）保护。不应作为接零（PEN）或接地（PE）的接续导体。

（2）母线与电器或母线与母线接线端子，当采用螺栓搭接连接时，应符合以下规定：

1）母线的各种搭接连接的钻孔直径和搭接长度应符合表 13-5 的规定，用力矩扳手拧紧钢制连接螺栓的力矩值应符合表 13-6 的规定；

表 13-5　母线螺栓搭接尺寸

搭接形式	类别	序号	连接尺寸（mm）			钻孔要求		螺栓规格
			b_1	b_2	a	ϕ (mm)	个数	
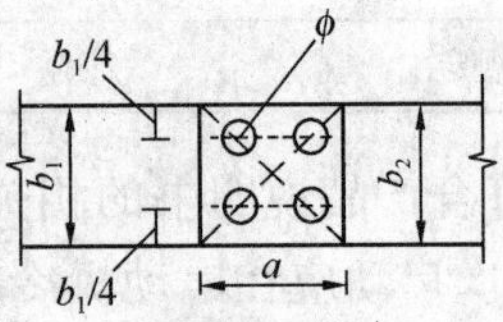	直线连接	1	125	125	b_1 或 b_2	21	4	M20
		2	100	100	b_1 或 b_2	17	4	M16
		3	80	80	b_1 或 b_2	13	4	M12
		4	63	63	b_1 或 b_2	11	4	M10
		5	50	50	b_1 或 b_2	9	4	M8
		6	45	45	b_1 或 b_2	9	4	M8
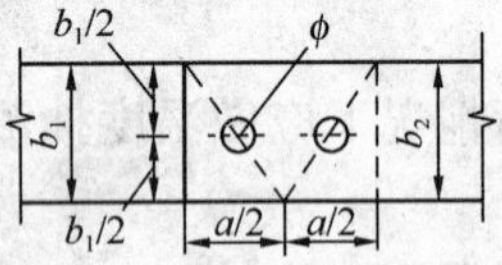		7	40	40	80	13	2	M12
		8	31.5	31.5	63	11	2	M10
		9	25	25	50	9	2	M8
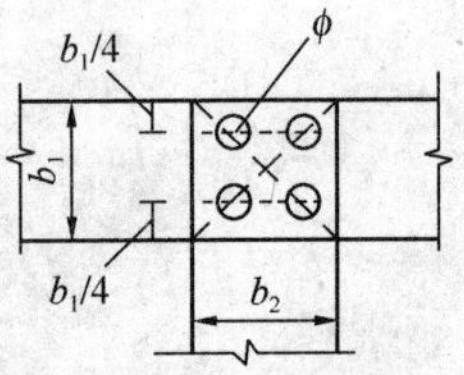	垂直连接	10	125	125	—	21	4	M20
		11	125	100～80	—	17	4	M16
		12	125	63	—	13	4	M12
		13	100	100～80	—	17	4	M16
		14	80	80～63	—	13	4	M12
		15	63	63～50	—	11	4	M10
		16	50	50	—	9	4	M8
		17	45	45	—	9	4	M8
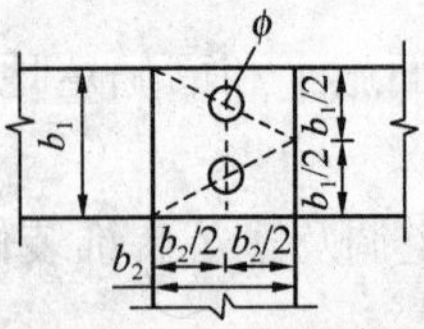		18	125	50～40	—	17	2	M16
		19	100	63～40	—	17	2	M16
		20	80	63～40	—	15	2	M14
		21	63	50～40	—	13	2	M12
		22	50	45～40	—	11	2	M10
		23	63	31.5～25	—	11	2	M10
		24	50	31.5～25	—	9	2	M8
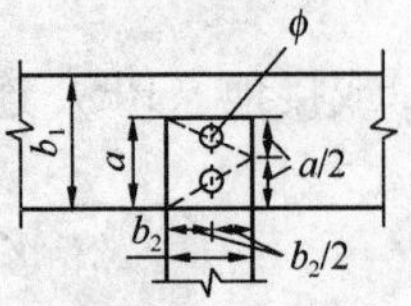		25	125	31.5～25	60	11	2	M10
		26	100	31.5～25	50	9	2	M8
		27	80	31.5～25	50	9	2	M8
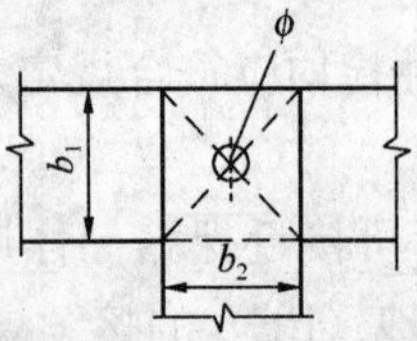		28	40	40～31.5	—	13	1	M12
		29	40	25	—	11	1	M10
		30	31.5	31.5～25	—	11	1	M10
		31	25	22	—	9	1	M8

表 13-6 母线搭接螺栓的拧紧力矩

序号	螺栓规格	力矩值（N·m）	序号	螺栓规格	力矩值（N·m）
1	M8	8.8～10.8	5	M16	78.5～98.1
2	M10	17.7～22.6	6	M18	98.0～127.4
3	M12	31.4～39.2	7	M20	156.9～196.2
4	M14	51.0～60.8	8	M24	274.6～343.2

2）母线接触面保持清洁，涂电力复合脂，螺栓孔周边无毛刺；

3）连接螺栓两侧有平垫圈，相邻垫圈间有大于 3mm 的间隙，螺母侧装有弹簧垫圈或锁紧螺母；

4）螺栓受力均匀，不使电器的接线端子受额外应力。

（3）插接式母线、封闭式母线安装应符合以下规定：

1）当段与段连接时，两相邻段母线及外壳应对准，连接后不使外壳及母线承受额外应力；

2）母线与外壳应同心，其允许偏差为±5mm；

3）母线的连接方法应符合产品说明书的要求。

（4）室内裸母线的最小安全净距应符合表 13-7 的规定。

（5）高压母线交流工频耐压试验应符合现行国家标准《电气装置安装工程电器设备交接试验标准》的规定，并依照其规定交接试验合格。

（6）低压母线交接试验应符合下列规定：

1）每路保护装置及配电开关的型号、规格应符合设计要求；

表 13-7 室内裸母线最小安全净距 （mm）

符号	适用范围	图号	额定电压（kV）			
			0.4	1～3	6	10
A_1	1. 带电部分至接地部分之间； 2. 网状和板状遮栏向上延伸线距地 2.3m 处与遮栏上方带电部分之间	图 13-1	20	75	100	125
A_2	1. 不同相的带电部分之间； 2. 断路器和隔离开关的断口两侧带电部分之间	图 13-1	20	75	100	125
B_1	1. 栅状遮栏至带电部分之间； 2. 交叉的不同时停电检修的无遮栏带电部分之间	图 13-1 图 13-2	800	825	850	875
B_2	网状遮栏至带电部分之间	图 13-1	100	175	200	225
C	无遮栏裸导体至地（楼）面之间	图 13-1	2300	2375	2400	2425
D	平行的不同时停电检修的无遮栏裸导体之间	图 13-1	1875	1875	1900	1925
E	通向室外的出线套管至室外通道的路面	图 13-2	3650	4000	4000	4000

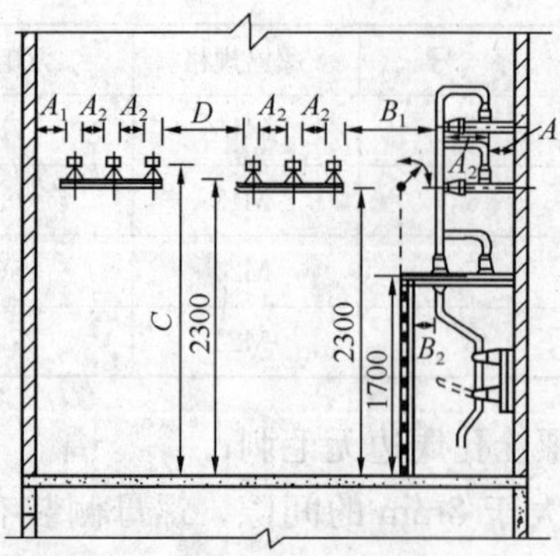

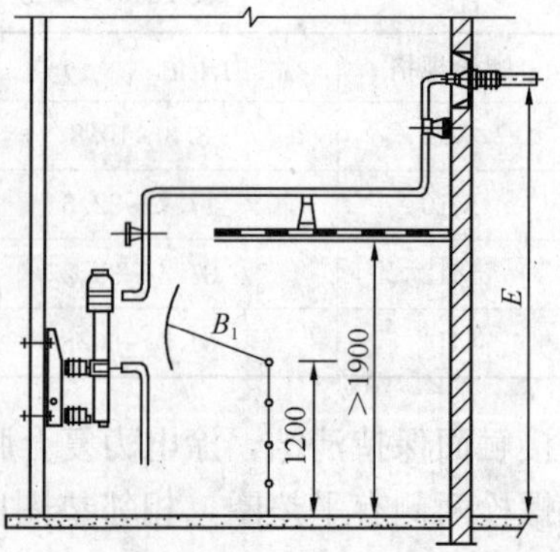

图 13-1　室内 A_1、A_2、B_1、B_2、C、D 值校验

图 13-2　室内 B_1、E 值校验

2）电气装置的交流工频耐压试验电压为 1kV，当绝缘电阻值大于 10MΩ 时，可采用 2500V 兆欧表摇测替代，试验持续时间 1min，无击穿闪络现象。

一般项目：

(1) 母线支架与预埋铁件采用焊接固定时，焊缝应饱满；采用膨胀螺栓固定时，选用的螺栓应适宜，连接应牢靠。

(2) 母线与电器、母线与母线接线端子搭接，搭接面的处理应符合以下规定：

1）铝与铝：搭接面不做涂层处理；

2）铜与铜：室外、高温且潮湿的室内，搭接面搪锡；干燥的室内不必搪锡；

3）铜与铝：干燥的室内，铜搭接面搪锡；在潮湿场所，铜导体搭接面搪锡，且采用铜铝过渡板与导体连接；

4）钢与铜或铝：钢搭接面搪锡；

5）钢与钢：搭接面镀锌或搪锡。

(3) 母线的相序排列及涂色，应符合设计要求，当设计无具体要求时应符合以下规定：

1）水平布置的交流母线，由盘后向盘前排列为 A、B、C 相；直流母线正极在后，负极在前；

2）上、下布置的交流母线，由上至下排列为 A、B、C 相；直流母线正极在上，负极在下；

3）面对引下线的交流母线，由左向右排列为 A、B、C 相；直流母线正极在左，负极在右；

4）母线的涂色：交流电，A 相为黄色、B 相为绿色、C 相为红色；直流电，正极为赭色、负极为蓝色；在连接处或支持件边缘两侧 10mm 以内不涂色。

(4) 母线在绝缘子上安装应符合以下规定：

1）交流母线的固定金具或其他支持金具不形成闭合铁磁回路；

2）金具与绝缘子间的固定应平整牢固，不使母线受额外的应力；

3）除固定点外，当母线平置时，母线的支持夹板上部压板与母线间有 1～1.5mm 的间隙；当母线立置时，上部压板与母线间应留 1.5～2mm 的间隙；

4）母线的固定点，每段设置1个，设置在两母线伸缩节或全长的中点；

5）母线采用螺栓搭接时，连接处距绝缘子的支持夹板边缘不小于50mm。

（5）插接式母线组装和固定的位置应正确，底座与外壳间、外壳各连接部位和母线的连接螺栓应按产品说明书的要求正确选择，连接应紧固。

13.2.2 电缆桥架安装和桥架内电缆敷设

13.2.2.1 桥架安装和电缆敷设程序

电缆桥架安装和桥架内电缆敷设应按以下程序进行：

（1）测量定位，安装桥架支架，经监理检查确认后方可安装桥架；

（2）桥架安装完毕，经监理检查验收合格后方可敷设电缆；

（3）电缆敷设前应经绝缘测试合格后方可敷设在桥架内；

（4）电气、电缆交接试验合格，并对接线去向、相位和防火隔堵措施等经监理检查确认后，方可通电。

13.2.2.2 桥架安装和电缆敷设质量

电缆桥架安装和桥架内电缆敷设质量分为合格和不合格。

合格标准：主控项目全数检验全部符合规定；一般项目随机抽检均应符合规定。

主控项目：

（1）金属电缆桥架及其他支架和引出、引入金属电缆导管必须有牢靠接零（PEN）或接地（PE），且必须符合以下规定：

1）金属电缆桥架及其支架全长应不少于2处与接零（PEN）或接地（PE）干线相连接；

2）非镀锌电缆桥架间连接板的两端跨接铜芯接地线，其接地线最小允许截面积不小于$4mm^2$；

3）镀锌电缆桥架间连接板的两端不跨接接地线，但连接板的两端应有不少于2个带有防松垫圈或防松螺帽的连接固定螺栓。

（2）敷设的电缆严禁有绞拧、护层断裂，表面严重划伤和铠甲压扁等现象。

一般项目：

（1）电缆桥架安装应符合以下规定：

1）电缆桥架安装应符合设计要求，当设计无具体要求时，其电缆桥架垂直安装的支架间距不大于2m；水平安装的支架间距为1.5～3m；

2）直线段钢制电缆桥架长度超过30m、铝合金或玻璃钢制电缆桥架长度超过15m应设伸缩节；电缆桥架跨越建筑物变形缝处应设补偿装置；

3）桥架连接板螺栓、桥架与支架间螺栓固定紧固无遗漏，螺母位于桥架的外侧；当铝合金桥架与钢桥架连接固定时，有相互间绝缘的防电化腐蚀措施；

4）敷设在竖井内和穿越不同防火区的桥架，应按设计要求设置，且有防火隔堵措施；

5）当支架与预埋件用焊接固定时，其焊缝应饱满；无夹渣、气孔、焊瘤等缺陷。当用膨胀螺栓固定时，应尽量避开垂直拉拔受力形式采用螺栓杆横向受力，以确保桥架的稳定性；且选用的螺栓应匹配，连接牢靠，防松零件齐全有效。

6）电缆桥架转弯处的弯曲半径，不小于桥架内电缆最小允许弯曲半径，电缆最小允许弯曲半径应符合表 13-8 的规定。

表 13-8　电缆最小允许弯曲半径

序　号	电　缆　种　类	最小允许弯曲半径
1	无铅包钢铠护套的橡皮绝缘电力电缆	10D
2	有钢铠护套的橡皮绝缘电力电缆	20D
3	聚氯乙烯绝缘电力电缆	10D
4	交联聚氯乙烯绝缘电力电缆	15D
5	多芯控制电缆	10D

注：D 为电缆外径。

7）电缆桥架敷设在热力管道或易燃易爆气体管道下方时，与管道的安全距离应符合设计要求，当设计无具体要求时，与管道的最小净距应符合表 13-9 的规定。

表 13-9　与管道的最小净距　（m）

管道类别		平行净距	交叉净距
一般工艺管道		0.4	0.3
易燃易爆气体管道		0.5	0.5
热力管道	有保温层	0.5	0.3
	无保温层	1.0	0.5

（2）桥架内电缆敷设应符合以下规定：

1）倾斜角大于 45°的桥架内敷设电缆应每 2m 设置一个固定点；

2）电缆出入竖井、建筑物、电缆沟、柜（盘）、台及管子管口处应做密封处理；

3）水平敷设的电缆、转弯两侧，首尾两端、每 5～10m 设置一个固定点；电缆敷设应整齐，敷设在竖向桥架内的电缆固定点间距，应符合表 13-10 的规定。

表 13-10　电缆固定点的间距　（mm）

电缆种类		固定点的间距
电力电缆	全塑型	1000
	除全塑型外的电缆	1500
控制电缆		1000

（3）电缆的首、末端和分支处应设明显的标志牌。

13.2.3　电缆竖井和电缆沟内电缆敷设

13.2.3.1　电缆竖井和电缆沟内电缆敷设的程序

电缆竖井和电缆沟内电缆敷设的程序如下：

（1）电缆竖井、电缆沟内的施工临时设施、建筑垃圾、模板等清除并测量放线后，才能按施工测量放线的定位点安装支架；

（2）电缆竖井、电缆沟内电缆支架安装和电缆导管敷设完成，并有可靠的接零（PEN）或接地（PE）连接完成经监理验收合格后方能敷设电缆；

（3）敷设前电缆应做绝缘测试，并测试合格后方可在电缆竖井或电缆沟内敷设；

（4）电缆交接试验合格，并对接线相位、去向和防火隔墙检查验收合格后方能通电。

13.2.3.2 电缆井内、电缆沟内电缆敷设质量

电缆井内、电缆沟内电缆敷设质量分为合格和不合格。

合格标准：主控项目全数检查全部符合要求；一般项目随机抽检均应符合要求。

主控项目：

（1）电缆敷设严禁有绞拧、铠装压扁、保护层断裂和表面严重划伤等现象。

（2）金属电缆导管、电缆支架必须接零（PEN）或接地（PE）可靠保护。

一般项目：

（1）电缆支架安装应符合以下规定：

1）电缆支架最上层和最下层的距离应符合设计要求，当设计无具体要求时，电缆支架最上层至竖井顶部或楼板的距离不小于150～200mm；电缆支架最下层至沟底或地面的距离不小于50～100mm；

2）电缆支架层间距离应符合设计要求，当设计无具体要求时，电缆支架层间最小允许距离应符合表13-11的规定；

表13-11 电缆支架层间最小允许距离 (mm)

电缆种类	支架层间最小距离	电缆种类	支架层间最小距离
控制电缆	120	10kV及以下电力电缆	150～200

3）电缆支架与预埋件焊接固定时，焊缝应饱满；当用膨胀螺栓固定时，选用的螺栓应匹配，连接应牢固，防松零件应齐全有效。

（2）电缆在支架上敷设，转弯处的最小允许弯曲半径应符合表13-8的规定。

（3）电缆敷设固定应符合以下规定：

1）分相后的每相电缆或交流单芯电缆固定用支架和夹具，不形成闭合铁磁回路；

2）大于45°倾斜敷设或垂直敷设的电缆应在每个支架上固定；

3）电缆与管道的最小净距，应符合设计要求，当设计无具体要求时，应符合表13-12的规定。

表13-12 电缆支持点间距 (mm)

电缆种类		敷设方式	
		水平	垂直
电力电缆	全塑型	400	1000
	除全塑型外的电缆	800	1500
控制电缆		800	1000

4）电缆与管道的最小净距应符合设计要求，当设计无具体要求时，电缆与管道的最小净距应符合表13-9的规定，且应敷设在易燃易爆气体管道和热力管道的下方；

5）敷设电缆的竖井和电缆沟，按设计要求设置防火墙。

（4）电缆的首、末端和分支处应设标志牌。

13.2.4 线槽、电线导管和电缆导管敷设

13.2.4.1 线槽、电线导管和电缆导管敷设程序

线槽、电线导管和电缆导管敷设程序应按以下程序进行：

(1) 除埋入混凝土中的非镀锌钢导管外壁不做防腐处理外，其他场所的非镀锌钢导管内外壁均做防腐处理，经监理检查验收合格后方能配管；

(2) 室外直埋导管的路径、沟槽深度、宽度及垫层处理经监理检查验收合格后才能埋设导管；

(3) 现浇混凝土板内配管在底层钢筋绑扎完成，上层钢筋未绑扎前敷设，经监理检查验收合格后，方能绑扎上层钢筋和浇筑混凝土；

(4) 现浇混凝土埋体内的钢筋网片绑扎完成，门窗位置已放线，经监理检查验收合格后才能在墙体钢筋网片中配管；

(5) 导管和接线盒在隐蔽前应经监理检查验收合格后，才能隐蔽；

(6) 在梁、板、柱等部位明配管的导管套管、埋件支架等经监理检查验收合格后，才能配管；

(7) 吊顶上的电气位置及灯位置先放样，并应与土建施工单位商定后，才能在吊顶内配管；

(8) 顶棚和墙面的油漆、壁纸或涂料应基本完成后，才能敷设线板、线槽。

13.2.4.2 线槽和导管敷设质量

线槽、电线导管和电缆导管敷设质量分为合格和不合格。

合格标准：主控项目全数检查全部符合规定：一般项目随机抽检均应符合规定。

主控项目：

(1) 金属线槽和导管必须接零（PEN）或接地（PE）可靠，并应符合以下规定：

1) 镀锌钢导管、可挠性导管和金属线槽不得熔焊跨接接地线，以专业接地卡跨接的两卡间连线为截面积不小于 $4mm^2$ 的铜芯软导线；

2) 当非镀锌钢导管采用螺纹连接时，连接处的两端应为焊跨接接地地线；当镀锌钢导管采用螺纹连接时，连接处的两端应为专用接地卡固定跨接接地线；

3) 金属线槽不作设备的接地导体，当设计无具体要求时，金属线槽全长不少于 2 处与接零（PEN）或接地（PE）干线连接；

4) 非镀锌金属线槽间连接板的两端作跨接铜芯接地线，镀锌线槽间连接板的两端不作跨接接地线，但连接板的两端不少于 2 个有防松垫圈或防松螺帽的连接固定螺栓。

(2) 金属导管严禁对口熔焊连接；镀锌和壁厚≤2mm 的钢导管不得套管熔焊连接。

(3) 防爆导管不应采用倒扣连接；当连接困难时，应采用结合面严密的防爆活接头进行连接。

(4) 当绝缘导管在砌体上剔槽埋设时，应采用强度等级不小于 M10、厚度大于 15mm 的水泥砂浆做保护层。

一般项目：

(1) 室外埋地敷设的电缆导管，其埋深不应小于 0.7m。壁厚≤2mm 的电线钢导管不能直接埋设于室外土壤中。

(2) 室外导管管口应设置在箱或盒内。落地式配电箱内的管口，箱底无封板时管口应高出基础面50～80mm。所有管口在穿完电线、电缆后应做密封处理。由落地式配电箱或变电所引向建筑物的导管，建筑物一侧的导管管口应设在建筑物内。

(3) 电缆导管的弯曲半径不应小于电缆最小允许弯曲半径，电缆最小允许弯曲半径应符合表13-8的规定。

(4) 金属导管内外壁应做防腐处理；埋设于混凝土内的导管内壁应做防腐处理，其外壁可不做防腐处理。

(5) 室内进入落地式箱、柜、台、盘内的导管管口，应高出箱、柜、台、盘的基础面50～80mm。

(6) 暗配的导管，埋设深度与构筑物、建筑物表面的距离不应小于15mm；明配的导管应排列整齐，安装应牢靠，固定点应均匀；在终端、弯头中部或箱、柜、台、盘等边缘的距离在150～500mm范围内设有管卡，中间直线段管卡间的最大间距应符合表13-13的规定。

表13-13 管卡间最大距离

敷设方式	导管种类	导管直径(mm)				
		15～20	25～32	32～40	50～65	65以上
		管卡间最大距离(m)				
支架或沿墙明敷	壁厚＞2mm刚性钢导管	1.5	2.0	2.5	2.5	3.5
	壁厚≤2mm刚性钢导管	1.0	1.5	2.0	—	—
	刚性绝缘导管	1.0	1.5	1.5	2.0	2.0

(7) 线槽应安装牢靠，无扭曲变形，紧固件螺母应在线槽的外侧。

(8) 防爆导管敷设应符合以下规定：

1) 导管与导管、灯具、开关、线盒等的螺纹连接处应紧密牢靠，除设计有特殊要求外，连接处不做跨接接地线，在螺纹上涂导电性防锈酯或电力复合酯；

2) 安装应牢靠顺直，镀锌层锈蚀或剥落处应做防腐处理。

(9) 绝缘导管敷设应符合以下要求：

1) 管口应平整光滑，管与箱(盒)、管与管器件采用插入法连接时，连接结合面涂专用胶合剂，接口牢固密封；

2) 直埋楼板内或地下的刚性绝缘导管，在穿出地面或楼板易受损伤的部位应采取保护措施；

3) 埋设在墙内或混凝土内的绝缘导管应符合设计要求，当设计无具体要求时，应采用中性以上的导管；

4) 沿构筑物、建筑物表面和在支架上敷设的刚性绝缘导管，应按设计要求安装温度补偿装置。

(10) 非金属、金属柔性导管敷设应符合以下规定：

1) 刚性导管用柔性导管与电气设备、器具连接，柔性导管的长度在照明工程中不大于1.2m；在动力工程中不大于0.8m；

2）可挠金属管或其他柔性导管与刚性导管或电气设备、器具间的连接采用专用接头；复合型可挠金属管或其他柔性导管的连接处应密封良好，防液覆盖层完好无损；

3）可挠性金属导管和金属柔性导管不能做接零（PEN）或接地（PE）的接续导体。

（11）线槽和导管，在建筑物变形缝处，应设补偿装置。

13.2.5 电缆、电线穿管和线槽敷线

13.2.5.1 电缆、电线穿管和线槽敷线程序

电缆、电线穿管和线槽敷线应按以下程序进行：

（1）接零（PEN）或接地（PE）及其他焊接施工完成，经监理检查验收合格后，才能穿入电线或电缆；

（2）与导管连接的箱、柜、屏、台、盘安装完成，管内杂物积水清理干净，经监理验收合格后，才能穿入电线和电缆；

（3）电缆应经绝缘检测试验合格后，才能穿入导管；

（4）电线、电缆交接试验合格，且对接线相位、去向检查确认后，才能通电。

13.2.5.2 电线、电缆穿管和线槽敷线质量

电线、电缆穿管和线槽敷线质量分为合格和不合格。

合格标准：主控项目全数检查全部符合规定；一般项目随机抽检均应符合规定。

主控项目：

（1）不同电压等级、不同回路和直流与交流的电线，不应同穿于一导管内；同一交流回路的电缆应穿在同一导管内，并管内电线不得有接头。

（2）单相或三相交流单芯电缆不得单独穿在钢导管内。

（3）爆炸危险环境照明线路的电线和电缆额定电压不得低于750V，且电线必须穿于钢导管内。

一般项目：

（1）电缆、电线穿管前，应清除管内积水和杂物，管口应有保护电缆、电线的相应措施。不进入接线盒（箱）的垂直管口穿入电缆、电线后应将管口密封。

（2）当采用多相供电时，同一建筑物、构筑物的电线表层颜色应一致，即A相—黄色、B相—绿色、C相—红色、保护地线（PE）—黄绿相间色、零线—淡蓝色。

（3）线槽敷线应符合以下规定：

1）同一回路的相线和零线，应敷设于同一金属线槽内；

2）同一电源的不同回路无抗干扰要求的线路可敷设于同一线槽内；有抗干扰要求的线路应用隔板隔开，或采用屏蔽电线且屏蔽护套一端接地。

3）电线在线槽内应有一定余量，不得有接头；电线按回路编号分段绑扎，绑扎点间距不应大于2m；

13.2.6 线板配线

槽板配线质量分为合格和不合格两种。

合格标准：主控项目全数检验全部符合规定；一般项目随机抽检均应符合规定。

主控项目：

（1）槽板应紧贴建筑物表面敷设，且应固定牢靠，横平竖直，严禁用木楔固定；木槽板应经过阻燃处理，塑料槽板应有阻燃标识。

（2）槽板内电线应无接头，电线连接设在器具处；槽板与各种器具连接时，电线应留有余量，器具底座应压住槽板端部。

一般项目：

（1）塑料槽板无扭曲变形，木槽板无开裂。槽板底板固定点间距应小于500mm；槽板盖板固定点间距应小于300mm；底板距终端50mm和盖板距终端30mm处应固定。

（2）槽板的盖板接口与底板接口应错开20mm，盖板直线段和90°转角处应成45°斜口对接，T形分支处应成三角叉接，盖板应无翘角，接口应严密整齐。

（3）槽板穿过墙、楼板或梁处应有保护套管，跨越建筑物变形缝处的槽板应有补偿装置，且与槽板结合严密。

13.2.7 钢索配线

钢索配线质量分为合格和不合格。

合格标准：主控项目全数检查全部符合规定；一般项目随机抽检均应符合规定。

主控项目：

（1）钢索应用镀锌钢索，不得用含油芯的钢索代替镀锌钢索。钢索不应有扭曲和断股等现象，钢索的钢丝直径应小于0.5mm。

（2）钢索与终端拉环套接处应有心形垫，钢索的终端拉环埋件应牢靠，固定钢索的线卡不应少于2个，钢索端头应用镀锌铁丝绑扎紧密或用电气焊割断使端头成束不散，且应接零（PEN）或接地（PE）可靠。

（3）当钢索长度≤50m时，应在钢索一端装设花篮螺栓紧固件；当钢索长＞50m时，应在钢索两端装设花篮螺栓紧固件。

一般项目：

（1）钢索中间吊架间距不应大于12m，吊架与钢索连接处的吊钩深度不应小于20mm，并应有防止钢索跳出的锁定件。

（2）灯具和电线在钢索上安装后，钢索应能承受全部荷载，且钢索表面应无锈蚀，清洁干净。

（3）钢索配线的零件间和线间距离应符合表13-14的规定。

表13-14 钢索配线的零件间和线间距离 (mm)

配线类别	支持件之间最大距离	支持件与灯头盒之间最大距离	配线类别	支持件之间最大距离	支持件与灯头盒之间最大距离
钢 管	1500	200	塑料护套线	200	100
刚性绝缘导管	1000	150			

13.2.8 电缆头制作、接线和线路绝缘测试

13.2.8.1 电缆头制作和接线

电缆头制作和接线应按以下步骤进行：

(1) 电缆连接长度、连接位置和绝缘测试应经监理检查验收合格后，才能制作电缆头；

(2) 校线和控制电缆绝缘电阻测试合格后，才能接线；

(3) 电缆、电线交接试验和相位核对符合要求后，才能接线。

13.2.8.2 电缆头制作和接线质量

电缆头制作和接线质量分为合格和不合格。

合格标准：主控项目全数检验全部符合规定；一般项目随机抽检均应符合规定。

主控项目：

(1) 高压电力电缆必须按《电气装置安装工程电气设备交接试验标准》进行直流耐压试验，其交接试验结果必须合格。

(2) 低压电缆和电线，其线间的线对地的绝缘电阻值必须大于 0.5MΩ。

(3) 铠装电力电缆头的接地线应采用镀锡铜编织线或铜绞线，截面积不应小于表 13-15 的规定。

表 13-15 电缆芯线和接地线截面积 (mm^2)

电缆芯线截面积	接地线截面积	电缆芯线截面积	接地线截面积
120 及以下	16	150 及以上	25

注：电缆芯线截面积在 $16mm^2$ 及以下，接地线截面积与电缆芯线截面积相等。

(4) 电缆、电线接线必须正确、牢固，并且电缆、电线的规格、型号、相位、长度应一致。

一般项目：

(1) 芯线与电器设备的连接应符合以下规定：

1) 截面积在 $2.5mm^2$ 及以下的多股铜芯线拧紧搪锡或接续端子后与器具、设备的端子连接；

2) 截面积在 $10mm^2$ 及以下的单股铝芯线和单股铜芯线直接与器具、设备的端子连接；

3) 截面积大于 $2.5mm^2$ 的多股铜芯线，除设备自带插接式端子外，接续端子后与器具或设备的端子连接；多股铜芯线与插接式端子连接前端部应拧紧搪锡；

4) 多股铝芯线接续端子后与器具、设备的端子连接；

5) 每个器具和设备的接线不多于 2 根电线。

(2) 电缆、电线的回路标记应清晰，编号应准确。

(3) 电缆、电线的芯线连接金具（连接端子和管），规格应与芯线的规格相匹配，且不得采用开口端子。

13.3 灯具安装

13.3.1 灯具安装步骤

灯具安装步骤如下：

(1) 安装灯具的吊杆、预埋螺栓和吊顶嵌入式灯具的专用骨架等完成后按设计要求做承载试验合格，才能安装灯具；

(2) 影响灯具安装的模板、脚手架拆除；墙面和顶棚喷（刷）浆、油漆、或粘贴壁纸及地面处理、清理工作完成以后，方能安装灯具；

(3) 导线应经测试合格，方能灯具接线；

(4) 高处安装的灯具，应在地面通电试验合格后，方能安装。

13.3.2 灯具安装质量

普通灯安装质量分为合格和不合格。

合格标准：主控项目全数检验全部符合规定：一般项目随机抽检均应符合规定。

主控项目：

(1) 灯具的安装应符合以下规定：

1) 重量大于3kg的灯具，应固定在预埋吊钩或螺栓上；

2) 重量在0.5kg及以下的灯具采用软电线自身吊装；重量大于0.5kg的灯具采用吊链，且软电线编织在吊链内，使电线不承重；

3) 灯具固定应牢靠，不使用木楔；每个灯具固定不小于2个螺栓或螺钉；直径≤75mm的绝缘台采用1个螺栓或螺钉。

(2) 花灯吊钩所使用的圆钢其直径不应小于6mm，且不应小于灯具挂销直径。大型花灯的悬吊及固定装置，应按灯具重量的2倍做超载试验。

(3) 当用钢管穿线并做灯杆时，其灯具钢管内径不应小于10mm，钢管壁厚不应小于1.5mm。

(4) 防触电保护部件和固定灯具带电部件的绝缘材料，应有防明火和阻燃功能。

(5) 灯具安装高度和使用电压等级应符合设计要求，当设计无具体要求时应符合以下规定：

1) 一般敞开灯具，灯头与地面距离不应小于以下数值（采用安全电压的除外）：

①室外：2.5m（室外墙上安装）；

②厂房：2.5m；

③室内：2m；

④用软吊线带升降器的灯具在电线展开时：0.8m。

2) 特殊危险及危险性较大场所，灯具距地面高度小于2.4m时，应使用额定电压为36V及以下的照明灯具，在不能满足要求的情况时可采取必要的保护措施。

(6) 当灯具距地面高度低于2.4m时，灯具可接近裸露导体必须接零（PEN）或接地（PE）可靠，并应用有明显标识的接地螺栓。

一般项目：

(1) 灯具的外形、灯头及接线应符合以下规定：

1) 灯具及其配件完好无损、齐全，无涂层脱落、变形和灯罩破裂等现象；

2) 吊灯软线的两端应做保护扣，两端芯线应搪锡；当有升降器时，吊灯软线应套塑料软管和采用安全灯头；

3) 各类灯具灯泡其容量在100W及以上时采用瓷灯头（敞开式灯具除外）；

4) 连接灯具的软线应盘扣、搪锡、压线，当采用螺口灯泡时，相线应接在螺口灯泡（灯管）中间的端子上，开关应断相线。

5）灯口的绝缘外壳应无漏电和破损；灯头开关的手柄应无裸露的金属部分。

（2）连接每个灯具的导线线芯最小截面面积应符合表 13-16 的规定。

表 13-16　导线线芯最小截面面积（mm^2）

灯具安装的场所及用途		线芯最小截面面积		
		铜芯软线	铜　线	铝　线
灯头线	民用建筑室内	0.5	0.5	2.5
	工业建筑室内	0.5	1.0	2.5
	室　外	1.0	1.0	2.5

（3）室外壁灯应有泄水孔，绝缘台与墙之间应有可靠的防水措施。

（4）投光灯的支架或底座应牢靠，枢轴应与所需要的光轴方向保持一致，并拧紧固定。

（5）在变电所内，裸母线及高低压配电设备的正上方不应安装灯具。

（6）装有白炽灯泡的吸顶灯灯泡不应紧贴灯罩，当灯泡与绝缘台距离小于 5mm 时，灯泡与绝缘台之间应采取隔热措施。

（7）安装在重要场所的大型灯具的玻璃罩，应有防止玻璃罩破碎后向下溅落的措施。

13.3.3　专用灯具安装

专用灯具安装步骤同普通灯具安装。

专用灯具安装质量分为合格和不合格。

合格标准：主控项目全数检验全部符合规定；一般项目随机抽检均应符合规定。

主控项目：

（1）36V 及以下行灯变压器和行灯安装必须符合以下规定：

1）行灯安全电压不大于 36V，处在特殊潮湿场所或导电良好的地面及工作地点狭窄，使人行动不便的场所行灯电压不大于 12V；

2）变压器铁芯、外壳和低压侧的任意一端或中性点，应有可靠的接零（PEN）或接地（PE）保护；

3）行灯变压器为双圈变压器，其负荷侧和电源侧设熔断器保护，熔丝额定电流分别不大于变压器二次侧、一次侧的额定电流；

4）行灯手柄及灯体应坚固、耐热、耐潮湿并绝缘良好；灯头与灯体结合应严密，灯头不设开关、行灯灯头应有防护罩、反光罩及悬吊挂钩，挂钩固定在灯具的绝缘手柄上。

（2）游泳池和类似场所灯具（水下灯及防水灯具）的等电位联结应可靠，且有明显标识，其电源的专用漏电保护装置应全部检测合格。自电源引入灯具的导管必须采用绝缘导管，严禁采用金属或有金属护层的导管。

（3）手术台无影灯安装应符合下列规定：

1）固定灯座的螺栓量不少于灯具法兰底座上的固定孔数，且螺栓直径与底座孔径相匹配；螺栓采用双螺母锁固；

2）在混凝土结构上螺栓与主筋相焊接或将螺栓末端弯曲与主筋绑扎锚固；

3）配电箱内装有专用的总开关及分路开关，电源分别接在两条专用的回路上，开关至灯具的电线采用额定电压不低于 750V 的铜芯多股绝缘电线。

(4) 应急照明灯具安装应符合下列规定:

1) 应急照明灯的电源除正常电源外，另有一路电源供电；或者是独立于正常电源的柴油发电机组供电；或由蓄电池柜供电或选用自带电源型应急灯具；

2) 应急照明在正常电源断电后，电源转换时间为：疏散照明≤15s；备用照明≤15s（金融商店交易所≤1.5s）；安全照明≤0.5s；

3) 疏散照明由安全出口标志灯和疏散标志灯组成。安全出口标志灯距地高度不低于2m，且安装在疏散出口和楼梯口里侧的上方；

4) 疏散标志灯安装在安全出口的顶部，楼梯间、疏散走道及其转角处应安装在1m以下的墙面上。不易安装的部位可安装在上部。疏散通道上的标志灯间距不大于20m（人防工程不大于10m）；

5) 疏散标志灯的设置，不影响正常通行，且不在其周围设置容易混同疏散标志灯的其他标志牌等；

6) 应急照明灯具、运行中温度大于60℃的灯具，当靠近可燃物时，采取隔热、散热等防火措施。当采用白炽灯，卤钨灯等光源时，不直接安装在可燃装修材料或可燃物件上；

7) 应急照明线路在每个防火分区有独立的应急照明回路，穿越不同防火分区的线路有防火隔堵措施；

8) 疏散照明线路采用耐火电线、电缆，穿管明敷或在非燃烧体内穿刚性导管暗敷，暗敷保护层厚度不小于30mm。电线采用额定电压不低于750V的铜芯绝缘电线。

(5) 防爆灯具安装应符合下列规定:

1) 灯具的防爆标志、外壳防护等级和温度组别与爆炸危险环境相适配。当设计无要求时，灯具种类和防爆结构的选型应符合表13-17的规定；

表13-17 灯具种类和防爆结构的选型

爆炸危险区域防爆结构 / 照明设备种类	Ⅰ区		Ⅱ区	
	隔爆型 d	增安型 e	隔爆型 d	增安型 e
固定式灯	○	×	○	○
移动式灯	△	—	○	—
携带式电池灯	○	—	○	—
镇流器	○	△	○	○

注：○为适用；△为慎用；×为不适用。

2) 灯具配套齐全，不用非防爆零件替代灯具配件（金属护网、灯罩、接线盒等）；

3) 灯具的安装位置离开释放源，且不在各种管道的泄压口及排放口上下方安装灯具；

4) 灯具及开关安装牢固可靠，灯具吊管及开关与接线盒螺纹啮合扣数不少于5扣，螺纹加工光滑、完整、无锈蚀，并在螺纹上涂以电力复合酯或导电性防锈酯；

5) 开关安装位置便于操作，安装高度1.3m。

一般项目:

(1) 36V及以下行灯变压器和行灯安装应符合下列规定:

1) 行灯变压器的固定支架牢固，油漆完整；

2) 携带式局部照明灯电线采用橡套软线。

（2）手术台无影灯安装应符合下列规定：

1）底座紧贴顶板，四周无缝隙；

2）表面保持整洁、无污染，灯具镀、涂层完整无划伤。

（3）应急照明灯具安装应符合下列规定：

1）疏散照明采用荧光灯或白炽灯；安全照明采用荧光灯或白炽灯；安全照明采用卤钨灯，或采用瞬时可靠点燃的荧光灯；

2）安全出口标志灯和疏散标志灯装有玻璃或非燃材料的保护罩，面板亮度均匀度为1∶10（最低∶最高），保护罩应完整、无裂纹。

（4）防爆灯具安装应符合下列规定：

1）灯具及开关的外壳完整，无损伤、无凹陷或沟槽，灯罩无裂纹，金属护网无扭曲变形，防爆标志清晰；

2）灯具及开关的紧固螺栓无松动、锈蚀，密封垫圈完好。

13.3.4 建筑物景观照明灯、航空障碍标志灯和庭院灯安装

建筑物景观照明灯，航空障碍标志灯和庭院灯安装质量分为合格和不合格。

合格标准：主控项目全数检验全部符合规定；一般项目随机抽检均应符合规定。

主控项目：

（1）建筑物彩灯安装应符合下列规定：

1）建筑物顶部彩灯用有防雨性能的专用灯具，灯罩要拧紧；

2）彩灯配线管路按明配管敷设，且有防雨功能。管路间、管路与灯头盒间螺纹连接，金属导管及彩灯的构架、钢索等可接近裸露导体接地（PE）或接零（PEN）可靠；

3）垂直彩灯悬挂挑臂采用不小于10#的槽钢。端部吊挂钢索用的吊钩螺栓直径不少于10mm，螺栓在槽钢上固定，两侧有螺帽，且加平垫及弹簧垫圈紧固；

4）悬挂钢丝绳直径不小于4.5mm，底把圆钢直径不小于16mm，地锚采用架空外线用拉线盘，埋设深度大于1.5m；

5）垂直彩灯采用防水吊线灯头，下端灯头距离地面高于3m。

（2）霓虹灯安装应符合下列规定：

1）霓虹灯管完好，无破裂；

2）灯管采用专用的绝缘支架固定，且牢固可靠。灯管固定后，与建筑物、构筑物表面的距离不小于20mm；

3）霓虹灯专用变压器采用双圈式，所供灯管长度不大于允许负载长度，露天安装的有防雨措施；

4）霓虹灯专用变压器的二次电线和灯管间的连接线采用额定电压大于15kV的高压绝缘电线。二次电线与建筑物、构筑物表面的距离不小于20mm。

（3）建筑物景观照明灯具安装应符合下列规定：

1）每套灯具的导电部分对地绝缘电阻值大于2MΩ；

2）在人行道等人员来往密集场所安装的落地式灯具，无围栏防护，安装高度距地面2～5m以上；

3）金属构架和灯具的可接近裸露导体及金属软管的接零（PEN）或接地（PE）可靠，

且有标识。

(4) 航空障碍标志灯安装应符合下列规定：

1) 灯具装设在建筑物或构筑物的最高部位，当最高部位平面面积较大或为建筑群时，除在最高端装设外，还在其外侧转角的顶端分别装设灯具；

2) 当灯具在烟囱顶上装设时，安装在低于烟囱口 1.5～3m 的部位且呈正三角形水平排列；

3) 灯具的选型根据安装高度决定：低光强的（距地面 60m 以下装设时采用）为红色光，其有效光强大于 1600cd。高光强的（距地面 150m 以上装设时采用）为白色光，有效光强随背景亮度而定；

4) 灯具的电源按主体建筑中最高负荷等级要求供电；

5) 灯具安装牢固可靠，且设置维修和更换光源的措施。

(5) 庭院灯安装应符合下列规定：

1) 每套灯具的导电部分对地绝缘电阻值大于 2MΩ；

2) 立柱式路灯、落地式路灯、特种园灯等灯具与基础固定可靠，地脚螺栓备帽齐全。灯具的接线盒或熔断器盒，盒盖的防水密封垫完整。

3) 灯具及金属立柱可接近裸露导体接零（PEN）和接地（PE）应牢固可靠。接地线应单设干线，干线沿庭院灯布置位置形成环网状，且不少于 2 处与接地装置引出线连接。由干线引出支线与金属灯具及灯柱的接地端子连接，且有明显标识。

一般项目：

(1) 建筑物彩灯安装应符合以下规定：

1) 建筑物顶部彩灯灯罩应完整，无破裂；

2) 彩灯电线导管应防腐完好，敷设应顺直、平整。

(2) 霓虹灯安装应符合以下规定：

1) 霓虹灯变压器明装高度不低于 3m；当条件所限，必须低于 3m 时，应采取必要的防护措施。

2) 霓虹灯变压器安装的位置应方便于检修，和不易被非检修人触及的部位，且不得装在吊顶内；

3) 在橱窗内安装霓虹灯时，橱窗门与霓虹灯变压器一次侧开关的联锁装置应确保开门不接通霓虹灯变压器电源；

4) 霓虹灯变压器二次侧电线采用玻璃绝缘制品支承固定时，支承点间距不大于以下长度：

①垂直线段：0.75m；

②水平线段：0.5m。

(3) 建筑物景观照明灯具构架应牢固可靠，地脚螺栓应拧紧，备帽齐全；灯具用螺栓应拧牢固、无遗漏。灯具外露电线、电缆应用柔性金属导管保护。

(4) 航空障碍标志灯安装应符合以下规定：

1) 灯具的自动供、断电源控制装置动作应灵敏、准确；

2) 同一建筑群或建筑物灯具间的垂直、水平距离不应大于 45m。

(5) 庭院灯安装应符合以下规定：

1）架空线路电线杆上的路灯应安装牢靠，紧固件齐全，每套灯具都应配备熔断器保护；

2）灯具的自动供、断电源控制装置动作应灵敏、准确，每套灯具均应配备电熔器，并熔丝规格与灯具相匹配；

13.3.5 插座、风扇、开关安装

13.3.5.1 插座、风扇、开关安装程序

吊扇吊钩预埋完毕，电线绝缘合格，墙面和顶棚喷（刷）浆、油漆或粘贴壁纸结束才能安装插座、风扇和开关。

13.3.5.2 插座、风扇、开关安装质量

插座、风扇、开关安装质量分为合格和不合格。

合格标准：主控项目全数检查全部符合规定；一般项目随机抽检均应符合规定。

主控项目：

（1）当直流、交流或不同电压等级的插座安装在同一场所时，应有明显的区别，且必须选择不同结构、不同规格和不能互换安装的插座；配套的插头应按直流、交流或不同电压等区别使用。

（2）插座接线应符合以下规定：

1）单相三孔、三相四孔及三相五孔插座的接零（PEN）或接地（PE）线应接在上孔。插座接地端子与零线端子不连接。同一现场的三相插座，接线的相序应一致；

2）单相双孔插座，面对插座时上孔或右孔与相线连接，下孔或左孔与零线连接；单相三孔插座，面对插座时右孔与相线连接，左孔与零线连接；

3）接零（PEN）或接地（PE）线在插座间不串联连接。

（3）特殊情况下插座安装应符合以下规定：

1）潮湿场所应安装密封型，且带保护接地线触头的保护型插座，安装高度不低于1.5m；

2）当接插有触电危险家用电器危险的电源时，采用能断开电源的带开关插座，且开关断开的为相线。

（4）照相开关安装应符合以下规定：

1）相线通过开关控制：民用住宅不得用软线将开关引到床头或床边；

2）同一构筑物、建筑物的开关应采用同一系列产品，开关的通、断位置应一致，并接触可靠、操作灵活方便。

（5）吊扇安装应符合以下规定：

1）电扇接线应正确，运行时无明显振动和异常声音；

2）吊杆间、吊杆与电动机间螺纹连接，啮合长度不小于20mm，且防松零件齐全、紧固；

3）吊扇组装扇叶角度不应改变，扇叶固定螺栓防松件齐全有效；

4）吊扇扇叶距地面高度应不小于2.5m；

5）吊扇挂钩安装牢固，吊扇挂钩的直径不小于吊扇挂销的直径，且不小于8mm；挂销的防松零件齐全有效，且应设置防振橡胶垫。

（6）壁扇安装应符合以下规定：

壁扇防护罩应扣紧，牢固可靠，运转时无明显振动和异响。

一般项目：

（1）插座安装应符合以下规定：

1）暗装的插座面板应紧贴墙壁，周围无缝隙，安装牢靠，表面清洁整齐、完好无损、装饰帽齐全；

2）当不采用安全型插座时，幼儿园、小学及托儿所等儿童活动场所的安装高度不小于1.8m；

3）地插座面板与地面平齐或与地面紧贴，盖板固定应牢靠，密封良好；

4）试验室及车间的插座安装高度距地面不小于0.3m；特殊场所暗装的插座不小于0.15m；同一室内的插座安装高度应一致。

（2）照明开关安装应符合以下规定：

1）暗装的开关面板应紧贴墙壁，四周应严密，安装应牢靠，表面清洁平整，无破损，装饰帽齐全；

2）同一室内或相同型号的开关安装高度应一致，且控制有序不错位。并列安装的拉线开关的相邻间距不小于20mm；

3）开关安装的部位应便于操作，开关边缘距门框边缘在0.15～0.2m，开关距地面1.3m；拉线开关距地面2～3m，当层高小于3m时，拉线开关距顶板不小于0.1m，拉线出口应垂直向下。

（3）吊扇安装应符合以下规定：

1）同一室内并列安装的吊扇开关高度应一致，且控制有序不错位。

2）吊扇涂层应完好无损，无污染和划痕，吊杆上下扣碗安装严密，无翘边现象。

（4）壁扇安装应符合以下规定：

1）壁扇涂层应完好无损、无污染和划痕，防护罩应无变形，且安装牢靠；

2）壁扇下侧边缘距地面不小于1.8m。

13.3.6 建筑物照明通电试运行

13.3.6.1 建筑物照明通电试运行程序

照明系统测试和通电试运行程序应符合以下程序：

（1）电源绝缘电阻测试应在电线全部连接后进行；

（2）照明灯具、开关、插座、箱（盘）等的绝缘电阻测试在安装就位和接线完成后进行；

（3）事故照明或备用电源作空载自动投切试验前拆除负荷，空载自动投切试验合格才能做负荷自动投切试验；

（4）线路及电气器具绝缘电阻测试合格才能通电；

（5）照明负荷试验必须在以上第（1）、（2）、（4）项工作完成以后进行。

13.3.6.2 建筑物照明通电试运行质量

建筑物照明通电试运行质量分为合格和不合格。

合格标准：主控项目全部符合规定。

主控项目：

公用建筑照明系统通电试运行持续时间为24h，民用建筑住宅照明系统通电试运行持续时间为8h，所有照明灯具均应开启，且每2h记录运行状态1次，试运行持续时间内应无故障。

13.4 接地装置

13.4.1 接地装置安装程序

接地装置安装应按以下程序施工：

（1）建筑物、构筑物基础接地体

底板钢筋绑扎完成，按设计要求做接地连接，经监理检查验收签认后才能支模板、浇筑混凝土。

（2）人工接地体

按设计要求的位置开挖沟槽，经监理检查验收签认后才能打入接地极和布设地下接地干线，应使用焊接连接牢固。

（3）接地模块

按设计要求的位置，挖掘模块坑，将地下接地干线与模块紧贴，经监理验收签认，才能相互焊接连接。

（4）接地装置隐蔽

经监理检查验收签认后，才能土方回填。

接地装置安装质量：

接地装置安装质量分为合格和不合格。

合格标准：主控项目全数检查全部符合规定，一般项目随机抽检均应符合规定。

主控项目：

（1）利用建筑物基础钢筋或人工接地装置必须在地面按设计要求的位置设置测试点。

（2）测试接地装置的接地电阻值必须符合设计要求。

（3）防雷接地的人工接地装置接地干线埋设，经人行通道处的埋深不应小于1m，且应采取均压措施或在其上方铺设沥青或卵石地面。

（4）接地模块埋深至模块的顶面不应小于0.6m，接地模块间距不应小于模块长度的3～5倍。接地模块埋设基坑，一般为模块外形尺寸的1.2～1.4倍，且应在开挖深度范围内详细记录地下土质情况。

（5）接地模块应水平或垂直就位，不应倾斜设置，保持与原土层接触良好。

一般项目：

（1）接地装置的埋设深度应符合设计要求。当设计无具体要求时，接地装置顶面埋设深度不应小于0.6m。角钢、钢管及圆钢接地极应垂直入地，间距不应小于5m。接地装置的焊接应采用搭接焊，其搭接长度应符合以下规定：

1）圆钢与圆钢搭接为圆钢直径的6倍，并双面施焊；

2）圆钢与扁钢搭接为圆钢直径的6倍，双面施焊；

3）扁钢与钢管，扁钢与角钢焊接，紧贴3/4钢管表面上下两侧或紧贴角钢外侧两面施焊；

4）扁钢与扁钢搭接为扁钢宽度的2倍，不少于三面施焊；

5）除埋设在混凝土中的焊接接头外，均应采取防腐措施。

（2）接地装置使用材料的规格、尺寸应符合设计要求，当设计无具体要求时，接地装置材料采用钢材，热浸镀锌处理最小允许规格、尺寸应符合表13-18的规定。

表13-18 最小允许规格、尺寸

种类、规格及单位		敷设位置及使用类别			
		地上		地下	
		室内	室外	交流电流回路	直流电流回路
圆钢直径（mm）		6	8	10	12
扁钢	截面（mm^2）	60	100	100	100
	厚度（mm）	3	4	4	6
角钢厚度（mm）		2	2.5	4	6
钢管管壁厚度（mm）		2.5	2.5	3.5	4.5

（3）接地模块应集中引线，用干线将接地模块并联焊接成一个环路，干线与接地模块焊接点的材质应相同，钢材采用热浸镀锌扁钢，引出线不少于2处。

13.4.2 变配电室接地干线和避雷引下线敷设

13.4.2.1 引下线安装步骤

引下线安装应按以下步骤进行：

（1）利用建筑物柱内主筋作引下线，在柱内钢筋绑扎后，按设计要求使用的连接钢筋和焊接方式进行施工，经监理验收合格后才能支模。

（2）直接从人工接地体或基础接地体暗敷设埋入抹灰层内的引下线，经监理检查验收合格，认定确定无外露后，方可刷涂料或贴面砖等施工。

（3）直接从人工接地体或基础接地体引出明敷设引下线，先埋设或安装支架，经监理检查验收合格后，方可敷设引下线。

13.4.2.2 接地干线和引下线敷设质量

变配电室接地干线和引下线敷设质量分为合格和不合格。

合格标准：主控项目全数检验全部符合规定；一般项目随机抽检均应符合规定。

主控项目：

（1）暗敷设在建筑物抹灰层内的引下线应用钉卡分段固定；明敷设的引下线应垂直、无弯曲，与支架焊接部位应做严密的防腐处理。

（2）高低压开关室、变压器室内的接地干线应有不少于2处与接地装置引出干线连接。

（3）当利用金属管道、金属构件做接地线时，应在构件、管道与接地干线相接处焊接符合规定要求的跨接线。

一般项目：

（1）钢制接地线连接应符合焊接搭接长度的规定，材料最小允许规格、尺寸应符合表13-18的规定。

（2）明敷接地室内干线及接地引下线的支承件间距应均匀，水平直线段的间距为0.5～

1.5m；垂直直线段为1.5～3m；弯曲段为0.3～0.5m。

(3) 接地线在穿越楼板、地坪和墙壁处应设钢套管或其他材质的保护管，钢套管应与接地线做电气连通。

(4) 变配电室内明敷设接地干线安装应符合以下规定：

1) 敷设位置应便于检查，不妨碍设备的运行、拆卸与维修；

2) 当接地干线沿建筑物墙壁水平敷设时，距地面高度为250～300mm；与建筑物墙体的距离为10～15mm；

3) 当接地线跨越建筑物变形缝时，应设满足需要的补偿装置；

4) 接地线的表面沿长度方向，分别涂以黄、绿相间宽度为15～100mm的条纹；

5) 高压配电室、变压器室的接地干线上应设置不少于2个供临时接地用的接地螺栓或接线柱。

(5) 当电缆穿过零序电流互感器时，电缆头的接地线应通过零序电流互感器后接地；由电缆头至穿过零序电流互感器的一般电缆金属保护层和接地线应对地绝缘。

(6) 配电间隔和静止补偿装置的栅栏及变配电室金属门铰链处的接地连接，应采用编织铜线。变配电室的避雷器应以最短的接地线与接地干线连接。

(7) 设计要求必须接地的幕墙金属框架和建筑物的金属门窗，应就近与接地干线做可靠连接，连接处不同金属门应采取防电化腐蚀措施。

13.4.3 接闪器安装质量

接地装置和引下线安装完毕，安装接闪器，接闪器与引下线连接。

接闪器安装质量分为合格和不合格。

合格标准：主控项目必须符合规定；一般项目随机抽检均应符合规定。

主控项目：

建筑物、构筑物顶部的避雷带、避雷针等必须与顶部外露的其他金属物连成一个整体电气通路，且与避雷引下线可靠连接。

一般项目：

(1) 避雷带、避雷针安装的位置应正确、焊接固定的焊缝应饱满、连接点的焊接应无遗漏，螺栓固定的应有备帽等防退垫片，焊接影响区域应补刷完整的防锈漆。

(2) 避雷带应平整顺直，固定点、支持件的间距应牢靠、均匀，每个支持件的垂直拉力应大于49N (5kg)，支持件间距应符合设计要求，当设计无具体要求时，应符合以下规定：

1) 垂直直线部分1.5～3m；

2) 弯曲部分0.3～0.5m；

3) 水平直线部分0.5～1.5m。

13.4.4 建筑物等电位联结

13.4.4.1 建筑物等电位联结步骤

(1) 总等电位联结。对可作导电接地体的金属管道入户处及供总等电位联结的接地干线的位置经监理检查验收合格后才能安装焊接等电位联结端子板，按设计要求做总等电位联结。

（2）辅助等电位联结。对供辅助等电位联结的接地母线位置经监理检查验收合格后才能安装焊接辅助等电位联结端子板，按照设计图样要求做辅助等电位联结。

（3）对有特殊要求的建筑金属屏蔽网箱，网箱安装完毕经监理检查验收合格后方可与接地连接。

13.4.4.2 等电位联结质量

等电位联结质量分为合格和不合格。

合格标准：主控项目必须全部符合规定；一般项目随机抽查均应符合规定。

主控项目：

（1）建筑物等电位联结干线应从与接地装置有不少于2处直接连接的接地干线或总等电位箱引出，等电位联结干线或局部等电位箱门的连接线形成环形网路，环形网路应就近与等电位联结干线或局部等电位箱连接；支线间不应串联连接。

（2）等电位联结的线路最小允许截面应符合表13-19的规定。

表13-19 线路最小允许截面 （mm^2）

材料	截面	
	干线	支线
铜	16	6
钢	50	16

一般项目：

（1）等电位联结可接近裸露导体或其他金属部件、构件与支线连接应牢靠，熔焊、钎焊或机械紧固应导通正常。

（2）需等电位联结的高级装修金属零件或部件，应有专用接线螺栓与等电位联结支线连接，且应有明显标识；连接处螺帽紧固，防退零件齐全。

14 电梯工程

14.1 电力驱动的强制式或曳引式电梯安装工程

电力驱动的强制式或曳引式电梯安装工程的各分项工程分为合格和不合格。

合格标准：主控项目全数检验全部符合规定；一般项目随机抽检均应符合规定。

14.1.1 设备进场验收

主控项目：

进场随机文件必须包括以下资料：

(1) 产品合格证；

(2) 限速器、安全钳、缓冲器及门锁装置的型式试验证书复印件；

(3) 土建施工图。

一般项目：

(1) 随机文件还应包括以下资料：

1) 使用维护、安装说明书；

2) 安全电路和动力电路的电气原理图；

3) 装箱单。

(2) 随机设备零部件应与装箱单相符。

(3) 设备外观不应存在明显破损。

14.1.2 土建交接检验

主控项目：

(1) 机房（若有）内部、井道土建（钢架）结构及布置必须符合电梯土建施工图的要求。

(2) 主电源开关必须符合以下规定：

1) 主电源开关应能切断电梯正常使用情况下的最大电流；

2) 有机房的电梯主电源开关应能从机房入口处方便地接近；

3) 无机房的电梯主电源开关应设置在井道外工作人员方便接近的部位，且应具有必要的安全防护措施。

(3) 井道必须符合下列规定：

1) 当井道坑底下有人能到达的空间存在，且平衡重（对重）上未设有安全钳装置时，平衡重缓冲器必须安装在（平行重运行区域的下边）一直延伸到坚固地基上的实心桩墩上；

2) 电梯安装前，所有层门预留洞口必须设有高度不低于 1.2m，且有足够强度的防护栅；

3）当相邻两层门地坎间的距离大于11m时，其间必须设置井道安全门，井道安全门严禁向井道内开启，且必须装有安全门处于关闭状态时电梯才能上下运行的电气安全装置（当相邻轿厢间有相互救援用轿厢安全门时，可不执行本条款）。

一般项目：

（1）机房（若有）还应符合以下规定：

1）机房内应具备固定的电气照明，地板表面的照明度不应小于200lx；机房内靠近入口的适当高度处应设有一个开关或类似装置控制机房照明电源；并应在机房内设置一个或多个电源插座。

2）机房内应有通风，从其他建筑物抽出的陈腐空气、废气不得排入机房。

3）应根据产品厂家说明书的要求，提供设备进场所需要的搬运通道和存放空间。

4）电梯工作人员应能方便进入滑轮间或机房，而不需要借用其他辅助设施。

5）机房应采用经久耐用且不易产生灰尘的建造材料，机房地面应采用防滑材料或采取必要的防滑措施。

6）当机房内有两个以上不同平面的工作台且高度差大于0.5m时，应设置台阶或楼梯和不低于0.9m的扶手防护栏杆；工作台面以上和供人员活动的空间净高度不应小于1.8m；机房地面有深度大于0.5m的凹坑或槽坑应设置盖板。

7）供人员进出的检修活板门应有不小于0.8m×0.8m的净通道，开门到位时能自行保持在开启位置，关闭后的检修活板门应能支撑两个人的重量（每个人按在门的任意0.2m×0.2m面积上作用100N的力计算）不得有永久性变形。

8）门或检修活板门应装有带钥匙的锁，它应从机房内不用钥匙打开；仅供运送器材的活板门，可只在机房内锁住。

9）电源接地线和零线应分开。机房内接地装置的接地电阻值不应大于4Ω。

10）机房应有良好的防水措施，应无渗漏现象。

（2）井道还应符合以下规定：

1）井道内部尺寸是指垂直于电梯运行方向的井道截面积沿电梯设计运行方向投影所测定的井道最小净空尺寸，该尺寸应和土建施工图所标尺寸相符，允许偏差应符合以下规定：

①当电梯行程高度≤30m时，为0～+2.5mm；

②电梯行程高度>30m且≤60m时，为0～+35mm；

③当电梯行程高度>60m且≤90m时，为0～+50mm；

④当电梯行程高度>90m时，允许偏差应符合土建施工图的规定。

2）全封闭或部分封闭的井道，井道的井壁、底坑底面、顶板和井道的隔墙等均应具有电梯安装部件所必须的强度，所使用的材料应有非燃烧且不易产生灰尘的性能。

3）当电梯井道底坑深度大于2.5m，且建筑物布局允许的情况下应设置一个安全进出口一直到底坑；如条件不允许则应设置一个从层门进出底坑的永久性装置，且此装置应不妨碍电梯的正常运行。

4）井道应为电梯专用，不得在电梯井道内装设与电梯无关的其他设备和设施；井道可设采暖设备，但不得采用水或蒸汽作热源，并且采暖设备的调节与控制装置应安装在井道的外面。

5）井道内应安装永久性照明，其照明度应不小于50lx，井道最低点和最高点0.5m以内范围应各装一盏灯，在中间部位设一盏灯，其控制开关可分别设置在机房和底坑内。

6）井道内装有多台电梯时，各电梯的底坑应设置最低点离底坑地面不大于0.3m，且至少延伸到最低层站楼面以上2.5m高度的隔障，在隔障宽度方向上隔障与井壁的间隙不应大于150mm。

当轿厢顶边缘和相邻电梯运动部件（如轿厢、对重或平衡重等）之间的水平距离小于0.5m时，则应隔障延长贯穿整个井道的高度；隔障的宽度不得小于被保护电梯运行部件的宽度再每边各加0.1m。

7）底坑应有良好的防水措施，不得有渗漏现象。

8）每层楼面应有水平面基准明显标识。

14.1.3 驱动主机

主控项目：

紧急操作装置动作必须准确、灵敏、可靠。可拆卸装置必须置于驱动主机附近易接近处，紧急救援操作说明必须张贴在发生故障紧急操作时易看到处。

一般项目：

(1) 制动器动作应灵敏可靠，制动间隙应符合产品说明书的设计要求。

(2) 当驱动主机承重梁需埋入承重墙时，埋入端长度应超过墙体厚度的一半以上，且至少支承长度不应小于75mm。

(3) 驱动主机、驱动主机机座与承重梁的安装应符合产品说明书的要求。

(4) 如果有驱动主机减速箱，其箱内油量应保持在油标所规定的限度以内。

(5) 机房内钢丝绳与楼板孔洞边缘的间隙应为20～40mm，通向井道的水平孔洞的周围应设置高度不小于50mm的台缘。

14.1.4 导轨

主控项目：

电梯轿厢及对重导轨安装的位置必须符合土建布置图的要求。

一般项目：

(1) 两列导轨顶面间的距离允许偏差应为：对重导轨0～＋3mm；轿厢导轨0～＋2mm。

(2) 导轨支架在井道壁上安装应牢靠；预埋件的位置、尺寸、标高应符合设计要求。锚栓或膨胀螺栓固定应在井道壁的混凝土构件上使用，承受振动的能力与连接强度应满足电梯产品设计要求，混凝土构件的压缩强度应符合土建施工图的要求。

(3) 每列导轨工作面（包括顶面和侧面）与安装基准线每5m的允许偏差均不应大于以下数值：

不设安全钳的对重（平衡重）导轨为1.0mm；设有安全钳的对重导轨和轿厢导轨为0.6mm。

(4) 设有安全钳的对重（平衡重）导轨和轿厢导轨工作面接头处不应有连续缝隙，导轨接头处的高低差不应大于0.05mm；如超过予以修平，修平长度应大于150mm。

（5）不设安全钳的对重（平衡重）导轨接头处缝隙不应大于1.0mm，导轨工作面接头处高低差不应大于0.15mm。

14.1.5 安全部件

主控项目：

（1）可调节安全钳的整定封记应完好，且无拆动痕迹。

（2）限速器动作速度整定的封记必须完好，且无拆卸痕迹。

一般项目：

（1）导轨与安全钳的间隙应符合产品设计要求。

（2）限速器张紧装置与其限位开关相对位置应安装正确。

（3）液压缓冲器柱塞铅垂度不应大于0.5%，其充液量应正确。

（4）轿厢在两端站平层位置时，对重及轿厢的缓冲器撞板与缓冲器顶面间的距离应符合土建施工图的要求。

14.1.6 对重（平衡重）

一般项目：

（1）对重（平衡重）块应连接牢靠。

（2）当对重（平衡重）架有反绳轮时，反绳轮应有挡绳装置和防护装置。

14.1.7 轿厢

主控项目：

当距轿厢底面在1.1m以下使用玻璃轿壁时，必须在距轿底面0.9~1.1m的高度安装扶手，且扶手应单独固定，不得与玻璃相接触。

一般项目：

（1）当轿顶外侧边缘与井道壁水平方向的自由距离大于0.3m时，轿顶应装防护栏及悬挂醒目的警示牌。

（2）当轿厢有反绳轮时，反绳轮应设置挡绳装置和防护装置。

14.1.8 门系统

主控项目：

（1）层门强迫关门装置必须灵敏可靠。

（2）轿厢地坎与层门地坎之间的水平距离允许偏差为0～+3mm，且最大距离严禁超过35mm。

（3）层门锁钩必须动作灵活准确，在证实锁紧的电气安全装置动作之前，锁紧元件的最小啮合长度为7mm。

（4）动力操纵的水平滑动门在关门开始的1/3行程之后其阻止关门的力严禁超过150N。

一般项目：

（1）层门地坎水平度不得大于2/1000，地坎应高出装修地面2～5mm。

（2）轿厢地坎与门锁滚轮、层门地坎与门刀的间隙不应小于5mm。

(3) 门套与门扇、门楣与门扇、门扇与门扇、门扇与门口处轿壁、门扇下端与门槛的间隙，乘客电梯不应大于6mm，载货电梯不应大于8mm。

(4) 层门召唤盒、指示灯盒和消防开关盒应安装正确，其面板与墙面应贴实、横竖端正。

14.1.9 电气装置

主控项目：

(1) 电气设备接地必须符合以下规定：

1) 所有电气设备及线槽、导管的外露可导电部分均必须可靠接地（PE）；

2) 接地支线不得相互连接后再接地，应分别直接接至接地干线的接线柱上。

(2) 导体对地和导体之间的绝缘电阻必须大于1000Ω/V，且其值不得小于：

1) 电气安全装置电路和动力电路：0.5MΩ；

2) 其他电路（照明、信号、控制等）：0.25MΩ。

一般项目：

(1) 主电源开关不应切断以下供电电路：

1) 轿厢通风和照明；

2) 滑轮间和机房照明；

3) 轿顶、底和机房的电源插座；

4) 报警装置；

5) 井道照明。

(2) 井道和机房内配线应按产品说明书的要求安装。无护套电缆和软线应在线槽、导管或能起到确保等效防护作用的装置中使用；橡套软电缆、护套电缆可明敷在机房或井道内，但不得明敷于地面。

(3) 线槽、导管的敷设应整齐、牢靠，线槽内导线总面积不应大于线槽净面积的60%；导管内导线总面积不应大于导线内净面积的40%；端头固定间距不应大于0.1m，软管固定间距不应大于1m。

(4) 控制柜（屏）的安装位置应符合电梯土建施工图的要求。

(5) 接地支线应采用黄绿相间的绝缘导线。

14.1.10 随机电缆补偿装置、悬挂装置

主控项目：

(1) 钢丝绳严禁有死弯。

(2) 绳头连接必须安全可靠，且每个绳头连接必须安装螺母防退弹簧片或卡片及防钢丝绳防脱落装置。

(3) 随厢电缆严禁有波浪扭曲和打结现象。

(4) 当轿厢悬挂在两根链条或钢丝绳上，且其中一根链条或钢丝绳有异常相对伸长时，为此而装设的电气开关应动作灵敏可靠。

一般项目：

(1) 每根钢丝绳张力值与平均值允许偏差不应大于5%。

(2) 补偿绳、缆、链等补偿装置的端部应连接牢靠。

(3) 补偿绳的张紧轮、验证补偿绳张紧的电气开关应动作灵敏可靠。

(4) 随行电缆的安装应符合以下规定：

1) 随行电缆在井道中运行应避免与井道或其他部件相摩擦或碰撞。当轿厢完全压在缓冲器上时，随行电缆不得拖地。

2) 随行电缆端部应固定牢靠。

14.1.11 整机安装验收

主控项目：

(1) 安全保护必须符合以下规定：

1) 必须检查以下安全装置或功能：

①错相、断相保护装置或功能

当控制柜三相电源中二相错接或任何一相断开时，错相、断相保护装置或功能应使电梯不发生任何危险故障。

注：如错相不影响电梯正常使用可不设错相保护装置或功能。

②过载、短路保护装置

控制电路、安全电路、动力电路必须有与负载相匹配的短路保护装置；动力电路必须有过载保护装置。

③限速器

限速器的轿厢（平衡重、对重）下行标志必须与实际轿厢（平衡重、对重）下行方向一致；限速器标牌上的动作速度、额定速度必须与实测电梯的动作速度、额定速度相符。

④安全钳

安全钳必须与型式试验证书相符。

⑤缓冲器

缓冲器必须与型式试验证书相符。

⑥门锁装置

门锁装置必须与其型式试验书相符。

⑦上下限位开关

上下限位开关必须为安全触点，在端站位置进行动作试验时必须动作正常；在轿厢或对重（如果有）接触缓冲器之前必须动作，且缓冲器完全压缩时，保持动作状态。

⑧机房（如果有）轿顶、滑轮间（如果有）底坑应有停止装置。

位于机房（如果有）轿厢、滑轮间（如果有）底坑停止装置必须动作灵敏可靠。

2) 以下安全开关必须动作灵敏可靠：

①悬挂链条（钢丝绳）为两根时，防松动安全开关；

②对可拆卸或紧急操作装置所需要的安全开关；

③底坑门、安全门、检修活板门（如果有）的开关；

④轿厢安全窗（如果有）开关；

⑤当额定速度大于3.5m/s时，补偿绳轮防跳开关；

⑥有补偿张紧轮时，补偿绳张紧开关；

⑦液压缓冲器复位开关；

⑧限速器绳张紧开关。

(2) 限速器安全钳联动试验必须符合以下规定：

1) 安全钳与限速器电气开关在联动试验中必须动作灵敏可靠，且应使驱动主机立即制动停止；

2) 对瞬时式安全钳，轿厢应载有均匀分布的额定载重量；对渐进式安全钳、轿厢应载有均匀分布的125%额定载重量。

当短接限速器及安全钳电气开关，轿厢以检修速度下行人为使限速器机械动作时，安全钳应可靠动作，轿厢必须可靠制动、且轿厢底的倾斜度不应大于5%。

(3) 曳引式电梯的曳引能力试验必须符合以下规定：

1) 当对重（平衡重）完全压在缓冲器上，且驱动主机按轿厢上行方向连续运转时，空载轿厢严禁向上提升。

2) 轿厢在行程上部范围空载上行及行程下部范围载有125%额定重量下行，分别停层3次以上，轿厢必须可靠地制动（空载上行工况应平层）。轿厢载有125%额定载重量以正常运行速度下行时，切断电动机与制动器电源，电梯必须可靠制动停止。

(4) 轿门与层门试验必须符合以下规定：

1) 当一个轿门或层门（在多扇门中任何一扇门）非正常打开时，电梯严禁继续运行或启动。

2) 每层层门必须能够用三角钥匙正常开启。

一般项目：

(1) 曳引式电梯的平衡系数为0.4～0.5。

(2) 电梯安装后应进行运行试验；轿厢分别在空载、额定荷载状况下，按产品说明书规定的每小时启动次数和负载持续率各运行1000次（每天不少于8h），电梯应制动可靠、运行平稳、连续运行无故障。

(3) 平层准确度检验应符合以下规定：

1) 额定速度≤0.63m/s的交流双速电梯，应在±15mm范围内；

2) 额定速度>0.63m/s且≤1.0m/s的交流双速电梯，应在±30mm范围内；

3) 其他调速方式的电梯，应在±15mm范围内。

(4) 噪声检验应符合以下规定：

1) 机房噪声，对额定速度≤4m/s的电梯，不应大于80dB（A）；对额定速度>4m/s的电梯，不应大于85dB（A）。

2) 乘客电梯和病床电梯运行中轿厢内噪声，对额定速度≤4m/s的电梯，不应大于55dB（A）；对额定速度>4m/s的电梯，不应大于60dB（A）。

3) 乘客电梯和病床电梯的开关门过程噪声不应大于65dB（A）。

(5) 观感检查应符合以下规定：

1) 对机房（如果有）、底坑、轿顶、轿门、轿内、层门、门地坎、导轨支架等部位应清洁干净；

2) 门扇与门套、门扇与门楣、门扇与门扇、门扇下端与地坎之间、门扇与门口处轿壁各自的间隙在整个长度上应基本一致；

3）轿厢门带动层门开、关运行，门扇与门套、门扇与门扇、门扇与门楣、门扇与门口处轿壁、门扇下端与地坎应无刮碰现象。

（6）运行速度检验应符合以下规定：

当电源为额定电压和额定频率、轿厢有50%额定荷载时，向下运行至行程中段（除去加速加减速段）时的速度，不应大于额定速度的105%，且不应小于额定速度的92%。

14.2 液压电梯安装工程

液压电梯安装工程的各分项工程质量分为合格和不合格。

合格标准：主控项目全数检验全部符合规定；一般项目随机抽检均应符合规定。

14.2.1 设备进场验收

主控项目：

随机文件必须包括以下资料：

（1）土建施工图；

（2）产品合格证；

（3）门锁装置、安全钳（如果有）、限速器（如果有）、缓冲器（如果有）的型式试验合格证书复印件。

一般项目：

（1）随机文件还应包括以下资料：

1）装箱单；

2）安装、使用维护说明书；

3）安全电路和动力电路的电气原理图；

4）液压系统原理图。

（2）设备零部件应与装箱单所列件数相符。

（3）设备外观不应存在明显的破损。

14.2.2 土建交接检验

土建交接检验的主控项目及一般项目同电力驱动的强制式或曳引式电梯安装工程土建交接检验的主控项目及一般项目。

14.2.3 电气装置

电气装置主控项目及一般项目同电力驱动强制式或曳引式电梯安装工程电气装置的主控项目及一般项目。

14.2.4 随行电缆、悬挂装置

主控项目：

（1）绳头连接必须牢靠，且每个绳头连接必须安装防螺母脱落和松动的装置。

（2）钢丝绳严禁有死弯。

(3) 当轿厢悬挂在两根链条或钢丝绳上，其中一根链条或钢丝绳发生异常相对伸长时，为此装设的电气安全开关必须动作灵敏可靠；对具有两个或多个液压顶升机构的液压电梯，每一组钢丝绳均应符合上述要求。

(4) 随行电缆严禁有打结和波浪扭曲现象。

一般项目：

(1) 如果有链条或钢丝绳，每根张力值与平均值相比较允许偏差不应大于5%。

(2) 随行电缆安装还应符合以下规定：

随行电缆在运行中应避免与井道或其他部件产生摩擦或碰撞；当轿厢完全压在缓冲器上时，随行电缆不得与底坑地面相接触。

14.2.5 门系统、导轨、安全部件、平衡重、轿厢

门系统、导轨、安全部件、平衡重、轿厢的主控项目及一般项目同电力驱动的强制式或曳引式电梯安装工程相应的主控项目及一般项目。

14.2.6 液压系统

主控项目：

液压顶升机构及液压泵站的安装必须按土建施工图进行，顶升机构必须安装牢靠，缸体垂直度严禁大于0.4‰。

一般项目：

(1) 液压管路应连接可靠，且无渗漏油现象。

(2) 液压泵站油位显示应准确、清晰。

(3) 显示系统工作压力的压力表应准确、清晰。

14.2.7 整机安装

主控项目：

(1) 液压电梯安全保护验收必须符合以下规定：

1) 以下安全装置或功能必须检查：

①移动轿厢的装置

在电气系统发生故障或停电时，移动轿厢的装置必须能移动轿厢上行或下行，且下行时必须有防止顶升机构与轿厢相脱离的装置。

②液压油温升保护装置

当液压油温度达到产品设计温度时，温升保护装置必须动作，使液压电梯制动停止。

③滑轮间（如果有）、机房、轿顶、底坑停止装置。

④上极限开关。上极限开关必须是安全触点，在端站位置进行动作试验时必须动作灵敏可靠；它必须在柱塞接触到缓冲制动装置前动作，且应在柱塞处于缓冲制停区时准时动作。

⑤门锁装置。门锁装置检验结果必须与其型式试验证书相符。

⑥防止轿厢超速下降和坠落的装置。液压电梯必须设有防止轿厢超速下降和坠落的装置，且各装置必须与其型式试验证书相一致。

⑦过载、短路保护装置。控制电路、安全电路、动力电路必须设有与负荷相匹配的短路

保护装置和电力线路过载保护装置。

⑧错相、断相保护装置或功能。当控制柜三相电源中任何一相断开或任何二相错接时，错相、断相保护装置或功能应使电梯免除发生危险。

注：当错相不影响电梯正常使用时可不设错相保护装置或功能。

2）以下安全装置的开关必须动作灵敏可靠：

①液压缓冲器（如果有）复位开关；

②限速器（如果有）张紧开关；

③悬挂钢丝绳（链条）为两根时，防松动安全开关；

④底坑门、安全门、检修活板门（如果有）开关；

⑤轿厢安全窗（如果有）开关。

（2）轿门与层门的试验应符合以下规定：

1）各层层门必须均能用三角钥匙正常开启；

2）当有任何一个层门或轿门（多扇门中任何一扇）非正常开启时，电梯严禁继续运行或启动。

（3）超载试验必须符合以下规定：

当电梯轿厢有120％额定荷载时液压电梯严禁启动。

（4）限速器（安全绳）安全钳联动试验必须符合以下规定：

1）当装有限速器安全钳时，使下行阀保持开启状态（直到钢丝绳松弛为止）的同时，人为使限速器机械动作，安全钳动作应灵敏可靠，轿厢必须可靠停止，其轿底倾斜度不应大于5％。

2）装有安全绳安全钳时，使下行阀保持开启状态（直到钢丝绳松弛为止）的同时，人为使安全绳机械动作，安全钳应能可靠动作，轿厢必须制动可靠。且轿底倾斜度不应大于5％。

3）限速器（安全绳）与安全钳电气开关在联动试验中必须动作灵敏可靠，且应使电梯可靠停止运行。

4）联动试验时轿厢荷载及速度应符合以下规定：

①对瞬时式安全钳，电梯轿厢应以额定速度下行；对渐进式安全钳，电梯轿厢应以检修速度下行。

②当液压电梯额定载重量与轿厢最大有效面积符合表14-1的规定时，轿厢应载有均匀分布的额定载重量；当液压电梯额定载重量小于表14-1的规定的轿厢最大有效面积对应的额定载重量时，电梯轿厢应载有均匀分布的125％的液压电梯额定重量，但该载荷不应超过表14-1规定的电梯轿厢最大有效面积对应的额定载重量。

额定载重量与轿厢最大有效面积之间关系如表14-1所示。

一般项目：

（1）观感质量检验应符合以下规定：

1）门扇与门套、门扇与门扇、门扇下端与地坎、门扇与门口外轿壁、门扇与门楣之间各自的间隙在整个长度应基本宽窄一致。

2）对机房（如果有）、底坑、导轨支架、轿顶、层门及门地坎、轿门、轿内等部位应清洁干净。

3）轿门带动层门开、关运行，门扇与门套、门扇与门口处轿壁、门扇下端与地坎、门扇与门扇、门扇与门楣应无摩擦及碰撞现象。

表 14-1　额定载重量与轿厢最大有效面积之间关系

额定载重量（kg）	轿厢最大有效面积（m^2）	额定载重量（kg）	轿厢最大有效面积（m^2）	额定载重量（kg）	轿厢最大有效面积（m^2）	额定载重量（kg）	轿厢最大有效面积（m^2）
100①	0.37	525	1.45	900	2.20	1275	2.95
180②	0.58	600	1.60	975	2.35	1350	3.10
225	0.70	630	1.66	1000	2.40	1425	3.25
300	0.90	675	1.75	1050	2.50	1500	3.40
375	1.10	750	1.90	1125	2.65	1600	3.56
400	1.17	800	2.00	1200	2.80	2000	4.20
450	1.30	825	2.05	1250	2.90	2500③	5.00

①一人电梯的最小值；

②二人电梯的最小值；

③额定载重量超过 2500kg 时，每增加 100kg 面积增加 0.16m^2，对中间的载重量其面积由线性插入法确定。

（2）超压静载试验应符合以下规定：

将截止阀关闭，在轿厢内施加 200%额定载荷，持续时间 5min，检查电梯液压系统应完好无损。

（3）液压泵站溢流阀压力检查应符合以下规定：

液压泵站上的溢流阀应设定在系统压力为全载压力的 140%～170%时动作。

（4）额定载重量沉降量试验应符合以下规定：

载有额定载重量的轿厢停靠在最高层站时，停梯 10min，沉降量不应大于 10mm，但因油温变化而引起的油体积缩小所造成的显示沉降不包括在 10mm 之内。

（5）运行速度检验应符合以下规定：

空载轿厢上行速度与上行额定速度的差值不应大于上行额定速度的 8%；载有额定载重量的轿厢下行速度与下行额定速度的差值不应大于下行额定速度的 8%。

（6）平层准确度检验应符合以下规定：

液压电梯平层准确度为±15mm 以内。

（7）噪声检验应符合以下规定：

1）乘客液压电梯和病床液压电梯的开关门过程噪声不应大于 65dB（A）；

2）乘客液压电梯和病床液压电梯运行中轿厢内噪声不应大于 55dB（A）；

3）液压电梯的机房噪声不应大于 85dB（A）。

（8）液压电梯安装后应进行运行检验；轿厢在额定载重量工况下，按产品设计规定每小时启动次数运行 1000 次（每天不少于 8h），液压电梯应平稳、制动灵敏可靠、连续运行无故障。

14.3　自动人行道、自动扶梯安装工程

自动人行道、自动扶梯安装工程质量分为合格和不合格。

合格标准：主控项目全数检查全部符合规定；一般项目随机抽检均应符合规定。

14.3.1 设备进场验收

主控项目：

设备进场必须提供以下资料：

(1) 技术资料

1) 踏步板或梯级的型式试验报告复印件，或胶带的断裂强度证明文件复印件；

2) 公共交通型自动人行道、自动扶梯应提供扶手带的断裂强度证明文件复印件。

(2) 随机文件

1) 土建施工图；

2) 产品合格证。

一般项目：

(1) 随机文件还应提供以下资料：

1) 装箱清单；

2) 安装、使用、维修说明书；

3) 安全电路和动力电路的电气线路图。

(2) 随机设备零部件应与装箱清单所列设备零件的型号、规格、数量相符。

(3) 设备外观不存在明显的破损现象。

14.3.2 土建交接检验

主控项目：

(1) 自动扶梯的梯级或自动人行道的踏板或胶带上空，垂直净高度严禁小于2.3m。

(2) 自动人行道或自动扶梯安装前，井道必须设有防护栏杆或防护屏障，其高度严禁低于1.2m。

一般项目：

(1) 土建工程应严格按土建施工图施工，各部位主要尺寸允许偏差应为：

跨度0～＋15mm；提升高度－15～＋15mm。

(2) 电源接地线和零线应自始至终分开。接地装置的接地电阻值不应大于4Ω。

(3) 根据产品厂家要求提供设备进场所需的通道和存放空间。

(4) 自动人行道、自动扶梯安装前，土建施工单位应提供清晰、准确的水平基准线。

14.3.3 整机安装验收

主控项目：

(1) 电气设备接地必须符合以下规定：

1) 接地支线应分别直接接至接地干线接线柱上，接地支线不得串联或并联后再接地。

2) 所有电气设备、线槽、导管的外露可导电部分均必须有可靠接地（PE）；

(2) 应对不同回路导线对地绝缘电阻进行测量，电子元件应断开；导体对地之间、导体之间的绝缘电阻应大于1000Ω/V，且其电阻绝缘值必须大于：

1) 电气安全电路和动力电路0.5MΩ。

2）其他电路（信号、照明、控制等）0.25MΩ。

（3）自动人行道、自动扶梯在以下情况下必须自动停止运行，且第1）至8）条情况下的开关断开动作必须通过安全电路或安全触点完成。

1）控制装置在超速和运行方向非操纵逆转动作；

2）附加制动器（如果有）动作；

3）直接驱动梯级、胶带或踏板的部件（如齿条或链条）断裂或过分伸长；

4）转向装置与驱动装置之间的距离（无意性）缩短；

5）踏步板、胶带或梯级进入梳齿板处有异物夹住，且产生损坏踏步板、胶带或梯级支撑结构；

6）连续安装且无中间出口的多台自动人行道、自动扶梯中的一台停止运行；

7）扶手带入口保护装置动作；

8）梯级或踏板下陷；

9）过载；

10）电路接地故障；

11）无控制电压。

一般项目：

（1）电气装置还应符合以下规定：

1）配线应符合电力驱动电梯安装工程相关电气装置配线的规定。

2）主电源开关不应切断电源检修、维护及插座所必需的照明电源。

（2）观感检查应符合以下规定：

1）梳齿板、护壁板、内外盖板、活动盖板、梯级、踏板、胶带、扶手带、围裙板、前沿板等部位的外表面应清洁干净。

2）上行和下行自动扶梯、自动人行道，梯级、胶带、踏板与围裙板之间应无刮碰现象（除踏板、胶带、梯级上的导向部分与围裙板接触部分外）扶手带外表面应无刮痕。

（3）整机安装检查应符合以下规定：

1）在自动人行道、自动扶梯入口处应悬挂使用须知警示牌；

2）踏板、胶带、梯级的楞齿及梳齿板应光滑完整；

3）梳齿板梳齿与踏板齿槽的啮合深度不应小于6mm；

4）内和外盖板、扶手支架、扶手导轨、护壁板接缝应平整；接缝处的凸台不应大于0.5mm；

5）梯级与围裙板、踏板或胶带任何一侧的水平间隙不应大于4mm，两边的间隙之和不应大于7mm；当自动人行道的围裙板安装在踏板或胶带上时，踏板表面与围裙板下端之间的垂直间隙不应大于4mm。当胶带或踏板有横向摆动时，胶带或踏板的侧边与围裙板垂直投影之间不得产生间隙；

6）踏板面齿槽与梳齿板梳齿的间隙不应小于4mm；

7）护壁板之间的间隙不应大于4mm；

8）踏板或梯级间的间隙在工作区段的任何位置，从踏面测得的两个相邻踏板间或两个相邻梯级的间隙不得大于6mm；在自动人行道过渡曲线区段，踏板前缘和相邻踏板后缘啮合间隙不应大于8mm。

（4）性能试验应符合以下规定：

1）扶手带的运行速度相对踏板、胶带、梯级的速度允许偏差为0～+2%。

2）在额定频率和额定电压下，踏板、胶带、梯级沿运行方向空载时的速度与额定速度之间的允许偏差为±5mm。

（5）自动人行道、自动扶梯制动试验应符合以下规定：

1）自动扶梯应进行空载制动制停距离试验（除非制停距离可以通过其他方法检验），制停载荷应符合表14-2的规定，生产厂家应提供制动载荷的计算制停距离。

表14-2 制 动 载 荷

梯级、踏板或胶带的名义宽度（m）	自动扶梯每个梯级上的载荷（kg）	自动人行道每0.4m长度上的载荷（kg）
$z \leqslant 0.6$	60	50
$0.6 < z \leqslant 0.8$	90	75
$0.8 < z \leqslant 1.1$	120	100

注：1. 自动扶梯受载的梯级数量由提升高度除以最大可见梯级踢板高度求得，在试验时允许将总制动载荷分布在所求得的2/3的梯级上；

2. 当自动人行道倾斜角度不大于6°，踏板或胶带的名义宽度大于1.1m时，宽度每增加0.3m，制动载荷应在每0.4m长度上增加25kg；

3. 当自动人行道在长度范围内有多个不同倾斜角度（高度不同）时，制动载荷应仅考虑到那些能组合成最不利载荷的水平区段和倾斜区段。

2）自动人行道、自动扶梯的制停距离应符合表14-3的规定。生产厂家应提供自动人行道、自动扶梯的制停距离计算。

表14-3 制 停 距 离

额定速度（m/s）	制停距离范围（m）	
	自动扶梯	自动人行道
0.5	0.20～1.00	0.20～1.00
0.65	0.30～1.30	0.30～1.30
0.75	0.35～1.50	0.35～1.50
0.90	—	0.40～1.70

注：若速度在上述数值之间，制停距离用插入法计算。制停距离应从电气制动装置动作开始测量。

15 智能建筑工程

15.1 通信网络系统

通信网络系统是指卫星数字电视、有线电视系统、公共广播及紧急广播系统、通信系统等各子系统及相关设施。通信系统又包括会议电视系统及接入网设备、电话交换系统。

15.1.1 通信网络系统施工

(1) 通信网络系统缆线的敷设应符合以下规定：

1) 对绞电缆及光缆应符合综合布线系统的规定；

2) 电话线缆应符合《城市住宅区和办公楼电话通信设施验收规范》(YD 5048) 的有关规定；

3) 同轴电缆应符合《有线电视系统技术规范》(GY/T 106) 的相关规定。

(2) 通信网络系统的机房环境应符合 15.9 节环境的规定。电源与接地、机房安全应符合《通信电源设备安装工程验收规范》(YD 5079) 和 15.5 节综合布线系统、15.6 节电源与接地的有关规定。

15.1.2 通信系统检测

通信系统工程实施应按规定的安装、移交和验收工作流程进行；检测由系统检查测试、初验测试和试运行验收测试三个阶段组成。

(1) 通信系统检测应包括以下内容：

1) 系统检查测试。硬件通电测试；系统功能测试。

2) 初验测试。接通率；可靠性；基本功能（如通信系统的业务呼叫与接续、信令、传输指标、故障诊断、环境条件适应能力、计费、系统负荷能力、维护管理等）。

3) 试运行验收测试。联网运行（接入电路和用户）；故障率。

(2) 通信系统初验测试合格后方可进行试运行验收测试，试运行验收测试的周期应符合合同规定，且不应少于 3 个月。

(3) 通信系统检测应符合现行国家标准规范、设计和产品说明书的要求，其测试方法、操作程序及步骤在符合现行国家标准规范的前提下，经建设单位与生产厂家协商确定。

15.1.3 通信系统安装工程质量

主控项目：

(1) 智能建筑通信系统安装工程的检测时间、检测内容、检测方法及性能指标要求应符合《固定电话交换设备安装工程验收规范》(YD 5077) 等现行国家标准的规定。

（2）通信系统接入公用通信网信道的传输速率，物理接口和接口协议及信号方式应符合设计要求。

（3）通信系统的工程实施和质量控制及系统检测内容应符合表 15-1 的规定。

表 15-1　通信系统工程检测项目表

序号	检　测　内　容
Ⅰ	程控电话交换设备安装工程
1	安装验收检查
1）	机房环境要求
2）	设备器材进场检验
3）	设备机柜加固安装检查
4）	设备模块配置检查
5）	设备间及机架内缆线布放
6）	电源及电力线布放检查
7）	设备至各类配线设备间缆线布放
8）	缆线导通检查
9）	各种标签检查
10）	接地电阻值检查
11）	接地引入线及接地装置检查
12）	机房内防火措施
13）	机房内安全措施
2	通电测试前硬件检查
1）	按施工图设计要求检查设备安装情况
2）	设备接地良好，检测接地电阻值
3）	供电电源电压及极性
3	硬件测试
1）	设备供电正常
2）	告警指示工作正常
3）	硬件通电无故障
4	系统检测
1）	系统功能
2）	中继电路测试
3）	用户连通性能测试
4）	基本业务与可选业务
5）	冗余设备切换
6）	路由选择
7）	信号与接口
8）	过负荷测试
9）	计费功能
5	系统维护管理
1）	软件版本符合合同规定
2）	人机命令核实
3）	告警系统
4）	故障诊断
5）	数据生成
6	网络支撑
1）	网管功能
2）	同步功能
7	模拟测试
1）	呼叫接通率
2）	计费准确率
Ⅱ	会议电视系统安装工程
序号	检　测　内　容
1	安装环境检查
1）	机房环境
2）	会议室照明、音响及色调
3）	电源供给
4）	接地电阻值
2	设备安装
1）	管线敷设
2）	话筒、扬声器布置
3）	摄像机布置
4）	监视器及大屏幕布置
3	系统测试
1）	单机测试
2）	信道测试
3）	传输性能指标测试
4）	画面显示效果与切换
5）	系统控制方式检查
6）	时钟与同步
4	监测管理系统检测
1）	系统故障检测与诊断
2）	系统实时显示功能
5	计费功能
Ⅲ	接入网设备（非对称数字用户环路 ADSL）安装工程
序号	检　测　内　容
1	安装环境检查
1）	机房环境
2）	电源供给

续表

Ⅲ　接入网设备（非对称数字用户环路 ADSL）安装工程	
序号	检　测　内　容
3)	接地电阻值
2	设备安装验收检查
1)	管线敷设
2)	设备机柜及模块安装检查
3	系统检测
1)	收发器线路接口测试（功率谱密度，纵向平衡损耗，过压保护）
2)	用户网络接口（UNI）测试
	a. 25.6Mbit/s 电接口
	b. 10BASE-T 接口
	c. 通用串行总线（USB）接口
	d. PCI 总线接口
3)	业务节点接口（SNI）测试
	a. STM-1（155Mbit/s）光接口
	b. 电信接口（34Mbit/s、155Mbit/s）
4)	分离器测试，包括局端和远端
	a. 直流电阻
	b. 交阻阻抗特性
	c. 纵向转换损耗
	d. 损耗/频率失真
	e. 时延失真
	f. 脉冲噪声
	g. 话音频带插入损耗
	h. 频带信号衰减
5)	传输性能测试
6)	功能验证测试
	a. 传递功能（具备同时传送 IP、POTS 或 ISDN 业务能力）
	b. 管理功能（包括配置管理、性能管理和故障管理）

（4）有线电视及卫星数字电视系统的系统监测应符合以下规定：

1）有线电视及卫星数字电视系统的安装质量检查应符合现行国家标准的相关规定。

2）在工程实施和质量控制阶段，应检查卫星天线的安装质量、功放器及接收站的位置、缆线连接的可靠性、高额头至室内单元的线距应符合设计要求。

3）卫星数字电视的输出电平应符合现行国家标准的相关规定。

4）有线电视系统功能的主观检测检查，其主要技术指标应符合表 15-2 的规定。

5）电视图像质量的主观评价应不低于 4 分，图像的主观评价标准应符合表 15-3 的规定。

表 15-2　有线电视主要技术指标

序号	项目名称	测试频道	主观评测标准
1	系统输出电平（dBμV）	系统内的所有频道	60～80
2	系统载噪声比	系统总频道的 10%且不少于 5 个，不足 5 个全检，且分布于整个工作频段的高、中、低段	无噪波、即无“雪花干扰”
3	载波互调比	系统总频道的 10%且不少于 5 个，不足 5 个全检，且分布于整个工作频段的高、中、低段	图像中无垂直、倾斜或水平条纹
4	交扰调制比	系统总频道的 10%且不少于 5 个，不足 5 个全检，且分布于整个工作频段的高、中、低段	图像中无移动、垂直或斜图案，即无“窜台”
5	回波值	系统总频道的 10%且不少于 5 个，不足 5 个全检，且分布于整个工作频段的高、中、低段	图像中无沿水平方向分布在右边一条或多条轮廓线，即无“重影”

续表

序号	项目名称	测试频道	主观评测标准
6	色/亮度时延差	系统总频道的10%且不少于5个，不足5个全检，且分布于整个工作频段的高、中、低段	图像中色、亮信息对齐，即无“彩色鬼影”
7	载波交流声	系统总频道的10%且不少于5个，不足5个全检，且分布于整个工作频段的高、中、低段	无背景噪声，如丝丝声
8	伴音和调频广播的声音	系统总频道的10%且不少于5个，不足5个全检，且分布于整个工作频段的高、中、低段	无背景噪声，如丝丝声、哼声、蜂鸣声和串音等

表 15-3 图像的主观评价标准

等级	图像质量损伤程度	等级	图像质量损伤程度
5分	图像上不觉察有损伤或干扰存在	2分	图像上损伤或干扰较严重，令人相当讨厌
4分	图像上有稍可觉察的损伤或干扰，但不令人讨厌		
3分	图像上有明显觉察的损伤或干扰，令人讨厌	1分	图像上损伤或干扰极严重，不能观看

6）双向数字电视和HFC网络系统正向测试的调制误差率、相位抖动、反向隔离度、脉冲噪声、反向测试的侵入噪声的参数指标应满足设计要求；并检测其VOD、图文播放、数据通信等的功能；应检测系统的频率配置、抗干扰性能，其用户输出电平应取62～68dBμV；HFO用户分配网应采用中心分配结构，具有上行信号汇集均衡和可寻址路权控制等功能。

（5）紧急广播与公共广播系统检测应符合以下规定：

1）系统的输出输入不平衡度、接地形式、安装质量、音频线的敷设等应符合设计要求，设备之间的阻抗应匹配合理；

2）放声系统应分布合理，符合设计要求；

3）通过对音色、音质、响度的主观评价，评定系统的音响效果；

4）最高输出信噪比、输出电平、声压级和频宽的技术指标应符合设计要求；

5）功能检测应包括以下内容：

①公共寻呼、业务宣传和背景音乐插播；

②公共广播与紧急广播共用设备时，紧急广播应有优先权，由消防分机控制，在火灾或突发事故发生时，应能强制切换成紧急广播并以最高音量播出；紧急广播功能检测应符合第15.4节火灾自动报警及消防联动系统的相关规定。

③功率放大器应冗余配置，并在主机发生故障时，按设计要求备用机自动启动投入运行。

④公共广播系统应分机控制，其分区的划分应与消防分区的划分相协调。

15.1.4 对讲系统

15.1.4.1 对讲系统材料设备

对讲系统分为可视和非可视两种，可视室内对讲机是通过室内对讲机，主人可看到来客的影像并实现双向对讲、开锁、监视等活动。非可视对讲是通过室内对讲机，主人可实现双向对讲、开锁等活动。设备进场应提供产品合格证、检测报告等相关资料。

15.1.4.2 对讲系统工程质量

对讲系统工程质量分为合格和不合格两种。

合格标准：主控项目全部符合规定；一般项目随机检查应符合规定。

主控项目：

(1) 管内壁应光滑无毛刺；器具应有接零（PEN）或接地（PE）可靠。

检验方法：观察、实测或检查记录。

(2) 端子箱安装可参照配电箱安装工艺标准；导线的压接应牢固可靠，线号正确齐全，导线规格应符合设计要求。

检验方法：观察检查。

(3) 用屏蔽线缆做建筑物内的垂直线缆；系统接地禁止与大地连接。

一般项目：

(1) 线缆或线接头敷设严禁有拧绞，保护层断裂或划伤，应留有足够的余量，导线或电缆应做好线路和线号标记，导线接头正确牢靠，绑扎成束，编号清晰。

(2) 端子箱内各线路电缆排列整齐，绑扎成束，线号清晰，端子号相互对应，字迹清晰；组线箱、盒内应清洁无杂物，(可视）对讲机面板、显示屏及话筒应清洁无破损或划痕。

(3) 各地线压接应牢固可靠，并有防退弹簧垫圈。

除设计有特殊要求以外，一般情况下全按以上要求执行。

检验方法：观察检查。

(4) 可视对讲主机和可视家庭分机安装高度在同一楼层允许偏差 2mm；非可视门口主机安装高度在同一栋楼不同单元允许偏差 5mm。

(5) 明挂式和镶嵌式对讲主机或分机底面水平度允许偏差 1mm。

检验方法：尺量检查。

15.1.5 竣工验收

竣工验收资料所包括的内容：

(1) 过程质量验收表；

(2) 设备进场验收记录、系统测试记录；

(3) 竣工图、竣工文件；

(4) 设备安装明细表。

15.2 信息网络系统

信息网络系统包括计算机网络、应用软件及网络安全等。

15.2.1 材料设备要求

(1) 计算机系统、网管工作站、UPS 电源、服务器、数据存储设备、路由器、防火墙、交换机等产品应进行进场验收，进场验收应有记录和参加人签字，并经监理工程师或建设单位验收人签字，未经验收合格的设备、材料及软件不得使用在工程上。

(2) 验收合格的材料、设备应符合以下规定：

1) 外观完好，无破损、暇疵，品种、产地数量应符合要求；

2) 应提供新材料、新产品主管部门的相关证明文件；

3) 进口产品应提供商检证明、产品合格证检测报告及说明书；

4) 各智能化系统所使用的材料、硬件设备、软件产品和各种系统的接口，应有产品认证或生产许可证并经检测后方可使用。产品功能、性能的检测应符合现行国家规定，特殊产品应符合合同或设计要求。

硬件材料、设备应重点检查安全性、可靠性及电磁兼容性，可靠性可参考厂家检测报告。

系统接口承包商应提供接口规范，接口规范应在经合同签订机构审定的合同中注明；接口测试方案应经监理审批后实施，接口的性能及功能应符合设计要求。

软件产品应有使用许可证和使用范围；系统用户软件、组态软件及接口软件应进行功能测试和系统测试，同时还应进行容量、可靠性、安全性、可恢复性、兼容性、自诊断等测试，并保证软件的可维护性；自编软件应提供完整的文档。

15.2.2 网络设备安装

网络设备安装应整齐、固定应牢靠，便于维修和管理；高端设备的信息模块及相关部件应安装正确，空余处应安槽板；标签应有设备名称和网络地址；跳线连接应稳固、走向清晰，线缆上应悬挂标签。

15.2.3 信息网络系统工程质量

15.2.3.1 计算机网络系统

信息网络系统工程质量分为合格和不合格两种。

合格标准：主控项目全部符合规定；一般项目随机抽检应符合规定。

主控项目：

(1) 信息网络系统的连通性应符合以下规定：

1) 网络设备的连通应符合连通图规定，网管工作站应能与各网络设备通信。

2) 各子网内用户之间的通信功能：允许通信的计算机之间可以进行信息交换和资源共享，不允许通信的计算机之间无法通信；并且网络节点符合设计规定、通信协议及适用标准。

3) 区域网内的用户与公用网之间的通信能力应符合设计要求。

(2) 计算机网络进行路由检测的方法可采用测试命令进行测试或使用网络测试仪进行测试。

一般项目：

(1) 网络管理功能应符合以下规定：

1) 网管系统应能搜索到整个网络系统的拓扑结构和设备连接图；

2) 网络系统应具有自诊断功能，当某台网络设备或线路发生故障后，网管系统应能及时报警和搜定故障点；

3）应能对网络设备进行远程网络性能检测和配置，提供网络节点的广播率、错误率和流量等参数。

(2) 容错功能检测可采用人为设置故障，判断及排除后系统能自动恢复功能；切换时间应符合设计要求。检测内容如下：

1）具有容错能力的网络系统，应能错误恢复和故障隔离，主要部件应冗余设置，并可在发生故障时自动切换；

2）对有链路冗余配置的网络系统，当有某条链路断开或发生故障时，整个系统仍正常运行，并能在故障排除后能自动切换成主系统运行。

15.2.3.2 应用软件

应用软件质量分为合格和不合格。

合格标准：主控项目全部符合规定；一般项随机抽检均应符合规定。

主控项目：

(1) 软件产品质量应符合15.2.1材料要求的规定。

(2) 软件检测宜用黑盒法进行，其功能、性能应符合要求，主要测试的内容包括：

1）性能测试：检测软件的响应时间、吞吐量、辅助存储区、处理精度，其性能应符合设计要求；

2）功能测试：在规定的时间内运行软件系统的所有功能进行测试，其功能应满足设计要求；

3）文档测试：对用户文档中所列案例全部测试，其清晰性及准确性应符合产品说明书的规定。

4）回归测试：软件修改不致使其引出新的错误，回归测试修改后的软件是否仍满足设计要求。

5）可靠性测试：实际运行中出现的问题与软件测试报告中的可靠性评价对比，进行可靠性验证；

6）互联测试：验证两个或多个不同系统之间的互联性。

一般项目：

(1) 软件的操作指令界面应为标准图形交互界面，其层次简洁、风格统一，操作指令的命名不得有二义性。

(2) 软件应有可扩展性，系统应预留可升级空间以供加入新功能，宜采用能适应新版本的信息平台和适应信息系统管理功能变化。

15.2.3.3 网络安全系统

网络安全系统质量分为合格和不合格两种。

合格标准：主控项目全部符合规格；一般项目随机抽检均应符合规定。

主控项目：

(1) 计算机信息系统安全专用产品必须具有公安部计算机管理监督部门审批颁布发的“计算机信息系统安全专用产品销售许可证”；特殊行业有其他规定时，应依其规定。

(2) 如果与因特网连接，智能建筑网络安全系统必须安装防病毒和防火墙系统。

(3) 网络层安全的安全性检测应符合以下规定：

1）防攻击：信息网络应能抵抗来自防火墙以外的任何网络的攻击，使用流行攻击手段进行测试，不能攻破为合格。

2）因特网访问控制：信息网络应根据需要控制终端机因特网连接请求及内容，以不同身份访问因特网不同资源，应符合设计要求。

3）信息网络与控制网络的安全隔离：在承包商自检各项目后，根据各系统的不同要求及合理周期进行连续不中断试运行。未经授权，信息网络不能进入控制网络为合格。

4）防病毒系统的有效性：用当前流行的病毒样本、通过网上领居、邮件附件或文件传输等方式向各点传播，各点的防病毒软件应能检测到病毒文件并执行杀毒为合格。

5）入侵检测系统的有效性：使用流行的攻击手段进行攻击，入侵检测系统应能及时发现和阻拦为合格。

6）内容过滤系统的有效性：安装内容过滤系统后，尝试访问若干受限网址或受限内容应被阻断；访问未受限网址或内容应能正常访问为合格。

（4）系统层安全应符合以下规定：

1）采用安全性能较高的文件系统。

2）操作系统应选用经验证具有安全强度的操作系统。

3）对操作系统用户账号严格管理，对无关的服务应关闭，对可能有漏洞的服务或操作系统，应更换或升级；扫描服务器无漏洞为合格。

4）要求用户必须使用符合安全要求的口令；服务器只提供必要的服务。

5）正确利用审计系统，对一些非法的入侵尝试有记录，模拟非法尝试有正确记录为合格。

（5）应用层安全应符合以下规定：

1）访问控制：必须在身份被确认后根据用户及资源对象实施访问控制；用户可以访问其授权的对象资源和不能访问未授权的任何资源为合格。

2）身份确认：用户口令应加密传输或禁止在网上传输，对用户账号严格管理，要求用户使用满足安全要求的口令。

一般项目：

（1）应用层安全应符合以下规定：

1）保密性：在数据存储、使用和网络传输过程中不应被非法用户获得；

2）安全审计：对应用系统的访问应有必要的审计记录；

3）完整性：数据的使用、存储及网络传输过程中，不得被人破坏和篡改。

（2）物理层安全应符合以下规定：

1）中心机房的环境、电源与接地应符合第 15.9 节和第 15.6 节的规定。

2）国家保密的党政机关、企事业单位的信息网络工程，应按《涉及国家秘密的计算机信息保密技术要求》（BMZ1）、《涉密信息设备使用现场的电磁泄漏发射保护要求》（BMB5）和《涉及国家秘密的计算机信息系统安全保密评测指南》（BMZ3）等现行国家标准的有关规定进行检测及验收。

15.2.3.4 竣工验收

（1）竣工验收的内容

1）工程实施及质量控制检查；

2）系统检测；

3）管理制度，管理机构，管理人员培训；

4）竣工验收资料；

5）系统检测项目的抽检和复核；

6）智能建筑的等级应符合《智能建筑设计标准》（GB/T 50314）的规定和设计要求；

7）观感质量；

8）信息安全管理制度。

（2）竣工验收结论与处理

1）竣工验收结论分为合格和不合格两种；

2）竣工验收的内容应全部合格，否则为不合格；

3）各分部（子分部）工程合格，才能证明智能建筑工程验收合格；

4）竣工验收发现不合格系统和子系统后，建设单位应责成责任单位限期整改，并组织重新验收，如仍不能满足使用要求，则系统不得通过竣工验收。

（3）竣工验收应使用《智能建筑工程质量验收规范》附录D中表D.01和表D.02的要求填写资料审查结果和验收结论。

（4）竣工验收文件资料包括以下内容：

设备进场验收记录、检测报告、设备配置方案和配置文档、计算机网络检测记录和检测报告、应用软件的检测记录和用户使用报告、安全系统的检测记录和检测报告及系统试运行记录。

15.3 建筑设备监控系统

建筑设备监控系统是用于对智能建筑内各类机电设备的监控、控制及自动化管理，以达到安全、可靠、节能和集中管理的目的；其适用范围为通风与空调系统、交配电系统、公共照明系统、给排水系统、热源和热交换系统、冷冻和冷却水系统、电梯和自动扶梯系统等。

15.3.1 材料、设备要求

（1）材料、设备进场应由施工单位自检并做好记录，合格后报监理验收并形成认可的证明文件。

（2）材料、设备进场除应符合《智能建筑工程质量验收规范》（GB 50339）第3.3.4、第3.3.5条和第6.2.1条的规定外，还应符合以下规定：

1）现场所用材料、设备、成品和半成品的质量、规格、型号应符合设计要求。

2）所用材料、设备、成品和半成品进场应提供产品合格证、检测报告，重要产品应进行复验，当提供原件有困难时可用复印件，但应注明原件存放处，并加盖公章。

15.3.2 设备监控系统施工

（1）施工中的安全技术管理，应符合《建设工程施工现场供用电安全规范》（GB 50194）和《施工现场临时用电安全技术规范》（JGJ 46—2005）的相关规定。

（2）施工及施工质量检查除按《智能建筑工程质量验收规范》（GB 50339）第3.3.6和第3.3.7条的规定执行外，还应符合以下规定：

1）电动阀门、传感器及执行器、控制柜和其他设备安装应符合《建筑电气工程施工质量验收规范》（GB 50303）第6章、第7章、设计及产品技术文件的要求施工。

2）工程隐蔽前由施工单位班组长通知项目相关人员进行检查与评定，形成文件资料报监理验收，合格后予以签认。

3）电缆桥架安装和桥架内电缆敷设，电缆沟和电缆井内电缆敷设，电线、电缆穿管和线槽敷设，电线、电缆导管和线路敷设应按《建筑电气工程施工质量验收规范》（GB 50303）中第12章至第15章的相关规定施工，当设计有特殊要求时，按设计要求执行。

15.3.3 建筑设备监控系统工程质量

建筑设备监控系统工程质量分为合格和不合格两种。

合格标准：主控项目全部符合规定；一般项目随机抽检均应符合规定。

主控项目：

（1）对空调与通风系统功能检测

监控系统应对空调系统进行温湿度及新风量自动控制、预定时间表自动启停、节能优化控制等功能检测。重点检测温湿度、压差压力、风机、风阀、加湿器及电动阀门的控制稳定性、控制效果、响应时间、故障报警和连锁控制的正确性。

检测数量：抽查每类机组总数的20%，且不得少于5台，不足5台时全数检查。

（2）公共照明系统功能检测

应对公共区域、过道、景观、园区进行监控，以时间表、光照度为依据，设置程序控制灯组开关，检查手动开关功能和自动控制的正确性。

检测数量：抽查照明回路总数的20%，且不得少于10路，不足10路时全数检查。

（3）变配电系统功能检测

应对变配电系统的设备工作状态、电气参数监控，可用工作站数据读取和现场实测法对电流、电压、功率、报警、功率因数、用电量等各项参数测量记录的准确真实性检查，显示电力负荷和参数的变化。

检查数量：抽查每类参数的20%，且不得少于20点，不足20点时全数检查。

对不间断电源、高低压配电柜、应急发电机组、充电设备、蓄电池组、储油罐、电力变压器等的工作状态全数检查。

（4）给排水系统功能检测

应对给排水系统、中水系统的压力、液面、水泵的运行状态用通过工作站参数设置或人工检测设备的运行状态来检测。

检查数量：抽查每系统总数的50%，且不得少于5套，不足5套时全数检查。

（5）冷冻和冷却水系统功能检测

对冷冻和冷却水系统的预定时间表、负荷调节自动启停和节能优化控制，检测通过工作站对冷水机组、冷冻冷却水系统设备控制和运行参数、故障、设备联动状态等的监控、记录与报警情况进行检查，核实冷却水系统能耗计量与统计资料。

检测数量：全数检查。

（6）热交换和热源系统功能检测

对热交换和热源系统进行预定时间表、负荷调节自动启停和节能优化控制、通过现场控制器或工作站对热交换站和热源系统设备的运行状态、故障设备控制功能等的监视、记录和报警进行检测。核实热交换站和热源系统能耗计量与统计资料。

检查数量：全数检查。

(7) 自动扶梯和电梯系统功能检测

通过工作站对自动扶梯和电梯系统的运行状态与故障进行监视，对实际工作情况进行核实。

检查数量：全数检查。

(8) 设备监控系统与子系统（设备）间数据通信接口功能检测

当设备监控系统与带通信接口的子系统以数据通信方式相联时，应在工作站监测子系统的工作状态参数和报警信息与实际工作状态比较核实，其响应时间和准确性应符合设计要求；对可控的子系统，应对控制命令的响应情况进行检测。

检查数量：全数检查。

(9) 中央管理工作站与操作分站功能检测

主要检测其管理和监控功能，以中央管理工作站为主，对分站主要检测其管理和监控权限、数据与中央管理工作站是否一致。检测中央管理工作站显示和记录的各种数据、运行状态、故障报警等信息的准确性和时效性及对设备的管理和控制功能，并检测中央站控制命令的有效性和参数设定的功能。检测中央管理工作站数据的统计和存储、历史数据趋势图的显示、报警存储统计情况，其存储历史数据时间应大于3个月。检测中央管理工作站数据报表、故障报警信息的生成打印功能。检测中央管理操作的方便性，人机界面应符合友好、汉化、图形化要求，图形切换流程清楚易懂，便于操作，对报警信息的处理和显示应直观有效。检测操作权限，确保系统操作安全。

检查数量：全数检查。

(10) 系统实时性检测

系统响应时间、采样速度、报警信号响应速度应符合设备工艺性能指标和设计要求。

检查数量：

1) 系统响应时间、采样速度、抽查总数的10%，且不得少于10台。不足10台时全数检查（合格标准可按90%及以上为合格判定）。

2) 报警信号、抽查总数的20%，且不得少于10台。不足10台时全数检查（合格率100%为合格）。

(11) 系统可靠性检测

系统运行时、现场设备的启动和停止，不应产生相互干扰和数据错误影响系统正常工作。采用远控或手动启/停设备，观察中央站数据的显示和系统工作应正常。

切断系统电源，转为UPS供电，系统运行不得停止；电源转换时应系统工作正常。

中央站冗余主机自动投入时，系统运行不得停止；切换时系统工作正常。

(12) 系统可维护功能检测

应检测应用软件在线编程及修改功能，通过中央站或进行控制器或控制模块用软件编程、参数修改及下载，全部功能应合格。

网络通信、设备故障的自检功能应能反映所发生故障的设备名称和部位，现场设置设备故障和网络故障，在中央站观察结果显示和报警，其输出故障显示与报警应准确。

相关工程质量事故报告表；
工程实施及质量控制记录。
要时各子系统可分别进行验收，验收应有验收记录，并签署验收意见。

15.4 火灾自动报警及消防联动系统

灾自动报警及消防联动系统必须执行《工程建设标准强制性条文》的相关规定。
控项目：
）智能建筑工程的火灾自动报警及消防联动系统的检测应按《火灾自动报警系统施工规范》(GB 50166）的规定执行。
）火灾自动报警和消防联动系统应为独立系统。
）除《火灾自动报警系统施工及验收规范》(GB 50166）中规定的各种联动外，火灾警及消防联动系统还与其他系统联动时，其检测应由建设单位组织有关人员依据设计合同文件规定的检测项目、检测数量和检测方法制定检测方案进行检测，且检测不得灾自动报警系统施工及验收规范》(GB 50166）规定相抵触。
）火灾自动报警系统的电磁兼容性防护功能，应符合《消防电子产品　环境试验方法等级》(GB 16838）的相关规定。
）检测火灾报警控制器的汉化图形显示界面及中文屏幕菜单等功能，并进行实际试测消防控制室向建筑设备监控系统传输、显示火灾报警信息的可靠性和一致性，用模火灾报警信号的方法检测与建筑设备监控系统的接口和建筑设备监控系统对火灾报警及其火灾运行模式。
）检测消防控制室与安全防范系统等其他子系统的接口和通信功能；检测智能型火灾及普通型火灾探测器的性能、数量及安装位置。
）紧急广播与公共广播系统并用时，应符合《火灾自动报警系统设计规范》(GB 50116)，并应符合 15.1 节中第 5 条的规定；安全防范系统中相应的视频安防监控（录音、录统、门禁系统、停车场（库）管理系统等对火灾报警的响应及火灾模式操作功能的检采用在现场模拟发出火灾报警的方式进行。
）当消防联动及火灾自动报警系统与其他系统并用控制室时，应满足《火灾自动报警计规范》(GB 50116）和《智能建筑设计标准》(GB/T 50314）的相关规定；其消防统应单独设置，其他系统也应合理布置。
）新型消防设施的设置情况及功能检测应包括以下内容：
早期烟雾探测火灾报警系统和可燃气体渗漏报警及联动控制系统；
大空间早期火灾智能检测系统和大空间红外图像矩阵火灾报警及灭火系统。
工验收：
）火灾自动报警及消防联动系统的竣工验收应按《火灾自动报警系统施工及验收规GB 50166）关于竣工验收的规定及工程所在地的地方法规执行。
）当火灾自动报警及消防联动系统与其他智能建筑子系统具备联动关系时，其验收按建筑工程质量验收规范》(GB 50339—2003）中第 10 章的相关规定执行，且验收程序行国家法规、规范相一致。

相关工程质量事故报告表；
工程实施及质量控制记录。
要时各子系统可分别进行验收，验收应有验收记录，并签署验收意见。

15.4 火灾自动报警及消防联动系统

灾自动报警及消防联动系统必须执行《工程建设标准强制性条文》的相关规定。
控项目：
）智能建筑工程的火灾自动报警及消防联动系统的检测应按《火灾自动报警系统施工规范》(GB 50166）的规定执行。
）火灾自动报警和消防联动系统应为独立系统。
）除《火灾自动报警系统施工及验收规范》(GB 50166）中规定的各种联动外，火灾警及消防联动系统还与其他系统联动时，其检测应由建设单位组织有关人员依据设计合同文件规定的检测项目、检测数量和检测方法制定检测方案进行检测，且检测不得灾自动报警系统施工及验收规范》(GB 50166）规定相抵触。
）火灾自动报警系统的电磁兼容性防护功能，应符合《消防电子产品　环境试验方法等级》(GB 16838）的相关规定。
）检测火灾报警控制器的汉化图形显示界面及中文屏幕菜单等功能，并进行实际试测消防控制室向建筑设备监控系统传输、显示火灾报警信息的可靠性和一致性，用模火灾报警信号的方法检测与建筑设备监控系统的接口和建筑设备监控系统对火灾报警及其火灾运行模式。
）检测消防控制室与安全防范系统等其他子系统的接口和通信功能；检测智能型火灾及普通型火灾探测器的性能、数量及安装位置。
）紧急广播与公共广播系统并用时，应符合《火灾自动报警系统设计规范》(GB 50116)，并应符合 15.1 节中第 5 条的规定；安全防范系统中相应的视频安防监控（录音、录统、门禁系统、停车场（库）管理系统等对火灾报警的响应及火灾模式操作功能的检采用在现场模拟发出火灾报警的方式进行。
）当消防联动及火灾自动报警系统与其他系统并用控制室时，应满足《火灾自动报警计规范》(GB 50116）和《智能建筑设计标准》(GB/T 50314）的相关规定；其消防统应单独设置，其他系统也应合理布置。
）新型消防设施的设置情况及功能检测应包括以下内容：
早期烟雾探测火灾报警系统和可燃气体渗漏报警及联动控制系统；
大空间早期火灾智能检测系统和大空间红外图像矩阵火灾报警及灭火系统。
工验收：
）火灾自动报警及消防联动系统的竣工验收应按《火灾自动报警系统施工及验收规B 50166）关于竣工验收的规定及工程所在地的地方法规执行。
）当火灾自动报警及消防联动系统与其他智能建筑子系统具备联动关系时，其验收按建筑工程质量验收规范》(GB 50339—2003）中第 10 章的相关规定执行，且验收程序行国家法规、规范相一致。

15.5 安全防范系统

安全防范系统包括视频安防监控系统、出入口控制（门禁）系统、停车场（库）管理系统、巡更管理系统、入侵报警系统等子系统。

15.5.1 设备及材料要求

设备进场先由施工单位自行验收与评定并做好记录，合格后向监理报验，与监理单位约定一定的时间到现场进行验收，验收应按《智能建筑工程质量验收规范》（GB 50339）第3.3.4条、第3.3.5条和第8.2.1条的规定外，还应符合以下规定：

（1）所有设备、材料、成品、半成品的规格、型号、质量应符合设计要求。

（2）所有设备、材料、成品、半成品的进场应提供产品合格证、检测报告，在无法提供原件时，可提供复印件，但必须标明原件存放处，并加盖施工单位公章。

（3）验收不合格或资料不全的产品不得使用在工程上。

15.5.2 安全防范系统施工

（1）安全防范系统设备安装及电缆敷设应具备以下条件：

1）预埋件、预埋管、桥架的安装应符合设计要求；机房、弱电竖井施工已完成。

2）安装前应由总包单位组织交接验收，并做好记录，隐蔽工程由专业分包商要求有关人员验收、形成文件资料后报监理单位最后验收，验收合格后监理工程师在资料上予以签认。

（2）安全防范系统的电缆沟、电缆竖井、电缆导线和电缆桥架的施工及线缆敷设，应符合《建筑电气工程施工质量验收规范》（GB 50303）第12～15章的规定，如设计有特殊要求应依设计要求为准。

（3）安全防范系统施工应符合设计图样、施工合同、施工组织设计和技术交底的要求。

1）电缆敷设与布线应检查管线的防潮、防水、电缆位置、绑扎、桥架架设、缆线安装、焊接及插接头安装、线盒接线的质量。

2）对接地线应检查接地材料、接地电阻、接地线焊接等的质量。

3）对系统的各类摄像机、云台、防护罩、辅助电源、探测器、对讲设备、电锁等的安装位置、观感及安装质量应符合设计要求。

4）同轴电缆的敷设、机架、摄像机、监控器等的安装质量应符合《民用闭路监视电视系统工程技术规范》（GB 50198）的有关规定。

5）控制箱、柜、台的安装质量应符合现行国家标准《建筑电气工程施工质量验收规范》（GB 50303）第6章的相关规定。

（4）施工单位对系统安装和各类探测器、执行器、控制器等的电气性能和功能自检合格后报监理单位验收。

（5）在安全防范系统安装、测试合格并资料齐全后、报监理单位验收。合格后方可进行运行周期不少于1个月的系统试运行，并做好记录。

15.5.3 安全防范系统施工质量

安全防范系统施工质量分为合格和不合格两种。

合格标准：主控项目应全部符合规定；一般项目随机抽查均应符合规定。

主控项目：

(1) 安全防范系统功能检测应包括以下内容：

1) 防范范围、重点防范部位的设防、防范功能、设备运行（无防范盲区）、各防范子系统之间的联动应符合设计要求；

2) 监控系统记录（包括报警记录和图像记录）的质量和存储时间应符合设计要求；

3) 安全防范系统与其他系统为系统集成时，系统的接口、通信功能和传输效果应符合设计要求。

(2) 视频安防监控系统检测内容包括以下方面：

1) 系统功能检测：镜头、光圈的调节，平台转动，调焦、变倍，图像切换，防护罩功能的检测；

2) 系统整体功能检测：现场设备接入及完好率、视频安防监控范围、矩阵监控主机的切换、控制、编程、巡检、记录等功能；数字视频录像式监控系统还应检查死机记录、记录速度、图像显示质量、对前端设备控制功能、通信接口功能和远端联网功能等；

3) 图像质量检测：在摄像机的标准照度下进行图像清晰度及抗干扰能力的检测，其结果必须符合设计要求；

4) 视频安防监控系统的图像显示记录存储时间应能满足现场管理的需要；系统联动功能包括出入口管理系统、入侵报警系统、巡更系统、停车场管理系统等联动控制功能应符合设计要求。

检查数量：抽查摄像机总数的 20%，且不少于 3 台，不足 3 台时全数检查；系统功能、联动功能全部检测，系统功能和联动功能应符合设计要求。

(3) 入侵报警系统的检测应包括以下内容：

1) 探测器盲区及防动物功能检测符合设计要求；

2) 探测器的防破坏功能包括信号线开路、短路报警功能，电源线被剪报警功能应灵敏可靠；探测器灵敏度应符合设计要求；

3) 系统控制功能的撤防、布防、关机报警、系统后备电源自动切换等功能应符合设计要求；

4) 系统通信功能包括报警信息传输、报警响应系统功能应符合设计要求；设备的接入率、完好率应符合设计要求；

5) 系统联动包括报警信号对照明系统、监控摄像、视频安防监视画面调整及录像设备等的自动启动应符合设计要求；

6) 报警系统管理软件、报警信号联网上传、报警系统事件的存储和保持时间应满足安全管理的需要。

检查数量：抽查探测器总数的 20%，且不少于 3 台，不足 3 台时全数检查；系统功能和联动功能全数检查。

(4) 门禁系统功能检测内容如下：

1）门禁系统包括系统主机在线和离线状态下其控制器的工作及与门禁控制器之间的信息传递功能应符合设计要求；

2）停电断电后系统备用电源的及时供给和信息的存储恢复能力应符合设计要求；

3）系统主机、门禁控制器及其他控制终端对出入人员的监控及对非法侵入报警的功能应符合设计要求；

4）系统与消防报警联动及设备接入率、完好率应符合设计要求；

5）系统软件包括演示软件、时间、适应性、稳定性、图形化界面友好程度，软件系统的安全性、软件设计与需求的一致性、程序与软件设计的一致性、文档描述与程序的一致性、完整性、准确性和标准化程度等应符合合同及设计要求。

检查数量：抽查门禁控制器总数的20%，且不少于3台，不足3台时全数检查；系统功能和软件全数检测，其功能必须符合设计要求。

（5）巡更管理系统检测内容：

1）按照巡更线路图样，逐一检查巡更终端、读卡机的响应功能，其功能必须符合设计要求；设备的完好率及接入率应符合设计要求；

2）巡更管理系统编程、修改、布防、撤防功能；系统运行状态、信息传递、故障报警及故障位置的锁定功能应符合设计要求；

3）检查巡更人员的到岗及记录情况、发生意外及时报警的处理手段及安全保证措施；电子地图显示信息，遇故障报警信号及视频安防监控等的联动功能；巡更系统的数据储存及保留时间等应符合设计要求和合同或规范相关规定。

检查数量：抽查巡更终端总数的20%，且不少于3台，不足3台时全数检查；系统功能全数检查，其结果必须符合设计要求。

（6）停车场（库）管理系统的检测内容：

停车场（库）管理系统应包括出入口系统和管理中心等。

1）车辆探测器对出入口车辆监控的灵敏度及抗干扰性能及自动栅栏升降、防砸车功能应符合设计要求；

2）读卡器功能，对无效卡的识别功能、读卡器的距离和灵敏度、发票器、吐卡、时间记录的准确性；

3）满位显示器功能，管理中心的计费、收费显示、统计、信息存储功能，防折返功能，门禁管理监控站及与管理中心站的通信应正常、有图像显示的停车场应能显示车牌号和图像清晰度、调用图像的符合情况；

4）停车场（库）管理系统与消防系统报警的联动功能、监控系统摄像机对出入车辆的监控功能、收费及空车位的显示功能，车辆出入数据记录及存储时间的满足性。

检查数量：停车场（库）管理系统功能全数检查。其结果必须符合设计要求。其中车牌识别系统的识别率以98%为合格。

（7）安全防范综合管理系统的检测：

安全防范综合管理系统重点检测安全防范系统中央监控室对各子系统的监控功能，其检测内容如下：

1）各子系统的数据通信接口：各子系统与综合管理系统以数据通信方式连接时，应能在综合管理监控站上观测到子系统的各类信息，与实际相比应准确、相符；对具有控制功能的子系统应检测其发送命令的响应及时性、准确性；

2）综合管理系统监控站：对综合管理监控站软硬件功能包括检测系统监控站对系统状态和报警信息记录的一致性；对各类报警信息显示、记录、统计的功能；数据报表和报警打印功能及操作的方便性，人机界面应友好、图形化、汉化。

检查数量：综合管理系统功能全数检测，其检测结果应符合设计要求。

一般项目：

（1）当管道长度大于 30m 或拐弯多于 2 个时应加装接线盒。

（2）探测器安装应符合以下规定：

1）明装探测器应设独立固定支架，不得直接固定在墙面；

2）安装在活动式吊顶或轻钢龙骨吊顶的探测器必须与顶板连接牢靠；

3）端子箱各回路电缆应排列整齐，导线绑扎成束，线号清楚，字迹清晰，端子号相互对应。

4）窗磁应采用嵌入式安装方法，弹簧管与磁电的位置及水平或垂直距离的允许偏差不得大于 1mm；主机的安装位置及水平或垂直距离的允许偏差不得大于 5mm。

检验方法：尺量检查。

15.5.4 竣工验收

（1）智能建筑工程中的安全防范系统工程的验收应符合《安全防范系统验收规则》（GA 308）的规定。

（2）以管理为主的电视监控系统、出入口控制（门禁）系统、停车场（库）管理系统的验收应按《智能建筑工程质量验收规范》第 3.5 节的规定执行。

（3）竣工验收应在系统正常试运行连续时间 1 个月后进行。

（4）系统验收资料应包括以下内容：

1）设计说明（系统选型论证、系统监控方案、规模容量、系统功能、性能指标等）；

2）竣工图（系统结构图、各子系统原理图、施工平面图、设备电气端子接线图、中央控制室设备布置图、设备清单、接线图等）；

3）系统产品说明书、操作维护手册；

4）工程实施及质量控制记录；

5）设备及系统测试记录；

6）工程质量事故报告和设计变更等。

（5）各子系统必须分别验收时应做好验收记录，并有签署验收意见。

15.6 电源与接地

15.6.1 电源连接材料及防雷接地材料要求

电源连接材料及防雷接地材料的材质、规格、型号必须符合设计要求，材料进场应经施工单位严格验收，收集产品合格证、检测报告报监理验收合格后方可使用，重要材料还应现场取样送有见证取样资质的检测单位试验合格后方可用在工程上。

15.6.2 电源与接地施工

电源与接地施工应严格按设计要求和工艺标准规范进行，隐蔽工程检查验收和施工过程记录经监理工程师签字确认后方可进行隐蔽。

监理工程师应对现场施工巡视检查、核对图样、抽检测试报告；根据《建筑工程施工质量验收统一标准》（GB 50300）的相关规定进行验收。

15.6.3 电源与接地工程质量

电源与接地工程质量分为合格和不合格。

合格标准：主控项目应全部符合规定，一般项目随机抽检均应符合规定。

15.6.3.1 电源系统检测

主控项目：

（1）智能化系统应引接按《建筑电气安装工程施工质量验收规范》（GB 50303）验收合格的公用电源。

（2）智能化系统自主配置的稳流稳压、不间断电源装置的检测，应执行 GB 50303 中第 9.1 节的规定。

（3）智能化系统自主配置的应急发电机组应按 GB 50303 中第 8.1 节的规定进行检测。

（4）智能化系统自主配置的蓄电池及充电设备应按 GB 50303 中第 6.1.8 条的规定进行检测。

（5）智能化系统主机房集中供电专用电源设备、各楼层设置用户电源箱的安装质量应按 GB 50303 中第 10.1.2 条的规定进行检测。

（6）智能化系统主机房集中供电专用电源线路的安装质量应按 GB 50303 中第 12.1 节、13.1 节、14.1 节、15.1 节的规定进行检测。

一般项目：

（1）智能化系统自主配置的稳流稳压、不间断电源装置应按 GB 50303 中第 9.2 节的规定进行检测。

（2）智能化系统自主配置的应急发电机组应按 GB 50303 中第 8.2 节的规定进行检测。

（3）智能化系统主机房集中供电专用电源设备、各楼层设置用户电源箱的安装质量应按 GB 50303 中第 10.2 节的规定进行检测。

（4）智能化系统主机集中供电专用电源线路的安装质量应按 GB 50303 中第 12.2 节、13.2 节、14.2 节、15.2 节的规定进行检测。

15.6.3.2 防雷及接地系统检测

主控项目：

（1）智能化系统的防雷及接地系统应引接按 GB 50303 规定验收合格的建筑物共用接地装置。当采用建筑物金属体作为接地装置时，其接地电阻不应大于 1Ω。

（2）智能化系统的单独接地装置应按 GB 50303 中第 24.1.1 条、24.1.2 条、24.1.4 条、24.1.5 条的规定进行检测，其接地电阻应按设备要求的最小值确定。

（3）智能化系统的防过压、过流元件的接地装置、防电磁干扰屏蔽的接地装置、防静电接地装置的安装质量应符合设计要求，并连接应牢靠。

（4）智能化系统与建筑物等电位联结质量应按 GB 50303 中第 27.1 节的规定进行检测。

一般项目：

（1）智能化系统的单独接地装置，防过压及过流元件的接地装置、防电磁干扰屏蔽的接地装置及防静电接地装置的安装质量应按 GB 50303 中第 24.2 节的规定进行检测。

（2）智能化系统与建筑物等电位联结应按 GB 50303 中第 27.2 节的规定进行检测。

15.6.3.3　竣工验收

（1）电源，防雷及接地系统的竣工验收应按 GB 50339—2003 中第 3.5 节的规定进行。

（2）电源，防雷及接地系统的竣工验收应对系统检测结论进行复核，并做好与相关智能化系统工程的交接和接口检验，系统检测复核合格并获得相关智能化系统竣工验收确认后，电源、防雷及接地系统竣工验收方为合格。

15.7　智能化系统集成

15.7.1　智能化系统集成设备要求

（1）根据设计要求及合同规定对进场的设备、材料、软件进行进场验收，物资进场应有记录和参加验收人签字，未经监理验收合格的设备、材料和软件不得使用在工程上。

（2）设备、材料、软件应符合以下要求：

1）外观应完好无损、无暇疵，产品的规格、品种、数量、产地应注明，并应符合设计要求；

2）设备、材料、软件的质量应为列入《中华人民共和国实施强制性产品认证的产品目录》或实施生产许可证和上网许可证管理的产品，其他产品应按规定程序通过检验合格后方可使用。

15.7.2　系统集成工程施工

系统集成工程施工必须符合施工图样及合同要求；

系统集成调试完成应进行自检，并填写系统自检报告；系统集成调试完成，可与建设单位协商投入试运行。

15.7.3　智能化系统集成工程质量

智能化系统集成工程质量分为合格和不合格。

合格标准：主控项目全部符合规定；一般项目随机抽查均应符合规定。

主控项目：

（1）子系统之间的硬线连接、专用网关接口连接、串行通信连接等应符合产品说明书、接口规范及设计要求；计算机网卡、通用路由器和交换机的连接连通性检测方法用相关测试命令进行或根据设计要求使用网络测试仪测试。

（2）数据集成功能的检测可在服务器和客户端分别进行检查，各系统数据应在服务器统一界面显示，界面应图形化、汉化，数据显示的准确性、响应时间的性能应符合设计要求。

检查数量：全数检查。

（3）系统集成的整体指挥协调能力：

系统的报警信息及处理、设备连锁控制功能应在有操作权限的客户端和服务器检测。

检查数量：抽子系统总设备的20%检查。

应急状态的联动逻辑检测方法：

1）模拟现场火灾信号，在操作站观察报警和作出判断情况，记录视频门禁系统、空洞系统、电梯及自动扶梯系统的联动逻辑、安防监控系统、紧急广播系统、通风系统是否符合设计要求；

2）模拟非法入侵，在操作站观察报警和作出判断情况，记录视频安防监控系统、门禁系统、紧急广播系统和照明系统的联动逻辑是否符合设计要求；

3）系统集成商与用户协商的其他方法。

以上联动情况应正确、安全、及时、无冲突，并符合设计要求。

（4）系统集成的信息管理及服务功能、综合管理功能的检测应符合合同文件的要求。

检测方法：通过现场实际操作使用，用案例验证。

（5）视频图像接入时，图像切换应正常，显示清晰，网络系统视频传输应稳定、畅通；系统集成不得影响火灾自动报警及消防联动系统的独立运行并对相关系统进行测试。

（6）系统集成的冗余和容错功能（包括数据库备份、备用电源及切换、通信链路冗余切换、双机备份及切换）、故障自诊，发生事故后的安全保护措施的检测应符合设计要求。

一般项目：

（1）系统集成产品厂家应提供系统可靠性维护使用说明书（包括维护维修重点和预防性计划，故障查找及迅速排除故障的措施）。可靠性维护检测，应通过设定系统故障，检查系统的可靠性维护功能和故障处理能力。

（2）系统集成安全性，包括访问控制、信息加密和解密、抗病毒攻击及安全隔离身份认证等能力的检测应从物理层安全、网络层安全、系统层安全、应用层安全四个方面进行检测，以保证信息的保密性、真实性、完整性、可控性和可用性等信息的安全性能应符合设计要求。

（3）对工程实施及质量控制记录进行审查，应准确、真实、完整、清晰。

15.7.4 竣工验收

竣工验收在系统集成正常连续运行1个月后进行；资料应包括：设备及软件清单，设计图样及说明，设备及软件说明书，过程质量验收记录，系统集成检测和试运行记录。

15.8 综合布线系统

15.8.1 综合布线材料要求

综合布线材料设备进场应严格执行验收程序，在施工单位对设备材料自检合格，形成资料后请监理工程师最终验收，合格后予以签认，不合格的设备材料应要求施工单位限时清退出场；对设备材料的验收应执行《建筑与建筑群综合布线系统工程验收规范》（GB/T 50312）第3节及GB 50339—2003中第3.3.4条和3.3.5条的规定。

15.8.2 综合布线系统工程施工

综合布线系统工程施工前应对设备间、交接间、工作间的建筑和环境条件进行检查，其要求应符合《建筑与建筑群综合布线系统工程验收规范》(GB/T 50312) 的相关规定。

专业施工单位将系统安装完成后，应对系统进行自检，对工程安装的质量及外观质量进行全面检查并形成资料报总包施工单位、总包单位检查合格后报监理最后验收。

15.8.3 综合布线系统工程质量

综合布线系统工程质量分为合格和不合格。

合格标准：主控项目全部符合规定；一般项目随机抽检均应符合规定。

15.8.3.1 系统安装质量检测

主控项目：

(1) 缆线敷设和终接的检测应符合现行国家规范标准《建筑与建筑群综合布线系统工程验收规范》(GB/T 50312) 中第 5.1.1 条、6.0.2 条、6.0.3 条的规定，应对以下项目进行检测：

1) 缆线的弯曲半径；预埋线槽和暗管的敷设；

2) 电源线与综合布线系统缆线应分隔布置，缆线间的最小净距应符合设计要求；

3) 建筑物内光、电线缆暗管的敷设及与其他管线之间的净距、光线连接的损耗值、对绞电缆芯线终接；

(2) 建筑群子系统采用架空、管道或直埋敷设的电缆、光缆检测的要求应根据工程所在地工程验收的相关规定执行。

(3) 机架、机柜、配线架安装的检测，应符合现行国家标准《建筑与建筑群综合布线系统工程验收规范》(GB/T 50312) 第 4 节的规定外，还应符合以下要求：

1) 电缆色标和卡入配线架连接模块内的单根线缆的色标应和线缆的色标相一致，电缆按标准色谱的组合规定进行排列；

2) 端接于 RJ45 口的配线架的排列方式及线序应符合国际标准规定的两种端接标准 (T568A 或 T568B) 的规定，且与信息插座模块的线序排列使用同一标准。

(4) 信息插座安装在地面或活动地板上时其接线盒应有严密的防水、防尘措施。

一般项目：

(1) 缆线终接应符合现行国家标准《建筑与建筑群综合布线系统工程验收规范》(GB/T 50312) 中第 6.0.1 条的规定。

(2) 各类跳线的终接应符合现行国家标准《建筑与建筑群综合布线系统工程验收规范》(GB/T 50312) 中第 6.0.4 条的规定。

(3) 机架、机柜、配线架的安装应符合《建筑与建筑群综合布线系统工程验收规范》(GB/T 50312) 第 4.0.1 条的规定，并应符合以下要求：

1) 机柜不应直接安装在活动地板上，应按设备的底平面尺寸制作底座，底座与地面固定牢靠，机柜固定在底座上，底座高度与活动地板高度相平，然后铺设活动地板，底座水平度允许偏差不应大于 2mm；

2) 机架面板安装，机架前应预留 800mm 空间，背面离墙距离应大于 600mm；壁挂式机柜底面距地面不宜小于300mm；

3）背板式跳线架应经配套的金属背板及接线管架安装在墙壁上，金属背板应安装牢靠；

4）接线端子标志应齐全；桥架或线槽应直接进入机柜或机架内。

（4）光缆芯线终端的连接盒面板应有标志，信息插座安装应符合现行国家标准《建筑与建筑群综合布线系统工程验收规范》（GB/T 50312）第4.0.3条的规定。

15.8.3.2 系统性能检测

主控项目：

系统监测（工程电气性能检测和光纤特性检测）应符合《建筑与建筑群综合布线系统工程验收规范》（GB/T 50312）第8.0.2条的规定。

一般项目：

用计算机进行综合布线系统管理和维护时，应对以下方面进行检测：

（1）中文平台、系统管理软件；显示所有硬件设备及其楼层平面布置图；

（2）显示配线子系统和干线子系统元件位置；

（3）实时登录和显示各种软件设施的工作状况。

15.8.3.3 竣工验收

综合布线系统竣工验收应按GB 50339—2003第3.5节和GB/T 50312中相关规定执行，竣工验收资料除应有GB/T 50312中第8章要求的以外，还应包括：综合布线系统图；信息端口分布图；各配线区布局图；信息端口与配线架端口位置的对应关系表；平面布置图；性能自检报告。

15.9 环　境

15.9.1 一般规定

（1）环境检测验收内容包括：空间环境、室内空调环境、室内噪声、室内电磁环境及视觉照明环境。

（2）室内噪声、温度、相对湿度、风速、照度、一氧化碳和二氧化碳含量等检测值应符合设计要求。

15.9.2 环境工程质量

环境工程质量分为合格和不合格。

合格标准：主控项目抽检20%，全部合格；一般项目抽检10%，合格率达到90%为合格。

主控项目：

（1）空间环境检测应符合以下规定：

1）主要办公区域顶棚净高不小于2.7m；

2）为网络布线留有足够的配线空间；

3）楼板满足预埋地下线槽（线管）的条件，架空地板、网络地板的铺设应满足设计要求。

（2）室内空调环境检测应符合以下规定：

1）实现对室内湿度、温度的自动控制，并符合设计要求；

2）室内温度，冬季18～22℃，夏季24～28℃。

3）室内相对湿度，夏季40％～65％，冬季40％～60％；

4）空调（舒适性）的室内风速，冬季应不大于0.2m/s，夏季应不大于0.3m/s。

（3）视觉照明环境检测应符合以下规定：

1）灯具布置应模数化，无频闪；

2）灯具满足眩光控制要求；

3）工作面水平照度不小于500lx。

（4）环境电磁辐射的检测应符合现行国家标准《电磁辐射防护规定》（GB 8702）和《环境电磁波卫生标准》(GB 9175）的有关规定。

一般项目：

（1）室内噪声测试推荐值：智能化子系统的监控室35～40dBA，办公室40～45dBA。

（2）室内空调环境检测应符合以下要求：

1）室内CO_2含量率小于$1000\times10^{-6}g/m^3$；

2）室内CO含量率小于$10\times10^{-6}g/m^3$。

（3）空间环境检测应符合以下规定：

1）采取的隔声和降噪措施应恰当；

2）室内装饰色彩组合合理，建筑装修用材应符合现行国家标准《建筑装饰装修工程质量验收规范》(GB 50305）的规定；

3）防静电、防尘地毯，静电泄漏电阻在1.0×10^5～$1.0\times10^3\Omega$之间。

15.9.3 竣工验收

（1）对系统检测结果进行复核；

（2）GB 50339—2003中第12章第12.2节规定的各项指标均应符合要求。

15.10 住宅（小区）智能化

住宅（小区）智能化应包括消防联动系统、安全防范系统、火灾自动报警系统、通信网络系统、信息网络系统、监控与管理系统、家庭监控器、电源和接地、室外设备及网络、环境、综合布线等。

15.10.1 火灾自动报警及消防联动系统检测

主控项目：

火灾自动报警及消防联动系统功能检测除应符合第15.4节的规定外，还应符合以下要求：

1）可燃气体泄漏报警系统的可靠性检测；

2）可燃气体泄漏报警时自动切断气源及打开排气装置的功能检测；

3）火灾自动报警及消防联动系统的探测器不得再次接入家庭控制器。

15.10.2 安全防范系统检测

入侵报警系统、门禁系统、视频安防监控系统、巡更管理系统和停车场（库）管理系统的检测应符合 GB 50339—2003 第 8.3 节的规定。

主控项目：

访客对讲系统的检测应符合以下要求：

(1) CCD 红外夜视（可视对讲）功能、电控锁密码开锁功能、门口机呼叫住户和管理员机的功能、火警等紧急情况下电控锁的自动释放功能应符合设计要求；

(2) 访客通话及与管理员通话应清晰、室内机门铃提示，通话保密功能与室内开启单元门的开锁功能应符合设计要求；

(3) 市电停电后，备用电源应能保证系统正常工作 8 小时以上；

(4) 管理员机与门口机的通信及联网管理功能，管理员机与门口机、室内机相互呼叫和通话功能应符合设计要求。

一般项目：

访客对讲系统室内机应具有自动定时关机功能，可视访客图像应清晰；管理员机对门口机的图像可进行监视。

15.10.3 监控与管理系统检测

主控项目：

(1) 仪表数据自动抄收及远传系统的检测应符合以下规定：

1) 水、电、气、热（冷）能等仪表应现场计量、数据远传，选用的仪表应符合国家产品标准，仪表应有产品合格证和检测报告。

2) 水、电、气、热（冷）能等仪表远程传输的各种数据，通过系统可以查询、统计、打印、费用计算等；

3) 系统应有时间、故障报警、防破坏报警等功能；

4) 电源断电时，保存的数据应准确无误。数据保存应在 4 个月以上；电源恢复后，保存的数据不应有丢失。

(2) 建筑设备监控系统除应符合 15.3 节的规定外，还应具备饮用水蓄水池过滤设备、消毒设备的故障报警的功能。

(3) 紧急广播与公共广播系统的检测应符合 15.1 节第 5 条的规定。

(4) 住宅小区物业管理系统的检测除应执行 GB 50339—2003 第 5.4 节的规定外，还应符合以下规定：

1) 信息服务项目可包括家政服务、远程教育、电子商务、电子银行、娱乐及远程医疗等的检测应符合设计要求的内容。

2) 住宅小区物业管理系统应包括住户人员管理、住户房屋维修、住户物业费各项费用的查询和收取、住宅小区公共设施管理、工程图纸管理等。

3) 住宅（小区）物业管理系统信息安全符合 GB 50339—2003 第 5.5 节的要求。

4) 物业管理公司人事的管理、企业管理和财物管理等内容的检测应符合设计要求。

一般项目：

（1）仪表现场采集的数据与远传的数据应相符，每类仪表总数达100个及以上时抽查10%，少于100个时抽查10个。

（2）建筑设备监控系统应符合以下规定：

1）室外园区艺术照明的启闭时间设定，控制回路的开启设定和灯光场景的设定及照度调整；

2）园林绿化灌溉水泵的控制、监控、监视功能和中水设备的控制、监视功能。

（3）住宅小区物业管理系统房屋出租、房屋二次装修管理、住户投诉处理、保存、查询、数据资料记录等功能可按GB 50339—2003第5.4节的规定。

15.10.4 家庭控制器检测

家庭控制器检测应包括家庭紧急求助、家用电器监控、家庭报警、仪表数据采集及处理、通信网络和信息网络接口等方面。家庭控制器与仪表数据抄收及远传系统、通信网络和信息网络接口的检测应符合以下要求：

1）系统承包商应提交接口规范，接口规范应由合同签订机构审定；

2）系统承包商应根据接口规范制定测试方案，接口测试方案应由检测机构批准后实行，系统接口测试应保证接口性能符合设计要求，不发生通信瓶颈及兼容性问题，并确保系统接口的制造和安装质量。

主控项目：

（1）家庭报警功能的检测应符合以下规定：

1）感温探测器、燃气探测器、感烟探测器的检测应符合现行产品标准的要求；

2）家庭报警的撤防、布防转换及控制功能。

3）入侵报警探测器的检测应符合15.5.3节第3条的规定。

（2）家庭紧急求助报警装置的检测应符合以下要求：

1）可操作性：未成年人和老年人在紧急情况时能方便地发出求助信号；

2）应具有防破坏或发生故障后报警的功能；

3）可靠性：及时、准确地传输紧急求助信号。

（3）无线报警的发射功率及频率的检测；家庭控制器应对误操作或故障报警有处理能力；家用电器的监控功能的检测应符合设计要求。

一般项目：

家庭紧急求助报警装置的检测应符合以下要求：

（1）紧急求助报警装置宜有多种报警方式（如感应、遥控、手动等）；

（2）紧急求助报警装置宜有夜间显示；报警信号应有求助内容；

（3）每户宜安装一处以上紧急求助报警装置（如起居室、卧室等）。

15.10.5 室外设备及管网

主控项目：

（1）安装在室外的设备箱应有防潮、防晒、防锈、防水措施；设备浪涌过电压防护器设置、接地联结应符合现行国家标准及设计要求。

（2）室外电缆导管及线路敷设，应符合现行国家标准《建筑电气工程施工质量验收规范》(GB 50303) 中的相关规定。

15.10.6 竣工验收

(1) 住宅(小区)智能化竣工验收应在系统正常连续运行3个月以后进行。

(2) 竣工验收资料应包括:施工质量控制记录,系统及设备检测记录,竣工图及相关文件,使用维修及技术手册,合同,质量事故报告等。

(3) 各子系统分别验收,做好验收记录,签署验收意见。

参考文献

[1] 建筑工程施工质量验收统一标准. GB 50300—2001. 北京：中国建筑工业出版社，2001.

[2] 建筑地基基础工程施工质量验收规范. GB 50202—2002. 北京：中国建筑工业出版社，2002.

[3] 砌体工程施工质量验收规范 GB 50203—2002. 北京：中国建筑工业出版社，2002.

[4] 混凝土小型空心砌块建筑技术规程. JG J/T 14—2004. 北京：中国建筑工业出版社，2004.

[5] 工业炉砌筑工程施工及验收规范. GB 50211—2004. 北京：中国建筑工业出版社，2004.

[6] 混凝土结构工程施工质量验收规范. GB 30204—2002. 北京：中国建筑工业出版社，2002.

[7] 钢结构工程施工质量验收规范. GB 50205—2002. 北京：中国建筑工业出版社，2002.

[8] 建筑钢结构焊接技术规程. JGJ 81—2002. 北京：中国建筑工业出版社，2002.

[9] 木结构工程施工质量验收规范. GB 50206—2002. 北京：中国建筑工业出版社，2002.

[10] 屋面工程质量验收规范. GB 50207—2002. 北京：中国建筑工业出版社，2002.

[11] 建筑地面工程施工质量验收规范. GB 50209—2002. 北京：中国建筑工业出版社，2002.

[12] 建筑装饰装修工程质量验收规范. GB 50210—2002. 北京：中国建筑工业出版社，2002.

[13] 建筑给水排水及采暖工程施工质量验收规范. GB 50242—2002. 北京：中国计划出版社，2002.

[14] 通风与空调工程施工质量验收规范. GB 50243—2002. 北京：中国计划出版社，2002.

[15] 建筑电气安装工程施工质量验收规范. GB 50303—2002. 北京：中国计划出版社，2002.

[16] 地下防水工程质量验收规范. GB 50208—2007. 北京：中国建筑工业出版社，2007.

[17] 智能建筑工程质量验收规范. GB 50339—2003. 北京：中国建筑工业出版社，2003.